산림기능사

필기 | 한권으로 끝내기

KB214217

시대에듀

산림기능사
필기 한권으로 끝내기

Always
with you...

사람이 길에서 우연하게 만나거나 함께 살아가는 것만이
인연은 아니라고 생각합니다.
책을 펴내는 출판사와 그 책을 읽는 독자의 만남도 소중한 인연입니다.
시대에듀는 항상 독자의 마음을 헤아리기 위해 노력하고 있습니다.
늘 독자와 함께하겠습니다.

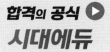
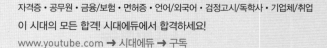

산림기능사는 산림에 관한 숙련된 기능을 가지고 조림, 육림, 임업기계 사용, 목재수확, 임도설치 등의 산림생산에 관한 작업관리 및 이에 관련되는 업무를 수행하는 자격증이다. 관련 업체 취업은 물론 임업직·농업직·환경직 공무원시험 가산점 등의 혜택을 누릴 수 있기 때문에 인기 자격으로 자리매김하였다. 산림 분야의 내용은 너무나 광범위하고 다양하여 처음 공부하는 사람에게는 어려워 보일 수 있다. 특히 최근에는 사회가 복잡해지고 임업에 대한 요구도가 높아 한 분야에 대한 넓이와 깊이를 함께 요구하고 있다. 이러한 학문을 폭넓게 공부한다는 것은 대단히 어려울 수 있다. 그러므로 이 모든 것을 좀 더 체계적이고 총괄적이며 심도 있게 구성한 책 또는 수험서가 필요하다고 생각되었다.

필자는 이미 산림기능사의 기출문제를 단순히 나열하지 않고, 동일·유사한 문제들을 함께 분류하여 기출유형문제집을 집필하였고, 이는 많은 수험생들에게 호평을 받았다. 특히 많은 도움이 되었다는 합격자들의 의견에 너무나 감사드린다. 이에 용기를 얻어 핵심이론을 중점적으로 수록한 산림기능사 종합본을 출간하게 되었다.

본 도서의 특징

① 산림기능사 출제기준 및 출제빈도가 높은 기출문제를 바탕으로 구성한 핵심이론을 수록하였으며, 충분히 이해할 수 있도록 관련 표와 이미지를 추가하였다.
② 반드시 풀어 보아야 할 적중예상문제와 과년도 + 최근 기출복원문제를 수록하여 문제풀이에 철저히 대비할 수 있도록 하였다.
③ 시험 전 반드시 숙지해야 할 내용을 요약·정리한 빨리보는 간단한 키워드를 수록하였다.
④ 모든 문제에 핵심을 찌르는 자세한 해설을 수록하였다.

현대사회는 다양한 기술로 이루어져 있고, 기술의 세분화는 여러 가지 자격증을 만들어 내고 있다. 특히 정부는 녹색성장을 기치로 여러 가지 현대산업사회의 발전을 친환경적인 관점에서 성장할 수 있도록 적극 지원하고 있다. 아울러 녹색성장의 핵심사업의 하나로 산림 분야의 숲가꾸기사업을 적극적으로 지원하고 있다. 따라서 산림 관련 자격증은 매우 유망한 분야임에 틀림없다.
본 도서로 공부하시는 모든 분들이 우수한 전문자격인으로 거듭나 녹색한국을 건설하는 일에 앞장서 주길 바란다. 수험생 여러분의 합격과 건승을 기원한다.

편저자 씀

시험 안내

개 요

오늘날 환경오염이 심각해지고 사회가 고도화됨에 따라 산림육성의 필요성이 더욱 강조되고 있다. 이에 따라 일정한 자격을 갖춘 사람으로 하여금 임야를 관리하게 함으로써 산림의 종합적인 개발을 도모하기 위해 자격제도를 제정하였다.

수행직무

산림에 관한 숙련된 기능을 가지고 조림, 육림, 임업기계 사용, 목재수확, 임도설치 등의 산림생산에 관한 작업관리 및 이에 관련된 업무를 수행한다.

진로 및 전망

❶ 지방산림관서의 공무원, 작업단 등 공직과 임업회사 등에 진출할 수 있다. 산림자원법에 따라 자격을 취득하여 산림조합중앙회, 산림조합에 산림경영지도원으로 진출할 수 있다.

❷ 앞으로 산림에 대한 수요가 증대되고 산지농업, 사냥, 산림휴양 등에 종합적인 산림경영기법이 도입될 것으로 예상되며, 임도시설이 확충되고 육림, 벌채 등의 기계화가 촉진됨에 따라 기술자의 수요가 증가될 것으로 보인다.

시험일정

구분	필기원서접수 (인터넷)	필기시험	필기합격 (예정자)발표	실기원서접수	실기시험	최종 합격자 발표일
제1회	1월 초순	1월 하순	2월 초순	2월 초순	3월 중순	4월 중순
제2회	3월 중순	4월 초순	4월 중순	4월 하순	5월 하순	6월 하순
제3회	6월 초순	6월 하순	7월 중순	7월 하순	8월 하순	9월 하순

※ 상기 시험일정은 시행처의 사정에 따라 변경될 수 있으니, www.q-net.or.kr에서 확인하시기 바랍니다.

시험요강

❶ 시행처 : 한국산업인력공단

❷ 시험과목

　㉠ 필기 : 조림 및 육림기술, 임업기계, 산림보호

　㉡ 실기 : 산림작업 실무

❸ 검정방법

　㉠ 필기 : 객관식 4지 택일형, 60문항(1시간)

　㉡ 실기 : 작업형(2시간 정도)

❹ 합격기준(필기 · 실기) : 100점 만점에 60점 이상 득점자

검정현황

연도	필기			실기		
	응시자	합격자	합격률	응시자	합격자	합격률
2024	5,090	2,792	54.9%	2,929	2,217	75.7%
2023	5,118	2,842	55.5%	2,995	2,320	77.5%
2022	4,921	2,770	56.3%	2,982	2,325	78%
2021	5,290	2,926	55.3%	3,129	2,294	73.3%
2020	3,768	1,970	52.3%	2,054	1,595	77.7%
2019	3,693	1,773	48%	1,962	1,417	72.2%
2018	2,988	1,498	50.1%	1,503	989	65.8%
2017	2,350	1,015	43.2%	1,063	800	75.3%

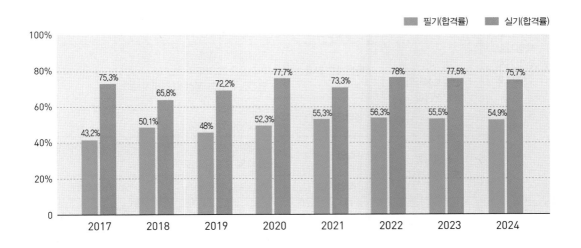

시험 안내

출제기준(필기)

필기 과목명	주요항목	세부항목	세세항목	
조림 및 육림기술, 임업기계, 산림보호	식재	식재예정지 정리	• 식재예정지 정리 방법	• 지존물 정리유형
		식재	• 주요 조림수종의 종류 및 특성 • 식재 방법(배열, 간격, 본수) • 식재 후 관리	
	식재지 관리	풀베기	• 풀베기작업의 종류	• 풀베기작업의 방법
		덩굴제거	• 덩굴제거작업의 종류	• 덩굴제거작업의 방법
		비료주기	• 비료주기작업 및 방법	
	어린나무가꾸기	경합목 제거	• 경합목의 종류	• 제거목 제거 방법
		수형조절	• 수형조절 방법	
	가지치기	가지치기작업	• 가지치기작업의 종류	• 가지치기작업의 방법
	솎아베기	솎아베기작업	• 솎아베기 특성 및 효과	• 솎아베기 방법
	천연림가꾸기	천연림보육	• 천연림보육 특성	• 천연림보육 방법
		천연림개량	• 천연림개량 특성	• 천연림개량 방법
		산림갱신	• 천연갱신과 인공조림	• 작업종의 분류
	산림조성사업 안전관리	안전장구 관리	• 안전장구의 종류 • 안전장구 착용법 및 효용성 • 안전장구 안전 점검 및 정비 방법	
		작업장 관리	• 작업장 관리 • 산림작업 안전수칙	• 작업인력 관리
	산림작업 도구 및 재료	작업 도구	• 식재작업 도구 • 벌목 및 수집작업 도구	• 경쟁식생 제거작업 도구
		작업 재료	• 엔진오일, 연료	• 와이어로프 등
	임업기계 운용	임업기계 종류 및 사용법	• 벌목 및 조재작업 기계 • 집재 및 수확작업 기계 • 기타 임업기계	• 풀베기작업 기계 • 운재작업 기계
		임업기계 유지관리	• 임업기계 점검 방법	• 임업기계 정비 방법
	산림병해충 예찰	병해충 구분	• 병해충 종류	• 병해충 특성
	산림병해충 방제	방제 방법	• 물리적 방제 • 임업적 방제	• 화학적 방제 • 기타 방제 방법
	산불진화	산불진화	• 산불 종류 및 진화 방법 • 뒷불정리 방법	• 산불진화 도구의 종류

출제기준(실기)

실기 과목명	주요항목	세부항목
산림작업 실무	식재	• 식재예정지 정리하기 • 식재하기
	식재지 관리	• 풀베기하기 • 덩굴제거하기 • 비료주기
	어린나무가꾸기	• 경합목 제거하기 • 수형 조절하기
	가지치기	• 가지치기작업 실행하기
	솎아베기	• 솎아베기 작업하기
	천연림 가꾸기	• 천연림보육하기 • 천연림개량하기
	산림조성사업 안전관리	• 안전장구 관리하기
	식재 · 육림작업 장비 운용	• 작업 도구 이용하기 • 작업 재료 이용하기 • 조림예정지 정리작업 기계 운용하기 • 경쟁식생 제거 장비 작업하기 • 벌채 · 조재작업 장비 작업하기
	임목수확작업 장비 운용	• 중력 집재작업 기계 운용하기 • 소형 집재작업 기계 운용하기 • 차량계 집재작업 기계 운용하기 • 가선계 집재작업 기계 운용하기
	일관작업 장비 운용	• 단재 집재작업 기계 운용하기 • 장재 집재작업 기계 운용하기 • 운재작업 기계 운용하기
	산림병해충 예찰	• 피해수종 식별하기 • 병해충 구분하기
	산림병해충 방제시공	• 피해목 처리하기 • 화학적 방제하기 • 임업적 방제하기

목 차

빨간키

빨리보는 간단한 키워드

CHAPTER 01 조림 및 육림기술

▌ 조림 및 육림의 개념
- 넓은 의미의 조림은 수확된 임분(林分)이나 숲이 없는 지역에 새로 임분을 조성하는 갱신과 조성된 임분을 가꾸는 육림(숲가꾸기)으로 이루어진다.
- 새로운 임분을 조성하기 위한 갱신에는 인위적으로 임분을 조성하는 인공갱신과 자연의 갱신력을 활용하는 천연갱신이 있다.

▌ 육림작업의 구분

조성단계	풀베기	재목이 지피식생에 피압되는 것을 막기 위해 실시하는 작업
	어린나무가꾸기	갱신종료 단계에서 솎아베기 단계에 도달할 때까지의 유령림에 대한 모든 무육벌채적 수단
	가지치기	기계적 또는 인위적 가지 제거 또는 자연낙지 촉진
관리단계	솎아베기	장령림과 성숙림에서 목적에 맞게 임분을 형성해주기 위한 모든 무육벌채적 수단
	임연부(林緣部) 형성	형성 산림의 내외 임연부를 안정적으로 형성해주기 위한 모든 수단
	수하식재	양수(陽樹)의 수고가 높은 임층(林層)의 수관 밑에 내음성 수종을 식재하여 하층을 조성 유지함으로써 임분 안정과 수간무육 도모

▌ 지존물 정리유형
- 인력에 의한 작업
  - 관목 정리
  - 벌채잔해물 정리
  - 풀깎기 : 모두베기, 줄베기, 둘레베기
- 기계에 의한 방법
- 약제를 살포하는 방법
- 소각하는 방법(화입지존)

▌ 주요 권장수종
- 경제림 조성용 중점 조림수종 : 소나무, 낙엽송, 잣나무, 참나무류, 백합나무, 편백, 삼나무, 가시나무류
- 바이오매스용 조림수종 : 참나무류, 아까시나무, 포플러류, 백합나무, 리기테다소나무, 자작나무(온대북부지역에 식재) 등
- 조림가능수종(78종) : 용재수종, 경관수종, 유실·특용수종, 기타(내공해수종, 내음수종, 내화수종)

▌ 식재시기

- 보통 묘목의 생장 직전인 봄철과 낙엽기부터 서리가 내리기 전까지의 가을에 식재하나, 가능한 봄철에 식재하는 것이 좋다.
- 눈이 많이 내리는 지역에서는 가을 식재를 권장하고, 눈이 적게 오고 바람이 심한 지역에서는 봄에 식재하는 것이 좋다.
- 낙엽송, 낙엽활엽수종 등과 같이 눈이 빨리 트는 수종은 다른 수종에 앞서 이른 봄에 땅이 녹으면 곧 식재한다.

▌ 식재밀도

- 일반조림에서는 1ha당 3,000그루를 심는 것이 통례이다.
- 소나무, 해송, 편백, 참나무류 : ha당 5,000본 기준, 1.4m 간격으로 식재
- 잣나무, 낙엽송 : ha당 3,000본 기준, 1.8m 간격으로 식재
- 식재밀도에 영향을 끼치는 인자
  - 소경재생산을 목표로 할 때에는 밀식
  - 교통이 불편한 오지림의 경우에는 소식
  - 땅이 비옥하면 소식하고, 지력이 좋지 못한 곳에서는 밀식
  - 일반적으로 양수는 소식, 음수는 밀식

▌ 식재 배열

- 정방형 식재 : 묘목 거리와 식재열 간 거리를 동일하게 식재하는 방법이다.
- 부분밀식 : 군상식재(3본 또는 5본 단위로 묶어서 심는 방법), 2열 부분밀식(2열 단위의 부분 밀식하는 방법)

▌ 식재 본수의 결정 요인

경영목표, 지리적 조건, 토양의 비옥도, 수종의 특성, 식재인력의 수급이나 묘목의 수급사정, 식재밀도에 따른 소요경비 등

▌ 식재 후 관리

- 시비 : 비료를 주면 임분의 울폐를 빠르게 하고 풀베기 작업량을 적게 하는 데 도움을 준다.
- 보식 : 고사목을 보충해서 묘목을 심는 것을 말한다.
- 정지·전정 : 수형을 보아가며 수관 하부에 광선을 적게 받는 지엽이나 이병지 등을 제거하는 것을 말한다.

▌ 풀베기(밑깎기) : 일반적으로 풀들이 왕성한 자람을 보이는 6월 상순~8월 상순 사이에 실시한다.

모두베기 [전예(全刈)]	• 조림지의 하층식생을 모두 제거하는 방법으로 조림목의 묘고가 낮아 태양광선을 잘 받도록 하고자 할 때 이용한다. • 작업 면적이 가장 넓기 때문에 인력과 경비가 가장 많이 든다. • 조림목이 한건풍에 노출될 우려가 있다.
줄베기 [조예(條刈)]	• 모두베기에 비해 비용을 절감할 수 있다. • 표토유실을 방지할 수 있다. • 제거되지 못한 부분의 잡목이 조림목의 생장을 방해할 수 있다.
둘레베기 [평예(坪刈)]	• 둥글게 깎게 되므로 바람을 막아주는 효과가 있어 한 · 풍해를 예방하므로 군상 식재지 등 조림목의 특별한 보호가 필요한 경우에 적용한다. • 다른 방법에 비하여 인건비가 적게 든다. • 제거되지 못한 부분의 잡목이 조림목의 생장을 방해할 수 있다.

▌ 덩굴제거

물리적 제거		• 인력을 투입하여 낫이나 톱으로 덩굴의 밑동을 자르고 줄기와 뿌리를 직접 제거하는 방법이다. • 덩굴식물 각각에 대하여 작업해야 하므로 인력 수요가 많고 경비도 가장 많이 든다.
화학적 제거	글리포세이트 (글라신) 액제	• 광엽 잡초, 콩과 식물(선택성 제초제) • 덩굴류의 생장기인 5~9월에 실시한다. • 약제 주입기나 면봉을 이용하여 주두부의 살아있는 조직 내부로 약액을 주입한다.
	Fluroxypyr- meptyl + Triclopyr- TEA 미탁제	• 광엽 잡초(선택성 제초제) • 약제 주입은 3~11월, 약제 살포는 5~10월에 실시한다. • 약제 주입기를 이용해 주두부의 조직 내에 주입한다. • 분무기를 이용하여 경엽 살포한다.

▌ 덩굴제거 약제사용 시 주의 사항
• 디캄바 액제는 흡수 이행력이 강력하여 약제가 빗물이나 관개수 등에 흘러 조림목이나 다른 작물에 피해를 줄 수 있으므로 절대로 약액을 땅에 흘리지 않아야 한다.
• 약제 처리한 후 24시간 이내에 강우가 예상될 경우 약제 처리를 중지한다.
• 고온 시(기온 30℃ 이상)에는 증발에 의해 주변 식물에 약해를 일으킬 수도 있으므로 작업을 하지 않는다.
• 사용한 처리 도구는 잘 세척하여 보관하고 빈 병은 반드시 회수하여 지정된 장소에서 처리한다.

▌ 비료주기
• 임지비배(임지시비) : 땅힘을 높여 임목의 생장을 촉진하기 위하여 임지에 비료를 주는 것이다.
• 시비 방법 : 구덩이 밑 시비법, 구덩이 전체 시비법, 구덩이 위 시비법, 측방 시비법, 윤상(환상) 시비법, 반원형 시비법, 표면 시비법

▌ 어린나무가꾸기

- 조림목이 임관을 형성한 뒤부터 간벌할 시기에 이르는 사이에 침입 수종의 제거를 주로 하고, 아울러 조림목 중 자람과 형질이 매우 나쁜 것을 베어버린다.
- 조림 후 5~10년인 임지가 주 대상지이다.
- 작업 시기는 6~9월 사이에 실시하는 것이 원칙이나, 늦어도 11월 말까지는 완료한다.

▌ 어린나무가꾸기 작업 내용

유해수종 제거, 초우세목 관리, 임연부 관리, 공간 조절, 수종 조절, 수형 교정 등

▌ 제벌(잡목 솎아내기)

- 일반적으로 수관 간의 경쟁이 시작되고 조림목의 생육이 저해된다고 판단될 때 실시(여름철)한다.
- 베어내야 할 나무 : 경합목, 폭목, 피해목, 형질불량목, 고사목, 덩굴류
- 남겨야 할 나무 : 잘 자란 조림목, 건전하게 자생하고 있는 나무, 하층식생

▌ 수형교정

- 성목이 되기 전에 수형을 교정한다.
- 가급적 전정가위로 실행하고 수고의 50% 내외의 높이까지 가지 제거한다.
- 수형교정의 대상 : 수관형태가 매우 불량한 나무, 초두부가 갈라진 나무, 분지목, 수관이 편기되거나 긴 가지가 발생한 나무, 불량하게 생장하는 나무 등

▌ 가지치기 목적 : 질 높은 목재 생산, 건강한 숲환경 조성

▌ 가지치기 장단점

- 장점 : 수간의 완만도를 높임, 수고생장을 촉진, 임목 간의 부분적 균형에 도움, 산불이 있을 때 수관화 경감, 무절재 생산
- 단점 : 노력과 비용이 소요, 생장이 억제될 수 있음, 부정아 생성, 작업상 노무문제

▌ 가지치기 시기

- 죽은 가지의 제거는 수간의 비대생장이 시작되는 5월 이전에 실시한다.
- 생장기에는 생장휴지기인 11월 이후부터 이듬해 3월까지가 적기이다.
- 침엽수종은 일반적으로 10~15년생인 때 가지치기를 시작한다.

▌ 가지치기 수종

- 생가지치기로 부위의 위험성이 높은 수종 : 단풍나무류, 느릅나무류, 벚나무류, 물푸레나무 등으로, 원칙적으로 생가지치기를 피하고 자연낙지 또는 고지치기만 실시한다.
- 위험성이 낮은 수종 : 소나무류, 낙엽송, 포플러류, 삼나무, 편백 등은 특별히 굵은 생가지를 끊어 주지 않는 한 위험성은 거의 없다.

가지치기 방법

- 절단면이 평활하게 자르고 침엽수는 절단면이 줄기와 평행하게, 활엽수는 줄기의 융기부에 평행하게 자른다.
- 활엽수종은 고사지의 경우 캘러스 형성 부위에 가깝게 제거하고, 살아있는 가지는 지융부에 가깝게 제거하되, 직경 5cm 이상의 가지는 자르지 않는다.

솎아베기(간벌) 목적

남게 될 나무의 성장을 촉진하고 유용한 목재의 총생산량을 증가시키고자 할 때 시행하며 대체로 침엽수림, 동령림에 대하여 실시하고 정성간벌, 정량간벌, 열식간벌이 있다.

솎아베기 순서

예정지답사 → 표준지조사 → 표준지매목조사 → 간벌률 및 간벌본수 결정 → 선목작업 → 벌채작업 및 집재 → 벌채 후 확인

솎아베기 방법

정성간벌	정량간벌
• 수관급을 바탕으로 해서 정해진 간벌형식에 따라 간벌 대상목을 선정하나 벌채량, 대상목 선정, 간벌 강도, 간벌 반복기간에 대한 객관적 기준이 뚜렷하지 않다. • 종류 : 데라사끼의 간벌[상층간벌(D · E종), 하층간벌(A · B · C종)], 택벌식 간벌, 기계적 간벌, 활엽수 간벌, 도태간벌 등	• 수종별로 일정한 임령, 수고, 흉고직경에 대한 실행기준에 따라 잔존 임목본수를 정해 놓고 기계적으로 간벌하는 방법이다. • 수종이 단순하고 수목 형질이 비슷한 임분으로, 우세목의 평균수고 10m 이상, 15년생 이상인 산림에 적용한다.

천연림가꾸기의 개념

- 천연림을 잘 가꾸기 위해서는 인공림과 같이 생육 단계에 맞추어 천연림에 대한 체계적인 숲가꾸기가 이루어져야 한다.
- 천연림가꾸기는 크게 천연림보육과 천연림개량으로 구분된다.
  - 천연림보육 : 임분 형질이 양호하고 임분 내 미래목이 충분하여 우량대경재 생산이 가능한 임분에 대해 실시하는 숲가꾸기 시업이다.
  - 천연림개량 : 임분 형질이 불량하고 미래목 본수가 부족하여 우량대경재 생산이 불가능한 임분에 대해 실시하는 숲가꾸기 시업이다.

천연림보육 방법

- 재적 생장(나무의 부피 증가)보다는 형질 생장(가치 생장)에 중점을 둔다.
- 최고의 가치 생장을 위해 초기에는 우수한 나무를 선발 · 탐색하여 경쟁하는 나무는 제거하고 우수한 나무는 생장이 촉진되도록 집중적으로 관리하며, 임지보존, 수간무육, 갱신준비 등을 고려하여 하층식생 및 부임목은 보호한다.
- 천연림 보육에서는 임분의 생육 단계에 따라 어린나무가꾸기 단계와 솎아베기 단계로 구분하여 보육작업을 실시한다.

▌ 천연림개량 방법

- 형질 불량목, 폭목을 제거하고 가급적 입목밀도를 높게 유지한다.
- 칡, 다래 등 덩굴류와 병충해목은 제거한다.
- 잔존목 중 쌍가지인 나무는 하나는 잘라 주고, 원형 수관은 원추형으로 유도한다.
- 상층목의 생육에 지장이 없는 하층 식생은 제거하지 않고 존치한다.
- 폭목을 제거할 때 주변 우량목의 피해가 우려되는 지역은 수피 벗기기 등의 방법을 사용할 수 있다.
- 솎아베기 단계에 도달한 형질 불량 천연림은 층위에 관계없이 형질 불량목 위주로 제거하고, 빈 공간에 활엽수 밀식 조림을 할 수 있다.
- 형질 불량목 제거로 발생한 공간은 활엽수를 5,000본/ha으로 식재할 수 있다.
- 천연림 개량 작업을 한 후 우량 대경재 이상을 생산할 수 있다고 판단되는 천연림에 대해서는 천연림 보육을 실시할 수 있다.

▌ 천연갱신

- 기존의 임분에서 자연적으로 공급된 종자나 임목 자체의 재생력 등으로 새로운 산림이 조성될 수 있도록 처리하는 것이다.
- 어떤 임지에 서있는 성숙한 나무로부터 종자가 저절로 떨어져서 어린나무들이 자라고, 이것이 커서 새로운 수풀이 되어 성숙한 임목으로 이용되는 것이다.

▌ 천연갱신의 장단점

장점	단점
• 임목이 이미 긴 세월을 통해서 그곳 환경에 적응된 것이므로 성림의 실패가 적다. • 임목의 생육환경을 그대로 잘 보호 · 유지할 수 있고, 특히 임지의 퇴화를 막을 수 있다. • 종자와 노동비용이 절감된다. • 임지에 알맞은 수종으로 갱신되고, 어린나무는 어미나무로부터 보호를 받으며 생육할 수 있다.	• 갱신 전 종자의 활착을 위한 작업, 임상정리가 필요하다. • 갱신되는 데 시간이 많이 소요되고 기술적으로 실행하기 어렵다. • 생산된 목재가 균일하지 못하고 변이가 심하다. • 목재 생산작업이 복잡하며 높은 기술이 필요하다.

▌ 천연갱신의 작업 방법

- 천연갱신에는 자연적으로 떨어져서 흩어지는 종자를 이용한 천연하종갱신과 맹아갱신 등이 있다.
- 천연하종갱신 방법으로는 개벌, 대상벌, 군상벌, 산벌, 모수작업 등이 있으며, 대상임분의 상태와 수종에 따라 갱신방법이 선정된다.
- 맹아갱신은 맹아발생력이 강한 수종인 참나류 등이 주 대상이며, 맹아갱신 대상지는 신탄재 등 소경재 생산을 위한 단벌기 임분을 대상으로 한다.

▌ 인공조림

- 무임지나 기존의 임목을 끊어 내고, 그곳에 파종 또는 식재 등의 수단으로 삼림을 조성하는 것이다.
- 목재를 생산하기 위하여 가치가 낮은 나무들이 서 있는 임지를 정리하고, 그곳에 쓸모있는 나무를 심고 가꾸어 규격이 비슷한 목재를 생산하는 것을 목적으로 삼림을 조성하는 것이다.

▌ 인공조림의 장단점

장점	단점
• 조림할 수종과 종자의 선택 폭이 넓다. • 조림을 실행하기 쉽고 빠르게 성림시킬 수 있다. • 노동력과 비용이 집약적이다. • 규격화된 목재를 대량적으로 생산할 수 있어 경제적으로 유리하다. • 수종을 쉽게 바꿀 수 있고 천연갱신이 매우 어려운 수종의 조림이 가능하다.	• 천연분포구역을 넘어서까지 조림할 때 위험성이 따른다. • 일반적으로 조림 실행 면적이 넓어 임지가 건조하기 쉽고, 토양 생태계의 변화로 질이 저하되며, 토양유실 등 환경의 퇴화로 조림성적이 불량하게 되는 경향이 있다. • 조림 시 단근으로 비정상적인 근계발육과 성장이 우려된다. • 동령단순림이 조성되므로 환경인자에 대한 저항성이 약화된다. • 경비가 많이 들고 수종이 단순하며, 동령림이 되기 때문에 땅힘을 이용하는데 무리가 있다.

▌ 산림작업종의 분류

개벌갱신에 의한 작업	• 대면적 : 개벌작업 • 소면적 : 대상개벌작업, 군상개벌작업
산벌갱신에 의한 작업	• 대면적 : 산벌작업 • 소면적 : 대상개벌작업, 군상개벌작업
택벌갱신에 의한 작업	택벌작업
맹아갱신에 의한 작업	맹아림작업
기타	모수작업, 중림작업, 죽림작업

※ 분류의 기준 : 임분의 기원, 벌구의 크기와 형태, 벌채종

▌ 개벌작업

- 갱신하고자 하는 임지 위에 있는 임목을 일시에 벌채하여 이용하고, 그 적지에 새로운 임분을 조성시키는 방법이다.
- 개벌작업법은 현재 전 세계적으로 많이 적용되고 있는 방법으로서, 우리나라에서도 가장 보편적으로 적용되고 있다.
- 개벌작업은 어릴 때 음성을 띠는 수종에 대해서는 적용하기 어렵고, 양성의 수종에 알맞다.
- 개벌작업에 의하여 갱신된 새로운 임분은 동령림을 형성하게 된다.
- 개벌작업을 할 때 형성되는 임분은 대개 단순림이지만, 두 가지 수종을 심으면 동령의 혼효림을 만들 수 있다.
- 성숙목이 벌채된 뒤에 어린나무가 들어서게 되므로 후갱작업이라 한다.
- 개벌작업은 작업이 복잡하지 않아 시행하기 쉬운 편이다.

▮ 대상개벌 천연하종갱신

갱신하고자 하는 임분을 몇 개의 대상지로 나누고, 그 중 한 대상지를 개벌하면 인접 모수부터 측방천연하종이 되어 갱신이 이루어지는데, 그 뒤 다른 대를 갱신해 나가는 방법이다.

▮ 군상개벌 천연하종갱신

지형이 불규칙하고 험준하며 또 일제성이 없는 동령림에 대상개벌과 같은 규칙적 갱신벌채를 한다는 것이 사실상 불가능한 때에, 임분 내 곳곳에 군상(공상)의 개벌면을 만들고 그 둘레에 있는 모수부터 측방천연하종에 의하여 치수를 발생시키며, 이 군상지를 점차 바깥쪽으로 확장시켜 나아가는 방법이다.

▮ 산벌작업

- 윤벌기에 비하여 비교적 짧은 갱신기간 중에 몇 차례에 걸친 벌채로 갱신면상에 있는 임목을 완전히 제거하는 작업
- 윤벌기가 완료되기 이전에 갱신이 완료되는 갱신작업(예비벌, 하종벌, 후벌의 단계를 거침)이다.
- 산벌작업은 음수의 성격을 지닌 수종에 있어서 갱신 초기에 일광, 온도, 건조 등의 인자에 대한 보호가 가능하다.

▮ 산벌작업의 방법

예비벌	• 밀림상태에 있는 성숙임분에 대한 갱신준비의 벌채로 임목재적의 10~30%를 제거한다. • 벌채대상은 중용목과 피압목이고, 형질이 불량한 우세목과 준우세목도 벌채될 수 있다.
하종벌	• 결실량이 많은 해를 택하여 일부 임목을 벌채하여 하종을 돕는 것으로, 1회의 벌채로 목적을 달성하는 것이 바람직하다. • 예비벌 이전의 임분 재적의 25~75%를 제거한다.
후벌	• 어린나무의 높이가 1~2m 가량이 되면 위층에 있는 나무를 모조리 베어 버리는 벌채 방법이다. • 하종벌을 하고 난 뒤에 발생한 어린나무의 발육을 돕기 위하여 임관을 소개시키는 것이다.

▮ 택벌작업

- 한 임분을 구성하고 있는 임목 중 성숙한 임목만을 국소적으로 추출·벌채하고, 그곳의·갱신이 이루어지게 하는 것이다.
- 어떤 설정된 갱신기간이 없고, 임분은 항상 대소노유의 각 영급의 나무가 서로 혼생하도록 하는 작업방법을 말한다.

▮ 맹아갱신법(왜림작업)

- 활엽수림에서 주로 땔감을 생산할 목적으로 비교적 짧은 벌기령으로 개벌하고, 그 뒤 근주에서 나오는 맹아로서 갱신하는 방법이다.
- 맹아는 줄기 안에 오랫동안 숨어서 잠자고 있던 눈이 나무의 일부가 절단되거나 고사함으로써 그들의 생활력을 회복하여 밖으로 나타난 것을 말한다.
- 일반적으로 나무가 어릴수록 맹아가 잘 발생하지만, 20~30년생의 나무에서도 왕성한 맹아가 잘 나타난다.
- 절단위치는 대개 땅 표면에 가까울수록 좋고, 생장기간 중에 자르면 나쁘다.

- 절단면 맹아는 바람, 건조 등의 영향을 받아 떨어져 나가는 결점이 있다.
- 근주맹아(주맹아)는 줄기의 옆 부분에서 돋아나는 것으로, 세력이 강하고 좋은 생장을 보이므로 갱신상 바람직하다.

▌ 모수작업

- 성숙한 임분을 대상으로 벌채를 실시할 때, 모수가 되는 임목을 산생시키거나 군상으로 남겨두어 갱신에 필요한 종자를 공급하게 하고 그 밖의 임목은 개벌하는 갱신법이다.
- 개벌작업의 변법으로 모수를 남겨 종자공급에 이용하고, 갱신이 완료된 후 벌채에 이용하는 작업이다.
- 모수로 남겨야 할 임목은 전 임목에 대하여 본수의 2~3%, 재적의 약 10%이다.
- 갱신된 뒤 모수가 벌채되어 이용되는 일도 있고, 때로는 그대로 잔존되어 신임분의 벌기에 함께 벌채되어 이용되기도 한다. 이때 상층목은 그 수가 적기 때문에 동령림으로 취급할 수 있고, 만일 그 수가 상당수에 이르면 복층임분 또는 이층임분으로 취급할 수 있다.

▌ 중림작업

- 교림과 왜림을 동일 임지에 함께 세워서 경영하는 작업법으로, 하층목으로서의 왜림은 맹아로 갱신되며 일반적으로 연료재와 소경목을 생산하고, 상층목으로서의 교림은 일반용재를 생산한다.
- 하층목은 비교적 내음력이 강한 수종이 좋고, 상층목은 지하고가 높고 수관밀도가 낮은 수종이 적당하다.

▌ 죽림작업

우리나라 산림에 큰 피해를 주고 있는 덩굴류로부터 대나무를 이용해 견제하여 산림을 보호하는 작업이다.

임업기계

▍안전장구의 종류

안전모 (안전헬멧)	• 안전모의 색깔은 선명하고 밝은 형광색 계통이며 인공적인 색으로 숲과 보색이 되는 색이어야 한다. • 탈착이 쉽고 작업 중에 귀마개와 얼굴보호망 등이 탈락 또는 흔들리지 않는 구조이어야 한다.
얼굴보호망	재질은 철망보다 플라스틱망으로 된 것이 좋다.
귀마개	하루 8시간 작업 기준으로 85dB(데시벨) 이상 고음에 노출했을 때 난청 발생의 위험이 있기 때문에 사용하는 체인톱의 소음에 따라 25dB~30dB을 줄일 수 있는 것이 필요하다.
안전보호복	• 작업복 상의는 허리가 분리된 경우에는 허리부분이 길어야 하고, 겨드랑이와 등 부분은 통풍이 잘되는 것이 좋다. • 소매 끝은 잠글 수 있고, 주머니는 바지의 주머니와 같은 기능을 할 수 있도록 가슴과 팔에 달린 것이 좋다. • 어깨와 등 부위에는 식별을 위해 경계색(오렌지색)을 넣는다. • 하의는 예민한 신체 기관인 콩팥 부위에 압박을 주지 않는 멜빵 있는 바지가 좋다. • 무릎보호대를 부착할 수 있도록 만들어져야 한다.
안전장갑	• 기계작업 시 기계의 파지가 용이하고 손의 상해를 방지하며 추가로 더러움, 추위, 습기에 대해서도 보호해 준다. • 산림작업용, 와이어로프작업용 안전장갑은 유연성이 있는 것이 좋다. • 와이어로프작업을 할 때는 손바닥 부분이 이중으로 되고 손목이 길어야 한다. • 체인톱작업을 할 때는 가죽장갑이 적당하며, 체인톱의 진동을 흡수할 수 있어야 한다. • 가선작업을 할 때는 목이 길고 손목동맥을 보호할 수 있는 두꺼운 가죽장갑을 사용하여야 한다.
안전화	• 습기와 추위로부터 발을 보호하며 안정적으로 균형을 잡을 수 있어야 한다. • 무거운 물체에 짓눌리는 것을 방지하고 체인톱과 같은 절단, 도끼 등과 같은 타격, 낫 끝과 같이 예리한 도구로 발이 찔리는 것을 예방하도록 제작되어야 한다. • 철판으로 보호된 안전화 코, 미끄럼을 막을 수 있는 바닥판 및 발이 찔리지 않도록 특수보호된 것이면 좋다.

▍안전장구 미착용 시의 사고유형

- 안전모 미착용 : 작업자 머리에 충돌하는 물체에 의하여 상해를 입을 수 있다.
- 얼굴보호망 미착용 : 머리 안면부로 날아오는 물체에 의하여 상해를 입을 수 있다.
- 안전장갑 미착용 : 사용기계, 주변 위해물질로부터 손에 상해를 입을 수 있다.
- 작업복 미착용 : 작업장 주변의 위해 물체에 몸이 노출되어 상해를 입을 수 있다.
- 무릎보호대 미착용 : 작업 도구 또는 위해 물체의 충돌로 무릎에 상해를 입을 수 있다.
- 안전화 미착용 : 험준한 작업장에서 넘어지거나 작업 도구 및 물체의 충돌에 의해서 발에 상해를 입을 수 있다.
- 안전대 미착용 : 작업 중 균형을 잃어 떨어져 상해를 입을 수 있다.

▮ 작업장 주변 지형과 작업조건 파악

- 지형의 험준 여부와 장애물이 많은지 여부를 파악한다.
- 작업장소가 넓은지, 작업 중 이동이 많은지 여부를 파악한다.
- 덩굴지역, 암석류지역, 절벽지역 등을 파악한다.
- 독충(벌, 뱀 등)의 출몰 가능성 등을 파악한다.
- 더위, 추위, 눈, 비, 바람 등과 같은 기상 조건을 파악한다.
- 작업에 사용할 작업 도구를 파악한다.
- 작업에 필요한 안전장구를 파악한다.

▮ 안전사고 예방기본대책에서 예방효과가 큰 순서

위험제거 → 위험으로부터 멀리 떨어짐 → 위험고정 → 개인안전 보호

▮ 작업인력 편성

- 작업조의 인원이 적으면 적을수록 편성효율이 좋다.
- 1인 작업조가 효율이 가장 좋고, 홀수 인원보다는 짝수 인원 작업조의 효율이 높다.

1인 1조	• 장점 : 독립적으로 융통성이 크고, 작업능률도 높다. • 단점 : 과로하기 쉽고, 사고발생 시 위험하다.
2인 1조	• 장점 : 2인의 지식과 경험을 합하여 작업할 수 있으므로 융통성을 갖고 능률을 올릴 수 있다. • 단점 : 타협해야 하고 양보해야 한다.
3인 1조	• 장점 : 책임량이 적어 부담이 적다. • 단점 : 작업에 흥미를 잃기 쉽고 책임 의식이 낮고 사고 위험이 크다.

▮ 산림작업의 기본 안전 준수사항

- 작업시작 전에 작업순서 및 작업원 간의 연락 방법을 충분히 숙지한 후, 작업에 착수하여야 한다.
- 작업자는 안전모, 안전화 등의 보호구를 착용하여야 하며, 항상 호루라기 등 경적신호기를 휴대하여야 한다.
- 강풍, 폭우, 폭설 등 악천후로 인하여 작업상의 위험이 예상될 때에는 작업을 중지하여야 한다.
- 톱, 도끼 등의 작업 도구는 작업시작과 종료 시 점검하여 안전한 상태로 사용하여야 한다.
- 벌목 및 조재작업을 할 때에는 작업면보다 아래 경사면 출입을 통제하여야 한다.
- 벌목 및 조재작업을 할 때 위험이 예상되는 도로, 반출로 등에는 위험표지를 잘 보이는 곳에 설치하고 유지·관리하여야 한다.

▮ 식재작업 도구

- 종자 채취용 소도구 : 등목사다리, 고지가위, 구과 채취기구 등이 있다.
- 양묘 작업용 소도구 : 이식판, 이식승, 묘목 운반 상자, 식혈봉, 재래식 호미, 이식삽, 쇠스랑 등이 있다.
- 식재·조림용 소도구 : 재래식 삽·재래식 괭이, 각식재용 양날괭이, 사식재 괭이, 아이디얼 식혈삽

▌ 경쟁식생 제거작업 도구
- 풀베기용 도구 : 예초기, 재래식 낫
- 덩굴제거, 가지치기, 어린나무가꾸기용 소도구
  - 스위스 보육낫
  - 소형 전정가위
  - 무육용 이리톱
  - 가지치기톱(소형 손톱, 고지절단용 가지치기톱)
  - 재래식 톱

▌ 벌목작업용 소도구
- 도끼
  - 작업목적에 따라 벌목용, 가지치기용, 각목다듬기용, 장작패기용 및 소형 손도끼로 구분한다.
  - 도끼 및 톱의 날은 침엽수용을 활엽수용보다 더 날카롭게 연마하여야 한다.
- 쐐기
  - 주로 벌도방향의 결정과 안전작업을 위하여 사용한다.
  - 용도에 따라 벌목용 쐐기, 나무쪼개기용 쐐기, 절단용 쐐기 등으로 구분한다.
  - 재료에 따라 목재쐐기, 철제쐐기, 알루미늄쐐기, 플라스틱쐐기 등으로 구분한다.
- 방향조정 도구 : 원목방향 전환용 지렛대 및 방향전환 갈고리
- 운반용 갈고리와 집게
  - 소경재와 신탄재 등을 운반하기 위한 갈고리로는 손잡이형 갈고리와 스웨덴 지방에서 사용되는 스웨디시형 갈고리가 있으며, 집게는 단거리 운반에 사용된다.
  - 대경재 운반용 갈고리는 나무와 끌갈고리 등을 이용하여 2명이 1개조로 하며, 운반 작업에 사용한다.
- 박피용 도구 : 수피의 두께나 특성에 적합한 것을 사용한다.
- 측척 : 벌채목을 규격대로 자를 때 사용한다.
- 사피(도비) : 산악지대에서 벌도목을 끌 때 사용하는 도구로, 한국형과 외국형이 있다.

▌ 손톱 톱니의 부분별 기능
- 톱니가슴 : 나무를 절단한다.
- 톱니꼭지각 : 쐐기 역할, 꼭지각이 적을수록 톱니가 약하다.
- 톱니등 : 나무와의 마찰력을 감소시킨다.
- 톱니홈 : 톱밥이 임시로 머문 후 빠져나가는 곳이다.
- 톱니뿌리선 : 뿌리선이 일정선에 있으면 톱니가 강하며 능률이 오른다.
- 톱니꼭지선 : 톱의 꼭지선이 일정하지 않으면 톱질을 할 때 힘이 든다.

■ 도끼자루에 알맞은 수종

호두나무, 가래나무, 물푸레나무, 박달나무, 들메나무, 가시나무, 단풍나무, 느티나무, 참나무류 등 탄력이 좋고 목질섬유(섬유장)가 길고 질긴 활엽수

■ 가솔린엔진 연료유로서 갖추어야 할 품질조건
- 충분한 안티노크성을 지닐 것
- 휘발성이 양호하여 시동이 용이할 것
- 휘발성이 베이퍼록(vapor lock)을 일으킬 정도로 너무 높지 않을 것
- 충분한 출력을 지녀 가속성이 좋을 것
- 연료 소비량이 적을 것
- 실린더 내에서 연소하기 어려운 부휘발성 유분이 없을 것
- 저장 안정성이 좋고 부식성이 없을 것

■ 연료의 배합기준
- 혼합비율
  - 휘발유 : 엔진오일(윤활유) = 25 : 1
  - 휘발유 : 체인톱 전용 엔진오일(윤활유) = 40 : 1

■ 2행정 내연기관에서 연료에 오일을 첨가시키는 이유
- 엔진 내부에 윤활작용을 시키기 위하여
- 기계의 압축을 좋게 하기 위하여
- 연동 부분의 마모를 줄이기 위하여
- 밀봉작용을 하기 위하여

■ 엔진윤활유의 요구 성능
- 적정한 점도를 유지해야 한다.
- 산화안정성이 좋아야 한다.
- 청정분산성이 좋아야 한다.
- 부식 및 마모방지성이 우수해야 한다.
- 기포생성이 적어야 한다.

■ 계절에 따른 SAE의 분류
- SAE 40 : 여름철
- SAE 30 : 봄, 가을철
- SAE 20W : 겨울철

▌ 윤활유의 외부기온에 따른 점액도의 선택기준 예

- 외기온도 +10~+40℃ : SAE 30
- 외기온도 -10~+10℃ : SAE 20
- 외기온도 -30~-10℃ : SAE 20W('W'는 겨울용)

▌ 와이어로프의 구조

소정의 인장강도를 가진 소선 와이어를 몇 개에서 몇십 개까지 꼬아 합쳐 스트랜드(strand)를 만들고, 다시 스트랜드를 심줄(心鋼)을 중심으로 몇 개 꼬아 로프를 구성한다.

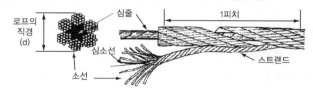

▌ 와이어로프의 교체기준

- 와이어로프의 1피치 사이에 와이어가 끊어진 비율이 10%에 달하는 경우
- 와이어로프의 지름이 공식지름보다 7% 이상 마모된 것
- 심하게 킹크되거나 부식된 것

▌ 체인톱

- 고성능·경량 단기통 가솔린엔진을 동력원으로 안내판 주위 체인의 회전에 의하여 목재를 절단하는 톱이다.
- 종류 : 가솔린엔진 체인톱(단일 실린더 체인톱, 복합 실린더 체인톱, 로터리 체인톱), 전동 체인톱, 유압 체인톱, 공기 체인톱 등이 있다.
- 현재 많이 사용되는 기종은 25~80cc 정도의 소형 및 중형 기계톱이 대부분이다.

▌ 체인톱의 구조

- 원동기 부분 : 실린더, 피스톤, 피스톤핀, 크랭크축, 크랭크케이스, 소음기, 기화기, 연료탱크, 점화장치, 플라이휠, 시동장치, 급유장치, 연료탱크, 체인오일탱크, 에어필터, 손잡이 등
- 동력전달 부분 : 클러치, 감속장치, 스프라킷 등
- 톱체인 부분 : 쏘체인, 안내판, 체인장력조절장치, 체인덮개 등
- 안전장치 : 전방 손잡이 및 후방 손잡이, 전방 손보호판, 후방 손보호판, 체인브레이크, 체인잡이, 체인잡이 볼트, 지레발톱, 안전스로틀레버 차단판, 스위치, 체인보호집, 안전체인 등

▌ 엔진의 출력과 무게에 따른 체인톱의 구분

구분	엔진출력	무게	용도
소형	2.2kW(3.0ps)	6kg	소경재 벌목작업, 벌도목 가지치기
중형	3.3kW(4.5ps)	9kg	중경목 벌목작업
대형	4.0kW(5.5ps)	12kg	대경목 벌목작업

▌ 안내판의 길이

체인톱 앞 손잡이를 한 손으로 들었을 때 지면과 약 15° 각도를 이루는 것이 적당한 길이이다.

▌ 체인톱의 사용 시간

- 몸통의 수명 : 약 1,500시간
- 안내판 수명 : 약 450시간
- 체인의 수명 : 약 150시간
- 1시간당 평균 연료소모량 : 1.5L
- 1시간당 평균 오일소모량 : 0.4L
- 1분당 절단 가능한 목재의 단면적 : 50cc급의 체인톱의 절단능력은 초당 약 50cm 즉, 3,000cm/분

▌ 피치 : 서로 접하여 있는 3개의 리벳간격을 2로 나눈 값

▌ 다공정 처리 기계

- 하베스터(harvester) : 임내를 이동하면서 임목의 벌도·가지치기·절단 등의 작업을 하는 기계로서, 벌도 및 조재작업을 1대의 기계로 연속작업할 수 있는 장비이다.
- 프로세서(processor)
  - 하베스터와 유사하나 벌도 기능만 없는 장비이다.
  - 일반적으로 전목재의 가지를 제거하는 가지자르기 작업, 재장을 측정하는 조재목 마름질 작업, 통나무자르기 등 일련의 조재작업을 한 공정으로 수행하여 원목을 한곳에 쌓을 수 있다.
- 펠러번처(feller buncher)
  - 굴착기를 기본 장비로 하여 임목을 잡아 근원 부위를 절단하고 들어 올려 원하는 위치로 옮겨 쌓을 수 있다.
  - 하베스터와 같이 가지치기, 조재작업은 할 수 없고, 벌도작업과 모아쌓기(bunching)작업은 가능하며, 펠러번처의 후속 작업으로 프로세서나 체인톱에 의한 가지치기, 조재작업이 이어져야 한다.

▌ 예불기

가솔린엔진이나 전기모터 등의 소형원동기에 의해 구동되는 원형 톱날이나 특수한 모양의 톱날에 의해 잡초나 관목, 소경목 등을 베어 깎는 1인용 휴대 작업 도구이다.

■ 예불기 안전수칙
- 예불기 작업방향은 톱날의 회전방향이 좌측이므로 우측에서 좌측으로 실시한다.
- 칼날의 정면방향에서 시계점 12~3시 방향은 튕김현상이 매우 잘 일어나는 부분이므로 되도록 이 부분을 이용한 절단작업은 피한다.
- 작업 시 조작손잡이를 두 손으로 잡고, 좌우로 진자운동을 하듯이 허리를 같은 방향으로 좌우로 회전시키며 항상 톱날방향과 상체의 중심선이 일치하도록 한다.
- 정면으로부터 톱날의 회전방향으로 약 60~70° 부분이 절단효율이 가장 좋다.
- 톱날 목부분에 부착된 안전덮개는 베어진 가지나 풀 등의 이물질이 작업원에게 튀어 오르지 못하게 하는 보호역할을 한다.
- 풀이나 가지가 톱날에 끼이면 반드시 엔진을 정지하고 이를 제거한 후 다시 작업한다.
- 급경사지의 경우는 경사면의 하향이나 상향방향으로의 작업은 매우 위험하므로 반드시 등고선 방향으로 진행해야 한다.
- 경사지 작업에서는 왼발이 경사지 아래쪽에 위치하고, 우측에서 좌측으로 작업한다.
- 톱날이 덩굴에 휘감기지 않도록 주의하고, 덩굴 윗부분을 1차 작업한 후 아래부분을 작업한다.
- 작업자 간의 거리는 10m 이상 유지한다.
- 1시간 작업 후 휴식한다(소음과 진동이 심하므로).
- 톱날은 지상으로부터 10~20cm의 높이를 유지하고, 5~10°로 기울여 절단한다.
- 1년생 잡초 및 초년생 관목베기의 작업폭은 1.5m가 적당하다.

■ 자동지타기(가지 자르는 기계)
- 수간(줄기)을 자체 동력으로 상승하면서 가지치기 작업을 실시하는 기종이다.
- 나선형으로 상승하는 형태와 수직으로 상승하는 형태가 있다.
- 소형 체인톱이 부착되어 이를 이용하여 가지치기를 하고, 수간을 상승하는 구동력은 고무 타이어 바퀴의 구동에 의하여 얻어진다.

■ 집재 및 수확작업 기계
- 중력식 : 활로(수라)에 의한 집재, 와이어로프에 의한 집재
- 기계력에 의한 집재 : 소형 윈치류, 소형 집재용 차량, 크레인, 트랙터 윈치류 등
- 가선집재용 기계 : 야더 집재기, 이동식 타워야더, 타워야더 등

■ 운재작업 기계
- 육상운재 : 트럭, 철도, 삭도(索道), 활로(chute), 인클라인, 목마, 썰매, 우마차 등
- 수상운재 : 유송(관류, 벌류), 위류, 해양뗏목, 선박수송 등

▌ 산림토목용 기계

- 불도저 : 궤도형 트랙터의 전면에 작업목적에 따라 부속장비로서 다양한 블레이드(토공판, 배토판)를 부착한 기계이다.
- 셔블계 굴착기
  - 파워셔블 : 기계의 위치보다 지면이 높은 장소의 굴착에 적당하고 굳은 지반의 굴착에 사용한다.
  - 백호 : 기계의 위치보다 지면이 낮은 장소의 굴착에 적당하고 부드러운 지반의 굴착에 사용하며 수중굴착도 가능하다.
  - 드래그라인 : 기계의 위치보다 지면이 낮은 장소의 굴착에 적당하고 굳은 지반의 굴착에 사용하며, 옆도랑과 빗물받이의 토사를 제거할 때 적합하다.

▌ 예불기의 점검

- 작업 전 점검 : 작업용 칼날 검사(부착, 마모상태 등), 칼날 조임너트 검사, 기어케이스의 조임볼트 검사, 안전커버 검사, 볼트 검사, 작업봉 검사, 연료호스 검사 등
- 작업 후 점검 : 기어케이스 청소, 연료호스 검사, 작업봉 검사 등
- 매 25시간 점검 : 기어케이스 그리스 주입, 점화플러그 청소, 플렉시블 샤프트 그리스 주입 등
- 매 100시간 점검 : 클러치드럼 청소, 부분품 조이기 등

▌ 체인톱의 정비

- 일일 정비 : 휘발유와 오일의 혼합, 에어필터 청소, 안내판 손질
- 주간 정비 : 안내판, 체인톱날, 점화부분(스파크플러그), 체인톱 본체
- 분기별 정비 : 연료통과 연료필터 청소, 윤활유 통과 거름망 청소, 시동줄과 시동스프링 점검, 냉각장치, 전자점화장치, 원심분리형 클러치, 기화기

▌ 예불기 시동이 걸리지 않을 경우

- 연료혼합비 확인 : 연료혼합비 25 : 1(휘발유 : 엔진오일)
- 점화플러그 불꽃 확인 : 점화플러그 청소 또는 교체
- 머플러 막힘 확인 : 머플러 막힘 및 이물질 제거

▌ 예불기 힘이 약할 경우

- 흰색 배기가스 확인 : 연료혼합비 25 : 1(휘발유 : 엔진오일)
- 공기여과장치 확인 : 공기여과장치 청소 및 교체
- 작업봉에 진동이 심할 경우 : 예불기 날 조립 확인 → 예불기 날 재조립
- 작업봉에 열이 발생할 경우 : 플렉시블 샤프트 호스 열 발생 확인 → 그리스 주입

산림보호

▌ 병원의 분류

전염성병		바이러스, 파이토플라스마, 세균, 진균, 조균, 선충, 종자식물 등에 의한 병
비전염성병	부적당한 토양조건	토양수분의 과부족, 토양 중의 양분결핍 또는 과잉, 토양 중의 유독물질, 토양의 통기성 불량, 토양산도의 부적합 등
	부적당한 기상조건	지나친 고온·저온, 광선부족, 건조·과습, 강풍·폭우·우박·눈·벼락·서리 등
	유기물질	광독 등 토양오염으로 인한 해, 염해, 농약에 의한 해 등
	기타	농기구 등에 의한 기계적 상해 등

▌ 병원체의 월동방법

- 기주의 생체 내에 잔재해서 월동 : 잣나무 털녹병균, 오동나무 빗자루병균, 각종 식물병원성 바이러스 및 파이토플라스마 등
- 병환부 또는 죽은 기주체상에서 월동 : 밤나무 줄기마름병균, 오동나무 탄저병균, 낙엽송 잎떨림병균 등
- 종자에 붙어 월동 : 오리나무 갈색무늬병균, 묘목의 잘록병균 등
- 토양 중에서 월동 : 묘목의 잘록병균, 근두암종병균, 자주빛날개무늬병균 및 각종 토양서식병원균 등

▌ 주요 병징과 표징

병징·표징		특징	병
변색 (discolora-tion)	황화	엽록소의 발달이 부진하여 잎이 황색~백색으로 된다. 마그네슘결핍증과 광선이 부족한 묘목에도 많다.	소나무묘 등의 황화병 등
	위황화	엽록소 발달이 부진하거나 정지하여 국부적으로 발생한다. 철분부족, 석회과잉, 파이토플라스마(MLO), 바이러스 등에 의하여 일어난다.	오동나무·대추나무 빗자루병 등
	백화	엽록소가 형성되지 않아 잎이 백색을 나타낸다.	바이러스병, 사철나무 백화증상 등
	자색·적색화	잎이 자주색이나 담적색으로 변색한다. 인산, 마그네슘 등의 결핍이나 병원균에 의하여 발생한다.	삼나무 붉은마름병, 낙엽송 묘자색화병 등
	반점	잎에 점모양의 황·갈색반점 또는 반문이 생긴다. 변색부의 형태에 따라 둥근무늬(원반), 각반, 겹무늬(윤문) 등으로 구분된다.	대부분의 활엽수의 점무늬성 병해 등
구멍(穿孔)		잎에 형성된 반점경계에 분리층이 생겨 병든 조직이 탈락한다.	벚나무 갈색무늬구멍병
시들음(위조)		수목의 전체 또는 일부가 수분의 공급부족으로 시든다.	소나무 재선충병, 뿌리썩음병 등
비대		병든 수목의 세포가 비대 또는 증식되어 기관의 일부 또는 전체가 이상 비대하여 혹 모양 또는 암종 모양으로 된다.	소나무류 혹병, 근두암종병, 뿌리혹선충병 등
빗자루(叢生)		병든 부분에서 많은 잔가지가 밀생하여 빗자루모양의 기형으로 된다.	벚나무 빗자루병, 대추나무·오동나무 빗자루병 등
위축·왜화		조직이나 기관이 작아진다. 전체에 미치는 것과 국소부분에 머무는 것이 있다.	뿌리썩이선충병 등

병징·표징	특징	병
미라화	과실 등 식물의 기관이 마르고 딱딱하게 위축된 상태로 나무에 남는다.	벚나무 균핵병 등
기관의 탈락	병든 나무의 잎, 꽃 등에 분리층이 형성되어 일찍 탈락한다.	낙엽송 잎떨림병, 소나무류 잎떨림병 등
괴사	세포나 조직이 죽는다. 변색, 시들음 등과 관계가 깊다.	삼나무 붉은마름병 등
줄기마름·부란 (동고·부란)	줄기와 굵은 가지가 국부적으로 고사하고 병든 부위의 수피가 거칠게 터지며 함몰한다.	오동나무 부란병, 밤나무 줄기마름병 등
가지마름(지고)	가지끝이나 잔가지가 말라 죽는다.	낙엽송 가지끝마름병 등
부패	병든 부분을 중심으로 주변조직이 부패하여 뭉그러진다. 피해 부위에 따라서 뿌리썩음, 줄기썩음, 눈썩음(芽腐), 꽃썩음, 변재부후, 심재부후 등으로 구분된다.	모잘록병, 낙엽송 근주심재부후병 등
분비	조직이 변질되어 수지, 액즙, 점질물 등을 분비한다.	편백 가지마름병, 수지동고병 등

▌ **종실을 가해하는 곤충**
- 나비목(명나방과, 밤나방과, 애기잎말이나방과), 파리목(혹파리과), 벌목(잎벌과, 혹벌과), 딱정벌레목(나무좀과, 바구미과, 비단벌레과, 하늘소과)
- 종실에 구멍이나 기형, 벌레의 똥, 수지의 유출·변색 등

▌ **묘목을 가해하는 곤충**
- 메뚜기목(귀뚜라미과, 메뚜기과), 거위벌레목(거위벌레과), 노린재목(깍지벌레과, 솜벌레과, 진딧물과), 나비목(밤나방과), 딱정벌레목(바구미과, 방아벌레과, 풍뎅이과), 파리목(꽃파리과)
- 황화(진딧물, 솜벌레), 적변(뿌리바구미, 꽃파리), 임목밀도 감소(땅 속을 가해하는 것), 변색, 식흔 등

▌ **눈과 새순을 가해하는 곤충**
- 노린재목(솜벌레과, 진딧물과), 나방목(명나방과, 애기잎말이나방과), 벌목(혹벌과, 잎벌과), 딱정벌레목(나무좀과, 바구미과)
- 매목조사 및 직접관찰로 발견할 수 있다.

▌ **잎을 가해하는 곤충**
- 메뚜기목(메뚜기과), 대벌레목(대벌레과), 노린재목(깍지벌레과, 거품벌레과, 매미충과, 방패벌레과, 솔방울진딧물과, 솜벌레과, 장님노린재과, 진딧물과), 총채벌레목(총채벌레과), 나비목(가는나방과, 굴나방과, 네발나비과, 독나방과, 명나방과, 박각시나방과, 밤나방과, 불나방과, 뿔나방과, 산누에나방과, 애기잎말이나방과, 솔나방과, 어리굴나방과, 잎말이나방과, 자나방과, 재주나방과, 주머니나방과, 흰나비과), 벌목(솔노랑잎벌과, 잎벌과)
- 집단적인 표징이 나타난다.

▌ 가지를 가해하는 곤충

- 노린재목(깍지벌레과, 거품벌레과, 매미과, 뿔매미과, 솜벌레과, 진딧물과), 나비목(명나방과, 애기잎말이나방과), 파리목(혹파리과), 딱정벌레목(나무좀과, 바구미과, 비단벌레과, 하늘소과)
- 가지의 인피층을 가해하여 수관부가 적변하거나 회변하는 집단적·경관적 표징이 나타난다.

▌ 뿌리와 지접근부를 가해하는 곤충

- 전체가 적색으로 변하며 고사, 지접부를 중심으로 부러지거나 수지유출현상이 나타난다.
- 노린재목(진딧물과), 벌목(개미과), 딱정벌레목(나무좀과, 바구미과, 풍뎅이과, 하늘소과)

▌ 수간의 인피부를 가해하는 곤충

- 노린재목(깍지벌레과, 솜벌레과), 나비목(유리나방과), 파리목(굴파리과, 꽃등애과), 딱정벌레목(나무좀과, 바구미과, 비단벌레과, 하늘소과)
- 단목이나 복수의 나무가 군으로 변색
- 단목조사로 약색, 낙엽, 신소생장부족, 수지유출, 목분, 곤충의 분비물에 싸인 수피표면의 백색화 등을 볼 수 있다.

▌ 재질부를 가해하는 곤충

- 흰개미목, 노린재목(솜벌레과), 나비목(굴벌레나방과, 박쥐나방과, 유리나방과), 파리목(꽃등애과, 굴파리과, 혹파리과), 벌목(개미과, 나무벌과, 칼잎벌과), 딱정벌레목(가루나무좀과, 권연벌레과, 긴나무좀과, 나무좀과, 바구미과, 방아벌레붙이과, 비단벌레과, 사슴벌레과, 통나무좀과, 하늘소과)
- 열공, 소공, 수액유출, 목질섬유의 배출 등의 표징이 단수 또는 복수로 나타난다.

▌ 나비목(나비, 나방류)

나비와 나방류가 이에 속하며 산림해충중 가장 많은 종류가 포함되는 군으로 솔나방, 미국흰불나방, 매미나방(집시나방), 천막벌레나방(텐트나방) 등 대부분이 식엽성해충(食葉性害蟲)이지만, 종실[구과(毬果)]을 가해하는 잎말이나방과 명나방류, 형성층을 가해하는 박쥐나방과 유리나방 등 가해형태도 다양하다.

솔나방	• 피해 : 4월 상순부터 7월 상순까지, 8월 상순부터 11월 상순까지 유충이 잎을 갉아먹음 • 방제법 : 약제·병원미생물 살포, 유충 포살, 번데기 채취, 성충 유살, 알덩이 제거
(미국)흰불나방	• 피해 : 북미 원산으로 유충이 잎을 식해, 도시주변의 가로수나 정원수에 특히 피해가 심함 • 방제법 : 약제·바이러스 살포, 번데기 채취, 알덩이 제거, 군서유충 포살, 성충 유살
어스렝이나방	• 피해 : 유충이 잎을 식해하여 수세를 약하게 함 • 방제법 : 약제 살포, 알덩이 제거, 유충 포살, 성충 유살, 번데기 채취

▌ 딱정벌레목 : 오리나무잎벌레

- 가해수종 : 오리나무류, 박달나무 등
- 피해 : 유충과 성충이 잎을 식해, 피해목은 부정아 발생
- 방제법 : 약제 살포, 유충·성충 포살, 알덩이 제거

▌ 파리목 : 솔잎혹파리

• 가해수종 : 소나무, 해송
• 피해 : 유충이 솔잎 기부에 충영(벌레혹)을 만들고 그 속에서 수액을 흡즙·가해하여 솔잎을 일찍 고사하게 하고 임목의 생장을 저해, 피해가 극심할 때에는 임목의 30% 정도가 고사함
• 방제법 : 나무주사, 천적 방제, 피해목 벌채

▌ 파이토플라스마에 의한 수병

대추나무 빗자루병	• 병징 : 가는 가지와 황녹색의 아주 작은 잎이 밀생하여 빗자루 모양과 같아지고 결국 고사한다. • 병든 나무의 분주를 통해 차례로 전염된다. • 방제법 : 밀식과 간작을 피함, 병징이 심한 나무는 뿌리째 캐내어 소각, 병징이 심하지 않은 나무는 옥시테트라사이클린을 수간주입한다.
뽕나무 오갈병	• 병징 : 병든 잎이 작아지고 쭈글쭈글해지며 담황색이 되고, 잎의 결각이 없어져 둥글게 되며 잎맥의 분포도 작아진다. 가지의 발육이 약해지고 나무모양이 왜소해지며, 곁눈의 싹이 빨리 터서 작은 가지가 많으므로 빗자루 모양을 이룬다. • 마름무늬매미충에 의해 매개되고 접목에 의해서도 전염된다. • 방제법 : 병든 나무를 발견 즉시 제거 후 저항성 품종으로 보식, 칼륨질 비료 시용, 매개충 구제, 항생제로 치료한다.

▌ 세균에 의한 수병 : 뿌리혹병

• 밤나무, 감나무, 호두나무, 포플러, 벚나무 등에 잘 발생하며 특히 묘목에 발생했을 때 피해가 크다.
• 병징 : 초기에는 병든 부위가 비대하고 우윳빛을 띠는데, 점차 혹처럼 되면서 표면이 거칠어지고 암갈색으로 변화, 병원균이 병환부에서도 월동하지만, 땅속에서 다년간 생존하면서 기주식물의 상처를 통해서 침입한다.
• 방제법 : 병든 나무를 제거하고 객토, 생석회로 토양소독 등 소독 작업을 한다.

▌ 조균류에 의한 수병 : 모잘록병

• 토양서식 병원균에 의하여 당년생 어린 묘의 뿌리 또는 땅가 부분의 줄기가 침해되어 말라 죽는 병이다.
• 병징 : 도복형, 지중부패형, 수부형, 근부형
• 병원균 : 여러 종류의 조균, 불완전균 등에 의해 발생하며 침엽수의 묘에 큰 피해를 주는 것은 불완전균에 의해 발생, 땅속에서 월동하여 다음해의 제1차 감염원이 된다.
• 방제법 : 토양소독, 종자소독, 배수와 통풍에 주의하며 햇볕이 잘 들도록 해줌, 인산질 비료를 충분히 시비한다.

▌ 자낭균에 의한 수병

흰가루병	• 병징 : 병환부에 불규칙한 흰 가루를 뿌려놓은 것과 같은 병반을 나타내고, 가을이 되면 병환부의 흰 가루에 섞여서 미세한 흑색의 자낭구가 다수 형성한다. • 방제법 : 가을에 병든 낙엽과 가지를 모아서 소각, 새눈이 나오기 전에 석회황합제(150배액)를 살포한다.
그을음병	• 병징 및 병환 : 잎·줄기·가지 등에 새까만 그을음을 발라 놓은 것 같은 외관을 나타낸다. 진딧물, 깍지벌레 등이 기생한 후 그 분비물 위에서 그을음병균이 번식, 수세가 약해진다. • 방제법 : 통기불량, 음습, 비료부족 또는 질소비료의 과용 등의 유인 제거, 살충제로 진딧물·깍지벌레 등 구제

▌ 담자균에 의한 수병 : 향나무 녹병

• 향나무 녹병(배나무의 붉은별무늬병)은 향나무와 배나무에 기주교대하는 이종기생성 병이다.
• 병징 : 4월경 향나무의 잎이나 가지 사이에 갈색의 혀 모양을 한 균체가 형성되는데, 비가 와서 수분을 흡수하면 우무(한천)모양으로 불어난다. 중간기주인 배나무의 잎 앞면에는 오렌지색의 별무늬가 나타나고 그 위에 흑색미립점이 밀생하며, 잎 뒷면에는 회색에서 갈색의 털같은 돌기(녹포자기)가 발생한다.
• 병환 : 병원균이 6~7월까지 배나무에 기생하다가 향나무로 날아가 기생하면서 균사의 형으로 월동한다.
• 방제법 : 향나무와 배나무는 서로 2km 이상 떨어진 곳에 식재해주고 향나무에는 4~7월에 약제 살포, 배나무에는 4월 중순부터 약제 살포한다.
※ 기주교대 : 이종기생균이 그 생활사를 완성하기 위하여 기주를 바꾸는 것

▌ 선충에 의한 수병 : 소나무 시들음병

• 병징 : 초여름에 잎 전체가 누렇게 변하면서 30~50일 이내에 나무가 완전히 고사한다.
• 병원선충 : 소나무재선충이 여러 종류의 하늘소에 의해 전반되어 목질부로 들어가 대량증식, 수분의 통도작용을 저해한다.
• 방제법 : 매개충인 하늘소류를 구제, 병든 소나무는 제거하여 소각한다.

▌ 물리적·기계적 방제

• 물리적 방제 : 병원균이 온도, 습도 등에 가진 내성 한계를 이용하여 사멸시키거나 불활성화시켜 방제하는 방법으로 온도처리, 습도처리, 빛과 색깔 이용(유아등, 유색점착트랩 등), 방사선과 음파, 압력(감압법) 등이 있다.
• 기계적 방제 : 기계나 기구 또는 인력으로 해충을 방제하는 방법으로 입목밀도와 수고가 낮을 경우에 적용한다. 포살법, 찔러죽임, 진동법, 소살법, 경운법, 유살법 등이 있고 유살법에는 잠복장소유살법, 번식장소유살법, 등화유살법 등이 있다.

▌ 화학적 방제(약제 방제)

- 농약 등 화학약품을 이용한 방제로서 묘포장 또는 단목을 대상으로 큰 효과가 있다.
- 산림에서는 지형, 임상 등으로 약제 살포가 어려우므로 항공살포를 실시한다.
- 상당한 경비와 노력이 수반되므로 위급 상황 시 조치 수단으로 활용하는 경우가 많다.

살균제	식물병의 원인인 미생물(진균, 세균, 원생동물 등)을 방제하기 위하여 사용하는 약제
살충제	해충을 방제하기 위하여 사용하는 약제를 말한다. • 식독제 : 소화중독제라고도 하며 약제가 해충의 입을 통하여 소화관 내에 들어가 중독작용을 일으켜 죽게 한다. • 접촉독제 : 해충의 체표면에 직접 또는 간접적으로 닿아 약제가 기문(氣門)이나 피부를 통하여 몸 속으로 들어가 신경계통이나 세포조직에 독작용을 일으킨다. • 침투성 살충제 : 약제를 식물체의 뿌리·줄기·잎 등에서 흡수시켜 식물체 전체에 약제가 분포되게 하여 흡즙성 곤충이 흡즙하면 죽게 하는 것으로, 천적에 대한 피해가 없어 천적보호의 입장에서도 유리하다. • 유인제 : 해충을 유인해서 포살하는 데 사용되는 약제 예 성 페로몬(sex pheromone) • 기피제 : 해충이 작물에 접근하는 것을 방해하는 물질 예 나프탈렌 • 불임제 : 곤충의 생식세포에 장해를 일으켜 알이나 성충이 생식능력을 잃게 함으로써 알이 수정되지 않게 하는 약제
제초제	잡초를 방제하기 위하여 사용되는 약제
식물생장 조절제	식물의 생육을 촉진 또는 억제, 개화촉진, 낙과방지 또는 촉진 등 식물의 생육을 조절하기 위하여 사용하는 약제
보조제	약제의 효력을 충분히 발휘하도록 하기 위하여 첨가되는 보조물질 • 용제 : 약제를 용해시키는 데 쓰인다. • 유화제, 희석제 : 수중에서 약제의 분산을 돕는다. • 전착제 : 약제의 현수성(懸垂性)이나 확전성(擴展性) 또는 고착성을 돕는다. • 공력제(公力濟) : 주제의 살충효력을 증가시키는 데 쓰인다.

▌ 생물적 방제

- 포충동물, 기생곤충, 병원생물 등을 이용한다.
- 천적을 이용한 방제수단으로는 외지에서 유력한 천적을 도입하는 방법, 그 지방에 존재하고 있는 토착 천적의 세력을 강화하는 방법이 있다.
- 생물적 방제에 가장 흔히 이용되는 종류는 포식충과 기생충이다.

▌ 산불의 종류

지중화	• 땅속의 이탄층과 낙엽층 밑에 있는 유기물이 타는 것을 말하며, 산불진화 후에 재발의 불씨가되기도 한다. • 산소의 공급이 막혀 연기도 적고 불꽃도 없이 서서히 강한 열로 오래 계속되면서 균일하게 피해를 준다. • 지표 가까이에 몰려 있는 연한 뿌리들이 뜨거운 열로 죽게 되므로 지상부는 아무렇지도 않은 채 나무가 죽게 되며 우리나라에서는 잘 발생하지 않는다.
지표화	지표에 쌓여 있는 낙엽과 풀 등이 불에 타는 화재로, 어린 나무가 자라는 산림이나 초원 등에 가장 흔히 일어나는 산불이다.
수간화	• 나무의 줄기가 타는 불로 지표화로부터 연소되는 경우가 많다. • 간벌이나 가지치기 등 육림작업이 부실한 경우 밀생된 가지나 잎으로 옮겨지는 산불이다.
수관화	• 나무의 가지부분(꼭대기)까지 타는 것을 말하며, 화세도 강하고 진행속도가 빨라서 끄기가 힘들며 피해도 가장 크다. • 바람이 부는 방향으로 V자형 선단으로 뻗어나가고, 큰불이 되면 선단이 여러 개가 된다.

■ 산불의 원인

입산자의 실화 > 논·밭두렁 소각 > 쓰레기 소각 > 담뱃불 실화 > 성묘객의 실화

■ 산불이 발생하는 조건

- 활엽수보다 침엽수에서 산불이 일어나기 쉽다.
- 양수는 음수에 비하여 산불의 위험성이 높다.
- 나이가 많은 큰 나무 숲보다 어리고 작은 숲이 산불의 위험도가 크다.
- 3~5월의 건조 시에 산불이 가장 많이 일어난다.
- 단순림과 동령림이 혼효림 또는 이령림보다 산불이 일어나기 쉽다.

■ 수종에 따른 내화력 비교

- 침엽수는 재목과 잎에 수지를 함유하여 활엽수에 비해 산불 피해가 심하다.
- 음수는 울폐된 임분을 형성하여 임재에 습기가 많고 잎도 비교적 잘 안 타는 편이므로 위험도가 낮다.
- 활엽수 중에서 일반적으로 상록수가 낙엽수보다 불에 강하다.
- 낙엽활엽수 중에서 굴참나무, 상수리나무 등 참나무류와 같이 코르크층이 두꺼운 수피를 가진 것이 불에 강하다.

구분	내화력이 강한 수종	내화력이 약한 수종
침엽수	은행나무, 잎갈나무, 분비나무, 가문비나무, 개비자나무, 대왕송 등	소나무, 해송(곰솔), 삼나무, 편백 등
상록활엽수	아왜나무, 굴거리나무, 후피향나무, 붓순, 협죽도, 황벽나무, 동백나무, 비쭈기나무, 사철나무, 가시나무, 회양목 등	녹나무, 구실잣밤나무 등
낙엽활엽수	피나무, 고로쇠나무, 마가목, 고광나무, 가중나무, 네군도단풍나무, 난티나무, 참나무류, 사시나무, 음나무, 수수꽃다리 등	아까시나무, 벚나무, 능수버들, 벽오동나무, 참죽나무, 조릿대 등

■ 산불진화의 기본 원리

- 제거소화 : 연료가 되는 산림 내 가연물질을 파괴 또는 격리함으로써 진화할 수 있다.
- 질식소화 : 일상적인 조건에서 산소를 제거하기는 쉽지 않지만 산불진화에서는 연료를 흙에 묻어 산소를 차단한다.
- 냉각소화 : 열은 불 위에 물을 뿌리거나 흙을 덮음으로써 냉각시킬 수 있다.

▌ 산불진화의 일반 수칙

- 2인 이상의 조를 편성하여 이동하고, 고립되지 않도록 주의한다.
- 진화도구 사용 시 대원 간의 거리는 3m 이상 간격을 유지한다.
- 한 장소에 오래 머물러 있지 말고, 진화 작업을 진행하면서 이동한다.
- 천연적인 방화선을 이용하고, 계곡 방향으로 접근하지 않는다.
- 급경사지에서 진화 작업을 할 경우에는 낙석 등에 주의한다.
- 불 머리 양 측면을 우선 진화하고, 화세가 약해지면 불 머리를 진화한다.
- 위험연료에 확산되는 불씨부터 진화하고, 비산된 불은 낙하 즉시 진화한다.
- 위험시 대피할 수 있는 비상 대피로를 2개 이상 확보한다.
- 진화 조장은 대원과 항상 연락할 수 있도록 통신망을 유지한다.
- 산불에 고립되었을 때 방연마스크, 방염텐트 등을 신속히 착용하고 대피한다.

▌ 산불진화 전술

- 직접진화 : 화변 또는 그 근처에서 진화 도구나 물과 같은 진화 자원을 사용하여 불을 제압하는 방법이다.
- 간접진화 : 화세가 강하여 직접 진화가 어려울 때 화염과 일정 거리를 둔 위치에서 불 가두기 등을 통하여 산불 진화를 시도하는 방법이다.

▌ 산불진화장비의 종류(산림보호법 시행규칙 [별표 3의3])

구분	내용	
항공진화장비	산불진화 헬리콥터, 고정익(固定翼) 항공기, 진화용 드론 등 공중에서 산불진화를 위해 사용하는 장비	
지상진화장비	• 산불지휘차, 산불진화차, 산불기계화시스템, 산불소화시설 등 지상에서 산불진화를 위해 사용하는 장비 • 등짐펌프, 진화배낭, 진화복 등 산불진화에 투입되는 인력에게 지급하는 장비	
통신장비	무선중계기, 고정국(固定局), 육상국(陸上局) 등 통신기, 디지털단말기 등 산불진화현장의 통신체계 구축을 위해 사용하는 장비	
그 밖의 진화장비	그 밖의 산불진화에 사용하는 장비로서 산림청장이 정해 고시하는 장비	

▌ 진화도구

- 삽 : 땅을 파는 데 사용되며, 땅에 도랑을 파서 진화선을 구축할 수 있다.
- 갈퀴 · 괭이 : 불씨를 흩뜨리거나 흙으로 불씨를 덮어 퍼뜨리지 않고 진화할 수 있다.
- 톱 : 산불진화 시 장애물 제거나 불을 차단하기 위해 나무를 절단하는 데 이용한다.
- 등짐펌프 : 물을 운반하고 불을 진화하는 데 사용되며, 주로 소형 진화작업에 효과적이다.

▌ 안전장비

- 안전모 : 재질이 견고하고 가벼우며 머리에 잘 맞고 턱끈이 있어야 하며, 진화대원 간 식별이 용이한 색상이 유리하다.
- 보안경 : 지장목 제거 및 기계톱 사용, 헬기주변 작업 시 먼지나 이물질 발생, 물의 비산 위험에 대비하여 착용한다.
- 수통 : 식수 공급용이므로 개인별로 충분히 확보해야 한다.
- 머리전등 : 야간작업 또는 이동 시 필요하며 배터리의 충전 상태를 확인해야 한다.
- 안전화 : 내화성 소재의 가죽 제품으로 발등 및 발목을 보호할 수 있어야 한다.
- 진화복 : 긴소매의 비합성 섬유 소재의 옷을 착용하여야 한다.
- 방연마스크, 방염 텐트 등 : 불 속에 고립되었을 경우 신속히 착용한다.
- 무전기 등 : 위험상황 전파 및 대원 간 소통을 위한 통신망을 확보한다.

▌ 진화선의 정의

- 국제적 정의 : 산불의 진행을 막기 위해 가연 물질을 제거하고 광물질 토양을 드러내 연결해준 인공적 경계를 진화선(fire line)이라고 정의하고 있다.
- 우리나라의 정의(산불관리통합규정 제2조 제7호) : 산불이 진행하고 있는 외곽 지역에 산불 확산을 저지할 수 있는 하천·암석 등 자연적 지형을 이용하거나 입목의 벌채, 낙엽 물질의 제거, 고랑 파기 등의 방법으로 구축한 산불 저지선이라고 정의하고 있다.

▌ 진화선 설치 위치

적절한 위치	부적정한 위치
• 신속하고 용이하게 작업을 할 수 있는 곳 • 피해를 최대한 경감하거나 예방할 수 있는 곳 • 연료량이 적은 나지나 미입목지 • 도로, 하천, 능선 등 자연경계의 이용이 가능한 곳 • 진화선 구축 도중 불길이 넘지 않을 지역 • 불길이 능선 너머 8~9부 능선에 위치한 곳	• 급경사지로 돌 등이 굴러 내려올 위험성이 있는 지역 • 입목밀생지, 지피식생 등으로 진화선 구축이 힘든 지역 • 가연성물질이 많아 진화선을 넘을 지역 • 진화선 방향을 갑자기 돌변시켜야 될 복잡한 지역

▌ 뒷불진화

현재 남은 불이 있더라도 외곽경계에 진화선이 설치되어 있고, 산불이 진화선을 넘을 위험이 없게 되면, 피해구역 안에 남은 불이 있어도 산불은 진화된 것으로 본다. 그 이후의 진화작업을 뒷불진화라고 한다.

▌ 뒷불진화 방법

- 타고 있는 통나무의 불은 긁거나 쪼아 내며 물과 흙을 사용하여 불씨를 제거한다.
- 급경사지에서의 뒷불진화 요령
  - 산재된 통나무는 경사지와 평행으로 뒤집어 놓고 불씨를 긁어내며 흙과 물을 뿌린다.
  - 깊은 도랑을 파고 둑을 만들어 위에서 구르는 불덩어리를 모은다.
  - 타고 있는 무거운 통나무 밑에 깊은 도랑을 파준다.
- 타고 있는 위험연료는 태우거나 연소 지역 내에 흩어 놓은 후 불을 끄고, 땅에 묻는 경우는 불씨를 확인한다.
- 타고 있는 고사목은 제거 후 불을 끄고, 고사목이 탈 때는 삽과 도끼로 타고 있는 부분을 긁거나 찍어 내는 방법 등으로 진화한다.
- 감시조를 편성하여 운영한다.

PART
01

조림 및
육림기술

CHAPTER 01 식재

01 식재예정지 정리

1. 조림 및 육림

(1) 조림 및 육림의 개념

① 넓은 의미의 조림은 수확된 임분(林分)이나 숲이 없는 지역에 새로 임분을 조성하는 갱신과 조성된 임분을 가꾸는 육림(숲가꾸기)으로 이루어진다.

② 새로운 임분을 조성하기 위한 갱신에는 인위적으로 임분을 조성하는 인공갱신과 자연의 갱신력을 활용하는 천연갱신이 있다.

(2) 육림작업의 구분

인공갱신이나 천연갱신을 통해 조성된 어린 임분을 가꾸기 위한 육림작업은 크게 숲 조성과 숲 관리로 나누어진다.

조성단계	풀베기	식재목이 지피식생에 피압되는 것을 막기 위해 실시하는 작업
	어린나무가꾸기	갱신종료 단계에서 솎아베기 단계에 도달할 때까지의 유령림에 대한 모든 무육벌채적 수단
	가지치기	기계적 또는 인위적 가지 제거 또는 자연낙지 촉진
관리단계	솎아베기	장령림과 성숙림에서 목적에 맞게 임분을 형성해주기 위한 모든 무육벌채적 수단
	임연부(林緣部) 형성	산림의 내외 임연부를 안정적으로 형성해주기 위한 모든 수단
	수하식재	양수(陽樹)의 수고가 높은 임층(林層)의 수관 밑에 내음성 수종을 식재하여 하층을 조성 유지함으로써 임분 안정과 수간무육 도모

2. 식재예정지 정리 방법

(1) 식재예정지 선정

① 나무를 심을 때는 임지의 입지 조건을 조사하여 적지적수(適地適樹, 알맞은 땅에 알맞은 나무를 심음) 하는 것이 중요하다.

② 그 지역의 환경에 맞는 수종이면서도 경영목적에 적합한 수종을 선택하여 식재해야 한다.

③ 자연상태에서는 혼효림 등을 잘 관리하고, 양보다는 생태적으로 지역의 특색에 맞는 질적인 나무 심기를 함으로써 경제적으로 나라와 산주들에게 보탬이 될 수 있어야 한다.

(2) 식재예정지 정리작업

① 묘목을 식재하거나 파종하기 편리하고 묘목의 생장을 돕기 위하여 식재예정지의 벌채잔해물, 관목, 덩굴, 잡초 등을 제거하는 작업을 식재예정지 정리작업 또는 지존작업(地拵作業)이라 한다.

② 우리나라에서 식재예정지 정리작업은 기계톱과 무육낫을 이용한 인력에 의한 작업이 대부분이다.

③ 식재예정지 정리작업은 인력에 의한 작업과 기계에 의한 작업, 제초제를 이용하는 방법, 제거 대상물이나 식생을 소각하는 작업 방법이 있다.

④ 작업 방법에 따라서 풀베기작업의 회수에도 영향을 미칠 수 있으므로 식생과 입지, 식재 방법, 식재수종이나 크기에 따라서 효율적인 방법을 선택해야 한다.

3. 지존물 정리유형

(1) 인력에 의한 작업

① 관목 정리 : 기계톱, 무육낫, 손톱 등을 이용하여 관목과 덩굴 등을 자른다.

② 벌채잔해물 정리

    ㉠ 초두부, 가지, 절단한 관목 등 벌채산물은 등고선과 평행하게 30~50m 길이로 정리한다.

    ㉡ 열간 폭은 산물량에 따라 식재열을 1열 또는 2열로 배치한다.

    ㉢ 정리한 산물 사이에는 1~2개의 통로를 설치하여 작업자가 통과할 수 있도록 한다.

③ 풀깎기(기계적 방법 적용)

    ㉠ 낫, 손도끼, 손톱 등을 이용하여 잡초나 덩굴 등을 제거한다.

    ㉡ 동력예취기를 이용하면 공정이 빨라지나 경사가 급하거나 장애물이 많은 지역에서는 동력예취기를 쓰지 않는 것이 좋다.

모두베기	• 식재예정지 내의 풀을 모두 깎거나 제거하는 방법으로 소나무나 일본잎갈나무와 같은 양수를 파종하거나 식재하기 위해 적용하는 방법이다. • 식재 후 밑깎기 등 이후의 작업이 쉽고 식재 묘목이 다른 관목이나 풀에 피압당할 위험이 적다. • 노동력이 많이 들고, 맨땅이 드러나 토양이 건조해질 수 있다.
줄베기	• 나무를 심거나 파종하는 줄을 따라 풀을 깎는 방법이다. • 음수 또는 한·풍해의 우려가 있는 지역에 적용한다. • 작업이 빨라 시간과 경비를 절약할 수 있고, 기상이나 입지 조건이 좋지 않은 곳에서 표토와 묘목을 보호할 수 있다. • 남은 식생은 다른 용도로 이용가능하고, 식재 후 밑깎기를 해주어야 한다.
둘레베기	• 나무를 심을 곳만 1m 안팎의 원형 또는 사각형으로 풀을 제거하는 방법이다. • 풀을 깎는 지역이 적으므로 전체깎기에 비해 인력과 경비를 절감할 수 있다. • 주변의 풀이 자라 그늘을 만들 수 있으므로 내음성 수종을 심거나 파종할 때 적용한다.

(2) 도구·기계에 의한 방법

① 벌채잔해물이 많은 경우(예 가지, 초두목 등)에는 로그그래플(log grapple)이나 불도저 등을 이용한 작업이 적합하다.

② 10% 이상의 경사지 혹은 심한 침식성 토양에서는 등고선 방향으로 장비를 운행할 수 있다.

③ 30% 이상의 경사지에서는 기계를 이용한 작업은 실시하지 않는다.

④ 토양 내 수분이 포화된 기간에는 바퀴자국이 생기거나, 토양침식이 가속화되므로 기계에 의한 작업을 실시하지 않는다.

(3) 약제 살포

① 약제를 이용하면 인력과 경비를 절감할 수 있지만 토양·수질 오염의 우려가 있으므로 상수원 보호구역 등에서는 사용을 피해야 한다.

② 식재예정지에서는 관목과 잡초의 제거를 위하여 비선택성 제초제인 글리포세이트 계열의 글라신 액제를 많이 이용한다.

　㉠ 비선택성 제초제 : 근사미, 라운드업, 글라신골드, 성보글라신 등

　㉡ 과거 가장 많이 이용되었던 그라목손(파라콰트 액제)은 사람에 대한 독성이 강하여 2012년부터 우리나라에서 생산 및 판매가 금지되었다.

③ 임지 전체를 새로운 수종으로 교체할 때는 일반적으로 비선택성 제초제를 사용한다.

④ 비선택성 약제는 조림목에 약해를 줄 수도 있기 때문에 주의해서 사용해야 한다.

(4) 소각법(화입지존)

① 관목(灌木)과 잡목(雜木)이 우거진 임지에 인공식재를 하려고 할 때 식재 직전에 불을 넣어서 관목과 잡초를 제거한 후에 식재하는 방법을 이용할 수 있다.

② 불을 이용하기 위해서는 사전조사를 해야 하고, 적용시기, 장소, 방법 등에 세심한 주의가 필요하며 불이 다른 지역으로 확산되지 않도록 주의해야 한다.

③ 최근에는 산불로의 확산을 우려하여 실시하지 않고 있다.

(5) 작업 방법별 장단점

구분	장점	단점
인력작업	• 의도하는 대로 작업을 할 수 있음 • 고용효과를 증대시킴	• 많은 경비가 소요됨 • 양질의 인력을 확보하기가 어려움 • 맹아 발생으로 풀베기작업에 많은 인력이 소요됨
기계작업	• 능률적임 • 가지나 초두목, 고사목, 도복목 등의 제거에 효과적임 • 인력으로 하기 어려운 작업을 수행할 수 있음	• 비교적 많은 경비가 소요됨 • 표토가 유실되어 침식되거나 토양이 굳어짐 • 35% 이상의 급경사지에서는 사용이 어려움
약제 살포	• 인력과 비용을 절감할 수 있음 • 표토가 유실되거나 토양이 굳어지지 않음 • 기계로 접근이 어려운 오지에도 사용이 가능함 • 풀베기작업까지 생력화할 수 있으며 수분, 양료 등에 대한 경쟁이 해소되어 조림목의 생장이 촉진됨	• 잘못 사용하는 경우 인접지에 피해를 유발할 수 있음 • 사용 시기, 대상 식생 등이 한정되어 있음 • 일년생 초본이 침입하여 만연되는 경우가 있음

| 소각법 | • 인력과 비용이 절감됨
• 낙엽이나 고사지에 있는 미량원소가 가용화되어 토양 내의 양료 함량이 증가됨
• 험준 오지에도 작업이 가능함 | • 야생 동물이 도피함
• 연기에 의해 공기가 오염됨
• 토양의 물리적·화학적 성질이 악화됨
• 인접지로 인화 우려가 있음 |

02 | 식재

1. 주요 조림수종의 종류 및 특성

(1) 조림수종의 선정

① 일반적 선정 기준
  ㉠ 성장속도가 빠르고 재적성장량이 많을 것
  ㉡ 가지가 가늘고 짧으며, 줄기가 곧은 것
  ㉢ 목재의 이용가치가 높고 수요가 많을 것(경제성 있는 수종)
  ㉣ 바람, 눈, 건조, 병해충에 저항력이 큰 수종일 것
  ㉤ 씨앗의 확보, 양묘, 식재 후 관리가 쉬운 수종일 것
  ㉥ 입지에 대하여 적응력이 큰 것(적지적수에 부합하는 수종)
  ㉦ 임분조성이 쉽고 조림의 실패율이 적은 것

② 조림지의 하목(수하) 식재용 수종의 구비조건
  ㉠ 내음성이 강한 수종으로 척박 토양에 견디는 힘이 강한 것
  ㉡ 작은 나무라도 약간의 이용가치가 있는 수종일 것
  ㉢ 뿌리혹박테리아에 의하여 토양에 질소분을 증가할 수 있는 수종일 것
  ㉣ 표토 건조 방지, 지력 증진, 황폐와 유실방지 등을 목적으로 하는 수종일 것

③ 조림지역은 전국을 대상으로 행정구역과는 관계하지 않고, 산림기후대, 강수량, 평균기온, 온량지수, 한량지수 등 임목 생육에 영향을 끼치는 기상적 인자를 고려하여 판정한다.

④ 산림의 간접적인 기능인 국토 보전, 수원 함양, 미세 먼지 저감, 경관 개선 등과 같은 공익적 가치가 큰 수종을 선정한다.

(2) 조림 권장 수종

① 경제림 조성용 중점 조림수종

구분	조림수종
강원·경북	소나무, 낙엽송, 잣나무, 참나무류
경기·충북·충남	소나무, 낙엽송, 백합나무, 참나무류
전북·전남·경남	소나무, 편백, 백합나무, 참나무류
남부해안 및 제주	편백, 삼나무, 가시나무류

② 바이오매스용 조림수종 : 참나무류, 아까시나무, 포플러류, 백합나무, 리기테다소나무, 자작나무 (온대북부지역에 식재) 등

③ 조림 가능 수종(78종)

구분		조림 권장수종
용재수종 (27)		소나무, 낙엽송(일본잎갈나무), 잣나무, 편백, 삼나무, 가문비나무, 구상나무, 분비나무, 버지니아소나무, 스트로브잣나무, 리기테다소나무, 백합나무, 자작나무, 음나무, 상수리나무, 졸참나무, 피나무, 노각나무, 서어나무, 가시나무, 박달나무, 거제수나무, 이태리포플러, 물푸레나무, 오동나무, 황철나무, 들메나무
경관수종 (20)		은행나무, 느티나무, 복자기, 마가목, 벚나무, 층층나무, 매자나무, 화살나무, 산딸나무, 쪽동백, 이팝나무, 채진목, 때죽나무, 가죽나무, 당단풍나무, 낙우송, 회화나무, 칠엽수, 향나무, 꽝꽝나무, (백합나무)
유실·특용수종 (16)		호두나무, 대추나무, 감나무, 밤나무, 옻나무, 다릅나무, 쉬나무, 두충나무, 두릅나무, 단풍나무, 느릅나무, 동백나무, 후박나무, 황칠나무, 산수유, 고로쇠나무, (음나무)
기타 수종 (15)	내공해수종	산벚나무, 사스레피나무, 오리나무, 참죽나무, 벽오동, 까마귀쪽나무, 곰솔, 버즘나무, (은행나무), (상수리나무), (가죽나무), (때죽나무)
	내음수종	주목, 녹나무, 전나무, 비자나무, (서어나무), (음나무)
	내화수종	황벽나무, 굴참나무, 아왜나무, (동백나무)

※ (　)는 중복 수종임

(3) 우리나라의 산림식물대와 조림수종

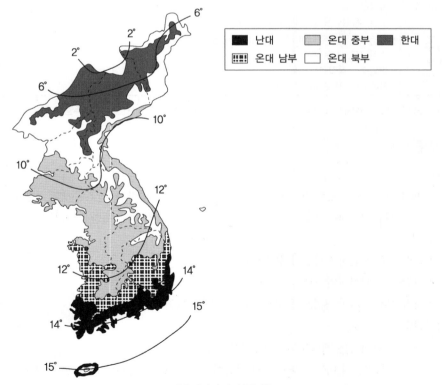

[우리나라의 산림대]

[주요 경제수종의 조림구역]

구분	천연생수종	식재 또는 중요 외래수종
제 I 구 : 난대 (14℃ 이상)	• 침엽수 : 소나무, 해송, 비자나무, 구상나무 • 활엽수 : 가시나무류, 구실잣밤나무, 느릅나무, 푸조나무, 동백나무, 졸참나무, 붉나무, 느티나무, 서어나무류, 상수리나무, 거양옻나무, 산닥나무, 삼지닥나무, 닥나무	• 대나무 : 참대, 솜대, 이대, 맹종죽, 해장죽 • 침엽수 : 삼나무, 편백, 리기다소나무, 은행나무, 낙우송, 유럽적송, 테다소나무 • 활엽수 : 오동나무, 옻나무, 멀구슬나무, 밤나무, 회화나무, 참죽나무, 포플러류
제 II 구 : 온대남부 (12~14℃)	• 침엽수 : 소나무, 향나무 • 활엽수 : 상수리나무, 굴참나무, 졸참나무, 떡갈나무, 서어나무류, 밤나무, 느티나무, 느릅나무류, 벚나무류, 물푸레나무류, 푸조나무, 동백나무, 노각나무, 붉나무, 때죽나무, 닥나무, 싸리류	• 침엽수 : 해송, 삼나무, 편백, 리기다소나무, 유럽적송, 스트로브잣나무, 은행나무 • 활엽수 : 오동나무, 옻나무, 회화나무, 호두나무, 참죽나무, 아까시, 포플러류, 오리나무류, 일본전나무
제 III 구 : 온대중부 (10~12℃)	• 침엽수 : 소나무, 향나무, 잣나무, 전나무 • 활엽수 : 상수리나무, 굴참나무, 졸참나무, 떡갈나무, 서어나무류, 밤나무, 느티나무, 느릅나무류, 벚나무류, 물푸레나무류, 붉나무, 단풍나무류, 황벽나무, 자작나무류, 오리나무류, 음나무, 황철나무류, 때죽나무, 버드나무류, 주엽나무, 닥나무, 대추나무, 피나무류, 산수유나무, 싸리류	• 침엽수 : 해송, 리기다소나무, 낙엽송, 은행나무, 방크스소나무 • 활엽수 : 옻나무, 오동나무, 회화나무, 밤나무류, 아까시, 포플러류, 플라타너스, 일본전나무
제 IV 구 : 온대북부 (5~10℃)	• 침엽수 : 소나무, 잣나무, 전나무 • 활엽수 : 밤나무, 떡갈나무, 졸참나무, 물푸레나무류, 벚나무류, 느릅나무류, 단풍나무류, 황벽나무, 음나무, 오리나무류, 가래나무, 황철나무, 버드나무류, 자작나무류, 피나무류, 싸리류	• 침엽수 : 가문비나무, 잎갈나무 • 활엽수 : 옻나무, 약밤나무, 아까시, 포플러류
제 V 구 : 한대 (5℃ 미만)	• 침엽수 : 잣나무, 전나무, 가문비나무, 분비나무, 잎갈나무, 주목 • 활엽수 : 떡갈나무, 졸참나무, 황철나무, 음나무, 가래나무, 버드나무류, 자작나무류	–

※ 난대는 온난대 또는 상록활엽수림대라고 말하기도 하며, 한대는 아한대 또는 상록침엽수림대라고 말하기도 한다.

(4) 주요 조림수종의 특성

① 소나무

ㄱ 분포 : 전국 표고 1,800m 이하의 산지에서 자라며, 척박한 건조지에도 조림이 가능하다.

ㄴ 적지 : 표고 1,000m 이하의 전국 어디서나 자라며 적지에 제한을 크게 받지 않는다.

ㄷ 특성

• 극양수로 천연하종갱신이 용이하다.

• 내한성과 내건성이 강하다.

• 대기오염에 대한 저항성은 보통이고, 병충해에는 약한 편이다.

② 곰솔(해송)

ㄱ 분포 : 서해에서는 백령도까지, 동해안에서는 원산까지, 내륙에서는 대전, 상주까지 자란다.

ㄴ 적지 : 중부이남의 바닷가와 해풍의 영향이 미치는 표고 500m 이하의 토심이 깊고 비옥적윤한 곳에서 생장이 좋다.

ⓒ 특성
- 대기오염에 강하고, 생장이 우수하며 군집성이 높다.
- 천연하종갱신이 잘되므로 중요 조림수종으로 권장하고 있다.
- 해풍에 강하므로 방풍림, 해안사방의 주 수종으로 이용되고, 내염성·내조성이 강하고 조경가치가 다양하므로 해안이나 간척지 조경용으로 많이 식재하고 있다.
- 내한성이 약하여 중부내륙과 심산, 오지에서는 생육이 불량하다.

③ 잣나무
ⓐ 분포 : 추위를 좋아하여 산악지방의 고산지대에 분포한다.
ⓑ 적지 : 표고 100~1,900m 사이에 분포하는 한대수종(寒帶樹種)으로 토심이 깊고 토양이 비옥적윤한 곳에서 생장이 좋다.
ⓒ 특성 : 어려서는 음수이나 커감에 따라 햇빛 요구량이 많아진다.

④ 낙엽송(일본잎갈나무)
ⓐ 적지 : 해변을 제외한 중부지방의 표고 200~1,200m로 중부지방의 토심이 깊은 비옥지에서 생장이 좋다.
ⓑ 극양수로 어릴 때 생장이 빠르고 큰나무 밑에서는 생장이 불량하다.

⑤ 삼나무
ⓐ 분포 : 일본이 원산으로 전남·경남 이남 등 남부 지역에 분포한다.
ⓑ 적지 : 연 강수량 1,200mm 이상, 연평균 12℃ 이상인 지역으로 토심이 깊고 배수가 잘되는 산복 및 계곡의 차고 건조한 바람을 피할 수 있는 곳에서 생장이 좋다.
ⓒ 특성 : 그늘에 잘 견디며, 큰 나무아래 묘목을 식재 후 성장함에 따라 상층림을 제거한 후 키울 수 있다.

⑥ 편백
ⓐ 분포 : 일본이 원산으로 제주도 및 남해안 지방의 조림수종, 습기가 적당하고 비옥한 사질양토인 산기슭 및 계곡에 분포한다.
ⓑ 적지 : 중부 이남의 표고 300m 이하에 강우량이 많고 토심이 깊은 비옥한 적윤지에서 생장이 좋다.
ⓒ 특성
- 어릴 때는 음수이며 내한성과 내염성이 약하나, 대기오염에는 보통 수준이다.
- 열매에서 향료를 채취한다.

⑦ 리기다소나무
ⓐ 분포 : 북미가 원산으로 전국적으로 식재를 한다.
ⓑ 적지 : 주로 표고 500m 이하의 산록, 산복의 양지쪽에서 자란다.
ⓒ 특성
- 조림수, 사방용수로 식재하며, 목재는 건축재 및 펄프재로 이용한다.
- 나무에서 송진을 채취한다.

⑧ 이태리포플러

    ㉠ 적지 : 산지 계곡부나 하천변의 토심이 깊고 배수가 잘되는 중성 사질양토에서 생장이 좋다.

    ㉡ 특성

        • 내한성이 강하고, 대기오염에도 강하나 해변가에는 생육이 불량하다.

        • 수피는 약용, 잎은 염색제 및 타닌 채취용으로 쓰인다.

⑨ 스트로브잣나무

    ㉠ 적지 : 산록 및 계곡의 안개가 자주 끼는 한랭 적윤지의 토심이 깊은 사질양토에서 생장이 좋다.

    ㉡ 특성

        • 내한성이 강하고, 어릴 때는 음수로 강한 그늘 속에서도 잘 자란다.

        • 수형조절이 자유롭고 입지를 가리지 않아 새로 조성되는 주택단지의 녹음수나 차폐용으로 활용한다.

⑩ 밤나무

    ㉠ 적지 : 해안지대를 제외한 배수가 잘되는 사질토양으로 토심이 깊은 25° 미만의 완경사지로 남향을 피한다.

    ㉡ 특성

        • 양수로서 바람이 적은 산록이나 저지대에서 잘 자라며 맹아력이 강하고 수세가 강건하다.

        • 과수로 재배할 때는 반드시 좋은 품종을 택하여 접목해야 하며, 목재생산을 위한 식재는 실생묘를 식재해야 한다.

⑪ 자작나무

    ㉠ 분포 : 강원, 평북, 함남북의 표고 200~2,100m 되는 산록지대에 분포한다.

    ㉡ 적지 : 온대이북의 산복 이하의 양지, 비옥도가 높은 곳에서 생장이 좋다.

    ㉢ 특성

        • 내한성이 강하고, 양수로 조림 시 잡초 및 잡관목을 제거하지 않으면 생육이 불량하다.

        • 순백색의 수피를 갖고 있어서 조경수로 좋으며, 특히 강변이나 호수에 수풀을 조성할 때 좋은 수종이다.

ONE MORE POINT 수종별 내음성

음수와 양수의 구분은 음지에서 견디는 능력, 즉 내음성이 아주 강한 수종을 음수, 보통을 중용수, 아주 약한 수종을 양수라 한다.

음수	주목, 금송, 비자나무, 솔송나무, 가문비나무류, 전나무, 회양목, 너도밤나무, 서어나무류, 동백나무, 녹나무, 나한백 등
중용수	느릅나무류, 잣나무, 피나무류, 벚나무류, 아까시나무, 팽나무, 후박나무, 회화나무, 스트로브잣나무
양수	오리나무류, 밤나무, 상수리나무, 졸참나무, 떡갈나무, 굴참나무, 향나무, 측백나무, 오동나무, 소나무, 해송, 삼나무, 노간주나무, 사시나무류, 버드나무류, 느티나무, 옻나무, 은행나무, 황철나무, 낙엽송, 잎갈나무, 자작나무류 등

2. 식재 방법(배열 간격, 본수)

(1) 식재시기

① 보통 묘목의 생장 직전인 봄철과 낙엽기부터 서리가 내리기 전까지의 가을에 식재하나, 가능한 봄철에 식재하는 것이 좋다.

② 눈이 많이 내리는 지역에서는 가을 식재를 권장하고, 눈이 적게 오고 바람이 심한 지역에서는 봄에 식재하는 것이 좋다.

③ 낙엽송, 낙엽활엽수종 등과 같이 눈이 빨리 트는 수종은 다른 수종에 앞서 이른 봄에 땅이 녹으면 곧 식재한다.

지방	봄철 식재	가을철 식재
온대남부	2월 하순~3월 중순	10월 하순~11월 중순
온대중부	3월 상순~4월 초순	10월 중순~11월 초순
고산지대 및 온대북부	3월 하순~4월 하순	9월 하순~10월 중순

(2) 식재밀도

① 밀도 일반원칙

  ㉠ 우리나라의 일반조림에서는 1ha당 3,000그루를 심는 것이 통례이다.

  ㉡ 밀도는 수고성장에는 큰 영향을 끼치지 않으나 직경성장에는 더 영향을 끼치며, 그 결과 단목의 재적성장이 달라진다. 소립할수록 흉고직경이 커지고, 단목재적이 빨리 증가된다.

  ㉢ 밀도가 높으면 지름은 가늘지만 완만재가 되고 소립시키면 초살형이 된다.

  ㉣ 일정 면적으로부터 생산되는 양은 어느 밀도까지는 본수가 많을수록 증가되나 어떤 밀도를 초과하면 면적당 총생산량은 일정하게 되는데, 그 최대밀도는 수종에 따라 다르다.

  ㉤ 밀도가 높을수록 총생산량 중 가지가 차지하는 비율이 낮아지고 간재적의 점유비율이 높아진다. 밀립상태에 있어서는 가지와 마디가 적은 목재가 생산된다. 임업에 있어서는 임목이 어느 정도의 굵기를 가지며, 동시에 간재적을 크게 할 필요가 있다.

  ㉥ 밀도가 지나치게 높은 임분에 있어서는 단목의 생활력이 약해지고 임분의 안정성이 감소되므로 간벌의 필요성이 있게 된다.

② 주요 수종의 식재밀도(ha당)

  ㉠ 소나무, 해송, 편백, 참나무류 등은 ha당 5,000본 기준, 1.4m 간격으로 식재한다.

  ㉡ 잣나무, 낙엽송 등은 ha당 3,000본 기준, 1.8m 간격으로 식재한다.

③ 밀식의 장단점

장점	• 표토침식 지표면의 건조방지로 개벌에 의한 지력 감퇴 경감 • 풀베기작업 횟수 감소로 비용 절약 • 가지가 굵어지는 것을 방지하고 자연낙지의 유도로 가지치기 비용절감 및 무절재 생산 • 어린나무가꾸기, 간벌 시 제거 대상목이 많으므로 최우량목을 잔존시켜 우량 임분 조성
단점	• 묘목대 및 조림비의 과다소요 • 어린나무가꾸기 및 간벌이 지연될 경우 세장되어 도복목, 고사목 등의 발생 및 병충해 피해 우려 • 임목의 직경생장이 완만하여 대경재 생산의 경우 수확기간이 늦어짐

(3) 식재밀도에 영향을 끼치는 인자

① 소경재 생산을 목표로 할 때에는 그렇지 않을 때에 비하여 밀식한다.

② 교통이 불편한 오지림의 경우에는 목재의 운반이 어려우므로 소식한다.

③ 땅이 비옥하면 성장속도가 빠르므로 소식하고, 지력이 좋지 못한 곳에서는 빠른 울폐를 기대해서 밀식하여 지력을 돕는 것이 좋다.

④ 일반적으로 양수는 소식하고, 전나무와 같은 음수는 밀식한다.

⑤ 느티나무처럼 굵은 가지를 내고, 줄기가 굽는 경향이 있는 활엽수와 소나무, 해송 등은 밀식한다.

⑥ 소나무처럼 피해를 잘 받는 수종은 밀식해서 건전목이 남을 수 있는 여유를 준다.

⑦ 소나무는 양수이므로 소식을 하면 굵은 측지가 발달하고, 밀식을 하면 수고, 지하고 등이 높아져서 좋은 형질의 임분이 만들어진다.

⑧ 낙엽송은 양수이고 어릴 때 자람이 빠르며, 밀식하면 가지가 잘 고사해서 성장이 나빠지고, 낙엽병에 걸리므로 소식한다.

⑨ 노무사정 및 비용을 생각할 때에는 소식하는 것이 유리하다. 산림소유자의 경제사정이 넉넉하지 못할 때에는 소식할 수밖에 없다.

(4) 식재망

① **규칙적 식재망** : 정방형, 장방평, 정삼각형, 이중정방형 등이 있고, 일반적으로 정방형 식재를 하는데 규칙적 식재를 하면 식재 이후에 각종 조림작업을 능률적으로 할 수 있다.

㉠ 정사각형(정방형) 식재 : 묘목 사이의 간격과 줄 사이의 간격이 같은 것으로, 가장 많이 쓰인다.

$$N = \frac{A}{a^2}$$

여기서, N : 식재할 묘목 수, A : 조림지의 면적, a : 묘목 사이의 거리

㉡ 정삼각형 식재 : 정삼각형의 정점에 심는 것으로 묘목 사이의 거리가 같게 유지되고, 단위면적당 많은 묘목을 심을 수 있으며, 기상적 재해에 저항성 있는 임분구조로 된다.

$$N = \frac{A}{a^2 \times 0.866} = 1.155 \times \frac{A}{a^2}$$

여기서, N : 식재할 묘목 수, A : 조림지의 면적, a : 묘목 사이의 거리

ⓒ 직사각형(장방형) 식재 : 열간에 비하여 묘목 사이의 거리가 더 긴 것이다. 만일 묘목 사이의
거리가 짧고 열간이 더 길면 이것을 열식이라고 한다.

$$N = \frac{A}{a \times b}$$

여기서, N : 식재할 묘목 수, A : 조림지의 면적, a : 묘목 사이의 거리, b : 열간거리

ⓓ 이중정방형 식재

$$N = \frac{2A}{a^2}$$

여기서, N : 식재할 묘목 수, A : 조림지의 면적, a : 묘목 사이의 거리

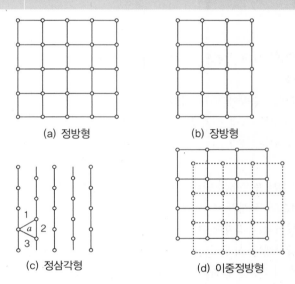

(a) 정방형   (b) 장방형

(c) 정삼각형   (d) 이중정방형

[규칙적 식재망]

② **반규칙적 식재망** : 식재위치를 정확하게 정해서 식재하는 것이 아니라 현지에 약간의 표시기를
세우고 식재선을 내다보면서 몇 명의 사람이 한 조가 되어 나아가면서 심는 법이다.

ONE MORE POINT │ 식재 본수의 계산

- 규칙적 식재를 할 때에는 공식에 의하여 필요한 묘목수를 계산
- 정삼각형 식재를 할 때에는 묘목 1본이 차지하는 면적이 정방형 식재에 비하여 86.6%이고, 식재할 묘목본
  수는 15.5%가 증가함
- 이중정방형 식재에 있어서는 정방형 식재의 2배
- 1.8×1.8m의 정방형 식재를 할 때 ha당 소요되는 묘목의 본수는 3,086본으로서 이러한 식재밀도가 넓게
  적용되고 있음

③ 식재지점의 결정

    ㉠ 한 사면마다 계곡쪽에서 산릉부를 향해 식재열을 정한다.

    ㉡ 식재열을 목측으로 묘간거리를 나누어 가며 식재한다.

    ㉢ 열간거리를 따져 식재열을 정하고 식재지점을 목측으로 정하면서 식재한다.

④ 식재거리

    ㉠ 식재거리는 원래 수평거리를 나타낸다.

    ㉡ 경사도 20°까지는 차이가 거의 없으므로 가감할 필요가 없다.

    ㉢ 25°에서는 10%, 30°에서는 15%, 40°에서는 30%를 더해서 사거리를 정한다.

    ㉣ 식재지점에 벌근과 암석이 있어서 심을 수 없을 때에는 묘간방향(경사방향)으로 옮겨 심는다.

(5) 식재목의 배열

① 정방형 식재

    ㉠ 가장 일반적인 식재 방법으로 묘목 거리와 식재열 간 거리를 동일하게 하여 공간 이용에 가장 효율적이다.

    ㉡ 정방형 식재는 수종에 따라 다음과 같이 심되, 식재목의 크기 등 여건에 따라 조정한다.

      • ha당 5,000본 식재 시 : 1.4m 간격으로 식재

      • ha당 3,000본 식재 시 : 1.8m 간격으로 식재

② 부분밀식

    ㉠ 군상식재 : 3본 또는 5본 단위로 묶어서 심는 방법으로 인력 절감, 작업의 편의성을 위해 다음과 같은 방법으로 식재할 수 있다.

      • 3본 군상식재는 식재목 간 거리를 0.6m로 하고 식재군 간 거리는 3.3 × 3.0m로 식재

      • 5본 군상식재는 식재목 간 거리를 1.2m로 하고 식재군 간 거리는 4.1m로 식재

    ㉡ 2열 부분밀식 : 2열 단위로 부분밀식하는 방법으로 식재목 간 거리를 1m로 하고 식재군 간 거리는 6.6m로 식재

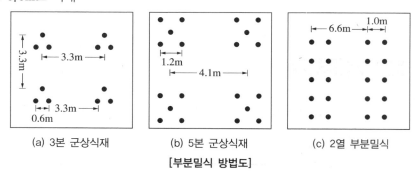

    (a) 3본 군상식재   (b) 5본 군상식재   (c) 2열 부분밀식

[부분밀식 방법도]

(6) 식재간격

① 식재간격은 임목의 생장과 특성을 결정짓는 아주 중요한 인자이다.

② 식재본수의 결정은 조림적 특성과 관리상의 문제, 목재이용과 재정적 측면에서 검토되어야 한다. 그러나 일반적으로 식재목의 크기와 그 수종의 생장특성에 의하여 결정하는 경우가 많다.

③ 벌채 시 기계진입을 위한 공간이나 요구되는 목재의 크기를 고려하여 식재본수를 결정하는 것도 중요하다.

④ 식재본수와 임목생장

    ㉠ 필요 이상으로 많은 본수의 식재는 비용의 낭비를 초래하게 되므로 묘목의 활착률을 감안하여 예정본수보다 5~10% 정도 많은 본수를 식재하는 것이 좋다.

    ㉡ 대부분의 경우 임분의 평균 수고는 어느 한계까지는 생장공간이 증가함에 따라 증가하며, 입목밀도보다는 지위의 영향을 받는다.

    ㉢ 어떤 일정한 범위 내에서 입목밀도가 높을수록 수고생장이 증가하는 경우도 있다.

    ㉣ 직경생장은 식재밀도와 아주 관계가 깊으며 최초식재밀도가 높을수록 임목의 직경생장은 감소된다.

    ㉤ 수목의 생장공간이 클수록 수간하부의 직경생장이 왕성하므로 수간의 초살도는 높아지고 가지의 굵기는 식재밀도가 높을수록 작아진다.

(7) 식재본수의 결정

① **경영목표** : 소경직재(小徑直材)를 조기에 대량 생산하는 경우는 식재본수를 높이고, 장벌기 대경장재(大徑長材)를 목표로 하고 간벌재의 이용이 어려운 지역은 식재본수를 적게 한다.

② **지리적 조건** : 도로망이 확충되어 있어 간벌재 등의 반출이 용이하고, 조림비가 적게 드는 지역을 밀식할 수 있다.

③ **토양의 비옥도** : 지위가 높은 지역은 소식하여도 조림목의 생장이 빨라 풀베기작업 기간을 늘리지 않아도 되나, 척박한 지역은 밀식하여 빨리 울폐시키므로 풀베기작업 기간을 단축하는 것이 좋다.

④ **수종의 특성** : 대개 양수는 식재본수를 적게 하고 음수는 식재본수를 많게 하는 것이 일반적이며, 대부분의 활엽수와 같이 소개되어 독립수로 생장하는 경우 수간이 굽어져 형질이 악화되는 수종은 밀식하여 수간을 곧게 하고 가지의 과대생장을 막을 수 있다.

⑤ **식재인력의 수급이나 묘목의 수급사정** : 식재인력이나 묘목의 수급사정이 여의치 않은 경우 식재본수를 적게 할 수 있다.

⑥ **식재밀도에 따른 소요경비** : 식재본수가 많을수록 많은 경비가 소요된다. 여기서 장방형식재(1.8×3.0m), 열상부분 밀식은 임목의 편기생장도 발생하지 않고 식재 및 풀베기작업을 절감할 수 있다.

(8) 식재 방법

① 묘목식재의 순서(일반법)

　㉠ 식재지점을 중심으로 해서 지름 약 1m의 원형 내의 잡초·낙엽 등의 지피물을 한쪽으로 치운다.

　㉡ 원형의 둘레에 괭이를 깊이 넣어 식물의 뿌리를 절단한다.

　㉢ 원형지 내에 괭이를 깊게 넣어 흙을 부드럽게 하고, 그 안에 들어 있는 식물의 뿌리를 제거하며 흙덩이를 가늘게 깬다.

　㉣ 부식이 들어 있는 비옥한 표토는 조심스럽게 한쪽으로 모으고 흩어지지 않도록 한다.

　㉤ 묘목의 근계를 생각해서 충분한 크기의 구덩이를 판다.

　㉥ 묘목의 뿌리가 자연스럽게 퍼질 수 있도록 묘목의 구덩이 안에 세운다.

　㉦ 낙엽 같은 것이 구덩이 안으로 들어가지 않도록 가는 흙으로 채운다. 이때 묘목의 끝을 손으로 잡고 약간 위로 치켜 올리는 기분으로 묘목을 부드럽게 좌우로 흔들면서 마지막 흙을 채운다.

　㉧ 세토가 근계와 잘 밀착되도록 하면서 발로 밟아 흙이 다져지도록 한다.

　㉨ 묘목을 심는 깊이는 원래 자라던 수준으로 하고 너무 깊게도, 또 너무 얕게도 심어서는 안 된다. 심은 후 묘목 부근이 낮아져서는 안 되며 흙을 모아 약간 두둑하게 한다.

　㉩ 치워 두었던 낙엽과 잡초를 가지고 뿌리목 부근을 덮어 흙의 건조를 막도록 한다.

② 특수식재법

　㉠ 봉우리식재

　　• 심을 구덩이 바닥 가운데에 좋은 흙을 모아 원추형의 봉우리를 만든 다음 묘목의 뿌리를 사방으로 고루 펴서 이 봉우리 위에 얹고 그 뒤 다시 좋은 흙으로 뿌리를 덮으며 그 뒤부터는 일반식재법에 따라 심는다.

　　• 천근성이며 측근이 잘 발달하고 직근성이 아닌 묘목(가문비나무 묘목 등)이 알맞다.

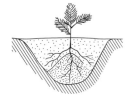

[봉우리식재의 요령]

　㉡ 치식

　　• 습지로서 배수가 불량한 곳 또는 석력이 많아서 구덩이를 파기 어려운 곳에 적용한다.

　　• 구덩이를 파는 대신에 지표면에 흙을 모아 심는 방법이다.

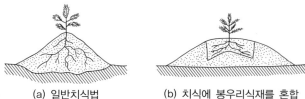

(a) 일반치식법　　　(b) 치식에 봉우리식재를 혼합

[치식의 요령]

③ 큰나무이식법

　㉠ 큰 조경수목 또는 몸집이 큰 귀중수목의 위치이동을 위한 식재법이다.

　㉡ 뿌리돌림을 미리 실시해서 근주 부근에 세근을 발달시키고 뒤에 근분을 떠서 활착을 돕는다.

　㉢ 뿌리돌림의 시기

낙엽수종(낙엽송 포함)	11~12월 상순, 2~3월 상순
상록침엽수종	3~4월 상순, 10월 중순
상록활엽수종	5~6월(장마철), 9~10월

　㉣ 근분뜨기

- 근원직경 3~5배가 되는 근분직경의 주위를 사람이 들어갈 수 있는 폭 50cm 정도로 도랑을 파고, 가능하다면 근분의 바닥흙도 파서 주근의 박피가 되도록 한다.
- 근분의 깊이는 근계의 형태, 토질을 고려해서 근원직경의 2~4배로 한다.
- 토질상 근분이 깨어지기 쉬울 때에는 사전에 관수하여 흙에 습기를 준다.
- 근분을 팔 때 근분 밖으로 나온 세근은 절단하고, 비교적 굵은 측근의 약 반수는 나무를 안정시키는 지지근으로 남긴다.
- 뿌리의 절단면은 다듬어서 평활하게 한다.
- 주근도 여러 개가 있을 때에는 하나만 남기고 절단한다.
- 나무의 안정이 염려될 때에는 지지근으로서의 측근은 되도록 남기고 박피하여 부정근의 발생을 촉진시킨다.

　㉤ 박피

- 10cm 폭으로 지지근의 껍질부분만 제거한다.
- 박피된 뿌리는 근단부부터 땅속의 수분과 양료를 흡수해서 목질부를 통해 수체 안으로 보낼 수 있으나, 수액의 하강은 박피부에서 저지되어 뿌리의 신장은 약해지지만 박피상단부에 있어서 부정근의 발생이 촉진된다.

　㉥ 비닐막과 목질퇴비의 사용

　㉦ 다식

ONE MORE POINT 　용기묘 조림

- 수종 특성상 세근 발달이 좋지 않아 이식 시 활착이 불량한 직근성 수종의 조림, 암석지 등 일반 조림이 어려운 특수지역의 조림방법이다.
- 제초작업이 생략될 수 있다.
- 묘포의 적지조건, 식재시기 등이 문제가 되지 않는다.
- 묘목의 생산비용이 많이 들고 관수시설이 필요하다.
- 일반묘에 비하여 묘목운반과 식재에 많은 비용이 소요된다.

3. 식재 후 관리

(1) 식재 후 사후관리

① 일반수목의 유지관리 방법에 따르되, 수목이 풍부한 엽량의 확보가 중요하므로 전정과 정지는 경관상 문제가 되지 않는 범위에서 가볍게 한다.

② 식재 후 멀칭, 전정, 제초, 시비, 관수, 병충해 방제, 보식, 보호 작업 등을 실시한다.

(2) 시비

① 비료를 주면 임분의 울폐를 빠르게 하고 풀베기 작업량을 적게 하는 데 도움을 준다. 땅이 비옥하지 않을 경우에는 2~3년 연속해서 시비하도록 한다.

② 묘목을 심은 뒤 묘목으로부터 20~30cm 떨어진 곳에 3~4개의 구멍을 뚫고 그 안에 넣은 다음 발로 흙을 덮어주는 대신에 원형 또는 반원형으로 얕은 도랑을 파고 아래 표에 따라 시비한다.

[묘목의 표준시비량]

구분	질소(g/본)	인산(g/본)	칼륨(g/본)
소나무 · 해송	6~8	4~5	4~5
낙엽송	10~14	7~8	5~8
삼나무 · 편백 · 전나무	8~12	5~7	5~7
포플러	24~40	16~28	12~34
오동나무	24~48	16~32	12~40
일반활엽수종	10~14	7~8	5~8

③ 고형복합비료

㉠ 질소, 인산, 칼륨을 12 : 16 : 4의 비율로 함유하고 있다.

㉡ 1개의 무게가 15g으로서 사용하기에 편리하고 비효가 오래가는 장점이 있다.

㉢ 소나무, 해송, 낙엽송, 잣나무 등 장기수종은 2개, 포플러류, 오동나무 등 속성수종에는 6개, 아까시와 같은 연료수종은 2개를 시비한다.

㉣ 2년째에 가서는 첫 해 분량의 20% 증가, 3년째에는 2년째의 20% 증가의 비율로 시비한다.

(3) 보식

① 식재된 묘목은 1~2년이 지나게 되면 일부가 고사하게 되는데, 이러한 고사목을 보충해서 묘목을 심는 것을 보식이라고 한다.

② 고사율은 수종에 따라 다르나, 일반적으로 10~20%이다.

③ 고사율이 20% 이상일 때 보식한다.

④ 일반적으로 보식은 다음 해 봄에 실시하며, 신식 때 심은 것보다 1~2년 더 많은 묘령의 것으로 심는다.

ONE MORE POINT 보식(補植)

- 활착률 80% 미만일 경우는 당초 조림수종 또는 적지적수(適地適樹)의 범위 내에서 다른 수종으로 대체하여 보식한다.
- 활착률이 50% 미만인 조림수종은 재조림을 실시하되 적지적수 범위 내에서 다른 수종으로 대체할 수 있다. 입지조건에 부적합하여 조림목의 정상적인 생육을 기대하기 어려울 뿐만 아니라, 임분조성이 어려우므로 입지에 맞는 수종으로 재조림할 필요가 있기 때문이다.

(4) 정지 · 전정

① 이식목의 정지는 이식 전에 하지만 이식 후에도 수세와 회복전망을 관찰하여 정지를 실시한다.

② 일반적으로 생립밀도가 높은 지역에서 굴취 이식한 수목보다는 독립수를 굴취 이식한 경우에 정지량이 많아지나 과도한 정지는 수세를 약화시키므로 주의해야 한다.

③ 수형을 보아가며 수관 하부에 광선을 적게 받는 지엽이나 이병지 등을 제거한다.

④ 상록수는 손상되었거나 부러진 가지 외에는 제거하지 않는 것이 좋다.

01 지존작업(조림지 정리작업)의 설명으로 올바른 것은?

① 개간한 조림지에 묘목을 식재하는 작업이다.

② 묘목을 식재하기 위하여 구덩이를 파는 작업이다.

③ 조림예정지에서 덩굴식물, 잡초, 관목 등을 제거하는 작업이다.

④ 조림목 중 자람과 형질이 매우 나쁜 것을 끊어 없애는 작업이다.

해설

지존작업(조림지 정리작업)은 주변의 잡목이나 풀 등을 제거하여 나무를 심는 데 지장이 없도록 정리하는 작업을 말한다.

02 다음 중 조림지 정리작업에 대한 설명으로 옳지 않은 것은?

① 지장물은 산지의 경사 방향으로만 정리한다.

② 지장물 정리 폭은 식재목 간 거리 미만으로 한다.

③ 식재·파종조림 등에 장애가 되는 지장물을 제거한다.

④ 정리열의 사이에 작업자가 통과할 수 있는 통로를 둔다.

해설

지장물은 등고선과 수평방향이나, 산지의 경사 방향으로 정리할 수 있다. 지장물의 정리 방향과 폭, 정리열의 길이, 식재열 배치는 산지의 형태, 산물 정리량 등 입지 여건을 고려하여 조정할 수 있다.

03 다음 중 조림지 정리 유형이 아닌 것은?

① 줄베기　　　② 모두베기

③ 둘레베기　　④ 골라베기

해설

조림지 정리 유형

• 모두베기 : 지피식생이나 벌채 잔존물을 전부 제거하는 방법

• 줄베기 : 식재할 줄의 지피식생이나 벌채 잔존물을 제거하는 방법

• 둘레베기 : 식재할 곳만 지피식생 및 벌채 잔존물을 제거하는 방법

04 조림지 정리작업에서 식재할 곳만 지피식생 및 벌채 잔존물을 제거하는 방법은?

① 점베기　　　② 줄베기

③ 둘레베기　　④ 모두베기

해설

둘레베기는 묘목을 식재하는 지점에 있는 지존물만을 둘레 1m 안팎의 넓이로 제거하는 방법으로, 한풍해가 심한 지역이나 식재 밀도가 매우 낮은 경우에 적용한다.

05 조림지 내에 가지나 초두목, 고사목 등 벌채 부산물이 많은 경우 가장 적합한 조림지 정리작업 방법은?

① 인력에 의한 방법
② 기계에 의한 방법
③ 소각에 의한 방법
④ 제초제에 의한 방법

해설

조림지 내에 벌채 부산물이 많은 경우(예 가지, 초두목 등)에는 로그그래플이나 불도저 등 기계를 이용한 정리 방법이 적합하다.

06 조림지 정리작업(지존작업)에 관한 설명으로 옳지 않은 것은?

① 줄베기는 음수의 조림지에 적용한다.
② 줄베기는 반드시 등고선 방향으로 실행해야 한다.
③ 헥사지논 입제는 미립자 형태의 지면 산포제이다.
④ 화학적 방법은 사용 시기, 대상 식생 등이 한정된다.

해설

줄베기에는 등고선 방향(횡식)과 경사 방향(종식)으로 실시하는 방법이 있는데, 일반적으로 경사방향으로 실시한다.

07 지존작업 방법의 설명으로 옳지 않은 것은?

① 인력작업은 의도하는 대로 작업할 수 있다.
② 화입지존은 토양의 물리적·화학적 성질을 개선한다.
③ 35% 이상의 경사지에서는 기계를 사용하는 작업이 어렵다.
④ 제초제를 사용하면 표토가 유실되거나 토양이 굳어지지 않는다.

해설

② 화입지존(소각에 의한 제거)은 토양의 물리적·화학적 성질을 악화시킨다.

08 글라신 액제(근사미)에 대한 설명으로 옳지 않은 것은?

① 선택성 제초제이다.
② 경엽처리형 제초제이다.
③ 토양에 잔류하지 않는다.
④ 접촉형 제초제에 비해 약효가 늦게 나타난다.

해설

① 1년생, 다년생 초본류 및 목본류 등 대부분의 녹색식물을 고사시킬 수 있는 비선택성 제초제이다.

09 조림지 정리작업 방법을 옳게 설명한 것은?

① 소각에 의한 제거는 인력과 비용이 많이 소요된다.
② 기계에 의한 작업은 험준한 오지에 적용이 가능하다.
③ 제초제를 사용하면 맹아 발생에 의한 조림목의 피압을 예방할 수 있다.
④ 낫 등의 소도구만을 사용하고 로그그래플 등의 기계를 사용하지 않는다.

해설
불량 임지를 수종갱신을 하는 경우 제거 대상 수종이 맹아력이 왕성한 경우는 제초제를 사용하여 고사시키면 식재 후에 맹아 발생에 의한 조림목의 피압을 예방할 수 있다.

10 지존작업 중 소각에 의한 제거에 대한 설명으로 옳은 것은?

① 비교적 많은 경비와 인력이 소요된다.
② 토양의 물리적 화학적 성질이 개선된다.
③ 지력향상에 도움이 되기 때문에 우리나라에서 가장 많이 이용하는 방법이다.
④ 낙엽이나 고사지에 있는 미량원소가 가용화되어 토양 내의 양료 함량이 증가한다.

해설
소각에 의한 제거(화입지존)
• 인력과 비용이 절감된다.
• 험준 오지에도 작업이 가능하다.
• 토양의 물리적·화학적 성질이 악화된다.
• 낙엽이나 고사지에 있는 미량원소가 가용화되어 토양 내의 양료 함량이 증가한다.

11 조림수종을 선정하는 조건이라고 볼 수 없는 것은?

① 병충해에 대한 저항력이 강해야 한다.
② 이용가치가 높고 수요가 많아야 한다.
③ 가지가 굵고 길며, 종자결실이 잘되어야 한다.
④ 성장속도가 빠르고 재적성장량이 많아야 한다.

해설
조림수종의 선정기준
• 목재의 이용가치가 높은 수종
• 가지가 가늘고 짧으며, 줄기가 곧은 것
• 바람, 눈, 건조, 병해충에 저항력이 큰 수종
• 성장이 빠르고 줄기의 재적성장량이 큰 수종

12 건조하고 척박한 곳에서도 잘 자랄 수 있는 수종은?

① 삼나무   ② 밤나무
③ 느티나무   ④ 오리나무

해설
오리나무 뿌리에는 뿌리혹박테리아가 공생해서 척박한 토양에서도 잘 자라고, 거친 토양을 기름지게 만들어 비료목이라고도 한다.

13 다음 수종 중 도입수종이 아닌 것은?

① 리기다소나무   ② 백합나무
③ 낙우송   ④ 느티나무

해설
①·②·③ 미국에서 도입

14 중부 이북지방을 제외한 전국에 리기테다소나무의 식재를 권장하고자 할 때 그 이유로 가장 적합한 것은?

① 결실력이 강하므로
② 내충성이 리기다소나무보다 강하므로
③ 수지의 분비량이 테다소나무보다 많으므로
④ 내한력과 재질이 우수하므로

해설
리기테다소나무는 추위에 잘 견디고 메마른 땅에서 잘 자라는 리기다소나무의 성질과 재질이 뛰어난 테다소나무의 성질을 인공적으로 교잡해서 만든 소나무이다.

15 다음 수종 중 고산수종은?

① 감나무　　　② 가문비나무
③ 아까시나무　④ 상수리나무

해설
고산수종 : 상록침엽수(가문비나무, 분비나무, 전나무, 잣나무, 소나무 등)

16 다음 중 음수 수종인 것은?

① 주목　　　② 소나무
③ 낙엽송　　④ 자작나무

해설
음수 수종
주목, 전나무, 가문비나무, 솔송나무, 비자나무, 가시나무, 동백나무, 너도밤나무, 사철나무, 음나무, 종비나무, 녹나무, 회양목, 서어나무 등

17 묘목 식재 시 유의사항으로 적합하지 않은 것은?

① 뿌리나 수간 등이 굽지 않도록 한다.
② 너무 깊거나 얕게 식재되지 않도록 한다.
③ 비탈진 곳에서의 표토 부위는 경사지게 한다.
④ 구덩이 속에 지피물, 낙엽 등이 유입되지 않도록 한다.

해설
③ 비탈진 곳에서의 표토 부위는 경사지지 않고 수평이 되도록 한다.

18 밀식의 장단점을 틀리게 표현한 것은?

① 간벌비용이 과다하여 간벌수입을 기대하기 어렵다.
② 제벌 및 간벌에 있어서 선목의 여유가 있으므로 우량 임분으로 유도할 수 있다.
③ 밀식을 하자면 지존작업을 더 알뜰하게 해야 하고 묘목대 및 식재비의 증가로 경제적 문제가 있다.
④ 초기재식 시 많은 노무량이 요구되고, 이것이 이유가 되어 합리적인 작업을 진행시키는 데 차질을 가져오는 일이 있다.

해설
① 밀식으로 간벌수입이 기대되는 장점이 있다.

19 식재밀도에 영향을 끼치는 인자를 잘못 표현한 것은?

① 노무사정 및 비용을 생각할 때에는 소식 하는 것이 유리하다.

② 일반적으로 양수는 밀식하고, 전나무와 같은 음수는 소식한다.

③ 소경재 생산을 목표로 할 때에는 그렇지 않을 때에 비하여 밀식한다.

④ 땅이 비옥하면 성장속도가 빠르므로 소식하고, 지력이 좋지 못한 곳에서는 빠른 울폐를 기대해서 밀식하여 지력을 돕는 것이 좋다.

`해설`
② 일반적으로 양수는 소식하고, 전나무와 같은 음수는 밀식한다.

20 묘목의 식재순서를 바르게 나열한 것은?

① 구덩이 파기 – 지피물 채우기 – 묘목삽입 – 다지기

② 지피물 제거 – 다지기 – 구덩이 파기 – 묘목삽입

③ 지피물 제거 – 구덩이 파기 – 묘목삽입 – 흙 채우기 – 다지기

④ 지피물 제거 – 구덩이 파기 – 지피물 채우기 – 묘목삽입 – 다지기

`해설`
묘목의 식재순서
지피물 제거 → 구덩이 파기 → 묘목삽입 → 흙 채우기 → 다지기

21 다음 중 묘목 식재 방법의 설명으로 틀린 것은?

① 구덩이를 팔 때 유기질이 많은 흙을 별도로 모은다.

② 식재 지점의 땅 표면에서 나온 지피물(풀 또는 가지 등)은 구덩이 밑에 넣는다.

③ 묘목의 뿌리를 구덩이 속에 넣을 때 뿌리를 고루 펴서 굽어지는 일이 없도록 한다.

④ 흙이 70% 정도 채워지면 묘목의 끝 쪽을 쥐고 약간 위로 올리면서 뿌리를 자연스럽게 편다.

`해설`
식재 지점을 중심으로 지름 1m 이내의 잡초·낙엽 등의 지피물을 제거해야 한다.

22 나무를 심을 때 가장 많이 쓰이는 방법은?

① 등고선 식재   ② 정사각형 식재
③ 정삼각형 식재   ④ 직사각형 식재

`해설`
정사각형 식재는 묘목 사이의 간격과 줄 사이의 간격이 동일한 일반적인 방법으로 공간이용이 가장 효율적이다.

23 면적이 일정할 때 가장 많은 묘목을 심을 수 있는 식재망은?

① 정삼각형 식재   ② 정사각형 식재
③ 직사각형 식재   ④ 마름모형 식재

`해설`
정삼각형 식재
정삼각형의 정점에 심는 것으로 묘목 사이의 거리가 같게 유지된다. 단위면적당 많은 묘목을 심을 수 있으며, 기상적 재해에 저항성 있는 임분구조로 된다.

24 정방형 식재를 옳게 설명한 것은?

① 식재작업이 불편하다.

② 식재간격과 식재공간을 계산하기 어렵다.

③ 묘간거리와 열간거리가 같은 식재 방법
이다.

④ 포플러류나 낙엽송 등 양수 수종은 알맞
지 않다.

정방형 식재
묘목 사이의 간격과 줄 사이의 간격이 동일한 일반적
인 식재 방법으로 공간의 이용이 가장 효율적이다.

25 우리나라에서 장기 용재수의 밀도는 1ha당
몇 그루인가?

① 1,000그루

② 2,000그루

③ 3,000그루

④ 4,000그루

일반적으로 장기 용재수의 밀도는 1ha당 3,000본
정도나 연료림 등 단벌기 작업을 목적으로 조림할
때는 10,000~20,000본 정도로 밀식한다.

26 용기묘(pot seeding)에 대한 설명으로 틀
린 것은?

① 제초작업이 생략될 수 있다.

② 운반이 용이하여 운반비용이 매우 적게
든다.

③ 묘목의 생산비용이 많이 들고 관수시설
이 필요하다.

④ 묘포의 적지조건, 식재시기 등이 문제가
되지 않는다.

용기묘는 일반묘에 비하여 묘목운반과 식재에 많은
비용이 소모된다.

27 보식에 대한 설명으로 틀린 것은?

① 고사율이 30~40% 이상일 때 보식한다.

② 일반적으로 보식은 다음 해 봄에 작업
한다.

③ 일반적으로 식재된 묘목의 고사율은 10~
20% 정도이다.

④ 보식 시 신식 때 심은 것보다 1~2년 더
많은 묘령의 것으로 심는다.

식재된 묘목은 1~2년이 지나게 되면 일부가 고사하
게 되는데 이러한 고사목을 보충해서 묘목을 심는
것을 보식이라고 하며, 일반적으로 고사율이 20%
이상일 때 보식한다.

CHAPTER 02 식재지 관리

---

01 풀베기

1. 풀베기작업의 종류

(1) 모두베기[전예(全刈)]

① 조림지의 하층식생을 모두 제거하는 방법으로 조림목의 묘고가 낮아 태양광선을 잘 받도록 하고자 할 때 이용한다.

② 사방의 잡초를 제거함으로써 조림목이 채광을 가장 원활하게 할 수 있는 방법이다.

③ 주변 식생의 피압을 받으면 수형이 나빠지는 양수에 대하여 실시한다.

    예 소나무, 일본잎갈나무, 삼나무, 편백, 잣나무 등

④ 최근에는 모든 수종에 이 모두베기를 적용하는 경향이 있다.

⑤ 모두베기의 장단점

장점	단점
• 조림목이 채광을 가장 많이 받을 수 있고, 피압될 염려가 없다. • 들쥐 등의 서식이 어느 정도 억제된다. • 2~3년 후에는 잡초의 발생이 억제되고 식생의 종류가 변하므로 이후의 풀베기작업이 용이하다.	• 작업 면적이 가장 넓기 때문에 인력과 경비가 가장 많이 든다. • 조림목이 한건풍에 노출될 우려가 있다. • 지면 노출이 많아 토양 유실의 우려가 있다.

(2) 줄베기[조예(條刈)]

① 조림목이 심겨진 줄에 따라 약 90~100cm 폭으로 잡초목을 깎아내고 줄과 줄 사이의 잡초목은 그대로 두는 작업 방법으로 한 · 풍해가 예상되는 지역에 적용한다.

② 조림지의 토사 유출을 막기 위해서는 등고선 방향으로 줄베기를 하는 것이 필요하나 작업의 용이성은 상하 방향으로 줄베기를 하는 것이 좋다.

③ 줄베기의 장단점

장점	단점
• 조림목을 한 · 풍해로부터 보호할 수 있다. • 모두베기에 비해 비용을 절감할 수 있다. • 표토유실을 방지할 수 있다.	• 제거되지 못한 부분의 잡목이 조림목의 생장을 방해할 수 있다. • 제거되지 못한 부분이 들쥐 등의 서식 장소가 되어 피해 받기 쉽다.

(3) 둘레베기[평예(坪刈)]

① 조림목 둘레를 지름 1m 정도로 잡초와 잡목만을 제거하는 방법이다.

② 둥글게 깎게 되므로 바람을 막아주는 효과가 있어 한·풍해를 예방하므로 군상 식재지 등 조림목의 특별한 보호가 필요한 경우에 적용한다.

③ 둘레베기의 장단점

    ㉠ 장점 : 다른 방법에 비하여 인건비가 적게 든다.

    ㉡ 단점 : 제거되지 못한 부분의 잡목이 조림목의 생장을 방해할 수 있다.

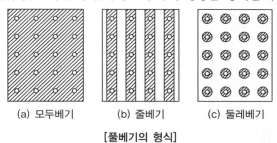

(a) 모두베기   (b) 줄베기   (c) 둘레베기

[풀베기의 형식]

2. 풀베기작업의 방법

(1) 풀베기의 시기

① 풀들이 왕성한 자람을 보이는 6월 상순~8월 상순 사이에 실시한다.

② 조림지 중 잡초목이 적은 곳은 7월에 한 번 실시하고, 잡초목이 무성한 곳은 6, 8월에 두 차례 실시한다.

③ 풀베기는 묘목을 심은 뒤 3~4년간 계속해서 해마다 실시하고, 가문비나무, 전나무, 잣나무 등 어릴 때 자람이 늦은 수종은 5~6년까지 실시하고, 조림목이 풀베기 대상물에 비해 약 1.5배 또는 60~80cm 정도 더 클 때까지 실시한다.

④ 따뜻하고 습기가 있는 곳 또는 땅힘이 높은 곳, 양수조림지, 비료를 준 조림지에 있어서는 처음 1~2년간은 한 해에 두 번 정도 실시한다.

⑤ 9월 중순 이후부터는 대개 수종의 성장이 끝나므로 풀베기를 하지 않는다.

⑥ 지역별 풀베기 권장 시기

구분	권장 시기
온대남부	5월 중순~9월 초순
온대중부	5월 하순~8월 하순
고산 및 온대북부	6월 초순~8월 중순

(2) 풀베기작업 방법

① 풀베기작업 시 잡초목의 제거부위는 최대한 지표에 가깝게 제거한다.

② 모두베기 및 줄베기작업 시에는 예취기 작업으로 인한 묘목에 피해를 줄이기 위해 낫을 사용하여 조림목 반경 20cm 이내의 식생을 제거하는 묘목찾기를 선행한 후 예취기 작업을 실시한다.

③ 대상지 내 조림목이 없어 자연적으로 발생한 우량한 천연치수가 있는 경우에는 유사수종(침엽수 조림지에는 침엽수 천연치수, 활엽수 조림지에는 교목성 활엽수 천연치수)의 경우에만 존치한다.

④ 풀베기 방법에는 낫을 사용하는 수작업, 동력을 이용하는 기계작업(하예기, 예불기)이 있다.

---

02 | 덩굴제거

1. 덩굴제거작업의 종류

(1) 물리적 제거작업

① 인력을 투입하여 직접 낫이나 톱으로 덩굴의 밑동을 자르고 줄기와 뿌리를 직접 제거하는 방법이다.

② 덩굴식물 각각에 대하여 작업해야 하므로 인력 수요가 많고 경비도 가장 많이 든다.

③ 덩굴이 조림목을 타고 올라가 조림목이 햇빛을 받는 것을 방해하는 것을 방지하는 것이 목적이다.

④ 칡뿌리의 채취는 칡채취기, 동력식 칡뿌리 절단기 등을 활용한다.

⑤ 전면적 피복지나 큰나무 피해지의 경우는 예초기를 이용하여 지상부 덩굴을 제거(덩굴걷기)할 수 있다.

(2) 화학적 제거작업

① 조림목을 타고 올라가는 덩굴에 약제를 바르거나 주입하여 덩굴만을 제거하는 방법이다.

② 덩굴을 제거함으로써 햇빛을 제대로 받게 하고 물리적 제약을 제거하는 데 목적이 있다.

ONE MORE POINT | 덩굴식물

- 조림지에 많이 발생하는 덩굴류는 칡, 다래, 머루, 사위질빵, 담쟁이덩굴, 노박덩굴, 으름덩굴, 댕댕이덩굴 등이 있다.
- 수관을 덮어 생장에 지장을 줄 뿐만 아니라 줄기를 감아 잘록하게 만들어 목재 가치를 낮추고 바람에 부러지게 하는 등 여러 피해를 준다.
- 특히 칡은 빛을 좋아하는 호광성 식물로, 뿌리가 굵고 길며 번식력이 강하고 생장력이 왕성하여 인력으로 제거하기가 어렵기 때문에 약제를 사용하여 화학적 방법으로 제거하는 것이 효과적이다.

---

2. 덩굴제거작업의 방법

(1) 덩굴제거작업의 시기 및 횟수
① 작업 시기
　㉠ 물리적 방법의 작업은 연중 가능하다.
　㉡ 화학적 방법의 작업 시기
　　• 글리포세이트(글라신) 액제 : 덩굴류의 생장기인 5~9월에 실시한다.
　　• Fluroxypyr-meptyl + Triclopyr-TEA 미탁제 : 약제 주입은 3~11월, 약제 살포는 5~10월에 실시한다.
② 작업 횟수 : 작업 대상지 덩굴의 종류와 양을 고려하여 2~3회 실시한다.

(2) 덩굴제거작업 방법
① 물리적 방법(칡 제거 작업)
　㉠ 조림목이 생장하여 임분이 울폐될 때까지 칡 줄기를 제거하는 방법 및 뿌리를 굴취하는 방법
　　• 칡뿌리 제거는 칡 채취기나 동력식 칡뿌리 절단기 등을 활용하여 칡뿌리를 제거한다.
　　• 화학적 방법에 비하여 인력과 경비가 많이 든다.
　㉡ 친환경 비닐랩 밀봉처리 방법
　　• 손으로 칡덩굴을 잡아당겨 주두부를 찾은 후 10cm 이상의 깊이와 작업에 지장이 없을 정도의 넓이로 구덩이를 판다.
　　• 손톱을 이용하여 주두부 아래 5cm 이상 떨어진 지하부 뿌리를 절단한다.
　　• 잘라진 뿌리에 친환경 비닐랩으로 밀봉하고 잘라진 부위로부터 최소 2cm 이상 되는 지점을 고무줄로 단단하게 묶는다.
　　• 고무줄이 햇빛에 노출되지 않도록 묶은 위치로부터 1cm 위까지 흙으로 덮는다.
② 화학적 방법

구분	글리포세이트 액제	Fluroxypyr-meptyl + Triclopyr-TEA 미탁제
적용 식물	광엽 잡초, 콩과 식물(선택성 제초제)	광엽 잡초(선택성 제초제)
처리 시기	5~9월(덩굴류 생장기)	• 약제 주입 : 3~11월 • 약제 살포 : 5~10월
처리 방법	약제 주입기나 면봉을 이용하여 주두부의 살아있는 조직 내부로 약액을 주입	• 약제 주입기를 이용해 주두부의 조직 내 주입 • 분무기를 이용하여 경엽 살포

　㉠ 글리포세이트(글라신) 액제 처리
　　• 도포보다는 주로 주입 방법을 이용한다.
　　• 약제 주입기를 사용하거나 약액을 침적시킨 면봉을 이용하여 줄기나 주두부의 살아 있는 조직 내부로 약액을 주입시켜야 한다.

- 칡의 초기 부분은 부패된 부위가 많은데 부패 부위를 피하여 반드시 살아 있는 조직에 구멍을 뚫고 약액을 주입하거나 약액에 침적된 면봉을 꽂는다.

약제 주입기	• 칡의 주두부나 줄기에 주입 • 1회 주입량은 약제 원액 0.3~1mL 정도를 1~2회 실시
면봉	• 면봉을 약제 원액에 15분 이상 침적 • 송곳으로 본당 1~3개 정도 구멍을 뚫고 면봉 각 1개씩 삽입

- 처리가 잘못되었거나 빠진 것은 4주가 경과하여도 잎이 변색되지 않으므로 재처리한다.
- 약제처리 후 즉시 효과가 나타나지 않으며, 완전한 효과가 나타나기까지는 어느 정도의 시간이 필요하다.
- 약제처리 후 1주가 경과되면 잎이 변색되기 시작하며, 4주가 되면 지상부가 완전히 고사하고 뿌리가 부패되기 시작한다.

ⓛ Fluroxypyr-meptyl + Triclopyr-TEA 미탁제 처리
- 약제 주입기와 약제 살포기를 특성 및 목적에 따라 이용하는 방법이다.
- 제초제를 이용할 경우 제거 대상 식물뿐만 아니라 제거 대상이 아닌 다른 식물에도 영향을 미칠 가능성이 항상 있으므로 피해가 발생하지 않도록 주의해야 한다.

약제 주입기	• 주두부에 약제가 주입되어 줄기 생장점이 고사될 수 있도록 천공 위치를 고르게 배치 • 천공당 0.5mL씩 살아 있는 부위에 주입
약제 살포기	• 칡덩굴과 조림목이 혼재된 조림지 등에 약제 살포 시 약해가 발생하므로 경엽살포는 칡덩굴로 전체면적이 피복된 임도변 등에 한해 실시 • 입목에 약제가 직접 닿지 않도록 배부식 분무기를 이용 • 약제 기준량은 0.1ha당 약제 0.5L와 물 100L를 희석한 농도로 살포 • 약제 살포일 기준으로 24시간 이내에 강우 예보가 없을 때 살포 • 경작지 및 농수로 인근 10m 이내에서는 약제의 비산에 유의
면봉	• 면봉을 약액에 15분 이상 침적 • 송곳으로 본당 1~3개 정도 구멍을 뚫고 면봉을 삽입

(3) 약제사용 시 주의 사항

① 디캄바 액제는 흡수 이행력이 강력하여 약제가 빗물이나 관개수 등에 흘러 조림목이나 다른 작물에 피해를 줄 수 있으므로 절대로 약액을 땅에 흘리지 않아야 한다.

② 약제 처리한 후 24시간 이내에 강우가 예상될 경우 약제 처리를 중지한다.

③ 고온 시(기온 30℃ 이상)에는 증발에 의해 주변 식물에 약해를 일으킬 수도 있으므로 작업을 하지 않는다.

④ 사용한 처리 도구는 잘 세척하여 보관하고 빈 병은 반드시 회수하여 지정된 장소에서 처리한다.

1. 비료주기(시비)작업 및 방법

(1) 임지비배(임지시비)

① 개념 : 땅힘을 높여 임목의 생장을 촉진하기 위하여 임지에 비료를 주는 것이다.

② 효과

⊙ 식재지에 비료를 줌으로써 근계의 발육이 빨라지고, 건조에 대한 저항력이 생긴다.

ⓛ 조림목의 생장이 촉진되고, 그 밑에서 자라는 풀의 힘을 빨리 꺾을 수 있어 밑깎기 기간을 단축시킬 수 있다.

ⓒ 수풀이 빨리 울창해지며 낙엽량의 증가로 땅의 성질을 개량하는 데 도움을 준다.

ⓔ 수풀이 빨리 울창해지면 표토의 유실을 막는 효과가 크다.

③ 임지비배의 단계

⊙ 제1기 시비(식재할 때의 시비) : 식재목에 부족양분을 주어 초기 성장을 촉진하고 뿌리의 발달을 왕성하게 하는 데 목적이 있고, 식재할 때 또는 식재 후 2~3개월 후에 주며 2~3회 계속하도록 한다.

ⓛ 제2기 시비(간벌 전후의 시비) : 간벌재의 완만도를 향상시키기 위한 시비이며, 간벌예정 2~3년 전과 간벌 후에 주어 장령림의 성장을 촉진시킨다.

ⓒ 제3기 시비(벌채 전의 시비) : 주림목에 양분을 보급함으로써 줄기의 완만도를 높이고 다음 조림 시의 효과를 노리는 것으로 주벌하기 4~5년 전에 1~2회 주도록 한다.

④ 비료의 효과

⊙ 질소비료 : 임목의 줄기, 재적 생산을 높이기 위하여 사용하고, 질소질 비료를 늦여름이나 초가을에 주면 줄기와 눈이 웃자라서 추위의 해가 우려된다.

ⓛ 인산, 칼륨비료 : 뿌리의 발달을 돕는 효과가 크다. 뿌리가 땅속 깊이 들어가면 그만큼 추위에서 견딜 수 있고, 땅속의 물을 흡수하여 겨울 동안의 건조의 해를 피할 수 있다.

ONE MORE POINT | 시비량과 성분량

• 시비성분량을 실제비료량으로 환산할 경우

$$\text{시비량(kg/ha)} = \text{시비기준량(kg/ha)} \div \text{비료성분량(\%)} \times 100$$

• 실제비료량을 성분량으로 환산할 경우

$$\text{성분량(kg)} = \text{비료량(kg)} \times \text{비료성분량(\%)} \div 100$$

---

(2) 비료주기 방법

① **구덩이 밑 시비법** : 묘목을 심을 구덩이를 파고 구덩이 밑바닥의 흙을 부드럽게 한 뒤 비료를 주어 잘 섞은 후 그 위에 흙을 약간 덮고 묘목 뿌리를 넣어 흙을 채워서 심는다.

② **구덩이 전체 시비법** : 구덩이에 심을 묘목 뿌리 전체를 비료흙으로 채우는 방법으로, 비교적 드물게 사용되며 귀중한 정원수를 심을 때 적용된다.

③ **구덩이 위 시비법** : 묘목의 뿌리부근은 보통 흙으로 채우고, 그 위에 비료흙을 한 층 넣고 다시 흙으로 덮어주는 것으로 빗물에 비료가 녹아서 아래에 있는 뿌리쪽으로 내려간다.

④ **측방 시비법** : 나무를 심고 나서 바로, 또는 몇 달 뒤에 비료를 주는 것으로, 묘목의 줄기를 중심으로 하여 가장 긴 가지의 길이를 반지름으로 하는 원주에 5~10cm의 깊이로 구멍을 파고 그곳에 비료를 넣어주는 것으로 구멍은 같은 간격으로 네 위치를 파는데, 경사지는 위쪽에 만든다.

⑤ **윤상(환상) 시비법** : 구멍을 파지 않고 원주 전체에 고루 홈을 파고 비료를 주는 것이다.

⑥ **반원형 시비법** : 경사지일 때 위쪽 원주의 반만 골을 파고 비료를 주는 것이다.

⑦ **표면 시비법** : 묘목을 심은 뒤 숲 땅의 표면에 비료를 고루 뿌려 주는 방법이다.

적중예상문제

01 이 작업은 대개 어린나무가 자라서 갱신기에 이를 때까지 나무의 자람을 돕기 위해 6~8월 중에 실시하며, 9월 이후에는 조림목을 보호하기 위해 실시하지 않는 것이 좋은 작업은?

① 간벌
② 풀베기
③ 덩굴치기
④ 가지치기

해설
조림지 중 잡초목이 적은 곳은 풀베기를 7월에 1회를 실시하고, 무성한 곳은 6월과 8월 두 차례에 걸쳐 실시하며, 한·풍해가 우려되는 지역은 겨울 동안 주위의 잡초목에 의하여 조림목이 보호를 받도록 하는 것이 좋다.

02 풀베기의 설명이 틀린 것은?

① 9월 이후의 풀베기는 피한다.
② 소나무류는 5~8회 정도 실시한다.
③ 일반적으로 조림 후 5~6월에 실시한다.
④ 연 2회 실시할 때는 8월에 추가적으로 실시한다.

해설
③ 풀베기는 일반적으로 조림 후 6~8월에 실시한다.

03 밑깎기(下제)의 가장 중요한 목적은?

① 겨울철에 동해를 방지하기 위함
② 음수 수종의 생장을 도모하기 위함
③ 수목의 나이테 너비를 조절하기 위함
④ 조림목에 안정된 환경을 만들어 주기 위함

해설
밑깎기(풀베기)는 어린 임분의 육림작업 시 가장 중요한 작업으로 안정된 생육환경을 만들어 주기 위함이다.

04 조림목을 제외하고 모든 잡초목을 깎아 버리는 밑깎기(풀베기)방법은?

① 줄깎기
② 전면깎기
③ 구멍깎기
④ 둘레깎기

해설
전면깎기(모두베기)
• 땅의 힘이 좋거나 조림목이 양수일 때 적용
• 조림지 전면에 걸쳐 해로운 지상식물을 깎아내는 방법
• 조림목에 가장 많은 양의 광선을 줄 수 있고, 지상식생의 피압으로 수형이 나빠지기 쉬운 양수에 적용

정답 1 ② 2 ③ 3 ④ 4 ②

05 다음 중 풀베기에서 전면깎기의 설명으로 바르지 못한 것은?

① 양수인 수종에 실시한다.

② 땅힘이 좋은 곳에서 실시한다.

③ 조림지 전면에 해로운 지상식물을 깎는다.

④ 우리나라 북부지방에서 주로 실시하는 방법이다.

해설

전면깎기(모두베기)는 임지가 비옥하거나 식재목이 광선을 많이 요구할 때 이용되는 방법으로 남부지방에 적합하다.

06 덩굴치기의 대상 식물만으로 구성된 것은?

① 칡, 등나무, 머루

② 개나리, 다래나무, 싸리나무

③ 노박덩굴, 조팝나무, 자귀나무

④ 댕댕이덩굴, 개암나무, 화살나무

해설

조림지에서 많이 발생하는 덩굴식물로는 칡, 다래, 머루, 사위질빵, 담쟁이덩굴, 노박덩굴, 으름덩굴, 댕댕이덩굴, 등나무 등이 있다.

07 우리나라 산지에서 수목에 가장 피해를 많이 주는 덩굴식물은?

① 칡덩굴　　　② 머루덩굴

③ 다래덩굴　　　④ 담쟁이덩굴

해설

우리나라 산지에서 수목에 가장 피해를 많이 주는 칡덩굴은 어릴 때 캐내는 것이 가장 효과적이다.

08 다음 덩굴식물을 설명한 것 중 옳지 못한 것은?

① 대체적으로 햇빛을 좋아하는 식물이다.

② 덩굴을 잘라 주면 쉽게 제거할 수 있다.

③ 잎과 줄기를 살포하는 약제로는 글리포세이트 액제가 있다.

④ 움돋는 첫해에는 세력이 빈약하나 3년이 지나면 세력이 왕성해진다.

해설

덩굴은 쉽게 제거할 수 없으므로 물리적 및 화학적 제거 방법을 사용한다.

09 다음 중 약제에 의한 덩굴류(만경류) 제거작업에 관한 설명으로 옳은 것은?

① 작업량이 적은 겨울에 실시한다.

② 칡 제거는 뿌리까지 죽일 수 있는 글리포세이트 액제가 좋다.

③ 처리 후 24시간 이내에 강우가 예상될 때 살포하는 것이 약제 흡수에 좋다.

④ 제초제는 살충제보다 독성이 적으므로 약제 취급에 주의를 기울일 필요가 없다.

해설

① 덩굴제거의 적기는 7월경이 적당하다.

③ 강우가 예상될 때는 살포하는 것을 중지한다.

④ 제초제는 고독성이므로 약제 취급에 주의를 기울여야 한다.

5 ④　6 ①　7 ①　8 ②　9 ②　　정답

10 칡과 같은 만경류를 제거하는 방법이 잘못된 것은?

① 글리포세이트 액제 처리시기는 칡의 경우 농번기를 피하며 겨울 또는 봄에 실시한다.
② 글리포세이트 액제 원액을 흡수시킨 면봉은 칡 머리 부분에 송곳으로 구멍을 뚫고 삽입한다.
③ 글리포세이트 액제와 물을 1 : 1로 혼합한 액을 주입기로 주입한다.
④ 만경류의 경우 되도록 어릴 때 제거하는 것이 효과적이다.

해설
글리포세이트 액제 처리 시기 : 덩굴류의 생장기인 5~9월

11 덩굴식물을 제거하는 방법으로 옳지 않은 것은?

① 디캄바 액제는 콩과 식물에 적용한다.
② 인력으로 덩굴의 줄기를 제거하거나 뿌리를 굴취한다.
③ 글리포세이트 액제는 2~3월 또는 10~11월에 사용하는 것이 효과적이다.
④ 약제 처리 후 24시간 이내에 강우가 예상될 경우 약제 처리를 중지한다.

해설
③ 글리포세이트(글라신) 액제 처리는 덩굴류의 생장기인 5~9월에 실시한다.

12 다음 중 덩굴을 제거하기 위한 약제는 무엇인가?

① 이사디아민염(2,4-D)
② 이황화탄소(CS$_2$)
③ 만코지 수화제(다이센 엠 45)
④ 다수진 유제(다이아톤)

해설
이사디아민염(2,4-D)
모노클로로아세트산과 2,4-다이클로로페놀과의 반응으로 합성되는 제초제 농약으로 주성분은 2,4-다이클로로페녹시아세트산이다.

13 토양의 물리적 성질을 좋게 하고, 유익한 미생물의 활동을 도와 묘목 생장을 건전하게 하는 비료는?

① 퇴비
② 질소비료
③ 인산비료
④ 칼륨비료

해설
퇴비는 짚·잡초·낙엽 등을 퇴적하여 부숙(腐熟)시킨 비료로 두엄이라고도 한다.

14 질소의 함유량이 20%인 비료가 있다. 이 비료를 80g 주었을 때 질소성분량으로는 몇 g을 준 셈이 되는가?

① 8g

② 16g

③ 20g

④ 80g

해설

성분량(kg) = 비료량(kg) × 비료성분량(%) ÷ 100

= 80(g) × 20(%) ÷ 100

= 16g

15 나무를 심고 나서 바로 또는 몇 달 뒤에 비료를 주는 것으로, 묘목의 줄기를 중심으로 하여 가장 긴 가지의 길이를 반지름으로 하는 원둘레에 5~10cm의 깊이로 구멍을 파고 그 곳에 비료를 넣어주는 방법은?

① 구덩이 전체 시비법

② 구덩이 밑 시비법

③ 구덩이 위 시비법

④ 측방 시비법

해설

측방 시비법은 식재목의 생장이나 활착률을 높여 준다.

16 임지시비에 대한 사항으로 옳지 못한 것은?

① 임목의 조기 생장을 위하여 임지시비의 효과는 크다.

② 임지시비 방법은 전면시비, 식혈시비, 환상시비가 있다.

③ 시비 시기는 봄이나 초여름에 하는 것이 좋고, 임지에 잡초를 없애고 시비를 한다.

④ 비료의 종류나 양은 입지의 비옥도, 수종에 따라 다르나 본당 식재 당시 질소 시비량은 100~150g이다.

해설

질소는 30~60g, 인산은 거의 동량으로, 알칼리는 반량을 토양과 혼합해서 시비한다.

CHAPTER 03 어린나무가꾸기

---

01 경합목 제거

1. 어린나무가꾸기(잡목 솎아내기, 제벌, 치수무육)

(1) 어린나무가꾸기의 개념 및 대상지

① 개념 : 풀베기작업이 끝난 이후 임관이 형성될 때부터 솎아베기(간벌)할 시기에 이르는 사이에 침입 수종의 제거를 주로 하고, 아울러 조림목 중 자람과 형질이 매우 나쁜 것을 베어 버리는 것을 말한다.

② 대상지 : 조림 후 5~10년인 임지가 주 대상지가 된다.

㉠ 주 대상지

조림성공지	당초 식재본수 대비 50% 이상의 조림목이 생육하고 있는 조림지
조림목 혼생지	조림목과 천연발생목이 섞여 있는 조림지로, 우량대경재를 생산할 수 있는 산림이며, 조림목(유사수종 포함)이 당초 식재본수 대비 26~49% 생육하고 있는 조림지
천연발생 활엽수림	형질이 우수한 조림목은 없으나, 천연발생목을 활용하여 우량대경재를 생산할 수 있는 산림으로, 조림목(유사수종 포함)이 당초 식재본수 대비 25% 이하로 생육하고 있는 조림지

㉡ 조림성공지 및 조림목 혼생지의 어린나무가꾸기 대상지는 치수림과 유령림 단계로 구분하여 작업하며, 천연발생 활엽수림은 유령림 단계에서만 작업한다.

치수림 단계	풀베기 후 3년 내외 경과한 조림지로 제거 대상목이 조림목의 생장을 방해하고 있으며, 어린나무가꾸기를 처음으로 실시한 지역
유령림 단계	• 치수림 단계의 어린나무가꾸기를 실행한 후 3년 내외 경과한 지역으로 제거 대상목이 조림목의 생장을 방해하고 있는 지역 • 치수림 단계의 어린나무가꾸기를 실행하지 아니하였으나, 조림목의 평균 가슴높이지름이 6cm 이상이면서 보육 대상목과 수관경쟁을 하는 제거 대상목의 피복도가 50% 이상인 지역 • 조림지 구역 내 군상(群狀)으로 발생한 우량 천연림도 보육대상지에 포함

(2) 어린나무가꾸기 작업 시기

① 6~9월 사이에 실시하는 것이 원칙이나 늦어도 11월 말까지는 완료하며, 방해목 제거 후 그루터기에서 발생하는 맹아는 억제한다.

② 잡목 등 조림목의 생장을 방해하기 시작하는 해에 1회 실시하고, 이후 계속 관찰하여 피해가 발생하는 시기에 반복한다. 대개 1차 작업은 풀베기작업이 끝난 3~5년 후, 2차 작업은 1차 작업 3~4년 후에 실시한다.

③ 어린나무가꾸기를 시작할 시기는 풀베기 방법, 나무의 생장 상태, 침입식물의 종류, 생육 상태에 따라 다르나 일반적으로 임관 경쟁이 시작되고 조림목의 생육이 저해된다고 판단될 때 실시한다.

④ 겨울철에 실행하면 조림목이 한·풍해 등의 피해를 받기 쉽다.

(3) 어린나무가꾸기 방법

① 혼생수종이 조림목보다 생장이 빠른 경우 조림목을 피압하므로 제거해야 한다.

② 목적 이외에 수종이라도 임분 전체의 건전한 생장에 유익한 경우 제거하지 않고 존치시킨다.

③ 맹아력이 왕성한 활엽수종은 수간을 1m 높이에서 절단하여 맹아의 발생 및 생장을 약화시킨다.

④ 조림지에 상층목으로 잔존시킨 임목에 대하여는 벌도 및 반출경비가 많이 소요되고 하층식재목을 손상할 우려가 있을 경우 제초제를 사용하거나 환상박피 등에 의하여 고사시킨다.

⑤ 인력을 절감하고 작업효과를 높일 수 있는 방법으로서 글라신 액제와 같은 제초제를 사용하여 수간주입 처리하면 효과적이다.

2. 경합목의 제거

(1) 유해수종 제거

조림목의 수관광선을 차단하고 뿌리의 근접으로 심한 경쟁을 일으키는 활엽수 맹아목, 임분 구성수종 중 양수(오리나무, 자작나무류, 옻나무, 사시나무류 등)와 개암나무, 버드나무, 아까시나무 등, 만경류, 웃자란 관목류 및 기타 조림지에 침입한 유해수종을 제거한다.

(2) 초우세목 관리

① 어린 임분에서 임관 상층에 크게 돌출된 수고가 높은 초우세목은 단목과 소군상인 경우로 구분하고 쓸모있는 나무인지 쓸모없는 나무(폭목)인지를 판단하여 제거 여부를 결정한다.

② 단목인 경우

　㉠ 소나무는 폭목이 될 경우가 많고, 서어나무류는 입지가 양호한 평지에서는 다른 나무에 나쁜 영향을 주며, 고산지대에서는 복층림 구조 및 임분안정에 도움이 된다.

　㉡ 참나무류는 임연부에서 견디는 힘이 있고, 낙엽송은 유익하며 전나무 및 잣나무는 생가지치기를 실시하여 임분 구성목으로 존치한다.

　㉢ 소군상인 경우는 신중하게 판단하여, 수형이 양호하고 밀도가 충분하면 혼합림 유도를 고려하고 생장이 불량하고 폭목일 경우에는 제거하여 후속 조림을 실시한다.

(3) 임연부 관리

① 급경사 임연부의 서로 인접한 나무들은 갱신벌채 시 이용되지 못하고 남은 나무들로서, 밖으로 기울어 있거나 수관이 편기된 폭목 등이 많아 인접된 어린나무들을 피압하거나 치수발생을 방해한다.

② 기운 나무와 폭목 등은 제거하고 임연목의 돌출된 긴가지는 잘라주어 유연성 있는 짧고 가는 가지를 가진 나무로 만들어 주는 것이 필요하다.

(4) 공간 조절

① 병충해목, 훼손된 나무, 생장불량목(빗자루목, 분지목, 굽은 나무 등)을 제거한다.

② 소나무는 대부분 솎아주기가 필요하지 않고 참나무, 서어나무 등 활엽수는 밀생되면 겨울에 설압으로 피압될 우려가 있으므로 약도로 솎아줄 필요가 있다.

(5) 수종 조절

① 어린나무가꾸기 단계에서는 목표임분의 기초확립을 위해 조림목과 조림지 내에 발생한 유용수종 간의 수종구성을 조절하여 주는 것이 중요하다.

② 어린나무단계에서는 혼효조절이 쉽고 성공률이 높다.

③ 혼효상태에 따라 무육목표와 최종수확 임분의 생산목표가 달라지므로 혼효방법을 신중히 결정해야 한다.

④ 혼효수종은 일시적 혼효로서 차후에 완전히 제거될 수도 있고 소군상으로 축소될 수도 있으며 복층림에서 하층으로 계속 남을 수도 있다.

⑤ 혼효조절에는 광선요구도(양수, 음수, 중용수), 기후인자에 대한 저항성, 생장속도 및 생장특성, 혼효지속성, 세장도 및 맹아력, 주수종 또는 부수종 역할 등을 고려한다.

3. 제거목 제거(제벌)

(1) 제벌의 방침

① 조림수종이 그 임지에 적합하여 성림이 잘될 것인가를 검토하고 임지에 부적합하다면 오히려 다른 수종과의 혼교가 유리하다.

② 좋은 나무를 보육한다는 원칙에 따라 제벌을 실시한다.

③ 침엽수는 맹아력이 거의 없거나 약하므로 근원부를 절단하면 좋으나 맹아력이 강한 활엽수종은 제초제를 사용하거나, 때로는 여름에 지상 1m 정도 되는 곳에서 줄기를 꺾어 뉘여 두면 뿌리목 부근에서 절단한 것보다 맹아의 힘을 누를 수 있다.

(2) 제벌의 실행

① 제벌의 시작임령은 풀베기 방법, 나무의 성장상태, 침입식물의 종류, 자람의 상태에 따라 다르나, 일반적으로 수관 간의 경쟁이 시작되고 조림목의 생육이 저해된다고 판단될 때 실시(밑깎기가 끝난 2~3년 뒤부터)한다.

② 첫 번째 제벌이 실시되는 임령
  ㉠ 소나무, 낙엽송 : 식재 후 7~15년
  ㉡ 삼나무, 편백 : 식재 후 10년
  ㉢ 전나무, 가문비나무 : 13~15년

③ 제벌은 간벌이 시작될 때까지 2~3회를 실시한다.

④ 제벌의 시기는 나무의 고사상태를 알고 맹아력을 감소시키기 위해서는 여름철에 실행한다.

(3) 단계별 제거목 제거 방법

① 치수림 단계의 작업 방법
  ㉠ 제거 대상목은 보육대상목과 수관경쟁을 하는 유해수종, 덩굴류, 피해목과 폭목으로 한다.
  ㉡ 제거 대상목의 제거부위는 조림목 수고의 1/2 이하로 한다.

② 유령림 단계의 작업 방법
  ㉠ 제거 대상목은 보육대상목과 수관경쟁을 하는 유해수종, 피해를 입거나 고사한 조림목으로 한다.
  ㉡ 제거 대상목의 제거부위는 지표면에 가깝게 한다.

③ 유령림 단계의 천연림 작업 방법
  ㉠ 과다한 임지노출이 우려될 경우를 제외하고 형질이 불량한 나무, 병해충목, 폭목은 모두 제거하며, 칡·다래 등 보육 대상목의 생장에 지장을 주는 덩굴류도 모두 제거한다.
  ㉡ 제거 대상목의 제거부위는 지표면에 가깝게 한다.
  ㉢ 움싹이 발생되었을 경우 각 뿌리에서 생긴 움싹은 2본 정도 남기고 정리하며, 유용한 실생묘는 존치한다.

(4) 작업 시 유의사항

① 제거 대상목은 조림목 또는 보육 대상 임목의 생장에 지장을 주는 경제성 없는 유해수종 및 잡관목과 덩굴류, 조림목 중 피해목과 생장이 불량한 도태 대상목, 인접목에 피해를 주는 폭목으로 한다.

② 조림목 생장에 지장을 주는 자생수종의 제거는 조림목 초두부로 들어오는 광선이 차단되어 피압되지 않을 정도의 높이로 한다.

③ 덩굴류는 약제 또는 인력으로 제거하고 재발생되지 않도록 한다.

④ 조림목 생장에 피해를 주지 않는 유용한 하층식생은 잔존시킨다.

⑤ 대상지 내 조림목이 없는 곳은 자생하는 천연생 형질우량목을 목적수종으로 잔존시켜 보육한다.

⑥ 조림 당시 잔존시킨 임분 상층의 우량 천연임목이 인접목 수관에 지장을 줄 때는 가지치기를 실시한다.

⑦ 조림목 또는 보육가치가 있는 천연 활엽수에 대한 수관 또는 수간교정이 필요할 때는 원예작업이 아닌 육림적 방법에 의해 경제적으로 실시한다.

⑧ 폭목의 제거는 벌채 시 인접목에 대한 피해 유무, 벌채 후 발생된 빈자리에 대한 처리 문제 등을 고려하여 합리적인 방법으로 실시한다.

⑨ 기타 사항에 대하여는 별도 어린나무가꾸기 작업요령에 의한다.

---

02 | 수형조절

1. 수형조절 방법

(1) 수목의 형태

① 수목의 형태는 수관(樹冠)의 외곽선과 가지의 형태, 생장습성에 의하여 결정된다.

② 모든 수목들은 정상적인 생장조건하에서는 수종에 따라서 각각의 특징적인 형상을 나타내게 된다.

③ 수목의 형태는 수목의 자람세와 성숙정도에 따라서 차이가 있다.

④ 수목의 생장유형

[부정형]   [꽃병형]   [계란형]   [피라미드형]   [원추형]   [둥근형]   [처진형]

(2) 수형조절 방법

① 보육목표 대상 수종 중에서 수관형태가 매우 불량(피라미드형 또는 확장된 상태)한 나무, 초두부가 갈라진 나무, 분지목, 수관이 편기되거나 긴 가지가 발생한 나무, 불량하게 생장하는 나무는 성목이 되기 전에 수형을 교정한다.

② 수형조절은 나무의 지상부 일부분을 제거하는 작업으로 줄기자르기, 가지치기, 가지 정리로 나눌 수 있다.

③ 작업 대상목에 대한 가지치기와 수형 교정은 가급적 전정가위로 실행하고 수고의 50% 내외의 높이까지 가지를 제거한다.

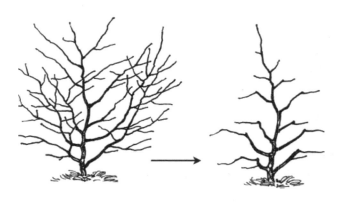

[유용활엽수 수형교정모식도]

01 치수무육(어린나무가꾸기)작업의 목적으로 가장 적합한 것은?

① 산불피해를 줄이기 위함이다.
② 숲을 보기 좋게 하기 위함이다.
③ 목재를 생산하여 수익을 얻기 위함이다.
④ 불량목을 제거하여 치수의 생육공간을 충분히 제공하기 위함이다.

해설

치수무육(어린나무가꾸기)작업의 목적은 임목 상호 간의 적정한 생육환경을 제공하기 위함이다.

02 조림목이 임관을 형성한 뒤부터 솎아베기할 시기에 이르는 사이에 침입 수종과 조림목 중 성장과 형질이 매우 나쁜 것을 제거하는 작업은?

① 풀베기
② 덩굴제거
③ 가지치기
④ 어린나무가꾸기

해설

어린나무가꾸기는 조림목이 임관을 형성한 뒤부터 솎아베기(간벌)할 시기에 이르는 사이에 침입 수종의 제거를 주로 하고, 아울러 조림목 중 자람과 형질이 매우 나쁜 것을 끊어 없애는 것을 말한다.

03 어린나무가꾸기에 대한 설명으로 틀린 것은?

① 조림지에 침입한 유해수종을 제거한다.
② 임분 전체의 형질을 향상시키는 데 목적이 있다.
③ 조림목 임관이 형성될 때부터 솎아베기할 시기에 이르는 사이에 실시한다.
④ 조림지 내 불량목과 불량품종을 모두 제거하여 솎아베기 작업이 필요 없게 한다.

해설

조림목 하나하나의 생장에 중점을 두는 것이 아니라 임상을 정비해서 목적하는 수종의 완전한 성림과 건전한 자람을 도모하고 임분 전체의 형질을 향상하는 데 목적이 있다.

04 어린나무가꾸기 단계에 대한 설명으로 틀린 것은?

① 일반적으로 적극적 도태 방식의 보육조치를 취한다.
② 개체목의 생장과 형질보다는 임분 전체의 보육에 중점을 둔다.
③ 어느 나무가 임분에 긍정적, 부정적으로 생장할지는 예측할 수 없다.
④ 불량한 임목의 발달을 미리 억제할 수 있고 간벌 비용을 절감할 수 있다.

해설

어린나무가꾸기 단계의 임분에서는 일단 불량한 개체만을 선별 제거하여 임분을 정리하여 주는 간접적 도태(소극적 도태) 방식의 보육조치를 취하는 것이 일반적이다.

05 어린나무가꾸기 작업 시기에 대한 설명으로 틀린 것은?

① 일반적으로 6~9월 사이에 실시한다.
② 솎아베기 작업 후 2년 이내에 실시한다.
③ 겨울철에 실행하면 조림목이 한·풍해 등의 피해를 받기 쉽다.
④ 임관경쟁이 시작되고 조림목의 생육이 저해된다고 판단될 때 실시한다.

해설
어린나무가꾸기는 조림목이 임관을 형성한 뒤부터 솎아베기(간벌)할 시기에 이르는 사이에 작업한다.

07 어린나무가꾸기에 작업 대상지에 관한 설명으로 틀린 것은?

① 조림 후 5~10년인 임지가 주 대상지이다.
② 주 대상지는 조림성공지, 조림목 혼생지, 천연발생 활엽수림이 있다.
③ 조림지 구역 내 군상으로 발생한 우량 천연림도 보육대상지에 해당한다.
④ 천연발생 활엽수림의 대상지는 치수림과 유령림 단계로 구분하여 작업한다.

해설
조림성공지 및 조림목 혼생지의 어린나무가꾸기 대상지는 치수림과 유령림 단계로 구분하여 작업하며, 천연발생 활엽수림은 유령림 단계에서 작업한다.

06 맹아력이 왕성한 활엽수종에 가장 적합한 어린나무가꾸기 작업 방법은?

① 큰 가지만 제거한다.
② 뿌리목 부근에서 벌채한다.
③ 제거하지 않고 존치시킨다.
④ 수간을 1m 높이에서 절단한다.

해설
맹아력이 왕성한 활엽수종은 수간을 1m 높이에서 절단하여 맹아의 발생 및 생장을 약화시킨다.

08 어린나무가꾸기 작업의 1차 작업이 시행되기에 가장 적합한 시기로 가장 알맞은 것은?

① 조림 후 3~5년 후
② 풀베기작업이 끝난 3~5년 후
③ 가지치기 작업이 끝난 3~5년 후
④ 솎아베기 작업이 끝난 3~5년 후

해설
어린나무가꾸기는 일반적으로 조림 후 5~10년이 경과한 임분에 대하여 실시한다. 대개 1차 작업은 풀베기작업이 끝난 3~5년 후, 2차 작업은 1차 작업 3~4년 후에 실시한다.

09 어린나무가꾸기에 대한 설명으로 틀린 것은?

① 목적 이외에 수종이라면 모두 제거한다.
② 겨울철에 실행하면 조림목이 한·풍해 등의 피해받기 쉽다.
③ 글라신 액제와 같은 제초제를 사용하면 작업 효과를 높을 수 있다.
④ 일반적으로 조림 후 5~10년이 경과한 임분을 대상으로 실시한다.

해설
목적 이외에 수종이라도 임분 전체의 건전한 생장에 유익한 경우 제거하지 않고 존치시킨다.

10 목표임분의 기초확립을 위해 조림목과 조림지 내에 발생한 유용수종 간의 수종구성을 조절하는 어린나무가꾸기 작업은?

① 공간 조절
② 수종 조절
③ 수형 조절
④ 유해수종 제거

해설
어린나무 단계에서는 혼효조절이 쉽고 성공률이 높아, 목표임분의 기초확립을 위해 조림목과 조림지 내에 발생한 유용수종 간의 수종구성을 조절하여 주는 것이 중요하다. 혼효상태에 따라 무육목표와 최종수확 임분의 생산목표가 달라지므로 혼효방법을 신중히 결정해야 한다.

11 잡목 솎아내기 작업이 가장 적합한 시기는?

① 봄~초여름
② 여름~초가을
③ 가을~초겨울
④ 겨울~초봄

해설
나무의 고사상태를 알고 맹아력을 감소시키기 위해서 잡목 솎아내기 작업(제벌)은 여름철에 실행하는 것이 좋고, 적어도 초가을까지는 작업을 끝내도록 한다.

12 잡목 솎아내기 작업을 6~9월 중에 실시하는 가장 적합한 사유는?

① 제벌대상목이 생장휴지기이므로
② 인력들을 구하기 쉬운 기간이므로
③ 근부에 많은 양분이 저장된 시기이므로
④ 제거 대상목의 맹아력이 약한 기간이므로

해설
나무의 고사상태를 알고 맹아력을 감소시키기 위해서 잡목 솎아내기 작업(제벌)은 여름철에 실행하는 것이 좋고 적어도 초가을까지는 작업을 끝내도록 한다.

13 낙엽송이나 잣나무와 같은 바늘잎나무는 대개 몇 년을 전후하여 첫 번째 솎아베기를 하는가?

① 5년   ② 10년
③ 15년   ④ 20년

해설
낙엽송, 잣나무, 소나무의 첫 번째 솎아베기 시기 : 7~15년

14 제벌작업에서 제거 대상목이 아닌 것은?

① 폭목
② 하층식생
③ 열등형질목
④ 침입목 또는 가해목

제거 대상목
• 치수림보육
 – 상층의 대경목 및 폭목 제거
 – 덩굴류와 불량속성수 제거
 – 불량 형질목 및 병해목 제거
 – 밀도 조절 및 혼효도 조절 : 치수간격은 보통
  1~1.5m가 되도록 조절해 주며 동시에 우점종을
  이루는 천연치수를 주가 되도록 혼효상태를 조
  절한다.
• 유령림보육
 – 불량목 제거와 생육공간 조절
 – 혼효도 조절 : 입지와 수종 특성을 고려하여 혼
  효도를 조절하며 단목혼효, 열상혼효, 소군상혼
  효 등의 혼효형을 선택할 수 있다.
• 하층임분과 피압목 관리 : 하층 임분은 가능한 한
 잔존시킨다.

15 미래목과 중용목을 피압하는 가지가 많고 나무갓이 과대한 불량목은?

① 폭목　　　　　② 경합목
③ 피해목　　　　④ 형질불량목

② 경합목 : 미래목과 중용목 생육에 지장을 주는 경
 합목
③ 피해목 : 병해충피해, 기상피해, 인위적 피해목
 및 지제부 부패손상목 등
④ 형질불량목 : 줄기가 구부러지거나 여러 줄기로
 갈라진 불량목, 수관 및 줄기가 약한 세장목, 넘
 어진 나무 등

16 다음 그림에서 제벌작업 시 제거되어야 할 나무로 가장 잘 짝지어진 것은?

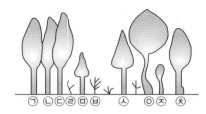

① ㉠, ㉘　　　　② ㉣, ㉤
③ ㉦, ㉧　　　　④ ㉡, ㉘

제벌(어린나무가꾸기)은 조림목이 임관을 형성한 뒤
부터 간벌할 시기에 이르는 사이에 침입수종의 제거
를 하고, 아울러 조림목 중 자람과 형질이 매우 나쁜
것을 제거하는 것이다.

17 제벌작업에 관한 설명 중 틀린 것은?

① 제벌작업은 간벌작업 실시 후 실시하는
 작업단계이다.
② 작업도구는 손톱, 전정가위, 무육 낫을
 기본으로 사용한다.
③ 제거 대상목에는 유해수종, 덩굴류, 피해
 목과 폭목 등이 있다.
④ 잘 자란 조림목, 건전하게 자생하고 있는
 나무, 하층식생은 보존한다.

제벌의 시작임령은 풀베기 방법, 나무의 성장상태,
침입식물의 종류, 자람의 상태에 따라 다르나, 일반
적으로 수관 간의 경쟁이 시작되고 조림목의 생육이
저해된다고 판단될 때 실시(풀베기 작업이 끝난 3~
5년 후부터)한다.

18 치수림 단계에서 제거 대상목의 제거 부위 정도는 얼마인가?

① 지표면에 가깝게 한다.
② 조림목 수고와 동일하게 한다.
③ 조림목 수고의 1/2 이하로 한다.
④ 조림목 수고의 2/3 정도로 한다.

해설

치수림 단계에서는 보육 대상목과 수관경쟁을 하는 유해수종, 덩굴류, 피해목과 폭목을 대상으로 제거 부위는 조림목 수고의 1/2 이하로 한다.

20 어린나무가꾸기 작업 대상목에 대한 가지치기와 수형교정에 사용되는 적합한 작업 도구는?

① 도끼
② 기계톱
③ 전정가위
④ 재래식 낫

해설

어린나무가꾸기 작업 대상목에 대한 가지치기와 수형 교정은 가급적 전정가위로 실행하고 수고의 50% 내외의 높이까지 가지를 제거한다.

19 수관형태가 매우 불량한 나무, 초두가 갈라진 나무 등 불량하게 생장하는 나무를 성목이 되기 전 교정하는 어린나무가꾸기 작업은?

① 수형교정
② 유해수종 제거
③ 초우세목 관리
④ 임연부 관리

해설

보육목표 대상수종 중에서 수관형태가 매우 불량한 나무, 초두가 갈라진 나무, 분지목, 수관이 편기되거나 긴가지가 발생한 나무 등 불량하게 생장하는 나무는 성목이 되기 전에 수형을 교정한다.

CHAPTER 04 가지치기

---

01 | 가지치기작업

1. 가지치기의 목적 및 효과

(1) 가지치기의 목적

① 수관의 일부를 구성하는 가지의 일부를 계획적으로 끊어줌으로써 마디가 없는 질 높은 목재를 생산하기 위해서이다.

② 가치가 높은 목재를 생산할 뿐만 아니라 건강한 숲환경을 조성하기 위하여 실시한다.

(2) 가지치기의 효과

① 옹이가 없는 우량한 통직재를 생산함으로써 산림의 가치생산을 증대시킨다.

② 수간의 직경생장을 증대시킬 수 있는 중요한 육림작업이다.

③ 강도의 가지치기는 추재의 비율을 증가시켜 목재의 질을 개선한다.

④ 지면 온도의 상승으로 지피 유기물의 분해가 촉진되어 지력이 유지된다.

⑤ 지피식생의 발생이 촉진되어 표토침식을 방지한다.

⑥ 산불 방지 및 확산 억제 효과가 있다.

⑦ 하목의 수광량을 증가시켜 생장을 촉진시킨다.

⑧ 가지를 지나치게 자를 때 생장이 억제될 수 있다.

⑨ 줄기에서 부정아가 생겨나서 해를 주는 일이 있다.

⑩ 노력과 비용이 소요되며 작업상 노무문제가 있다.

2. 가지치기작업의 종류

(1) 자연낙지 유도

① 줄기에 붙어 있는 가지가 수광량 및 확장할 공간의 부족으로 고사하여 떨어지게 되는데 이런 과정을 자연낙지 현상이라고 하며, 수간의 아래쪽부터 시작되어 위로 진전된다.

② 이층 형성에 의해 자연낙지가 잘 되는 수종은 포플러류, 버드나무류, 느릅나무, 단풍나무, 가래나무, 벚나무류, 참나무류, 삼나무, 편백 등이다.

③ 대부분의 활엽수는 침엽수에 비하여 자연낙지가 잘 이루어지나 가지가 큰 경우는 어렵기 때문에 적당한 밀도를 유지시켜 가지직경이 4cm 이상으로 굵어지지 않도록 해야 한다.

④ 자연낙지의 과정

    ㉠ 가지의 고사 : 아래 가지의 고사속도는 주로 임분의 초기밀도와 관련이 깊다.

    ㉡ 고사지의 탈락 : 주로 균의 작용에 의하여 이루어지며, 이 밖에 자중과 바람에 의한 동요를 들 수 있다.

    ㉢ 잔지의 생활조직에 의한 매입 : 치유속도는 줄기의 직경생장속도에 관계되는 것이며 잔지의 굵기와는 상관이 적다.

(2) 인공 가지치기

① 가지치기의 대상목

    ㉠ 가지치기 대상목이 될 수 있는 나무는 자람이 왕성하고 수관과 수간에 결점이 없어서 벌기목이 될 수 있어야 한다.

    ㉡ 상처가 있거나 건전하지 못해 장차 간벌목으로 제거될 나무는 가지치기를 하지 않는다.

    ㉢ 가지치기를 해주어야 할 나무는 최종 수확 시까지 가꾸어 주어야 할 나무와 2~3차 솎아베기(간벌)까지 남겨둘 우세목에 대하여 실시한다.

② 가지치기의 강도와 줄기생장

    ㉠ 수고생장 : 임목의 수고생장은 상부수관에서 형성된 호르몬과 축적된 탄수화물의 양에 의하여 결정되기 때문에, 수관 밑부분을 30~70%까지 제거하여도 수고생장에는 크게 영향을 미치지 않는다.

    ㉡ 직경생장

        • 직경생장에 있어서 가지치기와 간벌의 효과는 서로 상반된다. 간벌은 수간 하부의 비대생장을 촉진시키는 데 비해 가지치기는 가지가 제거됨에 따라 목질부의 증가가 수간상부에 집중되어 수간의 완만도를 증대시킨다.

        • 수관의 30~40% 이상을 제거하는 경우 직경 생장량이 다소 감소되나 수간상부의 생장을 증대시켜 수간의 완만도를 높임으로써 원목의 이용률을 높일 수 있다.

③ 생가지치기 : 가지치기를 할 때 생가지를 치면 미생물이 쉽게 침입하여 목재가 절단면으로부터 부패하는 경우가 있다.

 ⊙ 생가지치기로 가장 위험성이 높은 수종 : 단풍나무류, 느릅나무류, 벚나무류, 물푸레나무 등으로 원칙적으로 생가지치기를 피하고 자연낙지 또는 고지치기만 실시한다.

 ⓒ 위험성이 낮은 수종 : 소나무류, 낙엽송, 포플러류, 삼나무, 편백 등은 특별히 굵은 생가지를 끊어 주지 않는 한 거의 위험성은 없다.

 ⓒ 가지치기의 기구 : 낫, 손도끼, 톱, 고지절단기 등을 사용

3. 가지치기작업의 방법

(1) 대상수종

① 침엽수

 ⊙ 소나무, 잣나무, 낙엽송(일본잎갈나무), 전나무, 해송, 삼나무, 편백 등

 ⓒ 일반적으로 상처유합이 잘된다.

 ⓒ 낙엽송은 극양수로서 울폐도가 높은 임분에서 자연낙지가 잘 되기 때문에 가지치기를 생략할 수 있다.

 ⓔ 가문비나무류는 상처가 부패될 위험이 있으므로 죽은 가지와 쇠약한 가지만을 잘라준다.

② 활엽수

 ⊙ 일반적으로 상처의 유합이 잘 안되고 가지가 썩기 쉬우므로 직경 5cm 이상의 가지는 원칙적으로 자르지 않는다.

 ⓒ 참나무류(신갈나무 제외), 포플러나무류는 으뜸가지 이하의 가지만 잘라준다.

 ⓒ 자작나무·너도밤나무 등은 가지가 썩을 위험이 있으므로 죽은 가지와 쇠약한 가지만 잘라준다.

 ⓔ 단풍나무·느릅나무·벚나무·물푸레나무 등은 상처유합이 잘 안되고 가지가 썩기 쉬우므로 죽은 가지만 쳐 주어야 하며, 밀식으로 자연낙지를 유도하는 것이 바람직하다.

(2) 가지치기의 시기

① 죽은 가지의 제거는 작업시기에 큰 상관이 없으나 절단부위의 빠른 융합을 위하여 수간의 비대생장이 시작되는 5월 이전에 실시한다.

② 생장기에는 작업 시 수피가 벗겨지는 등의 피해가 우려되므로 생장휴지기인 11월 이후부터 이듬해 3월까지가 가장 적기이다.

③ 침엽수종에 있어서 일반적으로 아래 가지가 지상 1m 정도까지 고사했을 때, 즉 10~15년생인 때 첫 번째 작업을 한다.

(3) 가지치기의 강도

① 어린 임목에 실시하는 것이 무절재(질 좋은 목재)의 비율을 높여주고 작업도 쉽다.

② 시기 및 강도가 적절하지 않으면 임목의 생장을 저해하므로 1차 간벌 전까지는 어린나무가꾸기 작업 등과 병행하여 역지 이하만 제거하고, 간벌 후 1~2회 정도 강도 가지치기(가지치기 높이 5~7m)를 실시한다.

③ 15~20년생 임분의 평균 흉고직경 6~8cm, 수고 7~8m인 임목에 대하여 수고의 50~60% 높이까지 강도 가지치기를 실시한다.

④ 가지치기 대상목은 1차 간벌 후 잔존목이나 잔존예정 임목 중 형질이 좋은 것을 선정한다.

⑤ 가지 위치가 높아질수록 인력과 경비가 많이 소요되므로 4~5m 높이까지 1회만 실시한다.

⑥ 사정이 허락하는 경우, 5~6년 후 2차 가지치기를 실시하면 더 많은 무절재를 얻을 수 있다.

(4) 가지치기의 절단 방법

① 가지치기 톱을 사용하여 절단면이 평활하도록 자른다. 침엽수는 절단면이 줄기와 평행하도록 자르고, 활엽수는 줄기의 융기부에 평행이 되도록 자른다.

② 지륭부(枝隆部, 가지가 줄기에 붙는 융기된 부분)가 형성될 수 있는 활엽수종은 고사지의 경우 캘러스 형성 부위에 가능한 한 가깝게 캘러스가 상하지 않도록 고사지를 제거하고, 살아있는 가지는 지륭부에 가깝게 제거한다.

③ 느티나무, 가시나무 등과 같은 활엽수의 굵은 가지를 절단함으로써 줄기에 상처가 날 위험이 있는 경우에는 가지 기부에 3~4cm 또는 10~12cm의 잔지를 남긴 후 이를 다시 절단하는 것이 바람직하다.

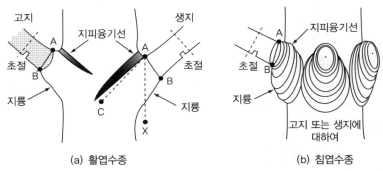

(a) 활엽수종   (b) 침엽수종

[지피융기선을 고려한 가지치기의 요령]

01 가지치기의 장점이 아닌 것은?

① 부정아가 발생한다.
② 무절재를 생산한다.
③ 상장생장을 촉진한다.
④ 산불이 있을 때 수관화를 경감시킨다.

해설
① 부정아가 발생하는 것은 가지치기의 단점이다.

02 다음 중 가지치기 방법으로 옳은 것은?

① 가지치기 때 역지도 제거한다.
② 가지치기 시기는 생장이 왕성한 여름에 실시한다.
③ 가지치기는 수종 및 경영목적에 따라 결정되어야 한다.
④ 절단부가 융합이 늦어도 관계없으므로 굵은 가지는 제거해도 된다.

해설
① 역지 이하의 가지를 제거한다.
② 가지치기 시기는 생장휴지인 겨울에 실시한다.
④ 활엽수의 경우 절단부가 융합이 잘 안되므로 직경 5cm 이상의 가지는 원칙적으로 자르지 않는다.

03 포플러를 식재한 후 6~7년 된 나무일 때 가장 적당한 가지치기 작업의 정도는 얼마인가?

① 나무 높이의 1/3 정도
② 나무 높이의 1/2 정도
③ 나무 높이의 8~10m 정도
④ 전 수간의 2/3 정도

해설
포플러의 가지치기
• 0~8년생 : 나무 높이의 1/3 정도
• 8~15년생 : 나무 높이의 1/2 정도
• 15년생 이후 : 지면으로부터 8~10m 정도

04 삼나무, 편백 등의 장령림에서 가지치기는 수고의 어느 정도로 쳐주는가?

① 1/2   ② 1/3
③ 1/4   ④ 3/5

해설
삼나무, 편백 등의 유령림에서는 수고의 1/2, 장령림에서는 수고의 3/5 정도를 가지치기한다.

05 침엽수의 가지를 제거하는 방법으로 가장 옳은 것은?

① 수간에 평행하게 자른다.
② 가지 밑살의 끝부분에서 자른다.
③ 수간에 오목한 자국이 생기게 자른다.
④ 가지가 뻗은 방향에 직각되게 자른다.

해설
절단면이 평활하도록 가지치기 톱을 사용하며 침엽수는 줄기와 평행이 되도록 절단한다.

06 그림의 ㉠~㉣은 가지의 기부가 굵은 지륭부가 있는 활엽수의 가지치기 부위를 나타낸 것이다. 가장 적당한 부위는?

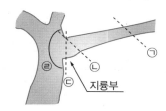

지륭부

① ㉠   ② ㉡
③ ㉢   ④ ㉣

> **해설**
> 살아있는 가지는 지륭부에 가깝게 제거한다.

07 가지치기로 인한 부위의 위험성이 가장 높은 수종은?

① 소나무   ② 낙엽송
③ 포플러류   ④ 단풍나무

> **해설**
> • 위험성이 큰 수종 : 벚나무, 물푸레, 단풍나무, 느릅나무
> • 위험성이 작은 수종 : 소나무류, 낙엽송, 포플러류, 삼나무, 편백

08 가지치기의 시기로 가장 적절한 것은?

① 5월 이후
② 3월 이후~8월
③ 8월 이후~11월 초
④ 11월 이후~이듬해 3월

> **해설**
> 생장휴지기인 11월 이후부터 이듬해 3월까지가 가지치기의 가장 적기이다.

09 가지치기작업의 주요 목적은?

① 산화 강화
② 산불 방지
③ 우량 목재 생산
④ 지면 온도 상승 방지

> **해설**
> 가지치기 : 우량한 목재를 생산할 목적으로 가지의 일부분을 계획적으로 잘라내는 것

10 다음 중 가지치기 방법으로 옳은 것은?

① 고사지는 제거한다.
② 침엽수는 절단면이 줄기와 직각되게 자른다.
③ 가지치기의 대상목은 주로 상처가 있는 나무이다.
④ 활엽수는 직경 5cm 이상의 큰 가지를 주로 자른다.

> **해설**
> ② 침엽수는 절단면이 줄기와 평행하도록 자른다.
> ③ 상처가 있어 간벌목으로 제거될 나무는 가지치기를 하지 않는다.
> ④ 활엽수 가지치기 시에 직경 5cm 이상의 가지는 자르지 않도록 한다.

CHAPTER 05 솎아베기

01 | 솎아베기작업

1. 솎아베기의 특성 및 효과

(1) 솎아베기(간벌)의 정의 및 효과

① 정의 : 미성숙한 임분에 대하여 일부 입목을 벌채하여 잔존목의 성장을 촉진하고 유용한 목재의 총생산량을 증가시킬 목적으로 실시하는 모든 벌채적 행위를 말한다.

② 목적 및 효과

　㉠ 직경생장을 촉진하여 연륜폭이 넓어진다.

　㉡ 생산될 목재의 형질을 좋게 한다.

　㉢ 벌기수확은 양적·질적으로 매우 높아진다.

　㉣ 임목을 건전하게 발육시켜 여러 가지 해에 대한 저항력을 높인다.

　㉤ 입목뿐 아니라 임분의 건강성을 증진시켜 병해충 등에 대한 저항성을 높인다.

　㉥ 우량한 개체를 남겨서 임분의 유전적 형질을 향상시킨다.

　㉦ 산불의 위험성을 감소시킨다.

　㉧ 입지조건의 개량에 도움을 준다.

　㉨ 벌기가 되기 전에 나무를 솎아베어 중간수입을 얻을 수 있다.

　㉩ 나무의 생육공간을 적정하게 마련해 줌으로써 나무의 생장 및 질을 향상시킨다.

　㉪ 간벌은 대체로 침엽수림, 동령림에 대하여 실시한다.

　㉫ 미래목과 경쟁하는 입목들을 제거하여 미래목의 성장을 촉진시킬 수 있다.

　㉬ 하층식생을 발달시켜 생물다양성을 증진시킬 수 있다.

③ 솎아베기의 종류 : 우리나라에서 주로 이용되고 있는 솎아베기 방식에는 도태간벌, 정량간벌, 열식간벌의 세 가지가 있다.

　㉠ 도태간벌 : 우량 대경재를 생산하거나 산림 기능에 맞는 임분을 조성하기 위해 미래목을 선정하고 미래목과 경쟁이 되는 폭목 등을 제거하여 우수한 나무의 자람과 임분으로 조성하기 위한 솎아베기 방법

　㉡ 정량간벌 : 솎아베기의 실행기준을 솎아베기 양에 두고 입목밀도를 조절해 나가는 것으로, 수종별로 일정한 임령, 수고 또는 흉고직경에 따라 잔존 입목본수를 미리 정해놓고 기계적으로 실행하는 솎아베기 방법

　㉢ 열식간벌 : 기계적 간벌의 한 방법으로 하나의 임분에서 띠 모양으로 벌채목을 선정하는 방법

2. 대상지 및 대상목

(1) 솎아베기 대상지 선정

① 양질의 목재를 대량으로 생산 가능한 산림으로서 어린나무가꾸기 작업이 끝난 후 5년 가량 경과하고 최종 수확 10년 전까지의 산림

② 입목밀도가 과밀하여 광선이 임상에까지 도달하지 못해 생물종다양성이 낮은 산림

③ 침엽수림으로서 수원함양기능이 떨어지는 산림

④ 입목밀도가 과밀하여 입목의 생태적 활력도와 근계발달이 부실하여 산림 병충해, 산사태 피해가 우려되는 산림

⑤ 침엽수 단순림으로서 산불 발생 시 대형화될 우려가 있는 지역의 산림

⑥ 산사태, 산불, 산림병해충 등의 각종 산림재해를 입은 산림

⑦ 경관 유지와 개선을 위해 밀도 조절이 필요한 산림

⑧ 생육 공간을 조절할 필요가 있고 고급용재림 생산이 가능한 천연림

(2) 대상목의 선목

① 선목의 의의

   ㉠ 간벌 실행 시 간벌대상목과 잔존목의 구분은 임업의 경영적인 측면에서 중요하다.

   ㉡ 숲가꾸기 사업 진행 시 선목사업이 완료된 후에 사업이 착수되므로 숲가꾸기의 품질향상 측면에서 중요하다.

   ㉢ 선목이 잘못되면 산림의 경영관리가 어려워지므로 선목기술자의 전문성을 높여야 한다.

② 선목기준

   ㉠ 선목이란 숲가꾸기 중에서 임목의 벌채는 임분 구성목의 특징에 근거하여 솎아베기에 따라 일정한 수형급을 적용하고 잔존할 나무를 고르는 것을 말한다.

   ㉡ 임분의 발달은 임분구성목이 생장함으로써 이루어지며, 임분구성목의 특성은 임분 생육단계에 따라 차이가 나타난다.

   ㉢ 선목 구분의 기준
- 수목사회적 위치 예 차지하는 임관층, 상·중·하층 등
- 생활력 예 생리적 활력, 건전도, 생장력 등
- 발달경향 예 수목사회적 상승상태, 답보상태, 퇴보상태 등
- 육림적 역할 예 육림적 기능, 미래목, 무관목 등
- 수간형질 예 수간의 결함 정도
- 수관형질

   ㉣ 도태간벌의 선목기준
- 미래목, 중용목, 무관목, 유용치수, 유해목으로 수형급을 구분하고 있다.
- 주된 제거 대상목은 방해목이다.

⑩ 천연림보육의 선목기준
   • 미래목, 중용목, 보호목, 하층식생, 방해목(경합목, 폭목, 피해목, 형질불량목, 고사목, 만경류 등으로 세분)으로 구분하고 있다.
   • 주된 제거 대상목은 방해목이다.

---

02 ｜ 솎아베기 방법

1. 정성간벌

(1) 의미

① 간벌의 방법은 정성간벌과 정량간벌로 구분한다.

② 정성간벌은 줄기의 형태와 수관의 특성으로 구분되는 수관급을 바탕으로 해서 정해진 간벌형식에 따라 간벌 대상목을 선정한다. 벌채량에 있어서 객관적 기준이 약하고, 간벌목 선정자의 주관에 따라 그 대상목이 결정되며 간벌의 강도에 있어서나 간벌의 반복기간에 대해서도 뚜렷한 기준이 없다.

③ 정성적 간벌에는 데라사끼의 간벌(상층간벌, 하층간벌), 택벌식 간벌, 기계적 간벌, 활엽수 간벌, 도태간벌 등이 있다.

④ 데라사끼의 간벌형식 : 데라사끼의 간벌은 하층간벌(보통간벌 ; A종, B종, C종)과 상층간벌(D종, E종)의 2계통 5종류가 있다.

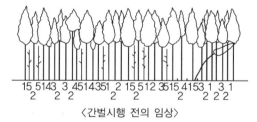
〈간벌시행 전의 임상〉

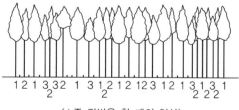
〈A종 간벌을 한 때의 임상〉

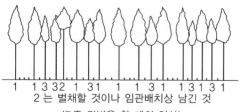
2는 벌채할 것이나 임관배치상 남긴 것
〈B종 간벌을 한 때의 임상〉

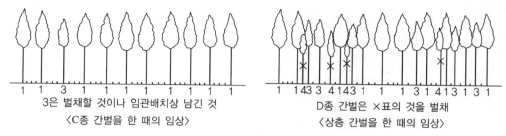

| 1 | 1 | 3 | 1 | 1 | 1 | 1 | 1 | 1 | 1 |
3은 벌채할 것이나 임관배치상 남긴 것
〈C종 간벌을 한 때의 임상〉

D종 간벌은 ×표의 것을 벌채
〈상층 간벌을 한 때의 임상〉

[데라사끼의 간벌형식 모식도]

ⓐ A종 간벌
- 4급목과 5급목을 제거하고 2급목의 소수를 끊는 방법으로 이것은 임내를 정지한다는 뜻이다.
- 간벌하기 앞서서 제벌 등 선행되는 중간 벌채가 잘 이루어졌다면 A종 간벌을 할 필요성은 거의 없다.

ⓑ B종 간벌
- 최하층의 4, 5급목 전부와 3급목의 일부, 그리고 2급목의 상당수를 벌채하는 것으로 3급목의 경쟁완화에 목적이 있다.
- 간벌을 실시할 때에는 아직 임분의 나이가 많지 않으며, 1급목은 적고 3급목이 많은 경우 실시한다.
- C종과 함께 단층림에 있어서 가장 넓게 실시하고 있다.

ⓒ C종 간벌 : B종보다 벌채하는 수관급이 광범위하고, 특히 1급목도 가까운 장래에 다른 1급목에 장해를 줄 가능성이 있는 경우 벌채하며, 우세목이 많은 성림에 적용한다.

ⓓ D종 간벌 : 상층임관을 강하게 벌채하고, 3급목을 남겨서 수간과 임상이 직사광선을 받지 않도록 하는 것이다.

ⓔ E종 간벌 : 최하층의 4급목이 전부 남게 되는 것이다. 지위가 좋은 임분, 생장속도가 다른 혼효림 또는 택벌적인 임분, 즉, 복층림, 연속층림 등에 적용된다.

⑤ 홀리(HAWLEY)의 간벌방법

ⓐ 하층간벌(보통간벌, 독일식 간벌법)
- 피압된 가장 낮은 수관층의 나무를 벌채하고 점차로 높은 층의 나무를 벌채하는 방법이다.
- 강도 높은 하층간벌이 실시된 후 우세목과 준우세목이 남으며 침엽수종의 일제임분에 적용하는 것이 알맞다.

[HAWLEY의 하층간벌의 종별과 선목대상]

구분	약한 수준	강한 수준
약도(A)	가장 빈약한 피압목	피압목
경도(B)	피압목, 빈약한 중간목	피압목, 중간목
중도(C)	피압목, 중간목	피압목, 중간목, 약간의 준우세목
강도(D)	피압목, 중간목, 상당수의 준우세목	피압목, 중간목, 대부분의 준우세목

ⓛ 수관간벌(프랑스법, 덴마크법)
  • 상층임관을 소개해서 같은 층을 구성하고 있는 우량개체의 생육을 촉진시킨다.
  • 주로 준우세목이 벌채되며, 우량목에 지장을 주는 중간목과 우세목의 일부도 벌채한다.
ⓒ 택벌식 간벌(Borggreve법)
  • 우세목을 간벌해서 그 이하의 임관층 나무의 생육을 촉진시킨다.
  • 수익성이 없다고 생각되는 나무는 벌채 대상목으로 하지 않는다.
  • 잔존될 하층목은 왕성하고 잘 발달한 수관을 가지고 있어야 하며, 소개에 따라 잘 반응할 가능성을 지니고 있어야 한다.
ⓔ 기계적 간벌
  • 간벌 후에 남겨질 수목 간 거리를 사전에 정해 놓고 수관의 위치와 모양에 상관없이 실시한다.
  • 수고가 비슷하고 형지에 차이가 잘 인정되지 않는 유령임분에 흔히 적용된다.
  • 기계적 간벌은 등거리간벌과 열식간벌이 있다.

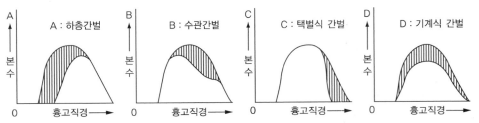

[HAWLEY의 4가지 간벌법(모두 동령림이며, 실선부분은 간벌될 것임)]

⑥ 가와다의 활엽수 간벌법
  ㉠ A와 경쟁상태에 있는 B만 끊는다.
  ㉡ B는 가지치기, 쌍간의 하나를 끊어 주는 등의 손질은 하나 간벌대상은 안 된다.
  ㉢ C는 심한 밀립상태에 있지 않은 한 남긴다.
  ㉣ D는 전부 끊는다.
  ㉤ E는 원칙적으로 끊지만 임관조절상 남길 수도 있다.
⑦ 덴마크의 활엽수 간벌법
  ㉠ 간벌 초기에 매우 약한 강도로 실시하고 뒤에 가서 강하게 실시해서 수관급 중 B를 간벌한다.
  ㉡ 수관급 구분은 상층목 수관층이 고르게 되어 있는 임분을 대상으로 상층목을 A, B, D로 구분하고 항상 형질이 좋은 A를 생각해서 B를 제거한다.
  ㉢ 중립목 D는 장차 B로 될 가능성이 높으나 그중에는 A 또는 C로 되는 것도 있다.

(2) 도태간별

① 의미

　ᄀ 도태간벌(selection thinning)은 쉐델린(1934)의 간벌방식이라고도 하는데, 최고의 가치생장을 위해 자질이 우수한 나무를 항상 집중적으로 선발·탐색하여 조절해주는 것이다.

　ᄂ 심하게 경쟁하는 나무는(불량목이든 우량목이든 간에) 제거하여 우수한 나무의 생장을 촉진하는 것을 말한다.

　ᄃ 도태간벌에서는 현재의 가장 우수한 나무, 즉 미래목을 선발하여 관리하는 것을 핵심으로 하며 우리나라에서 보편적으로 사용하고 있는 간벌방법이다.

② 임분 구성목

　ᄀ 미래목(future crop tree) : 수목사회적 위치, 건전성, 형질 등이 가장 우수한 나무로 선발된 정형수(elite tree)로 목표하는 최종수확목으로 남기는 나무이다.

　ᄂ 선발목(selected tree) : 동일한 수령, 동일한 입지환경 등에서 주위 인접목보다 외형상으로 한 가지 또는 그 이상의 특성이 아주 우수하게 나타나는 수형목(plus tree)으로서, 일단 선발되었어도 목표하는 최종수확목으로 끝까지 남을 수도 있고 중도에 생장과 형질이 저조해져 다른 나무로 대체될 수도 있는 나무이다.

　ᄃ 후보목(candidate) : 임목형질과 생장의 우열이 확실히 분화되지 않은 유령림 단계의 임분에서 차후 선발목으로 선택될 가능성이 있는 우량한 나무로서, 보육작업 시 선발하지는 않지만 특별히 보호하고 장려된다.

　ᄅ 미래목 외 임분 구성목

　　• 중용목 : 미래목으로 선발되지 못한 우세목 또는 준우세목으로써 미래목과 충분히 떨어져 있어 미래목에 영향을 주지 않으며 임분 구성에 필요한 예비목이다. 차후 임분 밀도가 과밀해지거나 간벌재를 이용할 필요가 있을 때는 간벌 대상이 되나 상황에 따라 미래목을 대신할 수도 있다.

　　• 보호목(유용치수) : 하층임관을 이루고 있는 유용한 입목으로서 미래목 생육에 지장을 주지 않으며, 수간하부의 가지발달 억제와 임지 보호를 목적으로 잔존시킨다.

　　• 방해목(또는 유해목) : 미래목 및 중용목 생육에 지장을 주는 간벌대상목이다.

　　　– 경합목 : 미래목과 중용목에 인접하여 압박을 주거나 경합하는 모든 나무이다.

　　　– 지장목 : 미래목과 중용목에 인접한 세장목 또는 기대어 있는 나무이다.

　　　※ **무관목** : 미래목과 중용목에 전혀 지장을 주지 않는 형질 불량목, 피해목 등으로서, 임분 구성상 일단 존치시키는 나무이나 차후 제거 대상이 된다.

③ 특성

　ᄀ 도태간벌은 간벌양식으로 볼 때 상층간벌에 속하지만 전통적 간벌양식과는 다른 새로운 간벌양식이다.

　ᄂ 도태간벌은 형질이 가장 우수한 우세목(미래목)들을 선발하여 그 생장발달을 도모하는 뚜렷한 목표의 무육벌채적 수단을 갖고 있다.

ⓒ 도태간벌은 상층임관의 일시적 소개에 의해서 지피식생과 중·하층목이 발달되어 미래목의 수간맹아형성 억제와 복층구조 유도가 용이해진다.

ⓓ 무육목표를 최종수확목표인 미래목에 집중시킴으로써 장벌기 고급 대경재 생산에 유리하여, 간벌 대상목이 주로 미래목의 생장 방해목에 한정되기 때문에 간벌목 선정이 비교적 용이하다.

ⓔ 미래목 생장에 방해되지 않는 중·하층목 대부분은 존치되고 주로 미래목의 생장 방해목이 제거됨으로써 간벌재 이용에 유리하나 간벌 수익의 발생을 기대하기는 어렵다.

④ 대상임분

ⓐ 장벌기 우량대경재 생산을 목적

ⓑ 지위 '중' 이상으로 지력이 좋고 임목의 생육상태가 양호

ⓒ 우세목의 평균수고 10m 이상인 임분(임령 20년생 이상)

ⓓ 솎아베기 전에 어린나무가꾸기 등 숲가꾸기를 실시한 임분. 다만, 숲가꾸기를 실행하지 않은 임분이라도 상층 임목 간의 우열이 현저하게 나타나는 임분은 실행이 가능

ⓔ 조림수종 외에 다른 수종의 이입으로 많이 혼효되어 정량간벌이나 열식간벌을 실행하기 어려운 임분

⑤ 미래목의 요건

ⓐ 수종 : 침·활엽수의 모든 경제수종에서 미래목 선발이 가능하고, 혼효림에서는 유용수종을 우선 선발하되 그 임지의 우점 수종이어야 한다.

ⓑ 생활력과 임지적응성 : 건전하고 생장이 왕성한 것(근부, 수간 및 수관), 피압을 받지 않은 상층의 우세목(폭목은 제외)이어야 한다.

ⓒ 형질 : 나무줄기가 통직하고 분간되지 않고 병충해 등 물리적인 피해가 없으며, 이상형상 등이 없는 것이어야 한다.

ⓓ 거리 및 간격 : 미래목 간의 거리는 최소 5m 이상이고, 거리·간격을 일정하게 유지할 필요는 없으며 임분 전체로 볼 때 대체로 고루 배치되는 것이 이상적이다. 활엽수는 100~200본/ha 내외, 침엽수는 200~400본/ha이다.

⑥ 관리 방법

ⓐ 미래목에 대해서만 가지치기를 수액정지기(11월, 익년 3월)에 실행하는 것이 이상적이나 인력수급 등을 고려하여 솎아베기 시에 같이 실시한다.

ⓑ 가지치기 높이는 수고의 1/3~2/5 정도로 하며, 마른가지는 전부 쳐 준다.

ⓒ 활엽수 가지치기는 지륭부가 손상되지 않도록 하며, 반드시 톱을 사용하고 낫을 사용한 가지치기는 금지한다.

ⓓ 활엽수(포플러류 제외)는 가지 직경이 5cm 이상이면 상처 유합이 어려우므로 절단해서는 안 된다.

ⓔ 벌채 및 산물의 집재, 하산작업, 기타 작업 시 미래목이 손상되지 않도록 하고, 덩굴류(칡, 머루, 다래, 담쟁이 등)는 수시로 제거한다.

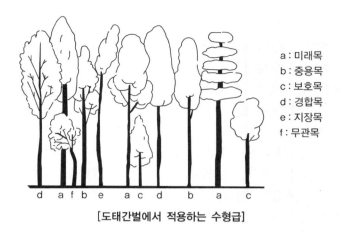

a : 미래목
b : 중용목
c : 보호목
d : 경합목
e : 지장목
f : 무관목

d afbe acd b a c

[도태간벌에서 적용하는 수형급]

2. 정량간벌

(1) 의미

① 정량간벌은 간벌의 실행기준을 간벌량에 두고 임목밀도를 조절해 나가는 것이다.

② 수종별로 일정한 임령, 수고 또는 흉고직경에 따라 잔존 임목본수를 미리 정해 놓고 기계적으로 간벌을 실행하는 방법이다.

③ 정량간벌의 장점

　㉠ 간벌량과 최종 수확량 생산재의 규격 등의 예측이 가능하다.

　㉡ 임분을 체계적이고 계획적으로 관리할 수 있다.

　㉢ 공간을 최대한으로 적절하게 활용할 수 있다.

④ 정량간벌의 단점

　㉠ 임목의 형질과 기능이 고려되지 않는다.

　㉡ 선목과정에서 잔존목과 벌채대상목의 명확한 구분이 어려운 경우 또는 선목기술자가 경험이 없는 경우에는 숲의 관리이력이나 경영목표에 부합하지 않은 방향으로 벌채대상목이 선정될 수 있다.

⑤ 간벌할 때 잔존목에 대한 균일한 공간 배치는 우선하되, 형질불량목 및 열세목, 피압목 등을 간벌목으로 선정함으로써 정량간벌의 단점을 보완할 수 있다.

(2) 적용대상지와 간벌량의 결정

① 적용대상지

　㉠ 수종이 단순하고 수목의 형질이 비슷한 임분

　㉡ 우세목의 평균수고 10m 이상인 임분으로서 15년생 이상인 산림

　㉢ 어린나무가꾸기 등 숲가꾸기를 실행한 임분. 단, 숲가꾸기를 실행하지 않았더라도 상층 입목 간의 우열이 시작되는 임분은 실행가능

② 간벌량 결정

    ㉠ 간벌 대상 임분의 평균수고, 평균직경, 임령 등에 대한 적정본수, 재적, 흉고단면적 합계 등을 결정해야 하며, 이를 결정할 때 임분수확표, 밀도관리도 등을 이용한다.

    ㉡ 우리나라 산지는 국소적으로 임지의 변화가 심하고, 한 임분 내에서도 임목밀도와 축적분포 등에 큰 차이가 발생하는 현상이 많이 나타나기 때문에 밀도관리도를 이용하여 간벌설계를 하기에는 많은 어려움이 있다.

    ㉢ 현행 방법으로는 대상임분 내 주입목 평균 흉고직경을 조사하여 임분수확표상 해당 직경에 대한 주입목 본수를 간벌 후의 적정잔존본수로 결정하는 방법을 적용한다.

    ㉣ 적정간벌은 해당 경급을, 약도간벌은 낮은 경급을, 강도간벌은 상위경급을 적용하여 경영목표에 맞추어 간벌량을 임의로 결정할 수 있다.

③ 간벌목 선정

    ㉠ 간벌 후 잔존 본수가 결정되면 계산식을 사용하여 간벌 후 잔존목의 거리간격을 결정할 수 있다.

$$\text{잔존목의 간격(m)} = \sqrt{\frac{10,000\text{m}^2}{\text{ha당 간벌 후 잔존본수}}}$$

    ㉡ 잔존목의 거리간격을 감안하여 제거목을 선정한다.

고사목 및 피해목 > 피압목 > 생장불량목 > 형질열등목 > 우량목 생장에 방해가 되는 임목

    ㉢ 목표하는 잔존본수가 가능한 한 임지 전체에 균일하게 분포되도록 간벌목을 선정한다.

3. 열식간벌

(1) 의미

① 열식간벌이란 수고가 비슷하고 형질의 차이가 뚜렷하지 않은 어린 임분에 적용할 수 있는 간벌방식이다.

② 밀도가 높은 어린 임분의 초기 간벌로 작업도 쉽고 경비도 절감할 수 있다.

(2) 대상임분

① 잣나무, 낙엽송 인공조림지로서 도태간벌과 정량간벌의 적용이 어려운 임지 등 특별한 경우가 아니고서는 열식간벌을 적용하지 않는다.

② 열식 인공조림지로서 입목밀도가 식재본수의 70% 이상인 임지, 입목의 생장이 균일하여 입목 간의 우열이 심하지 않은 임분, 지금까지 솎아베기를 실행하지 않은 유령임분이 대상이 된다.

③ 간벌열을 수직으로 하느냐 수평으로 하느냐에 따라 잔존열의 환경에 대한 적응력 등에 차이가 나타날 수 있다. 일반적으로 우리나라에서는 열식간벌을 실행할 수 있는 경우가 거의 없는 것이 현실이다.

4. 간벌의 실행

(1) 간벌방식의 결정

① 최초 간벌시기 : 수종, 지위, 기후에 따라 임분밀도(경쟁관계), 임분구조, 임분 안정성, 시장성 및 이용가치 등을 고려하여 결정

② 간벌양식 : 입지 및 임분상태와 경영목표(생산목표)에 따라 결정(도태간벌, 열식간벌, 정량간벌)

③ 간벌주기

    ㉠ 육림적 인자(지위, 경합 정도, 임분안정도, 임분의 건전도)와 경제적 인자(벌목비, 시장성, 인력 및 기계비용, 요구되는 최소 수확량)에 따라 결정한다.

    ㉡ 유령림 또는 지위가 양호한 임분은 노령림 또는 지위가 낮은 임분보다 간벌주기가 짧아진다.

④ 간벌강도 : 간벌양식 및 수형급에 따라 결정하며, 간벌작업 강도는 대개 존치할 임분밀도(ha당 본수, 단면적 등)에 따라 조절되며, 임분의 밀도조절은 수고, 생육공간율, 기준표에 의한 본수조절 등에 따라 결정된다.

⑤ 간벌방식 선택의 결정인자

    ㉠ 정책적 영향 : 공익기능, 국민경제, 복합산업, 국토보전 등과 연계

    ㉡ 유효시장조건 : 소경재 이용 및 판매, 간벌시기 및 간벌량과 연계

    ㉢ 수확 및 이용 기술적 조건 : 기계화 문제로 간벌실행의 변형(열식간벌로 실행)

    ㉣ 생물·환경적 조건 : 풍해, 설해, 입지조건에 따라 간벌강도 및 시기 조절

    ㉤ 병충해 : 무간벌 임지 또는 불안정한 임분은 병충해 피해 우려

    ㉥ 물관리 : 간벌강도와 관계

    ㉦ 산불 : 간벌은 산화방제 기간 중 접근용이, 가지치기와 병행

    ㉧ 재정·경제적 조건 : 간벌유무, 간벌강도, 간벌시기와 연계

    ㉨ 휴양 : 간벌 후 잔존임분상태의 생태적·경관적 효과

    ㉩ 수확조절 : 컴퓨터 시뮬레이션, 선형 계획기술에 의한 간벌방식 및 모델 결정

    ㉪ 임목육종 : 간벌에 의한 형질개선으로 임목육종 효과

    ㉫ 임지비배 : 간벌방법과 시비작업의 관계, 낙엽 수축 촉진

(2) 간벌의 개시시기

① 제벌 후 수관이 폐쇄되어 과밀하게 되었을 때 첫 번째 간벌을 실시한다.

② 지위, 생산목표, 수종의 특성, 식재밀도, 제벌의 강도 등에 따라 간벌개시임령은 한결같지 않다.

③ 활엽수종은 보육해야 할 임목이 뚜렷이 구별될 수 있는 때가 간벌 개시 시기인데, 활엽수종의 경우 지위가 상(上)이면 20~30년, 중(中)이면 30~40년, 하(下)이면 40~50년의 표준이 있다.

    ㉠ 침엽수종은 15~20년생일 때 첫 번째 간벌

    ㉡ 활엽수종은 30~40년생일 때 첫 번째 간벌

ⓒ 낙엽송, 리기다소나무, 강송 : 10~15년(1차), 15~20년(2차), 25~30년(3차 간벌)

② 잣나무, 중부지방 소나무, 삼나무, 편백 : 15~20년(1차), 20~25년(2차), 25~30년(3차)

⑩ 이태리 포플러, 현사시 : 6년(1차), 9~12년(2차)

ⓗ 임목 간의 경쟁으로 직경생장이 감퇴되기 시작할 때 실시(생장추를 이용하여 나무의 생장 감소시기를 알 수 있음)

ⓢ 큰가지 밑의 가지가 고사되고 임목 간에 우열이 나타나기 시작할 때 실시

ⓞ 2차 솎아베기는 1차 솎아베기 실행 5~7년 후

ⓩ 3차 솎아베기는 2차 솎아베기 실행 10~15년 후

④ 간벌계절

　　ⓐ 간벌은 늦겨울에서 이른 봄에 실시하는 것이 바람직하다.

　　ⓑ 나무껍질이 벗겨지기 쉬운 봄이나 가을 또는 여름에 벌채하면 나무가 잘 썩고, 해충의 피해가 있으므로 적당치 않다.

　　ⓒ 박피해야 할 수종은 수액이 흐르는 시기(여름)에 실시한다.

⑤ 간벌순서

　　ⓐ 예정지답사 : 간벌사업 전예정지를 답사하여 지황 및 임황, 공극지, 각종 피해상황, 임상변화 등을 사전에 파악한다.

　　ⓑ 표준지조사 : 임분생장, 밀도에 따라 임분을 크게 구분하고 각 임분마다 0.1~0.2ha 이상의 표준지를 설정한다.

　　ⓒ 표준지매목조사 : 전임목의 수고, 흉고직경 측정 및 조사결과를 계산하여 정리한다.

　　ⓓ 간벌률 및 간벌본수 결정

$$간벌률(\%) = \frac{현재\ 그루\ 수 - 간벌\ 후의\ 기준\ 그루\ 수}{간벌\ 후\ 잔존본수} \times 100$$

　　ⓔ 선목작업 : 간벌종 및 선목기준 수형급에 따라 간벌목을 선정 및 표시한다.

　　ⓕ 벌채작업 및 집재 : 결정된 간벌양식 및 강도에 따라 벌채 후 집재한다.

　　ⓖ 벌채 후 확인 : 벌채 후 전체 임분을 답사하여 벌도되지 않은 간벌목, 벌채 운반에 의한 피해목 등을 확인한다.

⑥ 간벌방법

　　ⓐ 활엽수림에서는 보통 상층간벌, 침엽수림에서는 하층간벌을 한다.

　　ⓑ 간벌재를 효과적으로 사용하려면 택벌식 간벌을 사용한다.

　　ⓒ 양수림에서는 충분한 광선을 받을 수 있는 강도의 간벌을, 음수림에서는 약도의 간벌이 필요하다.

　　ⓓ 공예적 목적으로 연륜폭이 고른 목재를 생산코자 할 경우에는 약도나 적도의 간벌을 실시한다.

　　ⓔ 생장이 좋은 대경재를 생산코자 할 때에는 강도의 간벌을 실시한다.

적중예상문제

01 갱신을 위한 벌채 방식이 아닌 것은?

① 개벌작업   ② 산벌작업
③ 택벌작업   ④ 간벌작업

> **해설**
>
> 간벌작업은 경관의 유지와 개선을 위해 밀도 조절이 필요한 산림에서 진행된다.

02 간벌의 효과에 대한 설명으로 틀린 것은?

① 지름생장을 촉진하고 숲을 건전하게 만든다.
② 빽빽한 밀도로 경쟁을 촉진시켜 나무의 형질을 좋게 한다.
③ 벌채가 되기 전에 나무를 솎아 베어 중간 수입을 얻을 수 있다.
④ 나무를 솎아 벤 곳에 잡초가 무성하게 되어 표토의 유실을 막고 빗물을 오래 머무르게 하여 숲 땅이 비옥해진다.

> **해설**
>
> **간벌의 효과**
> - 직경생장을 촉진하여 연륜폭이 넓어진다.
> - 생산될 목재의 형질을 좋게 한다.
> - 벌기수확은 양적·질적으로 매우 높아진다.
> - 임목을 건전하게 발육시켜 여러 가지 해에 대한 저항력을 높인다.
> - 우량한 개체를 남겨서 임분의 유전적 형질을 향상시킨다.
> - 산불의 위험성을 감소시킨다.
> - 조기에 간벌수확이 얻어진다.
> - 입지조건의 개량에 도움을 준다.

03 간벌에 대해서 가장 바르게 설명하고 있는 내용은?

① 산화 위협을 크게 한다.
② 옹이가 없는 나무를 생산하기 위해 실시한다.
③ 초살도를 낮추고, 수고 생장을 촉진시킬 목적으로 실시한다.
④ 연륜폭을 넓히고, 생산 목재의 품질을 향상시킬 목적으로 실시한다.

> **해설**
>
> **간벌의 목적**
> - 나무는 개체에 따라 자라는 모양이 다르므로 그중에서 우수한 나무를 벌기까지 남기고자 한다.
> - 임지는 곳에 따라 생산력이 다르므로 좋은 위치에 심어진 것을 남기고자 한다.
> - 나무가 빽빽하게 서 있으면 그 사이에 경쟁이 일어나 좋은 나무는 더욱 형질이 좋아진다.
> - 벌기가 오기 이전에 나무를 솎아 베어내어 중간수입을 얻는다.
> - 서 있는 나무의 밀도를 조절하여 남아있는 나무의 질을 좋게 할 수 있다.
> - 지름생장을 촉진하고 수풀을 건전하게 한다.
> - 벌기수확은 양적, 질적으로 매우 높아진다.
> - 임목을 건전하게 발육시켜 여러 가지 해에 대한 저항력을 높인다.
> - 산불의 위험성을 감소시킨다.
> - 입지조건의 개량에 도움을 준다.
> - 간벌은 대체로 침엽수림, 동령림에 대하여 실시한다.
> - 나무의 생육공간을 적정하게 마련해 줌으로써 나무의 생장 및 질을 향상시키기 위해 실시한다.

04 소나무 등 침엽수종은 대개 몇 년생일 때 간벌을 개시하는 것이 적당한가?(단, 인공림에서 가지치기, 솎아베기의 경우로 횟수는 1회이고, 식재밀도는 5,000본/ha 기준이다)

① 8년 이내
② 15~20년
③ 30~50년
④ 50~70년

해설
간벌시기
• 침엽수종은 15~20년생일 때 첫 번째 간벌
• 활엽수종은 30~40년생일 때 첫 번째 간벌

05 데라사끼의 2급목에 대해 잘못 설명한 것은?

① 편의목 : 이웃한 나무 사이에 끼어서 수관발달에 측압을 받아 자람이 편의된 것
② 피해목 : 줄기가 갈라지거나 굽는 등 수형에 결점이 있는 것, 그리고 모양이 불량한 전생수
③ 폭목 : 수관의 발달이 지나치게 왕성하고, 넓게 확장하거나 또는 위로 솟아올라 수관이 편평한 것
④ 개재목 : 수관의 발달이 지나치게 약하고 이웃한 나무 사이에 끼어서 줄기가 매우 길고 가는 나무

해설
데라사끼의 수관급에서 곡차목은 줄기가 갈라지거나 굽는 등 수형에 결점이 있는 것, 그리고 모양이 불량한 전생수를 의미한다.

06 폭목(暴木)에 관한 설명으로 가장 옳은 것은?

① 폭목이 군상으로 있으면 모두 제거한다.
② 폭목은 수관폭이 좁은 활엽수에 해당된다.
③ 폭목은 인접목과 생육공간에 관계없이 완전히 제거한다.
④ 폭목은 대개 다른 나무의 생장에 방해가 되는 가압목(可壓木)이다.

해설
폭목은 변형성장한 불량목으로 직경생장에 비하여 수관이 크거나 경사생장을 하여 인접하는 임목의 생장에 악영향을 미치고 있기 때문에 벌기 전에 벌채할 필요가 있다. 수관이 광대하고 위로 솟아난 것으로 부당하게 넓은 임지를 차지하고 있다.

07 HAWLEY의 수관급을 잘못 연결한 것은?

① 피압목 : 하층임관을 구성하는 것으로 직사광선은 거의 받지 못하고 있는 것을 말한다.
② 준우세목 : 우세목과 비슷하나 측방광선을 받는 양이 비교적 적고, 수관의 크기는 평균에 가깝다.
③ 중립목 : 세력이 감소되고 자람이 지연되고 있으나 수관이 피압되지 않는 나무로서 하층임관을 형성할 가능성을 가진다.
④ 우세목 : 상층임관을 구성하고, 상방광선을 충분히 받으며, 상당량의 측방광선도 받을 수 있는 수관을 가지고 있는 나무를 말한다.

해설
HAWLEY의 수관급 중 3급목(중간목, 중립목)은 세력이 감소되고 자람이 지연되고 있으나 수관이 피압되지 않는 나무로서 상층임관을 형성할 가능성을 가진 나무를 말한다.

08 활엽수에 대한 덴마크의 수간급을 옳게 설명한 것은?

① 주목(A) : 곧은 수간과 정상인 수관을 가지는 것으로 이것은 남겨서 그 자람을 촉진시키는 대상

② 유해부목(B) : 주목의 지하간장을 길게 하기 위하여 남겨 두어야 할 필요성이 있는 나무

③ 유용부목(C) : 주목의 수관발달에 지장을 주는 것으로 제거대상이 되는 나무

④ 중립목(D) : 유요부목에 가까운 나무로 간벌할 때 제거해야 할 나무

> **해설**
> 활엽수에 대한 덴마크의 수간급
> • 유해부목(B) : 주목의 수관발달에 지장을 주는 것으로 제거대상이 되는 나무
> • 유용부목(C) : 주목의 지하간장을 길게 하기 위하여 남겨 두어야 할 필요성이 있는 나무
> • 중립목(D) : A, B, C 어느 것에 소속되는지 확실하지 않아서 간벌할 때 일단 그냥 남겨두었다가 다음 번 간벌할 때 다시 고려할 나무로서 때로는 마지막 간벌 때까지 남게 되는 것도 있다.

09 삼림을 가꾸기 위한 벌채에 속하는 것은?

① 택벌작업   ② 산벌작업
③ 간벌작업   ④ 중림작업

> **해설**
> 간벌작업은 경관의 유지와 개선을 위해 밀도 조절이 필요한 삼림에서 진행된다.

10 나무를 심어 10년이 지나면 개체 간의 우열이 생긴다. 다음 그림의 수관급을 나타낸 숲의 단면도에서 3급목에 해당하는 것은?

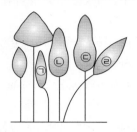

① ㉠   ② ㉡
③ ㉢   ④ ㉣

> **해설**
> 3급목
> 생장은 뒤떨어져 있으나 수관과 줄기가 정상적이고 그 둘레의 1, 2급목이 제거되면 생장을 계속할 수 있는 나무를 말한다.

11 낙엽송이나 잣나무와 같은 바늘잎나무는 대개 몇 년을 전후하여 첫 번째 솎아베기를 하는가?

① 5년   ② 10년
③ 15년   ④ 20년

> **해설**
> 첫 번째 솎아내기의 시기
> • 낙엽송 : 10~15년
> • 소나무, 잣나무 : 15~20년

12 인공림의 정량간벌의 적용대상지가 아닌 것은?

① 수종이 단순하고 수목의 형질이 비슷한 산림

② 어린나무가꾸기 등 숲가꾸기를 실행한 산림

③ 우세목의 평균수고 10m 이상 임분으로 15년생 이상인 산림

④ 지위가 '중' 이상으로 땅힘이 좋고 입목의 생육상태가 양호한 산림

해설

지위 '중' 이상으로 땅힘이 좋고 임목의 생육상태가 양호한 산림은 도태간벌의 적용대상지이다.

13 B종 간벌을 가장 옳게 설명한 것은?

① 4·5급목을 전부 벌채하고 2급목의 소수를 벌채하는 것

② 4·5급목의 전부와 특히 1급목의 일부를 벌채하는 것

③ 최하층의 4·5급목 전부와 3급목의 일부, 그리고 2급목의 상당수를 벌채하는 것

④ 4·5급목의 전부와 3급목의 대부분을 벌채하고 때에 따라서는 1급목의 일부를 벌채하는 것

해설

B종 간벌 : 최하층의 4·5급목 전부와 3급목의 일부, 그리고 2급목의 상당수를 벌채하는 것으로서 C종 간벌과 함께 단층목에 있어서 가장 넓게 실시된다.

14 1급목의 일부도 벌채하는 하층간벌 형식으로 솎아내는 간벌은?

① A종 간벌 ② B종 간벌
③ C종 간벌 ④ D종 간벌

해설

C종 간벌

2·4·5급목 전부, 3급목 대부분을 벌채하고 1급목 중 다른 1급목에 지장을 주는 것도 벌채한다.

15 다음은 간벌의 종류에 따라 그루수율과 재적률을 나타낸 것이다. 이 중 옳게 짝지어진 것은?

	간벌의 종류	그루수율(%)	재적률(%)
①	A종	10~15	2~6
②	B종	20~35	12~25
③	C종	30~40	45~60
④	D종	25~35	25~30

해설

간벌률

간벌의 종류	그루수율(%)	재적률(%)
A종	25~35	15~20
B종	35~45	20~30
C종	45~60	30~40
D종	25~35	25~30

12 ④ 13 ③ 14 ③ 15 ④ **정답**

16 C종 간벌(강도간벌)을 실시한 후에 남겨지는 수관급은?

① 1급목만 남아있다.
② 1급목과 2급목만 남아있다.
③ 1급목과 3급목 일부가 남아있다.
④ 1급목 일부와 2급목, 3급목이 남아있다.

해설

C종 간벌(강도간벌)
2·4·5급목은 전부, 3급목은 일부분을 벌채하고, 1급목도 다른 1급목에 지장을 주면 벌채하므로 1급목과 3급목 일부가 남아있게 된다.

17 어린 임분에 대한 간벌량 결정에 가장 많이 이용되는 것은?

① 그루수율
② 재적률
③ 가슴높이 직경률
④ 가슴높이 단면적률

해설

간벌량을 결정할 때는 간벌대상 임분의 평균수고, 평균직경, 임령 등에 대한 적정본수, 재적, 흉고단면적 합계 등이 결정되어야 하며, 이것을 결정하는 데는 임분수확표나 밀도관리도 등을 사용하여야 한다.

18 다음과 같은 작업을 실시하는 간벌의 종류는 무엇인가?

> • 1급목 : 일부만 자른다.
> • 2급목 : 모두 자른다.
> • 3급목 : 자르지 않는다.
> • 4급목 : 자르지 않는다.

① A종 간벌   ② B종 간벌
③ C종 간벌   ④ E종 간벌

해설

① 4·5급 전부 벌채
② 4·5급 전부, 3급 일부, 2급 상당수 벌채
③ 2·4·5급 전부, 3급 대부분, 1급 일부 벌채

19 우리나라의 인공림의 간벌방법이 아닌 것은?

① 정량간벌   ② 상층간벌
③ 정성간벌   ④ 열식간벌

해설

우리나라에서 상층간벌은 이루어지지 않는다.

20 조림지 중 어린 임분에서 밀도가 높고 생장이 비슷할 때 한 줄씩 간벌하는 것은?

① 정성간벌
② 정량간벌
③ 도태간벌
④ 기계적 간벌

해설

기계적 간벌은 아직 수행급이 구분되지 않은 균일한 임목, 벌기까지 남겨 둘 우세목이 필요 이상으로 많은 밀도가 높은 어린 임분에 적용된다.

21 같은 동령 임분에 대하여 양식의 간벌을 적용하였을 때 어느 정도 굵기의 나무가 어느 정도로 벌채된다는 사실을 비교한 것이다. 하층간벌을 나타낸 것은?(단, X축은 가슴높이 지름을, Y축은 1ha당의 나무의 그루수를 나타낸다)

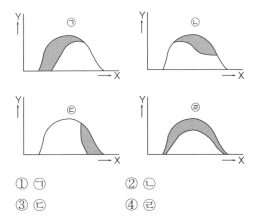

① ㉠   ② ㉡
③ ㉢   ④ ㉣

해설
㉡ 수관간벌, ㉢ 택벌식 간벌, ㉣ 기계적 간벌

22 일찍부터 수확을 올리고 남은 임목에 충분한 공간을 주어 우세목으로 만드는 데 그 목적이 있고 1급목이 주간벌 대상이 되는 간벌 방식은?

① 택벌식 간벌   ② 기계적 간벌
③ 하층간벌   ④ 수관간벌

해설
택벌식 간벌은 1급목 전부와 5급목의 전부를 벌채하는 방법으로 일종의 상층간벌에 속하고 우세목을 간벌해서 그 이하 수관층의 나무의 생육을 촉진하는 방법이다(Borggreve법).

23 미래목의 구비요건이 아닌 것은?

① 건전하고 생장이 왕성한 것
② 피압을 받지 않은 상층의 우세목
③ 병충해 등 물리적인 피해가 없을 것
④ 주위 임목보다 월등히 수고가 높을 것

해설
미래목의 구비요건
• 피압을 받지 않은 상층의 우세목일 것(폭목은 제외)
• 나무줄기가 곧고 갈라지지 않을 것
• 산림병해충 등 물리적인 피해가 없을 것
• 미래목 간의 거리는 최소 5m 이상, 임지 내에 고르게 분포할 것
• ha당 활엽수는 200본 내외, 침엽수는 200~400본으로 할 것

CHAPTER 06 천연림가꾸기

01 | 천연림보육

1. 천연림가꾸기

(1) 천연림의 개념

① 천연림이란 인위적인 갱신 작업을 거치지 않고 자연력을 이용하여 이루어진 숲으로, 천연 활엽수림, 천연 침엽수림, 천연 침·활 혼효림으로 구분된다.

② 활엽수림은 참나무류, 침엽수림은 소나무, 침·활 혼효림은 소나무·참나무류가 주 수종을 이룬다.

③ 천연림가꾸기의 개념

　㉠ 천연림을 잘 가꾸기 위해서는 인공림과 같이 생육 단계에 맞추어 천연림에 대한 체계적인 숲가꾸기가 이루어져야 한다.

　㉡ 천연림가꾸기는 크게 천연림보육과 천연림개량으로 구분된다.

　　• 천연림보육 : 임분 형질이 양호하고 임분 내 미래목이 충분하여 우량대경재 생산이 가능한 임분에 대해 실시하는 숲가꾸기 시업이다.

　　• 천연림개량 : 임분 형질이 불량하고 미래목 본수가 부족하여 우량대경재 생산이 불가능한 임분에 대해 실시하는 숲가꾸기 시업이다.

(2) 천연림가꾸기 대상지의 구분

① 천연림은 크게 산림경영이 가능한 시업 대상지와 산림경영이 법이나 자연 조건에 의해 제한된 시업 제한지, 제지 등의 비시업 대상지로 구분된다.

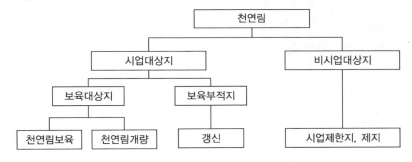

[천연림 가꾸기 시업 대상지 구분도]

② 시업 대상지는 시업이 가능한 천연림보육 대상지와 임분 구조와 형질이 불량하여 정상적인 시업이 불가능하여 갱신이 필요한 보육 부적지로 구분되며, 보육 대상지에 해당되는 숲은 천연림보육 작업지와 천연림개량 작업지이다.

　㉠ 보육 대상지

천연림보육 대상지	임분 형질이 우량하고 지위가 양호한 임분(임분 내의 형질 우량목이 200본/ha 내외이고, 지위지수 '중' 이상)으로서 대경재 생산이 가능한 임분이다.
천연림개량 대상지	현재의 임분 상태에서 우량 대경재 생산은 불가능하나 개량 작업을 통하여 임분 형질이 개선되면 우량중경재 생산이 가능하거나 천연림보육 작업으로 시업 전환이 가능한 임분이다.

　㉡ 보육 부적지 : 임령이 높거나 임분 형질이 매우 불량하여 천연림보육이나 천연림개량 등의 시업이 불가능한 임분으로서 인공갱신, 천연갱신, 움싹갱신 등을 통한 후계림 조성이 필요한 숲이다.

2. 천연림보육 특성

(1) 천연림보육의 개념

① 천연림보육은 인공림보육의 상대적 개념이며, 기술적인 내용은 차이가 없고 방법상에 차이가 있다.

② 인공림보육은 임분보육 성격이 강하고, 천연림보육은 임분개량 성격이 강하다. 따라서, 천연림보육은 보완 식재, 움싹가꾸기(맹아목가꾸기) 등을 포함하며 불량한 성숙목들이 제거 대상이 되므로, 작업이 복잡하고 노동력이 많이 소요되는 점 등이 인공림보육과 차이점이다.

③ 천연림보육 작업은 어린나무가꾸기 단계의 보육부터 솎아베기 단계의 보육까지 포함되며, 부분적으로 보완조림과 임분개량 대상지 등이 혼재되어 있는 복잡하고 다양한 천연 임분을 대상으로 여러 가지 육림적 작업 방법을 적용하여 형질이 우량한 임분으로 유도하는 산림 작업 등이 포함된다.

(2) 천연림보육의 장점

① 수종갱신을 하는 것보다 경제적이다.

② 임목생장을 촉진시켜 수확기를 단축시킨다.

③ 그 입지에 알맞은 자생 수종으로 이루어진 임분이므로 확실하게 우량하고 건전한 산림을 조성할 수 있다.

3. 천연림보육 방법

(1) 천연림보육의 작업 방법

① 재적 생장(나무의 부피 증가)보다는 형질 생장(가치 생장)에 중점을 둔다.

② 최고의 가치 생장을 위해 초기에는 우수한 나무를 선발·탐색하여 경쟁하는 나무(우량목과 불량목을 모두 포함)는 제거하고 우수한 나무는 생장이 촉진되도록 집중적으로 관리하며, 임지보존, 수간무육, 갱신준비 등을 고려하여 하층식생 및 부임목은 보호한다.

③ 집단에서 원하지 않는 불량 개체만을 제거하는 소극적 도태 방법과 집단에서 원하는 우수한 개체를 선발·장려하고 이들과 경합하는 개체를 제거하는 적극적 도태 방법이 있다.

④ 천연림 보육에서는 임분의 생육 단계에 따라 어린나무가꾸기 단계와 솎아베기 단계로 구분하여 보육 작업을 실시한다.

[임분의 생육 단계에 따른 천연림보육작업]

생육단계		평균 수고
어린나무(유령림) 가꾸기 단계		8m 이하
솎아베기(간벌) 단계	1차 솎아베기 단계	10~12m
	2차 솎아베기 단계	15~17m
	3차 솎아베기 단계	20~21m

⑤ 어린나무가꾸기 단계에서는 소극적 도태 방법(미래목 선발 표식 없음, 우량목의 선발·탐색은 가능)을 적용하며, 솎아베기 단계에서는 적극적 도태(미래목 선발 표시) 방법을 사용한다.

(2) 어린나무가꾸기 단계 보육작업

① 임목 평균 수고가 8m 이하인 임분으로, 상층 임목 간의 우열이 현저하게 나타나지 않는 천연 임분에서 형질 불량목을 제거해 주고, 우량목을 보호함으로써 임분의 질을 높이고, 장차 솎아베기 단계 보육 시 미래목을 선정할 수 있는 기반을 조성하는 보육작업이다.

② 어린나무가꾸기 단계에서는 소극적 도태 방법을 적용하고, 수고 2m 내외인 임분과 수고 4~8m인 임분의 2단계로 구분하여 보육 작업을 한다.

③ 수고 2m 내외인 천연림보육작업(1단계)

　㉠ 천연 활엽수림 및 소나무림

상층 대경목	• 천연 치수림의 상층에 형질이 우량한 대경목이 있는 경우 이들을 남겨 두고, 그 아래에 자라고 있는 치수를 보육한다. ※ 치수(稚樹) : 산에서 자연적으로 발생한 어린나무 • 형질이 불량한 임목이라 하더라도 풍치 및 야생조류 서식지·먹이공급지로서 남길 수도 있으나, 이러한 기능이 없는 경우 숲의 가치를 높여주기 위하여 치수에 피해가 적은 방향으로 벌도하여 제거한다. • 상층목 제거 시 잔존목에 피해를 줄 염려가 있으면 수피 벗기기 또는 살목제를 사용하여 입목 상태에서 고사시키는 방법이 효과적이다.

폭목	• 형질이 불량한 폭목으로 소나무 등 침엽수의 경우에는 지표에 가까운 부위에서 베어준다. • 활엽수는 일시에 넓은 공간이 생겨 주위 입목의 생장과 임지에 나쁜 영향을 주지 않도록 줄기의 중간 부위에서 베어주면 된다.
덩굴류, 불량 속성수 제거	칡, 다래, 아까시나무, 싸리나무, 불량 참나무류 및 서어나무 움싹(맹아), 기타 아교목성 수종 등을 제거하여, 광선과 양분 및 수분 경합으로부터 원하는 수종을 보호하고 숲이 파괴되는 것을 막아 준다.
병해목 및 불량 형질목 제거	• 병든 나무, 상해받은 나무 및 불량 형질목이 밀생된 임분에 섞여 있을 경우 우선적으로 모두 제거하고 움싹(맹아) 갱신이 가능할 경우 재갱신한다. • 만약 이들을 모두 제거 시, 임지 노출의 우려가 있을 경우에는 우량목의 생장에 영향을 주지 않도록 유도하면서 다음 보육 시기까지 보류하는 것이 바람직하다.
임분의 밀도 조절	• 과밀 임분은 일정 간격으로 솎아 주어 광선 경합을 해소시켜 준다. • 솎아낼 나무는 줄기의 중간 부위를 절단해 줌으로써 잔존목의 가지 발달을 억제하여 곧게 자라도록 유도한다. • 임분 밀도가 적당한 임분의 경우, 불량 형질목은 초두부를 절단해 주고 쌍가지를 제거시켜 잔존목과 함께 곧게 자라도록 한다. • 밀도가 낮은 임분의 경우에도 보육작업을 하여야 하며, 활엽수 움싹(맹아)림은 각 근주에서 발생한 건강한 움싹(맹아)목 1~2본 정도를 남기고 가능한 한 유용 수종의 실생묘로 자란 활엽수를 가꾸어준다. • 혼효된 치수림의 보육 작업을 할 때에는 수종의 성질(음수, 양수)을 고려하여야 한다.
수형 다듬기	쌍가지로 자란 경우 그중의 하나를 잘라 주고, 원형수관으로 자란 나무는 가지를 절단하여 원추형으로 유도하여 보육된 나무가 곧게 자라게 한다. [쌍간목 수형조절 모식도]
임분의 혼효도 관리	천연 임분의 구성 여건에 맞추어 실행하여야 하나, 가능한 한 우점하고 있는 수종으로 양질의 건강한 숲이 이루어질 수 있도록 혼효된 상태로 유도한다.

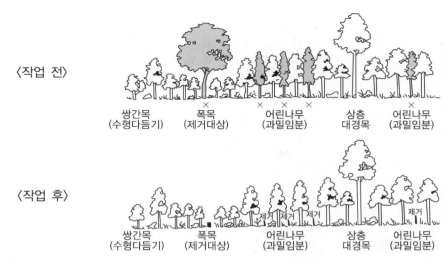

〈작업 전〉

쌍간목 (수형다듬기)　폭목 (제거대상)　×어린나무 (과밀임분)　상층 대경목　어린나무 (과밀임분)

〈작업 후〉

쌍간목 (수형다듬기)　폭목 (제거대상)　어린나무 (과밀임분)　상층 대경목　어린나무 (과밀임분)

[천연 활엽수림(수고 2m 내외)보육작업 전·후의 임분변화]

ⓒ 침·활 혼효림(소나무·활엽수) : 상층을 구성하고 있는 침엽수종이 대부분 소나무로 혼효되어 있는 경우, 상층의 형질이 불량한 대경목과 폭목은 수종에 관계없이 제거하며, 기타 작업은 활엽수림 무육기준을 적용한다.

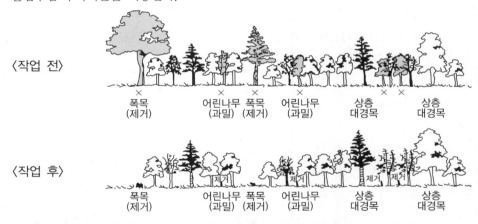

〈작업 전〉

폭목 (제거)　어린나무 (과밀)　폭목 (제거)　어린나무 (과밀)　상층 대경목　상층 대경목

〈작업 후〉

폭목 (제거)　어린나무 (과밀)　폭목 (제거)　어린나무 (과밀)　상층 대경목　상층 대경목

[침·활 혼효림(수고 2m 내외)보육작업 전·후의 임분변화]

④ 수고 4~8m의 천연림보육작업(2단계)

　　㉠ 천연 활엽수림 및 소나무림 : 임목 평균 수고가 4~8m인 임분으로 장차 솎아베기 시 미래목을 선정할 수 있는 기반을 조성하는 보육작업 단계로, 작업 방법은 수고 2m의 활엽수림보육과 동일하다.

폭목	형질이 불량하고 수관이 과대하여 인접목의 생장을 방해하는 임목으로 제거되어야 한다.
생육공간 조절	상층수관이 서로 밀착되어 경쟁이 심할 경우 수관 발달이 불량한 나무를 제거하여 상층목 간의 적정 간격을 유지하도록 한다.
하층임목과 피압목	하층임목과 피압목은 자연 그대로 방치하고 하층이 과밀한 경우에는 일정 간격으로 솎아 준다.

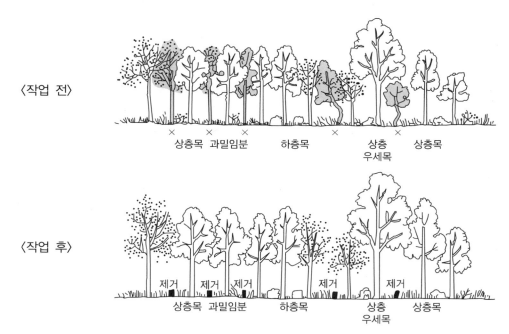

[천연 활엽수림(수고 4~8m)보육작업 전·후의 임분변화]

ⓛ 침·활 혼효림(소나무·활엽수 천연림) : 활엽수 천연림 무육기준을 적용하고 하층에 있는 소나무는 제거하지 않으며, 기타 작업은 활엽수 천연림의 무육기준을 적용한다.

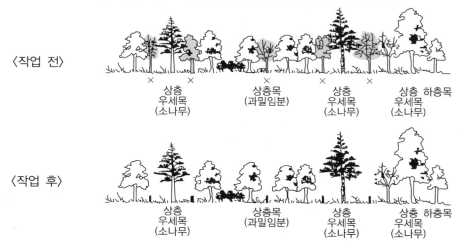

[침·활 혼효림(수고 4~8m)보육작업 전·후의 임분변화]

(3) 솎아베기(간벌) 단계 보육작업

어린나무가꾸기 단계의 보육작업을 거친 천연림은 솎아베기 단계로 생장하며, 1차·2차·3차 솎아베기작업을 실시하게 된다.

① 1차 솎아베기(1차 간벌)

　㉠ 작업 시기 : 임목의 평균 수고가 10~12m 정도의 임분으로, 상층임목 간에 우열이 뚜렷하여 미래목을 선정하고 미래목 위주로 무육하는 도태 간벌을 시작할 수 있는 시기에 작업한다.

　㉡ 미래목 선정 및 관리

　　• 도태간벌 : 솎아베기작업의 실행 기준을 임목의 형질에 두고, 임목이 최고의 가치 생장을 할 수 있도록 형질이 우수한 미래목을 집중적으로 선발·탐색하여 미래목이 잘 생장할 수 있도록 밀도를 조절해 주는 솎아베기 방법이다.

　　• 미래목과 심하게 경쟁하는 나무는 불량목과 우량목 모두를 제거하여 미래목의 생장을 촉진시킨다.

　　• 도태간벌에서는 현재 가장 우량한 나무, 즉 미래목을 선발하여 적극적으로 보육하고 관리하는 것이 핵심이다.

　㉢ 도태간벌에서의 수형급 구분

미래목	우점 수종으로, 벌기령까지 보육할 대상목이며 줄기가 곧고 갈라지지 않고 물리적인 피해가 없이 건전하고 생장이 왕성한 상층의 우량 우세목이다.
중용목	미래목과 함께 상층임관을 이루고 있는 우세목 또는 준우세목으로, 미래목으로 선발되지 않은 임목 중에서 일부는 보육 과정에서 솎아베기 대상이 되고 일부는 미래목과 함께 최종 수확하는 임목으로, 가지치기를 할 필요는 없다.
보호목	하층임관을 이루고 있는 유용한 임목으로서 미래목 생육에 지장을 주지 않으며, 미래목 수간 하부의 가지 발달을 억제하고 임지 보호 등의 생태적인 면에서 중요하여 잔존시켜야 할 임목이다.
방해목	미래목의 수관생장을 억압하는 생장 경쟁목, 미래목의 수관과 수간에 해를 입히는 임목, 폭목, 형질불량목 등은 제거 대상목이다.

미래목　보호목　미래목　방해목　중용목　보호목　미래목　방해목
　　　　(하층목)　　　　　　　　　(하층목)

[미래목 선목 및 수형급 구분]

[천연림의 수종별 미래목 본수표]

수종	목표직경(cm)	미래목본수(본/ha)	벌기령(년)
소나무	50	250	100
상수리나무	40	300	80
피나무	40	180~240	80~100
물푸레나무	40	170~220	80~100
음나무	40	210~280	80~100
고로쇠나무	40	140~190	80~100

ⓛ 작업 방법

• 불량목 제거와 생육공간 조절

폭목의 제거와 관리	치수보육과 방법상 차이는 없다. 그러나 이미 성숙목 단계에서 폭목으로 남은 임목은 전지 등으로 수형을 바꾸기 어려우므로 특별히 군상으로 자라는 경우 이외에는 제거하는 것을 원칙으로 한다.
숲을 건강하게 가꾸기	상해목, 병충해 피해목을 제거시켜 병해충 발생의 온상이 되지 않도록 한다.
불량 형질목과 가치가 낮은 임목 관리	상층수관에 있는 굽은 임목, 휘어 자란 임목, 쌍가지로 자란 임목이나 원하지 않는 수종 또는 가치가 낮은 수종은 제거하여 준다.
생육 공간 조절	상층수관이 조밀하게 자랄 경우 수관 발달이 불량한 나무들을 제거하여 상층목 간 적정 간격이 유지되도록 한다
열상 제벌	천연 갱신지에서 일정간격으로 제벌하여야 될 경우에는 열간 거리가 최대 2.5m 이내가 되도록 한다.

• 혼효도 조절 : 혼효도는 입지와 수종별 생장특성을 고려하여 조절하며, 방법으로는 단목 혼효, 수본을 묶음으로 하는 혼효 또는 군상 혼효가 있다.

하층임목과 피압목 관리	하층임목은 특별한 이유가 없는 한 자연 그대로 방치하여야 한다. 이는 숲의 생태적 성질을 좋게 하고 상층목의 수간에서 나오는 곁가지 발달을 막아주므로 오히려 보호시켜 나가야 할 나무들이다.
보완 조림	어린나무가꾸기 단계에서 처음으로 보육작업을 하는 임분에서 보완 조림의 필요가 있는 곳은 움싹(맹아)림, 천연 하종 또는 보식 등을 통하여 보완 조림을 한다.
미래목가꾸기	상층임관의 우량목 중에서 확연히 구분되고 해당 임지에 적합한 임목을 미래목으로 우선 선정하고, 선정된 미래목의 수관과 수간 생장의 발달에 지장을 주는 임목은 모두 제거한 후 가지치기를 실시하고 미래목에 표시를 한다. • 미래목은 가슴높이에서 10cm의 폭으로 황색 수성페인트로 둘러서 표시 • 미래목 간의 거리는 최소 4~5m 이상으로 임지 내에 고르게 분포하도록 하며, ha당 활엽수는 150~300본, 침엽수는 200~400본을 미래목으로 함 • 침엽수의 경우 미래목만 가지치기를 실행하며 산 가지치기를 수반할 경우 11월 이후부터 이듬해 5월 이전까지 실행

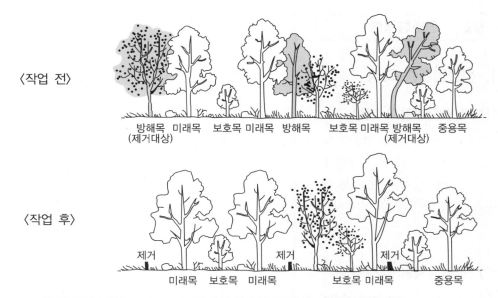

[천연 활엽수림(수고 10~12m) 1차 솎아베기(1차 간벌) 전·후의 임분 변화]

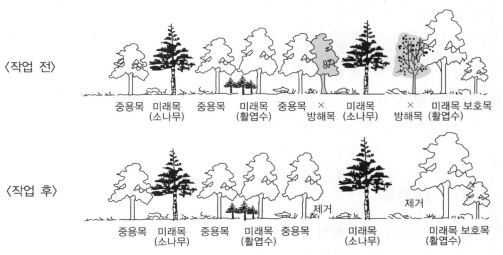

[침·활 혼효림(수고 10~12m) 1차 솎아베기(1차 간벌) 전·후의 임분 변화]

② 2차 솎아베기(2차 간벌) : 임목의 평균 수고가 15~17m인 임분에서 실시하며, 1차 솎아베기와
마찬가지로 미래목의 생장에 방해가 되는 나무를 제거한다.

③ 3차 솎아베기(3차 간벌) : 임목 평균 수고가 20m 내외인 임분에서 실시하며, 미래목의 생장에
방해가 되는 나무를 제거한다.

02 | 천연림개량

1. 천연림개량 특성

(1) 천연림개량의 개념

① 천연림개량은 천연림보육작업을 실시하기에는 입지적 조건, 임목 형질이 부적당한 임분을 대상으로 임분의 형질 개선을 위하여 실시하는 작업이다.

② 천연림개량작업을 통하여 형질이 개선된 임분에서는 우량중경재를 생산할 수 있으며, 또한 임분 형질이 개선되어 우량대경재 생산이 가능하다고 판단되는 경우에는 천연림보육으로 전환할 수 있다.

(2) 천연림개량 대상지

① 생장은 양호하나 형질이 불량하여 우량대경재 생산이 불가능한 천연림

② 어린나무가꾸기 단계의 천연림으로 특용·소경재 생산이 가능한 임지

③ 유령림으로서 천연림개량 후 솎아베기 단계에서 우량대경재 생산이 가능하여 천연림보육을 실행할 임지

(3) 천연림개량 시기

천연림개량의 작업 시기는 천연림보육 시기를 기준으로 한다.

2. 천연림개량 방법

(1) 어린나무가꾸기 단계 작업 방법

① 형질 불량목, 폭목을 제거하고 가급적 입목밀도를 높게 유지한다.

② 칡, 다래 등 덩굴류와 병충해목은 제거한다.

③ 잔존목 중 쌍가지인 나무는 하나는 잘라 주고, 원형 수관은 원추형으로 유도한다.

④ 상층목의 생육에 지장이 없는 하층식생은 제거하지 않고 존치한다.

⑤ 폭목을 제거할 때 주변 우량목의 피해가 우려되는 지역은 수피 벗기기 등의 방법을 사용할 수 있다.

(2) 솎아베기(간벌) 단계 작업 방법

① 칡, 다래 등 덩굴류와 병충해목은 제거한다.

② 상층목의 생육에 지장이 없는 하층식생은 제거하지 않고 존치한다.

③ 솎아베기 단계에 도달한 형질 불량 천연림은 층위에 관계없이 형질 불량목 위주로 제거하고, 빈 공간에 활엽수 밀식 조림을 할 수 있다.

④ 형질 불량목 제거로 발생한 공간은 활엽수를 5,000본/ha으로 식재할 수 있다.

⑤ 폭목을 제거할 때 주변 우량목의 피해가 우려되는 지역은 수피 벗기기 등의 방법을 사용할 수 있다.

⑥ 천연림개량작업을 한 후 우량 대경재 이상을 생산할 수 있다고 판단되는 천연림에 대해서는 천연림보육을 실시할 수 있다.

(3) 천연림보육과 천연림개량의 차이점

① 천연림보육과 천연림개량의 근본적인 차이는 현재의 임분 상태에서 우량대경재를 생산할 가능성의 유무이다.

② 우량대경재의 생산이 가능하면 천연림보육 대상지가 되며, 불가능하면 천연림개량 대상지가 된다.

③ 천연림개량 작업을 통하여 임분 형질이 개선되면 우량중경재를 생산하거나 천연림보육으로 시업을 전환할 수 있다.

[천연림가꾸기 작업 종류별 비교표]

구분	천연림보육		천연림개량
	유령림 단계	솎아베기 단계	
대상지	• 평균 수고 8m 이하 • 우량대경재 생산 가능 임분	• 평균 수고 10m 이하 • 우량대경재 생산 가능 임분	현재 임분 상태에서 우량대경재를 생산할 수 없는 임지
목표 생산재	우량대경재	우량대경재	특용 · 소경재
지위 및 미래목	• 지위 '중' 이상 • 밀도 '중' 이상 • 형질 양호	• 지위 '중' 이상 • 밀도 '중' 이상 • 미래목 본수(ha) – 활엽수 200본 내외 – 침엽수 200~400본	• 지위 '하' • 지위 '중' 이상이라도 우량목본수가 기준 이하인 임지 • 어린나무가꾸기 단계에서는 밀도 '소' 경우
기타	–	–	• 어린나무가꾸기 단계에서 천연림개량 작업 실시 후 임분형질이 개선된 임분은 천연림보육 대상지로 전환 가능 • 솎아베기 단계에서 우량 중경재 생산이 가능한 임지

(4) 산물 처리

① 천연림보육 및 개량작업에서 발생하는 산물 중에서 수집할 필요가 없는 경우에는 지면에 최대한 닿도록 잘라 부식을 촉진시킨다.

② 산물을 토사 유출 방지, 경관 유지, 산림작업의 편의성 등의 사유로 임내에 정리해야 할 경우에는 현지 여건에 따라 일정한 방향으로 정리한다.

③ 계곡부로부터 계곡부 홍수위 폭만큼의 거리 이내 지역, 호소 등 수변부의 만수위와 하천의 홍수위로부터 30m 이내 지역 또는 산물이 유입될 수 있는 집수 유역 안의 지역, 도로·임도·농경지·택지로부터 30m 이내 지역 등에서 발생하는 산물은 우선적으로 최대한 수집하여 활용하거나 수해·산불 등 산림 재해로부터 안전한 구역으로 이동하여야 한다.

④ 천연림에서 생산되는 목표 생산재는 대경재, 중경재, 특용·소경재로 구분되나, 천연림 보육 대상지의 목표 생산재는 형질이 우수한 미래목을 집중적으로 보육하여 우량대경재를 생산하는 것이며, 천연림 개량대상지의 경우 불량목을 제거하여 임분의 형질을 개선하려는 것이 주목적이므로 최종 수확 벌채 전에 생산되는 산물은 의미가 적다.

⑤ 천연림보육이나 개량 작업에서 1차 솎아베기는 무육을 위한 작업이므로 목재를 생산하지 않으며, 2차, 3차 솎아베기에서는 필요에 따라 목재를 생산할 수 있다. 2차, 3차 솎아베기에서 생산된 목재는 중경재, 특용·소경재로 활용할 수 있다.

⑥ 1차 솎아베기 후에도 대경재 생산이 불가능하다고 판단되면, 특용·소경재로 활용할 수 있는 시기에 수확 벌채하여 이용한다.

---

03 | 산림갱신

1. 천연갱신과 인공조림

(1) 천연갱신

① 천연갱신의 개념

ㄱ 기존의 임분에서 자연적으로 공급된 종자나 임목 자체의 재생력 등으로 새로운 산림이 조성될 수 있도록 처리하는 것이다.

ㄴ 어떤 임지에 서있는 성숙한 나무로부터 종자가 저절로 떨어져서 어린나무들이 자라고, 이것이 커서 새로운 수풀이 되어 성숙한 임목으로 이용되는 것이다.

ㄷ 임분이 자연의 힘에 의해 이루어진다.

② 장점

ㄱ 임목이 이미 긴 세월을 통해서 그곳 환경에 적응된 것이므로 성림의 실패가 적다.

ㄴ 임목의 생육환경을 그대로 잘 보호·유지할 수 있고, 특히 임지의 퇴화를 막을 수 있다.

ㄷ 종자와 노동비용이 절감된다.

ㄹ 임지에 알맞은 수종으로 갱신되고, 어린나무는 어미나무로부터 보호를 받으며 생육할 수 있다.

③ 단점
  ㉠ 갱신 전 종자의 활착을 위한 작업, 임상정리가 필요하다.
  ㉡ 갱신되는 데 시간이 많이 소요되고 기술적으로 실행하기 어렵다.
  ㉢ 생산된 목재가 균일하지 못하고 변이가 심하다.
  ㉣ 목재 생산작업이 복잡하며 높은 기술이 필요하다.
④ 천연갱신의 작업 방법
  ㉠ 천연갱신에는 자연적으로 떨어져서 흩어지는 종자를 이용한 천연하종갱신과 맹아갱신 등이 있다.
  ㉡ 천연하종갱신방법으로는 개벌, 대상벌, 군상벌, 산벌, 모수작업 등이 있으며, 대상임분의 상태와 수종에 따라 갱신방법이 선정된다.
  ㉢ 맹아갱신은 맹아발생력이 강한 수종인 참나류 등이 주 대상이며, 맹아갱신 대상지는 신탄재 등 소경재 생산을 위한 단벌기 임분을 대상으로 한다.
⑤ 천연하종갱신의 결정 요인

임목생육과 임지와의 관계	• 갱신력 : 종자 결실량이 풍부하고, 치수기에 생장이 빠른 수종 • 지력 : 수종에 따른 지력요구도를 고려, 지력 향상에 유리한 수종 • 각종 위해에 대한 적응성 : 병충해, 기상해 및 각종 위해에 저항력이 큰 수종
임업경영 및 경제적 조건과의 관계	• 생장량 : 임목의 생장속도에 따른 경영목표 설정 • 재질 : 재질에 따른 시장수요의 변동 • 재종 : 지역시장에 필요한 목재의 생산 가능성
갱신에 영향주는 인자	• 종자공급 : 소실되는 종자량 이상의 종자공급이 필요 • 발아환경 : 종자발아에 적합한 환경 조성 • 치수생육 : 발생된 치수생육에 적합한 상태 유지

(2) 인공조림

① 인공조림의 개념
  ㉠ 무임지나 기존의 임목을 끊어 내고, 그곳에 파종 또는 식재 등의 수단으로 삼림을 조성하는 것이다.
  ㉡ 목재를 생산하기 위하여 가치가 낮은 나무들이 서 있는 임지를 정리하고, 그곳에 쓸모있는 나무를 심고 가꾸어 규격이 비슷한 목재를 생산하는 것을 목적으로 삼림을 조성하는 것이다.
  ㉢ 신·구 임분의 교대가 주로 사람의 힘에 의하여 이루어진다.
② 장점
  ㉠ 조림할 수종과 종자의 선택 폭이 넓다.
  ㉡ 조림을 실행하기 쉽고 빠르게 성림시킬 수 있다.
  ㉢ 노동력과 비용이 집약적이다.
  ㉣ 규격화된 목재를 대량적으로 생산할 수 있어 경제적으로 유리하다.
  ㉤ 수종을 쉽게 바꿀 수 있고 천연갱신이 매우 어려운 수종의 조림이 가능하다.
③ 단점
  ㉠ 천연분포구역을 넘어서까지 조림할 때 위험성이 따른다.

ⓛ 일반적으로 조림 실행 면적이 넓어 임지가 건조하기 쉽고, 토양생태계의 변화로 질이 저하되며, 토양유실 등 환경의 퇴화로 조림성적이 불량하게 되는 경향이 있다.

ⓒ 조림 시 단근으로 비정상적인 근계발육과 성장이 우려된다.

ⓔ 동령단순림이 조성되므로 환경인자에 대한 저항성이 약화된다.

ⓜ 경비가 많이 들고 수종이 단순하며, 동령림이 되기 때문에 땅힘을 이용하는 데 무리가 있다.

ONE MORE POINT 갱신 관련 용어

- 상방천연하종
  - 참나무류의 열매처럼 성숙한 뒤 중력에 의하여 수직방향으로 아래로 떨어져 그것이 후에 발아해서 묘목으로 되는 것을 말한다.
  - 울폐되어 있는 임분을 소개벌채해서 임관에 틈새를 만들어 임상에 광선이 들어오도록 해서 치수의 발육을 돕도록 해야 한다.
- 측방천연하종
  - 소나무류의 가벼운 종자처럼 성숙한 뒤 바람에 날려서 입목의 측방으로 떨어져서 그것이 발아해서 묘목으로 되는 것을 말한다.
  - 임분의 측방에 있는 나무를 벌채하여 천연으로 하종되는 종자가 착상되도록 처리해 주어야 한다.
- 벌구 : 일시 또는 일정 기간 안에 갱신하고자 하는 구역(벌채면)
  - 대벌구 : 넓은 면적의 임분을 하나의 구역으로 하거나 또는 구획한다고 하더라도 그 면적이 넓어서 측방에 서 있는 임분으로부터 그 벌구상의 치수가 환경적 또는 조림적으로 영향을 받을 수 없을 정도로 넓은 것을 말한다.
  - 소벌구 : 갱신에 있어서 측방에 있는 성숙 임분의 영향이 그 벌구상에 미칠 수 있도록 소면적으로 구획한 것
    ⓐ 대상벌구 : 벌채면이 좁고 긴 띠 모양의 벌구
    ⓑ 군상벌구 : 벌채면이 모지거나 둥글거나 또는 이것과 비슷한 모양을 하고 있는 벌구
- 군과 단
  - 군과 단은 벌구의 모양에 상관하지 않고 면적으로 구별된다.
  - 면적이 0.1~1.0ha이면 단이고, 0.1ha 이하이면 군이라 하며, 보통 군상이란 용어를 적용한다.
- 임형
  - 교림 : 임목이 주로 종자로 양성된 묘목으로 성립된 것으로 높은 수고를 가지며 성숙해서 열매를 맺게 된다.
  - 왜림(맹아림) : 임목의 기원이 맹아이고 비교적 단벌기로 이용되며 키가 낮다. 또 연료생산에 주로 이용되었기 때문에 연료림이라고도 한다.
  - 중림 : 동일한 임지에 교림과 왜림을 성립시킨 것
  - 죽림 : 대나무는 지하경(근경)에 의하여 증식되며, 죽림은 임업상 예외적인 것으로 취급된다.
- 벌채종
  - 개벌 : 벌구 위에 서 있는 임목 전부를 일시에 벌채하는 것을 말하며, 1벌이라고도 한다. 또 벌기 임목이 제거된 후에 후계림이 들어오므로 후갱작업이라 한다.
  - 산벌 : 이용기에 이른 임목을 몇 번에 나누어 벌채하고, 이와 같이 하는 동안에 그 임지에 어린 임분이 발생하도록 하는 것을 말한다. 또 신임분이 조성된 뒤에 그것을 보호하고 있던 전세대 임목이 벌채되므로 전갱작업이라 한다.
  - ※ 개벌과 산벌은 전 임목을 벌채하게 되므로 완벌작업이라고 한다.
  - 택벌 : 갱신 기간이란 것이 따로 정해져 있지 않고 전 윤벌기간에 걸쳐 전 임분으로부터 벌채 대상목을 선출해서 주벌과 간벌의 구별 없이 벌채를 계속 반복하는 것을 말한다.
- 모수 : 갱신될 임지에 종자를 공급해서 치수를 발생시키는 나무를 말한다.

2. 작업종의 분류

(1) 산림작업종의 개념 및 분류

① 개념 : 산림을 조성하여 이것을 목적에 따라 보육하며, 벌기에 달하면 벌채하여 이용하고, 후계림의 도입을 중심적으로 처리한다. 즉, 조성, 무육, 수확, 갱신 등의 일관된 산림작업의 체계를 산림작업종이라고 한다.

② 산림작업종의 중요인자
- ㉠ 산림성립의 기원이 실생묘냐 맹아냐 하는 것
- ㉡ 갱신벌채의 방법 즉, 개벌·산벌·택벌 중 어느 것이냐 하는 것
- ㉢ 갱신벌구의 크기와 모양

③ 산림작업종의 분류

※ **분류의 기준** : 임분의 기원, 벌구의 크기와 형태, 벌채종

개벌갱신에 의한 작업	• 대면적 : 개벌작업 • 소면적 : 대상개벌작업, 군상개벌작업
산벌갱신에 의한 작업	• 대면적 : 산벌작업 • 소면적 : 대상개벌작업, 군상개벌작업
택벌갱신에 의한 작업	택벌작업
맹아갱신에 의한 작업종	맹아림작업
기타	모수작업, 중림작업, 죽림작업

(2) 개벌작업

① 개벌작업의 개념 및 특성
- ㉠ 갱신하고자 하는 임지 위에 있는 임목을 일시에 벌채하여 이용하고, 그 적지에 새로운 임분을 조성시키는 방법이다.
- ㉡ 개벌작업법은 현재 전 세계적으로 많이 적용되고 있는 방법으로서, 우리나라에서도 가장 보편적으로 적용되고 있다.
- ㉢ 개벌작업은 어릴 때 음성을 띠는 수종에 대해서는 적용하기 어렵고, 양성의 수종에 알맞다.
- ㉣ 개벌작업에 의하여 갱신된 새로운 임분은 동령림을 형성하게 된다.
- ㉤ 개벌작업을 할 때 형성되는 임분은 대개 단순림이지만, 두 가지 수종을 심으면 동령의 혼효림을 만들 수 있다.
- ㉥ 성숙목이 벌채된 뒤에 어린나무가 들어서게 되므로 후갱작업이라 한다.
- ㉦ 개벌작업은 작업이 복잡하지 않아 시행하기 쉬운 편이다.

② 개별인공갱신
  ㉠ 낙엽송, 잣나무, 리기다소나무, 전나무, 삼나무, 편백, 해송 등
  ㉡ 개별로 발생된 유기잔물은 식재에 물리적 지장을 주고 산불의 위험성을 증가시키며 해충번식의 근거가 되므로 제거하지만 때로 그 양이 적을 때는 임지의 건조를 막고 표토를 보호하는 역할도 한다.
  ㉢ 갱신된 치수가 자랄 때 불량목 또는 다른 식생의 간섭을 받는 일이 있으므로 이에 대한 보호가 요구된다.
③ 개별천연하종갱신
  ㉠ 대면적 개별천연하종갱신
    • 종자공급원
      - 갱신벌채 이전부터 땅속에 매몰되어 있던 종자가 발아할 경우, 특히 종자 발아력이 오래 유지되는 수종은 이에 더 적합하다.
      - 벌채할 당시 벌채목 자체부터 종자가 산포될 때, 종자결실량이 충분한 결실년에 벌채하면 나무가 넘어질 때 종자가 비산되고 벌도목을 인출할 때 종자가 자연히 땅속에 묻히게 된다.
      - 벌구 옆에 서 있는 모수로부터 종자가 공급될 때, 종자가 작고 가벼우며, 날개가 붙어 있는 수종에 적합하다. 갱신지 전역에 종자를 대량 산포시키려면 종자성숙기의 풍향을 고려하고 벌구의 크기와 모양에 유의할 필요가 있다.
    • 종자의 비산
      - 종자의 산포밀도는 임연일수록 높고, 벌구의 중심부에 있어서는 낮아진다.
      - 종자의 비산거리는 지형에 크게 지배되며, 특히 경사지에서는 상부의 인접 모수를 남기는 것이 평탄지에 비해 더 넓은 구역에 산포된다.
      - 결실량은 경급이 크고 수고가 높을수록 증가하므로 모수는 너무 밀생시키지 말아야 한다.
    • 종자의 착상 : 종자의 착상을 쉽게 하기 위해서는 지표의 유기물이 제거되고 광물질 토양이 노출되는 것이 바람직하며, 이를 위해서 교토를 해주는 것이 좋다.
    • 벌구배치와 보속수확
      - 한 벌구에서 벌채될 재적은 개벌작업으로 경영되는 전 산림의 연 벌채량에 해당한다.
      - 벌채를 해마다 계속하려면 산림은 윤벌령에 해당하는 수의 임분(벌구)으로 구성되어야 한다.
      - 벌구배치는 영급의 차이가 심한 것을 이웃하게 해서 갱신에 필요한 측방임분부터 종자공급의 효능을 높이도록 해야 한다.

• 대면적 개벌천연하종갱신의 장단점

장점	• 작업의 실행이 용이하고 빠르게 될 수 있으며 높은 기술을 요하지 않는다. • 양수의 갱신에 적용될 수 있다. • 벌채, 운재 등 작업이 집중되기 때문에 비용이 절약되고 치수에 손상을 입히는 일이 적다. • 동일한 규격의 목재를 생산할 수 있어서 경제적으로 유리할 수 있다. • 동령일제림이 형성되기 때문에 각종 보육작업을 편리하게 할 수 있다. • 인공식재로 갱신하면 새로운 수종을 도입할 수 있다. • 성숙한 임분을 갱신하는 데 알맞은 방법이다.
단점	• 개벌로 넓은 임지가 노출되므로 토양의 이화학적 성질이 나빠지고, 지력이 퇴화되며, 강우와 바람 등으로 표토가 침식·유실될 가능성이 매우 높다. • 임지가 사질일 때보다는 점토질일 때 이러한 피해가 더 심하다. • 임지가 고결되면 토양수분의 조건이 불량해지고, 침식이 증가되면 토양건조가 촉진된다. • 개벌로 지피식생이 파괴되고 벌채지의 미세기상이 변화해서 이것이 장기간 계속될 때 이러한 입지 조건의 변화가 갱신을 불리하게 할 수 있다. • 잡초, 관목 등이 무성해질 수 있고 상층에 큰 나무가 없어서 보호를 받지 못해 기상의 해를 받기 쉬우며, 해충의 발생이 더 심해질 수 있다. • 동령일제림이 형성되어 각종 위해에 대한 저항력이 약해지고, 한 번 해를 받을 경우 쉽게 광범위하게 확대된다. • 음수수종 또는 중력종자수종의 갱신에는 적당하지 않다. • 조성되는 임분이 단조롭기 때문에 풍치적 가치가 낮다. • 천연하종갱신을 인위적으로 조절하기란 예상 외로 어려운데, 이때에는 인공갱신으로 도와야 한다. • 개벌로 생산된 모든 재종이 잘 이용될 수 있는 시장성의 문제가 있다.

ⓛ 대상개벌 천연하종갱신

• 갱신하고자 하는 임분을 몇 개의 대상지로 나누고, 그중 한 대상지를 개벌하면 인접 모수부터 측방천연하종이 되어 갱신이 이루어지는데, 그 뒤 다른 대를 갱신해 나가는 방법이다.

• 교호대상개벌

– 아래 그림과 같이 하나의 임분을 2조의 대, 즉 합계 4대로 나누고, 먼저 흰색부분을 개벌해 서 사선부분에 있는 성숙목으로부터 측방천연하종이 되게 하여 갱신이 이루어지도록 한다.

– 제1차 대벌의 대폭은 넓게 하고, 제2차 대벌의 대폭은 전자의 50~60% 정도로 한다.

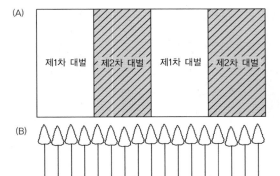

(A)는 평면적 배치를 (B)는 제1차 대벌 후 50년이 경과한 때의 신임분과 제2차 대벌 후 45년이 경과한 때의 신임분을 나타내는 측면도이다. 수고는 50년생의 것이 약 24m, 45년 생이 약 22.5m이고, 그 사이의 차이를 거의 인정할 수 없다. 한 대의 넓이는 24m이다.

[2조의 대로 되어 있는 테다소나무림의 교호대상개벌의 모양]

- 이 방법의 대폭은 일반적으로 모수 수고의 1/2~4배 정도로 하는 것이 좋다.
- 신생 임분의 임형을 일제림으로 하자면 제1차 및 제2차 대벌의 연수차를 되도록 짧게 하는 것이 바람직하고, 3~10년이 좋으나 길더라도 20년 이내에는 완료하도록 한다.

ⓒ 연속대상개벌 천연하종갱신
- 1조 3대 이상으로 해서 점진적으로 대벌을 진행시키는 것이다.

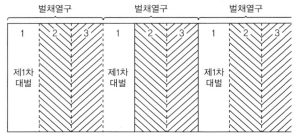

먼저 제1대가 개벌되고 측방천연하종으로 갱신된 뒤 제2대, 제3대의 순으로 갱신이 진행된다. 제3대는 종자공급문제로 개벌천연하종이 아닌 다른 방법으로 갱신될 수도 있다.

[연속대상개벌천연하종갱신의 모식도]

- 넓은 임분을 일제림으로 조성하려면 갱신기간을 단축해야 하는데, 이를 위해서 전림을 수개의 대상군(조)으로 구분해서 동시에 각 조마다 한쪽부터 대상갱신을 진행시키도록 한다.
- 벌채작업의 집중성을 고려하지 않고 갱신에 치중한다면 대체로 연속대상개벌이 교호대상개벌보다 더 좋은 양식이다.

ⓓ 군상개벌 천연하종갱신
- 지형이 불규칙하고 험준하며 또 일제성이 없는 동령림에 대상개벌과 같은 규칙적 갱신벌채를 한다는 것이 사실상 불가능한 때에, 임분 내 곳곳에 군상(공상)의 개벌면을 만들고 그 둘레에 있는 모수부터 측방천연하종에 의하여 치수를 발생시키며, 이 군상지를 점차 바깥쪽으로 확장시켜 나아가는 방법이다.
- 군상벌채가 착수될 곳
  - 임목이 피해를 받았거나 과숙상태에 있거나 때로는 전생치수가 발생한 곳
  - 표토가 얕아서 임목의 근계가 천근성으로 되어 있어서 미리 벌채하여 풍도를 피해야 할 곳

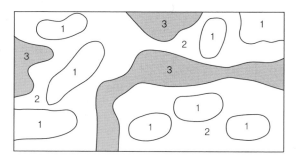

1 : 최초로 개벌된 군상지
2 : 1보다 몇 년 뒤에 개벌된 곳
3 : 2보다 몇 년 뒤에 개벌된 곳

[군상개벌작업의 모형도]

(3) 산벌작업

① 산벌작업의 개념 및 특성

 ㉠ 윤벌기에 비하여 비교적 짧은 갱신기간 중에 몇 차례에 걸친 벌채로 갱신면상에 있는 임목을 완전히 제거하는 작업

 ㉡ 윤벌기가 완료되기 이전에 갱신이 완료되는 갱신작업(예비벌, 하종벌, 후벌의 단계를 거침)이다.

 ㉢ 산벌작업은 음수의 성격을 지닌 수종에 있어서 갱신 초기에 일광, 온도, 건조 등의 인자에 대한 보호가 가능하다.

 ㉣ 성숙목이 많은 불규칙한 산림에 적용될 수 있으나 동령림 갱신에 가장 알맞은 방법이다.

 ㉤ 산벌작업의 갱신기간은 10~20년 정도로 윤벌기의 1/5 이하이며, 회귀년은 보통 30~40년 정도이다.

 ㉥ 산벌작업은 윤벌기가 완료되기 이전에 갱신이 완료되는 전갱작업. 즉, 갱신기간이 벌기보다 짧다.

② 작업방법

 ㉠ 예비벌

- 밀림상태에 있는 성숙임분에 대한 갱신준비의 벌채로 임목재적의 10~30%를 제거한다.
- 벌채대상은 중용목과 피압목이고, 형질이 불량한 우세목과 준우세목도 벌채될 수 있다.
- 간벌작업이 잘된 임분에 있어서는 예비벌이 거의 필요 없고 때에 따라서는 예비벌이 생략되고 직접 하종벌이 시작될 수도 있다.
- 임관을 약하게 소개시켜 나무가 햇빛을 받아 결실을 맺는 데 이롭게 하고, 한편으로는 임지에 쌓여 있는 부식질의 분해를 촉진시켜 어린나무의 발생을 촉진시키는 산벌작업 방법이다.

 ㉡ 하종벌

- 결실량이 많은 해를 택하여 일부 임목을 벌채하여 하종을 돕는 것으로, 1회의 벌채로 목적을 달성하는 것이 바람직하다.
- 예비벌 이전의 임분재적의 25~75%를 제거한다.
- 종자결실과 벌채목의 형질, 하종상의 상태 등을 고려해야 한다.
- 하종벌은 치수의 발생을 도모하고, 후벌은 치수의 발육을 촉진한다.

 ㉢ 후벌

- 어린나무의 높이가 1~2m 가량이 되면 위층에 있는 나무를 모조리 베어 버리는 벌채 방법이다.
- 하종벌을 하고 난 뒤에 발생한 어린나무의 발육을 돕기 위하여 임관을 소개시키는 것이다.
- 하종벌 실시 후 3~5년이 지나서 실시하며, 후벌에서 처음 벌채를 수광벌, 맨 마지막으로 벌채를 종벌이라 한다.
- 하종벌의 종자결실이나 벌채목의 형질과는 거의 무관하다.

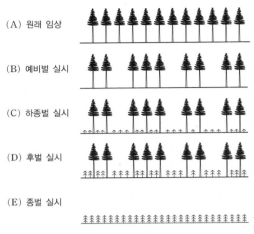

(A) 원래 임상

(B) 예비벌 실시

(C) 하종벌 실시

(D) 후벌 실시

(E) 종벌 실시

[산벌천연하종갱신 모식도]

③ 변법

 ㉠ 대상산벌 천연하종갱신 : 임분을 여러 개의 대상지로 나누고 한쪽부터 대에 따라 점진적으로 산벌작업을 진행시켜 상방 또는 임연천연하종에 의하여 갱신을 도모하는 것으로 풍해를 막기 위한 방법이다.

 ㉡ Wagner의 대상산벌(대상택벌) 천연하종갱신 : 대의 폭을 대단히 좁게 하여 실시하며, 대의 폭 30m 이내에 있어서 한쪽에는 예비벌을, 다른 한쪽에는 종벌을 할 정도로 대상의 갱신에 있어 점진적 변화를 준다.

 ㉢ 군상산벌 천연하종갱신 : 전생치수의 발생지점을 중심으로 해서 그곳의 성숙목을 후벌해서 치수의 발육을 돕고 점차 외부로 산벌갱신을 확대시켜 나가는 방법이다.

 ㉣ 대상초벌(획벌)법

  • 대상산벌법과 군상산벌법을 동시에 병용하는 갱신법이다.

  • 풍해를 고려한 대상작업과 전생치수를 이용하여 갱신기간의 단축을 도모하는 일제림조성 갱신법이다.

 ㉤ 설형산벌 천연하종갱신법

  • 대상산벌법의 한 변법으로서, 벌채열구의 중앙부터 갱신을 시작하고 쐐기모양으로 갱신의 대를 양쪽으로 확대시켜 나아가는 방법으로 풍해에 유리하다.

  • 쐐기의 축선방향은 평지림에 있어서 폭풍방향으로 하나, 경사지에 있어서는 임목의 벌채와 반출을 고려하여 산허리 상부로부터 하부로 향해 설정한다.

④ 대면적 산벌작업의 장단점

장점	• 동령교림을 만드는 작업법으로, 개별작업과 모수작업에 비하여 갱신이 더 안전하고 확실한 편이다. • 치수가 발생한 뒤에도 우량한 대형목이 존치된다는 것은 보속연년수확을 조절해 나가는 데 도움이 된다. • 윤벌기가 끝나기 전에 갱신이 이미 시작되는 것이므로 윤벌기간을 단축시킬 수 있다(하종벌 이후에 남아 있는 임목은 생장이 촉진되어 왕성한 직경생장을 하게 되는데, 이것이 치수에는 좋은 영향을 끼치지는 못함). • 중력종자를 가진 수종 및 음수수종의 갱신에 잘 적용될 수 있다. 그러나 극단의 양수를 제외한 모든 수종은 이 방법으로 갱신시킬 수 있다. • 성숙한 임목의 보호하에서 동령림이 갱신될 수 있는 유일한 갱신법이다. • 미관적으로 좋고, 임지를 보호할 수 있다는 면에서 택벌작업 다음으로 좋은 방법이다. • 우량한 임목들을 남김으로써 갱신되는 임분의 유전적 형질을 개량할 수 있다.
단점	• 이 작업을 집약적으로 실시할 때 소형재와 펄프재 등이 소비될 수 있는 시장이 있어야 한다. • 갱신기에 있는 성숙임목은 풍도의 해를 받기 쉽다. • 개별작업과 모수작업에 비하여 높은 기술을 요하나, 집약성이 동일한 택벌작업인 만큼 기술수준이 높지 않아도 된다. • 갱신치수의 일부분은 벌채로 손상을 받는다. • 모든 것이 천연력에 의하여 진행될 경우 비교적 긴 갱신기간을 요한다.

(4) 택벌작업

① 택벌작업의 개념 및 특징

ㄱ 한 임분을 구성하고 있는 임목 중 성숙한 임목만을 국소적으로 추출·벌채하고, 그곳의 갱신이 이루어지게 하는 것이다.

ㄴ 어떤 설정된 갱신기간이 없고, 임분은 항상 대소노유의 각 영급의 나무가 서로 혼생하도록 하는 작업방법을 말한다.

ㄷ 택벌작업이 실시된 임분은 크고 작은 임목이 혼재해 있으므로 임관구조는 다층으로 된다.

ㄹ 임지가 항시 나무로 덮여 보호를 받게 되고, 지력이 높게 유지된다.

ㅁ 상층의 성숙목은 햇볕을 충분히 받기 때문에 결실이 잘 된다.

ㅂ 병충해에 대한 저항력이 높다.

ㅅ 면적이 좁은 수풀에서 보속생산을 하는 데 가장 알맞은 방법이다.

② 벌채목의 선정

ㄱ 남겨야 할 대경목

• 현재 건전하고 질적 및 양적으로 좋은 성장을 할 수 있는 나무

• 소경목군 안에 서 있는 입목으로서 제거되면 풍도, 벌채 손상 등의 피해를 가져올 수 있는 나무

• 군상 벌채면의 갱신을 위한 모수로서 역할을 하는 나무

• 풍치상 남길 가치가 있는 나무

• 토양 조건과 수종의 보호상 필요하다고 생각되는 나무

  ⓛ 끊어야 할 중·소경목

   • 나무 성장이 왕성하지 못하고 그대로 남겨 둘 때 병충해, 상해 등으로 고사하거나 희망이 없는 나무

   • 그대로 남겨 두면 주변의 장래성이 있는 나무에 지장을 주는 나무

   • 불량한 수종, 이용 가치가 낮은 나무

③ 작업 방법

  ㉠ 단목택벌작업 : 이령림을 구성하는 단목(또는 극소수의 임목군)을 벌채하고 전임분에 걸쳐 곳곳에 산재하는 공극지면의 갱신을 도모하는 것으로 음수수종의 천연하종에 적합하다.

  ㉡ 군상택벌작업

   • 갱신면을 넓혀 군상으로 택벌을 유도하는 것으로 광선의 요구량이 큰 수종에 적합하다.

   • 단목적인 것보다 벌채 경비가 적게 들고, 또 치수의 손상도 줄어드는 장점이 있다.

  ㉢ 대상택벌작업

   • 단목택벌작업이든 군상택벌작업이든 간에 이것을 구분된 대상지에 적용하면 벌채작업이 더 잘될 수 있다.

   • 치수에서 성숙목에 이르기까지 영급의 계열이 연속되나 그 형성의 어려움이 있다.

④ 순환벌채

  ㉠ 1년생으로부터 벌기령에 이르는 각 영급의 임목이 혼생하고, 각 영급의 임목이 같은 면적을 차지하며 총체적 성장량이 계속 같고 벌채된 뒤에 갱신이 확실히 이루어져야 한다.

  ㉡ 전임지를 몇 개의 구역으로 나누고, 각 구역을 일정 기간마다 순환하면서 택벌하면 일하기가 쉬워서 널리 적용된다.

⑤ 택벌작업의 장단점

장점	• 임관이 항상 울폐한 상태에 있으므로 임지가 보호되고 치수도 보호를 받게 된다. • 병충해에 대한 저항력이 높다. • 지상의 유기물이 항상 습기를 가져서 산불의 발생가능성이 낮다. • 음수의 갱신이 잘되고, 임지가 입체적으로 이용되어 생산력이 높다. • 소면적임지에 보속생산을 하는 데 가장 알맞은 방법이다. • 심미적 가치가 가장 높다. • 상층의 성숙목은 일광을 잘 받아서 결실이 잘된다. • 가장 건전한 생태계로서 각종 외계인자에 대한 저항력이 높다. • 면적이 좁은 수풀에서 보속적 수확을 올리는 작업을 할 수 있다.
단점	• 작업에 고도의 기술을 요하고 경영내용이 복잡하며, 갱신이 쉽지 않다. • 임목벌채가 까다롭고, 작업할 때에 어린나무가 해를 입게 된다. • 양수수종의 갱신이 어렵다. • 일시의 벌채량이 적으므로 경제상 비효율적이다. • 택벌작업은 종종 임분을 퇴화시키는 경향이 있다. 조방적 작업일 때에는 이를 피할 도리가 없다. • 이령임분에서 생산된 목재는 동령임분에서 생산된 것보다 대체적으로 불량하다.

⑥ 항속림작업

　⊙ 삼림은 많은 생물과 비생물이 유기적으로 결합되어 있는 생물사회이고, 그 구성요소가 모두 건전할 때, 또 서로 잘 조화되어 있을 때 생산성이 높아진다는 것이다.

　ⓒ 항속림 사상(Moller)

　　• 항속림은 이령혼효림이다.

　　• 개벌을 금하고 해마다 간벌형식의 벌채를 반복한다.

　　• 지력을 유지하기 위하여 지표유기물을 잘 보존한다.

　　• 항속림사업에 있어서 인공식재를 단념하는 것은 아니다. 갱신은 천연갱신을 원칙으로 한다.

　　• 단목택벌을 원칙으로 한다.

　　• 벌채목의 선정은 택벌작업의 선정기준에 준해서 한다.

(5) 맹아갱신법(왜림작업)

① 왜림작업의 개념 및 특성

　⊙ 활엽수림에서 주로 땔감을 생산할 목적으로 비교적 짧은 벌기령으로 개벌하고, 그 뒤 근주에서 나오는 맹아로서 갱신하는 방법이다.

　ⓒ 왜림작업은 그 생산물이 대부분 연료재로 잘 이용되었기 때문에 연료림작업이라 하고, 일본에서는 제탄재를 얻었기 때문에 신탄림작업이라고 하기도 한다.

　ⓒ 키가 교림보다 낮기 때문에 저림작업이라고도 하며, 또 맹아로 갱신되기 때문에 맹아갱신법이라고도 한다.

　ⓔ 일반적으로 참나무류, 오리나무류, 단풍나무류, 물푸레나무류, 서어나무류, 아까시, 자작나무류, 느릅나무류, 너도밤나무 등은 주간이 절단되었을 때 아래쪽에서 맹아가 잘 발생하기 때문에 이것을 이용해서 갱신한다.

　ⓜ 맹아는 줄기 안에 오랫동안 숨어서 잠자고 있던 눈이 나무의 일부가 절단되거나 고사함으로써 그들의 생활력을 회복하여 밖으로 나타난 것을 말한다.

　ⓗ 일반적으로 나무가 어릴수록 맹아가 잘 발생하지만, 20~30년생의 나무에서도 왕성한 맹아가 잘 나타난다.

　ⓢ 절단위치는 대개 땅 표면에 가까울수록 좋고, 생장기간 중에 자르면 나쁘다.

　ⓞ 절단면 맹아는 바람, 건조 등의 영향을 받아 떨어져 나가는 결점이 있다.

　ⓩ 근주맹아(주맹아)는 줄기의 옆 부분에서 돋아나는 것으로, 세력이 강하고 좋은 생장을 보이므로 갱신상 바람직하다.

② 맹아의 종류

　ㄱ 묘목맹아 : 근주직경이 5cm 이하의 어린 것에서 나오는 맹아이다.

　ㄴ 단면맹아 : 버드나무류, 느릅나무류, 너도밤나무류에서 볼 수 있는 것으로, 수피부와 목부 사이
　　에서 캘러스 조직에 연유하는 부정아가 형성되어 신장한 것으로 일반적으로 단명해서 이용 가치
　　가 낮다.

　ㄷ 측면맹아 : 근주의 측면부터 나는 것으로 참나무류, 밤나무, 단풍나무류, 물푸레, 서어나무류,
　　아까시, 느릅나무류, 버드나무류에서 볼 수 있다. 근주맹아, 주맹아라고도 한다.

　ㄹ 근맹아 : 지표면에 가까운 측근 조직에 생기는 부정아에 기원하는 맹아로 버드나무, 아까시,
　　느릅나무, 사시나무류에서 볼 수 있다.

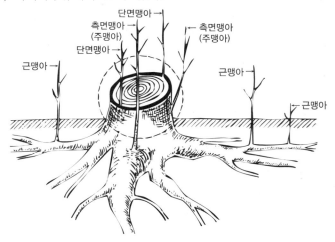

[맹아의 종류(원 내의 부분은 근주부분)]

③ 왜림작업의 실행

　ㄱ 개벌왜림작업법

　　• 벌기 : 연료재와 소경재를 생산하기 위해 모든 임목을 개벌하고 근주부부터 맹아를 발생시켜
　　　후계림을 조성하는 방법이다.

　　• 맹아력 증강

　　　- 근주의 맹아력은 벌채 전의 수세와 밀접한 관계가 있고, 일제림의 각 개체의 수세는 일반적
　　　　으로 지름의 크기에 비례한다.

　　　- 맹아는 양성이므로 햇빛이 부족하면 좋은 발육을 나타내지 않는다.

　　　- 경사가 급한 북쪽면에서는 왜림 성적이 좋지 않다.

　　• 벌채 계절 : 왜림의 벌채는 맹아가 잘 돋아날 수 있는 이른 봄에 실시하는 것이 좋고, 특히
　　　여름의 벌채는 나무 몸 안의 저장물질이 적어 피하도록 한다.

- 벌채방법
  - 벌채점을 높게 하면 근주의 고사율은 감소하고 주당 맹아수는 많아지나 이때 근주의 상부부터 발생한 맹아는 세력이 강하지만 양료의 공급을 어디까지나 모수근계에 의존하게 되므로 자람이 점차 쇠약해지는 결점이 있다.
  - 벌채점을 낮게 하면 지표면 가까운 곳에서 맹아가 발생하는데, 이러한 맹아는 스스로 근계를 형성하고 모근주가 썩은 뒤 건전한 독립목으로 되어 왕성한 자람을 하게 된다.
  - 급경사지의 벌채작업은 실행상 어려움이 있으나, 되도록 10~15cm 정도로 하는 것이 바람직하다.
  - 벌채는 되도록 줄기의 낮은 곳에 실시하고 절단면은 평활하게 다듬어 빗물이 괴지 않도록 한다. 남쪽을 향해서 어느 정도 경사지게 하면 햇빛도 더 받게 되고 물도 괴지 않아 썩을 염려도 적게 된다.
- 맹아정리 : 한 근주로부터 다수의 맹아가 발생하므로 맹아발생 후 3~5년이 지난 뒤 맹아에 저항력이 생기고, 또 맹아 간의 우열이 판단될 수 있을 때 주당 3~4본을 남기고 정리한다.
- 실생묘의 조장 : 맹아갱신에 있어서 어느 정도의 근주 고사는 막을 수 없다. 고사된 근주의 공간은 인공보식 또는 실생의 천연치수에 의하여 보충되어야 한다. 또, 수종을 개량하고자 할 때에도 실생묘를 심어야 한다.
- 개벌왜림작업법의 장단점

장점	• 작업이 간단하고 갱신도 확실하며 단벌기 경영에 적합하다. • 비용이 적게 들고 자본의 회수가 빠르다. • 병충해 등 환경인자에 대한 저항력이 비교적 크다. • 단위면적당 유기물질의 연평균생산량이 최고치에 달한다. 이것은 윤벌기가 생장왕성기에 일치하고, 또 묘목을 식재해서 일정한 밀도를 얻을 때까지의 예비기간이 생략되기 때문이다. • 모수의 유전형질을 유지시키는 데 가장 좋은 방법이다. • 야생동물의 보호・관리를 위하여 적당할 경우가 많다. • 땔감이나 소형재를 생산하고자 할 때 알맞은 방법으로 자본이 적은 농가에서 가능하다.
단점	• 벌기를 길게 한 용재생산이 목적이 아니므로 큰 용재를 생산할 수 없다. • 맹아는 자람이 빠르고, 양료의 요구도가 높으므로 지력이 좋지 않으면 경영이 어렵다. • 맹아는 발생 당시 한해에 약해서 고산 한랭지의 작업으로는 부적당하다. • 지력의 소모가 심하며, 따라서 지력의 악화를 초래하는 일이 많다. • 단위면적당 생육축적이 낮고, 심미적 가치가 낮다. • 개벌왜림작업일 경우 한때 임지가 노출되어 표토 침식의 우려가 있다. • 산불 발생의 위험성이 교림보다 높다. • 경제적으로 보아 교림작업을 하는 것만 못한 것이 보통이다.

ⓒ 택벌왜림작업법
- 회귀년을 윤벌기의 1/3로 하고, 대체로 영계임목을 혼생시켜 다층림을 만드는 것
- 회귀년을 벌기에 1/2로 해서 2개의 영계임목을 혼생시키는 것
- 첫 번째는 두 번째보다 작업은 복잡하나 택벌의 효과를 위해서는 상・중・하 3층의 임목으로 형성되는 택벌 임형이 더 좋다.

벌채점을 지상 1~4m 정도로 높게 하는 작업을 말하며, 조경적 목적으로 플라타너스·버드나무류·포플러류에 흔히 적용한다.

(6) 모수작업

① 모수작업의 개념 및 특성

㉠ 성숙한 임분을 대상으로 벌채를 실시할 때, 모수가 되는 임목을 산생시키거나 군상으로 남겨두어 갱신에 필요한 종자를 공급하게 하고 그 밖의 임목은 개벌하는 갱신법이다.

㉡ 개벌작업의 변법으로 모수를 남겨 종자공급에 이용하고, 갱신이 완료된 후 벌채에 이용하는 작업이다.

㉢ 모수로 남겨야 할 임목은 전 임목에 대하여 본수의 2~3%, 재적의 약 10%이다.

㉣ 남겨질 모수의 수는 전체 나무의 수에 비하여 극히 적다.

㉤ 모수가 신임분의 상층을 구성하는 점을 제외하고는 동령림이 조성된다.

㉥ 남는 나무는 한 그루씩 서게 되는 일도 있고, 때로는 몇 그루씩 무더기로 남기기도 한다.

㉦ 모수작업은 주로 소나무류 등과 같은 양수에 적용되는데, 종자가 작아 바람에 날려 멀리 전파될 수 있는 수종에 알맞다.

㉧ 갱신된 뒤 모수가 벌채되어 이용되는 일도 있고, 때로는 그대로 잔존되어 신임분의 벌기에 함께 벌채되어 이용되기도 한다. 이때 상층목은 그 수가 적기 때문에 동령림으로 취급할 수 있고, 만일 그 수가 상당수에 이르면 복층임분 또는 이층임분으로 취급할 수 있다.

② 모수의 조건

㉠ 유전적 형질이 좋아야 한다.

㉡ 바람에 대한 저항력이 있어야 한다.

㉢ 종자를 많이 생산할 수 있는 개체를 남겨야 한다.

㉣ 우세목 중에서 고르도록 한다.

㉤ 선천적 불량형질의 나무는 모수로 하지 않는다.

㉥ 물푸레나무류와 사시나무류처럼 나무의 성에 자웅의 구별이 있는 것은 두 가지를 함께 남겨야 한다.

㉦ 뿌리가 깊은 수종, 즉 심근성 수종이 알맞다.

③ 변법

㉠ 보잔모수법(보잔목작업) : 남겨 둘 모수의 수를 많게 하고 다음 벌기까지 남겨서 품질이 좋은 대경재생산을 목적으로 한다.

㉡ 군상모수법 : 모수 20~30주를 무더기로 남겨 바람에 대한 저항력을 증가시키는 데 그 목적이 있다.

④ 모수작업의 장단점

장점	• 벌채작업이 한 지역에 집중되므로 경제적인 작업을 진행할 수 있다. • 임지를 정비해 줌으로써 노출된 임지의 갱신이 이루어질 수 있다. • 개벌작업 다음으로 작업이 간편하다. • 개벌작업보다는 신생 임분의 종적 구성을 더 잘 조절할 수 있다. • 모수가 종자를 공급하므로 넓은 면적이 일시에 벌채되고 갱신이 될 수 있다. • 양성을 띤 수종의 갱신에 적당하다. • 갱신이 성공될 때까지 모수를 남겨둠에 따라 갱신이 실패할 염려가 적고 비용도 적게 든다.
단점	• 전임지가 노출됨으로써, 임지의 황폐가 오게 되어 종자발아와 치묘발육에 불리하다. • 토양침식과 유실 등이 우려된다. • 임지에 잡초와 관목이 무성하여 갱신에 지장을 주는 일이 많다. • 모수는 벌채 이전에 고사하는 일이 있는데, 그 손실이 적지 않다. • 풍도의 해가 우려될 수 있다. • 종자의 결실량과 비산능력을 갖춘 수종이어야 한다. • 과숙임분에는 적용하기가 어려운데, 이것은 모수로 잔존시키기에는 너무 안전성이 없기 때문이다. • 풍치적 가치로 보아 개벌작업보다는 낮지만, 그다지 좋은 것이 못 된다. • 미관상 아름답지 못한 수풀로 되고 갱신이 늦어질 때에는 경제적으로 손해가 온다.

(7) 중림작업

① 중림작업의 개념 및 특성

㉠ 교림과 왜림을 동일 임지에 함께 세워서 경영하는 작업법으로, 하목으로서의 왜림은 맹아로 갱신되며 일반적으로 연료재와 소경목을 생산하고, 상목으로서의 교림은 일반용재를 생산한다.

㉡ 하목은 비교적 내음력이 강한 수종이 좋고, 상목은 지하고가 높고 수관밀도가 낮은 수종이 적당하다. 상층은 주로 참나무류, 포플러나무류 같은 양수의 활엽수종이 적당하나 물푸레나무, 느릅나무도 가능하며 또한 침엽수종에서는 소나무류, 낙엽송 등이 가능하다.

㉢ 임목 중에서 생활력이 왕성한 것을 골라 상목으로 키우는 것이 원래 내용이지만, 일반적으로 상목은 침엽수종으로, 하목은 활엽수로 한다.

㉣ 상층과 하층에 있는 나무의 종류가 다른 것이 보통이지만, 경우에 따라 같을 수도 있다.

㉤ 농가에서 용재와 땔감을 동시에 얻으려는 목적 아래 경영될 수 있는 방법으로, 수풀의 모양은 택벌림형에 가깝다.

㉥ 하목은 짧은 윤벌기로 개벌이 되고, 상목은 택벌식으로 벌채된다.

㉦ 우리나라에서는 상목으로 소나무, 하목으로 상수리 같은 참나무류로 된 수풀이 많다.

② 작업방법

㉠ 하목의 벌기는 대체로 10~20년이고, 상목의 벌기는 하목의 2~4배로 한다.

㉡ 왜림을 중림으로 전환시키는 작업 과정

• 왜림이 윤벌기에 달했을 때 몇 가지 형질이 우수한 것을 상목 후보목으로 남기고 개벌한다.

• 벌채 후 맹아는 상목 아래에서 임관층을 구성하면서 자란다.

- 두 번째 윤벌기가 오면 다시 상목으로 될 것을 왜림 중에서 선택하여 남기고 왜림은 개벌한다. 이때 제1회 윤벌기 때 남긴 상목의 일부는 벌채될 수 있다.
- 왜림에서 맹아가 발생하게 되는데, 이때 임분은 3개의 영급으로 된 임관층을 형성하게 된다.
- 이러한 작업이 계속 반복되면 하목이 개벌될 때마다 상목의 영급은 하나씩 더불어 나간다.
- 계획한 중림이 조성되면 가장 높은 영급에 해당하는 상목은 하목과 함께 벌채되어 이용된다. 즉, 상목에 대한 택벌식 벌채와 하목에 대한 개벌이 동시에 진행되는 셈이다. 이때 하위 영급의 나무 중 형질이 불량한 것은 함께 벌채된다.

③ 중림작업의 장단점

장점	• 임지에 큰 공지를 만드는 일이 없어, 노출이 방지된다. • 상목은 수광량이 많아서 좋은 성장을 하게 된다. • 조림비용이 일반 교림작업보다 적게 든다. • 벌채로 잔존임목에 주는 피해가 적다. • 각종 피해에 대한 저항력이 크다. • 상목으로부터 천연하종갱신이 가능하다. • 심미적 가치가 높다. • 소면적의 임지에서도 연료재 및 소량의 일반용재가 얻어질 수 있다.
단점	• 세밀한 조림기술을 쓰지 않으면 상목은 지하고가 낮고, 분지성이 조잡해져서 수형이 불량해진다. • 높은 작업기술을 요하고 상목에 대한 벌채량 조절이 어려우며, 작업의 집약성이 요구된다. • 상목의 피음으로 하목의 맹아발생과 성장이 억제된다. • 지력이 좋아야 하고 광물질요구량이 커서 생산 환경인자의 퇴화를 가져올 위험성이 높다. • 상목과 하목이 다른 수종일 때 그 사이의 친화성이 문제가 된다. • 상목의 형질은 가지, 마디, 줄기의 모양 등에서 좋지 못한 경우가 있다. • 상목의 벌채비용이 비교적 많이 든다.

(8) 죽림작업

① 죽림작업의 개념

ㄱ 우리나라 산림에 큰 피해를 주고 있는 덩굴류로부터 대나무를 이용해 견제하여 산림을 보호하는 작업이다.

ㄴ 덩굴로부터 산림을 보호할 수 있는 이유는 대나무의 뛰어난 생장력과 왕성한 번식력 때문으로 대나무는 죽순발순 후 30~45일이면 다 자라고 하루 최대 1m 이상 자라며, 대나무의 1시간 동안의 길이생장은 소나무의 30년 길이생장에 해당되므로 지장목 벌채 및 조림예정지 작업으로 임연부 소개 시 소개된 임연부를 죽림으로 전환하여 덩굴류의 침입 및 확산피해를 방지할 수 있다.

② 기대효과

ㄱ 덩굴류 피해로 인하여 황폐지가 된 산림을 관리함으로써 산림생태계의 건전성을 확보할 수 있다.

ㄴ 산림의 경관미를 살릴 수 있다.

© 덩굴의 뿌리는 토양을 움켜쥐는 힘이 일반 수목의 뿌리보다 약하므로 폭우가 집중되면 산사태의 위험요소가 되지만, 대나무의 지하경은 서로 엉키고 토양을 죄는 힘이 강하므로 산사태를 예방할 수 있다. 그러므로 덩굴류로 피복된 계곡부 황폐지에 대하여 죽림작업으로 산림생태계를 복원함으로써 임산물 생산과 산사태 예방 효과를 동시에 기대할 수 있다.

ONE MORE POINT | **죽림작업**

• 특징
  - 특수한 작업종으로서, 산림 작업종과는 별개의 것으로 취급된다. 대나무는 일반 수목과 달라 짧은 기간 안에 수확이 있으므로 농가의 부업으로 매우 유리하다.
  - 1ha당 식재밀도는 맹종죽은 300~500주, 왕대는 500~800주, 솜대는 700~1,000주, 오죽은 2,000~5,000주 정도 심는다.
• 대나무의 벌채
  - 대나무는 4~5년생인 것을 벌채하여 이용한다.
  - 벌죽 계절을 보면 맹종죽은 9월, 왕대는 10~11월인데, 일반적으로 가을과 겨울 사이에 실시한다.
  - 세죽은 손도끼, 도끼, 낫으로 끊고 큰 대는 톱으로 끊는데, 되도록 지표면 낮은 곳에서 수평방향으로 절단한다.
  - 죽림의 벌채는 택벌이 원칙이나 국부적으로 소립해 있는 부분은 개벌해서 개식 또는 지하경을 유인해서 갱신하는 일이 있다.
  - 벌죽을 너무 강하게 하면 죽순 발생은 촉진시키나 세죽이 된다.
  - 벌죽률은 다음 벌죽기까지 표준 입죽 본수로 되돌아올 수 있도록 해야 하는데, 연년 벌죽일 때에는 벌죽률이 10~20%, 2년 이상의 간단 작업일 때에는 20~30%이다.
  - 벌죽에 있어서는 먼저 단위 면적당 표준 입죽 본수를 알고 있어야 한다.

01 천연림보육작업의 목적으로 보기 어려운 것은?

① 임지 환경에 맞는 건강한 산림을 유지시킬 수 있다.
② 쓸모없게 될 가능성이 있는 숲을 경제림으로 만들 수 있다.
③ 표고자목, 해태목 등 소경재 생산을 주목적으로 한다.
④ 적은 투자로 용재림을 조성할 수 있다.

해설
천연림보육작업이란 인공조림지가 아닌 천연림에서 나무를 가꾸는 작업을 말하며, 작업종은 간벌작업, 가지치기, 임내정리 등이 있다. 천연림보육작업은 우량 대경재 이상을 생산할 수 있는 천연림을 대상으로 한다.

02 다음 중 일반적인 산림무육의 목적에 대한 설명으로 가장 거리가 먼 것은?

① 임상의 정리
② 임목의 생장촉진
③ 나무의 형질 향상
④ 병해충 방지

해설
산림무육의 목적은 갱신된 임분에 대하여 임상의 정리, 생장촉진, 개체목의 형질 향상 등 삼림의 양적 및 질적 생산을 고도로 높이고자 함이다.

03 미래목의 구비요건이 아닌 것은?

① 적정한 간격을 유지할 것
② 수간이 곧고 수관폭이 좁을 것
③ 상층임관을 구성하고 건전할 것
④ 주위 임목보다 월등히 수고가 높을 것

해설
미래목의 구비요건
• 수종 : 침・활엽수림에서 모두 실행이 가능하고 혼효림에서는 유용수종을 우선 선발하되 그 임지의 우점수종이어야 한다.
• 형질 : 수간이 밋밋하며 갈라지지 않고 병해충 및 물리적인 피해가 없으며, 이상형상 등이 없는 임목이어야 한다.
• 건전하고 생장이 왕성한 임목(근부, 수간 및 수간) 피압을 받지 않은 상층임목이어야 한다.
• 미래목 간의 거리는 최소한 4~5m 이상이 되도록 한다.

04 산림보육작업 시 보육 대상목(가치있는 수종)으로 볼 수 없는 것은?

① 소나무
② 참나무
③ 박달나무
④ 버드나무

해설
미래목 및 중용목으로 잔존시켜 보육하여야 할 대상 수종은 소나무, 상수리나무, 참나무, 신갈나무, 자작나무, 거제수나무, 박달나무, 물박달나무, 피나무, 찰피나무, 물푸레나무, 들메나무, 음나무, 가래나무, 고로쇠나무 등 유용 경제 수종으로 한다.

1 ③ 2 ④ 3 ④ 4 ④ **정답**

05 천연림보육 과정에서 간벌작업 시 미래목의 선정 및 관리 방법과 거리가 먼 것은?

① 미래목 간의 거리는 2m 정도로 한다.
② 피압을 받지 않은 상층의 우세목으로 선정한다.
③ 활엽수는 200본/ha 내외, 침엽수는 200~400본/ha을 미래목으로 한다.
③ 가슴높이에서 10cm의 폭으로 황색 수성 페인트로 둘러서 표시한다.
④ 나무줄기가 곧고 갈라지지 않으며, 산림 병충해 등 물리적인 피해가 없어야 한다.

> **해설**
> ① 미래목 간의 거리는 최소 4~5m 이상으로 임지 내에 고르게 분포하도록 한다.

07 폭목에 대한 설명으로 옳은 것은?

① 수관 발달이 약하고 줄기가 길고 가는 것
② 수관이 지나치게 광대하고 위로 솟아난 것
③ 줄기가 갈라지거나 굽는 등 수형에 결점이 있는 것
④ 이웃한 나무 사이에 끼어서 수관 발달에 측압을 받아 자람이 편의된 것

> **해설**
> 폭목은 변형성장한 불량목으로 직경생장에 비하여 수관이 크거나, 경사생장을 하여 인접하는 임목의 생장에 악영향을 미치고 있기 때문에 벌기 전에 벌채할 필요가 있다.

06 유령림에 대한 무육작업으로 적절한 것은?

① 풀베기와 솎아베기
② 가지치기와 솎아베기
③ 풀베기와 가지치기
④ 덩굴치기와 잡목 솎아내기

> **해설**
> • 유령림의 무육 : 풀베기, 덩굴치기, 제벌(잡목 솎아내기)
> • 성숙림의 무육 : 가지치기, 솎아베기(간벌)

08 천연림보육작업 시 제거 대상목이 아닌 것은?

① 폭목
② 하층임목
③ 침입목 또는 가해목
④ 불량형질목 및 병해목

> **해설**
> ② 하층 임목은 특별한 이유가 없는 한 자연 그대로 방치하여야 한다. 이는 숲의 생태적 성질을 좋게 하고 상층목의 수간에서 나오는 곁가지 발달을 막아주므로 오히려 보호시켜 나가야 할 나무들이다.

09 인공조림과 천연갱신의 차이점으로 옳지 않은 것은?

① 인공조림은 실행하기 용이하고 빠르게 성림시킬 수 있다.
② 천연조림은 비슷한 규격의 임목을 다량 생산할 수 있어 경제적으로 유리하다.
③ 인공조림은 노동력과 비용이 집약적이다.
④ 천연갱신은 임목의 생육환경을 유지하고 임지의 퇴화를 막을 수 있다.

해설
비슷한 규격의 임목을 다량 생산할 수 있어 경제적으로 유리한 것은 인공조림이다.

10 다음 중 천연갱신의 장점이 아닌 것은?

① 완전하게 갱신할 수 있다.
② 완만하지만 건전한 발육을 할 수 있다.
③ 지력의 유지에 적합하다.
④ 수종, 품종의 선택을 잘못하여 조림에 실패할 염려가 없다.

해설
천연갱신의 장단점

장점	• 조림비용이 적게 들고, 임지를 보호하고 황폐를 막는다. • 임지에 알맞은 수종으로 갱신되고, 어린 나무는 어미나무로부터 보호를 받으며 생육할 수 있다.
단점	• 성숙한 나무를 벌채에 이용한 후 새로운 수풀이 우거지기까지 오랜 세월이 필요하다. • 생산된 목재가 균일하지 못하고 변이가 심하다. • 목재 생산에 작업의 복잡성과 높은 기술이 필요하다.

11 인공조림에 대한 설명 중 가장 옳은 것은?

① 무육작업을 말한다.
② 개벌작업에 의한 갱신을 말한다.
③ 천연치수에 의하여 임분을 형성시킨다.
④ 묘목을 식재하여 임분을 형성시킨다.

해설
인공조림은 묘목식재, 인공파종 또는 삽목 등의 인공적인 조림에 의해 후계림을 조성한다.

12 산림작업종에 대한 설명으로 옳은 것은?

① 묘포장에서 묘목을 생산하기 위한 작업이다.
② 인공조림의 목적으로 나무를 식재하는 작업이다.
③ 임목에 주어지는 보육, 벌채, 갱신과 관련된 작업이다.
④ 영림계획 작성을 위하여 산림을 조사하는 작업이다.

해설
산림작업종의 개념
산림을 조성하여 목적에 따라 보육하고 벌기에 달하면 벌채하여 이용하며, 후계림의 도입을 중심적으로 처리한다. 즉, 조성, 보육, 벌채 및 수확, 갱신 등의 일관된 산림작업의 체계를 의미한다.

13 산림작업종 분류의 기준이 되는 3가지 요인이 아닌 것은?

① 임분의 특성
② 벌구의 크기와 형태
③ 벌채종
④ 임분의 기원

해설
산림작업종 분류의 기준이 되는 3가지 요인은 벌구의 크기와 형태, 벌채종, 임분의 기원 등이다.

14 개벌작업의 특성에 대한 설명한 것 중 틀린 것은?

① 개벌작업을 할 때 형성되는 임분은 대개 단순림이다.
② 개벌작업에 의하여 갱신된 새로운 임분은 동령림을 형성하게 된다.
③ 개벌작업은 어릴 때 음성을 띠는 수종에 제일 적합하다.
④ 개벌작업은 작업이 복잡하지 않아 시행하기 쉬운 편이다.

해설
개벌작업은 주로 양성을 띠는 수종(陽樹)에 적용된다.

15 다음 중 개벌작업의 가장 큰 장점은?

① 잡초, 관목 등 식생이 무성하게 된다.
② 수풀이 아름답다.
③ 수풀이 단조롭다.
④ 경제적 수입이 좋다.

해설
개벌작업은 비슷한 크기의 목재를 일시에 한 번에 획득하므로 경제적으로 유리하다.

16 대면적 개벌천연하종갱신의 장점이 아닌 것은?

① 양수의 갱신에 적용될 수 있다.
② 작업실행이 용이하고 빠르게 될 수 있다.
③ 동일규칙의 목재생산으로 경제적으로 유리할 수 있다.
④ 동령 일제림으로 병해충 및 위해에 강하다.

해설
동령 일제림이 형성되어 각종 위해에 대한 저항력이 약해지고, 한번 해를 입을 경우 광범위하게 확대된다.

17 일시 또는 일정 기간 안에 갱신하고자 하는 구역을 무엇이라고 하는가?

① 갱신구역 ② 조림구역
③ 벌구   ④ 벌채종

해설
일시 또는 일정 기간 안에 갱신하고자 하는 산림구역을 벌구라 한다.

18 벌구형태 크기에 따라 개벌작업을 구분할 때 소면적 개벌의 일반적인 갱신대상지 면적은 얼마인가?

① 1ha 미만   ② 1ha 또는 1~5ha
③ 5ha 이상   ④ 50ha 이상

해설
• 중면적 개벌 : 1ha 이상 5ha 미만
• 대면적 개벌 : 5ha 이상

19 어떤 삼림을 그림과 같이 띠모양으로 나누고 2020년에 A의 ①과 B의 ①을 벌채 이용하고, 2025년에 A의 ②와 B의 ②를 각각 모두 벌채하였다면 이는 무슨 작업종인가?

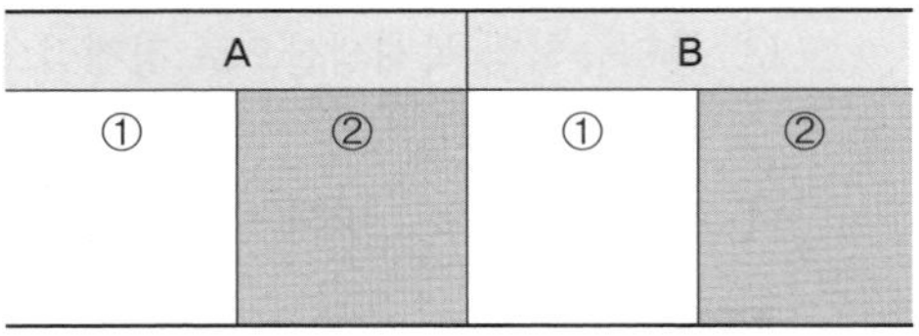

A		B	
①	②	①	②

① 교호대상개벌작업
② 군상산벌작업
③ 연속대상개벌작업
④ 군생모수작업

해설
그림은 교호대상개벌작업으로 1차 벌채와 2차 벌채의 사이 간격은 3~10년 사이이다.

20 군상개벌 작업 시 군상지의 크기는 3~10a로 하는데, 보통 몇 년 간격으로 다음 군상지를 벌채하는가?

① 2~3년   ② 4~5년
③ 6~7년   ④ 8~10년

해설
치수가 생장함에 따라 갱신면을 4~5년 간격으로 점차 바깥쪽으로 개벌하여 모든 임분의 갱신을 완료한다.

21 임지가 넓을 때 보통 3개의 벌채 열구를 편성하고, 이것을 세 번의 처리로 벌채 갱신하는 작업종은?

① 군상개벌작업
② 연속대상개벌작업
③ 중림작업
④ 보잔목작업

해설
연속대상개벌작업은 먼저 1대가 개벌되고 측방 천연하종으로 갱신된 뒤 제2대, 제3대의 순으로 갱신이 진행된다.

22 모수작업의 장단점에 대한 설명 중 틀린 것은?

① 풍치적 가치가 우수하다.
② 토양침식과 유실 등이 우려된다.
③ 종자의 결실량과 비산능력을 갖춘 수종이어야 한다.
④ 개벌작업보다는 신생 임분의 종적 구성을 더 잘 조절할 수 있다.

해설
풍치적 가치로 보아 개벌작업보다는 낫지만 그다지 좋은 것이 못 된다.

23 모수작업으로 임목벌채를 시행할 때 모수의 조건으로 틀린 것은?

① 음수 수종일 것
② 바람의 저항이 강할 것
③ 결실 연령에 도달할 것
④ 유전적 형질이 좋은 나무일 것

해설
자웅구분이 있는 모수는 반드시 자웅 두 그루를 동시에 남겨야 한다.

24 윤벌기까지 어미나무를 보존하는 어미나무 작업의 변법은?

① 보잔목 작업 ② 개벌작업
③ 산벌작업 ④ 택벌작업

해설

보잔모수법이라고도 하며, 모수작업을 할 때 남겨 둘 모수의 수를 좀 많게 하고, 이것을 다음 벌기까지 남겨서 품질이 좋은 대경재생산을 목적으로 한다.

25 비교적 짧은 기간동안에 몇 차례로 나누어 베고 마지막에 모든 나무를 벌채하여 숲을 조성하는 방식으로 갱신된 숲은 동령림으로 취급되는 작업방식은?

① 중림작업 ② 왜림작업
③ 개벌작업 ④ 산벌작업

해설

산벌작업은 비교적 짧은 갱신기간 중에 몇 차례의 갱신 벌채로서 모든 나무를 벌채 및 이용하는 동시에 새 임분을 출현시키는 방법이다.

26 대면적 산벌작업의 장단점이 아닌 것은?

① 윤벌기간이 길어진다.
② 임지보호 측면에서 나쁘지 않다.
③ 임분의 유전적 형질 개량이 가능하다.
④ 보속연년수확의 조절이 가능하다.

해설

윤벌기가 끝나기 전에 갱신이 이미 시작되는 것이므로 윤벌기간을 단축시킬 수 있다.

27 다음 중 산벌작업의 장점으로 옳은 것은?

① 벌채 대상목이 흩어져 있어서 작업이 다소 복잡하다.
② 천연갱신으로만 진행될 때에는 갱신기간이 짧아진다.
③ 음수의 갱신에 잘 적용될 수 있다.
④ 일시에 모두 갱신하므로 경제적이다.

해설

①·② 산벌작업의 단점이다.
④ 개벌작업의 장점이다.

28 임관을 약하게 소개시켜 나무가 햇빛을 받아 결실을 맺는데 이롭게 하고, 한편으로는 임지에 쌓여 있는 부식질의 분해를 촉진시켜 어린나무의 발생을 촉진시키는 산벌작업 방법은?

① 예비벌 ② 하종벌
③ 후벌 ④ 순차벌

해설

예비벌은 임목의 종자결실을 촉진하고 지표의 종자 착상 상태를 좋게 하기 위하여 실시한다.

29 예비벌을 실시하는 목적과 거리가 먼 것은?

① 잔존목의 결실 촉진
② 부식질의 분해 촉진
③ 어린나무의 발생에 적합한 환경 조성
④ 벌채목의 반출 용이

해설
예비벌
임목의 결실 촉진과 풍해에 대한 저항력 증대를 도모하는 갱신준비 벌채로 지표 유기물의 분해가 촉진되고 산포된 종자의 발아 및 치수생육에 유리한 환경을 조성한다.

30 산벌작업 시 임목의 종자를 공급하여 치수의 발생을 도모하기 위한 벌채는?

① 예비벌　　　　② 하종벌
③ 후벌　　　　　④ 종벌

해설
하종벌은 치수의 발생을 도모하고, 후벌은 치수의 발육을 촉진한다.

31 산벌작업 중 어린나무의 높이가 1~2m 가량이 되면 위층에 있는 나무를 모조리 베어버리는 벌채 방법은?

① 예비벌　　　　② 하종벌
③ 수광벌　　　　④ 후벌

해설
후벌의 목적은 노령목을 서서히 벌채 제거함으로써 갱신되는 유령임분을 보호에서 벗어나게 하는데 있다. 후벌은 2~5년의 간격으로 반복되고 2~20년에 걸쳐 완료된다.

32 크고 작은 나무들이 혼생되어 있는 복층림으로 이루어진 임상에서 성숙한 임목을 국소적으로 잘라 벌채하는 작업 방법은?

① 개벌작업　　　　② 모수작업
③ 산벌작업　　　　④ 택벌작업

해설
택벌작업 : 한 임분을 구성하고 있는 임목 중 성숙한 임목만을 국소적으로 추출·벌채하고 그곳의 갱신이 이루어지게 하는 것

33 다음 중 풍치가 좋고 계속적으로 목재 생산이 가능한 작업종은?

① 개벌작업　　　　② 택벌작업
③ 중림작업　　　　④ 모수작업

해설
택벌작업은 무육, 벌채 및 이용이 동시에 이루어지며 공간 및 토양이 입체적으로 이용되어 미적으로도 가장 훌륭한 임형을 나타낸다.

34 택벌작업의 특징이 아닌 것은?

① 임지가 항시 나무로 덮여 보호를 받게 되고 지력이 높게 유지된다.
② 상층의 성숙목은 햇볕을 충분히 받기 때문에 결실이 잘 된다.
③ 병충해에 대한 저항력이 매우 낮다.
④ 면적이 좁은 수풀에서 보속생산을 하는데 가장 알맞은 방법이다.

해설
병충해에 대한 저항력이 높다.

35 택벌작업에서 벌채목을 정할 때 생태적 측면에서 가장 중점을 두어야 할 사항은?

① 우량목의 생산
② 간벌과 가지치기
③ 대경목 중심의 벌채
④ 숲의 보호와 무육

해설
택벌작업은 산림의 무육을 첫째 목표로 하고 임목의 갱신과 이용을 고려하는 방식이므로 벌채목 선정에 주의를 요한다. 택벌작업은 보안림, 풍치림, 국립공원 등 자연림에 가까운 숲에 적용된다.

36 택벌작업 시 벌채하지 말아야 하는 나무는?

① 피압목
② 병해목
③ 어미나무(母樹)
④ 원하지 않는 종류의 나무

해설
모수로서 필요한 나무는 벌채해서는 안 된다.

37 다음 중 잘못 짝지어진 것은?

① 택벌작업 – 회귀년
② 개벌작업 – 임지황폐
③ 모수작업 – 예비벌
④ 왜림작업 – 연료림

해설
③ 산벌작업 : 예비벌

38 주로 연료를 채취하기 위하여 벌기를 짧게 하는 작업방식은 어디에 속하는가?

① 모수작업　　② 택벌작업
③ 왜림작업　　④ 산벌작업

해설
왜림작업은 활엽수림에서 연료재 생산을 목적으로 비교적 짧은 벌기령으로 개벌하고 근주로부터 나오는 맹아로 갱신하는 방법이다.

39 주로 맹아에 의하여 갱신되는 작업종은?

① 왜림작업　　② 교림작업
③ 산벌작업　　④ 용재림작업

해설
왜림작업은 활엽수림에서 연료재 생산을 목적으로 비교적 짧은 벌기령으로 개벌 근주(根株)로부터 나오는 맹아로써 갱신하는 방법이다.

40 왜림작업의 목적이 아닌 것은?

① 연료재 생산
② 대나무의 생산
③ 제탄용재 생산
④ 소경재 생산

해설
대나무의 생산은 죽림작업이다.

41 왜림작업의 경영을 설명한 것 중 가장 적당하지 않은 것은?

① 땔감이나 소형재를 생산하기에 알맞다.
② 벌기가 짧아 적은 자본으로 경영할 수 있다.
③ 벌채점을 지상 1.5m 정도 되도록 높게 하는 것이 좋다.
④ 벌채시기는 근부에 많은 양분이 저장된 늦가을부터 초봄 사이에 실시한다.

해설
벌채점은 가능한 낮게 하는 것이 좋으며, 벌채점을 지상 1~4m 정도로 높게 하는 것은 두목작업법이다.

42 다음 중 맹아갱신으로 천연갱신을 하는데 적합한 수종으로만 묶인 것은?

① 소나무, 잣나무
② 포플러류, 낙엽송
③ 상수리나무, 아까시나무
④ 오동나무, 잎갈나무

해설
맹아에 의한 천연갱신은 근주에서 맹아가 발생할 수 있는 수종에 한하여 하는데 현재 우리나라에서 맹아에 의한 천연갱신이 가능한 수종으로는 상수리나무, 참나무류, 아까시나무, 오리나무류 등을 들 수 있다.

43 왜림작업으로 가장 적합한 수종은?

① 전나무
② 가문비나무
③ 아까시나무
④ 향나무

해설
왜림작업은 주로 아까시, 참나무류의 수종에 많이 적용한다.

44 다음 중 왜림작업의 장점에 대한 설명으로 틀린 것은?

① 경제성이 크다.
② 땔감 등 물질생산이나 소경목을 생산하고자 할 때 알맞은 방법이다.
③ 작업이 간단하고 작업에 대한 확실성이 있다.
④ 벌기가 짧기 때문에 농가에서도 쉽게 할 수 있다.

해설
교림작업보다 경제성이 떨어진다.

45 다음 중 왜림작업의 움돋이를 위한 줄기베기에 적합한 것은?

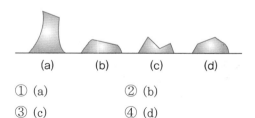

① (a)
② (b)
③ (c)
④ (d)

해설
② (b) 낮고 평활하며 가장 좋다.
① (a) 너무 높다.
③ (c) 물이 고여 썩기 쉽다.
④ (d) (c)보다 좋지만 약간 높다.

41 ③ 42 ③ 43 ③ 44 ① 45 ② 정답

46 중림작업에 대한 설명으로 옳은 것은?

① 작업의 형태는 개벌작업과 비슷하다.
② 주로 하목은 연료생산에 목적을 두고 상목은 용재생산에 목적을 둔다.
③ 상목은 맹아가 왕성하게 발생해야 하는 음성의 나무를 택한다.
④ 연료림 조성에 가장 적당한 방법이다.

해설
중림작업은 한 구역 안에서 용재생산을 목적으로 하는 교림작업(상목)과 연료목 생산을 목적으로 하는 왜림작업(하목)을 동시에 실시하는 것이다.

47 중림작업에서 하목의 윤벌기는 보통 몇 년인가?

① 5년
② 10년
③ 15년
④ 20년

해설
하목의 윤벌기는 보통 10~20년이고, 상목의 윤벌기는 하목의 2~4배이다.

교육이란 사람이 학교에서 배운 것을 잊어버린 후에 남은 것을 말한다.

– 알버트 아인슈타인 –

PART

02

임업기계

CHAPTER 01 산림조성사업 안전관리

01 | 안전장구 관리

1. 안전장구의 종류

(1) 개인별 안전장구 품목

① 안면, 머리부위 보호 : 안전모(안전헬멧), 얼굴보호망, 귀마개, 보안경, 마스크 등

② 몸체, 팔부위 보호 : 안전보호복 등

③ 다리, 무릎부위 보호 : 무릎보호대 등

④ 손부위 보호 : 안전장갑 등

⑤ 발부위 보호 : 안전화 등

(2) 안전장구 품목의 구비조건

① 안전모(안전헬멧)

　㉠ 안전모의 색깔은 선명하고 밝은 형광색 계통이며 인공적인 색으로 숲과 보색이 되는 색이어야
　　한다.

　㉡ 탈착이 쉽고 작업 중에 귀마개와 얼굴보호망 등이 탈락 또는 흔들리지 않는 구조이어야 한다.

② 얼굴보호망 : 재질은 철망보다 플라스틱망으로 된 것이 좋다.

③ 귀마개 : 하루 8시간 작업 기준으로 85dB(데시벨) 이상 고음에 노출했을 때 난청 발생의 위험이
　있기 때문에 사용하는 체인톱의 소음에 따라 25dB~30dB을 줄일 수 있는 것이 필요하다.

④ 안전보호복

　㉠ 작업복 상의는 허리가 분리된 경우에는 허리부분이 길어야 하고, 겨드랑이와 등 부분은 통풍이
　　잘되는 것이 좋다.

　㉡ 소매 끝은 잠글 수 있고, 주머니는 바지의 주머니와 같은 기능을 할 수 있도록 가슴과 팔에
　　달린 것이 좋다.

　㉢ 어깨와 등 부위에는 식별을 위해 경계색(오렌지색)을 넣는다.

　㉣ 하의는 예민한 신체 기관인 콩팥 부위에 압박을 주지 않는 멜빵 있는 바지가 좋다.

　㉤ 무릎보호대를 부착할 수 있도록 만들어져야 한다.

⑤ 안전장갑

　　㉠ 기계작업 시 기계의 파지가 용이하고 손의 상해를 방지하며 추가로 더러움, 추위, 습기에 대해서도 보호해 준다.

　　㉡ 산림작업용, 와이어로프작업용 안전장갑은 유연성이 있는 것이 좋다.

　　㉢ 와이어로프작업을 할 때는 손바닥 부분이 이중으로 되고 손목이 길어야 한다.

　　㉣ 체인톱작업을 할 때는 가죽장갑이 적당하며, 체인톱의 진동을 흡수할 수 있어야 한다.

　　㉤ 가선작업을 할 때는 목이 길고 손목동맥을 보호할 수 있는 두꺼운 가죽장갑을 사용하여야 한다.

⑥ 안전화

　　㉠ 습기와 추위로부터 발을 보호하며 안정적으로 균형을 잡을 수 있어야 한다.

　　㉡ 무거운 물체에 짓눌리는 것을 방지하고 체인톱과 같은 절단, 도끼 등과 같은 타격, 낫 끝과 같이 예리한 도구로 발이 찔리는 것을 예방하도록 제작되어야 한다.

　　㉢ 철판으로 보호된 안전화 코, 미끄럼을 막을 수 있는 바닥판 및 발이 찔리지 않도록 특수보호된 것이면 좋다.

2. 안전장구의 착용법 및 효용성

(1) 소형 임업기계장비 안전장구의 착용법 및 효용성

① 안전헬멧

　　㉠ 머리를 보호하는 헬멧으로 머리 크기에 맞추어 헐겁지 않게 착용한다.

　　㉡ 장애물에 부딪힘 및 떨어지는 물체로부터 머리를 보호할 수 있다.

② 얼굴보호망

　　㉠ 안전헬멧에 부착하고 이탈하지 않도록 고정한다.

　　㉡ 기계톱이나 예초기를 사용할 때 돌, 기타 이물질이 안면으로 날아올 경우 안면부를 보호할 수 있다.

③ 귀마개

　　㉠ 머리 크기에 맞게 조절하여 착용하도록 한다.

　　㉡ 예초기, 기계톱의 소음으로부터 청력을 보호할 수 있다.

④ 안전보호복

　　㉠ 몸에 맞는 사이즈를 골라서 입고 소매나 바지 끝자락이 작업 중 방해가 되지 않도록 착용한다.

　　㉡ 각종 독초, 가시, 독충 등으로부터 몸을 보호할 수 있다.

⑤ 무릎보호대

　　㉠ 무릎에 밀착 고정하여 작업 중 헐거워지거나 이탈하지 않도록 한다.

　　㉡ 낫, 예초기, 기계톱 사용 시 날아오는 물체로부터 무릎을 보호하고 특히 기계톱 사용 시 톱날로부터 무릎을 보호할 수 있다.

⑥ 안전화

   ㉠ 발 사이즈에 맞게 착용하고 너무 작거나 커서 발에 무리가 가지 않도록 한다.

   ㉡ 작업장 주변의 돌, 가시덩굴, 작업자가 사용하는 도구로부터 발을 보호할 수 있다.

⑦ 안전장갑

   ㉠ 손 사이즈에 맞게 착용하고 너무 작거나 커서 작업에 불편함이 없어야 한다.

   ㉡ 산림작업 시 나뭇가지, 가시나무, 작업자가 사용하는 도구로부터 손을 보호할 수 있다.

⑧ 마스크

   ㉠ 방진을 목적으로 할 것인지 아니면 약제로부터 보호할 것인지 목적에 맞게 마스크를 착용한다.

   ㉡ 작업 시 각종 먼지로부터 호흡기를 보호하고 약제 방제 시에는 약제가 기관지로 유입되는 것을
      막는다.

⑨ 호각

   ㉠ 고장이 없고 소리가 고음이고 휴대가 간편한 것으로 휴대한다.

   ㉡ 위험 요소를 알리는 데 육성으로는 한계가 있으므로 호각을 이용하여 위험을 알릴 수 있다.

(2) 임목수확작업 안전장구의 착용법 및 효용성

① 안전모

   ㉠ 귀마개와 눈가리개가 부착된 안전모를 머리 크기에 맞추어 착용한다.

   ㉡ 각종 물체와의 충돌, 소음으로부터 머리와 안면부 그리고 청력을 보호한다.

② 작업복

   ㉠ 통풍이 잘되고 몸을 완전히 덮는 것으로 몸 사이즈에 맞게 착용하여 작업에 불편하지 않도록
      착용한다.

   ㉡ 산림작업 시 발생하는 각종 날카로운 물체와 작업자의 도구, 독충 등으로부터 작업자를 보호
      한다.

③ 안전장갑

   ㉠ 손 사이즈에 맞게 착용하여 작업에 불편하지 않도록 착용한다.

   ㉡ 기계로부터 발생하는 진동과 작업장의 긁힘 등으로부터 손을 보호한다.

④ 안전바지(무릎보호대)

   ㉠ 몸 사이즈에 맞는 것을 골라 입고 몸에 고정시켜 작업에 불편하지 않도록 착용한다.

   ㉡ 안전바지의 섬유조직은 기계톱날이 무릎에 닿을 경우 체인을 멈추게 하여 무릎을 보호한다.

⑤ 안전화

   ㉠ 발사이즈에 맞는 것을 착용하고 신발 끈 등이 작업에 불편하지 않도록 착용한다.

   ㉡ 안전화 안면부의 보호캡은 떨어지는 물체와 톱날로부터 발가락을 보호하고 작업장 이동 시 미끄
      러움을 방지하여 몸을 보호한다.

3. 안전장구의 안전 점검 및 정비 방법

(1) 안전장구의 주기적 점검

① **작업 전 점검** : 안전장구를 착용하기 전 안전장구 기능을 충분히 발휘할 수 있는지와 고장 여부를 점검한다.

② **작업 중에 점검** : 안전장구에 이상이 감지되면 작업을 멈추고 장비를 점검한다.

③ **작업 후 점검** : 안전장구에 손상이나 고장이 없는지 확인하고 장비를 점검하여 보관할 수 있도록 한다.

④ **정기 점검** : 안전장구 중에 내용연수가 있는 것은 정기적으로 점검하여 폐기하고 새로 구입한다.

(2) 안전장구의 교체

① **작업 전** : 안전장구에 이상이 있을 때는 교체 후 작업에 들어간다.

② **작업 중** : 안전장구에 이상이 있을 때는 작업을 멈추고 안전장비 교체 후 작업한다.

③ **작업 후** : 안전장구를 점검하여 손질 가능한 것을 고치고 어려운 것은 폐기하며, 구입계획을 세워 구입한 후 다음 작업을 준비한다.

(3) 안전장구 미착용 시의 사고유형 파악

① **안전모 미착용** : 작업자 머리에 충돌하는 물체에 의하여 상해를 입을 수 있다.

② **얼굴보호망 미착용** : 머리 안면부로 날아오는 물체에 의하여 상해를 입을 수 있다.

③ **안전장갑 미착용** : 사용기계, 주변 위해물질로부터 손에 상해를 입을 수 있다.

④ **작업복 미착용** : 작업장 주변의 위해 물체에 몸이 노출되어 상해를 입을 수 있다.

⑤ **무릎보호대 미착용** : 작업 도구 또는 위해 물체의 충돌로 무릎에 상해를 입을 수 있다.

⑥ **안전화 미착용** : 험준한 작업장에서 넘어지거나 작업 도구 및 물체의 충돌에 의해서 발에 상해를 입을 수 있다.

⑦ **안전대 미착용** : 작업 중 균형을 잃어 떨어져 상해를 입을 수 있다.

ONE MORE POINT	벌목 · 조재작업 시 신체부위별 사고율	

- 머리 부분(머리+얼굴) : 18%
- 몸통 부분(허리+어깨+가슴) : 25%
- 팔 부분(팔+손) : 14%
- 다리 부분(다리+발) : 42%

02 | 작업장 관리

1. 작업장 관리

(1) 작업장 주변 지형과 작업조건 파악

① 지형의 험준 여부와 장애물이 많은지 여부를 파악한다.

② 작업장소가 넓은지, 작업 중 이동이 많은지 여부를 파악한다.

③ 덩굴지역, 암석류지역, 절벽지역 등을 파악한다.

④ 독충(벌, 뱀 등)의 출몰 가능성 등을 파악한다.

⑤ 더위, 추위, 눈, 비, 바람 등과 같은 기상 조건을 파악한다.

⑥ 작업에 사용할 작업 도구를 파악한다.

⑦ 작업에 필요한 안전장구를 파악한다.

(2) 재해에 대한 사전 예방활동

① 지형이 험준한 경우, 안전장구 구비와 교육을 철저히 하여 경각심을 높여 예방활동을 한다.

② 작업장소가 넓어 수시로 이동할 경우, 작업구역을 정하여 작업이 순차적으로 이루어질 수 있도록 하고 작업의 안전한 이동로를 파악하여 재해를 예방한다.

③ 덩굴지역, 암석류 지역은 넘어질 위험이 많으므로 위험 요소를 충분히 숙지시킨 후 작업에 들어가도록 한다.

④ 독충이 출몰할 가능성이 있는 곳은 방충복 등을 구비하고 독충을 제거할 수 있는 약제와 독충에 물렸을 때 응급처치할 수 있는 약품 등을 구비하고 작업한다.

⑤ 기상 조건이 작업자에게 심대한 영향을 미칠 경우에는 작업을 중단하여 재해를 예방한다.

ONE MORE POINT	안전사고 예방 기본대책에서 예방효과가 큰 순서
위험제거 → 위험으로부터 멀리 떨어짐 → 위험고정 → 개인안전 보호

(3) 작업장 여건에 따른 장비, 자재보관 등의 계획 수립

① 장비 계획

㉠ 작업장이 임업기계 작업이 가능한 지역이면 기계로 작업하여 작업 능률을 높인다.

㉡ 작업장이 임업기계의 접근이 어려울 경우 무리하게 기계를 사용하지 말고 재래식 도구(손톱, 낫 등)를 이용하여 작업한다.

② 자재 보관

㉠ 작업장 접근이 용이한 지역이고 자재의 위험성이 없는 경우에는 작업자의 자재 창고를 이용하여 작업 때마다 운반한다.

㉡ 작업장 접근이 어렵고 자재 창고가 멀어서 매번 운반이 어렵다고 판단될 경우 작업장 근처에 합법적인 컨테이너 등을 설치하고 잠금장치를 구비하여 보관한다.

㉢ 자재의 성격에 따라 화기, 통풍 등을 고려하여 보관한다.

(4) 안전시설물 배치

① 다른 나무에 걸린 벌도목을 넘길 가능성이 없으면 위험지구 표시(위험지역 테이프로 표시)를 한다.

② 작업구역 내 작업원 이외의 사람 접근 금지 표지판을 설치할 수 있다.

③ 작업장에는 어떤 작업을 진행하고 있음을 알리는 경고판이나 플래카드를 설치하여 다른 사람으로 하여금 조심할 수 있도록 한다.

④ 위험물이 있을 경우 경고 표지판을 설치하여 작업자와 그 외 사람에게 경고하는 안전시설물을 설치할 수 있다.

⑤ 구급함, 소화기 등을 구비하여 환자 발생 및 화재 발생에 대비한다.

2. 작업인력 관리

(1) 작업인력 편성

① 작업조의 인원이 적으면 적을수록 편성효율이 좋다.

② 1인 작업조가 효율이 가장 좋고, 홀수 인원보다는 짝수 인원 작업조의 효율이 높다.

1인 1조	• 장점 : 독립적으로 융통성이 크고, 작업능률도 높다. • 단점 : 과로하기 쉽고, 사고발생 시 위험하다.
2인 1조	• 장점 : 2인의 지식과 경험을 합하여 작업할 수 있으므로 융통성을 갖고 능률을 올릴 수 있다. • 단점 : 타협해야 하고 양보해야 한다.
3인 1조	• 장점 : 책임량이 적어 부담이 적다. • 단점 : 작업에 흥미를 잃기 쉽고, 책임 의식이 낮으며, 사고 위험이 크다.

(2) 작업장 상황별 인원 및 현장 안전감독의 배치

① **작업장이 넓고 시야가 확보된 지역** : 작업자 간 안전거리를 유지할 수 있으면 많은 인원을 투입하고, 시야가 확보된 범위가 넓어서 안전감독관을 효율적으로 배치할 수 있다.

② **작업장이 협소하고 시야가 좁은 지역** : 작업자 간 안전거리 유지가 어려울 경우 소수 인원으로 작업을 해야 하고, 작업 장소가 분산되어 있으면 현장 여건을 고려하여 안전감독관을 배치할 수 있다.

③ **작업장 내 안전요원 배치**
  ㉠ 작업 장소가 작업자 간 시야가 확보되지 않을 때
  ㉡ 임업기계 장비와 작업자가 같이 작업을 하여 안전요원이 필요할 때
  ㉢ 약제 투입이나 기타 위험한 작업을 하여 다른 사람의 통제가 필요할 경우

(3) 응급처치

① 사고가 발생했을 때 우선적으로 고려해야 할 사항은 응급처치이다.

② 사고가 발생되면 임시조치와 구조요청을 한 후, 응급조치, 구조활동, 병원후송 등 체계적인 구조처리시스템의 확립이 필요하다.

③ 신속하고 기민한 대응이 귀중한 생명을 살려낼 수 있으므로 응급구조에 대한 교육을 규칙적으로 시행하고 재교육할 수 있는 시스템이 필요하다.

④ 제대로 구비된 응급구조용 구급함 및 응급구조 처치 요령에 대한 책자를 작업장소에 비치하여야 한다.

ONE MORE POINT | 응급처치 행동수칙

- 아무리 긴급한 상황이라도 구조자 자신의 안전에 주의를 기울인다.
- 신속·침착하고 질서 있게 대처한다.
- 긴급을 요하는 환자부터 우선하여 처치한다.
- 부상상태에 따라 의료기관에 연락한다.
- 쇼크를 예방하는 처치를 한다.
- 손상여부를 재차 확인한다.

3. 산림작업 안전수칙

(1) 산림작업의 기본 안전 준수사항

① 작업시작 전에 작업순서 및 작업원 간의 연락 방법을 충분히 숙지한 후, 작업에 착수하여야 한다.

② 작업자는 안전모, 안전화 등의 보호구를 착용하여야 하며, 항상 호루라기 등 경적신호기를 휴대하여야 한다.

③ 강풍, 폭우, 폭설 등 악천후로 인하여 작업상의 위험이 예상될 때에는 작업을 중지하여야 한다.

④ 톱, 도끼 등의 작업 도구는 작업시작과 종료 시 점검하여 안전한 상태로 사용하여야 한다.

⑤ 벌목 및 조재작업을 할 때에는 작업면보다 아래 경사면 출입을 통제하여야 한다.

⑥ 벌목 및 조재작업을 할 때 위험이 예상되는 도로, 반출로 등에는 위험표지를 잘 보이는 곳에 설치하고 유지·관리하여야 한다.

※ 화재의 예방을 위한 준수사항
- 담뱃불, 성냥불 등은 확실히 소화하여야 한다.
- 체인톱과 체인톱 연료 부근에서의 화기는 취급하지 않아야 한다.
- 급유할 때에는 적당한 용기를 사용하여 엎질러지지 않도록 하여야 한다.
- 체인톱의 연료 급유 시에는 엔진을 정지하고 평탄한 장소에서 실시하여야 한다.
- 과열된 체인톱의 배기통 부근에 낙엽 등의 가연물질이 접촉되지 않도록 하여야 한다.

(2) 벌목작업을 할 때의 준수사항

① 벌채사면의 구획은 종방향으로 하고, 동일 벌채사면의 상하 동시작업을 금하여야 한다.

② 인접한 곳에서 벌목할 때에는 절단 대상수목을 중심으로 수목 높이의 1.5배 이상 안전거리를 유지하여 작업하여야 한다.

③ 벌목작업 시에는 절단수목 주위의 관목, 고사목, 덩굴 및 부석 등은 제거하여야 한다.

④ 벌목작업 시는 미리 대피장소를 정하고, 대피통로는 대피 시 지장을 초래하는 나무뿌리, 덩굴 등의 장애물을 미리 제거하여 정비하여야 한다.

⑤ 작업책임자를 선임하고 그 지시에 따라야 하는 벌목작업
  ㉠ 가슴높이 직경이 70cm 이상인 입목의 벌목
  ㉡ 가슴높이 직경이 20cm 이상으로 중심이 현저하게 기울어진 입목의 벌목
  ㉢ 비계 등의 받침대 위에서 특수한 방법에 의한 벌목
  ㉣ 안전대를 착용하여야 하는 벌목
  ㉤ 벌목 시 위험을 초래할 수 있을 정도로 뒤틀렸거나 속이 빈 나무의 벌목
  ㉥ 중심이 심하게 절단 방향과 반대로 되어 있는 절단수목의 벌목

⑥ 절단방향은 수형, 인접목, 지형, 풍향, 풍속, 절단 후의 집재작업 등을 고려하여 가장 안전한 방향으로 선택하여야 한다.

⑦ 벌목 시 수구는 다음의 방법에 의하여 만들어야 한다.

    ※ **수구(受口)** : 벌목할 때 나무가 쓰러지는 쪽 또는 그 밑동의 도끼자국

    ㉠ 벌목할 수목의 가슴높이 직경이 40cm 이상일 때는 벌근 직경의 4분의 1 이상 깊이의 수구를 만들어야 한다.

    ㉡ 벌목할 수목의 가슴높이 직경이 10cm 이상, 40cm 미만일 때에는 충분한 깊이의 수구를 만들어야 한다.

    ㉢ 벌목할 수목의 가슴높이 직경이 20cm 이상일 때는 수구의 상, 하면의 각은 30° 이상으로 하여야 한다.

⑧ 추구(backcut)는 수구 밑면보다 절단수목 지름의 10분의 1 정도 높은 위치에 만들어야 한다.

⑨ 벌목작업에 종사하는 근로자는 벌목으로 인한 위험이 생길 우려가 있을 때에는 미리 신호를 하고 다른 근로자가 대피한 것을 반드시 확인한 후 작업하여야 한다.

(3) 조재작업을 할 때의 준수사항

① 강풍, 강설 등에 의하여 전도된 목재와 부러진 목재의 조재는 작업책임자의 지시에 따라 작업하여야 한다.

② 경사지에서 조재작업을 할 때에는 말뚝 등으로 목재의 굴러떨어짐을 방지하기 위한 조치를 하여야 한다.

③ 벌목현장에서 조재작업을 행할 때에는 작업 시작 전에 조재작업에 지장을 줄 수 있는 주위의 나뭇가지 등을 제거하여야 한다.

④ 경사지에서 조재작업을 할 때에는 작업자의 발이 나무 밑으로 향하지 않게 주의하여야 한다.

(4) 집재 및 운재작업을 할 경우의 준수사항

① 기계 집재장치와 운재삭도의 조립, 해체, 변경, 수리 등의 작업 또는 이들 설비들에 의한 집재작업 혹은 운재작업 시에는 작업책임자를 선임하여야 한다.

② 집재 및 운재작업 책임자는 경험이 풍부한 자로 선임하여야 하며, 작업책임자는 다음의 사항을 확인하여야 한다.

    ㉠ 작업의 방법 및 근로자의 배치

    ㉡ 재료의 결함 유무와 기구 및 공구의 기능을 점검하여 불량품을 제거하는 일

    ㉢ 작업 중 안전대 및 안전모 등의 사용 상태를 확인하는 일

③ 집재 및 운재작업 책임자, 집재기 운전자, 운재삭도의 제동기 취급자는 매일 작업 시작 전과 작업 종료 후 장비를 점검하여야 한다.

④ 집재 및 운재작업을 할 경우 위험이 예상되는 통로, 반출로 등에는 위험표지판을 설치하고 이를 유지 · 관리하여야 한다.

⑤ 안전모는 규격에 맞는 것을 바르게 착용하도록 하고, 안전화는 발에 잘 맞으며 미끄러질 염려가 없는 것을 착용하여야 한다.

⑥ 호루라기 등 경적신호기를 휴대하고 작업의 내용에 따라 필요한 보호구를 착용하도록 하여야 한다.

⑦ 강풍, 폭우, 폭설 등 악천후 시에는 작업을 중지하여야 한다.

⑧ 반송기의 제동장치 고장 등 통제기능 상실에 의한 비상사태가 발생하였을 경우에는 미리 정해진 대피장소로 신속하게 대피하여야 한다.

⑨ 전화, 무선통신기 등의 장치에 의한 신호는 지명된 자가 하고, 필요한 연락 및 신호는 정확하게 하도록 하여야 한다.

⑩ 기계 집재장치 또는 운재삭도의 운전 중에는 그 운전자가 운전 위치로부터 떠나서는 안 된다.

⑪ 원목승강대는 다음에 정하는 바에 따라 만들어야 한다.

   ⊙ 예측되는 하중에 대하여 충분히 견딜 수 있는 구조로 하고, 지주, 보 등은 볼트로 확실하게 고정하여야 한다.

   ⓛ 높이가 2m 이상으로서 충분한 넓이를 갖는 원목승강대로서 추락위험이 있는 외부의 끝단으로부터 1m 안쪽 위치에 출입금지 표시를 하여야 한다.

   ⓒ 추락의 위험이 있는 곳으로 출입금지 표시가 어려울 때에는 추락방지시설을 하여야 한다.

⑫ 와이어로프의 안전계수는 용도에 따라 정한 값 이상이어야 한다. 이때 안전계수는 와이어로프의 절단하중을 그 와이어로프에 걸리는 최대장력으로 나눈 값이다.

[와이어로프의 용도별 안전계수]

와이어로프의 용도	안전계수	와이어로프의 용도	안전계수
가공본선	2.7	호이스트선	6.0
예인선	4.0	버팀선	4.0
작업선	4.0	매달기선	6.0

⑬ 기계 집재장치 또는 운재삭도의 와이어로프에 대하여는 다음의 사항에 해당되는 것은 사용하여서는 안 된다.

   ⊙ 와이어로프 소선이 10분의 1 이상 절단된 것

   ⓛ 마모에 의한 직경 감소가 공칭직경의 7%를 초과하는 것

   ⓒ 꼬임상태(킹크)인 것

   ⓔ 현저하게 변형 또는 부식된 것

⑭ 기계 집재장치 또는 운재삭도의 조립 또는 삭도의 장력에 변경이 있을 때에는 가공본선의 안전계수를 점검한 후 최대하중으로 시운전을 행한 후 사용하여야 한다.

⑮ 기계 집재장치 또는 운재삭도의 운반기 등에 근로자가 탑승하여서는 안 된다. 다만, 반송기, 선 등 기재의 점검, 보수 작업을 할 경우에는 추락 및 협착 등에 의한 위험이 없도록 조치한 후 탑승하도록 한다.

[집재 및 운재 작업 시 점검사항]

점검을 요하는 경우	점검사항
조립 또는 변경을 하였을 경우, 운전을 하였을 경우	• 지주 및 앵커의 상태, 집재기, 운재기 및 제동기의 이상 유무 및 그 설치 상태 • 가공본선, 예인선, 작업선, 버팀선의 이상 유무 및 그 장치 • 반송기 또는 인양활차와 와이어로프와의 긴결부 상태 • 전화, 무선통신기 등 장치의 이상 유무
폭풍, 폭우, 폭설 등의 악천후 시	• 지주 및 앵커의 상태 • 집재기, 운재기 및 제동기의 이상 유무 및 그 설치 상태, 가공본선, 예인선, 작업선, 버팀선의 장치상태
그날 작업을 개시하는 경우	• 제동장치의 기능＋달림선의 이상 유무 • 운재삭도 반송기의 이상 유무 및 반송기와 예인선, 작업선, 매달기선 및 띠쇠선의 장치상태 • 전화, 무선통신기 등 장치의 상태

(5) 산림작업 시 안전사고 예방 준칙

① 작업실행에 심사숙고할 것

② 작업의 중용을 지킬 것

③ 긴장하지 말고 부드럽게 할 것

④ 규칙적인 휴식을 취하고, 율동적인 작업을 할 것

⑤ 휴식 직후에는 서서히 작업속도를 높일 것

⑥ 몸의 일부로만 계속 작업하는 것을 피하고, 몸 전체를 고르게 움직일 것

⑦ 위험을 항상 염두에 두고 보호장비를 항상 착용할 것

⑧ 작업복은 작업종과 일기에 맞추어 입을 것

⑨ 올바른 기술과 적당한 도구를 사용할 것

⑩ 유사시를 대비하여 혼자서 작업하지 말 것

⑪ 산불을 조심할 것

4. 작업관리

(1) 임업기계화의 발전 단계

① 인력작업단계 : 거의 모든 작업을 손도구나 휴대용 동력작업기(체인톱 등)를 이용
② 부분 기계화 작업단계 : 일부의 작업은 인력작업으로 이루어지고 일부는 기계작업이 공존하는
   단계로서, 벌목작업은 인력작업인 체인톱으로 실시하고 집재작업은 기계를 이용하는 단계
   ㉠ 중급 기계화 단계 : 투자비용이 비교적 적은 농업용 트랙터에 부착 가능한 작업기와 소형기계를
     이용하는 단계
   ㉡ 고급 기계화 단계 : 벌목작업은 체인톱, 나머지 작업은 임목수확 전용기계를 이용하는 단계
③ 완전 기계화 작업단계 : 임목의 벌목작업부터 전 작업과정을 완전 기계화하는 단계

(2) 임업기계의 작업비용 계산

① 기계비용의 구성
   ㉠ 고정비용(자본비용) : 감가상각비, 자본이자, 세금, 보험금, 창고보관비
   ㉡ 가변비용(작업비용) : 수리유지비, 연료비, 윤활유 비용, 소모부품비(와이어로프, 타이어 등)
   ㉢ 인건비 : 직접임금(임금, 수당, 성과급), 간접임금(가족수당, 연금, 재해 및 의료 건강비용 등)
② 기계작업시간의 구분
   ㉠ 장비의 작업시간 : 장비 가동계획시간, 장비 비가동시간, 기계시간(순작업시간, 일반작업시간)
   ㉡ 이동이 주된 기능인 장비의 작업시간 : 운행 중의 시간, 상·하차 시의 대기시간
③ 기계의 수명
   ㉠ 크롤러 바퀴식 트랙터, 그레이더 : 12,000~20,000시간
   ㉡ 굴착기 : 8,000~12,000시간
   ㉢ 프로세서, 하베스터, 포워더, 타이어 바퀴식 임업용 트랙터 : 8,000~12,000시간
   ㉣ 체인톱 : 1,500시간
   ㉤ 운재용 트럭 : 15,000~25,000시간(대기시간 포함)
④ 투자자본에 대한 이자계산

$$AAI = \frac{P+S}{2} = 0.55{\sim}0.6P$$

여기서, AAI : 평균 연간투자액, P : 장비구입가격, S : 잔존가치

(3) 임업기계의 감가상각

① **감가상각의 4가지 기본요소** : 취득원가 또는 기초가치, 잔존가치, 추정내용연수, 감가상각방법 등이다.

② **감가상각방법** : 상각방법은 정액법 및 정률법을 이용한다.

    ㉠ 정액법(직선법)

> • 각 사업연도의 상각비 = (취득원가 − 잔존가격) × 상각률
>
> • $D = \dfrac{P-S}{N} = \dfrac{\text{취득원가} - \text{잔존가치}}{\text{추정내용연수}}$

       • 잔존가격은 일반적으로 취득원가의 10%, 상각률은 1/내용연수이다.

       • 정액법에 의하면 매년 일정액의 감가상각비를 계산할 수 있다.

    ㉡ 정률법(체감잔고법)

       • 일정한 비율(상각률)을 미리 계산하여 매년 말 미상각잔고에 그 상각률을 적용하여 그 연도의 상각액을 산출하는 방법을 되풀이하는 것이다.

       • 상각률의 결정은 다음식과 같이 구한다.

         취득원가 × 상각률 = 1년째의 상각비, 미상각잔고 × 상각률 = 2년째 이후의 상각비

> 각률$(r) = 1 - \sqrt[n]{\dfrac{\text{잔존가격}}{\text{취득가격}}}$

(4) 노동관리

① 노동의 경중은 에너지대사율로 표시한다.

② RMR(Relative Metabolic Rate ; 에너지 대사율)

    ㉠ 동작 시의 총 대사량에서 의자에 조용히 앉아 있을 때의 대사량, 즉 안정대사량을 뺀 것을 기초대사량으로 나눈 것이다.

    ㉡ 안정대사량은 기초대사 외에 조용히 앉아 있을 때의 증가 열량 및 SDA에 의한 증가 열량을 가산한 것으로, 기초대사의 20%가 더 추가되는 것이다.

    ㉢ 안정대사는 온도와 음식물 등의 환경에 따라 다르나, 노동대사는 같은 사람의 경우라면 환경의 변화가 있어도 같은 일에서는 이에 요하는 에너지가 언제나 같다.

㉣ 같은 일이라도 작업자의 성별, 연령, 체중이 다르면 기초대사가 다르듯이 노동대사도 다르며, 체표면적에 비례한다. 따라서 노동에 소비된 에너지를 작업자의 기초대사로 나눔으로써 체격의 차이에서 오는 개인차를 없앨 수 있고 그 정도를 비교할 수 있게 된다. 이렇게 하여 구한 지수를 에너지대사율이라고 부른다.

$$RMR = \frac{\text{작업 시 소비열량} - \text{같은 시간의 안정 시 소비열량}}{\text{기초대사량}} = \frac{\text{작업(근로)대열량}}{\text{기초대사량}}$$

㉤ 에너지대사율은 같은 작업의 노동대사에 보여지는 개인차는 보이지 않으므로 많은 사람에게 공통으로 사용할 수 있는 근육노동강도의 지수인 것이다.

㉥ 작업의 노동강도는 RMR에 따라 다음의 다섯 가지로 나눈다.
- 대단히 가벼운 노동(RMR 0~0.9)
- 경한 노동(RMR 1.0~1.9)
- 중등 정도의 노동(RMR 2.0~3.9)
- 중한 노동(RMR 4.0~6.9)
- 격심한 노동(RMR 7.0 이상)

적중예상문제

01 다음 중 산림작업을 위한 개인 안전장비로 가장 거리가 먼 것은?

① 안전헬멧
② 안전화
③ 구급낭
④ 얼굴보호망

해설
①·②·④ 외에 귀마개, 안전장갑, 안전복 등이 있다.

03 산림작업 시 사용되는 안전장비로 적합하지 않은 것은?

① 귀마개, 안전화
② 안전헬멧, 얼굴보호망
③ 안전작업복, 안전장갑
④ 휴대용 라디오, 쌍안경

해설
④ 휴대용 라디오와 쌍안경은 안전장비로 보기 어렵다.

02 안전장비의 주요 기능에 대한 설명으로 적절하지 않은 것은?

① 안전헬멧 : 떨어지는 나뭇가지나 돌 등으로부터 보호
② 귀마개 : 난청을 예방하고 귀 보호
③ 얼굴보호망 : 자외선 등으로부터 피부 보호
④ 안전복 : 추위나 더위, 오염이나 각종 상해로부터 신체 보호

해설
③ 얼굴보호망 : 충돌, 이물질 혼입 등에 의한 안면부 보호

04 산림작업용 안전화가 갖추어야 할 조건으로 옳지 않은 것은?

① 철판으로 보호된 안전화 코
② 미끄러짐을 막을 수 있는 바닥판
③ 땀의 배출을 최소화하는 고무재질
④ 발이 찔리지 않도록 되어 있는 특수보호재료

해설
안전장비 안전화 : 미끄러짐을 막고 습기와 추위로부터 발을 보호하며, 돌부리에 부딪히거나 무거운 물체에 짓눌리는 것을 방지하고, 체인톱에 의한 절단, 도끼 등의 타격, 낫 끝과 같이 예리한 도구로 발이 찔리는 것을 예방하도록 제작되어야 한다. 그 외에 철판으로 보호된 안전한 코, 미끄럼을 막을 수 있는 바닥판 및 발이 찔리지 않도록 특수보호된 것이면 좋다.

정답 1 ③ 2 ③ 3 ④ 4 ③

05 산림작업에서 개인 안전복장 착용 시 준수 사항으로 가장 옳지 않은 것은?

① 안전화와 안전장갑을 착용한다.
② 몸에 맞는 작업복을 입어야 한다.
③ 가지치기 작업할 때는 얼굴보호망을 쓴다.
④ 작업복 바지로 멜빵 있는 바지는 입지 않는다.

해설
작업복 하의는 예민한 신체 기관인 콩팥 부위에 압박을 주지 않는 멜빵 있는 바지가 좋다.

06 산림작업 중에서 사고율이 가장 높은 작업 공종은 어느 것인가?

① 조림작업
② 육림작업
③ 임도시설작업
④ 임목수확작업

해설
임목수확작업은 입목을 벌도하여 일정 규격의 원목으로 조재하거나, 간단하게 조재작업을 한 집재목을 시장이나 공장으로 운반하는 작업이다. 산림작업 중에서 가장 힘든 작업으로 사고율이 가장 높다.

07 다음 중 벌목 조재작업 시 사고율이 가장 높은 신체부위는?

① 머리   ② 손가락
③ 다리   ④ 몸통

해설
신체부위별 사고율
• 머리 부분(머리+얼굴) : 18%
• 몸통 부분(허리+어깨+가슴) : 25%
• 팔 부분(팔+손) : 14%
• 다리 부분(다리+발) : 42%

08 작업장에서 작업자 배치 시 가장 먼저 고려해야 할 사항은?

① 작업능률 극대화
② 안전성 최대화
③ 감독의 난이도
④ 작업량 배정

해설
작업장에서는 작업자의 안전을 가장 우선한다.

09 수확작업에 미치는 요인 중 겨울작업의 장점으로 가장 적합한 것은?

① 인력수급이 원활하지 못하다.
② 수액 정지기간에 작업하므로 양질의 목재를 얻을 수 있다.
③ 작업장으로의 접근이 용이하다.
④ 벌도목이 쉽게 건조되어 집재 시 유리하다.

해설
겨울철에는 나무의 수액 이동이 정지되어 양분 축적이 많고 병원균의 오염 전파가 적은 시기이다.
※ 산림작업의 특징
  • 대부분 노동강도가 높은 육체노동으로 구성되어 있다.
  • 다른 산업에 비해 사고 위험률이 비교적 높다.
  • 대부분의 작업이 산지에서 이루어지기 때문에 지형, 기상조건의 인위적인 변화가 불가능하다.
  • 목재가격 중 작업비의 비중이 높다.
  • 대부분의 경우 기계화율이 다른 산업 분야에 비해 낮다.

10 얼어 있는 나무의 벌목 시 유의할 사항으로 옳은 것은?

① 얼어 있는 가지는 다른 나무에 걸리는 확률이 낮다.
② 추구는 정확하고 작게 만들어 주어야 한다.
③ 쐐기를 적극 사용하는 것이 좋다.
④ 나무쐐기는 얇게 만들고 모래를 뿌려 사용한다.

해설

① 얼어 있는 가지는 유연성이 없으므로 다른 나무에 걸리는 확률이 높다.
② 추구는 정확하고 충분히 만들어 주어야 한다.
③ 쐐기는 사용하지 않는 것이 좋다.

11 작업조직에 대한 설명으로 옳은 것은?

① 1인 1조는 독립적이고 융통성이 크며 작업능률도 높다.
② 2인 1조는 과로하기 쉽고 사고발생 시 위험하다.
③ 1인 1조는 작업에 흥미를 잃기 쉽고 책임의식이 낮으며 사고위험이 크다.
④ 3인 1조는 부담이 크다.

해설

1인 1조는 독립적이며 융통성이 크고 작업능률도 높은 편이다. 그러나 유사시를 대비하여 혼자서 작업하는 것을 권장하지 않는다.

12 벌목작업 시 2인 1조로 2개팀이 작업을 하고 있다. 각 작업팀 간의 벌도목 수고로부터 최소 안전거리로 가장 적합한 것은?(단, 벌도목의 수고를 기준으로 한다)

① 1배 이상   ② 2배 이상
③ 3배 이상   ④ 4배 이상

해설

벌목작업 시 등의 위험 방지(산업안전보건기준에 관한 규칙 제405조 제1항 제3호)
벌목작업 중에는 벌목하려는 나무로부터 해당 나무 높이의 2배에 해당하는 직선거리 안에서 다른 작업을 하지 않을 것

13 산림작업 시 준수해야 할 사항이 아닌 것은?

① 안전장비를 착용한다.
② 한 가지 작업을 계속한다.
③ 규칙적으로 휴식한다.
④ 서서히 작업속도를 높인다.

해설

한 가지 작업을 계속하게 되면 작업 피로도가 누적되어 안전사고가 발생할 수 있다.

14 다음 중 재해발생의 주요 원인이 아닌 것은?

① 정신적·성격적 결함
② 보호구 미착용 및 위험한 장비에서 작업
③ 장비의 대형화
④ 권한없이 행한 조작

해설

장비의 대형화는 재해발생의 주요 원인이라고 볼 수 없다.

15 산림작업을 위한 안전사고 예방 준칙으로 옳은 것은?

① 긴장하고 경직되게 할 것
② 비정규적으로 휴식할 것
③ 휴식 직후는 최고로 작업속도를 높일 것
④ 몸 전체를 고르게 움직이며 작업할 것

해설
① 긴장하지 말고 부드럽게 할 것
② 규칙적인 휴식을 취할 것
③ 휴식 직후는 작업속도를 서서히 높일 것

16 다음 중 피로의 원인이 아닌 것은?

① 작업시간과 작업강도
② 작업내용
③ 작업태도
④ 작업속도

해설
피로의 원인
작업시간과 작업강도, 작업환경조건, 작업속도, 작업태도

17 다음 중 안전사고 예방 준칙이 아닌 것은?

① 몸의 일부로만 작업을 계속하지 말고 몸 전체를 고르게 움직일 것
② 보호장비는 작업 내용에 따라 필요시 착용할 것
③ 작업복은 작업종과 일기에 맞추어 입을 것
④ 휴식 직후에는 서서히 작업속도를 높일 것

해설
② 보호장비는 반드시 착용하여야 한다.

18 다음의 작업환경 중 인체에 직접적 영향을 미치지 않는 것은?

① 소음
② 진동과 배기가스
③ 기후와 분진
④ 작업인원

해설
인체에 직접적 영향을 미치는 물리적 장애요인으로 소음, 진동, 분진, 온도, 습도, 전자파 등이 있다.

19 안전사고 예방기본대책에서 예방 효과가 큰 순서로 옳게 나열된 것은?

① 위험제거 → 위험으로부터 멀리 떨어짐 → 위험고정 → 개인안전보호
② 개인안전보호 → 위험고정 → 위험제거 → 위험으로부터 멀리 떨어짐
③ 위험고정 → 개인안전보호 → 위험제거 → 위험으로부터 멀리 떨어짐
④ 위험으로부터 멀리 떨어짐 → 개인안전보호 → 위험제거 → 위험고정

해설
안전사고 예방기본대책에서 예방 효과가 큰 순서
위험제거 → 위험으로부터 멀리 떨어짐 → 위험고정 → 개인안전보호

20 인건비의 계산방법 중 간접임금에 해당하지 않는 것은?

① 가족수당
② 연금
③ 재해 및 의료 건강비용
④ 성과급

해설
임금, 수당, 성과급은 직접임금에 해당한다.

21 기계경비는 크게 고정비용과 가변비용으로 구분한다. 가변비용에 해당하는 것은?

① 창고보관비   ② 연료비
③ 세금   ④ 보험금

해설
기계비용의 구성
• 고정비용(자본비용) : 감가상각비, 자본이자, 세금, 보험금, 창고보관비
• 가변비용(작업비용) : 수리유지비, 연료비, 윤활유비용, 소모부품비

22 감가상각의 4가지 기본요소가 아닌 것은?

① 취득원가 또는 기초가치
② 잔존가치
③ 실제내용연수
④ 감가상각방법

해설
감가상각의 4가지 기본요소는 취득원가 또는 기초가치, 잔존가치, 추정내용연수, 감가상각방법 등이다.

23 어떤 장비의 장부 원가가 100만 원이고 폐기할 때의 잔존가치가 10만 원으로 예상되며, 그 내용연수가 6년이라 할 때, 이 장비의 연간 감가상각비를 정액법에 의해 계산하면 얼마인가?

① 900,000원   ② 150,000원
③ 100,000원   ④ 50,000원

해설

$$감가상각비(정액법) = \frac{취득원가 - 잔존가치}{추정내용연수}$$

$$= \frac{1,000,000 - 100,000}{6}$$

$$= 150,000원/년$$

24 노동의 경중은 에너지대사율로 표시하는데 다음 중 표시방법으로 옳은 것은?

① PPM   ② RMR
③ GNP   ④ MRA

해설
비교에너지대사율(RMR ; Relative Metabolic Rate)
• 에너지대사율은 같은 작업의 노동대사에 보여지는 개인차는 보이지 않으므로 많은 사람들이 공통으로 사용할 수 있는 근육노동강도의 지수이다.

$$• 작업대사율 = \frac{작업 \ 시 \ 소비열량 - 같은 \ 시간의 \ 안정 \ 시 \ 소비열량}{기초대사량}$$

$$= \frac{작업(근로)대사량}{기초대사량}$$

산림작업 도구 및 재료

CHAPTER 02

01 | 작업 도구

1. 식재작업 도구

(1) 종자 채취용 소도구

① 종자 채취용 소도구에는 등목사다리, 고지가위, 구과 채취기구 등이 있다.

② 나무에 손상을 적게 주어야 하며, 가볍고 견고한 재료로 만들어야 한다.

(2) 양묘 작업용 소도구

① 이식판 : 소묘 이식 시 사용되며, 열과 간격을 맞출 때 적합한 도구이다.

② 이식승 : 이식판과 같은 용도로 사용되며, 묘상이 긴 경우에 적합하다.

③ 묘목 운반 상자 : 묘목 운반에 사용되는 도구이다.

④ 식혈봉 : 유묘 및 소묘 이식용으로 사용된다. 뿌리의 깊이는 30cm 정도까지 가능하다.

⑤ 기타 기구에는 재래식 호미, 이식삽, 쇠스랑 등이 있다.

(3) 식재·조림용 소도구

① 재래식 삽, 재래식 괭이 : 산림작업에 있어 식재·사방분야에서 많이 사용되고 있다.

② 각식재용 양날괭이 : 괭이 형태에 따라 타원형과 네모형으로 구분되며, 한쪽 날은 괭이 형태로 땅을 벌리는 데 사용하고, 다른 한쪽 날은 도끼 형태로 땅을 가르는 데 사용된다.

③ 경사형 식재 괭이 : 경사지, 평지 등에 사용하고 대묘보다 소묘의 사식에 적합하며, 괭이날의 자루에 대한 각도는 60~70°이다.

④ 아이디얼 식혈삽 : 우리나라에는 사용되지 않으나 대묘식재와 천연치수 이식에 적합하다.

⑤ 묘목 운반용 주머니 : 묘목 운반을 위한 주머니로, 건포 및 비닐주머니가 있다.

[경사형 식재 괭이]　　　　　[아이디얼 식혈삽]

2. 경쟁식생 제거작업 도구

(1) 풀베기용 도구

① 예초기 : 주로 조림지 정리작업 및 풀베기에 사용하며 작업 대상물과 엔진배기량에 따라 칼날 크기 및 종류를 선택한다.

② 재래식 낫 : 산림작업의 경우 풀베기작업용 도구로 적합하지만, 기타 무육작업에 있어서는 역학적인 면에서 약하다는 단점이 있다.

(2) 덩굴제거, 가지치기, 어린나무가꾸기용 소도구

① 스위스 보육낫 : 침·활엽수 유령림의 무육작업에 사용하고, 직경 5cm 내외의 잡목 및 불량목을 제거하기에 가장 적합한 도구이다.

② 소형 전정가위 : 신초부와 쌍가지 제거 등 직경 1.5cm 내외의 가지를 자를 때 사용한다. 또 지렛대의 원리에 바탕을 둔 것으로, 지레의 작용점·받침점·힘점의 상호관계에 의하여 작은 힘으로도 큰 힘의 효과를 볼 수 있도록 해주는 도구이다.

③ 무육용 이리톱 : 역학을 고려하여 손잡이가 구부러져 있어 가지치기와 어린나무가꾸기 작업에 적합하다.

[스위스 보육낫]   [무육용 이리톱]

④ 가지치기톱

 ㉠ 소형 손톱 : 덩굴식물의 제거 및 직경 2cm 이하의 가지치기에 적합한 도구이다.

 ㉡ 고지절단용 가지치기톱 : 수간의 높이가 4~5m 정도의 가지를 절단하는 데 사용되며, 침·활엽수 공용, 침엽수용, 활엽수용 등 용도에 따라 구분된다. 자루의 길이는 절단 높이에 따라 조절할 수 있어야 하고, 가볍고 단단하여야 하며, 가지 절단면을 깨끗하게 작업할 수 있어야 한다.

[소형 손톱]   [고지절단용 가지치기톱]

⑤ 재래식 톱 : 오래전부터 사용해 왔던 톱으로 널리 보급되어 있다. 과거에는 모든 분야의 산림작업에 많이 사용되어 왔으나 지금은 소형 체인톱에 밀려 벌목작업에는 잘 사용되지 않고 유령림 무육작업에 주로 사용된다. 삼각형 톱니로 구성되어 있으며, 작업능률이 좋은 편이다.

3. 벌목 및 수집작업 도구

(1) 벌목작업용 소도구

① 도끼

㉠ 작업목적에 따라 벌목용, 가지치기용, 각목다듬기용, 장작패기용 및 소형 손도끼로 구분한다.

벌목용 도끼	무게 440~1,400g, 날의 각도 9~12°
가지치기용 도끼	무게 850~1,250g, 날의 각도 8~10°
각목다듬기용 도끼	무게 2~3kg
단단한 나무(활엽수) 장작패기용 도끼	무게 2.5~3kg, 날의 각도 30~35°
약한 나무(침엽수) 장작패기용 도끼	무게 2~2.5kg, 날의 각도 15°
소형 손도끼	• 무게 800g 정도이며, 자루가 짧다. • 제벌작업 및 간벌작업 시 간벌목의 표시, 단근작업, 도끼자루 제작 등에 사용

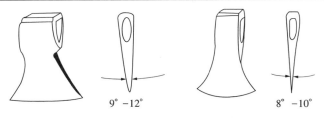

9° -12°　　　　　　8° -10°

[벌목용 도끼]　　　　　　[가지치기용 도끼]

㉡ 도끼자루 제작에 가장 적합한 수종 : 호두나무, 가래나무, 물푸레나무 등

㉢ 도끼 및 톱의 날은 침엽수용을 활엽수용보다 더 날카롭게 연마하여야 한다.

② 쐐기

㉠ 벌도방향의 결정과 안전작업을 위하여 사용되며, 용도에 따라 벌목용 쐐기, 나무쪼개기용 쐐기, 절단용 쐐기 등으로 구분한다.

㉡ 재료에 따라서는 목재쐐기, 철제쐐기, 알루미늄쐐기, 플라스틱쐐기 등으로 구분한다.

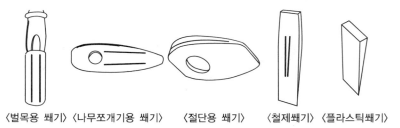

〈벌목용 쐐기〉 〈나무쪼개기용 쐐기〉　〈절단용 쐐기〉　〈철제쐐기〉〈플라스틱쐐기〉

[여러 가지 형태의 쐐기]

③ 방향조정 도구

㉠ 원목방향 전환용 지렛대 : 벌목 시 다른 나무에 걸려 있는 나무를 밀어 넘기거나 또는 벌목된 나무의 가지를 자를 때 벌도목을 반대방향으로 전환시킬 경우 지렛대(lever, hand spike)를 사용한다.

ⓛ 방향전환 갈고리 : 링에 나무를 끼워서 사용할 수 있게 되어 있으며, 벌도되어 있는 나무의 방향전환에 사용한다. 독일 흑림지대에서 개발된 슈바쯔발더형과 박크서형의 두 가지가 있다.

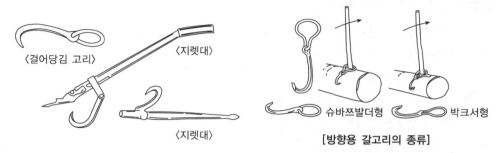

[방향용 갈고리의 종류]

④ 운반용 갈고리와 집게
　　㉠ 소경재와 신탄재 등을 운반하기 위한 갈고리로 손잡이형 갈고리와 스웨덴 지방에서 사용되는 스웨디시형 갈고리가 있으며, 집게는 단거리 운반에 사용된다.
　　㉡ 대경재 운반용 갈고리는 나무와 끌갈고리 등을 이용하여 2명이 1개 조로 하며, 운반작업에 사용한다.

⑤ 박피용 도구 : 수피의 두께나 특성에 적합한 것을 사용하며, 소형 박피도구, 재래식 박피도구, 외국형 박피도구(솔타우어형, 다우너유니버설형, 벨리형 등) 등이 있다.

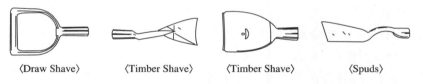

[여러 가지 형태의 박피용 도구]

⑥ 측척 : 벌채목을 규격대로 자를 때 사용한다.

[측척]

⑦ 사피(도비) : 산악지대에서 벌도목을 끌 때 사용하는 도구로, 한국형과 외국형이 있다.

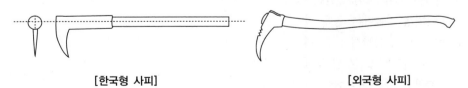

[한국형 사피]　　　　　　　　　　　　　　　　　　[외국형 사피]

4. 작업 도구의 관리

(1) 산림작업 도구의 구비조건

① 자루의 재료는 가볍고 녹슬지 않으며, 열전도율이 낮고 탄력이 있으며, 견고해야 한다.

② 작업자의 힘을 최대한 도구 날 부분에 전달할 수 있어야 한다.

③ 도구는 손의 연장이며, 적은 힘으로 보다 많은 작업효과를 가져다줄 수 있는 구조를 갖추어야 하며, 도구의 형태와 크기는 작업자 신체에 적합하여야 한다.

④ 도구의 날 부분은 작업목적을 효과적으로 충족시킬 수 있도록 단단하고 날카로운 것이어야 한다.

⑤ 자루용 목재의 섬유는 긴 방향으로 배열되어야 하며, 옹이나 갈라진 홈이 없고 썩지 않은 것이어야 한다.

⑥ 자루용 목재는 큰 강도를 요구하므로 고온에서 오랫동안 건조하면 강도가 저하되니 고온 건조는 피해야 한다.

⑦ 자루 용재에 알맞은 수종은 박달나무, 들메나무, 물푸레나무, 가시나무, 단풍나무, 호두나무, 가래나무, 느티나무, 참나무류 등 탄력이 좋고, 목질섬유(섬유장)가 길고 질긴 활엽수가 적당하다.

(2) 도끼의 손질 방법

① 공구로는 평줄, 원형공구석 등을 이용하여 날을 세우며, 전동모터를 이용한 그라인더 날 갈기는 날 부분이 너무 예리해져 날을 못 쓰게 할 염려가 있어 좋은 방법이라 할 수 없다.

② 두 개의 도끼를 나란히 교차시킨 후, 무릎을 이용하여 고정시켜 연마를 하는 방법과 작업대 위에 걸터앉아 자루를 한쪽 허벅지 위에다 올려 고정시켜 연마하는 방법이 있다.

　㉠ 한 손은 도끼 몸체 위에서 줄 끝을 잡고 고정한다.

　㉡ 도끼날 위를 다른 한쪽 손으로 줄 손잡이를 잡고 안쪽에서 바깥쪽을 향해 반복하여 연마한다.

　㉢ 줄 찌꺼기가 길게 나오면 정상적인 줄질이다.

　㉣ 도끼날 몸체 위에서 줄을 조금씩 치켜들어 올려 줄질을 하면 아치형으로 날을 갈 수 있다.

[아치형 도끼날 형태]

　㉤ 날의 각도는 벌목용 도끼 9~12°, 가지치기용 도끼 8~10°로 한다.

　㉥ 연마한 뒤에 도끼의 날은 아치형을 이루어야 한다.

　　• 아치형 : 올바른 형태

　　• 날카로운 삼각형 : 잘못된 형태로, 나무 속에 끼며 날이 쉽게 무디어진다.

　　• 무딘 둔각형 : 잘못된 형태로, 작업 시 도끼날이 무디어 잘 갈라지지 않아 튀어 오르며 자르기가 어렵고 사고를 유발할 위험이 있다.

(3) 손톱의 손질 방법

① 톱니의 부분별 명칭

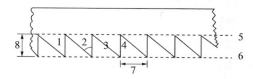

1 톱니가슴, 2 톱니꼭지각, 3 톱니등, 4 톱니홈,
5 톱니뿌리선, 6 톱니꼭지선, 7 톱니넓이, 8 톱니높이 등

② 부분별 기능

    ㉠ 톱니가슴 : 나무를 절단한다.

    ㉡ 톱니꼭지각 : 쐐기 역할, 꼭지각이 적을수록 톱니가 약하다.

    ㉢ 톱니등 : 나무와의 마찰력을 감소시킨다.

    ㉣ 톱니홈 : 톱밥이 임시로 머문 후 빠져나가는 곳이다.

    ㉤ 톱니뿌리선 : 뿌리선이 일정선에 있으면 톱니가 강하며 능률이 오른다.

    ㉥ 톱니꼭지선 : 톱의 꼭지선이 일정하지 않으면 톱질을 할 때 힘이 든다.

③ 톱니형태

    ㉠ 삼각톱니 : 삼각날은 날의 높이, 넓이, 각도, 톱날 젖힘 등에 유의하면 쉽게 갈 수가 있다.

    ㉡ 이리톱니 : 자루의 역학적 특성으로 인하여 삼각날보다 능률이 다소 높으나 날갈기에 어려운 점이 있다.

[삼각톱니(좌)와 이리톱니(우)]

④ 톱니 가는 방법

    ㉠ 일반적인 톱니 가는 순서

      • 톱니에 묻은 기름 또는 오물을 마른걸레로 제거한다.

      • 양쪽에서 젖혀져 있는 톱니는 모두 일직선이 되도록 바로 펴 놓는다.

      • 평면줄로 톱니 높이를 모두 같게 갈아주어 톱니꼭지선이 일치되도록 조정한다.

      • 톱니꼭지선 조정 시 낮아진 높이만큼 톱니홈을 파주되 홈의 바닥이 바른 모양이 되도록 한다.

      • 규격에 맞는 줄로 톱니 양면의 날을 일정한 각도로 세워주고 동시에 올바른 꼭지각이 되도록 유지한다(각도안내판, 톱니꼭지각 검정쇠 사용).

ⓛ 삼각톱니 가는 법
- 톱니에 묻은 기름 또는 오물을 마른 헝겊으로 제거한다.
- 양쪽에서 젖혀져 있는 톱니는 모두 일직선이 되도록 바로 펴 놓는다.
- 톱을 고정시킨다.
- 톱니 높이를 같게 한 후, 톱니를 갈아준다.
  - 줄질을 안내판의 선과 평행하게 한다. 안내판의 각도는 침엽수가 60°, 활엽수가 70°이다.
  - 삼각날 꼭지각은 38°가 되도록 하며, 톱니꼭지각은 측정 게이지를 사용한다.
  - 줄질은 안에서 밖으로 하며 다시 톱을 돌려 끼워 조인 후 반복하여 실시한다.
- 톱니를 젖혀준다.
  - 톱니 젖힘은 나무와의 마찰을 줄이기 위하여 한다.
  - 침엽수는 활엽수보다 많이 젖혀주어야 하는데, 이유는 침엽수가 목섬유가 연하고 마찰이 크기 때문이다.
  - 톱니 젖힘은 톱니뿌리선으로부터 2/3 지점을 중심으로 하여 젖혀준다.
  - 젖힘의 크기는 0.2~0.5mm가 적당하며 젖힘의 크기는 모든 톱니가 항상 같아야 한다(침엽수 : 0.3~0.5mm, 활엽수 : 0.2~0.3mm).
- 톱니갈기가 끝나면 숫돌로 쇠틸 등을 제거하기 위하여 매끄럽게 측면을 밀어준다.
ⓒ 이리톱니 가는 방법
- 이리톱은 소경재임분에서 보육과 벌도작업 시 1인용 작업 도구로 가장 경제적이다. 그러나 톱날갈기는 일반 삼각날에 비해 어려운 편이다.
- 이리톱의 톱니가슴각은 침엽수의 경우는 60°, 활엽수의 경우는 75°가 되어야 하며, 톱니 젖힘은 삼각톱날과 같도록 한다.

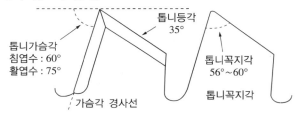

[이리톱니 각도]

- 톱니 가는 순서
  - 톱니꼭지선을 맞춘다.
  - 궁형으로 된 '꼭지선 조정줄'을 평면줄로 밖에서 안으로 가볍게 몇 회 밀어준다.
  - 톱니 홈을 갈아준다.
  - 꼭지선 연마 크기만큼 톱니홈이 갈리도록 한다.
  - 톱니날등을 갈아준다.
  - 톱니꼭지각이 56~60°가 되도록 유지하면서 톱니등각이 35°가 되도록 갈아준다.
  - 가슴각날을 갈아준다.

- 톱니가슴각은 특별히 엷은 줄을 사용하여 수종에 따라 침엽수 60°, 활엽수 70°가 되게 갈아준다. 동시에 가슴각 경사선이 꼭지각과 이루는 각도는 75~80°가 되도록 한다.
- 톱니를 젖히고 쇠털을 제거한다.
- 톱니 젖힘 집게를 넣어 톱니를 잡고 톱니평면(날면이 아닌) 쪽으로 젖힌다.
- 젖힘의 정도는 톱니 젖힘 측정기로 조정하면서 활엽수나 얼어있는 나무는 0.3mm, 침엽수는 0.4mm가 되도록 한다.
- 정비대에 톱을 평평하게 놓고 공구석(고운면)으로 원형 운동하면서 쇠털 등을 제거하여 톱니 끝을 매끄럽게 하여 준다.
• 톱니 갈기가 끝나면 톱니관리를 철저히 한다.
• 녹슮을 막고 송진 등이 붙는 것을 막기 위해 기름걸레로 닦아서 보관하고, 사용 중에는 자주 기름칠을 하여 사용한다.
• 장기간 보관 시 기름칠을 하여 닦아낸 후 보관 집에 넣어서 보관한다.

(4) 작업 도구의 능률

① 자루의 길이는 적당히 길수록 힘을 세게 가할 수 있다.
② 도구 날의 끝 각도가 클수록 나무가 잘 잘라진다.
③ 도구의 날은 날카로운 것이 땅을 잘 파거나 자를 수 있다.
④ 도구는 적당한 무게를 가져야 내려치는 속도가 빨라져 능률이 좋다.

| 02 | 작업 재료 |

1. 엔진오일, 연료

(1) 엔진오일

① 윤활유의 종류

㉠ 구성 성분에 따라 광물성, 식물성, 합성윤활유로 분류하고 사용 용도에 따라 엔진오일, 기어오일, 그리스(grease) 등으로 나눌 수 있다.
㉡ 가장 널리 사용되는 것은 광물성 엔진오일 및 그리스이다.
㉢ 엔진오일은 휘발유용과 디젤용, 2행정 체인톱용 등으로 구분된다.
㉣ 윤활유 중 체인톱의 체인 윤활용 오일은 보통 엔진오일도 가능하지만, 휘발유와 혼합하는 엔진오일은 2행정 전용 오일을 사용하여야 한다.

② 점도에 따른 분류[SAE(Society of Automotive Engineers) 점도 분류]

   ㉠ 온도 등 윤활유의 사용 환경과 관련한 점도 분류로서, 미국자동차공학회가 정한 윤활유의 분류체계를 말한다(품질, 성능과는 무관).

   ㉡ 엔진오일의 점도 분류는 SAE 0W, SAE 5W, SAE 10W, SAE 15W, SAE 20W, SAE 25W, SAE 20, SAE 30, SAE 40, SAE 50, SAE 60이 있다.

   ㉢ W(겨울)는 묽은 편으로 겨울철에 사용되며, W가 포함되지 않는 SAE 20, 30, 40, 50 순으로 기름이 뻑뻑하여 여름철에 사용되므로 기온에 따라 적절한 점도를 선택해야 한다.

   ※ 점도 : 오일의 끈적한 정도를 말하는 것으로, 점도가 높으면 끈적끈적하여 유동성이 낮고, 점도가 낮으면 오일이 묽어 유동성이 좋다.

ONE MORE POINT 외기온도에 따른 윤활유 점액도

- 계절에 따른 SAE의 분류
  - SAE 40 : 여름철
  - SAE 30 : 봄, 가을철
  - SAE 20W : 겨울철
- 윤활유의 외부기온에 따른 점액도의 선택기준
  - 외기온도 +10~+40℃ : SAE 30
  - 외기온도 -10~+10℃ : SAE 20
  - 외기온도 -30~-10℃ : SAE 20W

ONE MORE POINT 체인톱에 사용하는 윤활유

- 윤활유의 점액도 표시는 사용 외기온도로 구분된다.
- 윤활유의 선택은 기계톱의 안내판 수명과 직결된다.
- 윤활유 등급을 표시하는 기호의 번호가 높을수록 점액도가 높다.
- W는 'Winter'의 약자로 겨울용을 의미한다.
- SAE는 미국자동차기술협회(Society of Automotive Engineers)의 약자이다.
- 묽은 윤활유를 사용하면 톱날의 수명이 짧아진다.
- 윤활유는 가이드바 홈 속에 침투해야 한다.

---

③ 엔진오일의 요구 성능

   ㉠ 적정한 점도를 유지해야 한다.

   ㉡ 산화안정성이 좋아야 한다.

   ㉢ 청정분산성이 좋아야 한다.

   ㉣ 부식 및 마모방지성이 우수해야 한다.

   ㉤ 기포생성이 적어야 한다.

④ 윤활장치의 기능

  ㉠ 마찰감소 및 마멸방지 : 강인한 유막을 형성하여 표면의 마찰을 방지한다.

  ㉡ 밀봉작용 : 고압가스의 누출을 방지한다.

  ㉢ 냉각작용 : 마찰열을 흡수한다.

  ㉣ 세척작용 : 불순물을 그 유동과정에서 흡수한다.

  ㉤ 응력분산작용 : 국부압력을 액 전체에 분산시켜 평균화시킨다.

  ㉥ 방청작용 : 수분이나 부식성 가스 침투를 방지한다.

(2) 연료

① 연료의 종류와 특성

  ㉠ 휘발유(gasoline)

  • 끓는점(비점)이 30~200℃ 정도로, 휘발성이 있는 액체 상태의 석유 유분을 말한다.

  • 상온·상압에서 증발하기 쉽고, 인화성이 매우 높으며, 공기와 적당히 혼합되면 폭발성 혼합가스가 되어 위험하다.

  • 휘발유는 자동차용, 항공용, 공업용으로 나뉜다.

  • 가솔린엔진용 연료의 품질을 평가할 때 가장 중요시되는 것이 옥탄가이다.

  • 가솔린엔진 연료유로서 갖추어야 할 품질조건

    – 충분한 안티노크성을 지닐 것

    – 휘발성이 양호하여 시동이 용이할 것

    – 휘발성이 베이퍼록(vapor lock)을 일으킬 정도로 너무 높지 않을 것

    – 충분한 출력을 지녀 가속성이 좋을 것

    – 연료 소비량이 적을 것

    – 실린더 내에서 연소하기 어려운 부휘발성 유분이 없을 것

    – 저장 안정성이 좋고 부식성이 없을 것

ONE MORE POINT 안티노크성

• 가솔린엔진 내에서 휘발유를 연소시킬 때 일어나는 잦은 노킹현상을 억제하는 성질이다.

• 노킹은 휘발유와 공기를 실린더 내에서 압축했을 때 피스톤이 상사점에 이르기 전에 점화되어 미연소가스가 자연발화하면서 폭발적으로 연소하는 현상을 말한다.

• 노킹현상은 엔진의 출력을 저하시키며, 이상 고온·고압으로 엔진 내에서 금속파열음을 발생시킨다. 안티노크성을 나타내는 척도로 옥탄가가 사용되는데 옥탄가가 높을수록 안티노크성이 좋다는 것을 나타낸다.

ⓒ 경유(diesel oil, gas oil)

- 경유는 비점이 200~370℃ 정도이다.
- 대부분(약 80%)이 각종 디젤엔진의 연료로 쓰이고 있어 디젤오일이라고 부른다. 그러나 디젤엔진에는 등유와 중유도 사용되므로 디젤연료 모두가 경유는 아니다.
- 디젤엔진은 연소실 내의 흡입공기를 압축하여 압축공기의 온도를 연료의 자동발화 온도 이상(500℃ 이상)으로 하여 연료를 안개모양으로 분사시켜 연소시키는 방식이다.
- 휘발유엔진은 전기착화식이고, 디젤엔진은 압축착화식이다.
  ※ **디젤노크** : 실린더 내로 분사된 연료는 즉시 착화하지 않고 착화하기까지 시간적인 갭이 있을 수 있다. 그러나 착화지연이 길게 되면 실린더 내의 연료량이 많아지게 되므로 이것이 일시에 연소하면 급격한 팽창과 고열이 발생하기 때문에 피스톤 헤드는 심한 충격을 받는 이상연소가 발생한다.
- 착화지연을 단축시켜 디젤노크를 방지하려면 연료의 세탄가를 올려 착화성을 좋게 하거나 흡입공기의 온도를 높이는 수단을 강구해야 한다.
- 경유의 착화성은 일반적으로 세탄가로 평가되는데, 고속디젤엔진의 연료유로서는 세탄가 40 이상이 요구된다.
- 디젤연료에 있어서 점도도 중요한 성질이다. 엔진 내의 연소는 미립자화된 연료가 분무되어 시작되기 때문에 연료의 미립자화를 위해 점도가 낮을 필요가 있으나 연료가 엔진 내의 윤활기능을 수행해야 하므로 어느 정도의 점도가 필요하다.
- 겨울철의 저온 시동성을 유지하기 위해 유동점도 중요한 성질로서 요구된다.
- 디젤엔진 연료유로서의 요구조건
  - 엔진에 필요한 착화성을 가질 것
  - 사용온도에서 적당한 점도와 휘발성을 유지할 것
  - 유해한 고형물질과 부식성분이 없을 것
  - 연소 생성물 중에 고형분이 적을 것
  - 저온에서 펌프 작동성이 좋을 것
  - 유동점이 낮아 저온에서 펌프 작동성이 좋을 것

ⓒ LPG(액화석유가스)

- 원유의 채굴 또는 정제과정에서 생산되는 기체상의 탄화수소를 액화시킨 것으로서 LP가스라고도 한다.
- 주성분은 프로페인(프로판, C_3H_8) 또는 뷰테인(부탄, C_4H_{10})이다.
- 액화시켜 용기에 넣는 이유는 기체상태일 때보다 부피가 약 1/240~1/280로 줄어들어 저장·수송 등 취급에 편리하기 때문이다.
- LPG는 순수한 프로페인(프로판) 또는 뷰테인(부탄)만 액화한 것이 아니라, 사용편의 또는 성능을 위해서 프로페인(프로판)에는 약간의 뷰테인(부탄)이, 그리고 뷰테인(부탄)에는 약간의 프로페인(프로판)을 섞는다.

- 안전을 위해서 냄새나게 하는 부취제를 섞기도 하며, 그 외에 프로필렌 등 경질탄화수소도 혼합되어 있다.
- 자동차용에 사용되는 뷰테인(부탄)에는 시동을 용이하게 하기 위해 프로페인(프로판)이 섞여 있으며, 겨울철에는 프로페인(프로판)의 함량이 더 높아진다.
- 리터당 열량이 경유, 휘발유 등 타 석유제품에 비해 낮아서 수송 시 경유, 휘발유에 비해 연료소모가 많아 잦은 연료충전이 필요한 단점이 있다.
- 공기보다 1.5~2배 무겁기 때문에 누출되면 주변 바닥에 깔려 있게 되므로 조그만 불꽃에 의해서도 인화 · 폭발할 위험이 있으며, 드물게 질식사고가 발생하기도 한다.

② 연료의 배합기준

㉠ 혼합비율
- 휘발유 : 엔진오일(윤활유) = 25 : 1

  예 기계톱의 연료 배합 시 휘발유 10L에 필요한 엔진오일의 양은?

  휘발유와 엔진오일의 혼합비는 25 : 1로 혼합하므로 휘발유가 10L라면 10/25 = 0.4L의 엔진오일을 혼합한다.

  ※ 체인톱 전용 엔진오일(윤활유)을 사용하는 경우 40 : 1로 혼합하기도 한다.

㉡ 기계톱에 사용되는 연료
- 기계톱은 2행정 기관이므로, 혼합유(휘발유와 윤활유)를 사용한다.
- 급유 시 연료를 잘 흔들어 섞어준 뒤 급유해야 한다.
- 내폭성이 낮은 저옥탄가의 가솔린을 사용하여야 한다. 옥탄가가 높은 휘발유를 사용하면 사전점화 또는 고폭발로 치명적인 기계손상을 입게 된다.
- 불법 제조된 휘발유를 사용하면 오일막 또는 연료호스가 녹고 연료통 내막을 부식시킨다.

③ 2행정 내연기관에서 연료에 오일을 첨가시키는 이유

㉠ 엔진 내부에 윤활작용을 시키기 위하여

㉡ 기계의 압축을 좋게 하기 위하여

㉢ 연동 부분의 마모를 줄이기 위하여

㉣ 밀봉작용을 하기 위하여

④ 혼합연료에 오일의 함유비가 높을 경우 나타나는 현상

㉠ 연료의 연소가 불충분하여 매연이 증가한다.

㉡ 스파크플러그에 오일이 덮히게 된다.

㉢ 오일이 연소실에 쌓인다.

※ 오일의 함유비가 낮을 경우 엔진을 마모시킨다.

• 휘발유와 오일소비가 많다.
• 저속운전이 어렵다.
• 중량이 가볍다.
• 점화가 어렵다.
• 동일배기량에 비해 출력이 크다.
• 배기음이 크다.

2. 와이어로프(wire rope)

(1) 와이어로프의 구조

① 와이어로프는 가선집재뿐만 아니라 윈치를 이용한 집재작업에서 반드시 필요한 부품이다.

② 소정의 인장강도를 가진 소선 와이어를 몇 개에서 몇십 개까지 꼬아 합쳐 스트랜드(strand)를 만들고, 다시 스트랜드를 심줄(心鋼)을 중심으로 몇 개 꼬아 로프를 구성한다.

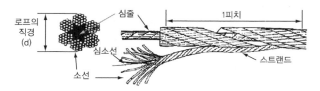

[와이어로프의 구조]

③ 스트랜드의 꼬임방향과 스트랜드를 구성하는 와이어의 꼬임방향이 역방향으로 된 것을 보통꼬임이라 하고, 반대의 경우를 랭(lang)꼬임이라고 한다.

   ㉠ 보통꼬임은 킹크(kink : 와이어로프가 꺾이는 현상)가 비교적 적게 발생하고 취급이 용이하여 집재 가선의 일반 작업줄에 적합하지만, 스트랜드의 표면 요철이 심하여 도르래의 시브(홈이 파진 도르래 바퀴)와의 접촉 면적이 작아 마모되기 쉽다.

   ㉡ 랭꼬임 방식은 스트랜드와 와이어로프의 꼬임 방향이 같은 방향으로 되어 있어 보통꼬임보다 와이어로프의 유연성이 더 크지만, 스트랜드의 꼬임과 로프의 꼬임방향이 일치하여 꼬임 반대방향으로 풀리려는 경향이 크다. 그러므로 당김과 풀림이 많이 반복되는 작업줄에서는 킹크가 일어나기 쉽지만 시브에 접촉하는 면적이 커서 마모와 피로에 대하여 내구성이 우수하므로 가공 본줄에 많이 사용된다.

④ 꼬임방향에 따라 왼꼬임은 S꼬임, 오른꼬임은 Z꼬임이라고 한다.

⑤ 일반적으로 임업에 사용되는 와이어로프는 대부분 오른꼬임의 것을 사용한다.

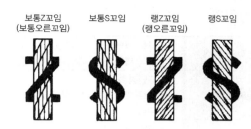

보통Z꼬임   보통S꼬임   랭Z꼬임   랭S꼬임
(보통오른꼬임)   (랭오른꼬임)

[와이어로프의 꼬임]

※ 와이어로프 선택 시 고려사항 : 용도, 드럼의 지름, 도르래의 통과 횟수 등

(2) 와이어로프 취급 방법

① 짐풀기 및 운반상 주의

㉠ 와이어로프를 운반차량에서 내릴 때 높은 곳에서 지면으로 떨어뜨리는 것은 절대 금하고, 크레인 등으로 하지 않으면 안 된다.

㉡ 코일 형태로 감기거나 나무 드럼 등에 감겨 있는 와이어로프를 높은 곳에서 떨어뜨리면 변형되거나 감긴 것이 헝클어져 풀 때 힘이 들 뿐 아니라 킹크(엉킴)현상을 일으키는 원인이 된다.

㉢ 보조 드럼에 감긴 와이어로프를 움직일 때는 드럼의 가운데에 긴 막대를 넣고, 반드시 와이어로프가 감겨 있는 부분은 접촉을 금해야 한다.

㉣ 요철이 진 고정형 물체(강철재나 돌) 위에 놓으면 와이어로프는 만곡되어 그 결과 사용할 때 국부적으로 손상을 발생시켜 수명이 단축된다.

② 저장 시 주의사항

㉠ 와이어로프를 장기간 보관할 때에는 통풍이 잘 되는 건물 내에 보관한다.

㉡ 직사광선이 있는 곳 또는 보일러 등이 가까운 곳에 놓으면 그리스가 건조하기 쉽다.

㉢ 지면에 닿은 상태로 보관하면 습기 때문에 부식할 우려가 있다. 부득이하게 지면에 보관할 때에는 지상에서 30cm 이상 되게 침목을 받쳐 미리 강우에 대비하고 지면은 항상 청소하여 잡초 등이 자라지 않도록 해야 한다.

㉣ 와이어로프의 가장 큰 피해는 부식이므로 그리스를 충분히 도포하여 예방한다.

㉤ 사용한 와이어로프를 다시 보관할 때는 진흙, 모래 등의 지역을 피하고, 와이어 브러시로 와이어나 스트랜드 사이의 먼지를 깨끗이 닦아 그리스를 발라 놓는다.

㉥ 먼지 등을 제거할 때 비누 등을 사용하면 심강으로 스며들거나 와이어 사이에 스며 부식을 일으키는 원인이 되므로 주의해야 한다.

③ 안전계수 : 와이어로프를 이용하는 작업을 안전하게 수행하기 위해서는 와이어로프에 걸리는 최대장력의 크기에 비하여 와이어로프의 절단하중이 큰 와이어로프를 사용하여야 한다.

$$안전계수 = \frac{와이어로프의\ 절단하중(kg)}{와이어로프에\ 걸리는\ 최대장력(kg)}$$

(3) 와이어로프의 손상원인

와이어로프 단면적의 감소	• 마모(외부마찰, 내부마찰에 의한 것) • 부식(외부부식, 내부부식에 의한 것)
와이어로프 질의 변화	• 표면경화 • 피로(반복되는 만곡피로가 특히 영향을 미침) • 부식
와이어로프 형태의 변화	• 꼬인 후 원상태로 되돌아옴 • 찌그러져서 납작해짐 • 와이어로프가 들떠 있음
운전 중	충격 및 과도한 인장력

(4) 와이어로프의 교체기준

① 와이어로프의 1피치(꼬임) 사이에 와이어가 끊어진 비율이 10%에 달하는 경우

② 와이어로프의 지름이 공식지름보다 7% 이상 마모된 것

③ 심하게 킹크되거나 부식된 것

01 다음 중 조림용 도구의 설명으로 틀린 것은?

① 각식재용 양날괭이 : 형태에 따라 타원형과 네모형으로 구분되며 한쪽 날은 괭이로서 땅을 벌리는 데 사용하고 다른 한쪽 날은 도끼로서 땅을 가르는 데 사용된다.

② 사식재 괭이 : 경사지, 평지 등에 사용하고 대묘보다 소묘의 사식에 적합하다.

③ 묘목 운반용 주머니 : 묘목을 운반하는 데 사용되는 주머니로, 건포 및 비닐주머니가 있다.

④ 재래식 괭이 : 오래 전부터 사용되어 오던 작업 도구로 산림작업에서 풀베기, 단근 등에 이용된다.

해설
④ 재래식 괭이는 산림작업에서 땅을 파거나 흙덩이를 부수는 데 사용된다.

02 괭이날과 괭이자루와의 각도는 얼마인가?

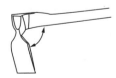

① 70°   ② 80°

③ 85°   ④ 90°

해설
괭이날의 자루에 대한 각도는 60~70°이다.

03 산림작업에 사용하는 식재 도구와 거리가 먼 것은?

① 재래식 낫

② 재래식 삽

③ 재래식 괭이

④ 각식재용 양날괭이

해설
① 재래식 낫은 풀베기작업 도구로, 육림작업용 소도구이다.

04 양묘 사업용 소도구의 종류에 대한 설명으로 틀리게 연결된 것은?

① 이식판 : 소묘 이식 시 사용되며 열과 간격을 맞추는 데 적합한 도구

② 이식승 : 이식판과 같은 용도로 사용되며 묘상이 긴 경우에 적합

③ 묘목 운반 상자 : 묘목 운반에 사용되는 도구

④ 식혈봉 : 대묘 이식용으로 사용

해설
④ 식혈봉은 유묘 및 소묘 이식용으로 사용한다.

05 전정가위는 일정한 일을 하기 위하여 힘을 적게 들이려는 역학적 원리에서 고안된 것으로 어떤 원리를 이용한 도구인가?

① 빗면의 원리
② 도르레의 원리
③ 삼투압의 원리
④ 지렛대의 원리

해설
전정가위는 지렛대의 원리에 바탕을 둔 것으로 지레의 작용점 · 받침점 · 힘점의 상호관계에 의하여 작은 힘으로도 큰 힘의 효과를 볼 수 있도록 해주는 도구이다.

06 침 · 활엽수 유령림의 무육작업에 사용하고, 직경 5cm 내외의 잡목 및 불량목을 제거하기에 가장 적합한 도구는?

① 예취기
② 스위스보육낫
③ 소형 전정가위
④ 소형 손톱

해설
스위스보육낫
침 · 활엽수 유령림의 무육작업에 적합한 도구로, 직경 5cm 내외의 잡목 및 불량목 제거에 사용되며, 벌목작업 시 벌도목 근주 부근의 정리 및 날의 끝을 이용하여 원목을 소운반하는 데 사용할 수 있다.

07 다음 중 유령림 무육작업에 사용되는 도구와 거리가 먼 것은?

① 낫
② 체인톱
③ 전정가위
④ 가지치기 톱

해설
체인톱은 벌목작업용 도구이다.

08 다음 중 벌목용 작업 도구가 아닌 것은?

① 쐐기
② 목재돌림대
③ 밀개
④ 식혈봉

해설
벌목용 작업 도구 : 톱, 도끼, 쐐기, 밀대(밀개), 목재돌림대, 갈고리, 체인톱, 벌채수확기계 등

09 그림 중 사피에 해당하는 것은?

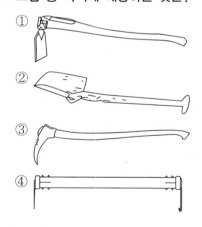

해설
① 사식재 괭이
② 아이디얼 식혈삽
④ 측척

5 ④ 6 ② 7 ② 8 ④ 9 ③ 정답

10 벌도방향의 결정과 안전작업을 위하여 사용되는 쐐기의 용도별 종류가 아닌 것은?

① 벌목용 쐐기
② 절단용 쐐기
③ 가지제거용 쐐기
④ 나무쪼개기용 쐐기

해설
쐐기는 용도에 따라 벌목용・절단용・나무쪼개기용으로 구분한다.

11 제벌작업 및 간벌작업 시 간벌목의 표시, 단근작업, 도구자루 제작 등에 사용되는 도끼는?

① 벌목용 도끼
② 가지치기용 도끼
③ 장작패기용 도끼
④ 손도끼

해설
손도끼는 소형으로 휴대가 간편하고 경량이어서 작업이 용이하다.

12 벌목 중 나무에 걸린 나무의 방향전환이나 벌도목을 돌릴 때 사용되는 작업 도구는?

① 쐐기   ② 식혈봉
③ 박피삽   ④ 지렛대

해설
지렛대는 벌목 시 나무가 걸려 있을 때 밀어 넘기거나 또는 벌목된 나무의 가지를 자를 때 벌도목을 반대방향으로 전환시킬 경우에 사용한다.

13 다음 중 도끼자루 제작에 가장 적합한 수종으로 묶어진 것은?

① 소나무, 호두나무, 가래나무
② 호두나무, 가래나무, 물푸레나무
③ 가래나무, 물푸레나무, 전나무
④ 물푸레나무, 소나무, 전나무

해설
• 호두나무 : 목질이 단단하고 치밀하며 윤택성 있는 목재
• 가래나무 : 호두나무보다 더 치밀하고 단단하여 가구재・기계재・총대・조각재로 쓰인다.
• 물푸레나무 : 재질이 치밀하고 강인하며 목색이 은빛이 나는 고급재

14 도끼자루로 가장 적합한 수종은?

① 소나무   ② 잣나무
③ 참나무   ④ 포플러

해설
참나무는 대표적인 활엽수로, 목질이 단단하고 치밀하여 도끼자루 제작에 적합하다.

15 특수한 경우를 제외하고 일반적인 도끼자루의 길이로 가장 적합한 것은?

① 길이에 관계 없다.
② 사용자 팔 길이의 1/3 정도면 된다.
③ 사용자 팔 길이의 반 정도면 된다.
④ 사용자의 팔 길이 정도면 된다.

해설
도끼자루의 길이는 특수한 경우를 제외하고는 사용자의 팔 길이 정도가 적당하다.

16 다음 중 잘못 연결된 것은?

① 벌목용 도끼 : 무게 850~1,400g, 날의 각도 15° 이하
② 약한 나무 장작패기용 도끼 : 무게 2,000~2,500g, 날의 각도 15°
③ 가지치기용 도끼 : 무게 850~1,250g, 날의 각도 8~10°
④ 단단한 나무 장작패기용 도끼 : 무게 2,500~3,000g, 날의 각도 30~35°

해설
벌목용 도끼의 무게는 440~1,400g, 날의 각도는 9~12°이다.

17 다음 중 용도가 같은 도구만으로 바르게 구성된 것은?

① 스위스보육낫, 갈고리
② 재래식 낫, 사피(도비)
③ 전정가위, 고지절단용 가지치기톱
④ 쐐기, 무육용 이리톱

해설
• 육림작업용 소도구 : 재래식 낫, 스위스보육낫, 전정가위, 이리톱, 가지치기톱 등
• 벌목작업용 소도구 : 도끼, 쐐기, 원목돌림대, 지렛대, 밀대, 갈고리, 운반용 집게, 박피삽, 사피(도비), 측척, 햄머도끼 등

18 산림작업용 도끼의 날을 갈 때 날카로운 삼각형으로 연마하지 않고 그림과 같이 아치형으로 연마하는 이유로 가장 적합한 것은?

① 도끼날이 목재에 끼이는 것을 막기 위하여
② 연마하기가 쉽기 때문에
③ 도끼날의 마모를 줄이기 위하여
④ 마찰을 줄이기 위하여

해설
날이 너무 날카로운 삼각형이 되면 벌목 시 날이 나무 속에 끼게 되므로 도끼의 날을 갈 때 아치형으로 연마한다.

19 도구의 날을 가는 요령에 대한 설명 중 틀린 것은?

① 도끼의 날은 활엽수용을 침엽수용보다 더 날카롭게 연마한다.
② 도끼의 날은 활엽수용을 침엽수용보다 더 둔하게 갈아준다.
③ 톱의 날은 침엽수용보다 활엽수용을 더 둔하게 갈아준다.
④ 톱니의 젖힘은 침엽수용을 활엽수용보다 더 넓게 젖혀준다.

해설
도끼 및 톱의 날은 침엽수용이 활엽수용보다 더 날카롭다.

20 손톱의 톱니 높이가 일정하지 않고 높고 낮은 톱니가 있을 경우 나타나는 현상은?

① 톱질이 힘들어 작업능률이 낮아진다.
② 톱이 원하는 방향으로 나가지 않고 비틀려 나간다.
③ 절단면이 깨끗하게 절단되지 않는다.
④ 톱의 수명이 길어진다.

> **해설**
> 톱니 높이가 일정하지 않으면 톱질이 힘들어 작업능률이 낮아진다.

21 벌도목에 있어서 작은 가지의 가지치기에 가장 효율적인 도구는?

① 톱   ② 도끼
③ 기계톱   ④ 쐐기

> **해설**
> 도끼는 작업목적에 따라 벌목용, 가지치기용, 각목 다듬기용, 장작패기용 및 소형 손도끼로 구분한다.

22 벌목 도구의 사용법을 설명한 것으로 틀린 것은?

① 목재돌림대는 벌목 중 나무에 걸려 있는 벌도목과 땅 위에 있는 벌도목의 방향전환 및 돌리는 작업에 주로 사용된다.
② 지렛대와 밀개는 밀집된 간벌지에서 벌도방향 유인과 잘린 나무 방향전환에 유용하게 사용된다.
③ 쐐기는 톱의 끼임을 방지하기 위하여 사용한다.
④ 스웨디시 갈고리는 기울어진 나무의 방향 전환에 주로 사용되는 방향 갈고리이다.

> **해설**
> 스웨디시 갈고리는 소경재를 운반하기 위한 운반용 갈고리이다.

23 다음 그림과 같은 도구는 어떤 경우에 사용하는가?

① 소경재 인력 집재
② 대경재 인력 집재
③ 통나무 적재
④ 벌도목의 방향 유도

> **해설**
> 소경재를 운반하기 위한 스프링집게 스웨디시 갈고리이다.

24 산림작업 도구의 구비조건에 대한 설명으로 옳지 않은 것은?

① 자루의 재료는 가볍고 녹슬지 않으며, 열 전도율이 낮고 탄력이 있으며 견고해야 한다.

② 작업자의 힘을 최대한 도구의 날 부분에 전달할 수 있어야 한다.

③ 도구의 날 부분은 작업목적을 효과적으로 충족시킬 수 있도록 단단하고 둔한 것이어야 한다.

④ 도구는 손의 연장이며, 적은 힘으로 보다 많은 작업효과를 가져다줄 수 있는 구조를 갖추어야 하며, 도구의 형태와 크기는 작업자 신체에 적합하여야 한다.

도구의 날 부분은 작업목적을 효과적으로 충족시킬 수 있도록 단단하고 날카로운 것이어야 한다.

25 이리톱니 정비 시 각도가 올바른 것은?

① 톱니꼭지각 : 56~60°
② 톱니등각 : 56~60°
③ 톱니가슴각(침엽수) : 70°
④ 톱니가슴각(활엽수) : 60°

② 톱니등각 : 35°
③ 톱니가슴각(침엽수) : 60°
④ 톱니가슴각(활엽수) : 75°

26 다음 중 작업 도구와 능률에 관한 기술로 가장 거리가 먼 것은?

① 자루의 길이는 적당히 길수록 힘이 강해진다.

② 도구의 날 끝 각도가 클수록 나무가 잘 빠개진다.

③ 도구는 가벼울수록, 내려치는 속도가 늦을수록 힘이 세어진다.

④ 도구의 날은 날카로운 것이 땅을 잘 파거나 자를 수 있다.

③ 도구는 적당한 무게를 가져야 내려치는 속도가 빨라져 능률이 좋다.

27 무육 도구의 힘을 크게 하는 방법으로 알맞은 것은?

① 도구는 가벼울수록 힘을 크게 낼 수 있다.

② 도구의 자루는 짧을수록 큰 힘을 낼 수 있다.

③ 도구 날의 끝 각도가 적당히 클수록 나무가 잘 잘라진다.

④ 도구를 내려치는 속도와 도구의 힘과는 관계없다.

① 도구는 적당히 무거울수록 힘을 크게 낼 수 있다.
② 도구의 자루는 적당히 길수록 힘을 크게 낼 수 있다.
④ 도구를 내려치는 속도가 빠를수록 힘을 크게 낼 수 있다.

28 다음 작업 도구 관리에 관한 설명 중 옳지 않은 것은?

① 손톱 손질에서 침엽수용은 활엽수용보다 더 톱니를 많이 젖혀준다.

② 낫, 도끼날 관리에서는 가급적 절단 시 접촉면이 작게 타원형으로 갈아줘야 힘이 적게 든다.

③ 도구 관리는 많은 시간이 소요되므로 자주 실시하는 것보다 1주에 한 번 정도가 적합하다.

④ 도구 관리는 날 부분도 중요하지만 자루 부위도 중요하다.

> **해설**
> **작업 도구 관리**
> • 손톱 손질에서 침엽수용은 활엽수용보다 더 톱니를 많이 젖혀준다.
> • 낫, 도끼날 관리에서는 가급적 절단 시 접촉면이 작게 타원형으로 갈아줘야 힘이 적게 든다.
> • 도구 관리는 많은 시간이 소요되므로 자주 실시한다.
> • 도구 관리는 날 부분도 중요하지만 자루 부위도 중요하다.

29 엔진오일(윤활유)의 작용으로 틀린 것은?

① 청소작용
② 냉각작용
③ 윤활작용
④ 오염작용

> **해설**
> **엔진오일(윤활유)의 작용** : 냉각작용, 청결작용, 수명연장, 내마모성, 윤활작용, 기밀작용

30 체인톱에 사용하는 윤활유의 설명으로 옳은 것은?

① 윤활유의 점액도 표시는 사용 외기온도로 구분된다.

② 윤활유 등급을 표시하는 기호의 번호가 높을수록 점액도가 낮다.

③ 윤활유 SAE 20W 중 'W'는 중량을 의미한다.

④ 윤활유 SAE 30 중 'SAE'는 국제자동차협회의 약자이다.

> **해설**
> ② 윤활유 등급을 표시하는 기호의 번호가 높을수록 점액도가 높다.
> ③ W는 'Winter'의 약자로 겨울용을 의미한다.
> ④ SAE는 미국자동차기술협회(Society of Automotive Engineers)의 약자이다.

31 체인톱에 사용하는 오일의 점액도를 표시한 것 중 겨울용(-25°C)으로 가장 적당한 것은?

① SAE 20
② SAE 30
③ SAE 50
④ SAE 20W

> **해설**
> **SAE의 분류**
> • SAE 40 : 여름철
> • SAE 30 : 봄, 가을철
> • SAE 20W : 겨울철

32 기계톱 연료에 대한 설명 중 옳은 것은?

① 연료는 휘발유 10L에 엔진오일 0.4L를 혼합하여 사용한다.

② 옥탄가가 높은 휘발유를 사용한다.

③ 작업 도중 연료 보충은 엔진가동 상태로 혼합한다.

④ 연료를 흔들지 않고 기계톱에 급유한다.

해설

① 휘발유와 오일의 혼합비는 25 : 1로 혼합하므로 휘발유가 10L라면 10/25 = 0.4L의 엔진오일을 혼합한다.

② 체인톱에는 내폭성이 낮은 저옥탄가의 가솔린을 사용하여야 한다.

③ 낙업 도중 연료 보충은 엔진가동 정지 후 진행한다.

④ 급유 시는 연료를 잘 흔들어 섞어준 뒤에 급유해야 한다.

33 2행정 기관의 기계톱에 사용하는 혼합연료의 취급방법으로 가장 적합한 것은?

① 각 연료를 혼합하지 않고 주입하여 사용한다.

② 주입하기 전 잘 흔들어서 혼합한 뒤 주입한다.

③ 오일만을 추가하여 사용한다.

④ 휘발유만 추가하여 사용한다.

해설

기계톱의 연료는 보통 휘발유 : 엔진오일 = 25 : 1 비율로 혼합연료를 사용하며, 주입하기 전 연료를 혼합시킨다.

34 기계톱 등 2행정 기관에 연료 주입 시 기본적으로 오일과 연료를 일정한 비율로 혼합한 뒤 주입하는 이유는?

① 오일 혼합량이 많아지는 것을 막기 위하여

② 엔진이 마모되는 것을 막기 위하여

③ 오일통에 오물이 들어가지 않도록 하기 위하여

④ 연료 소비량을 줄이기 위하여

해설

2행정 기관은 엔진의 마모를 막기 위해 기본적으로 오일과 연료를 일정한 비율로 혼합한 뒤 주입한다.

35 체인톱에 혼합연료를 사용하는 이유가 아닌 것은?

① 기계의 압축을 좋게 한다.

② 연동 부분의 마모를 줄인다.

③ 밀봉작용을 한다.

④ 폭발력을 좋게 한다.

해설

체인톱에는 내폭성이 낮은 저옥탄가의 가솔린을 사용하여야 한다.

36 체인톱의 연료는 휘발유에 무엇이 혼합되었는가?

① 기어오일　　　② 엔진오일

③ 경유　　　　　④ 방청유

해설

체인톱에 사용되는 연료는 휘발유와 윤활유(2사이클 전용 오일)의 혼합유를 사용하는데, 이때 사용되는 휘발유는 옥탄가가 낮은 휘발유를 써야 한다. 옥탄가가 높은 휘발유를 사용하면 사전점화 또는 고폭발로 인하여 치명적인 기계손상을 입게 된다.

37 기계톱에 사용되는 연료의 설명으로 틀린 것은?

① 기계톱은 2행정 기관이므로 혼합유를 사용한다.
② 급유 시는 연료를 잘 흔들어 섞어준 뒤에 급유해야 한다.
③ 옥탄가가 높은 휘발유가 시동이 잘 걸리고 출력이 높아 편리하다.
④ 불법 제조된 휘발유를 사용하면 오일막 또는 연료호스가 녹고 연료통 내막을 부식시킨다.

해설

내폭성이 낮은 저옥탄가의 가솔린을 사용하여야 한다.

38 기계톱의 이용 시 오일함유비가 낮은 연료를 사용할 때 나타나는 현상으로 가장 적당한 것은?

① 스파크플러그에 오일막이 생겨 노킹이 발생할 수 있다.
② 엔진 내부에 기름칠이 적게 되어 엔진을 마모시킨다.
③ 오일이 연소되어 흰색 연기가 배출된다.
④ 오일이 연소되어 퇴적물이 연소실에 쌓인다.

해설

② 오일함유비가 낮을 경우에는 엔진 내부에 기름칠이 적게 되어 엔진을 마모시킨다.

39 기계톱 기화기의 연료유입과 거리가 먼 것은?

① 피스톤의 상하운동
② 베르누이의 원리
③ 연료펌프막
④ 뜨게실

해설

뜨게실은 연료의 유면을 일정하게 유지하는 역할을 한다.
기화기의 원리
기관의 흡입행정이 진행되는 동안, 즉 피스톤의 하향운동에 의해 실린더 내에 부압이 형성되면 공기는 기화기를 거쳐서 실린더에 공급된다. 기화기에 유입된 공기는 벤투리를 통과하면서 속도가 상승된다(베르누이의 원리). 벤투리의 단면적이 가장 좁은 부분에서 공기의 유동속도가 가장 빠르고, 대기압과의 압력차도 가장 크기 때문에 바로 이 부분에 연료출구(main nozzle)를 설치한다. 메인노즐 선단의 압력과 대기압과의 압력차에 의해서 연료는 메인노즐로부터 분출된다. 메인노즐로부터 분출된 연료는 벤투리를 통과하는 공기에 의해 무화·혼합된다.

40 체인톱에 사용하는 연료의 배합기준으로 옳은 것은?

① 휘발유 25 : 엔진오일 1
② 휘발유 20 : 엔진오일 1
③ 휘발유 1 : 엔진오일 25
④ 휘발유 1 : 엔진오일 20

41 기계톱의 연료 배합 시 휘발유 20L에 필요한 엔진오일의 양은?

① 0.2L   ② 0.4L
③ 0.6L   ④ 0.8L

휘발유 : 엔진오일 = 25 : 1이므로, 휘발유 20L일 때 엔진오일 양은 20/25 = 0.8L이다.

42 와이어로프의 교체기준과 거리가 먼 것은?

① 스트랜드의 지름이 1/5 이상 마모된 것
② 와이어로프의 1피치 사이에 와이어가 끊어진 비율이 10%에 달하는 경우
③ 와이어로프의 지름이 공식지름보다 7% 이상 마모된 것
④ 심하게 킹크되거나 부식된 것

와이어로프 교체기준은 와이어로프의 1피치 사이에 와이어가 끊어진 비율이 10%에 달하는 경우, 와이어로프의 지름이 공식지름보다 7% 이상 마모된 것, 심하게 킹크되거나 부식된 것 등이다.

43 와이어로프 고리를 만들 때, 와이어로프 직경의 몇 배 이상으로 하는가?

① 10배   ② 20배
③ 30배   ④ 40배

와이어로프 고리를 만들 때 와이어로프 직경(지름)의 20배 이상으로 한다.

44 와이어로프의 선택 시 고려사항과 거리가 먼 것은?

① 용도
② 드럼의 지름
③ 벌채원목의 수종
④ 도르래의 통과 횟수

와이어로프를 선택하기 위해서는 용도, 드럼의 지름, 도르래의 통과 횟수 등을 고려하여야 하며, 벌채원목의 수종은 와이어로프 선택에 직접적 관련성이 없다.

CHAPTER 03 임업기계 운용

01 │ 임업기계 종류 및 사용법

1. 벌목 및 조재작업 기계

※ 벌목 및 조재작업은 입목을 벌목한 후, 운반하기 편리하게 가지를 치고 일정한 길이로 절단하는 작업을 말한다.

(1) 체인톱

① 체인톱의 정의 및 특징

    ㉠ 고성능·경량 단기통 가솔린엔진을 동력원으로 안내판 주위 체인의 회전에 의하여 목재를 절단하는 톱이다.

    ㉡ 1918년 스웨덴에서 최초로 현재의 개념과 비슷한 체인톱을 발명하였다.

    ㉢ 임업에서 가장 많이 사용되는 것으로, 도끼나 손톱을 이용한 인력 벌목작업의 대체 장비이다.

    ㉣ 가솔린엔진 체인톱(단일 실린더 체인톱, 복합 실린더 체인톱, 로터리 체인톱), 전동 체인톱, 유압 체인톱, 공기 체인톱 등이 있다.

    ㉤ 현재 많이 사용되는 기종은 25~80cc 정도의 소형 및 중형 기계톱이 대부분으로, 엔진용량에 따라 사용가능한 안내판의 길이는 30~60cm이며, 상용회전속도는 6,000~7,000rpm이다.

    ㉥ 일반적으로 원동기에서 얻어지는 동력을 크랭크축의 동력취출부에 부착된 원심클러치를 통해서 스프로킷에 전달하여 체인에 의해 안내판에 붙어 있는 절단톱날(saw chain)을 구동하는 기구로 되어 있다.

    ㉦ 수동급유식의 체인톱은 손으로 급유단추를 눌러서 체인톱에 체인용 윤활유를 급유한다.

> **ONE MORE POINT** │ 체인톱의 조건
> - 무게가 가볍고 소형이며 취급 방법이 간편할 것
> - 견고하고 가동률이 높으며 절단 능력이 좋을 것
> - 소음과 진동이 적고 내구력이 높을 것
> - 근주의 높이를 되도록 낮게 절단할 수 있을 것
> - 연료비, 수리비, 유지비 등의 경비가 적게 소요될 것
> - 부품의 공급이 용이하고 가격이 저렴할 것

② 체인톱의 구조

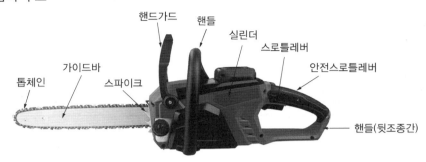

ⓐ 원동기 부분 : 실린더, 피스톤, 피스톤핀, 크랭크축, 크랭크케이스, 소음기, 기화기, 연료탱크, 점화장치, 플라이휠, 시동장치, 급유장치, 연료탱크, 체인오일탱크, 에어필터, 손잡이 등

실린더	수평형과 직립형이 있고, 직립형은 큰 소음기가 부착되어 소음에 효과적이다.
피스톤	실린더 안을 7~10m/sec의 속도로 왕복운동하므로 알루미늄합금으로 제작한다.
크랭크축	크랭크실 안에서 축으로 지지됨과 동시에 한쪽은 연장하여 점화장치, 냉각팬, 시동장치와 연결되고, 다른 쪽은 원심클러치에 연결되며 스프로킷에서 톱체인을 구동한다.
크랭크실	크랭크축을 지지함과 동시에 기화기로부터 흡입한 혼합기를 예비압축한다.
점화장치	탄차자석으로부터 발생된 8,000~15,000V의 고압전류는 실린더 상부에 있는 점화플러그에 전달되어 실린더 내 연소실의 압축된 혼합기에 단속되어 점화된다.
기화기	경사지에서도 기관의 회전이 원활하게 되도록 다이아프램 기화기가 사용된다. • 체인톱 기화기는 공기를 유입시키거나 닫아 주는 판이 2개(초크판, 스로틀셔터판) 있다. • 체인톱 기화기에는 3개의 연료분사구(제1공전노즐, 제2공전노즐, 주노즐)가 있다. • 기화기의 벤투리관으로 유입된 연료량은 고속조정나사와 공전조정나사로 조정될 수 있다.
시동장치	탄차의 바깥쪽에 부착되어 있고, 와권(소용돌이감기) 용수철을 사용하여 자동적으로 감는다.
연료탱크	마그네슘합금으로 되어 있고, 연료의 흡입, 배출구에는 필터가 있다.
에어필터	기관에 흡입하는 공기 중의 먼지를 제거한다.

ⓑ 동력전달 부분 : 클러치, 감속장치, 스프로킷 등

원심클러치와 스프로킷	원심클러치드럼에 부착된 스프로킷으로부터 크랭크축의 회전과 운동이 되어 체인톱을 구동하는 방식(다이렉트 드라이브형)
급유장치	윤활유는 체인톱의 작용을 원활하게 하고 안내판과의 마찰을 경감시켜 체인톱에 눌어붙음을 방지함은 물론 안내판의 수지를 녹이는 작용을 한다.

ⓒ 톱체인 부분 : 쏘체인, 안내판, 체인장력조절장치, 체인덮개 등

톱체인	• 안내판을 고속으로 회전하는 체인에 톱날을 부착한 것으로, 톱날의 모양에 따라 치퍼형, 치젤형, 톱파일형, 안전형 톱체인 등이 있다. • 치퍼형 톱체인은 톱날 좌우 각 1매, 전동쇠 4매, 이음쇠 6매, 리벳 8개로 구성된다.
안내판	• 바깥 주위에 톱체인이 돌아가는 좁은 골이 있고, 드라이브링을 고속주행시키는 안내용 레일의 역할을 한다. • 안내판의 뒤끝 부근에는 절단톱날의 장력을 조정하기 위한 조정나사의 머리 부분을 끼울 수 있는 구멍이 있다.

ⓐ 안전장치 : 전방 손잡이 및 후방 손잡이, 전방 손보호판, 후방 손보호판, 체인브레이크, 체인잡이, 체인잡이 볼트, 지레발톱, 안전스로틀레버 차단판, 스위치, 체인보호집, 안전체인 등

자동 체인브레이크	앞손보호판과 연동하여 부착되어 있는데, 이것은 가지치기를 할 때 작은 가지가 커터와 커터 사이에 끼어 튀어오르게 되면 조종자에게 위험하므로 이것을 방지하기 위하여 앞손보호판에 손이 접촉할 경우 원심클러치드럼에 급제동을 주는 장치이다.
체인잡이	체인이 끊어지거나 안내판에서 벗겨질 경우 이를 잡아주는 것
스로틀레버 차단판	작업원이 체인톱을 확실히 잡고 있어야만 스로틀레버가 작동하여 체인톱날이 회전하게 하는 것으로, 엔진이 저속회전할 때 부주의로 스로틀밸브에 작은 가지가 접촉하게 되면 급히 기관의 회전이 빨라져 위험하게 되므로 스로틀레버가 작동하지 않도록 차단하기 위한 것이다(액셀레버가 작동되지 않도록 차단).
핸드가드 (앞손보호판)	앞손잡이에 부착되어 작업 중 가지의 튐에 의하여 손에 위험이 생기는 것을 방지한다.

ONE MORE POINT 스파이크(spike, 지레발톱)

작동작업 시 정확한 작업 위치를 선정함과 동시에 체인톱을 지지하여 지렛대 역할을 함으로써 작업을 수월하게 한다.

③ 체인톱 안전수칙
  ㉠ 방진 방법으로 기관부와 톱체인부에서 발생하는 진동이 방진고무와 핸들의 피복고무에 흡수되는 방진장갑을 사용한다.
  ㉡ 체인톱 사용 시간을 1일 2시간 이내로 하고, 10분 이상 연속 운전을 피한다.
  ㉢ 방음 대책으로 방음용 귀마개의 사용, 작업시간의 단축, 머플러(배기구)의 개량 등이 있다.
④ 체인톱의 성능
  ㉠ 엔진의 출력과 무게에 따른 구분

구분	엔진출력	무게	배기량	용도
소형	2.2kW(3.0ps)	6kg 정도	50cc 이하	소경재 벌목작업, 벌도목 가지치기
중형	3.3kW(4.5ps)	9kg 정도	50~70cc	중경목 벌목작업
대형	4.0kW(5.5ps)	12kg 정도	70cc 이상	대경목 벌목작업

  ㉡ 안내판의 길이 : 49cc 이하일 때는 33cm, 50~60cc급은 40cm급을 사용하며, 체인톱 앞 손잡이를 한 손으로 들었을 때 지면과 약 15° 각도를 이루는 것이 적당하다.
  ㉢ 체인톱의 사용 시간
    • 몸통의 수명 : 약 1,500시간
    • 안내판 수명 : 약 450시간
    • 체인의 수명 : 약 150시간
    • 1시간당 평균 연료소모량 : 1.5L
    • 1시간당 평균 오일소모량 : 0.4L

- 1분당 절단 가능한 목재의 단면적 : 50cc급 체인톱의 절단능력은 초당 약 50cm, 즉 3,000cm/분
- 피치 : 서로 접하여 있는 3개의 리벳간격을 2로 나눈 값

ONE MORE POINT 체인톱 'STIHL 028 AV' 표시의 뜻

- STIHL : 제조회사
- 028 : 규격
- AV : 진동 예방장치 부착

⑤ 체인톱의 사용 방법

　㉠ 시동 : 시동을 걸 때에는 주위의 사람에 대하여 주의하고 지면이 안전한 곳에서 손과 발로써 단단히 체인톱을 누르고 건다. 한 손으로만 누르거나 목재 위에서 시동 거는 것은 위험하므로 피한다.

　㉡ 운전 : 시동 후 2~3분간 저속 운전하며 기관의 상태를 확인한다. 기관에서 특이한 진동과 소리가 나게 되면 정지시켜 원인을 조사한다.

　㉢ 벌도 : 벌목방법에 따라 나무를 벤다.

　㉣ 정지 : 기관을 정지시킬 때에는 반드시 엔진회전을 저속으로 낮춘 후에 스위치를 끈다.

ONE MORE POINT 체인톱 사용 시 준수사항

- 체인톱에 대한 정확한 취급과 사용방법을 숙지한 후 사용하여야 한다.
- 안전모, 방진용 장갑과 방음용 귀마개 등 안전장비를 착용하여야 한다.
- 체인톱을 시동할 때에는 톱날이 주위의 사람 또는 물건에 접촉되지 않도록 안전한 장소에서 시동하여야 한다.
- 체인톱을 이동할 때에는 반드시 엔진을 정지하여야 한다.
- 체인톱의 연속 운전은 10분을 넘지 아니하여야 한다.
- 톱날이 움직일 때는 이동을 금지하고, 연료주입을 할 때에는 금연한다.
- 절단작업 시에는 충분히 스로틀레버를 잡아 가속한 후 사용한다.
- 안내판 코로 작업하는 것은 매우 위험하므로 주의하여야 한다.

ONE MORE POINT 킥백현상

- 회전하는 톱체인 끝의 상단부분이 어떤 물체에 닿아서 체인톱이 작업자 머리쪽으로 튀어 오르는 현상이다.
- 이를 예방하기 위해서는 찔러베기 시 체인톱이 튕기지 않도록 안내판코를 사용하지 않고, 비스듬히 찔러베기를 한다.
- 기계톱을 잡을 때에는 오른손 다섯 손가락을 이용하여 뒷손잡이를 잡고, 왼손 엄지로 앞손잡이를 감아쥐어 사용한다.

⑥ 체인의 종류 및 날갈기

　㉠ 톱체인의 구조

　　• 절단톱날은 체인에 절삭용 톱날을 붙인 것으로, 톱날의 모양에 따라 가로자르기(cross cutter)형과 가로·세로 자르기(chipper)형의 양용형으로 구분된다.

　　• 절단작업과 톱날갈기작업(filing)이 용이한 것은 가로·세로 자르기의 양용형이다. 이 형태의 톱체인은 8피치가 1연쇄로 되어 있고, 안내판 외부의 둘레에 따라 필요한 수만큼 무한궤도에 연결되어 있다.

　　• 1연쇄는 좌측 절단톱날(cutter link) 1개, 우측 절단톱날 1개, 구동링크 4개, 결합판(side link) 6개, 결합리벳 8개로 구성되어 있다. 절단톱날은 특수공구강으로 열처리되어 있다.

　　• 절단날의 모양은 둥근 것(round chipper), 각이 나 있는 것(chisel, semi-chisel, micro-chisel) 외에 좌우 절단톱날 사이에 톱밥이 끼어들지 않도록 구동 링크의 위쪽에 경사돌기가 나 있는 것도 있다. 체인톱의 피치는 2개 링크의 리벳간격으로 나타내는 것이 보통이다.

　　• 체인톱의 체인규격은 피치(pitch)로 표시하는데 이는 서로 접하여 있는 3개의 리벳간격을 2로 나눈 값을 나타내며, 스프로킷의 피치와 일치하여야 한다.

　㉡ 톱체인의 종류

대패형(chipper) 톱체인-원형	• 톱날의 모양이 둥근 것으로, 톱니의 마멸이 적고 원형줄로 톱니세우기가 쉽다. • 절삭저항이 크나 비교적 안전하므로 초보자가 사용하기 쉽다. • 가로수와 같이 모래나 흙이 묻어 있는 나무를 벌목할 때 많이 이용된다.
반끌형(semi-chisel) 톱체인	• 윗톱날과 가로톱날의 접합부가 둥글고 톱날세우기는 원형줄을 사용한다. • 목공용이나 가정용 등 일반적으로 많이 사용된다.
끌형(chisel) 톱체인	• 톱날이 각이 져서 각줄을 사용하여 톱니를 세워야 하고 절삭저항이 작다. • 숙련자는 높은 능률을 올릴 수 있으나 초보자는 사용할 수 없다.
개량끌형(super-chisel) 톱체인	• 더욱 개량된 것으로 보통 각형이며, 원형줄로 톱니를 세운다. • 숙련자의 사용으로 능률을 배가시킬 수 있다.
톱 파일링형(top-filing) 톱날	체인톱 내장 자동톱날갈기 구조로서 평줄로 톱날을 세운다.

　㉢ 톱체인의 날갈기

　　• 체인의 날갈기는 체인에 적합한 규격의 줄을 사용해야 한다. 보통 많이 사용하는 S20, S25, S30 날에는 3/16(4.8mm)이 사용된다.

　　※ **기계톱날을 연마 준비물** : 마름모줄(평줄), 원형줄, 깊이제한척
　　※ **삼각톱날의 연마 준비물** : 마름모줄(평줄), 원형 연마석, 톱니 젖힘쇠

　　• 날의 구조는 톱의 역할을 하는 옆날과 끌이나 대패의 역할을 하는 윗날로 구성되어 있고, 톱의 역할을 하는 옆날이 나무를 자르면 대패의 역할을 하는 윗날이 나무를 깎는 구조이다.

　　• 옆날과 윗날의 절삭각도와 상태를 조정하면 다양한 용도에 적합한 날로 만들 수 있다.

　　• 기본적인 절삭각도는 윗날이 톱판에 대해서 30~35° 정도이고, 옆날은 옆에서 볼 때 톱판에 대해서 직각을 유지하고 있는 것이 이상적이다.

　　• 날의 상하각은 10°이기 때문에 날을 갈 때는 줄을 자기 쪽으로 10° 정도 숙인다.

- 날의 면에 전체적으로 줄이 닿게 하고 옆과 위로 힘을 주면서 앞으로 밀고, 당길 때는 힘을 주지 않는다.
- 날을 세우는 것은 날을 갈아 내는 것이 아니기 때문에 가볍게 2~3회 왕복하는 것으로 충분하다.
- 날을 세울 때의 주안점은 모든 날이 같은 각도를 유지하게 하는 것이며, 날마다 각도가 제각각이면 톱이 제성능을 발휘하지 못한다.
- 날은 3~4회 갈고 나면 뎁스도 갈아주어야 하며, 뎁스는 톱날이 한 번에 팔 수 있는 깊이를 말한다.
- 윗날은 경사가 져있기 때문에 날을 갈면 날의 위치가 낮아져서 팔 수 있는 깊이가 작아진다.
- 이상적인 뎁스의 폭은 0.50~0.75mm이다. 뎁스의 폭이 너무 작으면 톱이 잘 들지 않게 된다. 이때 전용의 뎁스게이지를 뎁스에 대고 튀어나온 부분을 평줄로 갈아준다.
- 톱날이 잘 세워지지 않은 것을 사용하면 톱질이 힘들고 진동이 생기고 나무가 불규칙하게 잘라진다.
- 체인의 날 길이가 모두 같지 않으면 톱이 심하게 튀거나 부하가 걸리며 안내판 작용이 어렵고, 잡아당기고 미는 데 힘이 든다.
- 연마각(창날각)이 서로 다를 경우 절단면에 파상무늬가 생기고 심하면 체인이 한쪽으로 기운다. 깊이제한부를 너무 깊게 연마하면 톱밥이 두꺼우며 톱날에 심한 부하가 걸리고, 안내판과 톱날의 마모가 심해 수명이 단축되며, 체인이 절단된다.

[톱날의 종류별 연마각도]

구분	대패형 톱날	반끌형 톱날	끌형 톱날
창날각	35°	35°	30°
가슴각	90°	85°	80°
지붕각	60°	60°	60°
연마방법	수평	수평에서 위로 10° 상향	수평에서 위로 10° 상향

(2) 다공정 처리기계

① 벌목, 가지치기, 절단, 집적 등의 공정 가운데 복수의 공정을 연속적으로 처리하는 차량형 기계를 말한다.

② 하베스터(harvester)

㉠ 임내를 이동하면서 임목의 벌도·가지치기·절단 등의 작업을 하는 기계로서, 벌도 및 조재작업을 1대의 기계로 연속작업할 수 있는 장비이다.

㉡ 임목의 근원부를 집고 절단하여 넘기고, 가지가 붙은 원목을 붐의 축 방향으로 이송시키면서 가지를 제거하고 절단 작동한다. 이 때문에 기계는 비교적 대형 고출력을 필요로 하며, 복잡한 유압기구를 구비한 것도 있다.

ⓒ 벌도장치는 암 혹은 붐의 끝에 장착되고, 가지제거와 절단장치는 벌도장치와 일체로 조립된 것과 차량 본체에 탑재된 형식이 있다.

ⓔ 하베스터는 프로세서나 펠러번처에서 발전된 형식이라고 볼 수 있다.

③ 프로세서(processor)

ⓐ 하베스터와 유사하나 벌도 기능만 없는 장비이다.

ⓑ 일반적으로 전목재의 가지를 제거하는 가지자르기 작업, 재장을 측정하는 조재목 마름질 작업, 통나무자르기 등 일련의 조재작업을 한 공정으로 수행하여 원목을 한곳에 쌓을 수 있다.

④ 펠러번처(feller buncher)

ⓐ 굴착기를 기본 장비로 하여 임목을 잡아 근원 부위를 절단하고 들어 올려 원하는 위치로 옮겨 쌓을 수 있다.

ⓑ 하베스터와 같이 가지치기, 조재작업은 할 수 없고, 벌도작업과 모아쌓기(bunching)작업은 가능하며, 펠러번처의 후속 작업으로 프로세서나 체인톱에 의한 가지치기, 조재작업이 이어져야 한다.

⑤ 펠러스키더(feller skidder) : 벌도작업과 동시에 벌도목을 임도변까지 운반시켜 놓는 기계로서, 개벌작업이나 일부 간벌작업에 이용된다.

2. 풀베기작업 기계

(1) 예불기(예초기, brush cutter)

① 예불기의 정의 및 특징

ⓐ 가솔린엔진이나 전기모터 등의 소형원동기에 의해 구동되는 원형 톱날이나 특수한 모양의 톱날에 의해 잡초나 관목, 소경목 등을 베어 깎는 1인용 휴대 작업 도구이다.

ⓑ 1950년대 후반 일본 등지에서 주로 조림지 정리작업 및 풀베기용으로 개발되어 보급되었다.

② 예불기의 종류

ⓐ 휴대방식(장착방식)에 따른 분류 : 어깨걸이식(견괘식), 손잡이식, 등짐식(배부식)

ⓑ 칼날의 종류 : 나일론 스프링코일, 잔디 제초용 칼날, 관목 제거용 칼날, 원형 칼날

(a) 어깨걸이식(견괘식)　　　　(b) 등짐식(배부식)

[예불기의 종류]

- 나일론 스프링코일 : 잔디, 초본류, 취미 생활용 및 농업용 칼날에 사용할 수 있다.
- 잔디 제초용 칼날 : 경관관리 지역에서 잔디, 잡초류 및 관목에 사용되는 금속 칼날(플라스틱은 단지 잔디와 잡초에만 사용)에 적용된다.
- 관목 제거용 칼날 : 잔디, 잡초 및 손가락 굵기(약 2cm까지)의 관목류 제거에 사용된다.
- 원형 칼날 : 관목류 및 직경 7cm까지의 임목 제거에 사용된다.

(a) 나일론 스프링코일   (b) 잔디 제초용 칼날   (c) 관목 제거용 칼날   (d) 원형 칼날

[여러 가지 예초기 칼날]

③ **예불기의 구조** : 원동기부, 동력전달부(클러치, 드라이브 샤프트, 아우터 파이프, 핸들), 톱날부로 구성된다.

　㉠ 원동기부 : 체인톱과 같이 엔진, 연료통, 시동장치, 기화기 등으로 구성된다.

　㉡ 동력전달부

- 엔진으로부터의 동력을 톱날부분으로 전달하는 역할을 하는데, 동력전달축과 조작손잡이 부분으로 구성된다.
- 동력전달축의 외부 케이스는 외경 26~36mm, 길이 1,200~1,400mm, 두께 1.5~3mm의 알루미늄 합금으로 이루어진 파이프 형태이다.
- 동력전달축 케이스 내부에는 직경 8~12mm의 축이 2~3개소의 축 고정 베어링을 통하여 지지되며, 이 축이 엔진의 속도와 같은 속도로 회전하여 동력이 전달된다.

　㉢ 톱날부

- 동력전달축 끝에 붙은 목 부분인 기어케이스와 원형 톱으로 이루어져 있다.
- 동력전달축으로부터 구동축의 회전방향을 약 120° 정도 바꾸며 속도를 감속시켜주는 베벨기어가 기어케이스에 들어 있다.
- 기어케이스의 하단부에 원형 톱날을 부착하는 플랜지가 붙어 있고, 여기에 원형 톱날을 끼어서 톱날누름쇠와 너트로 고정되어 있다.
- 톱날에는 막대형, 삼각형, 사각형, 8개 이상의 칼날이 달린 톱날, 60~120매의 톱니가 달린 원형 톱날 등이 있다.
- 톱날 직경 : 230~305mm, 두께 : 1.25~1.40mm
- 예불기 톱날의 회전방향은 좌측(시계반대방향)이다.
- 톱니 젖힘의 크기는 0.2~0.5mm가 적당하고, 침엽수 0.3~0.5mm, 활엽수 0.2~0.3mm로 작업한다.

- 톱니의 젖힘은 나무와 마찰을 줄이기 위한 것으로, 침엽수용을 활엽수용보다 더 넓게 젖혀준다(침엽수가 목섬유가 연하고 마찰이 크기 때문).
- 톱니 젖힘은 톱니 뿌리선에서 2/3 지점을 중심으로 밖으로 젖힌다.
- 젖힘의 크기는 모든 톱니가 일정해야 한다.

④ 예불기 안전수칙

　㉠ 예불기 작업방향은 톱날의 회전방향이 좌측이므로 우측에서 좌측으로 실시한다.

　㉡ 칼날의 정면방향에서 시계점 12~3시 방향은 튕김현상이 매우 잘 일어나는 부분이므로 되도록 이 부분을 이용한 절단작업은 피한다.

　㉢ 작업 시 조작손잡이를 두 손으로 잡고, 좌우로 진자운동을 하듯이 허리를 같은 방향으로 좌우로 회전시키며 항상 톱날방향과 상체의 중심선이 일치하도록 한다.

　㉣ 정면으로부터 톱날의 회전방향으로 약 60~70° 부분이 절단효율이 가장 좋다.

　㉤ 톱날 목부분에 부착된 안전덮개는 베어진 가지나 풀 등의 이물질이 작업원에게 튀어 오르지 못하게 하는 보호역할을 한다.

　㉥ 풀이나 가지가 톱날에 끼이면 반드시 엔진을 정지하고 이를 제거한 후 다시 작업한다.

　㉦ 급경사지의 경우는 경사면의 하향이나 상향방향으로의 작업은 매우 위험하므로 반드시 등고선 방향으로 진행해야 한다.

　㉧ 경사지 작업에서는 왼발이 경사지 아래쪽에 위치하고, 우측에서 좌측으로 작업한다.

　㉨ 톱날이 덩굴에 휘감기지 않도록 주의하고, 덩굴 윗부분을 1차 작업한 후 아래부분을 작업한다.

　㉩ 작업자 간의 거리는 10m 이상 유지한다.

　㉪ 1시간 작업 후 휴식한다(소음과 진동이 심하므로).

　㉫ 톱날은 지상으로부터 10~20cm의 높이를 유지하고, 5~10°로 기울여 절단한다.

　㉬ 1년생 잡초 및 초년생 관목베기의 작업폭은 1.5m가 적당하다.

⑤ 예불기의 사용 방법

　㉠ 시동

　　- 연료탱크에 연료를 넣고 스로틀밸브를 저속에 맞춘다.

　　- 연료콕을 풀림으로 조정하고 초크레버를 올린 다음 시동을 건다.

　　- 시동이 되면 스로틀레버를 1/3 또는 1/2회전 정도로 당겨 난기운전(날은 회전하지 않고 시동만 걸려있는 무부하상태)을 한 다음 초크레버를 원상태로 내린다.

　㉡ 운전

　　- 엔진 시동 후 2~3분간은 난기운전을 하였다가 점차 회전속도를 증가시킨다.

　　- 무부하상태에서 고속회전하지 않는다(엔진수명 단축).

ⓒ 정지
- 일시정지할 때는 스로틀레버를 저속으로 조정하고 1~2분간 운전한 다음 엔진이 완전히 정지할 때까지 정지스위치를 누른다. 엔진이 정지하면 연료콕을 닫는다.
- 장시간 정지 시는 연료콕을 닫고, 엔진이 정지할 때까지 저속회전시킨다.

⑥ 예불기의 연료와 윤활유
ㄱ 예불기의 연료
- 가솔린과 윤활유를 25 : 1로 혼합해서 사용한다.
- 연료는 시간당 약 0.5L 정도가 소모되므로 한계선을 넘지 않도록 한다.
ㄴ 예불기의 윤활유
- 예불기의 그리스 주입이 필요한 곳은 기어케이스, 플렉시블 샤프트, 작업봉과 연결된 부분 등이다.
- 기어케이스 내부의 주입구를 통하여 #90~120 그리스를 20~25cc 정도 주유한다.
- 윤활유는 너무 과다하게 주입하면 밀폐부에서 밖으로 새어 나와 먼지나 이물질이 부착되어 고장의 원인이 되고, 너무 적게 넣으면 베어링 및 기어의 마모가 심해진다.
- 윤활유 사용시간 누계가 20시간이 되었을 때마다 전부 교환해주는 것이 좋다.
- 플렉시블 샤프트에는 10시간마다 주입구에 #30~40 그리스를 2~3방울씩 주유한다. 오일을 과다 또는 적게 주유하면 진동이나 마모를 일으킨다.

⑦ 예불기의 날 관리 및 날갈기
ㄱ 날 관리
- 날 관리에 있어 나일론 끈과 플라스틱 칼날은 낡으면 새것으로 교체하는 소모품이며, 그 외 철재로 된 칼날 또는 톱니는 마모에 의해 작업능률이 좌우되기 때문에 날 관리가 매우 중요하다.
- 칼날과 톱날 관리요령은 장비 구입 당시 장비사용법 책자의 관리방법을 숙지하고, 연마방법과 날의 각도 준수, 연마도구 등을 구비하여야 한다.
- 원형 톱날은 일반 손톱과 유사하여 좌우로 적정한 톱니 젖힘이 있어야 관목 절단에 톱이 끼이지 않고 절삭력과 톱밥 배출이 쉽다.
ㄴ 예불기 날갈기
- 예불기 칼날 교체 또는 정비를 위해 분해할 때는 칼날을 고정하고 있는 고정 너트를 풀어야 하는데 일반 너트와는 다르게 오른쪽(시계방향)으로 돌려야 너트가 풀어진다.
- 오른쪽(시계방향)으로 돌려 너트가 풀어지게 한 것은 날의 회전력에 의해 고정 너트가 풀려지는 것을 방지하여 위험에서 벗어나기 위함이며, 너트와 볼트의 나사산이 왼나사로 되어 있다.
- 날의 조립 시에는 분해의 역순으로 왼쪽으로(시계반대방향) 돌려야 조여진다.
- 너트를 풀고 조임작업에 사용되는 공구는 전용공구나 규격에 알맞은 공구를 사용하여야 한다.
- 너트 조임 시 알맞은 힘으로 조여야 풀림방지와 나사산의 파손을 예방할 수 있다.

(2) 자동지타기(가지 자르는 기계)

① 자동지타기의 정의 및 특징

㉠ 수간(줄기)을 자체 동력으로 상승하면서 가지치기 작업을 실시하는 기종이다.

㉡ 나선형으로 상승하는 형태와 수직으로 상승하는 형태가 있다.

㉢ 소형 체인톱이 부착되어 이를 이용하여 가지치기를 하고, 수간을 상승하는 구동력은 고무 타이어 바퀴의 구동에 의하여 얻어진다.

② 구조 : 원동기부, 동력전달부, 수간 상승 구동장치, 가지치기 톱날부

㉠ 원동기부 : 공랭식 2행정 가솔린엔진을 탑재(엔진 배기량 50~90cc)

㉡ 동력전달부 : 원동기 동력의 일부를 수간 상승 구동장치인 고무 타이어 바퀴로 전달, 일부는 체인톱 부분으로 전달한다.

㉢ 수간 상승 구동장치 : 3~4개의 바퀴를 구동시켜 지타기 본체를 나선상으로 상승시키는 역할을 한다. 이때 4~5개의 구동되지 않는 고무 타이어 바퀴는 수간의 주위를 감싸고 용수철의 힘으로 눌리는 프레임에 부착되어서 구동바퀴에 압력을 가해 수간 주위를 헛돌지 않게 하는 역할을 한다.

- 가지를 자르면서 상승하는 속도 : 2~3m/분
- 가지가 없는 부분의 상승속도 : 3~5m/분
- 작업가능 임목 흉고직경 : 15~30cm
- 작업가능 수간 상부 최소직경 : 8cm
- 자를 수 있는 가지직경 : 4~5cm

(3) 가지치기 체인톱 또는 가지치기 동력가위

긴 손잡이 끝에 소형 체인톱이 달려 있거나 유압이나 공압으로 작동되는 가위가 부착되어 이를 이용하여 가지치기 작업을 할 수 있는 동력식 지타기계이다.

※ 실제 지타기를 사용하고 있는 현장에서 보고된 문제점은 엔진 고장, 임목의 형상에 기인한 상처, 바퀴에 의한 상처, 센서 이상, 우천 시 바퀴의 미끄러짐 등이다.

3. 집재 및 수확작업 기계

※ 집재(集材)는 임지 내에 흩어져 있는 벌채목이나 원목을 임도변까지 끌어 모으는 작업을 말한다.

(1) 중력에 의한 집재

목재의 자중(自重)을 이용하여 집재한다.

① 활로(수라, 미끄럼틀)에 의한 집재

㉠ 중경사지 이상의 지표면이 거칠지 않고 석력 또는 암석 노출이 적은 지역에 적합하다.

㉡ 직선으로 설치하기보다는 나무가 쌓이는 종점 부분을 도로와 평행하게 곡선을 유지하여 설치하는 것이 안전하다.

ⓒ 수라설치 지역의 최소 종단경사는 15~25%가 되어야 하고, 최대경사가 50~60% 이상일 경우에는 속도조절장치를 부착하여 활용한다.

ⓓ 수라에 틈이 생기거나 급한 곡선이 생기지 않도록 하며, 수라가 지표면에 밀착되도록 하여야 한다.

ⓔ 평평하지 않고 도랑이나 굴곡이 져서 수라 밑에 공간이 생겼을 경우 나무나 기타 물질을 집어넣어 구멍을 메워서 수라가 지탱할 수 있도록 한다.

ⓕ 수라의 종류 및 특징

흙수라	• 장점 : 시설비 적음 • 단점 : 임지훼손, 목재훼손 • 최소경사 　- 얼음판 : 8% 　- 눈 : 12% 　- 습할 때 : 35%
나무수라, 판자수라	• 장점 : 목재훼손 적음 • 단점 : 시설비용이 비쌈
플라스틱수라	• 장점 : 효율성이 높음 • 단점 : 구입비용이 비쌈 • 조건 　- 최소기울기 : 25%, 최대기울기 : 55% 　- 최대거리 : 500m, 최적거리 : 100~150m

② 와이어로프에 의한 집재

㉠ 와이어로프나 강선을 이용하여 원목을 고리에 걸어 내려보내는 방법으로, 주로 소경재의 집재에 적합하다.

㉡ 와이어로프 자체의 무게로 처지기 때문에 설치지역은 凹형 비탈면이 적합하다.

㉢ 도착지에서는 집재되는 원목의 속도를 제어할 수 있도록 헌 타이어 등을 완충물로 이용하나 안전사고의 위험이 매우 높다.

㉣ 집재 거리가 너무 멀거나 경사가 급한 곳에서의 사용은 가급적 제한한다.

(2) 기계력에 의한 집재

① 소형 윈치류 : 썰매형(아크야) 윈치, 체인톱 윈치(KBF 소형 윈치)

㉠ 견인력이 0.5~1.0톤 정도인 윈치로서, 휴대용 또는 자체 견인력을 이용하여 임내를 이동할 수 있다.

㉡ 대형 집재장비를 이용하여 집재하기 전에 집재 대상목을 일정한 장소에 수집하여 모아 쌓는 작업인 소집재(bunching) 작업이나 간벌재를 집재하는 데 이용 가능하다.

㉢ 특별한 경우를 제외하고는 모두 지면끌기 집재용 윈치로서, 경우에 따라서는 가공본줄을 설치하여 단거리 상향집재에 이용하기도 한다.

㉣ 대형 집재기의 가선 설치 시 작업을 용이하게 하기 위해서나 트랙터윈치의 와이어로프를 작업 장소까지 끄는 데 이용되기도 한다.

ⓜ 리모컨이 장치된 윈치의 경우에는 1인 작업도 가능하다.

 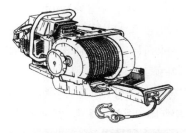

[썰매형(아크야) 윈치]　　　[Multi-KBF 소형윈치]

② 소형 집재용 차량 : 보행 조작형 크롤러 바퀴식(아이언 호스), 탑승형 크롤러 바퀴식(yan mar), 타이어 바퀴식(oikawa)

ⓐ 임목 수확작업 시 벌채한 원목이나 전간목을 벌채장소에서 임도변으로 집재하는 기능을 지닌 소형 장비를 일컫는다.

ⓑ 운전원이 차체에 타고 운전하는 탑승 형태와 탑승하지 않고 옆에서 걸어가면서 조작하는 보행 조작식이 있다.

ⓒ 대개의 보행조작형 소형 기종은 원목 싣기용 크레인이 부착되어 있지 않지만 적재용량이 2톤 정도 되는 것은 원목 싣기용 크레인이 부착된 것이 있고, 트레일러를 연결하여 전간목을 운반 가능한 것도 있다.

ⓓ 전목의 일부를 차체에 얹고 일부가 지면에 끌리도록 운반하는 것을 미니 스키더, 짧은 원목을 적재함에 실어서 운반하는 것을 미니 포워더라고 한다.

ⓔ 최근에는 대형 포워더와 이러한 소형 집재용 차의 중간 형태로, 적재용량이 2~3톤이며 체자에 너클붐 크레인이 달린 타이어 바퀴식 및 크롤러 바퀴식의 원목운반 장비가 많이 생산되고 있다.

③ 크레인

ⓐ 적재작업을 원활히 수행하기 위하여 소형차에는 윈치 부착 크레인, 적재·집재 차량에는 그래플 크레인(grapple crane)을 장착한 것이 많다.

ⓑ 윈치 부착 크레인은 기계식, 그래플 크레인은 유압식이 보통이다. 윈치 부착 크레인은 집재와 적재가 동시에 가능하지만, 목재를 크레인에 걸고 벗기는 작업이 필요하다.

④ 트랙터 윈치류

ⓐ 기본차량(트랙터)

• 트랙터는 독립된 원동기를 구비하여 물체를 견인하기에 적합한 구조와 성능을 지닌 특수 차량 이다.

• 트랙터는 농업뿐만 아니라 임업에서도 가장 널리 활용되는 기본 장비로, 여러 가지 형태가 있으며 산림작업에는 임업용 트랙터가 사용되거나 농업용 트랙터를 개조하여 임업에 활용하고 있다.

• 산림작업에서는 트랙터가 단순히 견인 작업에만 쓰이는 것이 아니고, 부속작업기를 부착 또는 탑재하여 다양한 작업에 활용할 수 있다.

ⓒ 다목적 트랙터 : 작업기를 차체에 얹을 수 있는 플랫폼 형식으로 시스템 트랙터라고도 하며, mb 트랙터, 우니목(unimog) 트랙터 등이 있다.

ⓒ 농업용 트랙터 : 농업용 트랙터를 표준형 트랙터라고도 하며, 3점 링크히치에 작업기를 부착하여 사용하는 것으로 대표적인 작업기로 파미(farmi)윈치가 있다.

ⓔ 차체굴절식 임업용 트랙터 : 일명 스키더라고도 하며, 동일한 크기인 4개의 대형 바퀴와 차체 굴절식 조향장치를 구비한 것이 특징으로 팀버잭 그래플 스키더 등이 있다.

※ 트랙터를 이용한 집재 시, 안전과 효율성을 고려했을 때 일반적으로 작업 가능한 최대경사도는 15~20°이다.

ONE MORE POINT **파미(farmi)윈치(트랙터 집재기)**

- 트랙터의 동력을 이용한 지면끌기식 집재기계이다.
- 상향은 약 60m, 하향은 30m 정도이고, 견인력과 윈치속도는 가선기계만큼 빠르다(최대집재거리 100m).
- 운재로 또는 기계로 진입이 가능하며, 윈치조작법이 간편하여 누구나 쉽게 사용할 수 있는 윈치로서, 소경재 및 중경재까지 집재가 가능하다.
- 집재량이 적을 경우에 운재작업이 가능하여 활용가치가 높다.

---

(3) 가선집재용 기계

※ 가선집재(架線集材, cable logging)는 와이어로프를 공중으로 띄워 가설하고 반송기를 이용하여 이를 집재 통로를 통하여 원목을 집재하는 방식이다.

① 야더(yarder) 집재기 : 타워야더 집재기가 개발되기 전에 사용하던 집재기로 드럼용량이 커서 일반적으로 장거리 집재에 적합하나, 이동 시 트럭 등을 이용해야 하는 불편함이 있다.

② 이동식 타워야더 : 타워가 부착되어 이동·설치가 쉬우나, 800m 이상의 장거리 집재에 부적합하다.

③ 타워야더

ⓐ 트럭이나 임내차에 인공 철기둥을 탑재하여 인공 지주를 세워서 선주(head spar)로 사용하며, 장거리 집재작업에 활용하는 장비이다.

ⓑ 급경사지에서 집재작업이 가능하고 보통 인터로킹 기능이 장착되어 있으므로 상하향 집재작업이 가능하다.

ⓒ 가선의 설치와 철거 작업이 간단하고 전용 유선 리모컨으로 조작함으로써 작업의 효율성과 편리성을 갖추고 있다.

④ 스윙야더

ⓐ 굴착기를 기반으로 하는 가선 집재 장비로서 전목 집재와 전간 집재, 임목의 상하차, 정리작업이 가능하다.

ⓑ 상하향 집재작업이 가능하고, 장비의 설치와 해체가 쉽고 간단하다.

ⓒ 굴착기는 드럼을 돌릴 수 있는 정도의 유량이 토출될 수 있는 14톤급 이상의 굴착기가 필요하다.

⑤ 가선집재용 기계 부속기구

ⓐ 반송기(캐리지) : 가선집재기의 가공본줄 위에서 목재를 적재하여 운반하는 장비로, 보통반송기, 슬랙풀링 반송기, 계류형 반송기, 자주식 반송기 등이 있다.

ⓛ 활차(블록, 도르래) : 로딩블록, 새들블록, 힐블록, 가이드블록, 컨트롤블록, 자동스내치블록 등이 있다.

※ **힐블록** : 스카이라인을 집재기로 직접 견인하기 어려움에 따라 견인력을 높이기 위한 가선장비이다.

ⓒ 중간지지대 : 집재거리가 길어 스카이라인이 지면에 닿아 반송기의 주행이 곤란할 때 설치하는 장치이다.

※ 가선집재에서는 지주목 또는 중간지지대 사이의 스카이라인의 수평거리로 머리기둥과 꼬리기둥 사이에 사잇기둥(중간지지대)이 있는 경우를 다지간(multi span) 가공본줄 시스템, 없는 경우를 단지간(single span) 가공본줄 시스템으로 구분한다.

(4) 원목집게류

① 원목집게(wood grab, log grapple)는 원목의 상하차 및 적재에 쓰이는 임업기계로 임업기계의 보급이 어려운 실정에서 벌채작업 현장에서 가장 많이 쓰고 있는 장비의 하나이다.

② 국내에서는 몇 개사에서 제작하여 굴착기의 버켓을 떼어내고 부착하여 사용하고 있다.

4. 운재작업 기계

※ 통상 운반거리 1km 이상의 경우에 운재작업이라 한다.

(1) 육상운재

① 트럭운재(truck transportation)

ⓐ 철도 등의 궤도운재에 비하여 기동성이 있고 시설비 및 유지·보수비용이 적게 든다.

ⓛ 적재한 트럭이 주행할 수 있는 모든 도로에서 이용이 가능하고 소량의 운반에서는 그 비용이 저렴하다.

ⓒ 대규모 운재작업에서는 비용이 높고 운반 시간의 지체 등 운반사고가 높다.

ⓔ 적재량은 목재의 중량 외에 목재의 형상, 조재의 양부, 노면의 상태, 트럭운전사의 운전 기술 등에 의하여 좌우되므로 효율을 향상시키기 위해서는 임도망의 확대 및 정비, 적재, 하역작업 등의 기계화 및 작업의 합리화가 동시에 이루어져야 한다.

② 철도운재

ⓐ 일제 강점기에는 국내에서 목재의 반출을 위하여 산림 내에 부설한 산림 철도를 이용하였으나, 목재 생산량의 감소와 도로의 발달로 현재는 사용되지 않고 있다.

ⓛ 외국의 경우에서는 산림 전용 철도가 아닐지라도 일반 철도를 이용한 철도운재는 대량의 목재나 장거리 수송에 매우 유용하게 사용되고 있다.

③ 삭도(索道)운재

ⓐ 공중에 와이어로프를 설치하고 반송기를 장착하여 목재를 운반하는 시설을 삭도라고 한다. 이러한 삭도는 일반적으로 목재의 자중을 이용하여 운재하지만, 능선을 넘는 장거리의 경우는 동력을 이용하기도 한다.

ⓛ 지형이 급준하여 임도의 개설이 곤란한 경우와 계곡을 횡단하는 경우에 적당하다.

ⓒ 임지를 훼손하지 않지만, 반드시 지정된 장소에서만 적재 및 하역을 할 수 있다.

ⓔ 설치에 많은 시간이 소요되므로 소규모의 작업 물량에서는 투입이 어렵지만, 특수한 상황에서 헬리콥터나 기구(氣球, balloon)를 이용하는 경우를 제외하고는 작업이 가능한 유일한 방법이다.

ⓜ 임도의 종점 부근과 산지의 집재장에 이르기까지 기울기의 변화와 완급에 대해 제약을 받지 않고 최단거리를 맺는 운재 방법으로 사용되기도 한다.

④ **활로(chute)운재** : 목재를 자중에 의해서 자연 또는 인공적으로 설치한 도랑을 이용하여 운재하는 방법이다.

⑤ **인클라인(incline)운재** : 사면운재, 지면삭도 또는 자동차도운재라고도 한다. 급사면(20~30°)상에 철도와 같이 궤도를 설치하고 그 위에 망삭을 사용하여 2대의 화차(실차와 공차)를 자중에 의하여 교대로 운행시켜 목재를 운반하는 방법이다.

⑥ **목마(wooden-sledge)운재** : 통나무 또는 할목을 부설한 목마도의 위를 목마(일종의 썰매)에 목재를 적재하여 자중을 이용하면서 인력으로 끄는 방법이다.

⑦ **썰매운재** : 눈 위에서 이용되는 운재로 말 및 인력에 의한 썰매가 있다.

⑧ **우마차에 의한 운재** : 우마차에 의한 운재로 트럭이 통행할 수 없는 임도에서 비교적 단거리의 운재에 이용한다. 우마차에는 2륜차와 4륜차가 있다.

(2) 수상운재

① **유송에 의한 운재** : 계류 및 하천에 목재를 개개로 유하시키는 관류(drift, floating)와 뗏목(raft)으로 엮어서 흘려보내는 벌류(rafting) 등이 있다.

② **위류** : 수상에 있는 목재를 체인으로 연결하여 윤상으로 만들어 그 속에 부유재를 에워싸서 그 한끝을 배로 끄는 방법으로 기후에 좌우되며 유실재가 생기기 쉬우므로 근거리 운재에만 이용된다.

③ **해양뗏목** : 뗏목을 선형으로 만들어 해양상을 선박으로 예항하는 방법이다.

④ **선박수송** : 직접 선박에 목재를 적재하여 운반하는 방법으로 목재의 유실 등 손실이 적고 안전하다.

5. 산림토목용 기계

(1) 굴착기계

① 굴착기계에는 불도저, 파워셔블, 백호 클램셀, 레이크도저, 스크레이퍼 등이 있다.

② 불도저

ⓐ 궤도형 트랙터의 전면에 작업목적에 따라 부속장비로서 다양한 블레이드(토공판, 배토판)를 부착한 기계이다.

ⓛ 배토판의 종류에 따라 불도저(스트레이트 도저), 틸트도저(배토판 상하이동), 앵글도저(배토판 전후이동) 등이 있다.

③ 셔블계 굴착기

㉠ 파워셔블 : 기계의 위치보다 지면이 높은 장소의 굴착에 적당하고 굳은 지반의 굴착에 사용한다.

㉡ 백호 : 기계의 위치보다 지면이 낮은 장소의 굴착에 적당하고 부드러운 지반의 굴착에 사용하며 수중굴착도 가능하다.

㉢ 드래그라인 : 기계의 위치보다 지면이 낮은 장소의 굴착에 적당하고 굳은 지반의 굴착에 사용하며, 옆도랑과 빗물받이의 토사를 제거할 때 적합하다.

(2) 적재 및 운반기계

① 적재기계에는 트랙터셔블, 셔블로더 등이 있다.

② 트랙터셔블은 궤도형, 차륜형이 있으며, 적재작업 이외에도 재료운반, 골재처리, 비탈다듬기, 도랑 파기 등에 사용된다.

③ 운반기계에는 스크레이퍼, 불도저, 덤프트럭, 벨트컨베이어 등이 있다.

④ 스크레이퍼는 굴착, 적재, 운반 및 성토, 흙깔기, 흙다지기 등의 작업을 하는 장비이다.

(3) 정지 및 전압기계

① 노반용 장비 : 모터그레이더(정지용 기계)와 스크레이퍼 등

② 전압기계(노면다짐용 장비) : 로드롤러(머캐덤롤러, 탠덤롤러, 탬핑롤러 등), 타이어롤러, 진동콤팩터, 래머, 탬퍼 등이 있다.

---

02 | 임업기계 유지관리

1. 임업기계 점검 방법

(1) 임업기계의 일상점검 사항

① 기관의 볼트, 너트의 조임상태 및 접합부의 접합상태를 점검한다.

② 유압장치 등의 작동누수 또는 기름 새는 부분이 있는지 점검한다.

③ 냉각수 등을 점검하고 부족 시 보충하며, 부족한 원인을 찾는다.

④ 기관이 정지된 상태에서 수평을 유지하고 각 부의 오일량을 점검 보충한다.

⑤ 연료탱크의 연료량을 확인 및 벨트의 긴장상태가 정상인지 확인한다.

⑥ 각종 계기판의 이상 유무, 브레이크, 타이어, 조향장치, 배터리 등을 점검·정비한다.

⑦ 기관의 공전상태, 가속상태 및 변속상태 등을 점검·정비한다.

⑧ 기관이 정지된 후 'off' 상태에서 방전 여부를 확인한다.

⑨ 기계 사용 후에는 각 부를 청결하게 청소하고 보관을 위한 점검·정비를 실시한다.

(2) 예불기의 점검

① **작업 전 점검** : 작업용 칼날 검사(부착, 마모상태 등), 칼날 조임너트 검사, 기어케이스의 조임볼트 검사, 안전커버 검사, 볼트 검사, 작업봉 검사, 연료호스 검사 등

② **작업 후 점검** : 기어케이스 청소, 연료호스 검사, 작업봉 검사 등

③ **매 25시간 점검** : 기어케이스 그리스 주입, 점화플러그 청소, 플렉시블 샤프트 그리스 주입 등

④ **매 100시간 점검** : 클러치드럼 청소, 부분품 조이기 등

2. 임업기계 정비 방법

(1) 체인톱의 정비

① **일일정비**

㉠ 휘발유와 오일의 혼합

㉡ 에어필터 청소 : 에어필터를 일일정비하지 않고 계속 사용하면 엔진의 힘이 약해진다.

㉢ 안내판 손질 : 홈 속에 끼어 있는 톱밥이나 윤활유 찌꺼기를 제거한다.

② **주간정비** : 안내판, 체인톱날, 점화부분(스파크플러그 간격 0.4~0.5mm), 체인톱 본체

③ **분기별정비** : 연료통과 연료필터 청소, 윤활유 통과 거름망 청소, 시동줄과 시동스프링 점검, 냉각장치, 전자점화장치, 원심분리형 클러치, 기화기

④ 체인톱의 엔진에 과열현상이 일어났을 경우 예상되는 원인은 기화기 조절 불량, 연료 내에 오일 혼합량 부족, 점화코일과 단류장치의 결함 등이 있다.

⑤ 체인톱의 연료통(또는 연료통 덮개)에 있는 공기구멍이 막혀 있으면 연료를 기화기로 뿜어 올리지 못해 엔진가동이 안 된다.

⑥ 기계톱의 오일펌프가 고장 나서 오일을 뿜어주지 못하면 안내판과 체인 마모가 심해진다.

⑦ **체인톱의 장기 보관 시 주의사항**

㉠ 연료와 오일을 비운다.

㉡ 특수오일로 엔진 내부를 보호하거나 매월 10분씩 가동을 시켜준다.

㉢ 건조한 방에 먼지가 없도록 보관한다.

㉣ 연간 1회씩 전문적인 검사를 받도록 하는 것이 좋다.

(2) 예불기의 정비

① 시동이 걸리지 않을 경우

    ㉠ 연료혼합비 확인 : 휘발유 : 엔진오일 = 25 : 1

    ㉡ 점화플러그 불꽃 확인 : 점화플러그 청소 또는 교체

    ㉢ 머플러 막힘 확인 : 머플러 막힘 및 이물질 제거

② 힘이 약할 경우

    ㉠ 흰색 배기가스 확인 : 휘발유 : 엔진오일 연료혼합비 = 25 : 1

    ㉡ 공기여과장치 확인 : 공기여과장치 청소 및 교체

    ㉢ 작업봉에 진동이 심할 경우 : 예불기 날 조립 확인, 예불기 날 재조립

    ㉣ 작업봉에 열이 발생할 경우 : 플렉시블 샤프트 호스 열 발생 확인, 그리스 주입

※ 공기여과장치가 더럽혀져 있는 경우, 점화에 이상이 있고(엔진가동이 불규칙) 엔진에 힘이 없으며 비정상적으로 연료소비량이 많다.

③ 예불기 장기간 보관 요령

    ㉠ 예불기 표면의 흙, 기름때, 그리스, 엔진오일 등의 이물질을 제거한다.

    ㉡ 연료탱크나 기화기 내의 연료를 완전히 빼낸다.

    ㉢ 연료를 완전히 빼낸 후 다시 시동을 걸어 기화기 및 연료파이프 내의 연료를 모두 연소시킨다.

    ㉣ 스파크플러그의 구멍에 소량의 오일을 넣은 다음 리코일스타터를 당겨 압축이 느껴지는 위치에서 정지시킨다.

    ㉤ 공기청정기 등을 분해하여 청소하고 건조시킨 후 조립한다.

    ㉥ 고장이나 손상이 있는 부분은 수리하고 습기가 적은 장소에 먼지나 쓰레기가 부착되지 않도록 보관한다.

(3) 임업기계 장비의 보관 방법

① 오물을 제거하고 깨끗하게 한다.

② 일일정비 후 건조하고 선선한 곳에 보관한다.

③ 장시간 보관할 때는 연료를 넣어두지 않는 것이 좋다.

④ 작업 전과 작업 후 반드시 기계를 점검하고 청소한다.

⑤ 기계는 항상 청결한 상태로 유지하고, 언제든지 가동할 수 있도록 유지·관리한다.

01 체인톱을 구입하니 'STIHL 028 AV'라고 표시되어 있다. 여기에서 'AV'란 무슨 뜻인가?

① 체인톱의 고유명칭이다.
② 진동 방지장치가 부착되어 있다.
③ 스톱장치가 부착되어 있다.
④ 애프터서비스를 해준다는 뜻이다.

> **해설**
> • STIHL : 제조회사
> • 028 : 규격
> • AV : 진동 방지장치 부착

02 다음 그림의 도구는 무슨 용도로 쓰이는가?

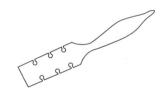

① 톱날 갈기
② 톱날의 각도 측정
③ 톱니 젖힘
④ 톱니 꼭지선 조정

> **해설**
> 톱니 젖힘은 나무와의 마찰을 줄이기 위해서 필요하다.

03 다음 중 체인톱의 동력연결은 어떤 힘에 의하여 스프로킷에 전달되는가?

① 원심력과 마찰력　② 반력
③ 중력과 마찰력　④ 구심력

> **해설**
> • 체인톱은 일반적으로 원동기에서 얻게 되는 동력을 크랭크축의 동력취출부에 부착된 원심클러치를 통해서 스프로킷에 전달하여 체인에 의해 안내판에 붙어 있는 절단톱날(saw chain)을 구동하는 기구로 되어 있다.
> • 동력전달부는 원동기의 동력을 톱체인에 전달하는 부분으로, 직접 전동형식은 원심클러치와 스프로킷(sprocket)으로 이루어져 있고, 기어 전동(gear drive)형은 원심 클러치·감속장치 및 스프로킷으로 구성되어 있다.

04 체인톱(chain saw)의 구조 중 체인톱날에 대한 설명으로 옳은 것은?

① 체인의 평균사용 수명시간은 약 300시간이다.
② 규격은 피치(pitch)로 표시하며, 스프로킷의 피치와 일치하여야 한다.
③ 1피치는 리벳 4개 길이의 평균 길이이다.
④ 톱날 구성은 우측톱니, 전동쇠, 이음쇠, 좌측톱니로 이루어져 있다.

> **해설**
> ① 체인의 평균사용 수명시간은 약 150시간이다.
> ③ 체인톱의 체인규격은 피치로 표시하는데 이는 서로 접하여 있는 3개의 리벳간격을 2로 나눈 값을 나타낸다.
> ④ 톱날 좌우 각 1매, 전동쇠 4매, 이음쇠 6매, 리벳 8개로 구성된다.

05 체인톱으로 가지치기를 할 때 지켜야 할 유의사항이 아닌 것은?

① 전진하면서 작업한다.
② 안내판이 길고 무거운 대형 기계톱을 사용한다.
③ 벌목한 나무를 몸과 체인톱 사이에 놓고 작업한다.
④ 작업자는 벌목한 나무 가까이에 서서 작업하며, 체인톱은 자연스럽게 움직여야 한다.

해설
② 체인톱으로 가지치기를 할 때는 가벼운 소형 기계톱을 사용한다.

06 다음 그림은 체인톱 안내판의 모형이다. 벌목작업 시 원칙적으로 사용해서는 안 되는 부분은?

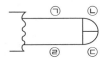

① ㉠   ② ㉡
③ ㉢   ④ ㉣

해설
㉡은 안내판 코이며, 원칙적으로 쓰지 않는다.

07 기계톱 몸통과 작업기와의 연결부위에 고무 뭉치가 끼어 있다. 무슨 역할을 하는가?

① 소음예방   ② 진동예방
③ 방청작용   ④ 냉각작용

해설
기계톱으로부터 발생하는 진동을 완화시키기 위해서 방진고무가 부착되어 있다.

08 다음 중 체인톱에 붙어 있는 안전장치가 아닌 것은?

① 체인브레이크
② 전방 보호판
③ 체인잡이 볼트
④ 안내판코

해설
체인톱의 안전장치
체인브레이크, 체인잡이, 스로틀레버 차단판, 핸드가드(전방 보호판), 방진고무 등

09 기계톱의 체인장력 조정나사가 움직여 주는 부품명은?

① 스프로킷   ② 안내판
③ 체인   ④ 전방 손잡이

해설
안내판의 뒤끝 부근에는 절단톱날의 장력을 조정하기 위한 조정나사의 머리 부분을 끼울 수 있는 구멍이 있다.

10 체인톱 톱날의 깊이제한부는 어떠한 역할을 하는가?

① 체인 보호
② 톱날 연결
③ 절삭두께 조절
④ 줄의 굵기 선택 보조

해설

깊이제한부는 절삭깊이 및 절삭각도를 조절하고, 절삭된 톱밥을 밀어 내는 등 절삭량을 결정하는 중요한 요소이다.

11 다음 중 기계톱 부품인 스파이크의 기능으로 적절한 것은?

① 동력 차단
② 체인 절단 시 체인 잡기
③ 정확한 작업위치 선정
④ 동력 전달

해설

스파이크(spike ; 지레발톱)는 작업 시 정확한 작업위치를 선정함과 동시에 체인톱을 지지하여 지렛대 역할을 함으로써 작업을 수월하게 한다.

12 기계톱의 엔진이 고속상태에서 정지되면 예상되는 고장원인은?

① 연료 내 오일 혼합량이 적다.
② 에어필터가 더럽혀져 있다.
③ 연료탱크에 공기주입구가 막혀 있다.
④ 엔진이 너무 그을려 있다.

해설

톱밥 등으로 공기주입구가 막히면 공기가 공급되지 않아 톱이 정지하게 된다.

13 기계톱의 부속장치 중 지레발톱의 역할은?

① 체인톱 안전장치의 일부로서 체인의 원활한 회전 및 정지를 돕는다.
② 정확한 작업을 할 수 있도록 지지역할 및 완충과 지레 받침대 역할을 한다.
③ 안내판의 보호역할을 한다.
④ 벌도목 가지치기 시 균형을 잡아준다.

해설

② 지레발톱은 지지역할 및 완충과 지레 받침대 역할을 한다.

14 인체공학 측면에서 체인톱이 갖는 가장 큰 문제점은?

① 소음, 진동
② 배기가스, 오일
③ 체인 속도
④ 무게, 연료 소모량

해설
체인톱 등에서 발생하는 소음에 장기간 노출되면 난청이 발생할 수 있으므로 스펀지 형태의 귀마개를 사용하고, 진동에 대해서는 방진장갑을 착용하여 진동장해를 방지한다.

16 안내판코 윗부분에 요철이 생기는 이유는?

① 체인이 느슨하여 생긴다.
② 체인이 팽팽하여 생긴다.
③ 전동쇠가 마모되었기 때문이다.
④ 사용상의 문제가 있다.

해설
① 체인이 느슨할 경우 안내판코 윗부분에 요철이 생긴다.

15 체인톱 사용관리 시 지켜야 할 사항이 아닌 것은?

① 톱날이 움직일 때는 이동 금지
② 연료주입을 할 때는 금연
③ 안전모, 안전장비를 착용할 것
④ 시동을 걸 때에는 반드시 톱날집을 끼울 것

해설
시동을 걸 때에는 주위의 사람에 대하여 주의하고 지면이 안전한 곳에서 손과 발로써 단단히 체인톱을 누르고 건다.

17 체인톱 체인의 일시 보관 시 어떻게 하면 체인수명을 연장하고 파손을 예방할 수 있는가?

① 가솔린통에 넣어둔다.
② 석유통에 넣어둔다.
③ 오일(윤활유)통에 넣어둔다.
④ 물통에 넣어둔다.

해설
체인을 휘발유 또는 석유로 깨끗하게 청소한 다음 윤활유에 담가둔다.

18 다음 설명의 (   )에 적당한 값을 순서대로 나열한 것은?

> 체인톱의 체인규격은 피치(pitch)로 표시하는데, 이는 서로 접해 있는 (   )개의 리벳간격을 (   )로 나눈 값을 나타낸다.

① 2, 3

② 3, 2

③ 3, 4

④ 4, 3

해설

피치(pitch)란 서로 접하여 있는 3개 리벳간격의 1/2 길이를 말하며, 보통 인치(inch)를 사용한다.

19 장비별 예상수명 중 체인톱 몸통의 수명은?

① 1,000시간

② 1,500시간

③ 2,000시간

④ 2,500시간

해설

체인톱 몸통의 수명은 약 1,500시간이다.

20 체인톱에서 초크 나사는 어떠한 역할을 하는가?

① 연료펌프 조정

② 오일펌프 조정

③ 시동 시 냉각공기량 차단

④ 공전 시 공기주입량 차단

해설

초크 나사는 기관의 흡입공기를 조절한다. 냉각된 상태의 기관을 시동할 경우 일반적으로 기화가 나쁘므로 짙은 혼합비가 요구되는데, 이 때문에 시동 시 공기의 유입을 저지하고 다량의 연료를 유출시키는 역할을 담당한다.

21 벌도된 나무를 체인톱으로 가지치기할 때에 가장 적합한 방법은?

① 안내판이 짧은 중 기계톱을 사용한다.

② 벌도된 나무에 체인톱을 가능한 한 얹어 놓고 작업한다.

③ 작업자는 벌도된 나무로부터 가급적 먼 간격을 두고 작업한다.

④ 체인톱을 벌도목 위에 밀착시키지 않고 작업한다.

해설

① 안내판의 길이는 30~40cm 정도의 경 기계톱이 적당하다.

③ 작업자는 벌도된 나무로부터 가급적 가깝게 작업한다.

④ 체인톱을 벌도목 위에 밀착시키고 작업한다.

22 기계톱 사용 시 안전사항으로 틀린 것은?

① 이동 시에는 엔진을 반드시 정지시킨다.

② 안내판코로 작업하는 것은 매우 위험하므로 주의하여야 한다.

③ 톱 운반 시 반드시 안내판을 보호집에 넣어야 한다.

④ 평지와 경사지를 오를 때에는 안내판이 앞쪽으로 향하도록 한다.

해설

기계톱을 가지고 경사지를 오를 경우 톱날이 땅에 닿지 않도록 주의한다.

23 엔진의 종류에 따른 체인톱의 분류가 아닌 것은?

① 가솔린엔진 체인톱
② 디젤엔진 체인톱
③ 전동 체인톱
④ 유압 체인톱

해설

체인톱은 엔진의 종류에 따라 가솔린엔진 체인톱, 전동 체인톱, 유압 체인톱, 공기 체인톱 등으로 구분한다.

24 가로수와 같이 모래나 흙이 묻어 있는 나무를 벌목할 때 적당한 톱날은 어느 것인가?

① 끌형 톱날
② 원형 톱날
③ 반끌형 톱날
④ 개량끌형 톱날

해설

원형 톱날은 일반적으로 많이 보급된 표준톱날로서, 초보자가 사용하는 데 안정성이 있으며 도로변 가로수 정리용으로 적합하다.

25 기계톱날을 연마하고자 할 때 필요 없는 공구는?

① 마름모줄   ② 원형줄
③ 깊이제한척   ④ 쇠톱

해설

쇠톱은 가지치기용으로 쓰인다.

26 기계톱 체인을 갈기 위하여 적합한 직경의 원통줄이 사용되어야 한다. 다음 그림에서 원통줄의 선정이 가장 잘된 것은?

   ㉠   ㉡   ㉢

① ㉠
② ㉡
③ ㉢
④ 모두 잘못되었다.

해설

㉠ 줄의 지름 1/10이 상부날 위로 올라오는 것이 좋다.
㉡ 규격보다 작은 줄
㉢ 규격보다 굵은 줄

27 다음 그림은 체인톱 체인의 날부위(대패형 톱날)를 위에서 내려다본 그림이다. 그림의 각도를 창날각이라고 할 때, 이 각도 A는 얼마 크기로 갈아주어야 적합한가?

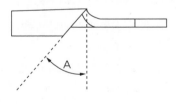

① 20°   ② 35°
③ 40°   ④ 65°

해설

대패형과 반끌형 톱날의 창날각은 35°, 끌형 톱날의 창날각은 30°로 갈아준다.

28 기계톱날의 연마각도에 대한 설명 중 틀린 것은?

① 끌형 톱날의 창날각 연마각도는 30°이다.
② 대패형 톱날과 반끌형 톱날의 창날각 연마각도는 각각 35°, 40°이다.
③ 끌형, 대패형, 반끌형 톱날의 지붕각 연마각도는 60°로 동일하다.
④ 가슴각 연마각도는 대패형 90°, 반끌형 85°, 끌형 80°이다.

> 해설
> ② 대패형 톱날과 반끌형 톱날의 창날각 연마각도는 둘 다 35°이다.

29 그림에서 체인의 날 길이가 모두 같지 않으면 어떤 현상이 나타나는가?

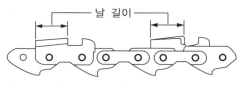

① 톱이 심하게 튀거나 부하가 걸리며 안내판 작용이 어렵다.
② 절삭깊이가 깊게 되어 기계에 무리가 가지 않는다.
③ 절삭이 잘되어 능률이 높아진다.
④ 절삭이 얇게 되어 기계능률이 낮아진다.

> 해설
> 톱날의 길이가 서로 다르면 톱이 심하게 튀거나 부하가 걸리며 안내판 작용이 어렵다.

30 체인을 갈 때 가장 적합한 방법은?

① 줄질을 적게 자주 한다.
② 줄질을 한 번에 많이 한다.
③ 줄질은 작업완료 후 실내에서 한다.
④ 체인은 수리공장에서 간다.

> 해설
> 줄질 횟수는 톱을 얼마나 자주 사용하느냐에 달려 있지만 체인의 날이 무뎌진 것 같은 경우에 줄질을 한다. 체인은 날카롭게 하는 것이 중요하기 때문에 하루에도 체인을 여러 차례 줄질할 수 있다.

31 다음 예불기 날의 종류별 용도가 잘못 연결된 것은?

① 나일론줄 : 잔디 및 1년생 초본류
② 삼각날 : 직경 2cm까지의 관목류 제거용
③ 지름 200mm 원형 톱날 : 직경 10cm까지의 풀베기 및 지존 작업용
④ 지름 200mm 기계톱날형 원형 톱날 : 직경 30cm까지의 관목류 제거용

> 해설
> ④ 지름 200mm 기계톱날형 원형 톱날 : 직경 20cm까지의 조림지 정리작업용, 천연림 보육작업용

32 산림작업용 예불기로 6시간 작업하려면 혼합연료 소요량은 얼마인가?

① 2L   ② 3L
③ 20L   ④ 30L

> 해설
> 예불기의 연료는 시간당 약 0.5L가 소모되므로 0.5 ×6＝3L

33 예불기 작업 시 작업자 간의 최소 안전거리로 적합한 것은?

① 3m   ② 5m

③ 7m   ④ 10m

> **해설**
> 작업 시 안전공간(작업반경 10m 이상)을 확보하면서 작업해야 한다.

34 어깨걸이식 예불기를 메고 손을 떼었을 때 지상으로부터 날까지의 적절한 높이는?

① 5~10cm

② 10~20cm

③ 20~30cm

④ 30~40cm

> **해설**
> 예불(취)기는 휴대형식에 따라 어깨걸이식(shoulder type), 등걸이식(knapsack type) 및 손걸이식(hand type)으로 나뉘며, 지상으로부터 날까지 10~20cm 높이가 적절하다.

35 예불기의 톱 회전방향은?

① 시계방향

② 시계반대방향

③ 일정하지 않은 방향

④ 작업자 중심방향

> **해설**
> 예불기의 톱날 회전방향은 좌측(시계반대방향)이다.

36 풀베기작업, 조림지 정리, 어린나무가꾸기 작업용으로 사용되는 예불기 날의 형태는?

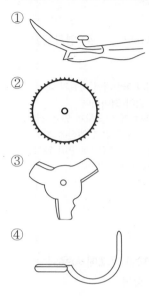

①   ②   ③   ④

> **해설**
> 풀베기작업 및 지존작업(조림지 정리)에는 원형 톱날을 사용한다.

37 톱니 젖힘의 크기는 침엽수와 활엽수 각각 몇 mm로 작업하는가?

① 침엽수 0.3~0.5, 활엽수 0.2~0.3

② 침엽수 0.2~0.3, 활엽수 0.3~0.5

③ 침엽수 0.3~0.4, 활엽수 0.4~0.6

④ 침엽수 0.4~0.6, 활엽수 0.3~0.4

> **해설**
> 톱니 젖힘의 크기는 0.2~0.5mm가 적당하고, 침엽수의 경우 0.3~0.5mm, 활엽수의 경우 0.2~0.3mm로 작업한다. 톱니 젖힘은 나무와의 마찰을 줄이기 위해서 필요하며, 침엽수의 목섬유가 연하고 마찰이 크기 때문에 침엽수용을 활엽수용보다 더 넓게 젖혀준다.

38 예불기의 장치 중 불량하면 엔진의 힘이 줄고 연료소모량을 많아지게 하는 것은?

① 액셀레버　　② 공기여과장치
③ 공기필터 덮개　　④ 연료탱크

공기여과장치가 불량하면 기화기 내 연료 농도가 진해져 엔진의 힘이 떨어진다.
※ 공기여과장치가 더럽혀져 있는 경우의 고장
• 점화에 이상이 있고 엔진에 힘이 없다.
• 비정상적으로 연료소비량이 많다.
• 엔진가동이 불규칙적이다.

39 다음 중 집재와 운재에 사용되는 기계 및 기구가 아닌 것은?

① 플라스틱 수라
② 단선순환식 삭도집재기
③ 윈치부착 농업용 트랙터
④ 자동지타기

자동지타기는 가지치기용 기계이다.

40 소형 윈치의 활용 범위가 아닌 것은?

① 소집재작업
② 직접견인
③ 수라 설치작업
④ 조재작업

소형 윈치의 활용 범위
• 임도지장목의 집재작업
• 견인작업
• 수라 운반·설치작업
• 삭도 및 집재기 설치 보조작업

41 트랙터 중 차체굴절식 조향방식 트랙터의 장점이 아닌 것은?

① 연료의 소비량 절약
② 회전반경 단축
③ 요철형 지면에서의 견인력 향상
④ 차체의 안전성 확보

차체굴절방식은 특히 앞바퀴의 궤적을 뒷바퀴가 그대로 따르기 때문에 지형이 험한 경우에 매우 효율적이며, 회전반경을 줄일 수 있어 임업용 트랙터에 많이 사용한다.

42 트랙터 부착형 윈치(파미윈치)의 작업방법에 대한 설명 중 옳은 것은?

① 작업로에 진입하여 작업할 수 없다.
② 견인작업 시 와이어로프 외각은 위험한 지역이다.
③ 지면끌기 집재작업 방식이다.
④ 견인거리가 100~200m 정도이다.

파미(farmi)윈치
지면끌기식 집재작업을 하는 기계로서, 상향은 약 60m, 하향은 30m 정도이고, 견인력과 윈치속도는 가선기계만큼 빠르다.

43 기계화 벌도작업 시 사용되는 장비가 아닌 것은?

① 펠러번처   ② 하베스터
③ 프로세서   ④ 펠러스키더

프로세서(processor)
• 하베스터와 유사하나 벌도 기능만 없는 장비이다.
• 전목재의 가지를 제거하는 가지자르기 작업, 재장을 측정하는 조재목 마름질 작업, 통나무자르기 등 일련의 조재작업을 한 공정으로 수행하여 원목을 한곳에 쌓을 수 있다.

44 다음 중 산림수확 기계장비로만 묶어진 것은?

① 아크야 윈치, 타워야더
② 모터그레이더, 포워더
③ 칩파기, 아크야 윈치
④ 모터그레이더, 칩파기

• 아크야 윈치 : 소형 집재기
• 타워야더 : 가선집재기
• 모터그레이더 : 노반다지기
• 포워더 : 집재운반
• 칩파기 : 분쇄기

45 임목수확작업 기계화의 특징 중 틀린 것은?

① 작업원의 숙련도가 작업능률에 미치는 영향이 크다.
② 자연조건의 영향을 많이 받는다.
③ 재료인 입목의 규격화가 불가능하므로 재료에 맞는 기계를 선택해야 한다.
④ 작업의 소규모화에 따라 다공정 기계장비보다 전문기계장비가 경제적이다.

작업의 소규모화에 따라 전문기계장비보다 다공정 기계장비가 경제적이다.

46 산림작업의 기계화가 갖는 목적이 아닌 것은?

① 상품가치의 하락
② 생산비용의 절감
③ 노동생산성의 향상
④ 중노동으로부터 해방

임업기계화의 3대 목적 : 노동생산성의 향상, 생산비용의 절감, 중노동으로부터의 해방

47 다음 중 다공정 처리 기계가 아닌 것은?

① 하베스터   ② 프로세서
③ 펠러번처   ④ 포워더

포워더는 목재를 운반하는 장비이다.

48 다음 설명에 가장 알맞은 임업기계 장비는?

• 전목 집재작업 시 작업공정에 알맞은 기계장비이다.
• 인공 철기둥과 가선집재장치를 트럭, 트랙터, 임내차 등에 탑재하여 주로 급경사지의 집재작업에 적용하는 이동식 차량형 집재기계로서 가선의 설치, 철수, 이동이 용이한 가선집재 전용 고성능 농업기계이다.
• 일본에서 개발·보급된 RME-300T 기종이 있다.

① 프로세서   ② 타워야더
③ 포워더   ④ 리모컨 윈치

② 타워야더 : 가선집재기
① 프로세서 : 다공정작업
③ 포워더 : 집재운반작업
④ 리모컨 윈치 : 집재작업

49 트랙터를 이용한 집재조건의 설명으로 틀린 것은?

① 작업지 경사는 25% 이내에서 직접주행이 가능하다.
② 부착되어 있는 윈치에 의한 최대 집재 거리는 100m이다.
③ 작업지 경사도 25° 이상에서도 직접주행이 가능하다.
④ 농업용 트랙터에 작업 윈치를 부착하여 사용한다.

해설
트랙터를 이용한 집재 시 안전과 효율성을 고려했을 때 일반적으로 작업 가능한 최대 경사도는 15~20°이다.

50 트랙터집재와 가선집재에 대해 설명으로 옳은 것은?

① 트랙터집재는 가선집재에 비해 작업비용이 높다.
② 트랙터집재는 가선집재에 비해 환경에 친화적이다.
③ 가선집재는 트랙터집재에 비해 작업생산성이 낮다.
④ 가선집재는 트랙터집재에 비해 경사에 제한을 받는다.

해설
트랙터집재가 가선집재에 비해 경제적이다.

51 다음 중 산림토목용 기계의 범주에 포함되는 기계는?

① 모터그레이더(motor grader)
② 집재기(yarder)
③ 벌도기(feller buncher)
④ 적재집재차량(forwarder)

해설
산림토목용 기계
• 굴착기계 : 불도저, 파워셔블, 백호, 클램셸, 레이크도저, 스크레이퍼 등
• 적재기계 : 트랙터셔블, 셔블로더 등
• 운반기계 : 스크레이퍼, 불도저, 덤프트럭, 벨트컨베이어 등
• 정지 및 전압기계 : 모터그레이더(정지기계)와 스크레이퍼 등과 로드롤러(머캐덤롤러, 탠덤롤러, 탬핑롤러 등), 타이어롤러, 진동컴팩터, 래머, 탬퍼 등

52 기계톱의 일반적인 정비, 점검 원칙으로 옳지 않은 것은?

① 새로운 기계톱은 사용 전에 반드시 안내서를 정독한다.
② 규정된 혼합비에 따라 배합된 연료를 사용하여 가동시킨다.
③ 새로운 기계톱은 높은 엔진 회전하에 가동시킨다.
④ 체인톱 조립 시 필히 알맞은 도구를 사용하여야 한다.

해설
새로운 기계톱은 낮은 엔진 회전하에 가동시킨다.

53 기계톱의 오일펌프가 고장 나 오일을 뿜어 주지 못하면 어떤 현상이 나타나는가?

① 안내판과 체인 마모가 심해진다.
② 엔진의 내부가 쉽게 마모된다.
③ 체인이 작동되지 않는다.
④ 엔진이 과열되어 화재위험이 높다.

> **해설**
> 오일은 톱체인의 작용을 원활하게 하고, 안내판과의 마찰을 경감시켜 톱체인에 눌어붙는 것을 방지한다.

56 공기청정기(air-filter)를 일일정비하지 않고 계속 사용하면 어떤 현상이 나타나는가?

① 연료소비량이 적어진다.
② 엔진의 힘이 약해진다.
③ 카뷰레터가 마모된다.
④ 기계 전체의 능률이 높아진다.

> **해설**
> 공기청정기가 오염되면 공기흡입 과정에서 흡입저항이 발생되어 농후한 혼합기가 엔진으로 유입되며, 엔진출력이 저하된다.

54 체인톱 스파크플러그의 전극간격으로 가장 옳은 것은?

① 0.1~0.2mm
② 0.7~0.8mm
③ 0.4~0.5mm
④ 0.9~1.0mm

> **해설**
> 0.4~0.5mm이 적당하다.

57 기계톱의 기관에 흡입되는 공기 중의 먼지를 제거하는 작용을 하는 것은?

① 피스톤   ② 크랭크축
③ 에어필터   ④ 연료탱크

> **해설**
> ① 피스톤은 폭발행정에서 고온·고압의 가스압력을 받아 실린더 내를 왕복운동하며, 커넥팅로드를 통해 크랭크축에 회전력을 발생시킨다.
> ② 크랭크축은 피스톤의 왕복운동과 크랭크축의 회전운동을 상호변환시키는 역할을 한다.

55 다음 중 잘못 연결된 것은?

① 체인톱의 일일정비 – 에어필터 청소
② 체인톱의 일일정비 – 점화부분 청소
③ 체인톱의 주간정비 – 체인톱날 정비
④ 체인톱의 분기별정비 – 연료통과 연료필터 청소

> **해설**
> ② 점화부분 청소는 체인톱의 주간정비이다.

58 체인톱의 일일정비 대상이 아닌 것은?

① 에어필터(공기청정기)
② 안내판 오일 주입구
③ 휘발유와 오일의 혼합
④ 플러그 전극간격 조정

> **해설**
> 스파크플러그의 양극간격 조정(0.4~0.5mm)은 주간정비사항이다.

59 체인톱의 주간정비 사항으로만 조합된 것은?

① 스파크플러그 청소 및 간극 조정
② 기화기 연료막 점검 및 엔진오일 펌프 청소
③ 유압밸브 및 호스 점검
④ 연료통 및 여과기 청소

해설

점화플러그의 외부를 점검하고, 간격을 0.4~0.5mm로 점검한다.

60 체인톱의 엔진에 과열현상이 일어났을 경우 예상되는 원인으로 가장 거리가 먼 것은?

① 클러치가 손상되어 있다.
② 기화기 조절이 잘못되어 있다.
③ 연료 내에 오일 혼합량이 적다.
④ 점화코일과 단류장치에 결함이 있다.

해설

클러치가 손상되면 엔진 공전 시에도 체인이 가동된다.

61 다음 중 체인톱의 장기 보관 방법으로 틀린 것은?

① 방청유를 발라서 보관한다.
② 오일통 및 연료통을 비워서 보관한다.
③ 비닐봉지에 싸서 지하실에 보관한다.
④ 청소를 깨끗이 하여 보관한다.

해설

체인톱의 장기 보관 시 주의사항
• 연료와 오일을 비운다.
• 건조한 장소에 먼지가 쌓이지 않도록 보존시킨다.
• 특수 오일로 엔진 내부를 보호하거나 혹은 매월 10분씩 가동시켜 엔진의 수명을 연장시켜 준다.

62 소형 동력원치의 사용에 있어 일일점검사항이 아닌 것은?

① 와이어로프 점검
② 기어오일 점검
③ 공기여과기 청소
④ 볼트 및 너트의 점검

해설

기어오일은 엔진오일과 같이 일상적으로 점검할 수 없으므로 주기적으로 교환한다.

63 산림작업 장비의 보관 방법이 틀린 것은?

① 오물을 제거하고 깨끗하게 한다.
② 일일정비 후 지하실이나 밀폐된 곳에 보관한다.
③ 건조하고 선선한 곳에 보관한다.
④ 장시간 보관할 때는 연료를 넣어두지 않는 것이 좋다.

해설

지하실이나 밀폐된 곳은 기온차로 인하여 습기가 발생할 수 있다.

PART 03

산림보호

CHAPTER 01 산림병해충 예찰

01 | 병해충 구분

1. 병해충 종류

(1) 산림병해의 종류

① 병의 원인과 발생

㉠ 병원이란 수목에 병을 일으키는 원인으로 생물적인 것 외에 화학물질, 기상인자 등 무생물도 포함된다.

[병원의 분류]

전염성병		바이러스, 파이토플라스마, 세균, 진균, 조균, 선충, 종자식물 등에 의한 병
비전염성병	부적당한 토양조건	토양수분의 과부족, 토양 중의 양분결핍 또는 과잉, 토양 중의 유독물질, 토양의 통기성 불량, 토양산도의 부적합 등
	부적당한 기상조건	지나친 고온·저온, 광선부족, 건조·과습, 강풍·폭우·우박·눈·벼락·서리 등
	유기물질	광독 등 토양오염으로 인한 해, 염해, 농약에 의한 해 등
	기타	농기구 등에 의한 기계적 상해 등

㉡ 병원체는 병원이 생물이거나 바이러스일 때를 말하며, 균류일 때에는 병원균이라고 한다.

㉢ 병원체는 많은 종류의 수목을 침해하는 다범성인 것(예 잿빛곰팡이균)과 특정 수목을 침해하는 한정성인 것(예 낙엽송 끝마름병균)이 있다.

㉣ 병원체의 월동

• 환경조건이 활동에 부적당하면 병원체는 활동을 정지하고 휴면상태에 들어가며, 가을이 지나 기온이 내려가게 되면 병원체는 휴면상태로 월동한다.

• 월동한 병원체는 봄에 활동을 시작하여 식물에 옮겨져서 그 해 제1차 감염원으로 발병의 중심이 된다.

• 제1차 감염 이후 새로 발병한 충부에 형성된 전염원에 의해서 제2차 감염이 일어난다.

• 병원체의 월동방법

- 기주의 생체 내에 잔재해서 월동 : 잣나무 털녹병균, 오동나무 빗자루병균, 각종 식물병원성 바이러스 및 파이토플라스마 등

- 병환부 또는 죽은 기주체상에서 월동 : 밤나무 줄기마름병균, 오동나무 탄저병균, 낙엽송 잎떨림병균 등

- 종자에 붙어 월동 : 오리나무 갈색무늬병균, 묘목의 잘록병균 등

- 토양 중에서 월동 : 묘목의 잘록병균, 근두암종병균, 자주빛날개무늬병균 및 각종 토양서식 병원균 등
- ㉢ 병원체의 전반 : 전반이란 병원체가 여러 가지 방법으로 다른 지방이나 다른 식물체에 운반되는 것으로 대부분이 수동적이다.
  - 바람에 의한 전반(풍매전반) : 잣나무 털녹병균, 밤나무 줄기마름병균, 밤나무 흰가루병균 및 수많은 병원균의 포자
  - 물에 의한 전반(수매전반) : 근두암종병균, 묘목의 잘록병균, 향나무 적성병균
  - 곤충 및 소동물에 의한 전반(충매전반) : 오동나무의 빗자루병 병원체, 대추나무의 빗자루병 병원체 및 각종 식물병원성 바이러스와 파이토플라스마
  - 종자에 의한 전반
    - 종자의 표면에 부착해서 전반되는 것 : 오리나무 갈색무늬병균
    - 종자의 조직 내에 잠재해서 전반되는 것 : 호두나무 갈색부패병균
  - 묘목에 의한 전반 : 잣나무 털녹병균, 밤나무 근두암종병균
  - 식물체의 영양번식기관에 의한 전반 : 오동나무와 대추나무의 빗자루병 병원체, 각종 바이러스 및 파이토플라스마
  - 토양에 의한 전반 : 묘목의 잘록병균, 근두암종병균
  - 기타 방법에 의한 전반
    - 건전한 식물의 뿌리와 병든 식물의 뿌리가 지하부에서 접촉함으로써 전반 : 재질부후균
    - 벌채 후의 통나무나 재목 등에 병원균이 잠재해서 전반 : 재질부후균, 밤나무 줄기마름병균, 느릅나무 시들음병균

② 병원체의 침입
  - ㉠ 각피침입
    - 잎, 줄기 등의 표면에 있는 각피나 뿌리의 표피를 병원체가 자기의 힘으로 뚫고 침입
    - 각피감염 : 각피침입에 의해서 일어나는 감염
    - 각피감염을 하는 병원균의 대부분은 발아관 끝에 부착기를 만들고 각피에 붙으며, 그 아래쪽에 가느다란 침입균사를 내어 각피를 뚫음
    - 각종 녹병균의 소생자, 잿빛곰팡이병균 등은 단일균사에 의해 각피를 관통하나, 뽕나무 자줏빛 날개무늬병균, 뽕나무 뿌리썩음병균, 묘목의 잘록병균 등은 보통 균사집단으로 어린뿌리를 뚫고 침입
  - ㉡ 자연개구를 통한 침입
    - 기공, 피목 등은 병원진균이나 세균의 침입문으로 이용된다.
    - 기공감염 : 기공을 통한 침입에 의해 감염이 일어나는 것
    - 기공을 통해 침입하는 병원균 : 녹병균의 녹포자 및 여름포자, 삼나무 붉은마름병균, 소나무류의 잎떨림병균 등
    - 피목을 통해 침입하는 병원균 : 포플러 줄기마름병균, 뽕나무 줄기마름병균

ⓒ 상처를 통한 침입
- 여러 가지 세균과 바이러스는 상처를 통해서만 침입
- 밤나무 줄기마름병균, 포플러의 각종 줄기마름병균, 근두암종병균, 낙엽송 끝마름병균, 각종 목재부후균 등

ⓔ 기타
- 감염 : 식물에 침입한 병원체가 그 내부에 정착하여 기생관계가 성립되는 과정
- 잠복기간 : 감염에서 병징이 나타나기까지 기간
- 병환 : 발병한 기주식물에 형성된 병원체가 새로운 기주식물에 감염하여 병을 일으키고 병원체를 형성하는 일련의 연속적인 과정
- 이종기생균 : 생활사를 완성하기 위하여 두 종의 서로 다른 식물을 기주로 하는 것
- 기주교대 : 이종기생균이 그 생활사를 완성하기 위하여 기주를 바꾸는 것
- 중간기주 : 두 기주 중에서 경제적 가치가 적은 것

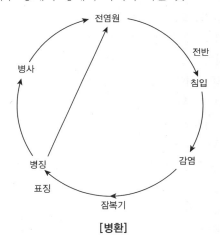

[병환]

[이종기생을 하는 녹병균의 예]

녹병균	병명	기주식물	
		녹병포자 · 녹포자 세대	여름포자 · 겨울포자 세대(중간기주)
Cronartium ribicola	잣나무의 털녹병	잣나무	송이풀 · 까치밥나무
Cronartium quercuum	소나무의 혹병	소나무	졸참나무 · 신갈나무
Coleosporium phellodendri	소나무의 잎녹병	소나무	황백나무
Coleosporium asterum	소나무의 잎녹병	소나무	참취
Coleosporium campanulae	소나무의 잎녹병	소나무	잔대
Coleosporium eupatorii	잣나무의 잎녹병	잣나무	등골나무
Coleosporium paederiae	잣나무의 잎녹병	잣나무	계요등
Gymnosporangium haraeanum	배나무의 붉은별무늬병(적성병)	배나무 · 모과나무	향나무*
Melampsora larici-populina	포플러의 녹병	낙엽송	포플러

*여름포자세대가 없다.

③ 병의 진단
  ㉠ 발생 상황조사
    • 비전염성 병해 : 피해 장소에 분포하는 거의 모든 수목에 동일한 병징으로 나타나며, 다른 수종에도 비슷한 증상이 나타나게 된다.
    • 전염성 병해 : 동일수종에서도 이병개체와 건전개체가 섞여 있으며 이병개체 간 혹은 동일개체 에서도 발병 정도에 차이가 많다. 또 전염성 병해의 대부분은 병의 발생과 확산 정도가 주변의 환경조건과 임지의 취급 정도에 따라 좌우되므로 환경조건과 관리상태를 조사하면 그 조건하 에서 발생하기 쉬운 병해의 종류를 어느 정도 짐작할 수 있다. 일반적으로 발생 상황조사에 필요한 내용은 다음과 같다.
      – 묘포의 병해 : 지형, 기상조건(이상기상의 유무, 적설기간 등), 토양조건(특히 배수의 양·불량), 제초방법과 시기, 시비, 전작식물의 종류, 사용한 약제의 종류와 시기, 이식묘인 경우에는 파종상에서의 생육상황과 가식방법 등이다.
      – 임지의 병해 : 임지표고, 지형, 기상조건 등(이상기상의 유무, 적설기간, 바람의 강도 등), 토양조건(토양의 구조, 해빙기 및 장마철의 배수 등), 식재밀도, 주위의 임황과 과거의 임황, 제벌과 가지치기 등 무육상황과 실시시기, 하층식생(특히 녹병인 때에는 중간기주의 유무), 새로운 조림지에서는 묘목의 운송 상황, 식재할 때의 기상과 식재 방법 등이다.
  ㉡ 병징(病徵, symptom)에 의한 진단
    • 생물적 또는 비생물적 원인에 인하여 식물체에 나타나는 비정상적인 모습을 의미한다.
    • 식물체 전체 또는 부분적으로 나타나며 형태, 색상, 크기 등에서 건전 식물과 차이를 보인다.
    • 병징을 육안, 확대경 또는 현미경 등을 통하여 진단하므로 병명과 발생 원인을 추정할 수 있다.
    • 수목의 주요한 병징

색깔의 변화	위황화, 황화(yellowing), 색조변화(discoloration), 점무늬(spot), 얼룩(mottle)
외형의 이상	시들음(wilt), 마름(blight), 가지마름(twig blight, dieback), 잎가마름(leaf blight), 위축 (dwarf), 괴사, 비대, 기관의 탈락, 암종(gall), 빗자루(witch's broom), 구멍(shot hole), 분 비, 부패, 대화

  ㉢ 표징(標徵, sign)에 의한 진단
    • 병든 식물체 표면에 나타나는 병원체의 모습을 의미한다.
    • 곰팡이가 병원체일 경우에는 포자 또는 균사가 외부에 노출되어 육안, 확대경 또는 현미경으로 확인할 수 있다. 그러나 곰팡이보다 크기가 작은 세균, 바이러스 등이 병원체일 경우, 세균이 상처에서 집단적으로 분출되는 사례를 제외하면 육안으로 관찰할 수 없으므로 표징이라고 하지 않는다.
    • 수목의 주요한 표징

영양기관에 의한 것	균사체(mycelium), 근상균사속, 선상균사, 균핵(sclerotial), 자좌(stroma)
번식기관에 의한 것	포자(spore), 분생포자경(conidiophore), 분생포자각(pycnidium), 자낭(ascus), 자낭 각(perithecium), 자낭구(cleistothecium), 자낭반(apothecium), 담자기(basidium), 버섯(mushroom) 등

[주요 병징과 표징의 특징]

병징·표징		특징	병
변색 (discolora-tion)	황화	엽록소의 발달이 부진하여 잎이 황색~백색으로 된다. 마그네슘결핍증과 광선이 부족한 묘목에도 많다.	소나무묘 등의 황화병 등
	위황화	엽록소 발달이 부진하거나 정지하여 국부적으로 발생한다. 철분부족, 석회과잉, 파이토플라스마(MLO), 바이러스 등에 의하여 일어난다.	오동나무·대추나무 빗자루병 등
	백화	엽록소가 형성되지 않아 잎이 백색을 나타낸다.	바이러스병, 사철나무 백화증상 등
	자색·적색화	잎이 자주색이나 담적색으로 변색한다. 인산, 마그네슘 등의 결핍이나 병원균에 의하여 발생한다.	삼나무 붉은마름병, 낙엽송 묘자색화병 등
	반점	잎에 점모양의 황·갈색반점 또는 반문이 생긴다. 변색부의 형태에 따라 둥근무늬(원반), 각반, 겹무늬(윤문) 등으로 구분된다.	대부분의 활엽수의 점무늬성 병해 등
구멍(穿孔)		잎에 형성된 반점경계에 분리층이 생겨 병든 조직이 탈락한다.	벚나무 갈색무늬구멍병
시들음(위조)		수목의 전체 또는 일부가 수분의 공급부족으로 시든다.	소나무 재선충병, 뿌리썩음병 등
비대		병든 수목의 세포가 비대 또는 증식되어 기관의 일부 또는 전체가 이상 비대하여 혹 모양 또는 암종 모양으로 된다.	소나무류 혹병, 근두암종병, 뿌리혹선충병 등
빗자루(叢生)		병든 부분에서 많은 잔가지가 밀생하여 빗자루모양의 기형으로 된다.	벚나무 빗자루병, 대추나무·오동나무 빗자루병 등
위축·왜화		조직이나 기관이 작아진다. 전체에 미치는 것과 국소부분에 머무는 것이 있다.	뿌리썩이선충병 등
미라화		과실 등 식물의 기관이 마르고 딱딱하게 위축된 상태로 나무에 남는다.	벚나무 균핵병 등
기관의 탈락		병든 나무의 잎, 꽃 등에 분리층이 형성되어 일찍 탈락한다.	낙엽송 잎떨림병, 소나무류 잎떨림병 등
괴사		세포나 조직이 죽는다. 변색, 시들음 등과 관계가 깊다.	삼나무 붉은마름병 등
줄기마름·부란 (동고·부란)		줄기와 굵은 가지가 국부적으로 고사하고 병든 부위의 수피가 거칠게 터지며 함몰한다.	오동나무 부란병, 밤나무 줄기마름병 등
가지마름(지고)		가지끝이나 잔가지가 말라 죽는다.	낙엽송 가지끝마름병 등
부패		병든 부분을 중심으로 주변조직이 부패하여 뭉그러진다. 피해부위에 따라서 뿌리썩음, 줄기썩음, 눈썩음(芽腐), 꽃썩음, 변재부후, 심재부후 등으로 구분된다.	모잘록병, 낙엽송 근주심재부후병 등
분비		조직이 변질되어 수지, 액즙, 점질물 등을 분비한다.	편백 가지마름병, 수지동고병 등

㉣ 현미경에 의한 진단
  • 전자현미경을 이용한 조사 : 바이러스, 파이토플라스마, 세균 등
  • 광학현미경에 의한 곰팡이의 형태검사 : 일반적으로 곰팡이와 선충류의 형태를 조사하는 것으로 병든 부위에 형성되어 있는 균사나 포자퇴는 그대로 떼어서 검경하고, 병든 조직의 내·외부에 형성된 자실체는 얇게 절편을 만들어 검경한다.
  • 주사형전자현미경에 의한 병원균의 표면구조검사 : 곰팡이의 포자와 균사의 표면구조는 균의 종류에 따라서 각기 특유한 형태를 갖고 있다. 수분을 함유한 생체시료는 2% 글루타르알데하이드에서 고정, 알코올이나 아세톤으로 탈수, 초산이소아밀로 치환, 임계점 건조 등의 과정을 거쳐 완전히 건조된 시편은 증착하여 관찰한다.

ⓟ 접종에 의한 병원성 검증(병원적 진단)

- 이미 알려져 있지 않은 미기록 병해는 피해부위에 나타난 미생물이 진정한 병원체인가를 확인할 필요가 있다. 이를 위하여 코흐의 원칙에 따라서 병든 부위에서 미생물의 분리 → 배양 → 인공접종 → 재분리의 과정을 거쳐야 한다.
- 미기록 병해가 아니더라도 병원체인지를 결정하기 위하여 인공접종이 필요할 때가 있다. 예를 들면 소나무류의 잎녹병은 중간기주식물에 대하여 접종시험을 하여야만 병원균의 정확한 동정이 가능하다. 또한 후사리움균(*Fusarium* spp.)과 같이 병원성이 분류의 기준으로 중요시되는 경우에는 감수성이 높은 식물에 인공접종할 필요가 있다.
- 파이토플라스마와 바이러스에 의한 병은 접종실험을 하지 않으면 거의 동정할 수 없는 경우에 실시한다.

④ 수목 병해의 특징

ⓐ 병의 종류에 따라서 병징만 나타나고 표징이 나타나지 않는 것이 있다.

ⓑ 병원체가 진균일 때에는 대부분의 환부에 표징이 나타나지만 비전염성병이나 바이러스병, 파이토플라스마에 의한 병에 있어서는 병징만 나타나고 표징은 나타나지 않는다.

ⓒ 세균성병의 경우 병원세균이 병환부에 흘러 나와 덩어리모양을 이루는 것을 빼놓고는 일반적으로 표징이 나타나지 않는다.

ⓓ 병든 식물의 환부에는 병원체 이외에 병원성이 없는 각종 미생물이 존재하며, 특히 오래된 환부에는 병원균이 모두 소멸되고 2차적으로 번식한 부생균만이 남아 있는 경우가 많아 피해부에 존재하는 미생물을 바로 병원체라고 결정하는 것은 위험하다.

ⓔ 어떤 병이 특정한 미생물에 의해서 일어난다는 것을 입증하려면, 코흐의 4원칙을 따라야 한다.

ONE MORE POINT 코흐의 4원칙(Koch's postulates) : 미생물 병원체 입증법

- 미생물은 반드시 환부에 존재해야 한다.
- 미생물은 분리되어 재배상에서 순수배양되어야 한다.
- 순수배양한 미생물을 접종하여 동일한 병이 발생되어야 한다.
- 발병한 피해부에서 접종에 사용한 미생물과 동일한 성질을 가진 미생물이 재분리되어야 한다.

---

(2) 산림해충의 종류

① 종실을 가해하는 곤충

ⓐ 집단적 표징을 나타내지 않으므로 근접관찰·매목조사 및 해부에 의해서만 알 수 있다.

- 종실에 구멍이나 기형, 벌레의 똥, 수지의 유출·변색 등을 볼 수 있는데, 같은 구멍이 생긴다 하더라도 생기는 위치(종실 : 바구미, 과경 : 나무좀)에 따라 가해하는 곤충이 다르다.
- 해부해 보면 과실 내에는 충영실(혹파리), 갱도(나무좀), 똥, 수지유출 등을 볼 수 있으며, 그 모양은 곤충의 종류에 따라서 특징이 있다.

ⓛ 가해 곤충의 종류
　　　　　• 나비목 : 명나방과, 밤나방과, 애기잎말이나방과
　　　　　• 파리목 : 혹파리과
　　　　　• 벌목 : 잎벌과, 혹벌과
　　　　　• 딱정벌레목 : 나무좀과, 바구미과, 비단벌레과, 하늘소과
　② 묘목을 가해하는 곤충
　　　ⓞ 묘포에서는 집단적인 피해를 볼 수 있으나, 야외에서는 매목조사나 직접관찰에 의하여 조사한다.
　　　　　• 황화(진딧물, 솜벌레), 적변(뿌리바구미, 꽃파리), 임목밀도 감소(땅 속을 가해하는 것) 등을
　　　　　　볼 수 있고, 좀 더 세밀하게 관찰하면 변색이나 식흔을 볼 수 있다.
　　　　　• 변색 중 침엽상에 반점이 생기면서 잎이 뒤틀린 것(솜벌레), 그렇지 않은 것(진딧물), 색에
　　　　　　있어서는 수적색(응애), 선홍색(솜벌레) 등 여러 가지가 있다.
　　　　　• 생육 초기에 해를 받으면 자엽이 소실되거나(바구미의 성충, 거미류), 어린 뿌리 또는 줄기가
　　　　　　절단되며, 생장이 진행된 후에 가해를 받으면 지접부가 윤상으로 박피된다(바구미의 성충).
　　　ⓛ 가해 곤충의 종류
　　　　　• 메뚜기목 : 귀뚜라미과, 메뚜기과
　　　　　• 거위벌레목 : 거위벌레과
　　　　　• 노린재목 : 깍지벌레과, 솜벌레과, 진딧물과
　　　　　• 나비목 : 밤나방과
　　　　　• 딱정벌레목 : 바구미과, 방아벌레과, 풍뎅이과
　　　　　• 파리목 : 꽃파리과
　③ 눈과 새순을 가해하는 곤충
　　　ⓞ 눈과 새순을 가해하는 곤충은 매목조사와 직접관찰에 의하여 찾아낼 수 있다.
　　　ⓛ 가해 곤충의 종류
　　　　　• 노린재목 : 솜벌레과, 진딧물과
　　　　　• 나방목 : 명나방과, 애기잎말이나방과
　　　　　• 벌목 : 혹벌과, 잎벌과
　　　　　• 딱정벌레목 : 나무좀과, 바구미과
　④ 잎을 가해하는 곤충
　　　ⓞ 식엽성 해충의 피해는 임야에 집단적인 표징을 나타내며, 어떤 지역 내의 발생역사, 발생양상,
　　　　발생시기, 수내피해의 분포, 한 잎에 대한 가해방식 등에 관하여 연구가 되었다.
　　　ⓛ 가해 곤충의 종류
　　　　　• 메뚜기목 : 메뚜기과
　　　　　• 대벌레목 : 대벌레과
　　　　　• 노린재목 : 깍지벌레과, 거품벌레과, 매미충과, 방패벌레과, 솔방울진딧물과, 솜벌레과, 장님
　　　　　　노린재과, 진딧물과

- 총채벌레목 : 총채벌레과
- 나비목 : 가는나방과, 굴나방과, 네발나비과, 독나방과, 명나방과, 박각시나방과, 밤나방과, 불나방과, 뿔나방과, 산누에나방과, 애기잎말이나방과, 솔나방과, 어리굴나방과, 잎말이나방과, 자나방과, 재주나방과, 주머니나방과, 흰나비과
- 벌목 : 솔노랑잎벌과, 잎벌과

⑤ 가지를 가해하는 곤충

　　㉠ 가지의 인피층을 해충이 가해하면 집단적인 표징이 나타나는 경우가 있다. 경관적 표징으로는 수관부가 적변하거나 회변한다.

　　㉡ 가해 곤충의 종류
- 노린재목 : 깍지벌레과, 거품벌레과, 매미과, 뿔매미과, 솜벌레과, 진딧물과
- 나비목 : 명나방과, 애기잎말이나방과
- 파리목 : 혹파리과
- 딱정벌레목 : 나무좀과, 바구미과, 비단벌레과, 하늘소과

⑥ 뿌리와 지접근부를 가해하는 곤충

　　㉠ 뿌리나 지접근부를 가해 받은 나무는 전체가 적색으로 변하며, 고사 또는 지접부를 중심으로 부러지거나 수지유출현상을 볼 수 있다.

　　㉡ 가해 곤충의 종류
- 노린재목 : 진딧물과
- 벌목 : 개미과
- 딱정벌레목 : 나무좀과, 바구미과, 풍뎅이과, 하늘소과

⑦ 수간의 인피부를 가해하는 곤충

　　㉠ 인피부를 가해받으면 경관적으로 변색표징을 볼 수도 있다. 이때의 변색상은 단목 또는 몇 개의 나무가 군으로 변색한다.

　　㉡ 단목조사로는 약색, 낙엽, 신소생장부족, 수지유출, 목분, 곤충의 분비물에 싸인 수피표면의 백색화 등을 볼 수 있다.

　　㉢ 가해 곤충의 종류
- 노린재목 : 깍지벌레과, 솜벌레과
- 나비목 : 유리나방과
- 파리목 : 굴파리과, 꽃등애과
- 딱정벌레목 : 나무좀과, 바구미과, 비단벌레과, 하늘소과

⑧ 재질부를 가해하는 곤충

　　㉠ 재질부 가해 표징으로는 열공, 소공, 수액유출, 목질섬유의 배출 등이 있다. 이러한 것은 한 가지만 나타나는 경우가 있고, 복합되어 일어나는 경우도 있다.

　　㉡ 충공은 크기, 모양, 색, 속에 들어 있는 재료 및 갱도의 전체적 양상에 따라 침공, 대공, 목분배출공, 봉소상피해로 구별된다.

ⓒ 가해 곤충의 종류
- 흰개미목
- 노린재목 : 솜벌레과
- 나비목 : 굴벌레나방과, 박쥐나방과, 유리나방과
- 파리목 : 꽃등애과, 굴파리과, 혹파리과
- 벌목 : 개미과, 나무벌과, 칼잎벌과
- 딱정벌레목 : 가루나무좀과, 권연벌레과, 긴나무좀과, 나무좀과, 바구미과, 방아벌레붙이과, 비단벌레과, 사슴벌레과, 통나무좀과, 하늘소과

(3) 산림해충의 발생

① 산림생태계
  ㉠ 어떤 지역 내의 생물과 환경의 하나의 계를 생태계라 하며, 생태계 내의 생물과 환경 간에는 물질과 에너지의 상호교류를 통하여 그 생태계에 고유한 영양단계구성, 생물적 다양성 및 물질전류의 과정을 가지게 된다.
  ㉡ 생태계 내에 살고 있는 어떤 종의 군을 개체군이라고 하며, 개체군의 존속·번영 및 진화와 직접적인 관계가 있는 부분은 생활계이다.
  ㉢ 개체군의 존속과 번영의 정도는 개체의 선천적 특성과 유효환경과의 상호작용의 결과로 이들을 개체군밀도의 공동결정인자라 할 수 있으며, 개체군의 출생률, 분산율 및 치사율은 이들에 의하여 결정된다.

② 해충발생량의 변동
  ㉠ 개체군밀도의 변동
    - 개체군밀도의 증감은 1차적으로는 증가요인인 출생률과 감소요인인 사망률과의 관계에 의하여 결정된다. 즉, 어떤 시점에 있어서의 특정 지역 내 개체군밀도는 그 개체군이 가지고 있는 선천적 번식능력의 발현에 의한 출생수와 출생 후 그 시점까지의 치사개체수에 의하여 대체적으로 결정된다.
    - 출생률은 선천적 특성이 주가 되고 여기에 외적 환경요인들이 영향을 끼치게 되지만, 사망률은 그와는 반대로 외적 환경요인이 주동적 역할을 하고, 선천적 요인은 그 영향을 다소 조절할 수 있어 종적작용을 한다고 할 수 있다.
  ㉡ 출생률
    - 출생률이란 사망이나 이동이 없다고 가정하였을 때 일정시간 내에 출생한 수의 최초 개체수에 대한 비율을 말한다.
    - 암컷의 최대출산수 : 이론적인 산란수로 종에 따라서 일정하므로 비교의 기준이 되며 모체가 새끼에 대한 보호배려도가 높으면 산란수가 적어지고, 반대로 보호배려도가 낮으면 산란수는 많아지는 경향이 있다.

- 암컷의 실출산수
  - 선천적인 산란능력은 생리적 조건이나 교미여부, 환경조건에 따라서 달라진다.
  - 산란수와 암컷의 크기와는 정비례하며, 암컷의 크기는 유충기의 먹이류나 질 또는 양과 밀접한 관계가 있다.
  - 곤충은 대개 일생동안 한 번 교미하지만, 종에 따라서는 수회 하는 것도 있다. 암컷의 교미 여부에 따라서 실산란수에 차이가 있다.
- 성비 : 전 개체수에 대한 암컷의 비를 성비라 하며, 여러 가지 환경조건에 따라 다소 차이가 생긴다.
- 기타
  - 출생률은 개체군을 구성하고 있는 개체들의 연령구성비율과 밀접한 관계가 있다.
  - 연령구성비율의 변동은 암컷의 수명, 산란 후 생존기간에 대한 산란기간의 장단, 산란수, 휴면기간 등의 영향을 받게 된다.

ⓒ 사망률
- 출생이나 이동이 없다고 가정하였을 때 일정한 시간에 사망한 개체수의 최초의 개체수에 대한 비율을 사망률이라고 한다.
- 치사원인 : 노쇠, 활력감퇴, 사고, 이화학적 조건, 천적류, 먹이의 부족, 은신처

ⓔ 이동
- 어떤 지역을 중심으로 이동해 들어오는 이입과 나가는 이주로 구별
- 개체군의 행동에 근거를 두어 확산, 분산, 회귀운동 등으로 분류한다.
  - 확산 : 구식활동이나 기타 요구조건을 찾아 개체가 이동하는 것으로 연속적으로 분포
  - 분산 : 불연속적인 것으로, 이동하여 정착한 곳이 생활에 알맞으면 정주할 수 있으나 그렇지 못하면 멸망
  - 회귀운동 : 한 곳에서 다른 곳으로 이주하였던 것이 다시 제자리로 돌아오는 이동

(4) 산림해충의 발생예찰

① 해충조사
ㄱ 지역적 분포상황과 밀도조사를 하며, 조사 당시에는 피해가 그리 크지 않으나 앞으로 피해가 심해질 것이 확실할 때에 한하여 이루어진다.
ㄴ 해충조사 시 고려할 점 : 밀도의 표현방식, 조사시기, 조사대상, 표본의 단위, 수간과 수내의 변이, 최적 표본수 등
ㄷ 해충의 조사방법 : 수관부조사, 수간부조사, 임상 토층조사, 공간조사

- 수관부조사 : 해충 수 조사
- 수간부조사 : 수간의 피층을 조사
- 임상 토층조사 : 근부 해충 혹은 토층의 유충과 번데기 조사
- 공간조사 : 나무와 나무 사이에 해충이 얼마나 지나다니는가?

※ 포란수를 조사하는 이유 : 암컷의 출산수는 먹이와 관계가 있으므로 먹이의 양을 알아보기 위해 포란수를 조사한다.

② 축차조사

  ㉠ 해충조사를 할 때에 정확한 밀도를 알아야 할 필요가 없고 직접 어떤 방제책을 써야 할 것인가, 아닌가를 판단할 필요가 있을 때 쓰이는 방법으로 축차표본조사법이 있다.

  ㉡ 현재 주로 임업해충에 이용되고 있으며, 방제해야 할 지역과 방임해도 좋은 지역을 판별하고 방제 후의 효과를 확인하거나 피해의 확대를 막기 위한 벌목의 여부를 결정하는 데 쓰인다.

  ㉢ 이 방법의 발전을 위해서는 통계학적 방법에 의한 분포양식이 결정되어야 하며, 다음으로 피해와 밀도와의 관계가 확립되어야 한다.

③ 항공조사

  ㉠ 해충의 발생과 피해의 평가를 위하여 항공기를 이용하는 방법으로, 단시간 내에 넓은 면적을 조사할 수 있어 피해의 조기발견 및 비용의 절약이 가능하고, 방제작업을 위한 정확한 계획 수립에 도움이 된다.

  ㉡ 항공조사 시 기재문제와 조사원의 훈련 및 항공기의 시야가 고려되어야 한다.

  ㉢ 항공조사의 경우 식엽성 곤충에 대해서는 피해가 곧 나타나지만, 나무좀 같은 것에서는 표징이 나타나는 시기와 가해시기 간에 상당한 차가 있다. 또 항공조사결과는 지상조사에 의하여 확인되어야 한다.

④ 발생예찰의 방법

  ㉠ 해충의 발생예찰은 방제를 전제로 하고 있으므로 어떤 시점의 해충상태가 얼마간의 시일이 지난 후에 어떻게 될 것이며, 또 이에 따라 피해가 얼마만큼 있을 것인가를 추정하여 방제를 해야 한다면 그 시기는 언제가 가장 효과적이겠는지를 결정하는 것이다.

  ㉡ 해충의 밀도변동이란 세대 또는 발생(활동) 기간 내의 치사율, 연속되는 2세대 간의 치사율, 계절 간 치사율의 3가지 면에서 생각할 수 있다.

  ㉢ 예찰방법 : 통계적 방법, 타생물 현상과의 관계를 이용하는 방법, 실험적 방법, 개체군 동태분석 방법 등

1군의 동종개체가 출생한 후의 시간경과에 따라 어떻게 사망 감소하였는가를 기재한 표. 곤충의 생활환 중 다른 시기별 개체군의 밀도와 연령 특이적 사망요인에 대한 정보가 있는 표이다.

2. 병해충 특성

(1) 바이러스에 의한 병

① 바이러스의 특징

    ㉠ 일종의 핵단백질로 된 병원체로, 크기가 매우 작아 전자현미경을 통해서만 볼 수 있다.

    ㉡ 살아 있는 기주세포 내에서만 증식되며, 인공배지에서 배양·증식되지 않는다.

    ㉢ 구형·원통형·봉상·사상 등의 모양이며, 크기는 작은 것은 지름이 26nm, 큰 것은 길이가 1,250nm에 이르는 것도 있다.

    ㉣ 동물성 바이러스의 핵산 성분은 데옥시리보핵산(DNA) 또는 리보핵산(RNA)이지만 식물성 바이러스의 핵산 성분은 대부분이 리보핵산이다.

② 바이러스병의 병징

    ㉠ 색깔 이상 : 잎·꽃·열매 등에 모자이크·줄무늬·얼룩이·둥근무늬 등

    ㉡ 식물체 전체·일부기관의 발육 이상 : 왜화, 괴저, 축엽, 잎말림, 암종, 돌기, 기형 등

    ㉢ 병든 식물의 세포 내에 건전한 식물의 세포에서 볼 수 없는 봉입체를 볼 수 있다.

    ㉣ 바이러스가 병든 식물체의 전신에 분포하고 있으면 전신감염이라 하고, 식물체의 일부분에 한정되어 있으면 국부감염이라고 한다.

    ㉤ 보독식물(保毒植物, carrier) : 체내에 바이러스가 증식하고 있어도 외관상 병징이 나타나지 않는 식물로 바이러스에 의한 큰 피해를 받지 않으나, 그 바이러스에 감수성인 다른 식물에 대한 전염원이 된다.

    ㉥ 병징은폐(病徵隱蔽) : 병징이 잘 나타나는 식물도 환경조건에 따라서 병징이 잘 나타나지 않는 경우를 말하며, 고온 또는 저온일 때 일어난다.

③ 식물바이러스의 전염방법

    ㉠ 접목전염, 즙액전염, 충매전염, 토양전염, 종자전염 등

    ㉡ 바이러스는 진균이나 세균처럼 스스로 식물체를 침입해서 감염을 일으킬 수 없으며, 모두 타동적으로 전염된다.

④ 종류

    ㉠ 포플러의 모자이크병

      • 병징

        – 다 자란 잎에 모자이크 또는 얼룩반점이 잎면 가득히 나타난다.

        – 잎의 지맥과 중륵에 괴저가 나타난다.

        – 엽병의 기부가 약간 부풀어 오르며, 줄기에 작은 병반과 틈이 생기기도 한다.

        – 심히 병든 나무는 생육이 감소되고, 목재의 비중과 강도도 줄어든다.

      • 병원체 및 병환 : 병원체는 포플러 모자이크바이러스이며, 주로 병든 삽수를 통해 전염된다.

      • 방제법 : 바이러스에 감염되지 않은 건전한 포플러에서 삽수를 채취하고 병든 것은 뽑아버린다.

ⓛ 아까시나무의 모자이크병

- 병징
  - 초기 잎에 농담의 모자이크가 나타나며, 나중에는 잎이 작아지고 기형이 된다.
  - 병든 나무에서는 매년 병징이 나타나기 때문에 나무의 생육이 나빠지고 차츰 쇠약해진다.
- 병원체 및 병원
  - 병원체는 아까시나무 모자이크바이러스이며, 자연상태에서는 아까시나무 진딧물과 복숭아 혹진딧물 등에 의해 매개 전염된다.
  - 이 바이러스의 판별기주인 명아주에 즙액접종하면 담황색의 국부병반이 나타난다.
- 방제법 : 살충제로 매개충인 진딧물을 구제하고 병든 나무는 캐내어 소각한다.

(2) 파이토플라스마에 의한 병

① 파이토플라스마의 특징

- ㉠ 70~900nm 크기의 다형질이며, 세포벽은 없고 일종의 원형질막으로 둘러싸여 있다.
- ㉡ 큰 파이토플라스마의 한가운데에는 핵 같은 것이 있고 핵 둘레에는 리보솜, 과립 등이 있다.
- ㉢ 주로 매미충류와 기타 식물의 체관부의 즙액을 빨아 먹는 곤충류에 의하여 매개되며, 식물의 체관부와 매개충의 체내에 들어 있다.
- ㉣ 전신감염성이므로 영양체를 통해서 차례로 전염된다.
- ㉤ 테트라사이클린계 항생물질로 치료가 가능하다.

② 종류

- ㉠ 오동나무의 빗자루병
  - 병징
    - 병든 나무에는 연약한 잔가지가 많이 발생하고 담녹색의 아주 작은 잎이 밀생하여 마치 빗자루나 새집둥우리와 같은 모양을 이룬다.
    - 병든 가지는 말라 떨어지고 수년간 병징이 계속 나타나다가 결국 나무 전체가 죽는다.
  - 병원체 및 병원 : 병원은 파이토플라스마이며, 담배장님노린재, 썩덩나무노린재, 오동나무 (애)매미충에 의해 매개되고 병든 나무의 분근을 통해서도 전염된다.
  - 방제법
    - 병든 나무는 제거하여 소각한다.
    - 7월 상순에서 9월 하순에 살충제를 살포하여 매개충을 구제한다.
    - 빗자루병이 발생하지 않은 나무로부터 분근·증식한 무병묘목을 심거나 실생 묘목을 심는다.
    - 테트라사이클린계의 항생물질로 치료한다.

ⓛ 대추나무의 빗자루병
　　　• 병징 : 가는 가지와 황녹색의 아주 작은 잎이 밀생하여 마치 빗자루 모양과 같아지고 결국에
　　　　말라 죽는다.
　　　• 병원체 및 병원 : 병원은 파이토플라스마이며, 전신성병이므로 병든 나무의 분주를 통해 차례
　　　　로 전염된다.
　　　• 방제법
　　　　– 병징이 심한 나무는 뿌리째 캐내어 태워버린다.
　　　　– 병징이 심하지 않은 나무는 4월 말경에서 9월 중순에 1,000~2,000ppm의 옥시테트라사이
　　　　　클린을 주당 1,000~2,000mL 수간주입한다.
　　　　– 대추나무를 심을 때에는 병이 발생되지 않은 지역에서 분주해 가져다 심는 것이 안전하다.
　　　　– 땅속에서 뿌리의 접목에 의해 전염될 우려가 있으므로 밀식과 간작을 피한다.
　　ⓒ 뽕나무 오갈병
　　　• 병징
　　　　– 병든 잎은 작아지고 쭈글쭈글해지며 담녹색에서 담황색으로 되고, 잎의 결각이 없어져 둥
　　　　　글게 되며 잎맥의 분포도 작아진다.
　　　　– 가지의 발육이 약해지고 마디 사이가 짧아져서 나무모양이 왜소해지며, 곁눈의 싹이 빨리
　　　　　터서 작은 가지가 많으므로 빗자루 모양을 이룬다.
　　　• 병원체 및 병원 : 병원은 파이토플라스마이며, 마름무늬매미충에 의해 매개되고 접목에 의해서
　　　　도 전염된다.
　　　• 방제법
　　　　– 발생이 심하지 않은 병든 나무는 발견 즉시 뽑아버리고, 그 자리에 저항성 품종을 보식한
　　　　　다. 발생이 극심할 경우 전체를 저항성 품종으로 전면 개식한다.
　　　　– 질소질 비료의 과용을 피하고 칼륨질 비료를 충분히 주며, 수세가 약해지지 않도록 벌채나
　　　　　뽕잎따기를 삼간다.
　　　　– 접수나 삽수는 반드시 무병주 낙엽수에서 12~2월에 채취한다.
　　　　– 저독성 유기인제로 매개충을 구제한다.
　　　　– 테트라사이클린계 항생제에 의한 치료가 가능하다.
③ 그 밖의 파이토플라스마에 의한 주요 수병
　　㉠ 아까시나무 빗자루병
　　ⓛ 밤나무의 누른오갈병
　　ⓒ 물푸레나무의 마름병
　　㉣ 센달나무의 스파이크병

(3) 세균에 의한 병

① 세균의 특징

　　㉠ 광학현미경으로 볼 수 있는 미생물로 크기는 봉상인 것은 $3 \times 1 \mu F$, 구형인 것은 지름이 $1 \mu F$ 정도이다.

　　㉡ 세균에는 구형, 봉상, 나선상 등이 있는데 식물병균의 대부분은 봉상이며, 집락을 형성하므로 육안으로 볼 수 있다.

② 세균성병의 병징에 따른 분류

　　㉠ 유조직병 : 유조직이 침해되어 조직의 부패, 반점, 잎마름, 궤양 등의 병징이 나타난다.

　　㉡ 물관병 : 관다발의 조직, 특히 물관이 침해되어 수분 상승이 방해되므로 식물이 말라 죽고, 물관병에 걸린 줄기를 가로로 잘라보면 물관부에 점액 같은 세균덩어리가 흘러나온다.

　　㉢ 증생병 : 세균의 침입으로 분열조직의 증식이 자극되어 암종을 만든다.

　　㉣ 식물병원세균은 기주식물에 침입하기 전에는 보통 병든 식물체나 토양 중의 유기물을 이용하여 부생적으로 생존하다가 수매전반 등에 의하여 기주식물의 표면에 옮겨지면 침입・감염한다.

　　㉤ 세균은 진균처럼 각피침입을 할 능력이 없기 때문에 식물체상의 각종 상처와 기공・수공 등의 자연개구를 통해 침입한다.

③ 종류

　　㉠ 뿌리혹병 : 밤나무, 감나무, 호두나무, 포플러, 벚나무 등에 잘 발생하며, 특히 묘목에 발생했을 때 피해가 크다.

　　　• 병징

　　　　- 보통 뿌리 및 땅가 부근에 혹이 생기는 것이 이 병의 특징이지만, 때로는 지상부의 줄기나 가지에 발생하는 수도 있다.

　　　　- 초기에는 병든 부위가 비대하고 우윳빛을 띠는데, 점차 혹처럼 되면서 그 표면은 거칠어지고 암갈색으로 변한다.

　　　　- 혹의 크기는 콩알만 한 것으로부터 어른 주먹의 크기보다 더 커지는 것도 있다.

　　　　- 접목묘에서는 흔히 접목 부위에 많이 발생한다.

　　　• 병원균 및 병원

　　　　- 병원균은 *Agrobacterium tumefaciens*(Smith et Towns.)Conn.이며, 병환부에서도 월동하지만, 땅속에서 다년간 생존하면서 기주식물의 상처를 통해서 침입한다.

　　　　- 지하부의 접목부위, 뿌리의 절단면, 삽목의 하단부 등은 이 병원균의 좋은 침입경로이다.

　　　　- 고온다습한 알칼리토양에서 많이 발생한다.

　　　• 방제법

　　　　- 묘목을 철저히 검사하여 건전묘만을 심는다.

　　　　- 병든 나무는 제거하고 그 자리는 객토를 하거나 생석회로 토양을 소독한다.

　　　　- 병에 걸린 부분을 칼로 도려내고 절단부위는 생석회 또는 접밀을 바른다.

- 접목할 때에는 접목에 쓰이는 칼과 손끝을 70% 알코올 등으로 소독하고, 접수와 대목의 접착부에는 접밀을 발라준다.
- 발병이 심한 땅에서는 비기주식물인 화본과 식물과 3년 이상 윤작을 한다.
- 클로로피크린, 메틸브로마이드 등으로 묘포의 토양을 소독한다.
- 이 병에 가장 걸리기 쉬운 밤나무, 감나무 등의 지표식물을 심어 병균이 있는지 없는지 확인한 후 병균이 없는 곳에 포지를 선정한다.
ⓛ 밤나무 눈마름병
  • 병징
    - 4~7월에 새눈, 잎, 신초 등에 발생한다.
    - 피해부는 갈색에서 흑갈색으로 변해 말라 죽는다.
    - 잎에는 많은 갈색 병반이 생기며, 안쪽으로 말린다.
  • 병원균 및 병원 : 병원은 *Pseudomonas castaneae*(Kawamura) *Savulescu*이며, 병원세균은 병든 가지의 끝에서 월동하여 이듬해의 전염원이 된다.
  • 방제법
    - 병든 가지를 잘라 소각한다.
    - 새눈이 트기 전에 석회황합제(100배액)를 1~2회 살포한다.
④ 그 밖의 세균에 의한 주요 수병

병명	병원세균(학명)
호두나무의 갈색썩음병(Bacterial Blight)	*Xamthomonas juglandis* Dowson
포플러의 세균성줄기마름병(Bacterial Canker)	*Pseudomonas syringae f. sp populea* Sabet
단풍나무의 점무늬병(Leaf Spot)	*Xanthomonas acernea* (Ogawa) Burk holder
뽕나무의 세균성축엽병(Bacterial Spot)	*Pseudomonas mori* (Boyr&Lambert) Stevens

(4) 진균(조균류, 자낭균, 담자균, 불완전균류)에 의한 병

① 효모균처럼 단세포체도 있으나 주로 다세포체이며, 엽록체는 없으나 세포질과 핵이 있다.
② 실모양의 균사체로 되어 있고 그 가지를 균사라고 하는데, 격막 유무에 따라 유격균사, 무격균사, 다핵균사가 있다.
③ 개체를 유지하는 영양체와 종족을 보존하는 번식체로 구분된다.
  ㉠ 영양체 : 균사체는 진균의 영양기관으로서 대다수의 병원진균은 균사를 기주식물의 세포간극 또는 세포 내에 형성하고 영양을 섭취한다.
  ㉡ 번식체
    • 진균은 영양체인 균사체가 발육하면 담자체가 생기고 여기에 포자가 형성된다.
    • 포자는 수정에 의해 생기는 유성포자, 수정과 관계없이 생기는 무성포자가 있는데, 유성포자는 대체로 진균의 월동이나 유전 등 종족의 유지에 큰 역할을 하고, 무성포자는 급격히 만연하는 2차 전염원의 주동적 역할을 한다.

④ 진균은 균사체 격막의 유무 및 유성포자의 생성 방법에 따라 조균강, 자낭균강, 담자균강, 불완전균강 등으로 나눈다.

(5) 진균 중 조균류에 의한 병

① 조균류의 특징

　㉠ 보통 격막이 없고 다수의 핵을 가지고 있다(다핵균사).

　㉡ 무생포자는 분생포자로서 분색자병 위에 외생하며, 발아할 때 유주자낭을 만들어 그 속에 들어 있는 유주자를 내는 것과 발아관이 나오는 것이 있다.

　㉢ 유성포자인 난포자는 균사의 한쪽 끝에 생긴 난기와 웅기의 수정에 의해 만들어진다.

　㉣ 분생포자는 주로 병원균을 전파하는 역할을 하며, 난포자는 균의 월동역할을 한다.

② 종류

　㉠ 모잘록병

　　• 토양서식병원균에 의하여 당년생 어린 묘의 뿌리 또는 땅가 부분의 줄기가 침해되어 말라 죽는다.

　　• 침엽수, 활엽수의 어린나무, 특히 침엽수 중에서는 소나무류, 낙엽송, 전나무, 가문비나무 등에, 활엽수 중에는 오동나무, 아까시나무, 자귀나무 등에 많이 발생한다.

　　• 병징

　　　– 도복형 : 발아 직후 유묘의 지면부위가 잘록해져서 자빠지며 썩어 없어진다.

　　　– 지중부패형 : 파종된 종자가 땅속에서 발아하기 전후에 병원균의 침해로 썩는다.

　　　– 수부형 : 땅 위에 나온 묘의 떡잎, 어린줄기가 썩어 죽는다.

　　　– 근부형 : 묘목이 어느 정도 자라서 목화된 여름 이후에 뿌리가 암갈색으로 변하고 죽는다.

　　• 병원균

　　　– *Pythium debaryanum* Hesse(조균), *Pythium ultimum* Trow(조균), *Phytophthora cactorum* Schroet(조균), *Thanatephorus cucumeris* Donk(*Rhizoctonia solani* Kuhn ; 불완전균), *Fusarium Oxysporum* Schl(불완전균), *Fusarium spp.*(불완전균), *Cylindrocladium scoparium* Morgan(불완전균)

　　　– 침엽수의 묘에 큰 피해를 주는 것은 불완전균에 의해 발생한다.

　　• 병환

　　　– 모잘록병균은 땅속에서 월동하여 다음 해의 제1차 감염원이 된다.

　　　– *Rhizoctonia*균에 의한 피해가 과습한 토양에서 기온이 비교적 낮은 시기에 많이 발생하는데 반하여 *Fusarium*균과 *Cylindrocladium*균에 의한 피해는 온도가 높은 여름에서 초가을에 비교적 건조한 토양에서 많이 발생한다.

- 방제법
  - 약제에 의한 직접적인 방제
    - ⓐ 약제(티람제, 캡탄제, PCNB제, NCS, 클로로피크린 등) 및 증기・소토 등의 방법으로 토양을 소독한다.
    - ⓑ 종자소독용 유기수은제의 수용액에 종자를 침적하거나 또는 동제의 분제・티람 분제, 캡탄제 등으로 종자를 분의소독한다.
    - ⓒ 도복형 피해 또는 수부형 피해가 발생하였을 때에는 캡탄제(1,000배액), 다치가렌 액제(600배액) 등을 피해부의 중심으로 관주한다.
  - 환경개선에 의한 간접적인 방제
    - ⓐ 묘상이 과습하지 않도록 배수와 통풍에 주의하며, 햇볕이 잘 들도록 한다.
    - ⓑ 채종량을 적게 하고, 복토가 너무 두껍지 않도록 한다.
    - ⓒ 질소질 비료를 과용하지 말고, 인산질 비료를 충분히 주어 묘목을 튼튼히 길러야 한다.
- ⓛ 밤나무의 잉크병
  - 병징
    - 발생 초기 뿌리가 침해되어 흑색으로 변하면서 썩고, 점차 근관부 및 땅가 부분의 줄기 형성층이 침해를 받으며, 병든 나무의 잎은 누렇게 되면서 급속히 말라 죽는다.
    - 병든 나무의 줄기에서 타닌(tannin)을 다량 함유한 수액이 뿜어 나와 이것이 땅속의 철분과 화합하여 땅가 부분이 잉크로 물든 것처럼 보인다.
  - 병원균 및 병환
    - 병원균 : *Phytophthora cambivora(Petri) Buism. Phytophthora cinnamomi*
    - 땅속에서 월동하고, 지표면으로부터 가까운 곳에 있는 잔뿌리를 침해하여 병을 일으킨다.
  - 방제법
    - 병든 나무를 제거・소각하고, 그 자리는 클로로피크린으로 토양을 소독한다.
    - 식재지가 과습하지 않도록 배수에 주의한다.
    - 저항성 품종을 심는다.
- ③ 그 밖의 조균류에 의한 수병

병명	병원균
소나무의 소엽병(little leaf disease)	*Phytophthora cinnamomi* Rands.
동백나무의 시들음병(위조병, 근부병)	

(6) 진균 중 자낭균에 의한 병

① 자낭균의 특징

㉠ 주머니 모양의 자낭 안에 자낭균 특유의 유성포자가 형성되는데 이를 자낭포자라고 하며, 1개의 자낭 속에 보통 8개의 자낭포자가 들어 있다.

㉡ 자낭은 특별한 형체를 갖춘 자낭과의 내부에 만들어지는 것과 자낭과가 없이 노출되는 경우가 있으며, 자낭과에는 완전히 구멍이 막힌 자낭구, 끝에 구멍이 있는 자낭각, 쟁반모양을 한 자낭반 등이 있다.

㉢ 자낭과의 내부에 자낭이 규칙적으로 배열하여 층상을 이룬 것을 자실층이라고 하며, 자실층의 자낭과 자낭 사이에 긴 실모양의 측사가 섞여 있는 종류도 있다. 또, 자낭과가 자좌에 의하여 둘러싸인 종류도 있다.

㉣ 자낭균은 분생포자로 이루어지는 무성생식(불완전세대)과 자낭포자로 이루어지는 유성생식(완전세대)으로 세대를 이어간다.

㉤ 자낭포자는 월동 후의 제1차 전염원이 되며, 분생포자는 그 후 월동기까지 몇 번에 걸쳐 형성되어 제2차 전염원의 역할을 한다.

② 종류

㉠ 벚나무의 빗자루병

• 병징
- 가지의 일부가 팽대하여 혹모양이 되며 이 부근에서 가느다란 가지가 많이 나와 마치 빗자루 모양을 이룬다.
- 병든 가지에서는 건전한 가지보다도 봄에 일찍 소형의 잎이 피어나며, 꽃망울은 거의 생기지 않는다.
- 처음에는 잎이 무성하지만, 여러 해가 지나면 말라 죽는다. 또 병세가 심하면 수세가 떨어지고, 나무 전체가 말라 죽는다.

• 병원균 및 병환
- 병원균 : *Taphrina wiesneri*(Rath) Mix
- 병든 가지의 팽대부분에서 주로 균사상태로 월동하고, 다음 해 봄에 포자를 형성하여 제1차 전염을 일으킨다.

• 방제법
- 겨울철에 병든 가지의 밑부분을 잘라내어 소각한다. 소각은 반드시 봄에 잎이 피기 전에 실시해야 한다.
- 병든 가지를 잘라낸 후 나무 전체에 8-8식 보르도액을 1~2회 살포한다. 약제 살포는 잎이 피기 전에 해야 하며, 휴면기 살포가 좋다.
- 이병지는 비대해진 부분을 포함해서 잘라 제거하고 테부코나졸 도포제를 발라준다. 매년 피해가 발생하는 지역은 꽃이 떨어진 후부터 이미녹타딘트리스알베실레이트 수화제 1,000배액 또는 디페노코나졸 입상수화제 2,000배액을 10일 간격으로 2~3회 살포한다.

ⓛ 수목의 흰가루병
  • 병징
    – 병환부에 흰 가루를 뿌려놓은 것과 같은 외관을 나타낸다.
    – 일정한 반점이나 반문은 형성하지 않고 잎면에 불규칙한 크고 작은 여러 가지 모양의 흰 병반을 나타내면서 발생한다.
    – 어린 눈이나 신소가 병원균의 침해를 받으면 병환부가 위축되어 기형으로 변하는 경우가 있다.
    – 병환부에 나타난 흰 가루는 병원균의 균사, 분생자병 및 분생포자 등이며, 이것은 분생자세대(불완전세대)의 표징이다.
    – 가을이 되면 병환부의 흰 가루에 섞여서 미세한 흑색의 알맹이가 다수 형성되는데 이것은 자낭구로서 자낭세대의 표징이다.
  • 병환
    – 흰가루병은 주로 자낭구의 형으로 병든 낙엽 위에 붙어서 월동하고 이듬해 봄에 자낭포자를 내어 제1차 전염을 일으킨다.
    – 제2차 전염은 병환부에 형성된 분생포자에 의하여 가을까지 되풀이된다.
  • 방제법
    – 가을에 병든 낙엽과 가지를 모아서 소각한다.
    – 새눈이 나오기 전에 석회황합제(150배액)를 몇 차례 살포한다. 그러나 한여름에는 석회황합제를 살포하면 약해를 입기 쉬우므로 다이센, 카라센, 4-4식 보르도액, 톱신 등을 살포한다.
ⓒ 수목의 그을음병
  • 병징 및 병환
    – 잎·줄기·가지 등에 새까만 그을음을 발라놓은 것 같은 외관을 나타낸다.
    – 대부분 그을음병균은 기주식물체의 표면을 덮고 동화작용을 방해하는 외부착생균이지만, 그중에는 기주조직 내에 흡기를 형성하고 기생하는 종류도 있다.
    – 진딧물, 깍지벌레 등이 기생한 후 그 분비물 위에서 번식하는 것이 보통이다.
    – 그을음 증상은 잎의 뒷면보다는 앞면에 주로 형성되며 까만 검뎅이 같은 균사들은 주로 *Capnodium citri* Berk. & Desm.이라는 곰팡이로 구성된다.
    – 나무가 급히 말라 죽는 일은 드물지만 동화작용이 저해되므로 수세가 약해진다.
  • 방제법
    – 통기불량, 음습, 비료부족 또는 질소비료의 과용은 이 병의 발생유인이 되므로 이들 유인을 제거한다.
    – 살충제로 진딧물·깍지벌레 등을 구제한다.

㉣ 밤나무의 줄기마름병
  • 병징
    - 나뭇가지와 줄기가 침해되는데 병환부의 수피는 처음에 황갈색 또는 적갈색으로 변하고 약간 움푹해지며, 6~7월경에 수피를 뚫고 등황색의 소립이 밀생하여 마치 상어껍질처럼 된다.
    - 비가 오고 일기가 습하면 소립에서 실모양으로 황갈색의 포자덩어리가 분출되고 건조하면 병환부가 갈라지고 거칠어진다.
    - 병환부가 줄기를 한 바퀴 돌면 그 위쪽은 말라 죽고 밑에서는 부정아가 많이 발생한다.
    - 병환부가 크게 확대되었을 경우 병환부의 나무껍질을 벗겨 보면 황색균사가 부채꼴모양을 하고 있는 것을 볼 수 있다.
  • 병원균 및 병환
    - 병원균 : *Endothia parasitica*
    - 자낭각과 병자각이 병환부의 자좌 안에 생기고, 자낭포자는 무색의 2포, 병포자는 무색의 단포이다.
    - 병원균은 병환부에서 균사 또는 포자의 형으로 월동하여 다음 해 봄에 비, 바람, 곤충, 새 무리 등에 의하여 옮겨져 나무의 상처를 통해서 침입한다.
  • 방제법
    - 묘목검사를 철저히 하여 무병묘목을 심는다.
    - 상처를 통해 병원균이 침입하므로 나무에 상처가 생기지 않도록 주의하며, 특히 동해를 예방한다.
    - 줄기의 병환부는 일찍 예리한 칼로 도려내고 그 자리는 승홍수(500배액) 또는 알코올로 소독한 다음 그 위에 타르, 페인트, 접밀, 석회유 등을 바른다.
    - 병든 가지는 잘라서 소각하고, 자른 자리는 앞에서와 같은 처치를 한다.
    - 나무에 상처를 내고 병원균을 전파시키는 각종 해충을 구제한다.
    - 이른 봄눈이 트기 전에 8-8식 보르도액 또는 석회황합제(100배액)를 건전한 나무에 살포한다.
    - 최근 베노밀제의 수간주입에 의한 치료효과가 보고되고 있다.
    - 저항성 품종의 선발과 육종으로 근본적인 해결책을 마련한다.
㉤ 소나무의 잎떨림병
  • 병징
    - 7~9월에 발병하여 잎에 담갈색의 병반이 형성되나, 병세는 더 이상 진전하지 않고 일단 정지된다.
    - 이듬해 4~5월경에 이르러 피해가 급진전하고 심할 때에는 9월경에 녹색의 침엽을 거의 볼 수 없을 정도로 누렇게 변하고 수시로 잎이 떨어진다.
    - 어린잎은 고사 후에도 나뭇가지에 오랫동안 붙어 있으나, 성숙한 잎은 곧 떨어진다.

- 초가을에 낙엽을 조사해보면 약 6~11mm 간격으로 갈색의 선이 옆으로 나 있고, 중간에 타원형 또는 방추형의 흑색종반(자낭반)이 형성되어 있다.
- 병원균 및 병환
  - 병원균 : *Lophodermium pinastri*(Schrad.) Chev.
  - 땅 위에 떨어진 병든 잎에서 자낭포자의 형으로 월동하여 다음 해의 전염원이 된다.
  - 5~7월에 비가 많이 오는 해에 피해가 크며, 병든 나무로부터의 제2차 감염은 일어나지 않는다.
- 방제법
  - 묘포에서는 비배관리를 잘하고, 병든 잎을 모아서 태운다.
  - 5월 하순부터 4-4식 보르도액 또는 캡탄제 등을 몇 차례 살포한다.
  - 조림지에 발생하였을 경우에는 여러 종류의 활엽수를 하목으로 심으면 피해가 경감된다.
  - 일반적으로 수세가 떨어졌을 때 심하게 발생하므로 항상 나무를 건전하게 키우도록 주의해야 한다.
ⓗ 낙엽송의 잎떨림병
- 병징
  - 초기 잎표면에 미세한 갈색소반점이 형성되고 차츰 커지면서 그 주위는 황녹색으로 변한다.
  - 침엽 1매 위에 보통 5~7개의 병반이 형성되나 때로는 20개 이상 형성될 때도 있고 인접한 병반은 융합한다.
  - 8월 하순경 병반 위에 극히 미세한 흑립점(균체)이 표피를 뚫고 많이 형성된다. 이때 피해목을 멀리서 바라보면 적갈색으로 보인다.
  - 8월 하순경부터 심하게 낙엽하기 시작하여 9월 중순경까지는 대부분의 잎이 떨어진다.
- 병원균 및 병환
  - 병원균 : *Mycosphaerella larici-leptolepis* Ito *et* al.
  - 낙엽에서 월동하여 이듬해 5~7월 사이 자낭각을 형성하고, 여기에서 나온 자낭포자에 의하여 제1차 전염이 일어난다.
- 방제법
  - 병이 잘 발생하는 지역에서는 낙엽송의 단순, 일제조림을 피하고 활엽수와 대상으로 혼효를 한다.
  - 저항성 품종을 선발·증식하여 조림한다.
  - 임지시비에 의하여 나무를 건전하게 키운다.
  - 낙엽송의 눈이 트기 전에 지상에 있는 병낙엽을 제거하고 5월 상순~7월 하순까지 2주 간격으로 4-4식 보르도액을 살포한다.

ⓐ 낙엽송의 끝마름병
- • 병징
  - - 당년에 자란 신소에만 발생하며, 줄기나 묵은 가지에는 발생하지 않는다.
  - - 8~9월경 신소가 침해를 받으면 피해부는 약간 퇴색·수축하여 가늘게 되며, 여기에서 수지가 나오는 때가 많다.
  - - 피해를 입은 가지의 끝부분은 아래쪽으로 구부러지며, 가지 끝에만 몇 개의 마른 잎이 남고 나머지는 모두 떨어진다.
  - - 어린 묘목은 피해부의 위쪽이 말라 죽고 상체묘에서는 선단부에 죽은 가지가 총생하여 무정묘가 된다.
  - - 조림목이 수년간 계속해서 침해를 받게 되면 수고생장이 정지되고, 많은 죽은 가지가 생겨 분재와 같은 수형으로 된다.
  - - 7~8월경 병든 가지의 끝에 남아있는 잎의 뒷면과 구부러져 말라 죽은 가지의 끝부분을 확대경으로 보면 흑색소립점(병자각)이 다수 나타난다.
  - - 가지의 충부 아래쪽에 9월부터 이듬해 봄까지 장축방향으로 몇 개씩 줄지어 흑색소돌기(자낭각)가 형성된다.
- • 병원균 및 병환
  - - 병원균 : *Guignardia laricina* Yamamoto(Saw.) *et* K. Ito
  - - 병든 가지에서 미숙한 자낭각의 형으로 월동하고 이듬해 5월경부터 자낭포자를 형성하여 제1차 전염원이 된다.
  - - 자낭포자에 의해 침해된 가지에는 7월경부터 병포자가 형성되며, 10월 하순경까지 계속된다.
  - - 병포자는 제2차 전염원이 되어 계속 전염을 되풀이하면서 피해를 확대시킨다.
  - - 9~10월경부터 환부에 자낭각이 형성되기 시작하며, 미숙한 자낭각의 상태로 월동한다.
- • 방제법
  - - 묘목검사를 철저히 하여 병든 묘목이 미발생지에 들어가지 않도록 해야 하며, 묘목검사는 9~10월경에 미리 실시한다.
  - - 묘포에서는 6월 상순~9월 중순까지 약 2주 간격을 항생물질인 사이클로헥시마이드(5ppm)와 150ppm의 TPTA와의 혼합제를 200mL/m²씩 전착제를 가하여 살포한다.
  - - 조림지에서는 동력분무기를 사용하여 7월 상순에서 8월 하순까지 2주 간격으로 300L/ha씩 약 4회 정도 살포한다.
  - - 대면적 조림지의 경우 소형 헬리콥터로 사이클로헥시마이드(60ppm) 또는 TPTA와의 혼합제를 60L/ha씩 살포한다.
  - - 저항성 품종을 선발·육성한다.

(7) 진균 중 담자균에 의한 병

① 담자균의 특징

　㉠ 유격균사체를 가지며, 유성포자인 담자포자는 담자체 위에 생긴다. 1개의 담자병 위에는 4개의 담자포자가 형성된다.

　㉡ 녹병균이나 깜부기병균의 경우에는 겨울포자(동포자) 또는 깜부기포자가 발아하여 담자병이 생기고 그 위에 담자포자가 형성되는데, 이때 담자병을 전균사, 담자포자를 소생자라고 한다.

　㉢ 담자균류에는 유성포자인 담자포자 외에 무성포자가 형성되는 것이 있다. 특히, 녹병균 중에는 두 종류 이상의 무성포자를 만드는 것이 많으며, 겨울포자와 소생자 외에 녹병포자, 녹포자, 여름포자 등을 만들어 기주교대를 하는 것도 있다.

② 종류

　㉠ 소나무의 잎녹병

　　• 병징

　　　– 봄철 소나무잎에 황색의 작은 막 같은 작은 포자주머니가 나란히 줄지어 생기며, 나중에는 이것이 터져 노란 가루와 같은 녹포자가 비산한다.

　　　– 작은 포자주머니가 생긴 앞부분은 퇴색되고, 병든 잎은 말라 떨어지며, 심한 경우에는 나무 전체가 말라 죽는다.

　　• 병원균

　　　– *Coleosporium phellodendri* Komar(중간기주 : 황벽나무)

　　　– *Coleosporium asterum* Syd.(중간기주 : 참취)

　　　– *Coleosporium campanulae* Lev.(중간기주 : 잔대)

　　　– *Coleosporium eupatorii* Arthur(중간기주 : 등골나무)

　　• 병환

　　　– 소나무 잎녹병균은 소나무와 중간기주에 기주교대를 하는 이종기생균으로 소나무에 기생할 때는 녹병포자와 녹포자를 형성하고, 중간기주에 기생할 때는 여름포자와 겨울포자를 형성한다.

　　　– 녹포자가 중간기주로 날아가 잎에 침입하게 되면 6월경에 황색의 여름포자 덩이가 생긴다.

　　　– 여름포자는 다른 중간기주로 날아가 침입하여 다시 여름포자를 형성하는데 이것을 여름포자에 의한 반복전염이라고 하며, 초가을까지 계속된다.

　　　– 초가을이 되면 여름포자는 소실되고 그 자리에 갈색의 겨울포자 덩이가 형성된다.

　　　– 늦가을이 되면 중간기주의 잎에 있는 겨울포자가 발아하여 전균사를 내고 그 위에 소생자를 형성한다.

　　　– 소생자가 소나무잎에 날아가 침입하여 이듬해 봄에 잎녹병을 일으킨다.

　　• 방제법 : 소나무조림지의 1km 둘레 안에 있는 중간기주를 겨울포자가 형성되기 전, 즉 9월 이전에 모두 제거한다.

ⓛ 소나무의 혹병
- 병징
  - 소나무의 가지나 줄기에 작은 혹이 생겨 이것이 해마다 커지며 나중에는 지름이 수십cm 이상에 달하는 것도 있다.
  - 참나무속 식물에는 잎의 뒷면에 여름포자퇴와 털모양의 겨울포자퇴를 형성한다.
- 병원균 및 병환
  - 병원균 : *Cronartium quercuum* Miyabe et Shirai
  - 소나무에 녹병포자와 녹포자를 형성한다.
  - 4~5월경에 혹의 나무껍질이 갈라진 틈에서 황색 녹포자가 흩어져 나온다.
  - 녹포자는 참나무속 식물의 잎에 날아가 기생하고 여름포자와 겨울포자를 형성한다.
  - 병원균은 겨울포자의 형으로 참나무속 식물의 잎에서 월동하고, 이듬해 봄에 발아하여 소생자를 형성한다.
  - 소생자가 날아가서 소나무를 침해하여 1~2년 만에 혹을 만든다.
- 방제법
  - 소나무의 묘포 근처에 중간기주인 참나무류를 심지 않도록 한다.
  - 병환부나 병든 묘목은 일찍 제거하여 소각한다.
  - 늦가을에 참나무의 병든 낙엽을 한곳에 모아서 소각한다.
  - 소나무류의 묘목에 4-4식 보르도액 또는 다이센수화제(500배액)를 4, 5월과 9, 10월에 2주 간격으로 살포한다.
ⓒ 잣나무의 털녹병
- 병징
  - 병든 가지나 줄기에서 황색에서 오렌지색으로 변하면서 약간 부풀고 거칠어진다.
  - 4~6월경 병환부의 수피가 터지면서 오렌지색의 녹포자퇴가 다수 형성되고 이것이 터져 노란가루(녹포자)가 비산한다.
  - 줄기에 병징이 나타나면 어린 조림목은 대부분 당년에 말라 죽으며, 20년생 이상의 성목에서는 병이 수년간 지속되다가 마침내 말라 죽는다.
- 병원균 및 병환
  - 병원균 : *Cronartium ribicola* Fisher
  - 잣나무와 중간기주인 송이풀, 까치밥나무 등에 기주교대를 하는 이종기생균으로서 잣나무에 녹병포자를 형성하고, 중간기주에 여름포자, 겨울포자, 소생자 등을 형성한다.
  - 병원균은 잣나무의 수피조직 내에서 균사의 형태로 월동하고, 이듬해 4~6월경 가지와 줄기에 녹포자퇴를 형성한다.

- 녹포자는 중간기주에 날아가 잎 뒷면에 여름포자를 형성하고 환경조건이 좋으면 여름포자는 여름 동안 계속 다른 송이풀과 까치밥나무에 전염하면서 여름포자를 형성한다.
- 9월 초순에서 중순경에 이르면 여름포자는 모두 소실되고 그 자리에 털 모양의 겨울포자퇴가 무더기로 나타난다.
- 겨울포자는 곧 발아하여 소생자를 만들고 이 소생자는 바람에 의해 잣나무의 잎에 날아가 기공을 통하여 침입한다.
- 소생자가 침입한 지 2~4년이 지난 후 가지 또는 줄기에 녹병자기가 형성되고 그 이듬해 봄에 같은 장소에 녹포자기가 형성되어 녹포자를 비산시킨다.
- 녹포자의 비산거리는 수백 km에 이르며, 소생자의 비산거리는 보통 300m 내외이지만 때로는 2km 이상에 이르는 경우도 있다.
• 방제법
- 병든 나무를 제거하여 소각한다.
- 제초제(근사미 등)로 임지 내의 중간기주를 제거한다. 중간기주는 겨울포자가 형성되기 전, 즉 8월 말 이전에 제거해야 한다.
- 병든 묘목을 통해 미발생지에 병이 옮겨지므로 병이 발생한 임지 부근에서는 잣나무의 묘목을 생산하지 않도록 한다.
- 약제를 살포하고, 내병성 품종을 육성한다.
㉣ 포플러의 잎녹병
• 병징
- 초여름에 잎의 뒷면에 누런 가루덩이(여름포자퇴)가 형성되고, 초가을에 이르면 차차 암갈색무늬(겨울포자퇴)로 변하며, 잎은 일찍 떨어진다.
- 중간기주인 낙엽송의 잎에는 5월 상순에서 6월 상순경에 노란 점이 생긴다.
• 병원균 및 병환
- 병원균 : *Melampsora larici-populina* Klebahn
- 포플러에 여름포자, 겨울포자, 소생자 등을 형성하고, 낙엽송에 녹병포자와 녹포자를 형성한다.
- 소생자는 이웃에 있는 낙엽송으로 날아가 잎에 기생하여 녹포자를 만든다.
- 낙엽송잎에 형성된 녹포자는 늦은 봄에서 초여름에 포플러로 날아가 여름포자를 만든다.
- 여름포자는 환경조건이 좋으면 여름 동안 계속 포플러에서 포플러로 전염을 되풀이하면서 피해를 확대시킨다.
- 초가을이 되면 포플러잎의 여름포자는 차차 소실되고 겨울포자가 형성된다.
- 이 병의 병원균은 우리나라에서 여름포자의 형태로도 월동이 가능하므로 낙엽송을 거치지 않고 포플러에서 포플러로 직접 전염하여 병을 일으키기도 한다.

- 방제법
  - 병든 낙엽을 모아서 태운다.
  - 묘포에서는 6월 초부터 2주 간격으로 다이센수화제를 살포한다.
  - 포플러의 묘포는 낙엽송조림지에서 가급적 멀리 떨어진 곳에 설치한다.
  - 내병성 품종을 재배한다.

ⓒ 향나무의 녹병 : 배나무의 붉은별무늬병이라고도 하며, 향나무와 배나무에 기주교대하는 이종기생성 병이다.
  - 병징
    - 4월경 향나무의 잎이나 가지 사이에 갈색의 혀모양을 한 균체(겨울포자퇴)가 형성되는데, 비가 와서 수분을 흡수하면 우무(한천, 寒天)모양으로 불어난다.
    - 중간기주인 배나무의 잎 앞면에는 오렌지색 별무늬가 나타나고 그 위에 흑색미립점(녹병자기)이 밀생하며, 잎 뒷면에는 회색에서 갈색의 털 같은 돌기(녹포자기)가 생긴다.
  - 병원균 및 병환
    - 병원균 : *Gymnosporangium haraeanum* Sydow
    - 6~7월에 배나무에 기생하다가 향나무로 날아가 기생하면서 균사의 형으로 월동한다.
    - 봄(4월경)에 비가 많이 오면 향나무에 형성된 겨울포자퇴가 부풀어 오르는데, 이때 겨울포자는 발아하여 전균사를 내고 소생자를 형성한다.
    - 소생자는 바람에 의하여 배나무로 옮겨져 잎표면에 녹병자기를 형성하고, 그 안에 녹병포자를 만든다.
    - 녹병포자는 바람·곤충 등에 의해 옮겨져 서로 수정한 후 잎 뒷면에 녹포자기를 형성하고 그 안에 녹포자를 만든다.
    - 6~7월경 녹포자는 바람에 의해 향나무에 옮겨가 기생하고 균사의 형으로 조직 속에서 자라며, 1~2년 후에 겨울 포자퇴를 형성한다. 이 병원균은 여름포자를 형성하지 않는다.
  - 방제법
    - 향나무의 식재지 부근에 배나무를 심지 않도록 한다. 향나무와 배나무는 서로 2km 이상 떨어진 곳에 심어야 한다.
    - 4~7월에 향나무에는 사이클로헥시마이드, 다이카, 4-4식 보르도액 등을 살포하고, 배나무에는 4월 중순부터 다이카, 보르도액을 뿌린다.
    - 사이클로헥시마이드는 배나무에 약해를 일으키기 쉬우므로 배나무에는 이 약제를 뿌리지 않도록 한다.

ⓑ 수목의 뿌리썩음병
  - 병징
    - 6월경부터 가을에 걸쳐 나뭇잎 전체가 서서히 또는 급격히 누렇게 변하며 마침내 말라 죽는다.

- 병든 나무의 뿌리나 줄기의 땅가 부분은 그 외피가 썩어서 쉽게 벗겨지며, 피층과 목질부 사이의 형성층에 흰 균사층이 보인다.
- 병든 뿌리를 갈색에서 흑갈색의 가늘고 긴 철사모양을 한 근상균사속이 둘러싸고 있는 것을 볼 수 있으며, 6~10월경에는 병환부에 황백색의 버섯이 무더기로 돋아난다.
- 침엽수가 이 병에 걸리면 병환부에 다량의 수지가 솟아 나오는 경우가 있다.
- 병원균 및 병환
  - 병원균 : *Armillaria mellea*(Fr.) Quel.
  - 버섯(자실체)을 형성하고 그 주름 위에 담포자를 무수히 만든다.
  - 담포자가 직접 수목에 침입하여 병을 일으키는 일은 드물고, 먼저 담포자가 벌근이나 죽은 나무에 날아가 그곳에서 번식하여 근상균사속을 형성하고 이것으로 수목을 침해한다.
  - 근상균사속은 뿌리의 상처를 통해서뿐만 아니라 상처가 없는 건전한 수피를 관통하여 침입하기도 한다.
  - 5~6년생의 낙엽송이 침해를 받으면 1~2년 만에 말라 죽는다.
- 방제법
  - 병든 나무의 뿌리를 제거하여 소각한다. 그 자리는 클로로피크린으로 소독하거나, 또는 깊은 도랑을 파서 균사가 건전한 나무로 옮아가는 것을 막는다.
  - 병원균의 자실체(버섯)는 발견하는 대로 제거한다. 이때 땅속에 있는 근상균사속도 함께 파내어 태운다.
  - 배수가 불량한 지대에서 발생하기 쉬우므로 과습지에는 배수구를 설치한다.

(8) 진균 중 불완전균류에 의한 병

① 불완전균류의 특징
  ㉠ 유격균사를 가지며 불완전세대만이 알려져 있는 진균군을 불완전균류라고 한다.
  ㉡ 불완전균류의 완전세대가 발견되면 대부분은 자낭균으로 옮겨지고 더러는 담자균으로 옮겨진다.
  ㉢ 분생포자는 균사의 일부가 특별히 분화하여 형성된 분생자병 위에 만들어지나 분생포자는 균의 종류에 따라서 단순한 분생자병 위에 형성되는 경우와 병자각, 분생자병속, 분생자층, 분생자좌 등의 특수한 기관에 형성되는 경우가 있다.
  ㉣ 바구니 모양을 한 자실체, 즉 병자각 안의 분생자병 위에 형성되는 분생포자를 병포자라고 하며, 분생자병이 다발로 만들어진 것을 분생자병속이라고 한다.
  ㉤ 균사가 밀집한 덩어리에서 많은 분생자병이 만들어지는데, 이것을 분생자좌라고 하며, 분생자병이 밀생하여 층을 이루고 기부와 세포에 밀착된 것을 분생자층이라 한다.
  ㉥ 불완전균류주에는 포자를 전혀 형성하지 않고 균사나 균핵만이 알려져 있는 것도 있다.

② 종류

　㉠ 삼나무의 붉은마름병

　　• 병징

　　　– 지면에 가까운 밑의 잎이나 줄기부터 암갈색으로 변하고, 차츰 위쪽으로 진전하며, 결국 묘목 전체가 말라 죽는다.

　　　– 병환부는 침엽이나 잔가지에 머물지 않고 녹색의 줄기에도 약간 움푹 들어간 괴사병반이 형성되며, 이것이 차츰 확대되어 줄기를 둘러싸면 그 윗부분은 말라 죽는다.

　　　– 병든 침엽은 말라서 딱딱해지며 잘 부서진다. 또, 병환부의 표면에는 이 병의 표징인 암녹색의 미세한 균체가 많이 형성된다.

　　• 병원균 및 병환

　　　– 병원균 : *Cercospora sequoiae* Ellis *et* Everhart

　　　– 병원균은 삼나무의 병환부에서 월동하고 다음 해에 병환부 상에 분생포자를 형성하여 제1차 전염원이 된다.

　　　– 병은 대개 5월경부터 발생하기 시작하여 10월경까지 전염·발병이 계속 되풀이되며, 10월 하순경 기온이 내려가면 병원균은 분생포자를 형성하지 않고 병환부의 조직 내부에서 균사괴 또는 미숙한 자좌의 형으로 월동한다.

　　　– 방출된 분생포자가 토양 중에서 포자 또는 균사의 상태로 월동하는 일은 없다.

　　• 방제법

　　　– 묘목검사에 의해 병든 묘목을 가려내고 건전한 묘목만을 심는다.

　　　– 병든 묘목이나 나뭇가지는 일찍 제거하여 소각한다.

　　　– 묘포 부근에 삼나무울타리를 설치하지 않도록 한다.

　　　– 질소질 비료의 과용을 삼가고, 인산질 및 칼리질 비료를 넉넉히 주도록 한다.

　　　– 묘목의 밀식을 피하고, 묘포가 과습하지 않도록 주의한다.

　　　– 5월 상순에서 9월 하순까지 4-4식 보르도액 또는 마네브제를 약 20일 간격으로 살포한다.

　㉡ 오동나무의 탄저병

　　• 병징

　　　– 5~6월경부터 어린 줄기와 잎을 침해한다.

　　　– 잎에는 처음에 지름 1mm 이하의 둥근 담갈색 반점이 발생한다.

　　　– 나중에 병반은 암갈색으로 변하고 병반의 주위는 퇴색하여 담녹색에서 황색이 된다.

　　　– 엽맥, 엽병 및 어린 줄기에는 처음에는 미세한 담갈색의 둥근 반점이 나타나며, 나중에는 약간 길쭉해지고 움푹 들어간다.

　　　– 병반은 건조하면 엷은 등갈색이지만 비가 오면 분생포자가 가루모양으로 형성되어 담홍색으로 보인다.

　　　– 엽병과 줄기의 일부가 심한 침해를 받으면 병환부 위쪽은 말라 죽는다.

- 병원균 및 병환
  - 병원균 : *Gloeosporium kawakamii* Miyabe
  - 병환부에 분생자층을 형성하고 이곳에 다수의 분생포자를 착생시킨다.
  - 묘목과 성목의 병든 줄기·가지 또는 잎에서 주로 균사의 형으로 월동하여 다음 해의 제1차 전염원이 된다.
- 방제법
  - 병든 잎이나 줄기는 잘라내어 소각한다.
  - 병든 낙엽은 늦가을에 한곳에 모아서 소각한다.
  - 6월 상순부터 다이센 M-45수화제(500배액)를 10일 간격으로 살포한다.
  - 실생묘는 장마철 이전까지 될 수 있는 대로 50cm 이상의 큰 묘목이 되도록 키운다.

ⓒ 오리나무의 갈색무늬병
- 병징
  - 잎에 미세한 원형의 갈색~흑갈색 반점이 곳곳에 나타난다.
  - 반점은 점차 확대되어 1~4mm 크기의 다갈색병반이 되는데, 엽맥으로 가로막혀 병반의 모양은 다각형 또는 부정형으로 보인다.
  - 병반은 나중에 흔히 융합하여 큰 병반이 되기도 한다.
  - 병반 한가운데에 미세한 흑색의 소립점(병자각)이 보인다. 병든 잎은 말라 죽고 일찍 떨어지므로 묘목은 쇠약해지며, 생장은 크게 저해된다.
- 병원균 및 병환
  - 병원균 : *Septoria alni* Sacc.
  - 병포자를 형성하고 땅 위에 떨어진 병엽 또는 씨에 섞여 있는 병엽 부스러기에서 월동하여 다음 해의 전염원이 된다.
- 방제법
  - 연작을 피하고, 가을에 병든 낙엽을 한곳에 모아 소각한다.
  - 병원균이 종자에 묻어 있는 경우가 많으므로 티시엠유제 500배액에 4~5시간 또는 지오판 수화제(水和劑) 200배액에 24시간 담가 종자 소독한다.
  - 본엽이 전개했을 때부터 가을까지 4-4식 보르도액을 2주 간격으로 7~8회 살포한다.
  - 묘목이 밀생하면 피해가 크므로 적당히 솎아준다.
  - 장마철 이후에 만코지수화제, 캡탄수화제 등을 600배액 희석하여 살포한다.

ⓔ 측백나무의 잎마름병
- 병징
  - 잎에는 처음에 적갈색의 움푹한 병반이 생기고, 나중에는 병반 위에 흑색의 소립이 나타나며, 병든 잎은 말라 죽고 일찍 떨어진다.
  - 병든 나무가 당년에 말라 죽는 경우는 거의 없으나, 병이 수년 동안 만성적으로 지속되면서 수세를 약화시키므로 결국에는 말라 죽는다.

- 병원균 및 병환
  - 병원균 : *Pestalotia biotana* L
  - 병든 잎과 가지에서 균사의 형으로 월동하고 이듬해 4~5월경에 분생포자를 생성하여 제1차 전염원이 된다.
  - 분생포자는 비・바람 등에 의해 옮겨져 측백나무를 침해한다.
- 방제법
  - 병든 잎과 가지를 제거하여 소각한다.
  - 약제(퍼어밤제, 4-4식 보르도액 등)를 살포한다.
  - 그 밖의 방제법은 삼나무의 붉은마름병에 준한다.

(9) 선충에 의한 병

① 선충의 특징

ⓐ 하등동물인 선형동물문에 속하며, 몸은 실같이 길고 가느다란 모양이다.

ⓑ 곤충 다음으로 큰 동물군으로서 유기물이 있는 곳이면 어느 곳에든지 서식한다.

ⓒ 몸길이가 0.3~1.0mm(긴 것은 3mm), 지름은 15~35μm로 매우 작아 눈으로 보기 어렵다.

ⓓ 몸은 반투명하며, 겉껍질의 각피에는 규칙적인 횡조가 있는 것과 그렇지 않은 것이 있다.

ⓔ 기생선충은 머리 부분에 주사침모양의 구침을 가지고 있으며 근육에 의해 구침이 앞뒤로 움직이면서 식물의 조직을 뚫고 들어가 즙액을 빨아 먹는다.

ⓕ 자유생활을 하는 비기생성 선충에는 구침이 없다.

ⓖ 외부기생선충과 내부기생선충
  - 외부기생선충 : 식물에 기생할 때 종류에 따라 밖으로부터 구침을 조직 속에 박고 가해하는 것
  - 내부기생선충
    - 식물조직 내부에 침입하여 거기에서 생활하며 가해하는 것
    - 식물조직 속에 침입한 다음 한곳에 정주하여 생활하는 것(정주형)과 조직 속에서 옮겨 다니며 생활하는 것(다주성) 등이 있다.
  - 반내부기생선충 : 선충의 머리 부분이 식물조직에 삽입되어 영양분을 섭취하여 가해하는 것

ⓗ 기생선충에 의한 해
  - 양분을 빼앗길 뿐만 아니라, 구침에 의한 상처와 내부기생성 선충의 침입 때문에 조직이 파괴되어 차차 썩는다.
  - 구침을 통해서 분비되는 물질에 의해 생리적 변화가 일어나고, 세포의 이상비대 또는 증식의 결과 혹이 만들어지기도 한다.
  - 선충의 기생에 이어 다른 많은 미생물이 침입하여 부패를 촉진하거나 특정의 기생선충과 병원균이 협동하여 발병을 촉진하는 것도 있다.

② 종류
  ㉠ 침엽수묘목의 뿌리썩이선충병
    • 병징
      - 대체로 지름 1mm 이하의 잔뿌리가 피해를 받는다.
      - 뿌리의 내부조직이 파괴되고, 이어서 병원균이 침입·가해하는 경우가 많기 때문에 피해부는 갈색으로 변하며 결국 썩는다.
      - 당년 묘에서는 특히 뿌리의 부패와 근계의 이상이 뚜렷하다.
      - 이러한 병징은 피해 초기에는 비교적 확실하지만, 피해가 진전되면서부터는 다른 원인에 의한 뿌리의 피해와 구별이 어려워진다.
    • 병원선충 및 병환
      - 병원선충 : *Pratylenchus penetrans* Filipjev *et* Stekhoven, *Pratylenchus coffeae* Filipjev *et* Stekhoven이며, 선충의 크기는 0.3~0.9mm이다.
      - 대표적인 이동성내부기생선충으로 성충은 뿌리의 조직 내에 알을 낳고, 유충과 성충은 주로 뿌리의 조직 내를 이동하면서 양분을 취해 생활한다.
      - 일부는 뿌리로부터 흙 속으로 나와 이동하여 다시 새로운 뿌리에 침입한다.
      - 이 선충의 생활 장소가 주로 뿌리의 조직이기 때문에 피해받은 묘목을 통해 다른 곳으로 전반된다.
      - 뿌리썩이선충과 *Fusarium*균과는 밀접한 관계가 있고, 묘목의 뿌리썩음병은 이 양자에 의한 관련병인 경우가 많다.
    • 방제법
      - 클로로피크린, D-D제 등의 살선충제로 토양을 소독한다. 이때 삼나무묘목은 도장하기 쉬우므로 주의해야 한다.
      - 제초, 솎아주기, 관수, 배수 등 육묘관리를 철저히 하여 묘목의 생장을 왕성하게 해준다.
      - 한 장소에 동일수종의 연작을 피하고 타수종과 윤작한다.
      - 임목에 기생하는 선충의 밀도가 낮은 논에 묘포를 설치한다.
  ㉡ 소나무의 시들음병
    • 병징 : 초여름에 잎 전체가 누렇게 변하면서 30~50일 이내에 나무는 완전히 말라 죽는다.
    • 병원선충 및 병환
      - 병원선충 : 소나무 재선충
      - 성충의 크기는 암컷은 0.71~1.01mm, 수컷은 0.59~0.82mm이다.
      - 주로 하늘소류에 속하는 여러 종류의 하늘소에 의해 전반되는데, 이 중에서 특히 해송수염치레하늘소가 가장 중요한 역할을 한다.
      - 소나무 재선충은 하늘소 성충의 체내와 체표면에서 모두 발견되는데, 하늘소가 소나무의 가지나 또는 줄기를 가해할 때에 목질부로 들어가서 대량으로 증식되어 수분의 통도작용을 저해함으로써 나무를 말라죽게 한다.

- 방제법
  - 살충제(수미티온 등)를 뿌려 매개충인 하늘소류를 구제한다.
  - 병든 소나무는 제거하여 소각한다.
- ⓒ 뿌리혹선충병
  - 병징
    - 묘목의 뿌리에 좁쌀알~강낭콩 크기의 수많은 혹이 형성되고 혹의 표면은 처음에는 백색이지만, 나중에는 갈색 또는 흑색으로 변한다.
    - 병든 묘목은 생육이 나빠지고 지상부는 황색으로 변하며 심하면 말라 죽는다.
  - 병원선충 및 병환
    - 병원선충 : *Meloidogyne incognita* var. *acrita* Chitwood(고구마 뿌리혹선충), *Meloidogyne oidogyne* spp.
    - 식물의 조직 내에 기생하는 내부기생성 선충
    - 암컷의 성충은 서양배 모양이며, 크기는 0.27~0.75×0.40~1.30mm 범위이다.
    - 수컷의 성충은 길고 가늘며, 크기는 0.03~0.36×1.2~1.5mm 범위이고, 알의 크기는 30~52×67~128m로 타원형이다.
    - 유충의 형태로 땅속에서 월동하거나 성충 또는 알의 형태로 기주식물의 뿌리에서 월동하고, 이듬해 봄 유충이 묘목의 어린뿌리를 뚫고 들어가 뿌리의 중심부에 기생한다.
  - 방제법
    - 토마토, 당근 등의 농작물 또는 밤나무, 오동나무, 아까시나무 등의 묘목을 전작으로 한 묘포에서 많이 발생하는 경향이 있으므로 전작에 주의하여 활엽수의 연작을 피하며, 침엽수와 윤작한다.
    - 메틸브로마이드, D-D제, EDB제, 네마곤 등으로 토양을 소독한다.

(10) 기생성 종자식물에 의한 병

- ① 기생성 종자식물의 특징
  - ㉠ 기생성 종자식물은 세계적으로 약 2,500여 종이 알려져 있는데, 모두 쌍떡잎식물(양자엽식물)에 속하며, 외떡잎식물(단자엽식물)이나 겉씨식물(나자식물)에 속하는 것은 없다.
  - ㉡ 줄기에 기생하는 것
    - 겨우살이과 : 겨우살이, 붉은겨우살이, 꼬리겨우살이, 참나무겨우살이, 동백나무겨우살이, 소나무오갈겨우살이, 미국활엽수겨우살이
    - 메꽃과 : 새삼
  - ㉢ 뿌리에 기생하는 것 : 열당과

② 종류
  ㉠ 겨우살이
    • 병징 : 가지에 기생하면 그 부위에 국부적으로 이상비대를 일으켜 병든 부위로부터 가지의 끝이 위축되고 결국은 말라 죽는다.
    • 병원 및 병환
      – 병원 : 겨우살이
      – 겨우살이는 상록관목으로서 잎은 혁질이고 Y자형으로 대생한다.
      – 꽃은 자웅이화이고 담황색이며 이른 봄에 피고, 담황색의 둥근 열매가 가을에 익는다.
      – 종자는 새의 주둥이에 부착하거나 새똥에 섞여서 다른 나무로 옮겨지며, 기주식물의 가지 위에서 발아하면 뿌리 끝에 흡반을 내고 다시 가는 기생근으로 피층을 통하여 침입한다.
    • 방제법 : 겨우살이가 기생한 부위에서 아래쪽으로 잘라버린다. 이때 절단면이나 상처에는 소독제를 바른다.
  ㉡ 새삼
    • 병원 및 병환
      – 병원 : 새삼
      – 1년초로서 원대는 철사 같고 황적색이다. 잎은 비늘처럼 생기고 삼각형이며 길이는 2mm 내외이다.
      – 꽃은 8~9월에 피며, 희고 덩어리처럼 된다.
      – 삭과는 난형이며, 성숙하면 뚜껑이 떨어지고 종자가 나온다.
      – 종자가 발아하여 기주식물에 올라붙게 되면 흡근을 기주식물의 조직 속에 박고 양분을 섭취해서 자라며, 뿌리는 없어진다.
    • 방제법
      – 감염된 식물에서 새삼을 제거해준다.
      – 새삼이 무성한 곳은 제초제를 사용하여 제거하도록 한다.

ONE MORE POINT 　수병의 종류

• 바이러스 : 아까시나무의 모자이크병
• 파이토플라스마 : 오동나무 · 대추나무의 빗자루병, 뽕나무의 오갈병
• 세균 : 뿌리혹병, 밤나무의 눈마름병
• 진균(사상균) : 모잘록병, 밤나무 잉크병
• 자낭균 : 벚나무 빗자루병, 밤나무 줄기마름병, 소나무 잎떨림병
• 담자균류 : 잣나무 털녹병, 뿌리썩음병
• 불완전균류 : 삼나무의 붉은마름병, 오동나무 탄저병
• 선충 : 뿌리썩이선충병, 뿌리혹선충병, 소나무 시들음병
• 기생종자식물 : 겨우살이, 새삼

---

(11) 산림해충의 특성

① **외부형태** : 모든 곤충류는 머리, 가슴, 배의 3부분으로 되어 있고 각 부분은 여러 개의 환절로 되어 있다.

ㄱ 머리
- 머리는 입틀, 겹눈, 홑눈, 촉각 등의 부속기가 있다.
- 머리는 단단하게 합착된 골편에 싸여 두개를 이루고 있고, 각 1쌍의 더듬이 · 큰턱 · 작은턱 · 아랫입술(좌우 합착) · 겹눈 및 3개의 홑눈을 갖추고 있다.
- 홑눈은 정수리에 2개, 전두의 뒷가장자리에 1개가 있고, 겹눈은 길쭉한 원뿔형 낱눈이 모여서 이루어졌다.
- 더듬이(촉각)는 여러 마디로 구성되며 채찍 모양 · 실 모양 · 염주 모양 · 톱니 모양 · 빗 모양 · 깃털 모양 등 변화가 있고, 끝 쪽이 도톰한 구간상(球桿狀)인 것도 있다.
- 큰턱 등 입틀은 씹거나, 부수거나, 핥거나 빨아들이는 등 먹이에 따라 변형한다.
  - 저작구형(씹어먹는 형) : 메뚜기, 풍뎅이, 나비류의 유충 등
  - 흡수구형 : 찔러 빨아먹는 형(진딧물, 멸구, 매미충류 등), 빨아먹는 형(나비, 나방 등), 핥아 먹는 형(집파리), 씹고 핥아 먹는 형(꿀벌 등)

ㄴ 가슴
- 가슴은 앞가슴 · 가운데가슴 · 뒷가슴의 3마디이고 각각에 1쌍의 다리가 있으며, 가운데가슴 · 뒷가슴에 각 1쌍의 날개가 있는 것이 많고 근육이 발달되었다.
- 다리는 보통 밑마디(기절) · 도래마디(전절) · 넓적다리마디(퇴절) · 종아리마디(경절) · 발목마디(부절)의 5마디이며, 발목마디는 1~5마디로 나누어지고 끝에 1~2개의 발톱과 때로는 부속편이 있다.
- 날개는 하등곤충에는 없고 보통 종류에는 있는데, 기생성 곤충에서는 2차적으로 퇴화되어 있다. 막질인 것이 많으며 딱정벌레류 · 집게벌레류 등의 앞날개처럼 경화되거나, 파리류의 뒷날개처럼 평균곤(平均棍)으로 되어 있는 것도 있고, 또 나비 · 나방처럼 비늘가루가 빽빽이 있는 것도 있다. 날개맥은 장축(長軸)에 거의 평행하여 이어지는 것과 그것들을 연결하는 가로 맥으로 되어 있다.

ㄷ 배
- 배는 일반적으로 10~11마디인데 앞뒤의 일부 마디가 퇴화되거나 변형되어 외관적인 마디수는 감소된 경우가 많다.
- 뒤끝에는 미각(尾角)을 2~3개 지니는 것이 있고, 암컷은 산란관이 있는 것이 많다.
- 유충은 2차적으로 생긴 다리와 아가미를 가지는 경우도 있고, 하등곤충에서는 각 마디에 부속지의 자국이 남아있다.

ⓔ 피부(체벽)
- 피부는 바깥쪽에 표피, 그 아래에 진피, 안쪽에 기저막으로 되어 있다.
- 표피는 키틴질과 단백질로 되어 있고, 주로 진피를 형성하고 있는 상피세포에서 분비되며, 수분의 투과를 방지하는 것은 표피 겉면이 왁스층이기 때문이다.
- 진피의 상피세포 사이에 선세포(腺細胞)와 감각세포가 산재한다.
- 피부 표면의 털이나 돌기에는 단순히 표층에서 돌기나 가시가 나온 것(미모, 세모 등), 피부 그 자체가 도톰하거나 볼록해진 것(가시 등), 진피에서 나와 표피를 관통한 것(털, 센털, 비늘, 선모, 감각모 등) 등이 있다.
ⓜ 피부 색깔은 화학적인 색소색, 물리적인 구조색, 양 요소가 합쳐진 색의 3가지로 대별된다. 멜라닌(흑색, 갈색), 카로티노이드(황색, 적색, 자색 등), 프테린(백색, 황색, 적색 등), 인섹트르빈(등적색 등), 크산토프테린(황록색 광택 등), 이소크산토프테린(나비, 잉어, 누에의 유충 등의 청자색 광택) 등이 알려져 있다.

② 내부 형태
ⓖ 소화계
- 곤충의 체내 중앙에 소화관이 있고 전장, 중장, 후장으로 구별된다.
- 전장은 먹이를 저장하는 모이주머니가 있고, 파리 등 흡식성 종류에서는 식도와 가느다란 관으로 연결된 주머니(흡위)로 되어 있다.
- 중장을 중위(中胃)라고도 하며 먹이를 소화·분해한다. 앞쪽에 2~8개 이상의 주머니 모양의 맹낭(盲囊)을 가진 것도 있으며, 딱딱한 먹이를 위강막으로 싸서 소화시키는 것도 있다. 중장과 후장은 유문판으로 구획되며, 여기서 말피기관이 나와 혈액 속에서 노폐물을 모아 요산을 만든다.
  ※ **말피기관** : 중장과 후장 간에 위문부 뒤에 치우쳐 있는 맹관으로 배설기관이다.
- 후장은 대부분 소장·대장·직장의 3부로 구분되지만, 소장과 대장으로 갈라지지 않은 것도 있고 결장(結腸)에 맹낭이 있는 것도 있다.
- 소화효소는 침샘(타액선)과 중장의 원통상피에서 분비되고, 보통의 탄수화물·지방·단백질을 각각 분해하는 것도 있으며, 식성에 따라 셀룰로스 등의 분해효소를 분비하는 것도 있고, 장내에 그것을 만드는 박테리아(풍뎅이의 유충)나 원생동물(흰개미류)을 번식시키고 있는 것도 있다.
ⓛ 호흡계
- 곤충의 호흡은 보통 기관에서 이루어지는데, 기관은 흉복부의 각 마디 양쪽에 있는 숨문(기문)으로부터 내부로 들어가서 좌우로 연락되며, 다시 잘게 나누어져 체내의 여러 기관에 이른다.
- 관의 내벽은 나선상이며 비후한 큐티클로 보강되어 공기의 유통을 돕고 있다.
- 숨문
  - 잘 나는 종류에서는 기관의 여러 곳이 부풀거나 공기주머니(기낭)를 만드는 것도 있다.
  - 무시류·기생성 벌·각다귀 유충·파리 유충 등과 같이 피부호흡을 하는 것도 있고 숨문이 전혀 없는 것도 있다.
  - 수생곤충인 물장군처럼 꼬리 끝에 호흡관이 있는 것도 있다.

ⓒ 신경계
- 곤충의 신경계는 중추신경계, 전장신경계, 말초신경계로 구분된다.
- 중추신경계는 뇌, 신경절, 신경색으로 구성된다.
- 뇌는 중추신경의 앞끝, 식도의 위에 있고 3쌍의 신경절의 집합으로 구성되어 있으며, 식도하의 신경절과 함께 머리부의 신경중심을 이루어 전체의 조절중추가 되고 있다.
- 신경절은 1쌍의 평행한 신경색에 의해 연결되어 있으며, 신경절에서 몸의 각부에 신경섬유가 뻗어 있다.
- 신경절은 고등곤충에서는 머리와 가슴부에 집중되어 있지만, 하등곤충에서는 사다리꼴로 각 몸마디에 있다.

ⓡ 생식계
- 수컷의 경우 정소·수정관·저정낭·부속선·사정관·교미기로, 암컷은 난소·수란관·부속선·산란관으로 되어 있다.
- 일벌의 경우 산란관은 독침이기도 하다.
  ※ 암컷의 수정낭(spermatheca)은 정자를 일시 보관하는 곳이다.

ⓜ 감각기관
- 감각에는 촉각·청각·후각·시각 등의 구별이 있다.
- 감각모 등의 촉각기는 몸 표면에 널려 있고, 기타는 특정부에서 볼 수 있는데, 더듬이 또는 입술수염에는 후각기가 발달되었으며, 표면에 있는 많은 구멍 밑에 감각세포가 있다.
- 페로몬(pheromone) : 곤충의 몸 밖으로 방출되어 같은 종끼리 통신을 할 때 이용되는 물질로, 수나방을 유인하는 암컷의 성물질, 왕바퀴의 직장에서 나오는 집합물질 등이 있고, 사회성 곤충의 집단생활에서 먹이를 발견한 개미의 족적물질, 위험을 알리는 경보물질, 일벌의 성소 발육을 억제하는 여왕물질 등으로서의 중요한 역할을 하고 있다.
- 미각은 입틀에서 감지되는 경우가 많으나, 개미·꿀벌 등은 더듬이 끝에, 네발나비·흰나비·꿀벌 등은 다리의 발목마디와 종아리마디에 미각기가 있다. 모기도 민물과 짠물을 발목마디로 식별할 수 있다고 한다.
- 청각기는 소리를 내는 곤충인 귀뚜라미나 여치 등은 앞다리의 종아리마디에 고막이 있고, 메뚜기·자나방은 복부 제1배마디의 양쪽에, 하늘나방·독나방·밤나방은 뒷가슴 양쪽에 고막이 있다.
- 시각이 발달되어 있는 것은 잠자리·벌·파리 등이다. 겹눈은 다수의 낱눈이 모여서 되었는데, 낱눈은 가늘고 길쭉한 원뿔형이어서 곤충이 보는 상(像)은 각 낱눈에 비쳐진 것의 집합상이다. 따라서 사물의 형태를 정확하게 지각하지는 못하지만 움직임은 잘 알 수 있다.
- 꿀벌의 경우, 적색은 보이지 않고 반대로 자외선을 볼 수 있으며, 황색·청록색·청색을 구별하는 것으로 알려져 있다. 나비만은 적색이 보인다고 한다.

③ 곤충의 변태와 성장

　㉠ 유충기의 성장은 튼튼한 표피를 가지기 위하여 여러 차례에 걸쳐 탈피하면서 진행되는데, 유충과 성충 사이에는 형태에 차이가 있다. 성장 과정에서의 형태적 변화를 변태라고 하는데, 곤충에서도 일반적으로 고등한 것일수록 변태를 한다.

　　※ **변태** : 알에서 부화한 곤충이 유충과 번데기를 거쳐 성충으로 발달하는 과정에서 겪는 형태적 변화

　㉡ 곤충의 변태는 정도에 따라 불완전변태와 완전변태로 구분된다.

　　• 불완전변태
　　　– 유충이 성충과 비슷한 점이 있고, 초기부터 날개와 외부생식기를 외부에서도 볼 수 있으며, 탈피할 때마다 커져 최후의 탈피에서 성충이 된다.
　　　– 알 → 유충(애벌레) → 성충

　　• 완전변태
　　　– 유충이 성충과는 전혀 달라서 날개 등을 외부에서는 전혀 볼 수 없고, 휴지기인 번데기 시기에 최후의 탈피인 우화(羽化)를 함으로써 성충이 된다.
　　　– 알 → 유충(애벌레) → 번데기 → 성충

ONE MORE POINT　용어의 설명

• 번데기 : 완전변태를 하는 곤충에게만 있다. 번데기는 외부적으로는 아무 변화가 없어 보이나 내부적으로는 유충의 낡은 기관이 없어지고 성충으로서 필요한 각종 기관들이 생성되는 내적 변화이다.
• 용화 : 충분히 자란 유충이 먹는 것을 중지하고 유충 시기의 껍질을 벗고 번데기가 되는 것, 즉, 완전변태일 경우 유충이 번데기가 되는 것을 말한다.
• 성충과 우화 : 번데기가 된 후에 성충으로 변태하는 것을 우화라 한다. 우화 준비가 되면 마지막으로 탈피하여 성충으로 우화하는데 우화하는 과정은 비교적 단순하다.
• 휴면 : 곤충이 생활하는 도중에 환경이 좋지 않으면 발육을 일시적으로 정지하는 현상

적중예상문제

01 수목의 병 중에서 비전염성인 것은?

① 바이러스(virus)에 의한 병
② 부당한 토양조건에 의한 병
③ 진균류에 의한 병
④ 기생성 종자식물에 의한 병

해설
비전염성 병원 : 토양조건, 기상조건, 영양장해, 농사작업, 공업부산물, 식물의 대사산물 등

03 나무의 병원체 중 바이러스에 의한 병은 병원체가 나무의 전신으로 퍼져서 심한 피해를 주고 있다. 다음의 병해 중 바이러스에 의한 병은?

① 포플러 모자이크병
② 벚나무 빗자루병
③ 대추나무 빗자루병
④ 오동나무 빗자루병

해설
② 벚나무 빗자루병 : 진균(곰팡이)에 의한 수병
③ · ④ 대추나무 빗자루병, 오동나무 빗자루병 : 파이토플라스마에 의한 수병

02 식물에 병을 일으키는 병원체 중 균사를 갖고 있어 일명 사상균(絲狀菌)이라고 불리는 것은?

① 진균   ② 세균
③ 바이러스   ④ 선충

해설
진균은 곰팡이라고도 하며, 조균류 · 자낭균류 · 담자균류 · 불완전균류 등으로 나뉜다.

04 다음 중 일종의 생리적인 병해에 해당하는 것은?

① 대나무류 개화병
② 낙엽송 가지끝마름병
③ 소나무 잎떨림병
④ 소나무 뿌리썩음병

해설
② · ③ · ④ 낙엽송 가지끝마름병, 소나무 잎떨림병, 소나무 뿌리썩음병 : 진균(자낭균)에 의한 병해

05 대추나무 빗자루병, 오동나무 빗자루병 그리고 뽕나무 오갈병은 어느 병원에 의한 것인가?

① 바이러스   ② 파이토플라스마
③ 세균   ④ 진균

해설
빗자루병 및 뽕나무 오갈병의 병원체는 바이러스와 세균의 중간 미생물인 파이토플라스마이며, 매개충에 의해 전염된다.

06 토양 중에 서식하는 균류에 의하여 전염되는 병은?

① 소나무 잎녹병
② 모잘록병
③ 오동나무 빗자루병
④ 뽕나무 오갈병

해설
모잘록병 : 토양서식 병원균에 의하여 당년생 어린 묘의 뿌리 또는 땅가 부분의 줄기가 침해되어 말라 죽는 병

07 묘목이 어느 정도 자라서 목화된 후에 뿌리가 침해되어 암갈색으로 변하며 썩는 모잘록병은?

① 도복형   ② 지중부패형
③ 수부형   ④ 근부형

해설
근부형 : 묘목이 생장하여 목질화가 진행된 여름 이후에 뿌리가 흑변부패(黑變腐敗)하는데, 병든 묘목은 말라 죽지는 않으나 생육이 불량해지고 곧 고사한다.

08 물이나 토양에 의하여 병원체가 전반(傳搬)되어 발병하는 병원균은?

① 묘목의 잘록병균
② 잣나무 털녹병균
③ 족제비싸리 점무늬병균
④ 밤나무 흰가루병균

해설
모잘록병균, 벼 모썩음병균, 벼 흰빛잎마름병균, 토마토 풋마름병균 등은 물에 의해 퍼진다.

09 밤나무 줄기마름병, 포플러 줄기마름병 등의 병원체는 다음의 어느 방법으로 침입하는가?

① 각피 침입
② 상처를 통한 침입
③ 자연개구(開口)를 통한 침입
④ 화기(花器) 침입

해설
줄기마름병
병원균의 분생포자나 자낭포자가 주로 상처를 통해서 침입하여 수피 아래의 형성층에서 균사가 생장하며 조직을 감염시킨다.

10 다음 중 담자균류에 의한 수병은?

① 소나무 혹병
② 밤나무 줄기마름병
③ 그을음병
④ 오동나무 탄저병

> **해설**
> ②·③ 밤나무 줄기마름병, 그을음병 : 자낭균류에
>   의한 수병
> ④ 오동나무 탄저병 : 불완전균류에 의한 수병

11 바람에 의해 전반(풍매전반)되는 수병은?

① 잣나무 털녹병균
② 근두암종병균
③ 오동나무 빗자루병균
④ 향나무 적성병균

> **해설**
> 바람에 의한 전반(풍매전반) : 잣나무 털녹병균, 밤
> 나무 줄기마름병균, 밤나무 흰가루병균

12 담배장님노린재에 의하여 매개 전염되는 병은?

① 오동나무 빗자루병
② 대추나무 빗자루병
③ 잣나무 털녹병
④ 소나무 잎녹병

> **해설**
> 오동나무 빗자루병은 파이토플라스마(phytoplasma)
> 의 감염에 의해 일어나는데, 우리나라에서는 담배장
> 님노린재·썩덩나무노린재·오동나무애매미충 등 3종
> 의 흡즙성 해충이 병원균을 매개하는 것으로 알려져
> 있다. 담배장님노린재에 의한 감염을 막기 위해 7월
> 상순~9월 하순에 살충제를 2주 간격으로 살포한다.

13 병징과 표징에 대한 설명으로 틀린 것은?

① 병원체가 진균일 때에는 거의 대부분 환부에 표징이 나타난다.
② 병의 종류에 따라서 병징만 나타나고 표징이 나타나지 않는 것이 있다.
③ 비전염성병이나 바이러스병, 파이토플라스마에 의한 병에 있어서는 표징만 나타난다.
④ 세균성병의 경우 병원 세균이 병환부에 흘러나와 덩어리모양을 이루는 것을 빼놓고는 일반적으로 표징이 나타나지 않는다.

> **해설**
> 병원체가 진균일 때에는 거의 대부분 환부에 표징이
> 나타나지만 비전염성병이나 바이러스병, 파이토플
> 라스마에 의한 병에 있어서는 병징만 나타나고 표징
> 은 나타나지 않는다.

14 수목에서 발생하는 근두암종병의 병징을 바르게 설명한 것은?

① 껍질의 안쪽이 검은색으로 변색이 되고 나쁜 냄새가 난다.
② 껍질의 안쪽이 검은색으로 변색이 되고 약간 오목하게 들어간다.
③ 뿌리를 둘러싸고 있는 갈색 또는 흑갈색의 가늘고 긴 실모양의 균사 덩어리를 볼 수 있다.
④ 뿌리나 줄기의 땅 접촉 부분에 많이 발생되고 처음에는 병환부가 비대하여 흰색을 띤다.

근두암종병의 병징
지제근부나 접목부에 발생하는 발병 초기의 혹은 백색 또는 황백색으로 연하나, 서서히 비대하여 늙게 되면 흙갈색으로 와권상의 작은 공 크기 정도의 혹으로 된다. 근부에서는 1개에서부터 여러 개의 혹이 생기며 세근에 발생하면 뿌리가 고사하는 것도 있으나, 굵은 뿌리에서는 매년 새로운 구상의 작은 덩어리가 늙은 혹을 파괴시키면서 비대하여 뿌리의 양분 흡수를 저해한다.

15 다음 중 세균성에 의한 병으로 맞는 것은?

① 잘록병
② 소나무 잎녹병
③ 뿌리혹병
④ 밤나무 줄기마름병

① 진균류에 의해 발생
② 담자균류에 의해 발생
④ 자낭균에 의해 발생

16 수목 뿌리혹병의 병원체와 전염 방법을 가장 바르게 설명한 것은?

① 병원체는 파이토플라스마이며, 마름무늬매미충이 전염시킨다.
② 병원체가 진균류이며, 중간기주인 송이풀로 기주 전환을 한다.
③ 병원체는 세균이며, 접목 시 감염이 잘되고, 상처를 통하여 침입한다.
④ 병원체는 바이러스이며, 병든 나무에서 종자를 채취하여 번식할 때 전염된다.

뿌리혹병은 병원균의 침입에 의해 혹이 발생하며, 발생 부위는 주로 뿌리 및 지제부 밑의 줄기이나 가끔 지상부 줄기에 상처를 통해 발병하기도 한다.

17 모잘록병의 병징 중 틀린 것은?

① 도복형
② 지상부패형
③ 수부형
④ 근부형

모잘록병의 병징은 도복형, 지중부패형, 수부형, 근부형이 있다.

18 수목의 그을음병(sooty mold)에 대한 설명으로 옳은 것은?

① 병원균은 진딧물과 같은 곤충의 분비물에서 양분을 섭취한다.
② 병원균은 기공으로 침입하며 침입균사는 원형질막을 파괴시킨다.
③ 이 병에 감염된 수목은 수목의 수세가 악화되면서 급격히 말라 죽는다.
④ 수목의 잎 또는 가지에 형성된 검은색을 띠는 것은 무성하게 자란 세균이다.

해설
그을음병은 통풍불량, 음습, 질소질 과다시비로 인하여 발생된다. 깍지벌레, 진딧물의 배설에 의하여 병원균이 번식되어 줄기와 잎이 흑색으로 보인다.

19 새로 나온 가지에 피해를 주며 가지 끝이 밑으로 구부러져 농갈색 갈고리 모양으로 되어 낙엽이 되는 병은?

① 향나무 녹병
② 잣나무 털녹병
③ 낙엽송 가지끝마름병
④ 붉나무 빗자루병

해설
낙엽송 가지끝마름병
병든 나무의 새순 끝은 낚싯바늘 모양으로 굽은 것과 꼿꼿하게 서있는 것의 두 가지 증상이 나타난다.

20 밤나무 줄기마름병과 관련된 설명으로 틀린 것은?

① 병원균은 병환부에서 균사 또는 포자의 형으로 월동한다.
② 병환부의 수피가 처음에는 황갈색 내지 적갈색으로 변한다.
③ 밤나무 줄기마름병은 서양의 풍토병으로 미국과 유럽의 밤나무림을 황폐화시켰다.
④ 밤나무 줄기마름병은 잣나무 털녹병, 느릅나무 시들음병과 더불어 20세기의 3대 수목 병해였다.

해설
밤나무 재배 시 가장 문제가 되는 병해인 밤나무 줄기마름병은 아시아에서 처음 들어왔으며 1904년 미국 뉴욕의 브롱크스에 있는 뉴욕동물원에서 처음 발견되었다. 급속히 전파되어 1940년까지 캐나다 남쪽으로부터 멕시코만에 이르는 미국 동부지역 밤나무 숲을 거의 황폐화시켰으며, 유럽으로 전파되어 많은 피해를 주었다.

21 밤나무 흰가루병에서 반복 전염을 하는 것은?

① 분생포자
② 자낭포자
③ 병자
④ 담포자

해설
밤나무 흰가루병
병원균은 늦봄부터 가을까지는 환부상에 형성된 분생포자에 의하여 전염을 되풀이하고, 가을이 되면 자낭구를 형성하여 낙엽상에서 월동을 한다. 이듬해 봄에 월동한 자낭구에서 방출된 자낭포가 밤나무를 침입해서 병을 일으키고, 환부에 분생포자를 형성하게 된다.

22 소나무 잎떨림병의 병징으로 옳지 않은 것은?

① 성숙한 잎은 고사 후에도 나뭇가지에 오랫동안 붙어 있고, 어린잎은 곧 떨어진다.

② 7~9월에 발병하여 잎에 담갈색의 병반이 형성되나 병세는 더 이상 진전하지 않고 일단 정지된다.

③ 이듬해 4~5월경에 이르러 피해가 급진전하고 심할 때에는 9월경에 녹색의 침엽을 거의 볼 수 없을 정도로 누렇게 변하고 수시로 잎이 떨어진다.

④ 초가을에 낙엽을 조사해보면 약 6~11mm 간격으로 갈색의 선이 옆으로 나 있고, 중간에 타원형 또는 방추형의 흑색 종반(자낭반)이 형성되어 있다.

> **해설**
> ① 어린잎은 고사 후에도 나뭇가지에 오랫동안 붙어 있으나, 성숙한 잎은 곧 떨어지게 된다.

23 다음 수목의 병 중 기주교대를 하는 병이 아닌 것은?

① 잣나무 털녹병
② 소나무 혹병
③ 벚나무 빗자루병
④ 소나무 잎녹병

> **해설**
> ① 중간기주 : 송이풀류, 까치밥나무류
> ② 중간기주 : 참나무
> ④ 중간기주 : 황벽나무

24 소나무 잎녹병에 있어서 여름포자(하포자)의 중간숙주가 되는 것은?

① 황벽나무
② 잎갈나무
③ 까치밥나무
④ 참나무류

> **해설**
> 소나무 잎녹병에 있어서 여름포자(하포자)의 중간숙주는 황벽나무이다.

25 소나무 혹병의 녹병정자는 어디에서 월동하는가?

① 땅속에서
② 병원체 기주 내에서
③ 참나무 낙엽 속에서
④ 향나무 낙엽 속에서

> **해설**
> **소나무 혹병**
> 소나무의 가지나 줄기에 작은 혹이 해마다 비대해져서 지름이 20~30cm에 이른다. 12월에서 이듬해 2월에 걸쳐 혹의 표면에서 오렌지색 내지 황갈색의 점액(녹병정자)이 흘러 나오며, 이어서 4~5월경 혹의 표면이 거칠게 갈라지면서 갈라진 틈새에서 노란가루(녹포자)가 흩어져 나온다. 중간기주인 참나무류에는 5~6월경 잎 뒷면에 노란가루(여름포자)가 생기며, 8~9월에는 여름포자가 소실되고 흑갈색 머리칼 모양의 겨울포자덩이가 잎 뒷면을 뒤덮는다.

26 수목병해 중 병징은 있으나 표징이 없는 것은?

① 낙엽송 잎떨림병
② 잣나무 털녹병
③ 오동나무 빗자루병
④ 삼나무 붉은마름병

해설
병원체가 진균일 때에는 거의 대부분 환부에 표징이 나타나지만 비전염성병이나 바이러스병, 파이토플라스마(오동나무·대추나무 빗자루병 등)에 의한 병에 있어서는 병징만 나타나고 표징은 나타나지 않는다.

27 경기도 가평에서 처음 발견된 병으로 줄기에 병징이 나타나면 어린나무는 대부분이 1~2년 내에 말라 죽고 20년생 이상의 큰 나무는 병이 수년간 지속되다가 마침내 말라 죽는 수병은?

① 잣나무 털녹병
② 소나무 모잘록병
③ 오동나무 탄저병
④ 오리나무 갈색무늬병

해설
잣나무 털녹병은 줄기에 병징이 나타나면 어린 조림 목은 대부분 당해에 말라 죽으며, 20년생 이상의 성목에서는 병이 수년간 지속되다가 말라 죽는다.

28 잣나무 털녹병(모수병)의 병징 및 표징은 줄기에 나타난다. 병원균의 침입 부위는 어디인가?

① 잎   ② 줄기
③ 종자   ④ 뿌리

해설
병균이 8월 하순경에 잣나무 잎으로 침입하면 잎에는 적갈색에서 황색의 작은 병반이 형성된다. 그 후 점차 줄기로 침입하여 2~4년간 조직 속에 잠복하였다가 4월 하순~6월 하순에 녹포자퇴로 분출한다. 이것이 터지면서 노란색의 녹포자가 중간기주인 송이풀류나 까치밥나무류로 날아가 전염한다.

29 향나무 녹병의 병환에 대한 설명 중 옳지 않은 것은?

① 병원균은 5~7월까지 향나무에 기생하고, 그 후에는 배나무에 기생하면서 균사의 형태로 월동한다.
② 녹병포자는 바람·곤충 등에 의해 옮겨져 서로 수정한 후 잎 뒷면에 녹포자기를 형성하고 그 안에 녹포자를 만든다.
③ 6~7월경 녹포자는 바람에 의해 향나무에 옮겨가 기생하고 균사의 형태로 조직 속에서 자라며, 1~2년 후에 겨울포자퇴를 형성한다.
④ 봄(4월경)에 비가 많이 오면 향나무에 형성된 겨울포자퇴가 부풀어 오르는데, 이 때 겨울포자는 발아하여 전균사를 내고 소생자를 형성한다.

해설
① 병원균은 6~7월에 배나무에 기생하다가 향나무로 날아가 기생하면서 균사의 형태로 월동한다.

30 병원체의 월동 방법이 잘못 연결된 것은?

① 종자에 붙어 월동 : 묘목의 잘록병균
② 토양 중에서 월동 : 오동나무 빗자루병균
③ 기주의 생체 내에 잔재해서 월동 : 잣나무 털녹병균
④ 병환부 또는 죽은 기주체 상에서 월동 : 밤나무 줄기마름병균

> **해설**
> 묘목의 잘록병균, 근두암종병균, 자주빛날개무늬병균 등은 토양 중에서 월동하며, 오동나무 빗자루병균은 기주의 생체 내에 잔재하여 월동한다. 묘목의 잘록병균은 종자에 붙어 월동하기도 한다.

31 다음 중 수목의 그을음병과 관계있는 대표적인 해충은?

① 깍지벌레
② 무당벌레
③ 담배장님노린재
④ 마름무늬매미충

> **해설**
> 그을음병은 깍지벌레, 진딧물 등 흡즙성 해충이 기생하였던 나무에서 흔히 볼 수 있다.

32 수목의 병해는 병원체의 감염특성으로 인하여 특징적인 병징을 만든다. 다음 중 바이러스에 의하여 발생되는 병은 무엇인가?

① 흰가루병   ② 떡병
③ 모자이크병   ④ 청변병

> **해설**
> ③ 모자이크병은 식물 바이러스에 감염될 때 나타나는 대표적인 병으로, 잎에 황록색 또는 짙은 녹색의 얼룩무늬(모자이크 무늬)가 나타나는 것이 특징이다.

33 소나무 임분에서 발생된 설해목을 일찍 제거하지 못할 때 발생하기 쉬운 해충은?

① 솔나방
② 솔잎혹파리
③ 소나무좀
④ 솔노랑잎벌

> **해설**
> 소나무좀은 피압목, 불량목, 풍해 또는 설해목, 병해충 피해목 등 수세가 약하여 회생이 불가능한 나무에서 발생한다.

34 바이러스병의 진단 방법으로 틀린 것은?

① 병징을 이용한 육안진단
② 지표식물을 이용한 생물검정
③ 인공태양에 의한 배양적 진단
④ 전자현미경을 이용한 진단

> **해설**
> **바이러스병의 진단 방법**
> • 병의 발생생태에 따른 진단
> • 외부 병징의 관찰에 따른 진단
> • 검정식물을 이용한 진단
> • 전자현미경을 이용한 진단
> • 혈청학적 진단
> • 유전자적 진단

35 다음 중 잎을 가해하는 곤충이 아닌 것은?

① 솔나방
② 집시나방
③ 솔껍질깍지벌레
④ 삼나무독나방

해설

솔껍질깍지벌레

유충이 가늘고 긴 입을 나무에 꽂고 수액을 흡수, 가해하며, 피해를 받은 나무는 대부분 아래 가지부터 적갈색으로 고사한다. 소나무, 특히 해송에 큰 피해를 주고 있다.

36 다음 중 소나무류의 천공성 해충은?

① 소나무좀
② 소나무왕진딧물
③ 솔껍질깍지벌레
④ 잣나무넓적잎벌

해설

소나무좀은 연 1회 발생하며, 나무껍질 밑에서 성충으로 월동한다. 6월 초순에 번데기에서 우화한 성충은 주로 쇠약한 나무, 이식된 나무 또는 벌채한 나무에 세로로 10cm 정도의 구멍을 뚫고 60개 내외의 알을 낳는다.

37 다음 중 천공성 해충이 아닌 것은?

① 밤바구미, 박쥐나방
② 소나무좀, 오리나무좀
③ 하늘소, 버들바구미
④ 밤나무(순)혹벌, 솔잎혹파리

해설

밤나무(순)혹벌, 솔잎혹파리는 벌레혹(충영)을 형성하는 해충이다.

38 묘포에서 뿌리나 지접근부를 주로 가해하는 곤충과는?

① 좀벌레과　　　② 굴파리과
③ 비단벌레과　　④ 풍뎅이과

해설

뿌리나 지접근부를 주로 가해하는 곤충

• 노린재목 : 진딧물과
• 벌목 : 개미과
• 딱정벌레목 : 나무좀과, 바구미과, 풍뎅이과, 하늘소과

39 종실을 가해하는 곤충의 종류가 아닌 것은?

① 밤바구미
② 밤나방
③ 복숭아명나방
④ 왕소나무좀

해설

왕소나무좀은 분열조직을 가해하는 곤충이다.

40 다음 중 나무 속(재질부)을 가해하는 해충은 어느 것인가?

① 하늘소　　　② 미국흰불나방
③ 어스렝이나방　④ 깍지벌레

> **해 설**
> ②·③ 미국흰불나방, 어스렝이나방 : 잎을 가해하는 해충
> ④ 깍지벌레 : 잎과 가지를 가해하는 해충

41 나무껍질을 물어뜯어 그 속에 알을 낳는 곤충들로 짝지어진 것은?

① 솔나방, 흰불나방
② 잎벌, 멸구류
③ 메뚜기, 매미
④ 하늘소, 나무좀

> **해 설**
> 하늘소, 나무좀은 천공성 해충이다.

42 우리나라의 산림해충 중에서 많은 종류를 차지하고 있으며, 대개 외골격이 발달하여 단단하고, 씹는 입틀을 가지고 완전변태를 하는 것은?

① 딱정벌레목　② 나비목
③ 노린재목　　④ 벌목

> **해 설**
> 딱정벌레목(Cleoptera)은 전 세계에 알려진 곤충의 종 가운데 40%인 40만여 종을 차지하는 목으로 나무 위에 사는 것이 가장 많고 또한 초목의 잎줄기, 가지, 썩은 나무 속, 버섯, 물속 등 거의 모든 곳에 서식한다.

43 솔잎혹파리먹좀벌, 혹파리살이먹좀벌은 다음 어느 해충의 기생봉인가?

① 밤나무혹벌
② 솔잎혹파리
③ 솔노랑잎벌
④ 어스렝이나방

> **해 설**
> 솔잎혹파리에 기생하는 천적
> • 솔잎혹파리먹좀벌(*Inostemma Seoulis*)
> • 혹파리살이먹좀벌(*Platygaster Matsutama*)
> • 혹파리등뿔먹좀벌(*Inostemma Hockpari*)
> • 혹파리반뿔먹좀벌(*Inostemma Matsutama*)

44 곤충의 몸에 대한 설명으로 틀린 것은?

① 곤충의 체벽(體壁)은 표피, 진피층, 기저막으로 구성되어 있다.
② 부속지(附屬肢)들은 마디로 되어 있고 몸 전체도 여러 마디로 이루어진다.
③ 대부분의 곤충은 배에 각 1쌍씩 모두 6개의 다리를 가진다.
④ 기문(氣門)은 몸의 양옆에 최대 10쌍이 있다.

> **해 설**
> 3쌍의 다리는 배가 아니라 앞가슴, 가운데가슴, 뒷가슴에 각 1쌍씩 붙어 있다.

45 해충 입틀의 모양은 그들의 먹이와 밀접한 관계가 있다. 서로 연결이 잘못된 것은?

① 메뚜기 : 먹이를 씹어 먹는다.
② 매미 : 입틀을 꽂고 체액을 빨아 먹는다.
③ 나방 : 침으로 녹인 먹이를 빨아올린다.
④ 응애 : 찔러서 핥아 먹는다.

해설
③ 나방·나비 : 빨아 먹는다.

46 다음은 나비목 유충의 모식도이다. ㉠의 이름은 무엇인가?

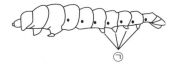

① 머리　　　② 다리
③ 복지　　　④ 기문

해설
유충은 흉지 3쌍, 복지 2~5쌍이 있다.

47 곤충의 몸 밖으로 방출되어 같은 종끼리 통신을 할 때 이용되는 물질은?

① 호르몬(hormone)
② 페로몬(pheromone)
③ 테르펜(terpenes)
④ 퀴논(quinone)

해설
페로몬(pheromone)은 같은 종(種) 동물의 개체 사이의 의사소통에 사용되는 체외분비성 물질이다.

48 번데기(5월 중순~6월 상순에 제1화기)의 형태로 나무껍질 사이나 돌 밑, 그 밖의 지피물 밑에서 고치를 짓고 월동을 하는 것으로 약 600~700개씩 산란하며, 수명이 4~5일인 것은?

① 솔나방　　　② 흰불나방
③ 매미나방　　　④ 텐트나방

해설
흰불나방의 제1회 성충은 5월 중·하순~6월에 나타나며 제2회 성충은 7~8월에 발생한다.

49 다음 중 흰불나방의 월동형태는?

① 번데기　　　② 2령 유충
③ 성충　　　④ 5령 유충

해설
흰불나방은 1년에 보통 2회 발생(3회도 가능)하며, 수피 사이나 지피물 밑 등에서 고치를 짓고 그 속에서 번데기로 월동한다.

50 다음 중 흰불나방의 1화기 우화시기는?

① 5월 중순~6월 상순
② 3월 중순~4월 상순
③ 2월 중순~3월 상순
④ 3월 하순~4월 중순

해설
흰불나방의 1화기 성충은 5월 중순~6월 상순에 우화하며 수명은 4~5일이다. 우화시각은 오후 6~7시가 보통이며 주로 밤에 활동하고 추광성이 강하다.

51 다음 중 1년에 1회 발생하는 곤충이 아닌 것은?

① 오리나무잎벌레   ② 텐트나방
③ 솔잎혹파리   ④ 미류재주나방

> **해 설**
> 미류재주나방은 1년에 2회 발생하며, 수간에서 알로 월동한다.

52 밤 열매에 피해를 주며 1년에 2~3회 발생하고 성충 최성기에 접촉성 살충제로 방제하면 효과가 큰 해충은?

① 복숭아명나방
② 밤나무혹벌
③ 밤애기잎말이나방
④ 밤바구미

> **해 설**
> 복숭아명나방은 1년에 2~3회 발생하고, 지피물이나 수피의 고치 속에서 유충으로 월동한다.

53 다음 중 소나무류의 목질부에 기생하여 치명적인 피해를 주며, 자체적으로 이동 능력이 없어 매개충인 솔수염하늘소에 의해 전파되는 것은?

① 소나무재선충
② 소나무좀
③ 솔잎혹파리
④ 솔껍질깍지벌레

> **해 설**
> 소나무재선충은 크기 1mm 내외의 실 같은 선충으로서 나무 조직 내 수분, 양분의 이동통로를 막아 나무를 죽게 하는 해충으로 가해수종은 해송, 적송, 잣나무 등이다. 솔수염하늘소와 공생관계에 있어서 솔수염하늘소를 통해 나무에 옮긴다.

54 '송충이'라고도 불리며 5령 유충으로 월동을 하여 이듬해 4월경부터 잎을 갉아 먹는 해충은?

① 솔잎혹파리
② 솔껍질깍지벌레
③ 솔나방
④ 소나무좀

> **해 설**
> 솔나방(*Dendrolimus spectabilis*)의 애벌레를 송충이라고 하는데, 유충은 4월 상순~7월 상순에 소나무의 잎을 갉아 먹는 해충이다.

55 솔나방의 설명으로 옳지 않은 것은?

① 4월 상순부터 7월 상순까지, 8월 상순부터 11월 상순까지 유충이 잎을 갉아 먹는다.
② 일중 우화시각은 오후 6~7시가 대부분이며, 성충의 수명은 9일 정도로 밤에만 활동하고 낮에는 숨어 있으며 추광성이 강하다.
③ 유충은 4회 탈피 후 11월경에 5령충으로 월동에 들어간다.
④ 2화기 유충기간은 50일 내외이며 번데기 기간은 약 200일이다.

> **해 설**
> ④ 솔나방의 번데기 기간은 20일 내외이며, 7월 하순~8월 중순에 성충이 우화한다.

56 다음 중 솔노랑잎벌의 가해형태를 바르게 설명한 것은?

① 봄에 부화한 유충이 새로 나온 잎을 갉아 먹는다.

② 새순의 줄기에서 수액을 빨아 먹는다.

③ 솔잎의 기부를 잘라서 먹는다.

④ 전년도 잎을 끝에서부터 기부를 향하여 가해한다.

암컷 성충이 전년도 10~11월에 4~5일을 살면서 솔잎에 8개 정도의 알을 낳는데, 그 알들은 다음 해 4~5월에 부화하여 묵은 잎을 갉아 먹기 시작한다.

57 피해를 받은 소나무잎은 7월 상순경부터 생장이 정지되어 길이가 정상적인 길이의 1/2 가량이 되고 이와 같은 잎은 겨울 동안에 말라 죽게 된다. 어떤 병해충의 피해인가?

① 솔나방의 피해

② 솔잎혹파리의 피해

③ 소나무좀의 피해

④ 소나무 잎떨림병(엽진병)의 피해

솔잎혹파리는 유충 시기에 솔잎 밑부분에 벌레혹(충영)을 만들고 그 속에서 수액을 빨아 먹어 기생당한 솔잎을 말라죽게 한다.

58 완전히 자란 유충이 9월 하순경부터 비 온 뒤 벌레혹을 탈출, 지피물 밑이나 1~2cm 깊이의 흙 속에 들어가 유충으로 월동하는 해충은?

① 소나무좀

② 밤나무(순)혹벌

③ 솔잎혹파리

④ 가문비왕나무좀

솔잎혹파리의 유충은 9월 하순~다음 해 1월(최성기 11월 중순)에 충영(벌레혹)에서 탈출하여 지피물 밑 또는 흙 속으로 들어가 월동한다.

59 다음 중 솔잎혹파리의 우화 최성기로 가장 적합한 것은?

① 4월 상순경

② 6월 상순경

③ 9월 하순경

④ 10월 상순경

성충은 보통 5월 중순에서 7월 초순에 발생하며, 그 중에서도 6월 상순~중순에 가장 많이 발생한다.

60 솔잎혹파리의 설명으로 옳지 않은 것은?

① 유충으로 지피물 밑의 지표나 1~2cm 깊이의 흙 속에서 월동한다.

② 유충이 솔잎 기부에 충영(벌레혹)을 만들고 그 속에서 수액을 흡즙·가해하여 솔잎을 일찍 고사하게 하고 임목의 생장을 저해한다.

③ 성충우화기는 5월 중순~7월 중순으로 우화최성기는 6월 상순~중순이며, 특히 비가 온 다음날에 우화수가 많다.

④ 1년에 2회 발생한다.

해설
④ 솔잎혹파리는 1년에 1회 발생한다.

61 다음 중 성충으로 월동하는 곤충은?

① 쌍엇줄잎벌레　② 버들재주나방
③ 솔잎혹파리　　④ 넓적다리잎벌

해설
②·③·④는 모두 유충으로 월동하는 곤충이다.

62 해충의 월동 상태를 표시한 것 중 옳지 않은 것은?

① 천막벌레나방 – 알
② 어스렝이나방 – 번데기
③ 매미나방 – 알
④ 미국흰불나방 – 번데기

해설
② 어스렝이나방은 알로 월동한다.

63 유충으로 월동하는 곤충이 아닌 것은?

① 가루나무좀
② 밤나방
③ 오리나무잎벌레
④ 독나방

해설
오리나무잎벌레는 1년에 1회 발생하며 성충으로 지피물 밑 또는 흙 속에서 월동한다.

64 유충과 성충 모두가 나뭇잎을 식해하는 해충은?

① 참나무재주나방
② 솔나방
③ 어스렝이나방
④ 오리나무잎벌레

해설
오리나무잎벌레의 피해를 받은 나무는 8월경에 부정아가 나와 대부분 소생하나 2~3년간 계속 피해를 받으면 고사되기도 한다.

242 PART 03 산림보호

60 ④　61 ①　62 ②　63 ③　64 ④　정답

65 집시나방(매미나방)의 설명으로 옳은 것은?

① 침엽수, 활엽수를 가리지 않는 잡식성
  이다.
② 연간 2회 발생하며 유충으로 월동한다.
③ 알은 낙엽이나 돌 밑 등에 무더기로 낳
  는다.
④ 천적으로는 꾀꼬리가 있다.

해설
② 연간 1회 발생하며 알로 월동한다.
③ 알은 나무줄기나 굵은 가지에 낳는다.
④ 천적으로는 기생벌레가 있다.

66 천막벌레나방(텐트나방)의 설명으로 부적합
한 것은?

① 버드나무, 살구나무 등을 가해한다.
② 유충이 실로 집을 짓고 모여 산다.
③ 성충 수컷(♂)은 황갈색을 띠고, 암컷(♀)
  은 담등색을 띤다.
④ 1년에 2회 발생한다.

해설
1년에 1회 발생(4월 중·하순경)하며, 알로 월동한다.

67 분열조직을 해치는 곤충 중 똥을 밖으로 배
출하지 않기 때문에 발견하기 어려운 것은?

① 박쥐나방
② 측백나무하늘소
③ 미끈이하늘소
④ 버들바구미

해설
측백나무하늘소는 톱밥 같은 가해 똥을 외부로 배출
하지 않을뿐더러 외부에 침입공도 없어 피해 발견이
어렵다.

68 성충기에는 밤나무 등의 활엽수의 잎을 가해
하고, 유충기에는 뿌리를 가해하는 해충은?

① 솔나방   ② 복숭아명나방
③ 박쥐나방   ④ 풍뎅이

해설
풍뎅이는 유충기에 땅속에서 굼벵이로 자라 잔디와
수목의 뿌리를 먹고, 성충이 되면 활엽수의 잎, 눈,
꽃을 가해한다.

69 버드나무, 미루나무 등의 활엽수의 잎을 가해하며 가지의 분지점에 텐트 모양의 집을 만들고 군서하는 것은?

① 텐트나방
② 미류재주나방
③ 솔나방
④ 소나무좀

해설

텐트나방(천막벌레나방)은 잎을 가해하는 곤충으로 유충은 가지의 분지점에 텐트 모양의 집을 만들고 군서하는데, 때때로 여기에서 나와 잎을 먹는다.

71 해충의 발생량 예찰에 관한 설명 중 틀린 것은?

① 깍지벌레와 같은 고착성 해충의 밀도표시는 가지의 길이를 단위로 한다.
② 해충의 발생예찰은 발생시기와 발생량의 예찰을 주목적으로 방제수단의 강구에 필요하다.
③ 해충의 분포는 한 나무 내에서의 상하 또는 방위별 변이가 지역 내 임목 간의 변이보다 크다.
④ 땅속의 해충, 솔잎혹파리 월동 유충의 밀도는 면적단위이다.

해설

③ 해충의 분포는 한 나무 내에서의 상하 또는 방위별 변이가 지역 내 임목 간의 변이보다 작다.

70 측백나무, 편백나무, 나한백 등에 흔히 발생하여 치명적 피해를 주는 해충은?

① 향나무하늘소
② 밤색우단풍뎅이
③ 포도유리나방
④ 버들바구미

해설

향나무 외에 측백나무, 편백나무, 화백나무 등에 피해를 주는 향나무하늘소는 수목의 굵은 가지를 고사시켜 수형을 파괴한다.

CHAPTER 02 산림병해충 방제

---

01 | 산림병해충 방제

1. 병해충 방제

(1) 병 방제의 개념

① 수병의 방제법은 예방과 치료로 나눌 수 있다.

② 수병의 경우에는 예방이 방제법의 주축을 이루며, 치료는 일부에 지나지 않는다.

    ㉠ 방제에 사용되는 약제의 대부분이 치료 효과가 없다.

    ㉡ 수목은 체내에 순환계를 가지고 있지 않다.

    ㉢ 경제적으로 방제경비가 제한된다.

(2) 해충 방제의 개념

① 인간에게 경제적 손실을 초래하는 해충의 활동을 억제하는 것으로 치료적인 면과 예방적인 면이 있으며, 방제법 중에는 양자 중 어느 하나를 다른 면보다 강조하기도 하나, 최종적인 목적은 동일하다고 할 수 있다.

② 해충의 단순한 존재만으로 방제를 하는 것이 아니며, 상당한 피해가 있을 때에 한하여 방제를 하게 된다. 즉, 해충 방제의 문제는 밀도가 높다는 것을 전제로 하고 있다. 따라서 이것은 생물학적 면에서 고려되어야 할 문제로 단위면적당 밀도와 분포면적의 대소는 방제수단과 방제면적결정의 관건이 된다.

③ 피해의 면에서 분류한 해충의 밀도

    ㉠ 경제적 가해수준 : 경제적으로 피해를 주는 최소의 밀도, 즉 해충의 피해액과 방제비가 같은 수준인 밀도를 말하며 작물의 종류나 지역, 경제적·사회적 조건 등에 따라서 달라질 것이다.

    ㉡ 경제적 피해허용수준 : 경제적으로 가해수준에 달하는 것을 억제하기 위하여 직접적 방제를 해야 하는 밀도를 말하며, 이것은 경제적 가해수준보다 낮고 방제수단 강구에 필요한 시간적 여유가 있어야 한다.

    ㉢ 일반평형밀도 : 일반적인 환경조건하에서의 평균밀도를 말하는데, 대상이 되는 개체군이 차지하는 면적의 크기나 시간적 문제 등은 종에 따라서 달라질 것이다.

2. 해충 방제 방법의 분류

(1) Schwerdtfeger의 임업해충 방제 방법의 분류

① 산림위생

    ㉠ 내충성의 강화 : 수종선택(종·품종·계통), 육종, 조림적 방법

    ㉡ 임분내충성의 강화 : 수종구성개선(먹이, 미기상, 토양, 천적), 위생, 천적류의 적극적 보호

② 산림치료 : 기계적 방법, 물리적 격리, 기피(물리적·화학적), 살충(압사, 소각, 물의 이용), 포살, 유살, 은신처의 제거, 독살, 생물적 방법, 보호

(2) Graham, S. A.의 해충 방제 방법

① 직접방제법 : 기계적 방법, 생물적 방법, 화학적 방법

② 간접방제법 : 화학적·기계적 방법, 생물적 방법, 육림학적 방법, 법적 방법

02 | 방제 방법

1. 물리적·기계적 방제

(1) 물리적 방제의 개념

① 병원균이 온도, 습도 등에 가진 내성 한계를 이용하여 사멸시키거나 불활성화시켜 방제하는 방법이다.

② 온도처리, 습도처리, 빛과 색깔 이용(유아등, 유색점착트랩 등), 방사선과 음파, 압력(감압법) 등이다.

온도처리	고온	• 가루나무좀을 방제하기 위하여 목재건조기에서 가열한다. • 가열법에는 건열법과 습열법이 있는데, 가루나무좀은 보통의 건조법으로는 방제가 곤란할 뿐만 아니라 나무의 두께에 따라 더욱 높은 온도가 필요하다. 이것은 66℃ 정도로 치사하게 한다. 이 방법은 나무의 질적 약화를 초래하므로 습열법을 주로 쓴다.
	저온	• 곤충은 보통 온도가 15℃ 이하가 되면 활동을 멈춘다. • 온도가 더욱 낮아져 −30~−27℃가 되면 죽는다.
습도처리		• 벌목한 나무의 껍질을 벗기거나 햇볕을 쬐면 습도가 나무좀이나 하늘소류의 생육에 부적당하여 증식을 억제할 수 있다. 이것은 건조를 빨리함으로써 그 효과를 높일 수 있다. • 살수법과 저수지의 물속에 30일 이상 목재를 담가두는 방법처럼 습도를 과다하게 해주는 방법도 있다.
방사선 이용		방사선의 살충력을 직접 이용하는 경우와 구제대상해충을 대량으로 사육(飼育)하여 방사선을 이용하여 불임화한 후 대량으로 야외에 방사하여 정상적인 것과 교미시켜서 부정란을 낳게 만드는 방법 등이 있다.

(2) 기계적 방제의 개념

① 기계나 기구 또는 인력으로 해충을 방제하는 방법으로 입목밀도와 수고가 낮을 경우에 적용한다.
② 포살법, 찔러죽임, 진동법, 소살법, 경운법, 유살법 등이 있고 유살법에는 잠복장소유살법, 번식장
   소유살법, 등화유살법 등이 있다.

※ 포살 : 나무줄기 속에 있는 나방류나 하늘소 유충을 간단한 도구로 제거하는 방법

인공포살	• 잡아 죽이는 방법 : 기구나 손으로 직접 포살(捕殺)하는 방법 • 찔러 죽이는 방법 : 하늘소 · 굴레나방 · 유리나방 등의 유충은 목질부 내부에서 가해하고 있으므로 가는 철사를 이용하여 찔러 죽인다. • 터는 방법 : 잎벌레, 바구미류, 하늘소류 등은 진동을 가하면 나무에서 떨어지는데, 이 습성을 이용하여 밑에 흰 캔버스를 깔고 긴 장대나 그 밖의 방법으로 나무를 흔들어 떨어뜨려 잡는다. • 알을 제거하는 방법 : 어스렝이나방, 매미나방에 적용한다.
경운법	묘포에서 쓸 수 있는 것으로 풍뎅이류, 잎벌류 및 땅속에서 월동하는 해충을 가을에 깊이 갈아 저온으로 죽게 하거나 봄에 갈아 노출된 것을 새 등이 포식하게 하고 깊이 묻힌 것은 우화(羽化)하지 못하게 하여 죽이는 방법

유살법	식이유살법	해충이 좋아하는 먹이를 이용하여 유살하는 방법으로 당밀(糖蜜)과 발효당류(發效糖類)를 가장 흔히 이용한다.
	잠복소 유살법	해충의 종류에 따라서는 월동할 때나 용화할 때 잠복할 곳을 찾게 되는데, 이러한 장소를 만들어 놓고 모아 죽인다.
	번식처 유살법	• 통나무유살법 : 나무좀, 하늘소, 바구미 등은 쇠약목(衰弱木)에 유인되므로 불량목이나 열세목(劣勢木)의 통나무를 이용한다. 소나무좀에 대해서는 수간을 1~2m로 잘라 임내에 침목상(枕木狀)으로 1ha당 10~20본을 세운다. • 입목유살법 : 규불화아연을 주제로 한 오스모실-K(Osmosil-K)를 이용하는 것이다. 입목의 지상 0.5m 부근을 너비 10m 정도로 박피하고 여기에 약제를 물에 풀어 풀모양으로 해 바르고 흑색비닐로 덮어 두면 수일 후엔 약제가 나무 전체에 퍼지게 된다. 봄이면 약제 처리 후 7~10일 후에 벌목하면 여덟가시나무좀이나 구상나무좀 등이 모여드는데, 대개 모공을 파고 산란 후 또는 유충 초기에 전부 죽는다. 이것은 종래의 방법과 같이 적기박피가 필요 없으며, 약제는 지름 30cm 전후의 것은 50~70g으로 충분하고, 1ha당 10본 정도이면 충분하다.
	등화유살법	곤충의 추광성(趨光性)을 이용하는 것으로 광원으로는 아세틸렌등, 전등 등을 이용한다.
	성유인물질 이용	• 곤충류, 특히 나방류의 암컷은 복부에서 특이한 물질을 분비하여 수컷을 유인하는데 이 물질은 분비량이 급격히 감소된다. • 성유인물질로 많은 수컷을 유인해 죽이면 암컷은 수정률이 낮은 알을 낳게 된다.
	소살법	• 솜방망이를 경유에 담갔다가 꺼내어 긴 장대 끝에 불을 붙여 군서하는 유충을 태워 죽이는 방법이다. • 미국흰불나방이나 텐트나방의 유충은 함께 모여 살면서 잎을 가해하는 습성이 있으므로, 이를 이용하여 유충을 태워 죽일 수 있다.
	차단법	• 매미나방이나 거세미나방과 같은 이동성 곤충에 이용되는데, 매미나방은 집단이동을 하므로 주위에 너비 30~60cm, 깊이 40cm의 도랑을 파서 여기에 떨어진 것을 모아 죽이는 방법이 쓰인다. • 끈끈이를 수간에 발라 두고 밑에서 기어오르는 것이나 위에서 밑으로 내려오는 해충을 잡아 죽이는 방법으로 솔나방, 미국흰불나방, 재주나방, 매미나방 등의 유충에 이용된다.

2. 화학적 방제(약제 방제)

(1) 화학적 방제의 개념

① 농약 등 화학약품을 이용한 방제로서 묘포장 또는 단목을 대상으로 큰 효과가 있다.

② 산림에서는 지형, 임상 등으로 약제 살포가 어려우므로 항공살포를 실시한다.

③ 상당한 경비와 노력이 수반되므로 위급 상황 시 조치 수단으로 활용하는 경우가 많다.

(2) 사용 목적에 따른 약제의 분류

① 살균제 : 식물병의 원인인 미생물(진균, 세균, 원생동물 등)을 방제하기 위하여 사용하는 약제를 말한다.

② 살충제 : 해충을 방제하기 위하여 사용하는 약제를 말한다.

   ⊙ 식독제 : 소화중독제라고도 하며 약제가 해충의 입을 통하여 소화관 내에 들어가 중독작용을 일으켜 죽게 한다.

   ⓒ 접촉독제 : 해충의 체표면에 직접 또는 간접적으로 닿아 약제가 기문(氣門)이나 피부를 통하여 몸 속으로 들어가 신경계통이나 세포조직에 독작용을 일으킨다.

   ⓒ 침투성 살충제 : 약제를 식물체의 뿌리·줄기·잎 등에서 흡수시켜 식물체 전체에 약제가 분포되게 하여 흡즙성 곤충이 흡즙하면 죽게 하는 것으로, 천적에 대한 피해가 없어 천적보호의 입장에서도 유리하다.

   ⓔ 유인제 : 해충을 유인해서 포살하는 데 사용되는 약제 예 성 페로몬(sex pheromone)

   ⓜ 기피제 : 해충이 작물에 접근하는 것을 방해하는 물질 예 나프탈렌

   ⓗ 불임제 : 곤충의 생식세포에 장해를 일으켜 알이나 성충이 생식능력을 잃게 함으로써 알이 수정되지 않게 하는 약제

③ 제초제 : 잡초를 방제하기 위하여 사용되는 약제를 말한다.

④ 식물생장조절제 : 식물의 생육을 촉진 또는 억제, 개화촉진, 낙과방지 또는 촉진 등 식물의 생육을 조절하기 위하여 사용하는 약제를 말한다.

⑤ 보조제 : 약제의 효력을 충분히 발휘하도록 하기 위하여 첨가되는 보조물질을 말한다.

   ⊙ 용제(solvent) : 주성분을 녹이기 위해 사용하는 용매이다.

   ⓒ 증량제(diluent, carrier) : 주성분의 농도를 낮추고 부피는 증가하여 식물체 또는 병해충의 표면에 균일하게 부착되도록 돕는다.

   ⓒ 유화제(emulsifier) : 유제(乳劑)의 유화성을 좋게 하기 위하여 사용하는 물질이다.

   ⓔ 전착제(spreader) : 약제의 주성분이 식물체 또는 병해충의 표면에 잘 퍼지게 하거나 잘 부착되게 돕는다..

   ⓜ 협력제(synergist) : 유효성분의 생물활성을 증대시키기 위하여 사용한다.

ⓑ 약해경감제(herbicide safener) : 제초제는 식물체를 죽이는 약제이므로 작물에 어느 정도 약해를 보이기 때문에 이를 완화하기 위하여 사용한다.

(3) 약제의 사용 형태

① 액제 살포
  ㉠ 황산니코틴, TEPP : 물에 완전히 용해되는 용액
  ㉡ 수화제 : 물에 용해되지 않고 수중에 입자를 균일하게 한 현탁액(懸濁液)
  ㉢ 유용제 : 물속에 가는 유적으로 되어 분산하는 유제, 벤젠, 자이렌, 석유, 경유 등에 용해
② 분제 살포
  ㉠ 액제와 달리 물을 쓰지 않으므로 물이 없는 곳에서도 살포할 수 있고 조제할 필요가 없어 편리하다.
  ㉡ 값이 비싸며 고착성이 액제에 비하여 떨어지는 단점이 있다.
③ 입제 살포 : 입제 살포는 맨손 또는 고무장갑을 끼고 뿌리거나 살포기를 이용한다.
④ 연무제 살포 : 살포제 입자를 연무질로 하여 살포하는 것으로 미립자가 오랫동안 공중에 떠있어 상승기류가 없는 이른 아침이나 저녁에 살포하면 작물체의 좁은 틈에까지 잘 퍼진다.
⑤ 훈증 : 휘발성이 강한 물질로 독가스를 내게 하는 것으로 보통 밀폐할 수 있는 곳에서 쓰이며, 입목 같은 경우에는 텐트를 씌우고 실시한다.
⑥ 기타 방법
  ㉠ 도말(塗抹) : 침투성 살충제나 끈끈이를 바르는 것
  ㉡ 분의 : 종자를 물에 담갔다가 꺼내어 약제를 씌우는 것
  ㉢ 유전 : 벌레구멍에 약을 넣는 것
  ㉣ 주입 : 수간에 구멍을 뚫어 약을 넣는 것
  ㉤ 침지(浸漬) : 약액에 종자나 묘목을 담그는 것
  ㉥ 미량 살포 : 약제 살포의 일종으로 거의 원액에 가까운 농도의 농후액(濃厚液)을 살포하는 것으로, 미량 살포 시에는 주로 비행기를 이용한 항공살포를 한다.
  ㉦ 항공살포
    • 항공기가 회전하는 횟수를 될 수 있는 대로 적게 하는 방향을 정한다.
    • 비행장은 살포지역과 거리가 멀지 않은 곳에 정하고, 적당한 비행장이 없으면 임시비행장을 설정한다.
    • 살충제는 미리 조제한 것을 준비하여 적재(積載)에 시간이 걸리지 않게 한다.
    • 살포 시의 기후적 조건은 효과와 밀접한 관계가 있으므로 바람이 없는 맑은 날 이른 아침 또는 저녁때를 이용해야 한다.
⑦ 약제 시용 기구 : 분무기, 미스트기, 살분기, 연무기, 고속도살포기, 주입기

(4) 부작용과 약해

① 살충제의 부작용

    ㉠ 살충제는 해충의 밀도를 감소시키기 위하여 사용되지만, 부작용을 일으킨다.

    ㉡ 유기합성살충제는 강력한 살충력과 시용 후의 잔효성(殘孝性)이 오랫동안 지속되어 그 부작용이 1950년대부터 크게 문제 시 되고 있다.

    ㉢ 저항성 해충 : 살충제를 오랫동안 사용하면 저항성 해충군이 출현한다.

    ㉣ 천적류에 대한 영향
        • 소화중독제의 영향은 별로 받지 않으나 접촉제의 영향을 많이 받는다.
        • 진딧물이나 응애류는 DDT로는 잘 죽지 않는데, 이것을 사용하면 해충은 별로 죽지 않고 이것을 잡아먹는 천적류가 죽게 되어 자연계에서 이들 해충류는 크게 번성하게 된다.

    ㉤ 살포 후 해충밀도의 급격한 증가
        • 천적류의 감소로 개체군밀도가 급증
        • 개체군은 최적밀도조건하에서 증가가 빠르며, 어느 한도 이상이 되면 증식이 약해지는데, 살충제의 사용으로 이와 같은 밀도조건을 자주 만들어주게 된다.

    ㉥ 유용동물에 대한 영향

② 약해

    ㉠ 약제를 쓴 다음 작물체나 인축(人畜)에 생기는 생리적 장해를 넓은 뜻으로 약해라고 하지만, 좁은 뜻으로는 식물에 대한 것을 말하며 인간에 대한 것은 중독이라고 한다.

    ㉡ 식물이 약해를 받으면 줄기·잎·열매 등의 색이 변하며, 시들거나 낙엽·낙과 등이 생기고, 심할 경우에는 고사한다.

③ 약제에 대한 저항

    ㉠ 저항성 : 어떤 정상적 곤충집단의 대다수를 죽일 수 있는 약량에 견디는 능력이 있는 계통이 생겼을 때를 말한다.

    ㉡ 동일약제를 계속해서 쓰면 그 약제에 대한 저항성계통이 생기며 곤충이 2종 이상의 살충제에 대하여 저항성을 나타낼 때 교차저항성(交叉抵抗性)이라고 한다.

    ㉢ 한 약제에 저항성을 나타내는 계통이 다른 약제에는 약해지는 경우를 부상관교차저항성(負相關交叉抵抗性)이라고 한다.

3. 임업적 방제

(1) 임업적 방제의 개념

① 산림 내 수목의 입지환경을 개선하여 병해에 대한 저항성을 증진시키고 해충 발생에 불리하도록 하는 방법을 말한다.

② 단순림을 혼효림으로 유도하는 방법, 수종 갱신을 통한 해충의 서식처 교란, 무육간벌을 통한 생리적 건강성 증대 등이 이에 해당한다.

(2) 건전 묘목의 육성

① 내병성·내충성 품종을 이용하는 것은 재배기간이 긴 임목의 경우 가장 확실하고 경제적인 방제 방법이다.

② 임지의 환경조건 때문에 식재를 예정한 수종에 특정한 병의 발생이 예상될 경우에는 다른 수종을 심는다.

③ 조림용 종자는 되도록 조림지와 유사한 환경조건을 가진 임지에 생육하고 있는 우량한 모수에서 채취한다.

④ 묘목시기부터 병에 걸리지 않게 튼튼히 키워야 할 뿐만 아니라 위급에도 주의하는 한편 식재 방법이 나쁠 때에도 일반적으로 병에 대한 저항성이 저하되고 뿌리의 병을 비롯해 여러 가지 병이 발생하기 쉬우므로 주의해야 한다.

(3) 산림구성 및 밀도 조절

① 혼효림은 단순림에 비하여 해충발생에 의한 피해가 적다.

② 자연림의 벌목 시 가장 좋은 방법은 소면적 단위의 군으로 벌목하는 것이다. 단목을 택벌하는 방법은 대개의 경우 임상을 연력이나 수종의 면에서 단순화시키는 경향이 있어 해충발생을 촉진하는 결과가 된다.

③ 조림이나 벌목 시에 동일수령이 된 소면적 단위의 이령림군을 산재시키는 방법을 생각해야 한다.

④ 임목의 밀도를 조절하여 건전한 임목을 육성하는 것이 중요하다.

⑤ 유목들이 **빽빽**하게 자라고 있을 때 적당한 간벌을 하면 임목의 활력을 증대할 수 있다.

⑥ 나무좀 방제에도 크게 도움이 된다.

(4) 임지 정리작업

① 시비

㉠ 질소질비료의 과용 : 동해, 상해, 침엽수의 모잘록병, 설부병, 삼나무의 붉은마름병 등이 있다.

㉡ 황산암모니아의 피해 : 토양을 산성화하여 토양의 전염병 피해를 크게 한다.

㉢ 인산질비료 및 칼륨질비료는 전염병의 발생을 적게 한다.

㉣ 시비는 수목의 생육을 좌우할 뿐만 아니라 병의 발생과도 관계가 깊으므로 시비법, 시비량 등에 주의해서 항상 그 균형을 유지하고 수목을 건전하게 키우는 것이 중요하다.

② 전염원의 제거 : 병든 잎, 가지, 묘목 등은 전염원인 포자가 완숙하여 제1차 전염을 일으키기 전에 제거한다

③ 중간기주의 제거
　　㉠ 수목에 기생하는 녹병균의 대부분은 기주교대를 하며 생활하는 이종기생균으로 중간기주를 제거하여 병원균의 생활환을 차단한다.
　　㉡ 잣나무의 털녹병을 예방하기 위해 중간기주인 송이풀과 까치밥나무류를 제거한다.
　　㉢ 포플러 잎녹병의 중간기주인 낙엽송을 제거한다.

4. 기타 방제 방법

(1) 생물적 방제

① 천적의 종류(3P : Predator, Parasite, Pathogen)
　㉠ 포충동물(predator)
　　• 곤충을 포식하는 중요한 동물로는 어류, 양서류, 파충류, 조류, 포유류 등과 같은 척추동물과 곤충·거미·응애류 등과 같은 절족동물이 있다. 포유류 중에는 쥐, 두더지, 박쥐, 족제비, 여우 등과 같은 것이 대표적이다.
　　• 새나 포유류의 증식을 도모하기 위하여 혼효림을 조성한다.
　　• 조류의 해충방제효과는 상당히 크지만, 해충의 증식력과 새의 증식력을 비교할 때 급격한 해충의 대발생을 억제하기 힘들며, 해충밀도를 어떤 수준으로 유지하는 데는 잠재적 억제작용이 크다고 할 수 있다.
　㉡ 기생곤충(parasite)
　　• 맵시벌류는 산란관으로 알을 기주의 체내에 낳으며, 이 중 고치벌류에 속하는 종류 등은 증식력이 강하여 천적류로 이용된다.
　　• 수중다리좀벌상과는 외부기생을 하는 것도 있으나, 대부분은 내부기생을 한다. 여기에 속하는 송충알벌은 솔나방의 알에 기생한다.
　　• 침파리류는 난생하는 것과 난태생을 하는 것들이 있다. 난생하는 종류는 알을 기주의 몸에 붙이며, 이것에서 깐 유충이 기주의 체내로 들어간다. 난태생류는 새끼를 기주의 몸표면에 낳거나 체내에 산란관을 이용하여 집어넣기도 한다.
　㉢ 병원생물(pathogen)
　　• 원생동물, 세균류, 균류, 바이러스류 등이 포함된다.
　　• 솔나방, 어스렝이나방, 천막벌레나방(텐트나방)류 등에 기생하는 미립자병원체는 배양액을 규조토에 흡착시킨 분제를 이른 아침이나 비가 온 다음에 살포하여 이들 해충이 갉아 먹을 때 체내에 들어가게 하는 방법이 쓰인다. 전염은 입·상처·교접 등을 통하여 이루어지며, 병에 걸린 유충은 설사를 하고 변색되어 죽게 된다.
　　• 세균병은 여러 종류가 있는데, 실제로 병원이 되는 것과 죽은 다음에 감염하는 것과는 구별이 상당히 힘들다.

- 곰팡이에 의한 병은 주로 습도가 높을 경우에 발생하는데, 해충의 발생은 반대인 경우가 많아 이와 같은 상반된 환경조건이 문제라고 볼 수 있다.
- 바이러스병은 나방류나 벌류의 유충의 병원이 되며 대체로 2~3년 후 대발생한다.

② 생물적 방제의 방법

   ③ 천적을 이용한 방제수단으로는 외지에서 유력한 천적을 도입하는 방법, 그 지방에 존재하고 있는 토착천적의 세력을 강화하는 방법이 있다.

   ⓒ 생물적 방제에 성공한 예를 보면 대체로 섬이나 대륙에서는 생태학적으로 격리된 지역이나 과수원 같은 곳이며, 대상해충은 정착성이 있고 군서생활을 하는 깍지벌레류・진딧물류 등이다.

   ⓒ 생물적 방제에 가장 흔히 이용되는 종류는 포식충과 기생충이다.
- 포식충은 유충이나 성충이 모두 포식성이며, 한 마리가 여러 마리의 해충을 잡아먹는 장점이 있는 반면, 해충을 찾아다니는 데에 시간과 에너지의 낭비가 많고, 또 그의 천적이나 약제에 노출되는 불리한 점을 가지고 있다.
- 기생충은 1마리가 해충 1마리를 죽이지만 유충은 먹이를 찾아다닐 필요가 없고 외적 조건이나 그의 천적에 노출되는 일이 적어 유리한 점도 있다.

   ⓔ 천적을 선택할 때에는 단식성이며 증식력이 크고 해충의 출현과 그것의 생활사가 잘 일치되는 것, 성비가 큰 것(암컷이 더 많은 것), 이차기생봉(천적에 기생하는 곤충)이 없는 것 등을 고려해야 한다.

(2) 생물적 방제와 화학적 방제의 비교

생물적 방제	화학적 방제
• 해충 개체군의 밀도를 생물에 의하여 억제하는 방법이다. • 일단 성공하면 약제비나 방제는 필요하지 않다. 즉, 영구적으로 해충 문제가 해결된다. • 천적은 자력으로 증식하여 해충을 찾아다닌다.	• 국부적 해충의 개체군에 대한 직접적이고 일시적인 제거를 꾀하는 것으로 해충의 영구적 제거를 뜻하는 것은 아니다. • 효과가 신속하고 정확하며, 인간의 힘으로 제조되고 살포되는 것이지만, 비선택적이고 자체 증식력과 자체 분산력이 없다. • 해충밀도가 위험한 밀도에 달하였을 때 더욱 효과적이다.

5. 기타 병해충과 방제 방법

(1) 잎을 가해하는 곤충

① 솔나방(*Dendrolimus superruns* sibiricus) : 나비목 솔나방과

   ③ 가해수종 : 소나무, 해송, 리기다소나무, 잣나무

   ⓒ 피해
- 4월 상순부터 7월 상순까지, 8월 상순부터 11월 상순까지 유충이 잎을 갉아 먹는다.
- 유충 한 마리가 한 세대 동안 섭식하는 솔잎의 길이는 64m 정도이다.

ⓒ 생태
- 1년에 1회 발생하는 것이 보통이나 남부지방에서는 해에 따라 연 2회 발생하는 경우도 있다.
- 월동유충은 4월 상순부터 잎을 갉아먹기 시작하며 6월 하순부터 번데기가 된다.
- 번데기 기간은 20일 내외이며 7월 하순~8월 중순에 성충이 우화한다.
- 일중 우화시각은 오후 6~7시가 대부분이며 성충의 수명은 9일 정도로 밤에만 활동하고 낮에는 숨어 있으며 추광성이 강하다.
- 산란은 우화 2일 후부터 시작하며 500개 정도의 알을 솔잎에 몇 개의 무더기로 나누어 낳으며 알 덩어리 하나의 알수는 100~300개이다.
- 알기간은 5~7일이고 대개 오전 중에 부화하여 어린 유충은 처음에는 솔잎에 모여서 솔잎의 한쪽만을 식해하고 바람이나 충격에 의해 실을 토하며 낙하하여 분산한다.
- 유충은 4회 탈피 후 11월경에 5령충으로 월동에 들어간다.
ⓓ 방제 방법
- 약제 살포 : 춘기(4월 중순~6월 중순)와 추기(9월 상순~10월 하순)에 유충이 솔잎을 가해할 때 약제를 살포한다.

약종	ha당 사용량	희석비율		사용장비
		항공	지상	
주론 수화제(25%)	166g	180배	6,000배	항공기 또는 분무기
트리므론 수화제(25%)	166g	180배	6,000배	항공기 또는 분무기

- 유충포살 : 춘기(4월 중순~7월 상순)에 유충이 소나무 잎을 가해할 때 솜방망이로 석유를 묻혀 죽이거나 집게 또는 나무젓가락으로 유충을 잡아 죽인다.
- 병원미생물 살포
  - 살포시기 : 6월
  - 살포방법
    ⓐ 450cc 보조액 1병에 미생물(송충폐사체 분말) 100cc(1봉지)를 혼합한다.
    ⓑ 혼합된 병균액 30cc(보조액병 뚜껑으로 1컵)에 물 36L(약 2두) 비율로 혼합하여 유충이 가해하고 있는 피해 임목에 분무기로 살포한다.
    ⓒ 보조액 1병(450cc)과 미생물 1봉지(100cc)의 혼합액으로 2ha를 방제할 수 있다.
    ⓓ 2ha 내에는 유충의 밀도가 높은 15개소로 선정하여 1개소당 200평 정도씩 살포한다.
- 번데기 채취 : 6월 하순부터 7월 중순 사이에 소나무 잎에 붙어있는 고치 속의 번데기를 집게로 따서 죽이거나 소각한다.
- 성충 유살 : 7월 하순부터 8월 중순까지 성충 활동기에 피해 임지 내 또는 그 주변에 수은등이나 등불 등을 설치하여 성충을 유살한다.
- 알덩이 제거 : 7월 하순부터 8월 중순까지 성충이 소나무잎에 무더기로 낳아 놓은 알덩이가 붙어있는 소나무 가지를 잘라서 죽이거나 소각한다.

② 매미나방(집시나방)[*Lymantria dispar* (Linne)] : 나비목 독나방과

　㉠ 가해수종 : 낙엽송, 적송, 참나무, 밤나무, 오리나무

　㉡ 생태

　　• 알은 덩어리로 낳고 암컷의 털로 덮여 있으며, 다 자란 유충의 크기는 60mm 내외이다.

　　• 번데기는 적갈색이고 엉성한 고치 속에 들어 있다.

　　• 1년에 1회 발생하며, 알로 나무줄기에서 월동하고, 유충은 군서한다.

　　• 자람에 따라 분산하며 7월에 노숙하여 나뭇가지 사이에 엉성한 고치를 만들고 용화한다.

　　• 성충은 8월 상순에 나타나고, 수컷은 낮에 활발한 활동을 하는데, 암컷은 몸이 비대하여 잘 날지 못하며, 산란수는 평균 500개이다.

　　• 6월 중에 따뜻하다가 그 후 저온다습하면 이 해충에 기생하는 병이 많이 발생한다.

　㉢ 방제 방법

　　• 알이나 유충에는 기생봉류가 많으므로 이들의 적극적 보호에 힘쓴다.

　　• 알이나 어린 유충을 채집하여 죽인다.

　　• 비티쿠르스타키 수화제 1,000배액 또는 디플루벤주론 수화제 2,500배액을 살포한다.

③ 삼나무독나방[*Dasychira pseudabietis* (Butler)]

　㉠ 가해수종 : 삼나무, 소나무, 편백나무, 히말라야삼나무

　㉡ 피해 : 유목과 장령목에 피해가 심하며, 잎을 먹어 가해한다.

　㉢ 생태

　　• 1년에 1~2회 발생하며, 유충으로 월동하고, 5~6월에 잎 사이에 엷은 황갈색의 엉성한 고치를 만들며, 그 속에서 용화한다.

　　• 성충은 6~7월에 나타나며, 알을 잎에 20~30개씩 낳는다.

　㉣ 방제 방법

　　• 번데기나 유충을 포살한다.

　　• BHC · 수미티온 · 세빈 등은 발생이 심할 때에 이용한다.

　　• 발화유살(6~7월)도 효과를 볼 수 있다.

④ 독나방[*Euproctis flava* (Bremer)] : 나비목 독나방과

　㉠ 가해수종 : 사과나무, 배나무, 복숭아나무, 참나무, 감나무

　㉡ 피해 : 잎을 가해할 뿐만 아니라, 사람의 피부에 날개가루나 유충의 털이 붙으면 통증을 일으켜 여름철에 많은 문제를 일으킨다.

　㉢ 생태

　　• 1년에 1회 발생하며, 1~2회 탈피한 유충으로 나무껍질 사이나 지피물 밑에서 군집하여 월동하고 다음 해 봄부터 활동한다.

　　• 성충은 2월 우화하는데, 발생은 극히 불규칙하다.

　　• 알을 잎 뒷면에 덩어리로 낳고 털로 덮는다.

　　• 난기는 14~15일이며, 산란수는 600~700개이다.

② 방제 방법
　　　• 난괴나 군서유충을 잡아 죽인다.
　　　• 성충을 등화유살(7~8월)한다.
　　　• 바이러스병을 이용한다.
　　　• 인가 주변의 식초에 BHC나 유기인제의 유제를 살포한다.

⑤ 어스렝이나방[*Dictyoploca japonica* (Moore)] : 나비목 산누에나방과
　　㉠ 가해수종 : 밤나무, 호두나무, 상수리나무 등 활엽수류
　　㉡ 피 해
　　　• 유충 1마리가 1세대 동안 암컷이 평균 3,500cm^2, 수컷이 2,400cm^{2}의 잎을 식해한다.
　　　• 피해를 심하게 받은 밤나무는 수세가 약하게 되어 밤수확이 감소된다.
　　㉢ 생 태
　　　• 연 1회 발생하여 줄기의 수피 위에서 알로 월동한다.
　　　• 4월 하순~5월 초순에 부화하여 어린 유충은 모여 살면서 잎을 가해하지만 성장하면서 분산하여 가해한다.
　　　• 60~70일간의 유충기간에 6회 탈피하여 6월 하순~7월 상순에 잎 사이에 망상의 고치를 짓고 번데기가 된다.
　　　• 90~100일 내외의 번데기 기간을 거쳐 9월 하순~10월 중순에 우화한다.
　　　• 산란은 1~3m 높이의 줄기에 300개 내외의 알을 무더기로 낳는다.
　　　• 날개에 안상문(동물의 눈처럼 생긴 무늬)이 있다.
　　㉣ 방제 방법
　　　• 약제 살포 : 유충가해기인 5월 중순~7월 상순에 약제를 살포한다.
　　　• 알덩이 제거 : 9월 하순~익년 5월 하순까지 나무줄기에 있는 알덩이를 제거한다.
　　　• 유충포살 : 5월 상순~7월 상순까지 유충가해기에 유충을 죽이며, 특히 나무 줄기에 모여 있는 부화 초기의 군서유충을 제거하는 것이 효과적이다.
　　　• 번데기 채취 : 6월 하순~9월 상순까지 나뭇가지 사이나 잎 사이에 망상으로 고치를 짓고 있는 번데기를 잡아서 죽인다.
　　　• 성충유살 : 성충은 불빛에 잘 모여들므로 9월 중순~10월 중순 사이에 피해 임지 또는 주변에 수은등이나 기타 등불을 설치하고 그 밑에 물그릇을 놓아 성충을 빠져 죽게 하거나 흡입포충기를 설치하여 유살한다.

⑥ (미국)흰불나방[*Hyphanria cunea* (Drury)] : 나비목 불나방과
　　㉠ 가해수종 : 버즘나무, 벚나무, 단풍나무, 포플러류 등 활엽수 160여 종
　　㉡ 피해
　　　• 북미 원산으로 아시아지역에 침입한 것은 1948년 일본, 1958년 한국, 1979년 중국의 순으로 발생하여 만연되었다.

- 유충 1마리가 100~150cm^{2}의 잎을 섭식하며 1화기보다 2화기의 피해가 심하다.
- 산림 내에서 피해는 경미한 편이나 도시 주변의 가로수나 정원수에 특히 피해가 심하다.

ⓒ 생태
- 1년에 보통 2회 발생(기후조건에 따라 3회 발생 가능)하며 나무껍질 사이나 지피물 밑 등에서 고치를 짓고 그 속에서 번데기로 월동한다.
- 1화기 성충은 5월 중순~6월 상순에 우화하며 수명은 4~5일이다.
- 우화시각은 오후 6~7시가 보통이며 주로 밤에 활동하고 추광성이 강하다.
- 암컷의 포란수는 유충 때 먹이식물의 종류에 따라 차이가 있으며 600~700개의 알을 잎 뒷면에 무더기로 낳는다.
- 5월 하순부터 부화한 유충은 4령기까지 실을 토하여 잎을 싸고 그 속에서 군서생활을 하면서 엽육만을 식해하고 5령기부터 흩어져서 엽맥만 남기고 7월 중~하순까지 가해한다.
- 유충기간은 40일 내외이며 노숙유충은 나무껍질 틈 등에서 고치를 짓고 번데기가 되며 번데기 기간은 12일 정도이다.
- 2화기 성충은 7월 하순부터 8월 중순에 우화한다.
- 8월 상순부터 유충이 부화하기 시작하여 10월 상순까지 가해한 후 번데기가 되어 월동에 들어 간다.
- 2화기 유충기간은 50일 내외이며 번데기 기간은 약 200일이다.

ⓓ 방제 방법
- 약제 살포 : 5월 하순~10월 상순까지 잎을 가해하고 있는 유충을 약제 살포하여 구제한다.

약종	ha당 사용량	희석비율		사용장비
		항공	지상	
주론 수화제(25%)	166g	180배	6,000배	항공기 또는 분무기
트리므론 유제(5%)	166mL	180배	6,000배	항공기 또는 분무기
클로르플루아주론(5%)	166mL	180배	6,000배	분무기

- 천적(핵다각체병바이러스) 살포 : 유령 유충가해기인 1화기 6월 중·하순, 2화기 8월 중·하순에 1ha당 450g의 병원균을 1,000배액으로 희석하여 수관에 살포한다.
- 번데기 채취 : 나무껍질 사이, 판자 틈, 지피물 밑, 잡초의 뿌리 근처, 나무의 공동에서 고치를 짓고 그 속에 들어 있는 번데기를 연중 채취한다. 특히 10월 중순부터 11월 하순까지, 익년 3월 상순부터 4월 하순까지 월동하고 있는 번데기를 채취하면 밀도를 감소시키므로 방제에 효과적이다.
- 알덩이 제거 : 5월 상순~8월 중순에 알덩이가 붙어 있는 잎을 따서 소각한다.
- 군서유충 포살 : 5월 하순~10월 상순까지 잎을 가해하고 있는 군서 유충을 포살한다.
- 성충유살 : 5월 중순부터 9월 중순의 성충활동시기에 피해임지 또는 그 주변에 유아등이나 흡입 포충기를 설치하여 성충을 유살한다.

⑦ 버들재주나방[*Melalopha anastomosis* (Linne)] : 나비목 재주나방과

  ㉠ 가해수종 : 미루나무, 버드나무, 참나무
  ㉡ 생태
    • 1년에 2회 발생하며, 1회 성충은 5월 하순~6월에 발생하여 잎표면에 덩어리로 산란한다.
    • 부화유충은 잎을 말고 그 속에서 군서하다가 7월 하순경 잎 사이에 고치를 만들고 용화한다.
    • 8월에 나타나며 알에서 부화한 유충은 자라다 땅속에 고치를 만들고 월동한다.
    • 월동유충은 4월경 나무에 올라가 잎을 먹는다.
  ㉢ 방제 방법
    • 6월과 8월에 잎에 붙은 알을, 또는 군서하는 부화유충을 따서 죽인다.
    • 유충발생 초기에 저독성 유기인제(수미티온, DDVP, 티프테렉스 등)를 뿌린다.
    • 바이러스병에 걸린 유충을 채집하여 물에 타서 뿌린다.

⑧ 미류재주나방[*Melalopha anachoreta* (Fabricius)] : 나비목 재주나방과

  ㉠ 가해수종 : 버드나무, 미루나무, 느티나무, 참나무 등
  ㉡ 생태
    • 1년에 2회 발생하며, 알로 수간에서 월동한다.
    • 1회 성충은 7월에 나타나고, 2회 성충은 9월에 나타나는데 발생이 불규칙하다.
  ㉢ 방제 방법
    • 잎을 말아 그 속에서 가해하므로 잔효성이 긴 살충제를 뿌린다.
    • 바이러스병에 걸린 유충을 물에 섞어 뿌린다.

⑨ 천막벌레나방(텐트나방)[*Malacosoma neustria testacea* (Motschulsky)] : 나비목 솔나방과

  ㉠ 가해수종 : 버드나무, 미루나무, 참나무 등 활엽수
  ㉡ 생태
    • 1년에 1회 발생하며 나방은 6월 중순에 나타나고 알로 월동한다.
    • 4월 중순에 부화하여 5월 하순에 용화한다.
    • 유충은 가지의 분지점에 텐트모양의 집을 만들고 군서하는데, 때때로 여기에서 나와 잎을 먹는다.
    • 5월령에 달하면 집을 떠나서 가해한다.
    • 번데기는 나무 위, 풀 사이, 잎 사이 등에서 잎을 모아 철하여 고치를 만들고, 그 속에서 용화한다.
    • 고치는 말피기관에서 분비된 황색액으로 덮이는데, 이것이 마르면 가루모양이 된다.
  ㉢ 방제 방법
    • 천적으로 새, 벌, 바이러스병 등이 있다.
    • 봄에 전정 시 알을 죽이든지, 또는 군서 시 솜방망이에 불을 붙여 태워 죽인다.
    • 스미티온 50% 유제(1,000배액)를 살포한다.

⑩ 텐트불나방[*Camptoloma interiorata* (Walker)] : 나비목 불나방과

　㉠ 가해수종 : 참나무, 갈참나무, 밤나무, 버드나무류 등

　㉡ 생태

- 1년에 1회 발생하며, 2령의 유충으로 월동한다.
- 성충은 7월 상순에 나타나며, 약 250개의 알을 낳는다.
- 부화유충은 낮에는 지피물 밑에 숨어 있다가 밤에 나와 잎 뒷면에서부터 잎맥만 남기고 잎을 먹는다.
- 늦가을에 수간 아래쪽으로 내려와 방추형의 납작한 천막을 만들어 그 속에서 약 200마리가 집단으로 월동한다.
- 유충은 다음 해 5월경부터 다시 잎으로 모여 잎을 먹는다.
- 노숙유충은 땅 위로 내려와 낙엽 사이에 고치를 만들고 용화한다.

　㉢ 방제 방법

- 수간에 있는 천막 속에서 월동하고 있는 유충을 죽인다.
- 8월에 알덩어리나 군서하는 유충을 잡아 죽인다.
- 번데기가 되기 위하여 밑으로 이동할 때 짚 같은 것으로 수간을 말아 그곳에 고치를 만들게 한 다음 죽인다.

⑪ 소나무거미줄잎벌(사사키납작잎벌)[*Acantholyda sasakii* (Yano)] : 벌목 넓적잎벌과

　㉠ 가해수종 : 소나무 및 소나무속의 침엽수

　㉡ 생태

- 1년에 1회 발생하며 땅속에서 번데기로 월동한다.
- 성충은 4월에 우화하여 솔잎에 산란한다.
- 알에서 부화한 유충은 실을 토하여 솔잎을 철하고 가해하며, 집 속에서 이동할 때에는 배를 위로 하고 운동한다. 이때 배 쪽에 있는 가로주름을 집 속의 실에 걸고 전후로 이동한다.
- 8월 중순에 노숙하여 실을 토하면서 땅에 떨어져 땅속에서 용화한다.

　㉢ 방제 방법

- 천적으로 경화병균류, *Bacillus*속의 병균이 있고, 침파리류가 기생한다.
- 유충에 대해서는 BHC 1~3% 분제를 살포한다.
- 우화 직전에 BHC 1~3% 분제를 피해목의 지면에 살포한다.
- 발생이 심할 때에는 나무를 흔들거나, 나무로 만든 메로 나무를 쳐서 유충이 떨어지게 하여 잡아 죽인다.

⑫ 솔노랑잎벌[*Neodiprion sertifer* (Geoffroy)] : 벌목 솔노랑잎벌과
  ㉠ 가해수종 : 적송, 흑송 및 기타 소나무류
  ㉡ 생태
    • 1년에 1회 발생하며 유충은 4월 중순~5월에 나타나고, 5월 중순경 노숙한 유충은 땅속에서 고치가 된다.
    • 9월 상순에 용화하고 10월 중하순에 성충이 우화한다.
    • 암컷은 솔잎의 조직 속에 7~8개의 알을 1열로 낳으며 알로 월동한다.
    • 다음 해 봄에 부화한 유충은 전년도의 솔잎만 먹으며, 끝에서부터 기부의 엽초부를 향하여 가해한다.
    • 유충기간은 28일 정도이고, 산란수는 60개 내외이다.
  ㉢ 방제 방법
    • BHC 분제를 1ha당 30~50kg 뿌려 주거나 훈연제를 이용한다.
    • 천적으로는 맵시벌·노린재류 등이 있으며 바이러스도 이용된다.

⑬ 넓적다리잎벌[*Croesus japonicus* (Takeuchi)] : 벌목 잎벌과
  ㉠ 가해수종 : 오리나무류
  ㉡ 피해 : 비교적 울창한 곳에 많이 발생하여 9월 이후에 잎을 가해하므로 피해는 그리 심하지 않으나 완전한 목질화를 방해하여 겨울철에 작은 가지가 고사한다.
  ㉢ 생태
    • 1년에 1회 발생하며 7월 중순~8월 중순에 출현하고 잎 뒷면의 잎맥 속에 알을 낳는다.
    • 산란수는 640개 내외이고 난기는 14~18일이며, 유충은 처음에는 잎살만 가해하나, 자라면서 굵은 잎맥만 남기고 먹어 버린다.
    • 유충기는 약 50일이며, 땅속에서 노숙유충으로 월동하여 다음 해 6월 하순~7월 하순에 용화한다.
  ㉣ 방제 방법
    • BHC 분제를 1ha당 50~100kg 살포한다.
    • 우화 직전에 분제를 지면에 살포하거나 훈연제를 이용한다.
    • 천적인 새들을 보호한다.

⑭ 호두자루수염잎벌(호도칼잎벌)[*Megaxyela gingantea* (Moscary)]
  ㉠ 가해수종 : 호두나무
  ㉡ 생태
    • 1년에 1회 발생하며 성충은 4월 하순~5월 상순에 우화하여 암컷은 호두나무류의 잎표면 중맥 끝에 1개씩 알을 낳고 점액으로 양쪽 잎몸을 말아 붙인다. 즉, 다른 잎벌과 달리 잎의 조직 속에 알을 낳지 않는다.
    • 부화유충은 5월 하순~6월 상순까지 잎의 중맥에 몸을 감고 때때로 잎을 먹는다.
    • 유충은 4회 탈피한 후 땅속에서 월동한다.
  ㉢ 방제 방법 : 유충이 어릴 때 약제를 살포한다.

⑮ 오리나무잎벌레[*Agelastica coerulea* (Baly)] : 딱정벌레목 잎벌레과

㉠ 가해수종 : 오리나무류, 박달나무 등

㉡ 피해

- 유충과 성충이 잎을 식해한다.
- 유충은 엽육(잎살)만 먹기 때문에 잎이 붉게 변색되며 1마리의 섭식량은 약 $100cm^2$이다.
- 피해를 받은 나무는 8월경에 부정아가 나와 대부분 소생하나 2~3년간 계속 피해를 받으면 고사되기도 한다.

㉢ 생태

- 1년에 1회 발생하며 성충으로 지피물 밑 또는 흙 속에서 월동한다.
- 월동성충은 4월 하순부터 어린잎을 식해하며 5월 중순~6월 하순에 300여 개의 알을 잎 뒷면에 50~60개씩 무더기로 산란한다.
- 부화한 유충은 잎 뒷면에서 엽육을 먹으며 성장하면서 나무 전체로 분산하여 식해한다.
- 유충의 가해기간은 5월 하순~8월 상순이고 유충기간은 20일 내외이다.
- 노숙유충은 6월 하순~7월 하순에 땅속으로 들어가 흙집을 짓고 약 3주 동안 번데기가 된다.
- 7월 중순부터 신성충이 우화하여 다시 잎을 식해하다가 8월 하순경부터 지면으로 내려와 월동에 들어간다.

㉣ 방제 방법

- 약제 살포 : 5월 하순~7월 하순까지 유충 가해기에 약제를 살포한다.

약종	ha당 사용량	희석비율		사용장비
		항공	지상	
디프 수화제(80%)	670g	50배	1,000배	항공기 또는 분무기

- 성충포살 : 월동한 성충이 어린잎을 식해하고 있는 4월 하순~6월 하순과 새로 나온 성충의 가해기인 7월 중순~8월 하순 사이에 성충을 포살한다.
- 알덩이 제거 : 5월 중순~6월 하순 사이에 알덩이가 붙어 있는 잎을 제거하여 소각한다.
- 유충포살 : 5월 하순~6월 하순 사이에 군서유충을 살포한다.

⑯ 쌍엇줄잎벌레[*Argopistes biplagiatus* (Motschulsky)]

㉠ 가해수종 : 물푸레나무, 이팝나무, 수수꽃다리류 등

㉡ 생태

- 성충으로 월동하며, 다음 해 봄 5월경 새로 나온 잎을 가해한다.
- 잎표면에 산란하며, 부화유충은 잎살 속으로 먹어 들어간다. 이런 곳은 암갈색이 되며 선상으로 약간 부풀어 오르게 된다.
- 유충은 잎살을 다 먹으며 들어간 구멍으로 다시 나와 새잎을 가해하며 다 자라면 4mm 내외가 되고, 땅에 떨어져 땅속에서 용화한다.
- 이것들은 다시 잎을 가해하다가 9월 하순경부터 땅 위의 지피물 밑에 들어가 월동한다.

㉢ 방제 방법 : 성충에 BHC를 살포하며 익조류를 보호한다.

(2) 충영을 만드는 해충

① 솔잎혹파리(*Thecodiplosis japonensis* Uchida et Inouye) : 파리목 혹파리과

　㉠ 가해수종 : 소나무, 해송

　㉡ 피해

- 유충이 솔잎 기부에 벌레혹을 만들고 6월 하순부터 10월 하순까지 유충이 솔잎의 기부에서 즙액을 빨아먹으므로 솔잎의 기부가 점차 부풀어 벌레혹이 된다.
- 피해를 받은 잎은 생장이 정지되어 건전한 솔잎 길이의 절반(1/2)밖에 자라지 못하고 겨울 동안에 말라죽으며 피해가 심하게 2~3년 계속되면 소나무가 고사하게 된다.
- 유충이 솔잎 기부에 충영(벌레혹)을 만들고 그 속에서 수액을 흡즙·가해하여 솔잎을 일찍 고사하게 하고 임목의 생장을 저해한다.
- 6월 하순경부터 부화유충이 잎기부에 충방을 형성하기 시작하여 잎기부 양쪽잎의 표피조직과 후막조직이 유합되면서 충영이 부풀기 시작하며 잎 생장도 정지되어 건전한 솔잎길이보다 1/2 이하로 짧아진다.
- 9월이 되면 충영의 내부조직이 파괴되면서 충영 부분은 갈색으로 변하기 시작한다.
- 11월이 되면 충영 내부는 공동화되며 유충은 탈출하여 땅으로 떨어지고 피해잎은 겨울 동안 잎 전체가 황갈색으로 변화하면서 고사한다.
- 충영은 수관 상부에 많이 형성되며 피해가 심할 때는 정단부 신초가 거의 전부 고사한다.
- 새로운 지역으로 침입하면 처음에는 단목적으로 피해를 받으나 점차 군상으로 확대된 후, 전면적으로 확산되어 피해가 증가하며 5~7년 차에 피해극심기에 도달되어 임목의 30% 정도가 고사된다.
- 피해극심기 이후는 충밀도가 감소되어 피해가 회복되는 경향을 보이며 회복지역은 해에 따라 피해의 증감현상이 있으나 최초 피해극심기 때와 같이 심한 피해를 받지는 않는다.
- 지피식생이 많은 임지, 북향임지 및 산록부 임분에서 피해임목이 많이 고사하며 동일 임분 내에서는 수관 폭이 좁은 임목이 많이 고사된다.

　㉢ 생태

- 1년에 1회 발생한다.
- 유충으로 지피물 밑의 지표나 1~2cm 깊이의 흙 속에서 월동하여 5월 상순~6월 중순에 고치를 짓고 그 속에서 번데기가 되며 번데기 기간은 20~30일로서 기온과 습도에 따라 차이가 많다.
- 성충우화기는 5월 중순~7월 중순으로 우화최성기는 6월 상순~중순이며 특히 비가 온 다음날에 우화수가 많다.
- 1일 중 우화시각은 11시~오후 6시이며 오후 3시경에 가장 많이 우화한다.
- 우화 직후의 성충은 임내의 하층목 또는 풀잎 사이를 날면서 교미한 후 새로 자라고 있는 솔잎에 평균 6개씩 산란하며 포란수는 110개 정도이나 실산란수는 90개 정도이다.
- 성충의 생존기간은 1~2일이나 대부분의 개체가 우화 당일 산란하고 죽는다.

- 알은 5~6일 후 부화하여 솔잎 기부로 내려가 잎 사이에서 수액을 빨아먹으면서 충영을 형성한다.
- 6월 하순 충영이 형성되기 시작하면서부터 솔잎 생장은 중지되며 충영의 크기는 길이 6~8mm, 폭 2mm 정도이고 충영당 유충수는 1~18마리로 평균 5.7마리이다.
- 유충은 2회 탈피하면서 성장하며 6월부터 8월 하순~9월 상순까지는 1령기, 9월 하순까지는 2령기, 그 후는 3령기로서 2령기부터 급속히 성장한다.
- 서울지방에서는 유충이 9월 하순~다음 해 1월(최성기 11월 중순)에 충영에서 탈출하여 낙하하며 특히 비 오는 날에 많이 낙하하여 지피물 밑 또는 흙 속으로 들어가 월동한다. 기온이 따뜻한 남부 해안 지방에서는 충영 속에서 월동하는 경우도 있다.

② 방제 방법
- 나무주사
  - 대상지
    ⓐ 임목을 존치하여야 할 특정지역 및 주요지역
    ⓑ 나무주사가 가능한 흉고직경 10cm 이상인 임지(하층치수는 임내정리로 제거)
    ⓒ 충영형성률이 20% 이상인 임지
- 사용약제 : 포스팜 액제(50%), 이미다클로프리드 분산성 액제(20%)
- 실행시기 : 5월 하순~6월 말(지역별 우화시기를 조사하여 적기에 방제를 실시한다)
- 실행방법
  - 대상목의 흉고직경을 측정, 천공기로 소정개수의 구멍을 직경 1cm, 깊이 5~10cm 크기로 뚫고 약제주입기로 약제를 주입한다.
  - 대상지 내 하층치수와 피압목 등 존치할 가치가 없는 나무는 나무주사 실행 전후에 제거·정리하여 방제효과를 제고시키도록 한다.
- 천적방제
  - 대상지 : 피해 극심기를 지난 후방 소생임지, 천적 기생률이 저조한 임지(기생률 10% 미만)
  - 이식시기 : 솔잎혹파리우화 최성기인 5월 하순~6월 하순
  - 이식방법 : 솔잎혹파리먹좀벌 또는 혹파리살이먹좀벌을 ha당 2만 마리 기준으로 유충태 또는 성충태로 이식한다.
- 피해목벌채
  - 대상지 : 소생 가망이 없는 피해도 '중' 이상 지역으로서 벌채 제거 후 내충성 경제수종으로 갱신하여야 할 임지를 우선 선정한다.
  - 벌채시기 : 6월~11월 중
  - 벌채방법 : 개벌 위주로 실시하되 현지 실정에 따라 단목적 제벌 또는 대상식(유령임분)도 병행할 수 있다.

② 밤나무(순)혹벌[*Dryocosmus kuriphilus* (Yasumatsu)] : 벌목 혹벌과

　㉠ 가해수종 : 밤나무

　㉡ 피해

　　• 밤나무눈에 기생하여 직경 10~15mm의 충영을 만든다.

　　• 충영은 성충 탈출 후인 7월 하순부터 말라죽으며 신초가 자라지 못하고 개화, 결실이 되지 않는다.

　　• 피해목은 고사하는 경우가 많다.

　㉢ 생태

　　• 연 1회 발생하며 눈의 조직 내에서 유충으로 월동한다.

　　• 월동유충은 동아 내에 충방을 형성하지만 맹아기(4월) 이전에는 육안으로 피해를 식별할 수 없다.

　　• 동아 속의 유충은 3월 하순~5월 상순에 급속히 자라며 충영은 4월 하순~5월 상순에 팽대해져서 가지의 생장이 정지된다.

　　• 노숙한 유충은 6월 상순~7월 상순에 충영 내 충방에서 번데기로 되며 7~9일간의 번데기 기간을 거쳐 우화한다.

　　• 성충은 약 1주일간 충영 내에 머물러 있다가 구멍을 뚫고 6월 하순~7월 하순에 외부로 탈출하여 새눈에 3~5개씩 산란한다.

　　• 성충의 수명은 4일 내외이고 산란수는 200개 내외이다.

　㉣ 방제 방법

　　• 성충 발생최성기인 7월 초순경에 메프유제(50%), 치아크로프리드 액상수화제(10%), 싸이스린 유제(2%), 나크 수화제(50%) 1,000배액을 10일 간격으로 1~3회 살포한다.

　　• 내충성 품종인 산목율, 순역, 옥광율, 상림 등 토착종이나 유마, 이취, 삼조생, 이평 등 도입종으로 품종을 갱신하는 것이 가장 효과적이다.

　　• 천적으로는 중국긴꼬리좀벌을 4월 하순~5월 초순에 ha당 5,000마리씩 방사한다.

　　• 남색긴꼬리좀벌, 노란꼬리좀벌, 큰다리남색좀벌, 배잘록꼬리좀벌, 상수리좀벌과 기생파리류 등 천적을 보호한다.

(3) 분열조직을 가해하는 곤충

① 소나무좀[*Tomicus piniperda* (Linnaeus)] : 딱정벌레목 나무좀과

　㉠ 가해수종 : 소나무, 해송, 잣나무

　㉡ 피해

　　• 수세가 쇠약한 벌목, 고사목에 기생한다.

　　• 월동성충이 나무껍질을 뚫고 들어가 산란한 알에서 부화한 유충이 나무껍질 밑을 식해한다.

- 쇠약한 나무나 벌채한 나무에 기생하지만 대발생할 때는 건전한 나무도 가해하여 고사시키기도 한다.
- 신성충은 신초를 뚫고 들어가 고사시킨다. 고사된 신초는 구부러지거나 부러진 채 나무에 붙어 있는데 이를 후식피해라 부른다.

ⓒ 생태
- 연 1회 발생하지만 봄과 여름 두 번 가해한다.
- 지제부 수피 틈에서 월동한 성충이 3월 하순~4월 초순에 평균기온이 15℃ 정도 2~3일 계속되면 월동처에서 나와 쇠약목, 벌채목의 나무껍질에 구멍을 뚫고 침입한다.
- 암컷성충이 앞서서 천공하고 들어가면 수컷이 따라 들어가며 교미를 끝낸 암컷은 밑에서 위로 10cm가량의 갱도를 뚫고 갱도 양측에 약 60여 개의 알을 낳는다.
- 산란기간은 12~20일이다.
- 부화한 유충은 갱도와 직각방향으로 내수피를 파먹어 들어가면서 유충갱도를 형성한다.
- 유충기간은 약 20일이고 2회 탈피한다.
- 유충은 5월 하순경에 갱도 끝에 타원형의 용실을 만들고 목질섬유로 둘러싼 후, 그 속에서 번데기가 되며 번데기 기간은 16~20일이다.
- 신성충은 6월초부터 수피에 원형의 구멍을 뚫고 나와 기주식물로 이동하여 1년생 신초 속을 위쪽으로 가해하다가 늦가을에 기주식물의 지제부 수피틈에서 월동한다.

ⓔ 방제 방법
- 이목설치 및 제거·소각 : 2~3월에 이목(먹이나무 : 반드시 동기에 채취된 것으로 사용하여야 함)을 설치하여, 월동성충이 여기에 산란하게 한 후, 5월에 이목을 박피하여 소각한다.
- 수피제거 : 동기채취목과 벌근에 익년 5월 이전에 껍질을 벗겨서 번식처를 없앤다.
- 고사목벌채
  - 수세가 쇠약한 나무, 설해목 등 피해목 및 고사목은 벌채하여 껍질을 벗긴다.
  - 임목 벌채를 하였을 경우에는, 임내 정리를 철저히 하여 임내에 지조(나뭇가지)가 없도록 하고 원목은 반드시 껍질을 벗기도록 한다.

② 애소나무좀[*Myelophilus minor* Hartig]
  ㄱ 가해수종 : 적송, 흑송, 잣나무 및 그 밖의 소나무류
  ㄴ 피해 : 인피부와 신소를 가해
  ㄷ 생태
   - 1년에 1회 발생하며 성충으로 월동하는데 소나무좀과 같이 기온이 15℃ 이상이 되면 월동처에서 나와 수간에 구멍을 뚫고 산란한다.
   - 유충갱은 비교적 짧아 2~3cm 정도로 모갱에서 상하로 분지한다.
   - 산란수는 20~40개이며 5~6월에 용화한다. 용실은 유충갱 끝의 변재부에 만들어진다.
   - 성충은 7월 상·중순에 우화하며, 기생부위는 수간의 상위 박피부이다.
   - 성충은 만 1년생지에 침입하여 수질부를 가해하며, 8~9월이 되면 당년생지도 가해한다.

ㄹ 방제 방법
- 간벌을 하여 피압목, 불량목, 풍설해목, 병해목 등은 될 수 있는 대로 빨리 벌채하여 껍질을 벗긴다.
- 고사 직전의 나무는 이 해충이 용화하기 전에 박피·소각한다.
- 피해림 부근에서는 벌채목을 빨리 임외로 반출하고, 심할 때에는 벌채 후 나무그루도 박피한다.
- 유치목에 의하여 구제한다.
- 수중저목을 한다.
- BHC 수화제는 기피효과가 있다.
- 천적을 보호한다.

③ 노랑애나무좀[*Cryphalus fulvus* (Niijima)]
ㄱ 가해수종 : 적송, 흑송, 잣나무 및 그 밖의 소나무류
ㄴ 생태
- 성충은 4월 중순경부터 활동하며, 주로 작은 통나무 가지에 구멍을 뚫고 인피부에 불규칙한 원형의 교미실을 만들며, 이것을 중심으로 좌우 1~2cm의 횡갱를 만들어 모갱으로 한다.
- 산란수는 20개 내외이고 괴상으로 산란하며, 부화유충은 모갱을 따라 적당한 위치에 이동한 후 모갱과 직각방향으로 가해한다.
ㄷ 방제 방법
- 자가용 신재로 쓰이는 솔가지가 이 해충을 전파시키는 요인이 되므로 주의가 필요하다.
- 그 밖의 방제법은 애소나무좀의 경우와 같다.

④ 왕소나무좀[*Ips cembrae* (Heer)]
ㄱ 가해수종 : 일본잎갈나무, 전나무, 적송, 분비나무 등
ㄴ 생태
- 1년에 1~3회 발생하며, 지방에 따라 발생횟수에 차이가 있다.
- 수간의 후피부에 기생하며 성충으로 월동한다.
- 암컷이 2마리인 때에는 모갱은 후종갱이지만, 암컷의 수에 따라 3~5개의 모갱을 다소 방사상으로 만든다.
- 산란수는 30~40개이며 월동은 벌근의 수피 하에서 한다.
ㄷ 방제 방법
- 벌채목을 임내에 오래 두지 않도록 한다.
- 벌목 후 곧 박피하든지 또는 벌목처리를 한다.

⑤ 소나무노랑점바구미[*Pissodes nitidus* (Roelofs)]

　㉠ 가해수종 : 소나무, 곰솔, 스트로브소나무, 리기다소나무 등

　㉡ 생태 : 1년에 1회 발생하며, 성충은 4~6월 중에 우화하고 유충으로 월동한다.

　㉢ 방제 방법

　　• 간벌로 불량목을 제거한다.

　　• 쇠약목에 선택적으로 산란하므로 산란 후 박피하여 태운다.

　　• 그 밖에 나무좀류의 방제법을 적용한다.

⑥ 소나무흰점바구미[*Cryptorrhynchus insidiosus* (Roelofs)]

　㉠ 가해수종 : 소나무, 곰솔 및 그 밖의 소나무류

　㉡ 생태

　　• 1년에 1~2회 발생하는 듯하며 성충의 출현기간은 4~10월로 매우 길다.

　　• 유충 또는 성충으로 월동하고 성충은 후피부 표피의 갈라진 틈에 알을 1개씩 낳는다.

　　• 유충은 수피 하에 천입하여 인피부를 불규칙하게 가해하며 노숙유충은 갱도의 끝에 말굽모양의 홈을 파고 그 중앙에 목질섬유로 용실을 만든다.

　㉢ 방제 방법 : 소나무노랑점바구미의 방제법과 같다.

⑦ 점박이수염긴하늘소[*Monochamus resenmulleri* (Cederjelelm)] : 딱정벌레목 하늘소과

　㉠ 가해수종 : 가문비나무, 구상나무 등

　㉡ 생태

　　• 2년에 1회 발생하며 성충은 6월 중순경부터 나타나 9월 하순경까지 출현하고 최성기는 7월 하순~8월 하순이다.

　　• 성충은 벌목후지와 같은 햇볕이 잘 드는 곳에 모여 수간부나 벌근의 껍질을 물어뜯어 그 속에 알을 1개씩 낳는다.

　　• 산란수는 약 25개이며 부화유충은 수피 하를 불규칙하게 먹고, 형성층과 변재부의 상층을 먹으며 그곳을 가루모양의 똥과 목섬유로 채운다.

　　• 자람에 따라 심재부를 향해 깊이 먹어 들어가다 다음에 주축방향으로 먹어 들어간다.

　　• 노숙하면 다시 외측으로 돌아와 목질섬유로 앞뒤를 막아 용실을 만들어 용화한다.

　　• 우화성충은 수피에 원형의 구멍을 뚫고 탈출한다. 성충은 가문비나무, 구상나무 등의 작은 가지의 연한 껍질부분을 가해한다.

　㉢ 방제 방법

　　• 성충을 포살한다.

　　• 유충이 심재부까지 들어가기 전에 떡메나 망치로 식입부를 쳐서 죽인다.

　　• 침엽수와 활엽수의 혼효림에서는 치수에 대한 후식피해를 막을 수 있다.

- 햇볕이 잘 드는 곳에 피해가 있으므로 택벌작용 시 지형이나 혼효, 활엽수 등과의 관계를 잘 생각하여 햇볕이 드는 시간을 줄인다.
- 유치목에 의한 적극적인 방제를 꾀한다. 즉, 6월 중순경까지 유치목으로 생목을 임지에 방치·산란시킨다. 이때 햇볕이 잘 드는 양지바른 곳에 설치한다.
- 딱따구리를 비롯한 새의 종류는 유력한 천적이다.

⑧ 미끈이하늘소[*Mallambyx raddei* (Blessig)]

　㉠ 가해수종 : 참나무, 밤나무 등

　㉡ 생태
- 성충은 7~8월에 나타나 수피를 물어뜯고 그 속에 산란한다.
- 산란장소는 소경목에서는 지상 2m 이하에 많으나 대경목에서는 2~4m 내에 많다.
- 처음에 유충은 형성층을 가해하지만 성장하면 변재부를 가해하며, 다음 해 6월경부터 수평방향으로 깊이 들어가 심재부에 도달한 후 수직으로 구멍을 뚫어 그 끝에 용실을 만들고 머리를 위로 하여 용화한다.
- 2년에 1회 발생한다.

　㉢ 방제 방법
- 성충을 포살한다.
- 피해목을 발견하였을 때에는 칼로 구멍의 입구를 찾아 가는 철사를 넣어 찔러 죽이거나 이황화탄소를 주입한다.
- 밤나무나 과수원에서는 봄에 석회황합제를 나무줄기에 살포한다.

⑨ 측백하늘소[*Semanotus bifasciatus* (Motschulsky)] : 딱정벌레목 하늘소과

　㉠ 가해수종 : 향나무, 연필향나무, 편백, 측백나무, 나한백 등

　㉡ 생태
- 성충은 3~4월에 나타나며 줄기나 가지의 껍질을 물어뜯고 산란한다.
- 부화유충은 수피 하에 불규칙하고 편평한 구멍을 뚫으며, 갱도 내를 똥과 목질섬유로 채운다.
- 9월경 노숙하면 변재부로 약간 들어가 나무톱밥으로 만든 용실에서 용화하고 10월경 우화하지만 성충은 그대로 월동한다.
- 1년에 1회 발생하며 다른 하늘소류와는 달리 배설물을 밖으로 내보내는 일이 없어 피해를 찾기 어렵다.

　㉢ 방제 방법
- 피해지나 피해수간을 10월부터 다음 해 2월까지 채취하여 태운다.
- 3월 중순~4월 중순에 BHC 2% 분제를 뿌려 산란을 막는다.
- 4월 상·하순에 침투성 유기인제를 뿌려 부화 직후의 유충을 죽인다.
- 건전목은 쇠약목보다 피해가 적으므로 나무의 생육을 돕는 방법을 강구한다.

⑩ 알락박쥐나방[*Phassus signifer* (Walker)] : 나비목 박쥐나방과

ㄱ 가해수종 : 삼나무, 메타세쿼이아, 오동나무, 오리나무, 미류나무류, 호두나무, 참나무, 밤나무 등

ㄴ 생태
- 2년에 1회 발생하며, 성충은 8월 하순~9월 하순에 발생하고, 알은 공중에서 날아가며 떨어뜨린다.
- 산란수는 대단히 많아 3,000~5,000개 정도이다.
- 유충은 여러 가지 초목의 줄기에 파고 들어가서 먹고 자라다가 지하 약 2cm인 곳에서 월동하여 다음 해 봄에 나무로 가서 목질부로 파고 들어간다.
- 들어간 구멍은 톱밥 같은 것을 철하여 막고 있다. 구멍을 처음에는 수평으로 다음에는 수직으로 주로 위를 향하여 판다.

ㄷ 방제 방법
- 임내를 순시하면서 먹어 들어간 구멍을 찾아 BHC를 주입한다.
- 임재의 하예작업을 철저히 실시하여 유충이 기생하는 초본류를 제거한다.

⑪ 박쥐나방[*Phassus excrescens* (Butler)] : 나비목 박쥐나방과

ㄱ 가해수종 : 버드나무, 미루나무, 단풍나무, 플라타너스, 아까시나무, 밤나무, 참나무, 오동나무

ㄴ 생태
- 1년에 1회 발생하며 알로 월동한다.
- 8~10월에 성충이 우화하여 공중을 날면서 알을 떨어뜨린다.
- 부화유충은 여러 가지 초본식물의 줄기에 구멍을 뚫고 가해하다가 나무로 이동하여 가지의 껍질을 환상으로 먹고 또는 실로 철하면서 파먹어 들어가 수부에 도달하게 된다.

ㄷ 방제 방법
- 임내를 순시하면서 먹어 들어간 구멍을 찾아 BHC를 주입한다.
- 임내의 하예작업을 철저히 실시하여 유충이 기생하는 초본류를 제거한다.

⑫ 소나무순명나방[*Dioryctria abietella* (Schiffermuller)]

ㄱ 가해수종 : 소나무, 곰솔

ㄴ 생태
- 1년에 2회 발생하며 성충은 6월과 8~9월에 우화한다.
- 성충이 새순, 만 1년생지, 2년생지 또는 새 솔방울에 산란하고 유충이 속으로 파먹어 들어간다.
- 외부에는 똥이 밀려 나와 있으며 유충으로 월동한다.

ㄷ 방제 방법
- 피해지를 제거·소각한다.
- 새·기생봉·경화균 등의 천적이 있다.

(4) 종실을 가해하는 해충

① 밤바구미[*Curculio dentipes* (Roelofs)]

　㉠ 가해수종 : 밤나무

　㉡ 생태

　　• 1년에 1회 발생하며 성충은 7~8월에 나오고 주둥이로 밤에 구멍을 뚫어 알을 입으로 구멍에 옮긴다.

　　• 1개의 밤에 1~3개의 알을 낳는다.

　　• 부화 유충은 열매의 내부를 먹고 자라 가을에 밤이 익을 때를 맞추어 유충도 성숙하여 땅에 떨어져 땅속에서 월동하고 다음 해 7월경 용화한다.

　㉢ 방제 방법

　　• 과실을 수선하여 피해과와 건전과를 구별해서 위에 뜬 것은 불에 태운다.

　　• 수확 후의 밤을 이황화탄소로 훈증한다. 과실 1kg에 이황화탄소 18mL 정도를 넣고 밀폐하여 24시간 훈증한다. 이때 약이 밤에 직접 닿지 않도록 한다.

② 밤나방[*Laspeyresia kurokoi* (Amsel)]

　㉠ 가해수종 : 밤나무

　㉡ 생태

　　• 1년에 1회 발생하며 유충으로 고치 속에서 월동하고, 월동유충은 8월에 번데기가 되며, 성충은 8월 하순~9월 상순에 나타나 밤송이 근처의 잎 뒷면에 알을 낳고, 부화유충은 밤송이 속으로 들어가 밤을 먹고 자란다.

　　• 노숙하면 밤에서 나와 땅속에 고치를 만들고 그 속에서 월동하며, 밤바구미와 달리 똥을 배출한다.

　㉢ 방제 방법 : 수확 후 메틸브로마이드로 훈증한다.

③ 복숭아명나방[*Dichocrocis punctiferalis* (Guenee)] : 나비목 명나방과

　㉠ 가해수종 : 다식성 해충으로 과수형과 침엽수형에 따라 다르다.

　　• 침엽수형 : 소나무, 해송, 리기다소나무, 잣나무, 전나무 등

　　• 과수형 : 밤나무, 상수리나무, 복사나무, 벚나무, 자두나무, 배나무, 사과나무, 무화과, 감나무, 감귤나무, 석류나무

　㉡ 피해

　　• 침엽수형

　　　– 소나무류 중 5엽송(잣나무)에 특히 피해가 많다.

　　　– 유충인 신초에 거미줄로 집을 짓고 잎을 식해하며 벌레똥을 붙여놓는다.

　　• 과수형

　　　– 밤에 대한 피해증상은 어린 유충이 밤송이의 가시를 잘라먹기 때문에 밤송이 색이 누렇게 보이고 성숙한 유충은 밤송이 속으로 파먹어 들어가면서 똥과 즙액을 배출하여 거미줄로 밤송이에 붙여 놓으므로 피해가 쉽게 발견된다.

　　　– 밤을 수확하였을 때 외관상 벌레구멍이 있는 것은 대부분 해충의 피해이다.

ⓒ 생태 : 연 2~3회 발생한다.
- 침엽수형
  - 침엽수형은 충소 속에서 중령유충으로 월동하여 5월부터 활동하며 1화기 성충은 6~7월, 2화기 성충은 8~9월에 우화한다.
  - 유충이 신초에 거미줄로 집을 짓고 잎을 식해하며 벌레똥을 붙여놓는다.
- 과수형
  - 유충이 나무줄기의 수피 틈 고치 속에서 월동하여 4월 하순경부터 활동하고 5월 하순경에 번데기가 된다.
  - 1화기 성충은 6월에 나타나 복숭아, 자두, 사과 등 과실에 산란하며 한 마리가 여러 개의 과실을 식해한다.
  - 2화기 성충은 7월 중순~8월 상순에 우화하여 주로 밤나무 종실에 1~2개씩 산란한다.
  - 알기간은 6~7일 정도이며 어린 유충은 밤 가시를 식해하다가 성숙해지면 과육을 식해한다.
  - 유충가해기간은 기주식물에 따라 차이가 많이 나는데 밤의 경우는 약 13일 정도이며 모과의 경우는 약 23일 내외이다. 10월경에 줄기의 수피 사이에 고치를 짓고 그 속에서 유충으로 월동한다.
  - 번데기 기간은 13일 내외이다.
ⓔ 방제 방법
- 밤나무의 경우 7월 하순~8월 중순 사이에 메프 유제(50%), 파프 유제(47.5%), 디프 수화제(80%), 트랄로메스린 유제(1.3%), 프로시 유제(5%), 클로르플루아주론 액상수화제(10%), 피레스 유제(5%) 등을 1~2회 살포한다.
- 유충이 과육을 식해하기 시작한 후에는 방제효과가 떨어지므로 어린 유충기에 방제하여야 한다.
- 침엽수형의 경우는 유충이 충소 속에서 은폐하고 있어 약제 살포 효과가 낮으므로 유충기에는 위 약제를 500배 정도로 살포하고 성충발생시기에는 1,000배액을 7~10일 가격으로 2~3회 살포하여 충소를 제거하는 것도 효과적이다.
- 복숭아명나방 성페로몬 트랩을 ha당 5~6개씩 일정 간격으로 통풍이 잘되는 곳에 1.5m 정도의 높이에 달면 성충 발생 시기를 정확히 예측할 수 있고 어느 정도의 방제효과도 볼 수 있다.
④ 넓적나무좀[*Lyctus brunneus* (Stephens)] : 딱정벌레목 가루나무좀과
ⓐ 피해
- 대나무, 가구, 건물 및 기타 활엽수의 건재나 가공품 등에 구멍을 뚫고 들어가 표면만 남기고 내부를 불규칙하게 먹는다.
- 심재부보다 변재부를 좋아하며, 성충의 우화공이 발견되기 전에는 발견이 어렵다.
- 피해부는 엷은 황갈색의 아주 고운 가루가 되어 버린다.

ⓛ 생태
- 1년에 1회 발생하며 유충으로 월동한다.
- 성충은 5~8월에 임목표면에 원형의 소공을 만들고 나오는데 우화최성기는 6월 하순이며 밤에만 활동한다.
- 암컷은 물관의 절단면에 산란관을 꽂고 1~4개의 알을 낳는다.
- 부화유충은 알껍질을 먹고 2령충이 되면 물관방향으로 가해한다. 갱도는 극히 고운 가루로 채워진다.
- 노숙유충은 용실을 만들기 위해서 표면 가까이로 이동하여 월동하며, 다음 해 4~5월에 용화한다.
- 심한 피해를 입었을 때에는 껍질부분만 남고 속은 나무가루로 채워진다.
ⓒ 방제 방법
- 변재부의 피해가 심하므로 가공 시 변재부를 제외하도록 노력한다.
- 가구재나 표면을 매끈하게 해 둔다.
- 표면에 나타난 물관의 절단부를 니스를 칠하거나 착색시켜도 무방한 때에는 염화아연, 플루오린화나트륨 등을 칠한다.
- 훈증제로 훈증하든지 또는 건열·습열 처리한다. 목재수침도 효과적이다.
- 재목 중의 전분질을 감소시킨 다음에, 또는 윤상박피를 하여 나무를 죽인 다음에 벌채한다.

01 수병의 방제 중 환경조건의 개선에 대한 설명으로 옳지 않은 것은?

① 토양전염병은 일광이 많고 토양습도가 부적당할 때 많이 발생한다.
② *Fusarium*균에 의한 모잘록병은 비교적 건조한 토양에서 잘 발생한다.
③ *Rhizoctonia* 및 *Pythium debaryanum* 균에 의한 침엽수의 모잘록병은 토양의 습도가 높을 때 피해가 크다.
④ 자줏빛날개무늬병은 낙엽, 나뭇가지 등 미분해유기물을 다량 함유하고 있는 계량 직후의 임지에서 피해가 크다.

해설
① 토양전염병은 일광이 부족하거나 토양습도가 부적당할 때 많이 발생한다.

02 수목의 병을 사전에 예방하기 위하여 실행하는 방법 중 틀린 것은?

① 돌려짓기(윤작)를 한다.
② 묘목의 검사를 철저히 한다.
③ 작업기구의 소독을 철저히 한다.
④ 가능한 한 같은 장소에 이어짓기(연작)를 한다.

해설
④ 같은 장소에 이어짓기(연작)를 하면 병원균의 밀도가 높아져 병이 많이 발생한다.

03 수병의 방제 중 중간기주의 제거에 대한 설명으로 옳지 않은 것은?

① 포플러 잎녹병의 중간기주인 참나무류를 제거한다.
② 소나무 혹병의 중간기주인 졸참나무, 신갈나무를 제거한다.
③ 잣나무의 털녹병을 예방하기 위해 송이풀과 까치밥나무류를 제거한다.
④ 수목에 기생하는 녹병균의 대부분은 기주교대를 하며 생활하는 이종기생균으로 중간기주를 제거하여 병원균의 생활환을 차단한다.

해설
① 포플러 잎녹병의 중간기주는 낙엽송이다.

04 수병의 예방법으로 임업적(생태적) 방제법과 거리가 가장 먼 것은?

① 그 지역에 알맞은 조림수종의 선택
② 위생법에 의한 철저한 식물검역제도 도입
③ 단순림보다는 침엽수와 활엽수의 혼효림 조성
④ 육림작업을 적기에 실시하고, 벌채를 벌기령에 맞추어 실시

해설
임업적 방제법
• 수종 선택 : 내병성 품종 육성
• 육림작업에 의한 환경개선 : 혼효림의 조성
• 보호수대(방풍림) 설치
• 제벌 및 간벌

05 묘포장에서 많이 발생하는 모잘록병 방제법으로 적당하지 않은 것은?

① 돌려짓기를 한다.
② 질소질 비료를 많이 준다.
③ 토양소독 및 종자소독을 한다.
④ 솎음질을 자주하여 생립본수(生立本數)를 조절한다.

해설
① 질소질 비료의 과용을 피하고, 인산질 비료를 충분히 준다.

06 밤나무 흰가루병을 방제하는 방법으로 옳지 않은 것은?

① 한여름 고온 시 석회황합제를 살포한다.
② 묘포의 환경이 너무 습하지 않도록 주의한다.
③ 가을에 낙엽과 병든 가지를 제거하여 불태운다.
④ 봄에 새눈이 나오기 전에 수화황제 등의 약제를 뿌린다.

해설
흰가루병을 방제하기 위해 새눈이 나오기 전에 석회황합제나 수화성 황제를 살포한다. 그러나 한여름에는 약해의 우려가 있으므로 다이센, 4-4식 보르도액 등을 살포한다.

07 파이토플라스마에 의한 병인 뽕나무 오갈병의 방제법으로 옳지 않은 것은?

① 보르도액으로 매개충을 구제한다.
② 테트라사이클린계 항생제로 치료한다.
③ 질소질비료의 과용을 피하고, 칼륨질비료를 충분히 준다.
④ 접수나 삽수는 반드시 무병주에서 낙엽수를 12월에서 2월에 채취한다.

해설
① 보르도액은 곰팡이성 병해 방제에 사용하는 살균제이므로 뽕나무 오갈병의 매개충(마름무늬매미충)의 방제에는 효과가 없어 저독성 유기인계 살충제를 이용한다.

08 소나무좀의 방제 방법으로 옳지 않은 것은?

① 동기채취목과 벌근에 익년 5월 이전에 껍질을 벗겨서 번식처를 없앤다.
② 수세가 쇠약한 나무, 설해목 등 피해목 및 고사목은 벌채하여 껍질을 벗긴다.
③ 4~5월에 이목을 설치하여, 월동성충이 여기에 산란하게 한 후, 7월에 이목을 박피하여 소각한다.
④ 임목 벌채를 하였을 경우에는, 임내 정리를 철저히 하여 임내에 지조(나뭇가지)가 없도록 하고 원목은 반드시 껍질을 벗기도록 한다.

해설
③ 2~3월에 이목(먹이나무 : 반드시 동기에 채취된 것으로 사용하여야 함)을 설치하여, 월동성충이 여기에 산란하게 한 후, 5월에 이목을 박피하여 소각한다.

09 포플러 잎녹병을 방제하는 방법으로 틀린 것은?

① 4-4식 보르도액을 살포한다.
② 병든 잎이 달렸던 가지를 잘라준다.
③ 비교적 저항성인 포플러 계통을 식재한다.
④ 중간기주 식물이 많이 분포하고 있는 곳을 피하여 식재한다.

해설
② 병든 잎이 달렸던 가지는 모아 태운다.

11 향나무 녹병균의 겨울포자가 발아한 그림이다. A는 무엇인가?

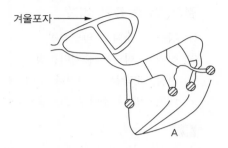

① 녹포자
② 자낭포자
③ 담자포자(소생자)
④ 여름포자

해설
향나무 녹병균의 포자는 겨울포자, 소생자(담자포자), 녹병포자, 녹포자 등 4개가 있으며 여름포자는 생성되지 않는다. 그림의 A처럼 겨울포자가 발아하여 전균사(담자병)를 내고 그 위에 4개의 포자(소생자)를 형성한다.

10 잣나무 털녹병의 중간기주로 병의 예방을 위해서 잣나무 부근에 식재를 피해야 하는 종은?

① 소나무
② 비자나무
③ 참중나무
④ 까치밥나무

해설
잣나무의 털녹병을 예방하기 위해 송이풀과 까치밥나무류를 제거해야 한다.

12 향나무 녹병의 방제법으로 틀린 것은?

① 보르도액을 살포한다.
② 중간기주를 제거한다.
③ 감염된 수피를 제거·소각한다.
④ 주변에 배나무를 식재하여 보호한다.

해설
배나무는 중간기주이므로 주변에 식재하지 않아야 한다.

13 환경요인은 수목법을 발생시키는 요인으로서 중요하게 작용한다. 환경요인과 병을 연결한 것으로 틀린 것은?

① 강풍 – 잣나무 잎떨림병
② 상처 – 밤나무 줄기마름병
③ 산불, 모닥불 – 리지나 뿌리썩음병
④ 대기오염 – 소나무 그을음잎마름병

해설
① 온난화 : 잣나무 잎떨림병

14 임업해충의 임업적 방제의 설명으로 옳지 않은 것은?

① 혼효림은 단순림에 비하여 해충발생에 의한 피해가 적다.
② 유목들이 빽빽하게 자라고 있을 때 적당한 간벌을 하면 임목의 활력이 증대된다.
③ 생장이 빠르고 활력이 강한 임목을 육성하여 해충에 대한 저항성을 높여야 한다.
④ 자연림의 벌목 시 가장 좋은 방법은 단목을 택벌하는 방법이다.

해설
자연림의 벌목 시 가장 좋은 방법은 소면적 단위의 군으로 벌목하는 것으로, 단목을 택벌하는 방법은 대개의 경우 임상을 연력이나 수종의 면에서 단순화시키는 경향이 있어 해충발생을 촉진하는 결과가 된다.

15 다음 ( ) 안에 적합한 내용은?

> 해충을 방제하기 위하여 수목에 잠복소를 설치하였다가 해충이 활동하기 전에 모아서 소각하는 방법을 ( )라고 한다.

① 생물적 방제
② 육림학적 방제
③ 화학적 방제
④ 기계적 방제

해설
기계적 방제법은 간단한 기구 또는 손으로 해충을 잡는 방법으로 포살, 유살, 소살 등이 있다.

16 다음의 산림 해충 방제 방법 중 생물적 방제법에 속하지 않는 것은?

① 병원 미생물의 증식 이용
② 천적 곤충의 보호 이용
③ 식충 조류의 보호 이용
④ 혼효림 조성 및 내충성 수종 선정

해설
④ 혼효림 조성 및 내충성 수종 선정은 임업적 방제법에 속한다.

17 임업해충의 유살법 중 해충이 좋아하는 먹이를 이용하여 유살하는 방법으로, 가장 흔히 쓰이는 방법은?

① 번식처유살법
② 식이유살법
③ 입목유살법
④ 등화유살법

해설
식이유살법
기계적 방제법 중 하나로, 해충이 좋아하는 먹이를 이용하여 유살한다. 당밀(糖蜜)과 발효당류를 가장 흔히 이용한다.

18 유살법 중 입목유살법의 설명으로 옳지 않은 것은?

① 규불화아연을 주제로 한 오스모실-K를 이용한다.

② 약제는 지름 30cm 전후의 것은 50~70g으로 충분하고, 1ha당 10본 정도면 충분하다.

③ 소나무좀에 대해서는 수간을 1~2m로 잘라 임내에 침목상(枕木狀)으로 1ha당 10~20본을 세운다.

④ 봄이면 약제 처리 후 7~10일 후에 벌목하면 여덟가시나무좀이나 구상나무좀 등이 모여드는데, 대개 모공을 파고 산란 후 또는 유충 초기에 전부 죽는다.

해설

③은 통나무유살법에 대한 설명이다.

19 등화유살로 가장 많이 구제할 수 있는 해충은?

① 거세미, 진딧물류

② 소나무좀, 바구미

③ 어스렝이나방, 풍뎅이

④ 응애, 측백하늘소

해설

등화유살은 곤충의 추광성을 이용하는 것으로 수은등, 흑색등, 청색등 같은 300~400m의 단파장 광선을 이용한 유아등이 많이 이용되고 있다. 추광성이 있는 나방류 성충유살에 많이 이용되고 있으나 암컷보다 수컷이 많이 유인되고 암컷도 산란을 거의 끝낸 것이 많이 유인되는 경향이 있다.

20 다음 해충 방제법으로 방제가 가능한 해충은?

- 디플루벤주론 액상수화제(14%)를 4,000배액으로 수관에 살포한다.
- 수피 사이, 판자 틈, 지피물 밑, 잡초의 뿌리 근처, 나무의 빈 공간에서 형성한 고치를 수시로 채집하여 소각한다.
- 알덩어리가 붙어 있는 잎을 채취하여 소각하며, 잎을 가해하고 있는 군서유충을 소살한다.
- 성충은 유아등이나 흡입포충기를 설치하여 유인·포살한다.

① 죽순나방

② 집시나방

③ 텐트나방

④ 미국흰불나방

해설

미국흰불나방 방제 방법

- 약제 살포 : 5월 하순~10월 상순까지 잎을 가해하고 있는 유충을 약제 살포하여 구제한다. 디플루벤주론 액상수화제(14%)를 4,000배액으로 수관에 살포한다.
- 천적(핵다각체병바이러스) 살포 : 유령 유충가해기인 1화기 6월 중·하순, 2화기 8월 중·하순에 1ha당 450g의 병원균을 1,000배액으로 희석하여 수관에 살포한다.
- 번데기 채취 : 나무껍질 사이, 판자 틈, 지피물 밑, 잡초의 뿌리 근처, 나무의 공동에서 고치를 짓고 그 속에 들어있는 번데기를 연중 채취한다. 특히 10월 중순부터 11월 하순까지, 익년 3월 상순부터 4월 하순까지 월동하고 있는 번데기를 채취하면 밀도를 감소시키므로 방제에 효과적이다.
- 알덩이 제거 : 5월 상순~8월 중순에 알덩이가 붙어있는 잎을 따서 소각한다.
- 군서유충 포살 : 5월 하순~10월 상순까지 잎을 가해하고 있는 군서 유충을 포살한다.
- 성충 유살 : 5월 중순부터 9월 중순의 성충활동시기에 피해임지 또는 그 주변에 유아등이나 흡입포충기를 설치하여 성충을 유살한다.

21 다음 중 밤나무순혹벌을 방제하는 방법으로 가장 근본적인 것은?

① 저항성 품종재배
② 살충제 살포
③ 피해가지 제거
④ 천적벌 보호

해설

내충성 품종으로 갱신하는 것이 가장 근본적인 방법이다.

22 다음 중 조림지에서 각종 초본식물의 하예(下刈)작업을 철저히 함으로써 가장 방제효과가 큰 해충은?

① 소나무좀
② 박쥐나방
③ 오리나무좀
④ 버들바구미

해설

박쥐나방은 연 1회 발생하며, 알로 월동한다. 부화 유충은 초본식물의 줄기에 구멍을 뚫고 가해하므로 하예작업을 철저히 하여 초본류에 기생하는 유충을 제거한다.

23 솔잎혹파리의 방제에는 기생봉을 이식하는 생물학적 방제를 활용하고 있다. 다음 중 솔잎혹파리의 기생봉이 아닌 종은?

① 솔잎혹파리먹좀벌
② 혹파리등뿔먹좀벌
③ 솔잎벌
④ 혹파리살이먹좀벌

해설

주요 기생봉(기생벌)에는 솔잎혹파리먹좀벌, 혹파리살이먹좀벌, 혹파리등뿔먹좀벌, 혹파리반뿔먹좀벌 등 4종이 있는데, 가장 유력한 천적은 솔잎혹파리먹좀벌과 혹파리살이먹좀벌의 2종이다.

24 다음 중 먹이나무를 설치하여 유인·포살할 수 있는 해충은?

① 소나무좀
② 포도유리나방
③ 오리나무잎벌레
④ 집시나방

해설

번식장소 유살법

고사목이나 이식목 등 수세가 쇠약한 나무에 산란하는 습성을 이용하여 유인목을 설치하고 산란시킨 후에 박피하거나 소각한다. 예 소나무좀, 바구미, 하늘소 등

CHAPTER 03 산불진화

---

01 | 산불진화

1. 산불 종류 및 진화 방법

(1) 산불의 종류

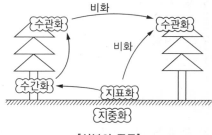

[산불의 종류]

① 지중화
- ㉠ 땅속의 이탄층과 낙엽층 밑에 있는 유기물이 타는 것을 말하며, 산불진화 후에 재발의 불씨가 되기도 한다.
- ㉡ 산소의 공급이 막혀 연기도 적고 불꽃도 없이 서서히 강한 열로 오래 계속되면서 균일하게 피해를 준다.
- ㉢ 낙엽층 분해가 더딘 고산지대, 깊은 이탄이 쌓여 있는 저습지대(표면은 습하고 속은 말라 있을 때)에서 발생하기 쉽다.
- ㉣ 지표 가까이에 몰려 있는 연한 뿌리들이 뜨거운 열로 죽게 되므로 지상부는 아무렇지도 않은 채 나무가 죽게 되며 우리나라에서는 잘 발생하지 않는다.

② 지표화
- ㉠ 지표에 쌓여 있는 낙엽과 풀 등이 불에 타는 화재로, 어린나무가 자라는 산림이나 초원 등에 가장 흔히 일어나는 산불이다.
- ㉡ 토양단면의 지피물과 관목층의 상부가 타는 불이다.
- ㉢ 일반적으로 발화점을 중심으로 원형으로 퍼져가고 바람이 있을 때는 바람이 부는 방향으로 타원형으로 진행된다.

③ 수간화

    ㉠ 나무의 줄기가 타는 불로 지표화로부터 연소되는 경우가 많다.

    ㉡ 간벌이나 가지치기 등 육림작업이 부실한 경우 밀생된 가지나 잎으로 옮겨지는 산불이다.

④ 수관화

    ㉠ 나무의 가지부분(꼭대기)까지 타는 것을 말하며, 화세도 강하고 진행속도가 빨라서 끄기가 힘들며 피해도 가장 크다.

    ㉡ 수지가 많은 침엽수림에서 주로 일어나지만, 마른 잎이 수관에 남아 있는 활엽수림에도 일어날 때가 있다.

    ㉢ 지표화 다음으로 발생 건수가 많고, 비화 현상으로 소화가 곤란하며, 피해 발생 면적도 매우 크다.

        ※ **비화 현상** : 불붙은 연료의 일부가 상승기류를 타고 올라가서 산불이 확산되고 있는 지역 밖으로 날아가 떨어지는 현상이다.

    ㉣ 바람이 부는 방향으로 V자형 선단으로 뻗어나가고, 큰불이 되면 선단이 여러 개가 된다.

    ㉤ 상대습도(관계습도)가 25% 이하일 때 가장 발생되기 쉽다.

(2) 산불 발생 현황 및 여건

① 최근 10년(2014~2023) 통계를 보면 봄철에 65.4%가, 월별로는 3월에 가장 많이 발생했다.

② 산불 발생의 주요 원인은 입산자 실화(失火) > 소각(논·밭두렁 및 쓰레기) > 담뱃불 실화 > 건축물 화재 > 성묘객 실화 순이었다.

③ 범세계적인 이상 기후의 영향으로 산불이 점차 대형화 및 동시다발화되고 있다.

④ 우리나라의 산림은 산불에 취약한 침엽수림의 비율이 높고 산림 내 연료가 계속 쌓이고 있어 대형 산불의 발생 가능성이 상존한다.

⑤ 산림 복지에 대한 사회적 수요가 대폭 늘어나면서 휴양, 등산 등을 목적으로 산림을 방문하는 시민이 폭증함에 따라 실화 등에 의한 산불 발생을 줄이기 위한 정책적 노력이 계속되고 있다.

(3) 산불이 발생하는 조건

① 활엽수보다 침엽수에서 산불이 일어나기 쉽다.

② 양수는 음수에 비하여 산불의 위험성이 높다.

③ 나이가 많은 큰 나무 숲보다 어리고 작은 숲이 산불의 위험도가 크다.

④ 3~5월의 건조 시에 산불이 가장 많이 일어난다.

⑤ 단순림과 동령림이 혼효림 또는 이령림보다 산불이 일어나기 쉽다.

- 골짜기는 산줄기보다 피해가 적다.
- 왜림은 교림보다 피해가 적다.
- 혼효림은 단순림보다 피해가 적다.
- 동북면은 남서면보다 피해가 적다.
- 왜림은 대부분이 활엽수이므로 침엽수보다 피해가 적다.
- 침엽수가 활엽수보다 피해가 크다.
- 양수가 음수보다 피해가 크다.
- 단순림과 동령림이 혼효림보다 피해가 크다.

(4) 산불의 위험도를 좌우하는 요인

① 수종

　㉠ 침엽수는 재목과 잎에 수지를 함유하여 활엽수에 비해 산불 피해가 심하다.

　㉡ 음수는 울폐된 임분을 형성하여 임재에 습기가 많고 잎도 비교적 잘 안 타는 편이므로 위험도가 낮다.

　㉢ 활엽수 중에서 일반적으로 상록수가 낙엽수보다 불에 강하다.

　㉣ 낙엽활엽수 중에서 굴참나무, 상수리나무 등 참나무류와 같이 코르크층이 두꺼운 수피를 가진 것이 불에 강하다.

[내화력이 강한 수종 및 약한 수종]

구분	내화력이 강한 수종	내화력이 약한 수종
침엽수	은행나무, 잎갈나무, 분비나무, 가문비나무, 개비자나무, 대왕송 등	소나무, 해송(곰솔), 삼나무, 편백 등
상록활엽수	아왜나무, 굴거리나무, 후피향나무, 붓순, 협죽도, 황벽나무, 동백나무, 비쭈기나무, 사철나무, 가시나무, 회양목 등	녹나무, 구실잣밤나무 등
낙엽활엽수	피나무, 고로쇠나무, 마가목, 고광나무, 가중나무, 네군도단풍나무, 난티나무, 참나무류, 사시나무, 음나무, 수수꽃다리 등	아까시나무, 벚나무, 능수버들, 벽오동나무, 참죽나무, 조릿대 등

② 수령

　㉠ 어리고 작은 숲일수록 피해의 위해도가 크고, 큰 나무가 될수록 위해도가 적어진다.

　㉡ 개벌림에서 식재조림한 지 얼마 안 된 임분은 원야와 같아서 한 번 산불이 나면 모조리 타버릴 위험이 크다.

　㉢ 노령림은 지표화 정도로는 굵은 나무는 피해를 받지 않을 뿐만 아니라 수관이 높이 달려 있어서 수관화가 되기 어렵다.

③ 기후와 계절

　㉠ 가물고 공중습도가 낮은 3~5월에 산불이 가장 많이 발생한다.

　㉡ 공중의 관계습도가 50% 이하인 때에 산불이 발생하기 쉬우며, 25% 이하에서 수관화의 대부분이 발생한다.

[공중의 관계습도와 산화 발생 위험도와의 관계]

공중의 관계습도(상대습도)	산화 발생의 위험도
60% 이상	산불이 잘 발생하지 않는다. 예 비오는 날
50~60%	산불이 발생하나 연소 진행이 더디다.
40~50%	산불이 발생하기 쉽고, 또 속히 연소된다.
40% 이하	산불이 매우 발생하기 쉽고, 소방이 곤란하다.

　㉢ 풍속이 크면 클수록 산불이 일어나기 쉽고 빨리 퍼진다.

(5) 산불진화

① 산불진화의 기본 원리 : 연소의 3요소(열, 산소, 연료) 중 1~2개를 신속하고 효율적인 방법으로 제거하는 것이다.

　㉠ 제거소화 : 연료가 되는 산림 내 가연물질을 파괴 또는 격리함으로써 진화할 수 있다.

　㉡ 질식소화 : 일상적인 조건에서 산소를 제거하기는 쉽지 않지만 산불진화에서는 연료를 흙에 묻어 산소를 차단한다.

　㉢ 냉각소화 : 열은 불 위에 물을 뿌리거나 흙을 덮음으로써 냉각시킬 수 있다.

② 진화 우선순위 등(산림보호법 시행규칙 제31조) : 산불을 진화할 때에는 다음의 우선순위에 따라 진화하여야 한다.

　㉠ 인명보호

　㉡ 국가기간산업시설, 군사시설 및 문화재의 보호

　㉢ 가옥 등 재산보호

　㉣ 산림보호구역, 채종림, 시험림 등 중요 산림자원의 보호

　㉤ 그 밖에 산림지역의 산불 확산 방지

③ 산불진화의 일반 수칙

　㉠ 2인 이상의 조를 편성하여 이동하고, 고립되지 않도록 주의한다.

　㉡ 진화도구 사용 시 대원 간의 거리는 3m 이상 간격을 유지한다.

　㉢ 한 장소에 오래 머물러 있지 말고, 진화 작업을 진행하면서 이동한다.

　㉣ 천연적인 방화선을 이용하고, 계곡 방향으로 접근하지 않는다.

　㉤ 급경사지에서 진화 작업을 할 경우에는 낙석 등에 주의한다.

　㉥ 불 머리 양 측면을 우선 진화하고, 화세가 약해지면 불 머리를 진화한다.

　㉦ 위험연료에 확산되는 불씨부터 진화하고, 비산된 불은 낙하 즉시 진화한다.

　㉧ 위험시 대피할 수 있는 비상 대피로를 2개 이상 확보한다.

ⓩ 진화 조장은 대원과 항상 연락할 수 있도록 통신망을 유지한다.

ⓩ 산불에 고립되었을 때 방연마스크, 방염텐트 등을 신속히 착용하고 대피한다.

④ 산불진화 전술

   ㉠ 직접진화 : 화변 또는 그 근처에서 진화 도구나 물과 같은 진화 자원을 사용하여 불을 제압하는 방법이다.

   ㉡ 간접진화 : 화세가 강하여 직접 진화가 어려울 때 화염과 일정 거리를 둔 위치에서 불 가두기 등을 통하여 산불 진화를 시도하는 방법이다.

(6) 진화선 구축

① 진화선 구축의 필요성은 화세가 강하여 직접진화가 어려울 때 실시하며, 간접진화의 핵심이라 할 수 있다. 지중화가 발생하였을 경우도 지피물 제거 대신 땅에 도랑을 파서 진화선을 구축하여 산불확산을 방지할 수 있다.

② 진화선의 정의

   ㉠ 국제적 정의 : 산불의 진행을 막기 위해 가연 물질을 제거하고 광물질 토양을 드러내 연결해준 인공적 경계를 진화선(fire line)이라고 정의하고 있다.

   ㉡ 우리나라의 정의(산불관리통합규정 제2조 제7호) : 산불이 진행하고 있는 외곽 지역에 산불 확산을 저지할 수 있는하천·암석 등 자연적 지형을 이용하거나 입목의 벌채, 낙엽 물질의 제거, 고랑 파기 등의 방법으로 구축한 산불 저지선이라고 정의하고 있다.

③ 진화선 설치의 적정위치

   ㉠ 신속하고 용이하게 작업을 할 수 있는 곳

   ㉡ 피해를 최대한 경감하거나 예방할 수 있는 곳

   ㉢ 연료량이 적은 나지나 미입목지

   ㉣ 도로, 하천, 능선 등 자연경계의 이용이 가능한 곳

   ㉤ 진화선 구축 도중 불길이 넘지 않을 지역

   ㉥ 불길이 능선 너머 8~9부 능선에 위치한 곳

④ 진화선 설치의 부적정한 위치

   ㉠ 급경사지로 돌 등이 굴러 내려 위험성이 있는 지역

   ㉡ 입목밀생지, 지피식생 등으로 진화선 구축이 힘든 지역

   ㉢ 가연성물질이 많아 진화선을 넘을 지역

   ㉣ 진화선 방향을 갑자기 돌변시켜야 될 복잡한 지역

⑤ 진화선 구축 요령

   ㉠ 진화선은 산불 진행 방향과 평행되게 구축한다.

   ㉡ 자연적 장애물이나 방화선 또는 자연지세를 충분히 이용하여 구축한다.

   ㉢ 진화선은 예각 구축을 피하고, 가능한 한 짧고 신속하게 구축한다.

ⓔ 진화선 내의 지장목은 충분한 폭(1.5m 내외)으로 벌채 후 낙엽은 긁어내고, 충분한 깊이로 도랑을 파서 산불이 건너가지 못하도록 구축한다.

ⓜ 진화선은 산불 주위에 원형으로 구축하되 비탈면은 삼각형으로 구축한다.

ⓗ 진화선 상의 모든 가연성 연료와 진화선 내 넘어져 있는 통나무 등은 진화선 밖으로 제거한다.

ⓢ 진화선 내의 숯과 타고 있는 물질은 흩어 놓거나 흙으로 덮으며 진화선 변에 있는 나무는 가지치기를 실시한다.

ⓞ 불붙은 솔방울 또는 불덩어리가 굴러 내리는 것을 방지하기 위하여 진화선 하단부에 깊은 도랑을 설치한다.

⑥ 태워버리기 : 진화선 상에 가연물질이 많거나 진화선 구축이 어려운 지역에 산불과 진화선 사이에 있는 연료를 태워서 진화선을 넓히거나 진화선의 역할을 하기 위하여 실시한다.

2. 산불진화 도구의 종류

(1) 진화도구

① 산불진화장비의 종류(산림보호법 시행규칙 [별표 3의3])

구분	내용
항공진화장비	산불진화 헬리콥터, 고정익(固定翼) 항공기, 진화용 드론 등 공중에서 산불진화를 위해 사용하는 장비
지상진화장비	• 산불지휘차, 산불진화차, 산불기계화시스템, 산불소화시설 등 지상에서 산불진화를 위해 사용하는 장비 • 등짐펌프, 진화배낭, 진화복 등 산불진화에 투입되는 인력에게 지급하는 장비
통신장비	무선중계기, 고정국(固定局), 육상국(陸上局) 등 통신기, 디지털단말기 등 산불진화현장의 통신체계 구축을 위해 사용하는 장비
그 밖의 진화장비	그 밖의 산불진화에 사용하는 장비로서 산림청장이 정해 고시하는 장비

② 삽 : 땅을 파는 데 사용되며, 땅에 도랑을 파서 진화선을 구축할 수 있다.

③ 갈퀴·괭이 : 불씨를 흩뜨리거나 흙으로 불씨를 덮어 퍼뜨리지 않고 진화할 수 있다.

④ 톱 : 산불진화 시 장애물 제거나 불을 차단하기 위해 나무를 절단하는 데 이용한다.

⑤ 등짐펌프 : 물을 운반하고 불을 진화하는 데 사용되며, 주로 소형 진화작업에 효과적이다.

(2) 안전장비

① 안전모 : 재질이 견고하고 가벼우며 머리에 잘 맞고 턱끈이 있어야 하며, 진화대원 간 식별이 용이한 색상이 유리하다.

② 보안경 : 지장목 제거 및 기계톱 사용, 헬기주변 작업 시 먼지나 이물질 발생, 물의 비산 위험에 대비하여 착용한다.

③ 수통 : 식수 공급용이므로 개인별로 충분히 확보해야 한다.

④ 머리전등 : 야간작업 또는 이동 시 필요하며 배터리의 충전 상태를 확인해야 한다.

⑤ 안전화 : 내화성 소재의 가죽 제품으로 발등 및 발목을 보호할 수 있어야 한다.

⑥ 진화복 : 긴소매의 비합성 섬유 소재의 옷을 착용하여야 한다.

⑦ 방연마스크, 방염 텐트 등 : 불 속에 고립되었을 경우 신속히 착용한다.

⑧ 무전기 등 : 위험상황 전파 및 대원 간 소통을 위한 통신망을 확보한다.

3. 뒷불정리

(1) 뒷불진화의 개념

① 현재 남은 불이 있더라도 외곽경계에 진화선이 설치되어 있고, 산불이 진화선을 넘을 위험이 없게 되면, 피해구역 안에 남은 불이 있어도 산불은 진화된 것으로 본다. 그 이후의 진화작업을 뒷불진화라고 한다.

② 뒷불진화는 산불을 완전히 진화하고 불이 재발생하지 않도록 하는 작업이다. 이것은 어렵고 힘이 드는 일이며 진화시간보다 더 긴 시간이 소요된다.

③ 일반적으로 뒷불진화에 사용하는 도구는 삽, 삼발괭이, 갈퀴, 괭이, 톱, 등짐펌프, 동력펌프 등이 효과적이다.

④ 뒷불진화의 기본원리

　㉠ 공무원 책임하에 감시원을 적정 배치한다.

　㉡ 진화선 외곽을 따라가며 산불피해 전지역을 순찰한다.

　㉢ 진화선 내외측 위험연료(고사목, 부패목, 관목, 늘어진 가지 등)를 신속히 제거한다.

　㉣ 불 가장자리를 따라 타는 물질은 전부 태운다.

　㉤ 위험한 연소물질은 신속히 태운다.

　㉥ 규모가 작은 산불의 경우 연소지역 내의 불을 완전히 진화한다.

　㉦ 대형산불 뒷불정리 시 진화선 부근의 인화물질을 충분히 제거한다.

　㉧ 주산불에서 외부로 발생하는 비산화를 감시, 진화한다.

ONE MORE POINT 　돌풍에 의한 비산화의 경계 범위

풍속, 온도, 습도, 연료 등에 따라 달라서 일정하게 한정하기 어려우나 대략 다음과 같다.
- 풍속 4m 이내 : 산불이 일어난 가까운 곳
- 풍속 5m 이내 : 약 500m 이내
- 풍속 10m 이내 : 약 1,000m 이내
- 풍속 10m 이상의 경우 : 특별한 경우를 제외하고는 약 1,000m 내외 정도의 범위

---

(2) 뒷불진화 방법

① 타고 있는 통나무 불은 긁거나 쪼아 내며 물과 흙을 사용하여 불씨를 제거한다.

② 급경사지에서의 뒷불진화 요령은 다음과 같다.

　㉠ 산재된 통나무는 경사지와 평행으로 뒤집어 놓고, 불씨를 긁어내며 흙과 물을 뿌린다.

　㉡ 깊은 도랑을 파고 둑을 만들어 위에서 구르는 불덩어리를 모은다.

　㉢ 타고 있는 무거운 통나무 밑에 깊은 도랑을 파준다.

③ 타고 있는 위험연료는 태우거나 연소 지역 내에 흩어 놓은 후 불을 끄고, 땅에 묻는 경우는 불씨를 확인한다.

④ 타고 있는 고사목은 제거 후 불을 끄고, 고사목이 탈 때는 삽과 도끼로 타고 있는 부분을 긁거나 찍어 내는 방법 등으로 진화한다.

⑤ 감시조를 편성하여 운영한다.

(3) 뒷불감시

① 2~3명 1개 조로 편성, 전·후·좌·우 관측이 양호한 지역에 배치하고 재발화 발견 시 신속한 보고 및 초동 진화한다.

② 잔불진화 후 산불지역 내 불의 완전진화 여부, 불타지 않은 지역의 비산화 발생 여부를 계속 관찰하여야 한다.

③ 순찰의 2가지 방법

　㉠ 진화선 순찰 : 진화선 구축 후 진화선의 전 연장선을 왔다 갔다 순찰하는 것이다. 순찰대원은 진화도구를 지참하고 점화 발견 즉시 진화한다.

　㉡ 감시 순찰대 : 산불로 불탄 지역과 불 타지 않은 지역을 잘 관찰할 수 있는 관망대에서 발생 가능한 점화나 화염을 감시하며, 산불 재발 상황을 발견하면 즉시 보고하고 진화작업을 한다. 경 연료지역에서는 산불 재발 감시는 몇 시간이 소요되나 중 연료지역에서는 며칠에서 수 주일까지 소요될 수 있다.

④ 열기가 있는 의심스러운 곳은 손으로 직접 확인한다.

⑤ 휴식 중이라도 눈으로 산불을 관찰하며 유리한 점을 찾아낸다.

4. 주민대피 유도

(1) 주민대피 장소 파악

① 산불 발생 시 대피 장소를 확인한다.

　㉠ 1 : 1000 지도 등을 이용하여 마을회관, 초·중·고등학교의 위치를 확인한다.

　㉡ 1 : 25,000 지도 등을 이용하여 확인된 마을회관, 초·중·고등학교의 위치와 산림과의 이격거리를 확인한다. 이격거리는 500m 이상이 바람직하다.

② 지정된 주민대피 장소는 유사시 주민대피가 가능하거나 주민대피 장소로 용도 전환이 가능한 상태가 항상 유지되어야 하며 구호품 등의 보급이 쉬운 곳이어야 한다.

(2) 안전사고 발생 시 응급처치 요령

① 안전사고 발생 시 응급처치 요령(산림청)
   ㉠ 아무리 긴급한 상황이라도 구조자 자신의 안전에 주의를 기울인다.
   ㉡ 신속, 침착하고 질서 있게 대처한다.
   ㉢ 긴급을 요하는 환자부터 처치한다.
   ㉣ 부상 상태에 따라 의료 기관에 연락한다.
   ㉤ 쇼크 예방을 위한 처치를 한다.
   ㉥ 의식이 없는 환자, 복부에 심한 상처를 입은 환자, 출혈이 있는 환자에게는 경구에 아무것도 투여하면 안 된다.
   ㉦ 손상 여부를 재차 확인한다.
   ㉧ 부상자를 옮길 때에는 부상 정도에 따라 적절한 운반법을 활용한다.
   ㉨ 응급처치 구명의 4단계는 지혈, 기도 유지, 상처 보호, 쇼크 방지 및 치료이다.

② 응급처치 요령(소방청)
   ㉠ 열 손상
      • 기온을 확인하고, 외부 활동을 자제한다.
      • 열 손상이 있을 시 시원한 곳으로 이동하고, 더운 복장은 제거한다.
      • 얼음 팩 등으로 체온을 낮추고, 체온이 정상이거나 낮은 경우에는 음료 섭취 후 다리를 약간 올려 눕힌다.
      • 체온이 높은 경우는 119에 신고한다(구강섭취 금지).
   ㉡ 화상 처치 : 화상 부위 옷과 장식물을 제거하고(눌어붙은 경우는 억지 제거 지양), 차가운 물로 화상 부위를 식힌다(물집은 그대로 두기).
   ㉢ 지혈 처치 : 장갑 낀 손으로 거즈를 이용해 압박하고, 붕대를 감는다. 손상 부위는 심장보다 높게 올린다.
   ㉣ 심폐소생술
      • 양쪽 어깨 두드리기 등으로 의식을 확인한다.
      • 119에 신고한다(주변에 심장 전기충격기 요청, 10초 이내 호흡 확인).
      • 분당 100~120 속도로 복장뼈 아래쪽 1/2 지점을 5cm 깊이로 30회 가슴을 압박한다.
      • 이마를 젖히고 코를 잡은 후 2회 인공호흡한다(호흡 중간에는 코 잡은 손을 놓는다).
      • 환자가 의식을 찾을 때까지 가슴 압박 30회와 인공호흡 2회를 반복한다.
   ㉤ 기타 : 한랭 손상, 코피, 뱀 물림, 벌 쏘임, 절단상, 기도 폐쇄, 자동 심장충격 등 처치 요령 및 사용 방법을 확인한다.

5. 피해상황 분석

(1) 산불원인 조사 감식

① **조사 감식 장비 확보** : 카메라, 나침반 등 산불 현장 현황 및 증거물 촬영을 위한 조사 장비 6종, 최초 발화지 조사 장비 8종, 증거물 수집 및 보존 장비 6종으로 구성되어 있으며, 모든 장비는 정해진 규격과 사양에 따른 제품을 사용하는 것이 바람직하다.

② **조사팀 구성** : 조사팀 중 최소 1인 이상은 산림보호법 시행령에 의거한 산불 조사 감식 전문가 과정을 이수한 자가 포함되어야 하며, 나머지 2인은 산불 조사 감식 기초 과정을 이수한 자여야 한다.

③ **산불 현장에서의 활동**

  ㉠ 조사자들은 산불 현장의 안전수칙을 엄수해야 함은 물론 조사 업무를 실행하는 데 따른 위험 요소를 경계해야 한다. 산불 조사관이 준수해야 할 안전사항은 다음과 같다.
   - 3명 이상의 조사자가 한 조를 이루어 조사를 수행한다. 부득이한 경우 최소 2명 이상이 조사에 참여해야 한다.
   - 미끄럼 방지가 되고 발목까지 보호가 되는 등산화나 안전화를 착용해야 한다.
   - 험한 지형을 이동할 시 조사자들끼리 일정 거리(10m 이상)를 유지해야 한다.
   - 재불 발생 가능성을 염두에 두고 탈출로를 확보한 뒤 조사를 진행한다.
   - 초미세 먼지를 막기 위한 마스크를 항시 착용해야 한다.
   - 진화 용수에 몸이 젖을 수도 있으므로 체온 관리에 유의하며 정해진 조사복 1벌을 여유분으로 구비한다.
   - 안전모, 스패츠를 항시 착용한다.
   - 조사관끼리 맨눈으로 위치를 확인할 수 있을 정도의 거리를 유지한다.
   - 현장대책본부 등과 긴밀하게 연락할 수 있도록 조치한다.
   - 탈진 등을 예방하기 위하여 충분한 양의 물을 휴대한다.

  ㉡ 산불 행태와 기상 정보를 확보하고 기록해야 하며, 현장 보존 조치를 강구한다. 아울러 증인을 확보하고, 증인의 진술을 청취한다.

  ㉢ 최초발화지 및 산불 원인을 조사하기 위해 산불피해 구역을 먼저 선별한다.
   - 선별해야 하는 구역은 전체 산불지역(overall fire area), 전반적 발화지역(general origin area), 특정 발화 지역(specific origin area), 최초발화지(ignition area and point)가 있다.
   - 일반적으로 전체 산불지역부터 시작해 최초발화지를 찾는 순으로 조사를 진행한다.

  ㉣ 증거(직접 증거, 간접 증거, 증언, 물품 등)를 수집하고, 수집된 증거는 증거의 특성이 요구하는 최선의 방법으로 보존되어야 한다.

  ㉤ 정해진 양식에 따라 조사 보고서를 작성한다.

(2) 발생원인 분석

① 산불 감식 지표

ⓐ 보호 지표(protection indicator)
- 산불이 지나가는 방향에 있는 고정된 연료나 불연성 물질의 뒷면은 열 손상이 일어나지 않는 특성을 보인다.
- 산불 진행방향에 노출된 앞면은 얼룩과 손상이 많이 발견되고, 연료나 물질 주변의 연료를 많이 태우는 특징을 보이지만 뒷면은 그렇지 않다.

ⓑ 초본 및 갈대 지표(grass stem indicator) : 화염의 세기가 강한 전진성(前進性) 산불에서는 초본 및 갈대의 아래 줄기가 잔존되는 특징을 보인다.

ⓒ 잎 굳음 지표(freezing indicator) : 산림 내 수목의 잎은 바람의 방향으로 구부러지는 특성을 보인다. 산불이 발생하여 지표층을 태우며 바람 방향으로 확산하게 되면 잎 역시 수분을 빼앗기며 바람 방향으로 굽게 된다.

ⓓ 화흔각 지표(angle of char Indicator)
- 화염이 서 있는 나무, 전신주, 넝쿨 등을 지나면서 나타나게 된다.
- 화염이 닿지 않는 반대 방향이 좀 더 높은 각도로 그을리는 현상을 보인다.

ⓔ 깨짐 지표(spalling indicator)
- 산불의 강한 열 때문에 바위나 돌 일부분이 깨지면서 떨어져 나오는 현상으로 산불이 지나간 방향을 정확하게 유추하는 데 도움을 준다.
- 깨져 있는 부분이 화염이 정면으로 닿은 곳이라 볼 수 있다.

ⓕ 잎 말림 지표(curling indicator) : 열이 다가오는 쪽으로 잎이 말리는 현상으로 활엽수 관목에 많이 생성된다.

ⓖ 그을음 지표(sooting indicator)
- 일반적으로 정확도가 높은 지표에 속한다.
- 산불에 노출되는 면에 더 많이 생성되는 경향이 있으며, 바위, 비석, 전선, 철조망 등에서 많이 발견할 수 있다.

ⓗ 얼룩 지표(staining indicator)
- 휘발성 물질이 화염에 노출되어 녹았다가 다시 응축될 때 생긴다. 일반적으로 정확도가 높은 지표에 속하며, 산불에 노출되는 면에 생기는 특징이 있다.
- 얼룩은 밝은 노란색에서 주황 갈색으로 많이 나타나며, 금속 캔, 바위에 주로 나타난다.
- 그을음은 진한 검정색이며 손으로 문지르면 재가 묻어나오는 특징이 있지만, 얼룩은 노란색이나 진한갈색이며 문질러도 재가 묻어나지 않는다.

ⓘ 컵 지표(cupping indicator)
- 일반적으로 정확도가 높은 지표에 속한다.
- 벌채목, 고사목에 패임이 나타나는 현상으로 수분량이 적은 벌채목이나 고사목이 강한 화염의 영향으로 연료가 급속히 타고 들어가면서 발생한다.

- 산불에 노출되는 면이 깊게 파이고, 노출되지 않은 면은 뾰족한 형태를 보인다.
  - ㉛ V자 및 U자 패턴(V or U pattern indicator)
    - 산불은 대부분 V자나 U자 패턴의 형태를 보이며 확산이 진행되므로 최초발화지는 V자나 U자의 시작 부분에 위치할 가능성이 크다.
    - U자 패턴은 완경사지, 평지, 바람의 영향이 적을 때 나타나는 경향이 있다.
    - V자 패턴은 경사가 심하고, 강한 바람이 불 때 나타난다.
- ② 산불 발생원인 조사
  - ㉠ 방화 여부 : 발화지로 추정되는 장소가 사람이 쉽게 드나들 수 있는 곳인지, 발화 흔적이 있는지, 과거 방화로 의심되는 산불이 발생한 경우가 있는지, 휘발유, 시너 등과 같은 발화 촉진제가 발견되거나 사용된 흔적이 있는지 파악한다.
  - ㉡ 입산자 실화 여부 : 발화지 인근에 접근로가 있는지, 발화지에 등산객, 산나물 채취자, 수렵인, 무속인 출입이 쉬운지 파악한다.
  - ㉢ 논·밭두렁 소각, 농산 폐기물 소각 여부 : 산불피해지 반경 500m 이내 논밭 등 경작지가 있는지, 그 주변에 논·밭두렁 소각이나 농산 폐기물 소각 흔적이 있는지 파악한다.
  - ㉣ 쓰레기 소각 여부 : 발화지 주변과 생활권과의 거리를 파악하여 쓰레기를 소각할 수 있는 지역인지, 주변에 쓰레기를 소각한 흔적이 다수 발견되는지 파악한다.
  - ㉤ 담뱃불 실화 여부 : 등산객 출입 여부, 기상 조건 등을 고려하여 담뱃불에 의한 점화 가능성을 파악한다.
  - ㉥ 성묘객 실화 여부 : 발화지 인근에 묘지가 있는지 살펴보고 소각 흔적이 있는지 파악한다.
  - ㉦ 건축물 화재 여부 : 발화지 근처에서 건축물 화재가 있었는지 파악한다.
  - ㉧ 어린이 불장난 여부 : 발화지 일대가 어린이들이 접근하기 쉬운 지역인지, 발화지 주변에 불장난 도구(폭죽, 깡통, 라이터 등)가 있는지 확인한다.
  - ㉨ 낙뢰(번개) 여부 : 산불 발생일을 기준으로 7일 전까지 주변 20km 이내에 낙뢰가 있었는지 파악한다.
  - ㉩ 기계 사용, 철도, 송전선로 및 기타 여부 : 발화지 주변에 기계 사용 흔적, 철도, 송전선로가 있는지 파악하고, 그 밖에 산불을 일으킬 만한 행위가 있었는지 파악한다. 군부대 훈련이 있었는지도 파악한다.

01 산불에 관한 설명 중 틀린 것은?

① 교림은 왜림보다 피해가 적다.

② 골짜기는 산줄기보다 피해가 적다.

③ 혼효림은 단순림보다 피해가 적다.

④ 동북면은 남서면보다 피해가 적다.

해설

① 왜림이 대부분이 활엽수종이므로, 침엽수가 주로 형성된 교림보다 피해가 적다.

02 최근에 산불이 발생하면 임내에 가연물이 많아 대형화되는 경우가 많다. 최근 산불원 인 중 산불 발생 빈도가 가장 높은 것은?

① 어린이 불장난

② 성묘객의 실화

③ 입산자의 실화

④ 논・밭두렁 소각

해설

산불원인 중 입산자의 실화에 의한 것은 봄철의 경 우 전체의 40~50%, 가을철에는 50~60%를 차지 한다.

산불원인 : 입산자의 실화 > 논・밭두렁 소각 > 쓰 레기 소각 > 담뱃불 실화 > 건축물 화재 > 성묘객 의 실화

03 우리나라에서 산불 발생이 가장 많은 시기는?

① 12~2월   ② 3~5월

③ 6~8월   ④ 9~11월

해설

우리나라는 3~5월 봄철 건조 시에 산불이 가장 많 이 일어난다.

04 다음 산림화재 중에서 가장 흔히 일어나는 산불은?

① 지중화   ② 지표화

③ 수관화   ④ 수간화

해설

지표화는 지표에 있는 낙엽과 초류 등의 지피물과 지상관목, 어린나무 등이 불에 타는 것으로서 연소 속도는 4~7km/h 정도이며, 가장 흔히 일어나는 산 불이다.

05 산불의 종류 중 수관화의 설명으로 틀린 것은?

① 지표화 다음으로 발생 건수가 많다.

② 비화 현상으로 소화가 쉬워 피해 발생 면 적은 크지 않다.

③ 나무의 우죽에 불이 붙어서 우죽에서부 터 우죽으로 번져 타는 불이다.

④ 수지가 많은 침엽수림에 한하여 일어나 나 때로는 마른 잎이 수관에 남아있는 활 엽수림에서 일어날 때가 있다.

해설

지표화 다음으로 발생 건수가 많고 비화 현상으로 소화가 곤란하며 피해 발생 면적도 매우 크다.

06 산림화재에 대한 설명으로 틀린 것은?

① 지표화는 지피물과 지상관목, 어린나무 등이 불에 타는 산불이다.

② 수간화는 나무의 줄기가 타는 불이며, 지표화로부터 연소되는 경우가 많다.

③ 수관화는 나무의 수관에 불이 붙어서 수관에서 수관으로 번져 타는 불을 말한다.

④ 지중화는 국토의 약 70%가 산악지역인 우리나라에서 주로 나타나며, 피해도 크다.

해설
④ 지중화는 땅속의 이탄층과 낙엽층 밑에 있는 유기물이 타는 것을 말하며, 산불진화 후에 재발의 불씨가 되기도 한다.

07 나무의 줄기가 타는 불로, 낙뢰로 발생하기도 하며 불이 강해져 다른 형태의 산불로도 번질 수 있는 것은?

① 지중화   ② 수간화
③ 수관화   ④ 지표화

해설
② 수간화는 나무의 줄기가 타는 불이며, 지표화로부터 연소되는 경우가 많고 낙뢰로 발생한다.
① 지중화는 이탄질이나 낙엽 등 유기물질이 타는 화재이다.
③ 수관화는 대개의 경우 지표화 또는 수간화로부터 수관부에 불이 닿아 발전하는데, 한번 일어나면 화세도 강하고 진행속도가 빨라 끄기 어렵다.
④ 지표화는 지표에 있는 낙엽과 초류 등의 지피물과 지상관목, 어린나무 등이 불에 타는 것으로서 암석지나 초원 등지에 가장 흔히 일어나는 산불이다.

08 대기 중 관계습도와 산불발생 위험도와의 관계 중 산불이 대단히 발생하기 쉽고 소방이 곤란한 습도는?

① 40% 이하   ② 40~50%
③ 50~60%   ④ 60% 이상

해설
① 산불이 매우 발생하기 쉽고 진화가 곤란함
② 산불이 발생하기 쉽고 연소 진행이 빠름
③ 산불이 발생하나 연소 진행이 더딤
④ 산불이 거의 발생하지 않음

09 산불에 의한 피해 및 위험도에 대한 설명으로 옳지 않은 것은?

① 침엽수는 활엽수에 비해 피해가 심하다.
② 음수는 양수에 비해 산불위험도가 높다.
③ 단순림과 동령림이 혼효림 또는 이령림보다 산불의 위험도가 높다.
④ 낙엽활엽수 중에서 코르크층이 두꺼운 수피를 가진 수종은 산불에 강하다.

해설
② 음수는 양수에 비해 산불위험도가 낮다.

10 다음 중 산불에 대한 내화력이 강한 수종은?

① 편백   ② 곰솔
③ 삼나무   ④ 고로쇠나무

해설
내화력이 강한 수종
• 침엽수 : 은행나무, 잎갈나무, 분비나무, 가문비나무, 개비자나무, 대왕송 등
• 상록활엽수 : 아왜나무, 굴거리나무, 회양목 등
• 낙엽활엽수 : 피나무, 고로쇠나무, 마가목, 고광나무, 가중나무, 사시나무, 참나무 등

11 다음 중 방화림(防火林) 조성용으로 가장 적합한 수종은?

① 소나무
② 삼나무
③ 녹나무
④ 갈참나무

해설

참나무류는 코르크층이 두꺼워 나무줄기에 불이 붙더라도 수피(껍질) 바로 안쪽에 있는 형성층이 다칠 우려가 상대적으로 적고, 맹아력이 대단히 강해서 화재 후에는 뿌리 부근에서 새순들이 맹렬한 기세로 뻗어 나와 새로운 숲을 형성하게 된다.

12 산불진화의 직접진화 방법과 거리가 먼 것은?

① 소방펌프를 이용한 산불 진화
② 갈퀴, 괭이 등을 이용한 인력 진화
③ 헬기를 이용한 소화약제 투하
④ 산불과 진화선 사이에 있는 가연성 물질 제거

해설

④는 간접진화 방법으로 산불의 화세가 강하여 직접진화가 어려울 때 연소지역으로부터 떨어진 곳에 진화선을 구축하거나 가연성 물질을 제거하여 불과 접하지 않게 진화하는 방법이다.

13 진화선 구축 방법 중 급경사에서 화력이 강할 때 불이 옆으로 퍼지는 것을 막기 위해 불머리 앞에 경사지게 구축하는 방법에 해당하는 것은?

① 화변 진화선
② 사선 진화선
③ 다두화 저지 진화선
④ 태워버리기

해설

사선 진화선
경사가 급하고 산불이 비교적 강렬하여 신속하게 진행할 때에 불이 옆으로 퍼지는 것을 막거나, 세력을 차단하도록 진화선과 화변에 각을 이루게 거리를 두고 사선으로 진화선을 구축하는 방법으로 화력이 강할 경우는 이 방법을 제일 많이 사용한다.

14 다음 중 진화선 구축 요령으로 옳지 않은 것은?

① 진화선은 산불 진행 방향과 평행되게 구축한다.
② 자연적 장애물이나 방화선 또는 자연지세를 충분히 이용하여 구축한다.
③ 진화선은 예각 구축을 피하고 가능한 한 짧고 신속하게 구축한다.
④ 진화선 내의 지장목은 1.5m 내외로 벌채 후 낙엽을 덮어둔다.

해설

진화선 내의 지장목은 충분한 폭(1.5m 내외)으로 벌채 후 낙엽은 긁어내고, 충분한 깊이로 도랑을 파서 산불이 건너가지 못하도록 구축한다.

15 진화선 설치의 적정위치로 보기 어려운 곳은?

① 입목밀생지, 지피식생 지역
② 연료량이 적은 나지나 미입목지
③ 도로, 하천, 능선 등 자연경계의 이용이 가능한 곳
④ 불길이 능선 너머 8~9부 능선에 위치한 곳

> **해설**
> 입목밀생지, 지피식생 등의 지역은 진화선 구축이 힘든 지역이다.

16 뒷불정리에 사용되는 진화 도구로 보기 어려운 것은?

① 삽
② 갈퀴
③ 괭이
④ 헬기

> **해설**
> 일반적으로 뒷불진화에 사용하는 도구는 삽, 삼발괭이, 갈퀴, 괭이, 톱, 등짐펌프, 동력펌프 등이 효과적이다.

17 뒷불진화의 기본원리와 거리가 먼 것은?

① 위험한 연소물질은 신속히 태운다.
② 주 산불에서 외부로 발생하는 비산화를 감시, 진화한다.
③ 불 가장자리를 따라 타는 물질은 한쪽으로 모아둔다.
④ 진화선 내외측 고사목, 부패목, 관목, 늘어진 가지 등을 신속히 제거한다.

> **해설**
> ③ 불 가장자리를 따라 타는 물질은 전부 태워 제거한다.

18 뒷불진화 중 고사목이 타고 있을 때 진화 방법으로 옳지 않은 것은?

① 흙과 물을 화염에 뿌려서 불을 끈다.
② 삽과 도끼로 타고 있는 부분을 긁어내거나 찍어 낸다.
③ 가능한 한 높게 나무껍질을 벗긴다.
④ 나무에서 벗겨낸 불 파편은 연소 지역 밖에 흩어 놓는다.

> **해설**
> ④ 나무에서 벗겨낸 불 파편은 연소 지역 내에 흩어 놓아야 불이 재발생하지 않는다.

19 산불 방향지표 중 갈라짐 및 파열이 발견되며, 주로 수피가 매끄러운 참나무류에서 발생하는 지표에 해당하는 것은?

① 보호지표
② 그을음 지표
③ 얼룩 지표
④ 탄화 깊이 지표

해설

갈라짐 및 파열이 발견되며, 주로 수피가 매끄러운 참나무류에서 발생하는 지표에 해당하는 것은 탄화 깊이 지표이다.
① 보호지표 : 낮은 온도로 천천히 타들어 가는 산불의 경우는 불이 다가오는 쪽과 접촉한 면만을 태울 것이다. 이때 나타나는 지표로서 주로 키 작은 초본류에서 나타난다.
② 그을음 지표 : 불에 노출된 바위나 불연성 물체들은 연소재와 화염에 의해 운반된 미세한 입자들에 의해 그을음이 생긴다. 그을음이 많은 아래쪽에서 위쪽으로 산불이 진행한 것이다.
③ 얼룩 지표 : 깡통 등 광택이 있고 윤기 나는 물체가 산불 피해를 받게 되면 얼룩, 밝은 노란색으로부터 어두운 갈색으로 변한다.

20 발화개소에 발화원으로서 남아 있는 경우가 드물어서 물증을 추적하는 것이 곤란한 경우가 많은 경우에 해당하는 산불원인 요소는?

① 담뱃불 실화
② 어린이 불장난
③ 논·밭두렁 태우기
④ 쓰레기 태우기

해설

담배에 의한 화재는 담배 자체가 완전히 타서 재가 되어 버리므로 발화개소에 발화원으로서 남아 있는 경우가 드물어서 물증을 추적하는 것이 곤란한 경우가 많다. 이 때문에 화재 원인의 입증에 임해서는 항상 화재현장 발화 장소의 탄 흔적, 관계자 진술 및 환경조건 등 상황증거에 기초하여 종합적으로 검토하여 판단하여야 한다.

21 고춧대, 옥수수 줄기, 비닐, 약품통 등을 소각하던 중 돌발적인 강풍이나, 관리 부주의로 인해 산림으로 전이되어 발생하는 산불 원인은?

① 입산자 실화
② 담뱃불 실화
③ 산업현장 실화
④ 농산폐기물 태우기

해설

농산폐기물인 고춧대, 옥수수 줄기, 비닐, 약품통 등을 소각하던 중 돌발적인 강풍이나, 관리 부주의로 인해 산림으로 전이되어 산불이 발생한다.

22 산림화재의 피해에 대한 설명으로 옳지 않은 것은?

① 피해 임분의 병해충에 대한 저항력이 약해져 다른 임분에 2차 피해를 줄 수 있다.
② 장령림이 피해를 받으면 갱신치수가 전멸하게 되어 재조림을 실시해야 한다.
③ 용재가치가 높은 수종은 산불에 약하므로 가치가 낮은 수종들이 남아 임분의 질이 퇴화한다.
④ 휴양처제공, 공해방지, 야생동물번식 등의 기능을 감퇴·소멸시킨다.

해설

갱신치수가 전멸하게 되어 재조림을 실시해야 하는 경우는 유령림이 산불 피해를 받았을 때이다.

23 산림화재에 의한 피해 중 토양의 피해에 대한 설명으로 틀린 것은?

① 낙엽층이 소실되고, 부식층까지 타게 되어 토양의 이화학적 성질을 악화시킴
② 지표의 보호물을 잃게 되어 지표유하수가 늘고 투수성이 감소
③ 지하의 저수능력 증가로 홍수의 원인이 됨
④ 산불의 피해를 받은 토양은 피해를 받지 않은 토양보다 지표유하수량이 3~16배로 증대

해설

산림화재로 부식질이 소실되면 지표의 보호물을 잃게 되어 지표유하수가 늘고 투수성이 감소되어 토양의 이학적 성질이 악화되는 동시에 지하의 저수능력이 감퇴되어 호우 시에는 일시적인 지표유하수의 증가로 홍수의 원인이 된다.

24 다음 중 산림화재의 효용에 대한 설명으로 틀린 것은?

① 관목과 잡초가 우거진 임지에 인공식재를 하려고 할 때 식재 직전에 불을 넣어 제거
② 천연하종이 불가능한 때 적당히 불을 넣어 조부식층을 제거하여 천연하종을 가능하게 함
③ 병해충의 확산을 방지하고 중간기주를 제거
④ 폐쇄구과에 대한 발아 휴면성을 연장

해설

④ 산림화재는 폐쇄구과에 대한 휴면성을 타파하여 천연하종을 유도한다.

부록

과년도 + 최근
기출복원문제

01 모수작업법에 대한 설명으로 옳은 것은?

① 벌채가 집중되므로 경비가 많이 든다.

② 토양의 침식과 유실 우려가 거의 없다.

③ 종자의 비산능력을 갖추지 않은 수종도 가능하다.

④ 개별작업보다 신생임분의 구성을 잘 조절할 수 있다.

해설

모수작업법의 장단점

장점	• 벌채작업이 한 지역에 집중되므로 경제적인 작업을 진행할 수 있다. • 임지를 정비해 줌으로써 노출된 임지의 갱신이 이루어질 수 있다. • 개벌작업 다음으로 작업이 간편하다. • 개벌작업보다는 신생임분의 종적 구성을 더 잘 조절할 수 있다.
단점	• 토양의 침식과 유실 등이 우려된다. • 임지에 잡초와 관목이 무성하여 갱신에 지장을 주는 일이 많다. • 종자의 결실량과 비산능력을 갖춘 수종이어야 한다. • 전임지가 노출됨으로써 임지의 황폐가 오게 되어 종자발아와 치묘발육에 불리하다.

02 묘목을 단근할 때 나타나는 현상으로 옳은 것은?

① 주근 발달 촉진

② 활착률이 낮아짐

③ T/R률이 낮은 묘목 생산

④ 품질이 안 좋은 묘목 생산

해설

단근작업

묘목의 철 늦은 자람을 억제하고, 동시에 측근과 세근을 발달시켜 산지에 재식하였을 때 활착률(T/R률이 작을수록 활착률이 좋다)을 높이기 위하여 실시한다.

03 종자의 저장과 발아촉진을 겸하는 방법은?

① 냉습적법　　② 노천매장법

③ 침수처리법　④ 황산처리법

해설

① 냉습적법 : 발아촉진을 위한 후숙에 중점을 두는 저장법으로 용기 안에 보호재료인 이끼, 토회, 모래 등을 종자와 섞어서 넣고 3~5℃ 정도 되는 냉실 또는 냉장고 안에 두는 방법

③ 침수처리법 : 종자를 물에 담가 종피를 연화시키고 종피에 함유된 발아억제물질을 제거하기 위한 방법

④ 황산처리법 : 종피 혹은 과피가 두꺼워 수분의 흡수가 어려운 종자를 90%의 황산에 담가서 발아시키는 방법

04 결실을 촉진하기 위한 작업이 아닌 것은?

① 환상박피
② 솎아베기
③ 단근 처리
④ 콜히친 처리

콜히친 처리는 세포의 핵분열을 교란시켜 배수체 육종에 쓰이는 방법이다.

05 수피에 코르크가 발달되고 잎의 뒷면에 백색 성모가 많이 있는 수종은?

① 굴참나무
② 갈참나무
③ 신갈나무
④ 상수리나무

굴참나무
낙엽활엽수 교목으로 직립하고, 수피에는 두터운 코르크가 발달되었고 잎은 어긋나며 뒷면에 회백색 방사상의 털이 밀생한다. 꽃은 4~5월에 잎이 나기 전에 피며, 암수 한 그루이다.

06 파종량을 구하는 공식에서 득묘율이란?

① 일정 면적에서 묘목을 얻은 비율
② 솎아낸 묘목수에 대한 잔존 묘목수의 비율
③ 발아한 묘목수에 대한 잔존 묘목수의 비율
④ 파종된 종자입수에 대한 잔존 묘목수의 비율

득묘율 : 파종상에서 단위면적당 일정한 규격에 도달한 묘목을 얻어낼 수 있는 본수의 비

07 도태간벌에 대한 설명으로 옳은 것은?

① 복층구조 유도가 힘들다.
② 간벌재 이용에 유리하다.
③ 간벌양식으로 볼 때 하층간벌에 속한다.
④ 장벌기 고급 대경재 생산에는 부적합하다.

도태간벌의 특성
• 가장 우수한 우세목들을 선발하여 그 발달을 조장시켜 주는 명쾌한 목표의 무육벌채적 수단을 갖고 있는 간벌양식이다.
• 상층임관의 일시적 소개에 의해서 지피식생과 중·하층목이 발달되어 미래목의 수간 맹아 형성 억제와 복층구조 유도가 용이하다.
• 무육목표를 최종 수확목표인 미래목에 집중시킴으로써 장벌기 고급 대경재 생산에 유리하다.
• 간벌 대상목이 주로 미래목의 생장 방해목에 한정되기 때문에 간벌목 선정이 비교적 용이하다.
• 미래목 생장에 방해되지 않는 중·하층목 대부분은 존치되고 주로 미래목의 생장 방해목이 간벌됨으로써 간벌재 이용에 유리하다.

08 나무아래심기(수하식재)에 대한 설명으로 옳지 않은 것은?

① 수하식재는 임내의 미세환경을 개량하는 효과가 있다.

② 수하식재는 주임목의 불필요한 가지 발생을 억제하는 효과도 있다.

③ 수하식재는 표토 건조 방지, 지력 증진, 황폐와 유실 방지 등을 목적으로 한다.

④ 수하식재용 수종으로는 양수수종으로 척박한 토양에 견디는 힘이 강한 것이 좋다.

해설

수하식재

장령 및 노령의 임목이 생육하고 있는 숲속에 하목으로 식재하는 것을 말하는데, 수하식재용 수종은 내음력이 강한 음수수종 또는 반음수수종이 적합하다. 기존 임목의 생장을 촉진하기 위하여 비료목을 식재하는 경우, 임지의 생산력을 입체적으로 이용하기 위해 2단림을 조성할 경우, 수종갱신을 실시할 목적으로 심는 경우에 수하식재를 한다.

09 제벌작업에 대한 설명으로 옳지 않은 것은?

① 가급적 여름철에 실행한다.

② 낫, 톱, 도끼 등의 작업 도구가 필요하다.

③ 침입수종과 불량목 등 잡목 솎아베기 작업을 실시한다.

④ 간벌작업 실시 후 실시하는 작업단계로서 보육작업에서 가장 중요한 단계이다.

해설

제벌작업은 간벌작업이 시작되기 전 2~3회 실시한다.

10 발아에 가장 오랜 시일이 필요한 수종은?

① 화백
② 옻나무
③ 솔송나무
④ 자작나무

해설

수종별로 요구되는 발아시험 기간
• 14일간 : 사시나무, 느릅나무 등
• 21일간 : 가문비나무, 편백, 화백, 아까시 등
• 28일간 : 소나무, 해송, 낙엽송, 솔송나무, 삼나무, 자작나무, 오리나무 등
• 42일간 : 전나무, 느티나무, 목련, 옻나무 등

11 산림 부식질의 기능으로서 옳지 않은 것은?

① 토양가비중을 높인다.

② 토양 입자를 단단히 결합한다.

③ 토양수분의 이동, 저장에 영향을 미친다.

④ 질소, 인산 같은 양분의 공급원으로 제공된다.

해설

토양의 부식질이 많으면 양이온 및 음이온 교환장소로서 양분을 보유하며, 토양가비중을 낮추고 토양답압을 완화하며, 여러 가지 중금속이나 환경오염물이 식생에 미칠 수 있는 나쁜 영향을 감소시킨다.

12 용재생산과 연료생산을 동시에 할 수 있으며, 하목은 짧은 윤벌기로 모두 베어지고 상목은 택벌식으로 벌채되는 작업종은?

① 택벌작업   ② 산벌작업
③ 중림작업   ④ 왜림작업

> **해설**
> ① 택벌작업 : 한 임분을 구성하고 있는 임목 중 성숙한 임목만을 국소적으로 추출·벌채하여 갱신하는 것으로 설정된 갱신기간이 없고 임분은 항상 대소노유의 나무가 서로 혼생하도록 하는 작업
> ② 산벌작업 : 윤벌기에 비하여 비교적 짧은 갱신기간 중에 몇 차례에 걸친 벌채로 갱신면상에 있는 임목을 완전히 제거하는 작업으로 윤벌기가 완료되기 전 갱신이 완료되는 작업
> ④ 왜림작업 : 활엽수림에서 주로 땔감을 생산할 목적으로 비교적 짧은 벌기령으로 개벌하고, 그 뒤 근주에서 나오는 맹아로 갱신하는 방법

13 우량묘목의 기준으로 옳지 않은 것은?

① 뿌리에 상처가 없는 것
② 뿌리의 발달이 충실한 것
③ 겨울눈이 충실하고 가지가 도장하지 않는 것
④ 뿌리에 비해 지상부의 발육이 월등히 좋은 것

> **해설**
> 우량묘의 조건
> • 우량한 유전성을 지닌 것
> • 발육이 완전하고 조직이 충실하며, 정아의 발달이 잘 되어 있는 것
> • 가지가 사방으로 고루 뻗어 발달한 것
> • 근계의 발달이 충실한 것, 즉 측근과 세근의 발달량이 많을 것(지상부와 지하부 간의 발달이 균형되어 있을 것)
> • 온도 저하에 따른 고유의 변색과 광택을 가지는 것
> • T/R률이 작고 병충해의 피해가 없는 것

14 참나무속에 속하며 우리나라 남쪽 도서지방 등 따뜻한 곳에서 나는 상록성 수종은?

① 굴참나무   ② 신갈나무
③ 가시나무   ④ 너도밤나무

> **해설**
> 가시나무
> 참나무과에 속하는 상록활엽교목으로 난대림의 대표적인 수종의 하나로 웅대한 수형(樹形)을 감상할 수 있다.

15 특정 임분의 야생동물군집 보전을 위한 임분 구성 관리 방법으로 적절하지 못한 것은?

① 택벌사업
② 대면적 개벌사업
③ 혼효림 또는 복층림화
④ 침엽수 인공림 내외에 활엽수의 도입

> **해설**
> 특정 임분의 야생동물군집을 보전하기 위해서는 대면적 개벌사업으로 인한 인공조림을 지양하고 우량한 천연림을 경제림으로 유도하여야 한다.

16 접목의 활착률이 가장 높은 것은?

① 대목과 접수 모두 휴면 중일 때
② 대목과 접수 모두 생리적 활동을 시작하였을 때
③ 대목은 생리적 활동을 시작하고 접수는 휴면 중일 때
④ 대목은 휴면 중이고 접수는 생리적 활동을 시작하였을 때

> **해설**
> 접수는 양분축적기이거나 휴면상태이고, 대목은 뿌리가 움직여 생리활동을 시작할 때가 좋다.

17 부숙마찰법으로 종자 탈종이 가능한 수종은?

① 벗나무　　　② 밤나무
③ 전나무　　　④ 향나무

해설
부숙마찰법
일단 부숙시킨 후에 과실과 모래를 섞어서 마찰하여
과피를 분리하며 주목, 노간주나무, 은행나무, 벗나
무, 가래나무 등에 적용한다.

18 천연갱신의 장점으로 옳지 않은 것은?

① 임지를 보호한다.
② 생산된 목재가 대체로 균일하다.
③ 인공갱신에 비해 경비가 적게 든다.
④ 환경에 잘 적응된 수종으로 구성되어 있다.

해설
천연갱신의 장단점

장점	• 임목이 이미 긴 세월을 통해 그곳 환경에 적응된 것이므로 성림의 실패가 적다. • 임목의 생육환경을 그대로 잘 보호·유지할 수 있고 특히 임지의 퇴화를 막을 수 있다. • 종자와 노동비용이 절감된다. • 임지에 알맞는 수종으로 갱신되고, 어린나무는 어미나무로부터 보호를 받으며 생육할 수 있다.
단점	• 갱신 전 종자의 활착을 위한 작업, 임상정리가 필요하다. • 시간이 많이 소요되고, 기술적으로 실행하기 어렵다. • 목재생산 작업의 복잡성과 높은 기술이 필요하다.

19 가식작업에 대한 설명으로 옳지 않은 것은?

① 가급적 물이 잘 고이는 곳에 묻는다.
② 일시적으로 뿌리를 묻어 건조를 방지한다.
③ 낙엽수는 묘목 전체를 땅속에 묻어도 된다.
④ 조림지의 환경에 순응시키기 위해 실시한다.

해설
가식작업
• 묘목을 심기 전 일시적으로 도랑을 파서 그 안에 뿌리를 묻어 건조를 방지하고 생기를 회복시키는 작업이다.
• 1~2개월 정도 장기간 가식하고자 할 때에는 묘목을 다발에서 풀어 도랑에 한 줄로 세우고 충분한 양의 흙으로 뿌리를 묻은 다음 관수를 한다.
• 추기가식은 배수가 좋고 북풍을 막는 남향의 사양토 또는 식양토에 하고 춘기가식은 건조한 바람과 직사광선을 막는 동북향의 서늘한 곳에 한다.
• 조림지의 환경에 순응시키기 위해 실시한다.

20 데라사끼의 상층간벌에 속하는 것은?

① A종 간벌　　② B종 간벌
③ C종 간벌　　④ D종 간벌

④ D종 간벌 : 상층임관을 강하게 벌채하고 3급목을 남겨서, 수간과 임상이 직사광선을 받지 않도록 하는 것이다.
① A종 간벌 : 4·5급목을 제거하고 2급목의 소수를 끊는 방법으로, 임내를 정지하는 뜻이다. 간벌하기에 앞서 제벌 등 중간 벌채가 잘 이루어졌다면 할 필요가 거의 없다.
② B종 간벌 : 최하층의 4·5급목 전부와 3급목의 일부 그리고 2급목의 상당수를 벌채하는 것으로 C종과 함께 단층림에 있어서 가장 넓게 실시하고 있다.
③ C종 간벌 : B종보다 벌채하는 수관급이 광범위하고, 특히 1급목도 가까운 장래에 다른 1급목에 장해를 줄 가능성이 있는 경우 벌채하며, 우세목이 많은 성림에 적용한다.

21 동령림과 비교한 이령림의 장점으로 옳지 않은 것은?

① 산림경영상 산림조사 및 수확이 간편하다.
② 병충해 등 유해인자에 대한 저항력이 높다.
③ 시장의 목재 경기에 따라 벌기 조절에 융통성이 있다.
④ 숲의 공간구조가 복잡하여 생태적 측면에서는 바람직한 형태이다.

① 산림조사 및 수확이 간편한 것은 동령림의 장점이다.

22 수목의 측아생장을 억제하여 정아생장을 촉진시키는 호르몬은?

① 옥신　　② 에틸렌
③ 사이토키닌　　④ 아브시스산

옥신 : 측아의 생장을 억제하고 정아의 생장촉진, 뿌리의 생장억제, 줄기삽수의 발근 촉진, 살초제 역할 등을 한다.

23 묘목의 굴취시기로 가장 좋지 않은 때는?

① 흐린 날
② 비오는 날
③ 바람이 없는 날
④ 잎의 이슬이 마른 새벽

묘목의 굴취시기
• 묘목은 가을에 굴취해서 이듬해 봄, 식재할 때까지 가식하거나 냉장할 수 있으나, 식재하기 전 봄에 굴취하는 것이 가장 좋다.
• 낙엽수는 생장이 끝나고 낙엽이 완료된 후에 굴취한다.
• 비바람이 심할 때나 아침이슬이 있는 날은 작업을 피한다.

24 묘목의 연령을 표시할 때 1/2묘란?

① 6개월 된 삽목묘이다.

② 뿌리가 1년, 줄기가 2년 된 묘목이다.

③ 1/1묘의 지상부를 자른 지 1년이 지난 묘이다.

④ 이식상에서 1년, 파종상에서 2년을 보낸 만 3년생의 묘목이다.

해설
1/2묘 : 뿌리의 나이가 2년, 줄기의 나이가 1년인 묘목으로 1/1묘에 있어서 지상부를 한 번 절단해 주고 1년이 경과하면 1/2묘로 된다.

25 종자의 과실이 시과(翅果)로 분류되는 수종은?

① 참나무 ② 소나무

③ 단풍나무 ④ 호두나무

해설
시과(時果) : 과피가 발달해서 날개처럼 된 것
예 단풍나무류, 물푸레나무류, 느릅나무류, 가중나무 등

26 낙엽송잎벌에 대한 설명으로 옳지 않은 것은?

① 1년에 3회 발생한다.

② 어린 유충이 군서하여 잎을 가해한다.

③ 3령 유충부터는 분산하여 잎을 가해한다.

④ 기존의 가지보다는 새로운 가지에서 나오는 짧은 잎을 식해한다.

해설
④ 낙엽송잎벌 유충은 새로운 잎보다 2년 이상 가지의 오래된 짧은 잎을 선호하여 가해하는 특성이 있다.

27 대추나무 빗자루병 방제에 효과적인 약제는?

① 베노밀 수화제

② 아바멕틴 유제

③ 아세타미프리드 액제

④ 옥시테트라사이클린 수화제

해설
대추나무 빗자루병의 방제
병징이 심한 나무는 뿌리째 캐내어 태워버리고 병징이 심하지 않은 나무는 1,000~2,000ppm의 옥시테트라사이클린 수화제를 수간주입한다.

28 잡초나 관목이 무성한 경우의 피해로서 적당하지 않은 것은?

① 지표를 건조하게 한다.

② 병충해의 중간기주 역할을 한다.

③ 양수 수종의 어린나무 생장을 저해한다.

④ 임지를 갱신하려 할 때 방해요인이 된다.

해설
① 잡초나 관목이 무성한 경우에는 지표의 수분이 보존되어 건조해지지 않는다.

29 유해가스에 예민한 수목은 피해를 받으면 비교적 선명한 증상을 나타내는 현상을 이용하여 대기오염의 해를 감정하는 방법은?

① 지표식물법   ② 혈청진단법
③ 표징진단법   ④ 코흐의 법칙

해설

지표식물법(검지식물법)
연해에 감수성이 높은 지표식물을 연해가 있는 곳에 심어놓고 이들의 반응을 관찰한다.

30 세균에 의한 수목 병해는?

① 소나무 잎녹병
② 낙엽송 잎떨림병
③ 호두나무 뿌리혹병
④ 밤나무 줄기마름병

해설

① 소나무 잎녹병 : 담자균
② 낙엽송 잎떨림병 : 자낭균
④ 밤나무 줄기마름병 : 자낭균

31 오동나무 빗자루병의 병원체를 전파시키는 주요 매개 곤충은?

① 응애   ② 진딧물
③ 나무이   ④ 담배장님노린재

해설

오동나무 빗자루병의 병원은 파이토플라스마이며, 담배장님노린재에 의해 매개되고 병든 나무의 분근을 통해서도 전염된다.

32 지상부의 접목부위, 삽목의 하단부 등으로 병원균이 침입하고, 고온다습할 때 알칼리성 토양에서 주로 발생하는 것은?

① 탄저병
② 뿌리혹병
③ 불마름병
④ 리지나뿌리썩음병

해설

뿌리혹병
• 세균에 의한 토양전염성 병이다.
• 고온다습한 알칼리성 토양에서 자주 발생한다.
• 병원균이 뿌리혹 속에서 휴면포자 형태로 월동하였다가 주로 상처(접목부, 삽목 하단 등)를 통해 침입한다.
• 뿌리나 줄기 기부에 크고 작은 혹이 생기고, 초기에 연한 색을 띠다가 점차 커지며 갈색~흑갈색으로 변한다.

33 땅속에서 월동하는 해충이 아닌 것은?

① 솔잎혹파리
② 어스렝이나방
③ 잣나무넓적잎벌
④ 오리나무잎벌레

해설

어스렝이나방은 연 1회 발생하며, 줄기의 수피 위에서 알로 월동한다.

34 곤충의 몸 밖으로 방출되어 같은 종끼리 통신을 하는 데 이용되는 물질은?

① 퀴논(quinone)
② 호르몬(hormone)
③ 테르펜(terpenes)
④ 페로몬(pheromone)

해설

페로몬(pheromone)은 같은 종(種) 동물의 개체 사이의 의사소통에 사용되는 체외분비성 물질이다.

35 밤나무 줄기마름병의 병원체가 침입하는 경로는?

① 뿌리를 통한 침입
② 수피를 통한 침입
③ 잎의 기공을 통한 침입
④ 줄기의 상처를 통한 침입

해설

밤나무 줄기마름병의 병원체는 나뭇가지와 줄기를 침해하는데 병환부의 수피는 처음에 적갈색으로 변하고 약간 움푹해지며, 6~7월경에 수피를 뚫고 등황색의 소립이 밀생하여 마치 상어껍질처럼 된다.

36 포플러 잎녹병의 증상으로 옳지 않은 것은?

① 병든 나무는 급속히 말라 죽는다.
② 초여름에는 잎 뒷면에 노란색 작은 돌기가 발생한다.
③ 초가을이 되면 잎 양면에 짙은 갈색 겨울포자퇴가 형성된다.
④ 중간기주의 잎에 형성된 녹포자가 포플러로 날아와 여름포자퇴를 만든다.

해설

포플러 잎녹병의 병징
• 초여름에 잎의 뒷면에 누런 가루덩이(여름포자퇴)가 형성되고, 초가을에 이르면 차차 암갈색무늬(겨울포자퇴)로 변하며, 잎은 일찍 떨어진다.
• 중간기주인 낙엽송의 잎에는 5월 상순에서 6월 상순경에 노란 점이 생긴다.

37 산림해충 방제법 중 임업적 방제법에 속하는 것은?

① 천적 방사
② 기생벌 이식
③ 내충성 수종 이용
④ 병원 미생물 이용

해설

임업적 방제
• 산림구성 : 산림을 구성하는 수목을 조정하여 해충 발생의 피해를 줄인다.
• 밀도조절 : 임목의 밀도를 조절하여 피해를 줄인다.
• 입지 및 품종선택 : 내충성 수종을 이용하고 생장이 빠르고 활력이 강한 임목을 육성하여 해충에 대한 저항성을 높인다.

38 작은 나뭇가지에 다음 그림과 같은 모양으로 알을 낳는 해충은?

① 매미나방
② 천막벌레나방
③ 미국흰불나방
④ 복숭아심식나방

39 솔나방이 주로 산란하는 곳은?

① 솔잎 사이
② 솔방울 속
③ 소나무 수피 틈
④ 소나무 뿌리 부근 땅속

40 파이토플라스마에 의한 수목병은?

① 뽕나무 오갈병
② 벚나무 빗자루병
③ 소나무 잎떨림병
④ 아카시아 모자이크병

41 매미나방에 대한 설명으로 옳은 것은?

① 2,4-D 액제를 사용하여 방제한다.
② 연간 2회 발생하며, 유충으로 월동한다.
③ 침엽수, 활엽수를 가리지 않는 잡식성이다.
④ 암컷이 활발하게 날아다니며 수컷을 찾아다닌다.

42 완전변태를 하는 해충에 속하는 것은?

① 솔거품벌레
② 도토리거위벌레
③ 솔껍질깍지벌레
④ 버즘나무방패벌레

43 포플러 잎녹병의 중간기주는?

① 오동나무
② 오리나무
③ 졸참나무
④ 일본잎갈나무

포플러 잎녹병의 중간기주는 일본잎갈나무(낙엽송)이다.

44 아황산가스에 의한 피해가 아닌 것은?

① 증산작용이 쇠퇴한다.
② 잎의 주변부와 엽맥 사이 조직이 괴사한다.
③ 소나무류에서는 침엽이 적갈색으로 변한다.
④ 어린잎의 엽맥과 주변부에 백화현상이나 황화현상을 일으킨다.

아황산가스를 축적한 조직 내의 세포는 수분보유능력을 상실하게 되어 세포액이 세포간극을 따라 확산됨으로써 이 부분의 조직은 회녹색이 되며, 연약해진 부위는 점차 마르고 표백되어 황녹색 또는 상아색의 괴사부를 만들게 된다.

45 페니트로티온 50% 유제(비중 1.0)를 0.1%로 희석하여 ha당 1,000L를 살포하려고 할 때 필요한 소요약량은?

① 500mL   ② 1,000mL
③ 2,000mL   ④ 2,500mL

소요약량 = 단위면적당 사용량/소요 희석배수
        = 0.1% × 1,000,000/50% × 1.0
        = 2,000mL

46 예불기 카브레터의 일반적인 청소 주기는?

① 10시간   ② 20시간
③ 50시간   ④ 100시간

클러치드럼 청소, 부분품 조이기, 카브레터의 청소는 100시간을 주기로 청소해야 한다.

47 전목집재 후 집재장에서 가지치기 및 조재작업을 수행하기에 가장 적합한 장비는?

① 스키더   ② 포워더
③ 프로세서   ④ 펠러번처

프로세서
하베스터와 유사하나 벌도기능만 없는 장비, 즉 일반적으로 전목재의 가지를 제거하는 가지자르기 작업, 재장을 측정하는 조재목 마름질 작업, 통나무 자르기 등 일련의 조재작업을 한 공정으로 수행하여 원목을 한곳에 쌓을 수 있는 장비

48 기계톱에 연료를 혼합하여 사용하고 있다. 이에 대한 설명으로 옳지 않은 것은?

① 윤활유가 과다하면 출력저하나 시동불량 현상이 나타난다.
② 윤활유로 인해 휘발유가 희석되기 때문에 기계톱에는 옥탄가가 높은 휘발유를 사용한다.
③ 휘발유에 대한 윤활유의 혼합비가 부족하면 피스톤, 실린더 및 엔진 각 부분에 눌어붙을 수 있다.
④ 휘발유와 윤활유를 20 : 1~25 : 1의 비율로 혼합하나 체인톱 전용 윤활유를 사용하는 경우 40 : 1로 혼합하기도 한다.

해설
기계톱은 2행정 기관이므로 혼합유(휘발유와 윤활유)를 사용하고 내폭성이 낮은 저옥탄가의 가솔린을 사용하여야 한다. 옥탄가가 높은 휘발유를 사용하면 사전점화 또는 고폭발로 인하여 치명적인 기계손상을 입게 된다.

49 집재거리가 길어 스카이라인이 지면에 닿아 반송기의 주행이 곤란할 때 설치하는 장치는?

① 턴버클
② 도르래
③ 힐블럭
④ 중간지지대

해설
가선집재에서는 지주목 또는 중간지지대 사이 스카이라인의 수평거리로 머리기둥과 꼬리기둥 사이에 사잇기둥(중간지지대)이 있는 경우를 다지간(Multi span) 가공본줄 시스템, 없는 경우를 단지간(Single Span) 가공본줄 시스템으로 구분한다.

50 예불기를 휴대 형식으로 구분한 것으로 가장 거리가 먼 것은?

① 등짐식   ② 손잡이식
③ 허리걸이식   ④ 어깨걸이식

해설
예불기 종류
• 휴대 형식별 분류 : 어깨걸이식, 손잡이식, 등짐식
• 엔진 종류에 의한 분류 : 엔진식, 전동식
• 절단부 동작 방식에 의한 분류 : 회전날식, 직선왕복날식, 왕복요동식, 나일론코드식

51 4기통 디젤엔진의 실린더 내경이 10cm, 행정이 4cm일 때 이 엔진의 총배기량은?

① 785cc   ② 1,256cc
③ 4,000cc   ④ 3,140cc

해설
총배기량 = 배기량 × 총실린더 수
$$= \left(\frac{\pi}{4} \times 실린더\ 내경^2 \times 행정 \right) \times 총실린더\ 수$$
$$= (0.785 \times 10^2 \times 4) \times 4$$
$$= 1,256cc$$

52 산림작업용 도구의 자루를 원목으로 제작하려 할 때 가장 부적합한 것은?

① 옹이가 있으면 더욱 단단해서 좋다.
② 목질섬유가 길고 탄성이 크며, 질긴 나무가 좋다.
③ 일반적으로 가래나무 또는 물푸레나무 등이 적합하다.
④ 다듬어진 각목의 섬유방향은 긴 방향으로 배열되어야 한다.

해설
옹이가 없고, 갈라진 흠이 없는 목재가 적합하다.

53 집재용 도구로 적합하지 않은 것은?

① 로그잭 ② 피커룬
③ 캔트훅 ④ 파이크폴

① 로그잭 : 조재작업이 편리하도록 원목을 지상에서 들어 올린 상태를 유지시켜 주는 기구
② 피커룬 : 나무 다발을 들어 올려 적재할 때 사용하는 보조도구로 머리 모양은 도끼와 비슷하지만 손잡이 끝부분에 도끼날이 아니라 꼬챙이가 달린 것
③ 캔트훅 : 주로 집재장 또는 제재소 데크(Deck)에서 원목을 굴리는 데 쓰이고, 끝이 뾰족하지 않은 것을 제외하면 피비(peavy)와 유사함
④ 파이크폴 : 목재업에서 통나무를 잡거나 끌 때 사용하는 쇠갈고리가 달린 긴 막대

54 기계톱 체인의 수명 연장 및 파손 방지 예방 방법으로 가장 적합한 것은?

① 석유에 넣어 둔다.
② 윤활유에 넣어 둔다.
③ 가솔린에 넣어 둔다.
④ 그리스에 넣어 둔다.

기계톱 체인의 수명 연장 및 파손 방지 예방방법
• 자주 갈되 줄질은 적게 한다.
• 체인톱은 야간에 윤활유에 보존시킨다.
• 체인톱에 기름질을 할 때에는 좋은 오일을 사용한다.
• 체인톱을 매일 교체하여 사용하면 그 수명을 연장시킬 수 있다.

55 기계톱에 연속조작 시간으로 가장 적당한 것은?

① 10분 이내 ② 30분 이내
③ 45분 이내 ④ 1시간 이내

기계톱 안전수칙
• 방진방법으로 기관부와 톱 체인부에서 발생하는 진동이 방진고무와 핸들의 피복고무에 흡수되는 방진장갑을 사용한다.
• 기계톱의 사용시간은 1일 2시간 이내로 하고 10분 이상 연속운전을 피한다.

56 가선 집재용 장비가 아닌 것은?

① 타워야더
② 아크야 윈치
③ 파르미 트랙터
④ 나무운반 미끄럼틀

④ 나무운반 미끄럼틀(수라) : 공해발생이 없는 친환경 집재장비로 중력을 이용하여 벌채된 원목(직경 25cm 이내)을 하향집재하거나 토목 자재 이동 등에서 사용되는 장비로서 임지훼손이 매우 적으며 무게가 가볍고 설치가 비교적 간단하다.
① 타워야더(삭도집재기) : 100m 이상 장거리에 생산된 원목을 공중으로 띄워 상·하향으로 집재하는 고성능 집재장비로 임지훼손을 최소화하여 농경지를 피하고 강이나 급경사지에서 집재가 가능한 고성능 집재장비이다.
② 아크야 윈치 : 엔진이 장착되어 있어 절단된 목재를 끌어당기는 데 사용하는 기계이다.
③ 파르미 트랙터 : 트랙터 부착형 집재기이다.

57 대표적인 다공정 처리기계로서 벌도, 가지치기, 조재목 다듬질, 토막내기 작업을 모두 수행할 수 있는 기계는?

① 포워더
② 펠러번처
③ 하베스터
④ 프로세서

해설
하베스터 : 임내를 이동하면서 입목의 벌도·가지제거·절단작동 등의 작업을 하는 기계로서, 벌도 및 조재작업을 1대의 기계로 연속작업할 수 있는 장비

58 다음 그림과 같이 나무가 걸쳐있을 때에 압력부는 어느 위치인가?

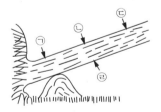

① 위치 ㉠
② 위치 ㉡
③ 위치 ㉢
④ 위치 ㉣

해설
압력부 : 나무가 걸쳐있는 부분에서 압력이 발생하는 부분

59 가솔린엔진과 비교할 때 디젤엔진의 특징으로 옳지 않은 것은?

① 열효율이 높다.
② 토크변화가 작다.
③ 배기가스 온도가 높다.
④ 엔진 회전속도에 따른 연료공급이 자유롭다.

해설
디젤엔진은 과급으로 인한 높은 공연비 덕분에 연소 후 단위 질량당 에너지밀도가 낮고 따라서 배기가스 온도가 가솔린엔진에 비해 상당히 낮은 편이다. 때문에 터보차저의 터빈이 고열에 의해 손상될 위험성이 낮아서 터보차저를 조합하기가 용이하다.

60 임업용 기계톱의 소체인 톱니의 피치(pitch)의 정의로 옳은 것은?

① 서로 접한 3개의 리벳간격을 2로 나눈 값
② 서로 접한 2개의 리벳간격을 3으로 나눈 값
③ 서로 접한 4개의 리벳간격을 3으로 나눈 값
④ 서로 접한 3개의 리벳간격을 4로 나눈 값

해설
기계톱 소체인 톱니의 피치 : 서로 접하여 있는 3개의 리벳간격을 2로 나눈 값

01 지력을 향상시키기 위한 비료목으로 적당하지 않은 것은?

① 오리나무   ② 갈참나무
③ 자귀나무   ④ 소귀나무

해설

비료목의 종류

콩과 수목	아까시나무, 자귀나무, 족제비싸리, 싸리류, 칡 등
방사상균 속	오리나무류, 보리수나무류, 소귀나무 등
기타	갈매나무, 붉나무, 딱총나무 등

02 데라사끼식 간벌에 있어서 간벌량이 가장 적은 방식은?

① A종 간벌   ② B종 간벌
③ C종 간벌   ④ D종 간벌

해설

A종 간벌

• 4급목과 5급목을 제거하고 2급목의 소수를 끊는 방법으로, 임내를 정지한다는 뜻이다.
• 간벌하기에 앞서 제벌 등 선행되는 중간벌채가 잘 이루어졌다면 A종 간벌을 할 필요성은 거의 없다.

03 일본잎갈나무 1-1묘 산출 시 근원경의 표준 규격은?

① 3mm 이상   ② 4mm 이상
③ 5mm 이상   ④ 6mm 이상

해설

일본잎갈나무(낙엽송) 노지묘의 묘목규격표(종묘사업실시요령)

묘령	간장		근원경 mm 이상	적용 H/D율* 이하
	최소 cm 이상	최대 cm 이하		
1-1	35	60	6	90

* '적용 H/D율'은 검사 대상묘목이 최대간장기준 이상일 경우 적용

04 개벌작업의 장점으로 옳지 않은 것은?

① 양수수종 갱신에 유리하다.
② 방법이 간단하여 경영이 용이하다.
③ 임지의 모든 수목이 제거되어 지력유지에 용이하다.
④ 동령림이 형성되어 모든 숲가꾸기 작업이 편하고 경제적이다.

해설

개벌작업의 장점

• 작업의 실행이 용이하고 빠르며 높은 기술을 요하지 않는다.
• 양수의 갱신에 적용될 수 있다.
• 벌채, 운재 등 작업이 집중되기 때문에 비용이 절약되고 치수에 손상을 입히는 일이 적다.
• 동일한 규격의 목재를 생산할 수 있어서 경제적으로 유리하다.
• 동령일제림이 형성되기 때문에 각종 보육작업을 편리하게 할 수 있다.
• 인공식재로 갱신하면 새로운 수종을 도입할 수 있다.
• 성숙한 임분을 갱신하는 데 알맞은 방식이다.

05 어미나무를 비교적 많이 남겨서 천연갱신을 통해 후계림을 조성하되 어미나무는 대경재 생산을 위해 그대로 두는 작업종은?

① 개벌작업
② 산벌작업
③ 택벌작업
④ 보잔목작업

> **해설**
> 보잔목작업 : 모수작업을 할 때 남겨 둘 모수의 수를 좀 많게 하고, 이것을 다음 벌기까지 남겨서 품질이 좋은 대경재생산을 목적으로 한다.

06 늦은 가을철 묘목가식을 할 때 묘목의 끝 방향으로 가장 적합한 것은?

① 동쪽
② 서쪽
③ 남쪽
④ 북쪽

> **해설**
> 추기가식은 배수가 좋고 북풍을 막는 남향의 사양토 또는 식양토에 한다.

07 모수작업법에 대한 설명으로 옳지 않은 것은?

① 양수수종의 갱신에 적합하다.
② 작업방법이 용이하고 경제적이다.
③ 작업 후 낙엽층이 손상되지 않도록 주의한다.
④ 소나무의 갱신치수가 발생하면 풀베기를 해줘야 한다.

> **해설**
> 모수작업법
> • 벌채작업이 한 지역에 집중되므로 경제적인 작업을 진행할 수 있다.
> • 임지를 정비해 줌으로써 노출된 임지의 갱신이 이루어질 수 있다.
> • 개벌작업 다음으로 작업이 간편하다.
> • 양성을 띤 수종의 갱신에 적당하다.
> • 모수가 종자를 공급하므로 넓은 면적이 일시에 벌채되고 갱신이 될 수 있다.
> • 미관상 아름답지 못한 수풀이 되고 갱신이 늦어질 때는 경제적으로 손실이 온다.

08 산벌작업 과정에서 모수로 부적합한 것을 선정하여 벌채하는 작업은?

① 종벌
② 후벌
③ 하종벌
④ 예비벌

> **해설**
> 예비벌
> • 밀립상태에 있는 성숙임분에 대한 갱신 준비의 벌채로 임목재적의 10~30%를 제거한다.
> • 벌채대상은 중용목과 피압목이고, 형질이 불량한 우세목과 준우세목도 벌채될 수 있다.
> • 간벌작업이 잘 된 임분에 있어서는 예비벌이 거의 필요 없고 때에 따라서는 생략되며 직접 하종벌이 시작될 수도 있다.
> • 임관을 약하게 소개시켜 나무가 햇빛을 받아 결실을 맺는 데 이롭게 하고, 임지에 쌓여 있는 부식질의 분해를 촉진시켜 어린나무의 발생을 촉진시킨다.

09 종자 정선 방법으로 풍선법을 적용하기 어려운 수종은?

① 밤나무   ② 소나무
③ 가문비나무   ④ 일본잎갈나무

해설

밤나무의 종자는 무게가 있어서 1립씩 눈으로 감별하면서 손으로 선별하는 입선법을 적용한다.

10 묘포상에서 해가림이 필요 없는 수종은?

① 전나무   ② 삼나무
③ 사시나무   ④ 가문비나무

해설

소나무, 해송, 리기다, 사시나무 등의 양수는 해가림이 필요 없으나 가문비나무, 잣나무, 전나무, 낙엽송, 삼나무, 편백 등은 해가림이 필요하다.

11 용재 생산목적 수종으로 가장 거리가 먼 것은?

① 소나무   ② 느티나무
③ 자작나무   ④ 상수리나무

해설

느티나무는 관상용, 공업용(목재) 수종이다.

12 지력이 좋고 수분이 많아 잡초가 무성하고 기후가 온난하며, 주로 소나무 조림지에 적합한 풀베기 방법은?

① 줄베기   ② 점베기
③ 모두베기   ④ 둘레베기

해설

① 줄베기 : 가장 많이 사용되는 방법으로 조림목의 줄을 따라 해로운 식물을 제거하고 줄 사이에 있는 풀은 남겨두는 방법이다.
④ 둘레베기 : 조림목의 둘레를 약 1m의 지름으로 둥글게 깎아내는 방법이다. 줄베기와 둘레베기는 전면베기에 비해, 흙의 침식을 막는 작용을 하지만 밀식조림지에는 적용이 힘들다.

13 종자 정선 후 바로 노천매장을 하는 수종은?

① 벚나무   ② 피나무
③ 전나무   ④ 삼나무

해설

종자를 정선한 후 곧 노천매장해야 할 수종 : 들메나무, 단풍나무류, 벚나무류, 잣나무, 백송, 호두나무, 가래나무, 느티나무, 백합나무, 은행나무, 목련류 등

14 종자의 발아력 조사에 쓰이는 약제는?

① 에틸렌
② 지베렐린
③ 테트라졸륨
④ 사이토키닌

테트라졸륨 0.1~1.0%의 수용액에 생활력이 있는 종자의 조직을 접촉시키면 붉은색으로 변하고, 죽은 조직에는 변화가 없다.

15 겉씨식물에 속하는 수종은?

① 밤나무
② 은행나무
③ 가시나무
④ 신갈나무

겉씨식물 : 밑씨가 씨방에 싸여 있지 않고 밖으로 드러나 있는 식물로 은행나무, 소나무, 향나무, 노간주나무 등이 있다.

16 대목의 수피에 T자형으로 칼자국을 내고 그 안에 접아를 넣어 접목하는 방법은?

① 절접   ② 눈접
③ 설접   ④ 할접

① 절접 : 지표면에서 7~12cm 되는 곳에 대목을 절개하여 접수의 접합 부위가 대목과 접수의 형성층 부위와 일치할 수 있도록 절개부위에 접수를 끼워 넣어 접목하는 법
③ 설접 : 대목과 접수의 굵기가 비슷한 것에서 대목과 접수를 혀 모양으로 깎아 맞추고 졸라매는 접목방법
④ 할접 : 대목이 비교적 굵고 접수가 가늘 때 적용하는 방법으로 접수에는 끝눈을 붙이고 1cm 길이만 침엽을 남겨 아래에 삭면을 만들어 접목하는 방법

17 일정한 면적에 직사각형 식재를 할 때 소요 묘목수 계산식은?

① 조림지면적/묘간거리
② 조림지면적/(묘간거리)^2
③ 조림지면적/(묘간거리)$^2 \times 0.866$
④ 조림지면적/묘간거리 × 줄 사이의 거리

직사각형 식재 : 열간에 비하여 묘목 사이의 거리가 더 긴 것
$N = A/a \times b$
여기서, N : 식재할 묘목수
        A : 조림지 면적
        a : 묘목 사이의 거리
        b : 열간거리

18 덩굴식물을 제거하는 방법으로 옳지 않은 것은?

① 디캄바 액제는 콩과식물에 적용한다.
② 인력으로 덩굴의 줄기를 제거하거나 뿌리를 굴취한다.
③ 글라신 액제는 2~3월 또는 10~11월에 사용하는 것이 효과적이다.
④ 약제 처리 후 24시간 이내에 강우가 예상될 경우 약제 처리를 중지한다.

해설
③ 글라신 액제 처리는 덩굴류의 생장기인 5~9월에 실시한다.

19 묘목가식에 대한 설명으로 옳지 않은 것은?

① 동해에 약한 유묘는 움가식을 한다.
② 비가 올 때에는 가식하는 것을 피한다.
③ 선묘 결속된 묘목은 즉시 가식하여야 한다.
④ 지제부는 낮게 묻어 이식이 편리하게 한다.

해설
④ 지제부가 10cm 이상 묻히도록 깊게 가식한다.

20 어린나무가꾸기의 1차 작업시기로 가장 알맞은 것은?

① 풀베기가 끝난 3~5년 후
② 가지치기가 끝난 5~6년 후
③ 덩굴제거가 끝난 1~2년 후
④ 솎아베기가 끝난 6~9년 후

해설
대개 풀베기가 끝나고 3~5년이 지난 다음에 1차 작업을 시작하고, 다시 3~4년이 지난 다음 2차 작업을 하며, 제거 대상목의 맹아가 약한 6~9월 중에 실시한다.

21 갱신 대상 조림지를 띠모양으로 나누어 순차적으로 개벌해 가면서 갱신하는 것으로 3차례 이상에 걸쳐서 개벌하는 것은?

① 군상개벌법
② 대면적 개벌법
③ 교호대상개벌법
④ 연속대상개벌법

해설
① 군상개벌법 : 지형이 불규칙하고 험준하며 규칙적 갱신벌채를 한다는 것이 사실상 불가능할 때 적합한 방법
② 대면적 개벌법 : 갱신벌채 이전부터 땅속에 매몰되어 있던 종자가 발아할 경우, 특히 종자 발아력이 오래 유지되는 수종에 적합한 방법으로 대면적 임분을 한 번에 개벌하여 측방천연하종으로 갱신하는 방법
③ 교호대상개벌법 : 임지를 띠모양의 작은 작업단위로 나누고 작은 작업단위를 엇바꾸어 가면서 모두 벌채하는 작업방법

22 임목 간 식재밀도를 조절하기 위한 벌채방법에 속하는 것은?

① 간벌작업 ② 개벌작업
③ 산벌작업 ④ 중림작업

② 개벌작업 : 갱신하고자 하는 임지 위에 있는 임목을 일시에 벌채하여 이용하고, 그 적지에 새로운 임분을 조성시키는 방법
③ 산벌작업 : 윤벌기에 비하여 비교적 짧은 갱신기간 중에 몇 차례에 걸친 벌채로 갱신면상에 있는 임목을 완전히 제거하는 작업
④ 중림작업 : 교림과 왜림을 동일 임지에 함께 세워 경영하는 방법으로 하목으로서의 왜림은 맹아로 갱신되며, 일반적으로 연료재와 소경목을 생산하고 상목으로서의 교림은 일반용재로 생산하는 방법

23 그루터기에서 발생하는 맹아를 이용하여 후계림을 만드는 작업을 무엇이라 하는가?

① 왜림작업 ② 개벌작업
③ 산벌작업 ④ 택벌작업

왜림작업
• 활엽수림에서 주로 땔감을 생산할 목적으로 비교적 짧은 벌기령으로 개벌하고, 그 뒤 근주에서 나오는 맹아로서 갱신하는 방법이다.
• 왜림작업은 그 생산물이 대부분 연료재로 잘 이용되었기 때문에 연료림작업이라고도 한다.

24 매년 결실하는 수종은?

① 소나무 ② 오리나무
③ 자작나무 ④ 아까시나무

결실주기
• 해마다 결실을 보이는 것 : 버드나무류, 포플러류, 오리나무류, 느릅나무, 물갬나무 등
• 격년 결실을 하는 것 : 소나무류, 오동나무류, 자작나무류, 아까시, 리기다 소나무 등
• 2~3년을 주기로 하는 것 : 참나무류, 들메나무, 느티나무, 삼나무, 편백, 상수리나무 등
• 3~4년을 주기로 하는 것 : 전나무, 녹나무, 가문비나무 등
• 5년 이상을 주기로 하는 것 : 너도밤나무, 낙엽송, 방크스소나무 등

25 파종상에서 2년, 그 뒤 판갈이상에서 1년을 지낸 3년생 묘목의 표시방법은?

① 1-2묘 ② 2-1묘
③ 0-3묘 ④ 1-1-1묘

① 1-2묘 : 파종상에서 1년, 그 뒤 2번 상체되어 3년을 지낸 3년생 묘목
③ 0-3묘 : 뿌리의 연령이 3년이고 지상부는 절단 제거한 삽목묘로서 이것을 뿌리묘라고 함(0/3묘)
④ 1-1-1묘 : 파종상에서 1년, 그 뒤 2번 상체된 일이 있고 각 상체상에서 1년을 경과한 3년생 묘목

26 주풍(계속적이고 규칙적으로 부는 바람)에 의한 피해로 가장 거리가 먼 것은?

① 수형을 불량하게 한다.
② 임목의 생장량이 감소된다.
③ 침엽수는 상방편심 생장을 하게 된다.
④ 기공이 폐쇄되어 광합성능력이 저하된다.

해설
④ 기공은 일시적이고 강한 바람(폭풍 등)에 의해 폐쇄되고 광합성 능력이 저하된다.

27 해충 방제이론 중 경제적 피해수준에 대한 설명으로 옳은 것은?

① 해충에 의한 피해액과 방제비가 같은 수준인 해충의 밀도를 말한다.
② 해충에 의한 피해액이 방제비보다 높은 때의 해충의 밀도를 말한다.
③ 해충에 의한 피해액이 방제비보다 낮을 때의 해충의 밀도를 말한다.
④ 해충에 의한 피해액과 무관하게 방제를 해야 하는 해충의 밀도를 말한다.

해설
경제적 피해수준 : 경제적으로 피해를 주는 최소의 밀도, 즉 해충의 피해액과 방제비가 같은 수준인 밀도를 말하며, 작물의 종류나 지역, 경제·사회적 조건 등에 따라서 달라진다.

28 손이나 그물 등을 사용하여 해충을 직접 잡아 방제하는 것은?

① 포살법   ② 소살법
③ 직살법   ④ 수살법

해설
포살법
해충을 손이나 그물 등을 이용하여 직접 포살하는 방법으로 어스렝이나방, 짚시나방, 미국흰불나방 등의 난괴를 채취소각하고 하늘소, 유리나방, 굴벌레나방 등은 철사를 이용하여 찔러 죽이고 잎벌레, 바구미류는 나무에 진동을 주어 떨어뜨려 포살하기도 한다.

29 가뭄이나 해충의 피해를 받아 약해진 나무에 잘 발생하는 병으로 주로 신초의 침엽기부를 고사시키는 것은?

① 소나무 혹병
② 소나무 줄기녹병
③ 소나무 재선충병
④ 소나무 가지끝마름병

해설
소나무 가지끝마름병
어린 가지와 새잎, 종자를 고사시키는 병으로 주로 가뭄이나 해충의 피해를 받아 약해진 나무에서 발생한다.

30 주제를 용제에 녹여 계면활성제를 유화제로 첨가하여 제재한 약제 종류는?

① 유제   ② 입제
③ 분제   ④ 수화제

해설

① 유제 : 물에 녹지 않거나 지용성인 주제를 유기용매에 녹여 유화제를 첨가한 용액
② 입제 : 유효성분을 담체인 고체 증량제와 혼합분쇄하고, 보조제로 고결제, 안정제, 계면활성제를 가하여 입상으로 성형하거나 담체에 유효성분을 피복시킨 것
③ 분제 : 유효성분을 Talc, 점토광물 등의 고체증량제와 소량의 보조제를 혼합분쇄한 미분말 형태
④ 수화제 : 비수용성 유효성분에 비수용성 증량제 (Kaolin, Bentonite 등의 점토광물)를 더하고 계면활성제, 분산제 배합, 혼합분쇄, 제제화를 하여 사용하는 것

31 해충이 나무에서 내려올 때 줄기에 짚이나 가마니를 감아 해충이 파고 들도록 하여 이것을 태워서 해충을 방제하는 방법은?

① 등화 유살법
② 경운 유살법
③ 잠복장소 유살법
④ 번식장소 유살법

해설

잠복장소 유살법
솔나방, 미국흰불나방 등의 유충이 월동을 위해 줄기를 타고 땅으로 내려오는 시기에 볏짚 등을 미리 나무줄기에 감아 두었다가 다음 해 봄에 설치물과 함께 소각한다. 볏짚의 상단 고정 끈은 느슨하게 묶어 줄기로 내려오는 해충이 볏짚 안으로 유입되도록 하고, 하단은 단단히 묶어 해충이 유출되지 않도록 한다.

32 주로 묘목에 큰 피해를 주며 종자를 소독하여 방제하는 것은?

① 잣나무 털녹병
② 두릅나무 녹병
③ 밤나무 줄기마름병
④ 오리나무 갈색무늬병

해설

오리나무 갈색무늬병은 병원균이 종자에 묻어 있는 경우가 많으므로 유기수화제로 종자를 소독하여 방제한다.

33 우리나라에서 발생하는 상주(서릿발)에 대한 설명으로 옳은 것은?

① 가장 추운 1월 중순에 많이 발생한다.
② 중부지방보다 남부지방에서 잘 발생한다.
③ 토양함수량이 90% 이상으로 많을 때 발생한다.
④ 비료를 주어 상주 생성을 막을 수 있지만 질소비료는 가장 효과가 낮다.

해설

상주
겨울에 토양 중의 수분이 빨려 올라와 가늘고 긴 빙주가 다발로 되어 표면에 솟아난 것을 상주라고 하며, 상주는 토양수분이 60% 이상이고 지표온도는 0℃ 이하, 지중온도는 영상일 때 발생하게 된다. 우리나라에서는 남부지방의 식질토양에서 많이 발생한다.

34 외국에서 들어온 해충이 아닌 것은?

① 솔나방
② 밤나무혹벌
③ 미국흰불나방
④ 버즘나무방패벌레

솔나방은 국내에 주로 분포하는 나비목 곤충으로 소나무류에 속하는 소나무, 솔송나무, 잣나무의 잎을 먹으므로 해충에 속한다.

35 알로 월동하는 해충은?

① 독나방
② 매미나방
③ 미국흰불나방
④ 참나무재주나방

① 독나방 : 유충
③ 미국흰불나방 : 번데기
④ 참나무재주나방 : 번데기

36 아황산가스에 대한 저항성이 가장 약한 수종은?

① 향나무　　　② 은행나무
③ 자작나무　　④ 동백나무

• 아황산가스에 약한 수종 : 독일가문비나무, 소나무, 대왕송, 잣나무, 삼나무, 왕벚나무, 자작나무 등
• 아황산가스에 강한 수종 : 비자나무, 편백, 가시나무, 녹나무, 아왜나무, 팡팡나무, 동백나무, 사철나무 등

37 포플러 잎녹병의 중간기주에 해당하는 것은?

① 잔대, 모싯대
② 쑥부쟁이, 참취
③ 소나무, 등골나무
④ 일본잎갈나무, 현호색

포플러 잎녹병의 중간기주 : 낙엽송(일본잎갈나무), 현호색, 줄꽃주머니

38 송이풀이나 까치밥나무와 기주교대를 하는 것은?

① 소나무 혹병
② 소나무 잎녹병
③ 잣나무 털녹병
④ 배나무 붉은별무늬병

잣나무 털녹병은 송이풀, 까치밥나무 등과 기주교대 한다.

39 대추나무 빗자루병 방제를 위한 약제로 가장 적합한 것은?

① 피리다벤 수화제
② 디플루벤주론 수화제
③ 비티쿠르스타키 수화제
④ 옥시테트라사이클린 수화제

> **해설**
> 대추나무 빗자루병의 방제
> 병징이 심한 나무는 뿌리째 캐내어 태워버리고 병징이 심하지 않은 나무는 1,000~2,000ppm의 옥시테트라사이클린 수화제를 수간주입한다.

40 모잘록병의 방제법으로 옳지 않은 것은?

① 병이 심한 묘포지는 돌려짓기를 한다.
② 인산질 비료를 많이 주어 묘목을 관리한다.
③ 묘상이 과습할 정도로 수분을 충분히 보충한다.
④ 파종량을 적게 하고 복토가 너무 두껍지 않도록 한다.

> **해설**
> ③ 묘상이 과습하면 모잘록병의 주요 원인균이 번식하기 쉬워 피해가 심해진다.

41 파이토플라스마에 의해 발병하지 않는 것은?

① 뽕나무 오갈병
② 벚나무 빗자루병
③ 오동나무 빗자루병
④ 대추나무 빗자루병

> **해설**
> 벚나무 빗자루병은 자낭균에 의해 발병한다.

42 잠복기간이 가장 짧은 수목병은?

① 소나무 혹병
② 잣나무 털녹병
③ 포플러 잎녹병
④ 낙엽송 잎떨림병

> **해설**
> ③ 포플러 잎녹병 : 4~6일
> ① 소나무 혹병 : 1~2년
> ② 잣나무 털녹병 : 2~4년
> ④ 낙엽송 잎떨림병 : 1~2개월

43 소나무좀에 대한 설명으로 옳은 것은?

① 주로 건전한 나무를 가해한다.

② 월동 성충이 수피를 뚫고 들어가 알을 낳는다.

③ 1년 2회 발생하며 주로 봄과 가을에 활동한다.

④ 부화한 유충은 성충의 갱도와 평행하게 내수피를 섭식한다.

해설

② 월동 성충이 나무껍질을 뚫고 들어가 산란한 알에서 부화한 유충이 나무껍질 밑을 식해한다.

① 수세가 쇠약한 벌목, 고사목에 기생한다.

③ 연 1회 발생하지만 봄과 여름 두 번 가해한다.

④ 부화한 유충은 갱도와 직각방향으로 내수피를 파먹어 들어가면서 유충갱도를 형성한다.

45 밤나무혹벌의 번식형태로 옳은 것은?

① 단위생식

② 유성생식

③ 다배생식

④ 유성번식

해설

밤나무혹벌은 암컷만으로 단위생식을 한다.

46 체인톱 작업 중 위험에 대비한 안전장치가 아닌 것은?

① 스프로킷

② 핸드가드

③ 체인잡이

④ 체인브레이크

해설

원심클러치드럼에 부착된 스프로킷은 크랭크축의 회전을 체인에 전달하여 톱체인을 구동한다.

44 솔잎혹파리에 대한 설명으로 옳지 않은 것은?

① 주로 1년에 1회 발생한다.

② 충영 속에서 번데기로 활동한다.

③ 1920년대 초반 일본에서 우리나라로 침입한 것으로 추정된다.

④ 생물학적 방제법으로 솔잎혹파리먹좀벌 등 기생성 천적을 이용하여 방제하기도 한다.

해설

② 유충이 솔잎 기부에 충영(벌레혹)을 만들고 그 속에서 수액을 흡즙 가해한다.

47 정원목 및 정원석 주위에 입목을 휘감은 풀들을 깎을 때 안심하고 사용 가능한 예불기의 날 형태는?

① 회전날식

② 왕복요동식

③ 직선왕복날식

④ 나일론코드식

해설

나일론코드(나일론 스프링코일) : 잔디, 초본류, 취미생활용 및 농업용 칼날에 사용할 수 있다.

※ 절단부 동작 방식에 의한 예불기의 종류 : 회전날식, 직선왕복날식, 왕복요동식, 나일론코드식

48 체인톱의 점화플러그 정비 주기로 옳은 것은?

① 일일정비　　② 주간정비

③ 월간정비　　④ 계절정비

> 해설

체인톱의 점검
- 일일정비 : 휘발유와 오일의 혼합, 에어필터 청소, 안내판 손질
- 주간정비 : 안내판, 체인톱날, 점화부분(스파크플러스), 체인톱 본체
- 분기별정비 : 연료통과 연료필터 청소, 윤활유 통과 거름망 청소, 시동줄과 시동스프링 점검, 냉각장치, 전자점화장치, 원심분리형 클러치, 기화기

49 벌도목 운반이 주목적인 임업기계는?

① 지타기　　② 포워더

③ 펠러번처　　④ 프로세서

> 해설

① 지타기 : 수간을 자체 동력으로 상승하면서 가지치기 잡업을 실시하는 기종
③ 펠러번처 : 벌목과 집적기능만 가진 장비. 즉, 임목을 벌도하는 기계로서 단순벌도뿐만 아니라 임목을 붙잡을 수 있는 장치를 구비하고 있어서 벌도되는 나무를 집재작업이 용이하도록 모아 쌓는 기능을 가지고 있는 다공정 처리기계
④ 프로세서 : 하베스터와 유사하나 벌도기능만 없는 장비. 즉, 일반적으로 전목재의 가지를 제거하는 가지자르기 작업, 재장을 측정하는 조재목 마름질 작업, 통나무자르기 등 일련의 조재작업을 한 공정으로 수행하여 원목을 한곳에 쌓을 수 있는 장비

50 기계톱의 연료통(또는 연료통 덮개)에 있는 공기구멍이 막혀 있으면 어떤 현상이 나타나는가?

① 연료가 새지 않아 운반 시 편리하다.

② 연료의 소모량을 많게 하여 연료비가 높게 된다.

③ 연료를 기화기로 공급하지 못해 엔진가동이 안 된다.

④ 가솔린과 오일이 분리되어 가솔린만 기화기로 들어간다.

> 해설

연료통 마개의 구멍을 통해 기압이 가해지기 때문에 공기구멍이 막히면 시동이 걸리지 않는다.

51 농업용 트랙터를 임업용으로 활용 시 앞차축과 뒷차축의 하중비로 가장 적절한 것은?

① 50 : 50

② 40 : 60

③ 60 : 40

④ 30 : 70

> 해설

농업용 트랙터를 임업용으로 활용 시 차체 앞부분에 웨이트를 부착하여 앞차축과 뒷차축의 하중을 60 : 40으로 조정한다.

52 기계톱으로 가지치기를 할 때 지켜야 할 유의사항이 아닌 것은?

① 후진하면서 작업한다.
② 안내판이 짧은 기계톱을 사용한다.
③ 작업자는 벌목한 나무 가까이에 서서 작업한다.
④ 벌목한 나무를 몸과 체인톱 사이에 놓고 작업한다.

해설
기계톱을 이용하여 가지치기를 할 때의 유의사항
• 벌도목 밑에 받침이 있으면 가지치기 작업이 더 수월하다.
• 기계톱의 안내판 길이는 30~40cm 정도의 가벼운 것이 적당하다.
• 항상 안정하고 균형 잡힌 자세를 유지한다.
• 작업은 일정한 범위를 유지하고 과도하게 큰 동작을 하지 않도록 주의한다.
• 벌목한 나무에 가까이 서서 작업한다.

53 손톱의 톱니 부분별 기능에 대한 설명으로 옳지 않은 것은?

① 톱니가슴 : 나무를 절단한다.
② 톱니홈 : 톱밥이 임시 머문 후 빠져나가는 곳이다.
③ 톱니등 : 쐐기역할을 하며, 크기가 클수록 톱니가 약하다.
④ 톱니꼭지선 : 일정하지 않으면 톱질할 때 힘이 많이 든다.

해설
③ 톱니등은 나무와의 마찰력을 감소시킨다.

54 내연기관(4행정)에 부착되어 있는 캠축의 역할로 가장 적당한 것은?

① 오일의 순환 추진
② 피스톤의 상·하 운동
③ 연료의 유입량을 조절
④ 흡기공과 배기공을 열고 닫음

해설
캠축
밸브를 여닫는 캠축은 크랭크축에서 체인이나 기어 전동장치를 통해 구동된다. 캠축이 1회전하면 기관의 전체 사이클의 밸브 작동이 완결되고, 이때 크랭크축이 2회전하므로 캠축은 크랭크축의 1/2 속도로 회전한다.

55 와이어로프 고리를 만들 때 와이어로프 직경의 몇 배 이상으로 하는가?

① 10배   ② 15배
③ 20배   ④ 25배

해설
와이어로프 고리를 만들 때 지름은 와이어로프 지름의 20배 이상으로 한다.

56 벌목용 작업 도구로 이용되는 것은?

① 쐐기　　　② 이식판
③ 식혈봉　　④ 양날괭이

해설
② 양묘용 기구
③·④ 식재용 기구

57 산림작업용 도끼날 형태 중에서 나무 속에 끼어 쉽게 무뎌지는 것은?

① 아치형
② 삼각형
③ 오각형
④ 무딘 둔각형

해설
산림작업용 도끼를 삼각형으로 하면 도끼날이 목재에 끼어 쉽게 무뎌지므로 아치형으로 연마하여 사용한다.

58 2행정 내연기관에 일정 비율의 오일을 섞어야 하는 이유로 가장 적당한 것은?

① 엔진 윤활을 위하여
② 조기점화를 막기 위하여
③ 연소를 빨리 시키기 위하여
④ 연료의 흡입을 빨리하기 위하여

해설
2행정 내연기관은 소형 가솔린기관의 경우 윤활을 위하여 처음부터 연료에 윤활유를 혼합시켜 넣어야 한다.

59 스카이라인을 집재기로 직접 견인하기 어려움에 따라 견인력을 높이기 위한 가선장비는?

① 샤클　　　② 힐블록
③ 반송기　　④ 윈치드럼

해설
① 샤클 : 와이어로프, 체인 또는 다른 부속들과 연결하여 들어 올리거나 고정시키는 데 사용
③ 반송기 : 가선집재 시 와이어로프에 걸어 윈치에 의하여 움직이는 운반기
④ 윈치드럼 : 원통형으로 와이어로프를 감아, 도르래를 이용해서 중량물을 높은 곳으로 들어 올리거나 끌어 올리는 기계의 드럼

60 벌목작업 시 안전사고 예방을 위하여 지켜야 하는 사항으로 옳지 않은 것은?

① 벌목방향은 작업자의 안전 및 집재를 고려하여 결정한다.
② 도피로는 사전에 결정하고 방해물도 제거한다.
③ 벌목구역 안에는 반드시 작업자만 있어야 한다.
④ 조재작업 시 벌도목의 경사면 아래에서 작업을 한다.

해설
④ 벌목 및 조재작업을 할 때에는 작업면보다는 경사면 아래의 출입을 통제하여야 한다.

2016년 제4회 과년도 기출문제

01 인공조림과 비교한 천연갱신의 특징이 아닌 것은?

① 생산된 목재가 균일하다.
② 조림실패의 위험이 적다.
③ 숲 조성에 시간이 걸린다.
④ 생태계 구성원 보호에 유리하다.

> **해설**
> ① 생산된 목재가 균일하지 못하고 변이가 심하다.

02 예비벌을 실시하는 주요 목적으로 거리가 먼 것은?

① 벌채목의 반출 용이
② 잔존목의 결실 촉진
③ 부식질의 분해 촉진
④ 어린나무 발생의 적합한 환경 조성

> **해설**
> 예비벌 : 임관을 약하게 소개시켜 나무가 햇빛을 받아 결실을 맺는 데 이롭게 하고, 한편으로는 임지에 쌓여 있는 부식질의 분해를 촉진시켜 어린나무의 발생을 촉진시키는 산벌작업이다.

03 소나무의 용기묘 생산에 대한 설명으로 옳지 않은 것은?

① 시비는 관수와 함께 실시한다.
② 겨울에는 생장을 하지 않으므로 관수하지 않는다.
③ 육묘용 비료는 하이포넥스(Hyponex)나 BS그린을 사용한다.
④ 피트모스, 펄라이트, 질석을 1 : 1 : 1의 비율로 상토를 제조한다.

> **해설**
> ② 겨울철에는 용기묘에 최소한의 수분공급이 필요하기 때문에 반드시 관수를 실시하여야 한다.

04 묘포지 선정요건으로 거리가 먼 것은?

① 교통이 편리한 곳
② 양토나 사질양토로 관·배수가 용이한 곳
③ 1~5° 정도의 경사지로 국부적 기상피해가 없는 곳
④ 토지의 물리적 성질보다 화학적 성질이 중요하므로 매우 비옥한 곳

> **해설**
> ④ 너무 비옥한 토지는 도장의 우려가 있으므로 피한다.

05 구과가 성숙한 후에 10년 이상이나 모수에 부착되어 있어 종자의 발아력이 상실되지 않고 산불이 나면 인편이 열리는 수종은?

① 편백 　　　 ② 소나무
③ 잣나무 　　 ④ 방크스소나무

해설
로지폴소나무와 방크스소나무는 산불에 의한 고열을 받아야 비로소 열매가 벌어져 종자가 밖으로 나올 수 있기 때문에 산불을 만날 때까지 몇 년이라도 종자를 저장하고 있다.

06 개화한 다음 해에 결실하는 수종으로만 짝 지어진 것은?

① 소나무, 자작나무
② 전나무, 아까시나무
③ 오리나무, 버드나무
④ 삼나무, 가문비나무

해설
봄에 꽃이 핀 다음 해 가을에 종자가 성숙하는 수종
상수리나무, 자작나무, 소나무류

07 침엽수 가지치기 방법으로서 적당한 것은?

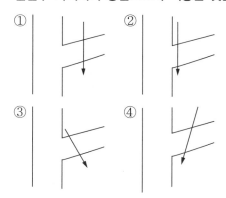

해설
침엽수는 절단면이 줄기와 평행하도록 자르며, 위에서 아래로 가지치기를 한다.

08 수종별 무기양료의 요구도가 적은 것에서 큰 순서로 나열된 것은?

① 백합나무 < 자작나무 < 소나무
② 자작나무 < 백합나무 < 소나무
③ 소나무 < 자작나무 < 백합나무
④ 소나무 < 백합나무 < 자작나무

해설
일반적인 조경식물의 양료 요구도
소나무 < 침엽수 < 활엽수 < 유실수 < 농작물

무기양료 요구도	활엽수	침엽수
상 (비옥지를 좋아함)	감나무, 느티나무, 단풍나무, 동백나무, 대추나무, 매화나무, 모과나무, 물푸레나무류, 배롱나무, 벚나무, 오동나무, 이팝나무, 칠엽수, 플라타너스, 피나무, 튤립나무(백합나무), 호두나무, 회화나무 등	낙우송, 독일 가문비, 삼나무, 주목, 측백나무 등
중	가시나무류, 버드나무류, 자귀나무, 자작나무, 포플러 등	가문비나무, 솔송나무, 잣나무, 전나무 등
하 (척박지에 강함)	등나무, 보리수나무, 소귀나무, 싸리나무류, 오리나무, 아까시나무, 참나무류 등	곰솔, 노간주나무, 소나무, 방크스소나무, 향나무 등

5 ④ 6 ① 7 ② 8 ③ **정답**

09 파종상에서 2년, 판갈이상에서 1년 된 만 3년생 묘목의 표기방법은?

① 1-2
② 2-1
③ 1-1-1
④ 1-0-2

① 1-2 : 파종상에서 1년, 이식상에서 1번(2년)을 경과한 3년생 묘목
③ 1-1-1 : 파종상에서 1년, 그 뒤 한 번 상체된 일이 있고 각 상체상에서 1년을 경과한 3년생 묘목
④ 1-0-2 : 파종상에서 1년, 그 뒤 상체된 일이 없고 상체상에서 2년을 경과한 3년생 묘목

11 종아 발아시험 기간이 가장 긴 수종들로 짝지어진 것은?

① 소나무, 삼나무
② 곰솔, 사시나무
③ 버드나무, 느릅나무
④ 일본잎갈나무, 가문비나무

수종별로 요구되는 발아시험 기간
• 14일간 : 사시나무, 느릅나무 등
• 21일간 : 가문비나무, 편백, 화백, 아카시아 등
• 28일간 : 소나무, 해송, 낙엽송, 솔송나무, 삼나무, 자작나무, 오리나무 등
• 42일간 : 전나무, 느티나무, 목련, 옻나무 등

10 미래목의 구비요건으로 틀린 것은?

① 피압을 받지 않은 상층의 우세목
② 나무줄기가 곧고 갈라지지 않은 것
③ 병충해 등 물리적인 피해가 없을 것
④ 주위 임목보다 월등히 수고가 높을 것

미래목의 구비요건
• 피압을 받지 않은 상층의 우세목일 것(폭목은 제외)
• 나무줄기가 곧고 갈라지지 않을 것
• 산림병해충 등 물리적인 피해가 없을 것
• 미래목 간의 거리는 최소 5m 이상, 임지 내에 고르게 분포할 것
• ha당 활엽수는 200본 내외, 침엽수는 200~400본으로 할 것

12 T/R률에 대한 설명으로 틀린 것은?

① T/R률 값이 클수록 좋은 묘목이다.
② 묘목의 지상부와 지하부의 중량비이다.
③ 질소질 비료를 과용하면 T/R률 값이 커진다.
④ 좋은 묘목은 지하부와 지상부가 균형 있게 발달해 있다.

T/R률 : 식물의 지상부 생장량에 대한 뿌리의 생장량 비율로 T/R률 값이 작을수록 활착률이 좋다. 즉, 뿌리의 중량이 높을수록 잘 산다.

13 모수작업의 모수본수보다 많은 모수를 수광 생장을 촉진시켜 다음 벌기에 대경재를 생산하면서 갱신을 동시에 실시하는 방법은?

① 택벌작업
② 중림작업
③ 개벌작업
④ 보잔목작업

해설
① 택벌작업 : 한 임분을 구성하고 있는 임목 중 성숙한 임목만을 국소적으로 추출·벌채하고 그곳의 갱신이 이루어지게 하는 작업
② 중림작업 : 교림과 왜림을 동일 임지에 함께 세워서 경영하는 작업
③ 개벌작업 : 갱신시킬 대상임지의 임분을 일시에 벌채로 제거하고 갱신목적에 맞게 새로운 임형을 조성시키는 작업

14 주로 뿌리를 이용하여 삽목하는 수종은?

① 삼나무
② 동백나무
③ 오동나무
④ 사철나무

해설
뿌리삽(根揷)
근삽은 주로 가을에 뿌리를 캐어 약 15~20cm 깊이로 끊어 지중에 매장하였다가 다음 해 봄에 삽목하는 것으로 오동나무의 우량 개체와 등나무, 라일락(수수꽃다리) 등이 주로 이 방법을 이용한다.
① 삼나무 : 숙지삽
②·④ 동백나무, 사철나무 : 반숙지삽

15 솎아베기가 잘된 임지, 유령림 단계에서 집약적으로 관리된 임분에서 생략이 가능한 산벌작업 과정은?

① 후벌
② 종벌
③ 하종벌
④ 예비벌

해설
간벌이 잘된 지역은 예비벌을 생략하고 하종벌로 시작 가능하다.
① 후벌 : 어린 나무의 높이가 1~2m가량 되면 후계목의 생육을 촉진시키기 위해 상층에 있는 나무를 모조리 베어 버리는 작업
② 종벌 : 최후에 실시되는 후벌
③ 하종벌 : 산벌작업에서 임지의 종자가 충분히 결실한 해에 종자가 완전히 성숙된 후, 벌채하여 지면에 종자를 다량 낙하시켜 일제히 발아시키기 위한 벌채작업

16 소나무 종자의 무게가 45g이고, 협잡물을 제거한 후의 무게가 43.2g일 때 순량률은?

① 43%
② 45%
③ 86%
④ 96%

해설

$$순량률 = \frac{43.2}{45} \times 100 = 96\%$$

17 왜림의 특징이 아닌 것은?

① 벌기가 길다.
② 수고가 낮다.
③ 맹아로 갱신된다.
④ 땔감 생산용으로 알맞다.

왜림은 벌기가 짧아 적은 자본으로 경영할 수 있다.

18 봄에 가식할 장소로서 옳지 않은 것은?

① 바람이 적은 곳
② 남향으로 양지 바른 곳
③ 토양의 습도가 적절한 곳
④ 배수가 양호하고 그늘진 곳

춘기가식은 건조한 바람과 직사광선을 막는 동북향의 서늘한 곳에 하고, 추기가식은 배수가 좋고 북풍을 막는 남향의 사양토 또는 식양토에 한다.

19 간벌에 대한 설명으로 옳지 않은 것은?

① 지름생장을 촉진하고 숲을 건전하게 만든다.
② 빽빽한 밀도로 경쟁을 촉진시켜 나무의 형질을 좋게 한다.
③ 벌채가 되기 전에 나무를 솎아 베어 중간 수입을 얻을 수 있다.
④ 나무를 솎아 벤 곳에 잡초가 무성하게 되어 표토의 유실을 막고 빗물을 오래 머무르게 하여 숲 땅이 비옥해진다.

간벌의 효과
• 직경생장을 촉진하여 연륜폭이 넓어진다.
• 생산될 목재의 형질을 좋게 한다.
• 벌기수확은 양적·질적으로 매우 높아진다.
• 임목을 건전하게 발육시켜 여러 가지 해에 대한 저항력을 높인다.
• 우량한 개체를 남겨서 임분의 유전적 형질을 향상시킨다(빽빽한 곳은 솎아주기).
• 산불의 위험성을 감소시킨다.
• 조기에 간벌수확이 얻어진다.
• 입지조건의 개량에 도움을 준다.

20 채종림의 조성 목적으로 가장 적합한 것은?

① 방풍림 조성
② 산사태 방지
③ 우량종자 생산
④ 휴양공간 조성

채종림은 우량한 종자의 채집을 목적으로 지정한 숲이다.

21 우리나라가 원산인 수종은?

① 백송　　　　② 삼나무
③ 잣나무　　　④ 연필향나무

③ 잣나무 : 한국이 원산지이고 일본, 중국, 시베리아 등지에도 분포한다.
① 백송 : 중국
② 삼나무 : 일본
④ 연필향나무 : 북아메리카 동부

22 택벌작업의 특징으로 옳지 않은 것은?

① 보속적인 생산
② 산림경관 조성
③ 양수 수종 갱신
④ 임지의 생산력 보전

택벌작업은 음수 수종을 대상으로 실시한다.

23 묘목을 1.8m×1.8m 정방형으로 식재할 때 1ha당 묘목의 본수로 가장 적당한 것은?

① 약 308본　　② 약 555본
③ 약 3,086본　④ 약 5,555본

$$식재할\ 묘목수 = \frac{식재면적}{묘목\ 간\ 간격(가로 \times 세로)}$$
$$= \frac{1 \times 10,000}{1.8 \times 1.8} (\because 1ha = 10,000m^2)$$
$$= 약\ 3,086본$$

24 파종상의 해가림시설을 제거하는 시기로 가장 적절한 것은?

① 5월 중순~6월 중순
② 7월 하순~8월 중순
③ 9월 중순~10월 상순
④ 10월 중순~11월 중순

9월 이후 늦게까지 해가림을 계속하는 것은 오히려 유해하므로 7월 하순부터 8월 중순까지 제거하기 시작한다.

25 순량률 80%, 발아율 90%인 종자의 효율은?

① 10%　　　　② 72%
③ 89%　　　　④ 90%

$$효율(\%) = \frac{발아율 \times 순량률}{100}$$
$$= \frac{90 \times 80}{100}$$
$$= 72\%$$

26 바이러스에 의하여 발병하는 것은?

① 청변병　　　② 불마름병
③ 뿌리혹병　　④ 모자이크병

모자이크병 : 다양한 바이러스 균주에 의해 생기는 식물의 병으로 보통 잎에 밝거나 어두운 녹색 또는 노란색의 반점이나 줄무늬 등이 생긴다.

27 향나무를 중간기주로 하여 기주교대를 하는 병은?

① 잣나무 털녹병
② 밤나무 줄기마름병
③ 대추나무 빗자루병
④ 배나무 붉은별무늬병

해설

① 잣나무 털녹병 : 송이풀류, 까치밥나무류
② 밤나무 줄기마름병 : 밤나무
③ 대추나무 빗자루병 : 대추나무, 뽕나무, 쥐똥나무

28 성충 및 유충 모두가 나무를 가해하는 것은?

① 솔나방
② 솔잎혹파리
③ 미국흰불나방
④ 오리나무잎벌레

해설

① 솔나방 : '송충이'라고도 불리며 5령 유충으로 월 동을 하여 이듬해 4월경부터 잎을 갉아먹는 해충
② 솔잎혹파리 : 유충이 솔잎 기부에 충영(벌레혹)을 만들고 그 속에서 수액을 흡즙·가해하여 솔잎을 일찍 고사하게 하고 임목의 생장을 저해한다.
③ 미국흰불나방 : 유충 1마리가 100~150cm^{2}의 잎을 섭식하며, 1화기보다 2화기의 피해가 심하다.

29 묘포에서 지표면 부분의 뿌리 부분을 주로 가해하는 곤충류는?

① 솜벌레과   ② 풍뎅이과
③ 혹파리과   ④ 유리나방과

해설

뿌리나 지접근부를 주로 가해하는 곤충
• 노린재목 : 진딧물과
• 벌목 : 개미과
• 딱정벌레목 : 나무좀과, 바구미과, 풍뎅이과, 하늘소과

30 곤충과 거미의 차이에 대한 설명으로 옳은 것은?

① 다리의 경우 곤충과 거미 모두 3쌍이다.
② 더듬이의 경우 곤충은 1쌍이고, 거미는 2쌍이다.
③ 날개의 경우 곤충은 보통 2쌍이고, 거미는 1쌍이거나 없다.
④ 곤충은 머리, 가슴, 배의 3부분이고, 거미는 머리가슴, 배의 2부분으로 구분된다.

해설

① 곤충은 3쌍의 다리를 가지지만, 거미는 4쌍의 다리를 가진다.
② 더듬이의 경우 곤충은 1쌍이고, 거미는 비슷하게 생긴 더듬이 다리가 있다.
③ 날개의 경우 곤충은 보통 2쌍이고, 거미는 없다.

31 연 1회 발생하며 9월 하순 유충이 월동하기 위해 나무에서 땅으로 떨어지는 해충은?

① 소나무좀
② 솔잎혹파리
③ 미국흰불나방
④ 오리나무잎벌레

해설

솔잎혹파리
• 1년에 1회 발생하며 소나무, 곰솔(해송)에 피해가 심하다.
• 유충으로 지피물 밑의 지표나 1~2cm 깊이의 흙 속에서 월동한다.
• 5월 하순부터 10월 하순까지 유충이 솔잎 기부에 벌레혹(충영)을 형성하고, 그 내부에서 흡즙 가해하여 일찍 고사하게 하며 임목의 생장을 저해한다.

32 벚나무 빗자루병의 병원체는?

① 세균
② 자낭균
③ 바이러스
④ 파이토플라즈마

해설

자낭균에 의한 수병 : 벚나무 빗자루병, 밤나무 줄기마름병, 수목의 흰가루병, 수목의 그을음병, 소나무의 잎떨림병, 낙엽송의 잎떨림병, 낙엽송의 끝마름병 등

33 다음 중 솔나방의 주요 가해 부위는?

① 소나무 잎
② 소나무 뿌리
③ 소나무 줄기
④ 소나무 종자

해설

솔나방의 피해
• 4월 상순부터 7월 상순까지, 8월 상순부터 11월 상순까지 유충이 잎을 갉아 먹는다.
• 유충 한 마리가 한 세대 동안 섭식하는 솔잎의 길이는 64m 정도이다.

34 산불에 의한 피해 및 위험도에 대한 설명으로 옳지 않은 것은?

① 침엽수는 활엽수에 비해 피해가 심하다.
② 음수는 양수에 비해 산불위험도가 낮다.
③ 단순림과 동령림이 혼효림 또는 이령림보다 산불의 위험도가 낮다.
④ 낙엽활엽수 중에서 코르크층이 두꺼운 수피를 가진 수종은 산불에 강하다.

해설

단순림과 동령림이 혼효림 혹은 이령림보다 산불위험도가 높다.

35 아바멕틴 유제 1,000배액을 만들려면 물 18L에 몇 mL를 타야 하는가?

① 0.018　　　　② 1.8
③ 18　　　　　　④ 180

해설

소요약량 = $\dfrac{18{,}000mL}{1{,}000}$ = 18mL

36 진딧물의 화학적 방제법 중 천적 보호에 유리한 방제 약제로 가장 좋은 것은?

① 훈증제
② 기피제
③ 접촉살충제
④ 침투성 살충제

해설

침투성 살충제
• 약제를 식물체의 뿌리, 줄기, 잎 등에 흡수시켜 식물체 전체에 약제가 분포되게 하여 흡즙성 곤충이 흡즙하면 죽게 하는 것
• 천적에 대한 피해가 없어 천적 보호의 입장에서도 유리하다.

37 곤충이 생활하는 도중에 환경이 좋지 않으면 발육을 멈추고 좋은 환경이 될 때까지 일시적으로 정지하는 현상으로 정상으로 돌아오는 데 다소 시간이 걸리는 것은?

① 휴면　　　　② 이주
③ 탈피　　　　④ 휴지

38 균류 병원균이 과습한 토양에서 묘목 뿌리로 침입하여 발병하는 것은?

① 반점병
② 탄저병
③ 모잘록병
④ 불마름병

해설

모잘록병 : 토양서식 병원균에 의하여 당년생 어린 묘의 뿌리 또는 땅가 부분의 줄기가 침해되어 말라 죽는 병

39 주로 나무의 상처부위로 병원균이 침입하여 발병하는 것으로 상처부위에 올바른 외과수술을 해야 하며, 저항성 품종을 심어 방제하는 병은?

① 향나무 녹병
② 소나무 잎떨림병
③ 밤나무 줄기마름병
④ 삼나무 붉은마름병

해설

밤나무 줄기마름병은 밤나무 줄기와 가지의 상처를 중심으로 병반이 형성되는데 초기에는 황갈색이나 적갈색으로 변하고 약간 움푹해지며, 이후 수피가 부풀어 오른다.

40 이른 봄에 수목의 발육이 시작된 후에 갑자기 내린 서리에 의해 어린잎이 받는 피해는?

① 조상   ② 만상
③ 동상   ④ 춘상

해설
① 조상 : 늦가을에 식물생육이 완전히 휴면되기 전에 발생하며, 목화(경화)가 아직 이루어지지 않은 연약한 새 가지에 피해를 준다.
③ 동상 : 겨울철 식물의 생육휴면기에 발생한다.
④ 춘상 : 봄철에 수목의 발육이 시작된 후 갑자기 내린 서리에 의해 수목의 잎, 줄기, 가지 등이 받는 피해를 말한다.

41 농약의 물리적 형태에 따른 분류가 아닌 것은?

① 유제   ② 분제
③ 전착제   ④ 수화제

해설
농약의 분류
• 사용목적에 따른 분류 : 살균제, 살충제, 살비제, 살선충제, 제초제, 식물 생장조절제, 혼합제, 살서제, 소화중독제, 유인제 등
• 주성분 조성에 따른 분류 : 유기인계, 카바메이트계, 유기염소계, 유황계, 동계, 유기비소계, 항생물질계, 피레스로이드계, 페녹시계, 트라이아진계, 요소계, 설포닐우레아계 등
• 제형에 따른 분류 : 유제, 수화제, 분제, 미분제, 수화성미분제, 입제, 액제, 액상수화제, 미립제, 세립제, 저미산분제, 수면전개제, 종자처리수화제, 캡슐현탁제, 분의제, 과립훈연제, 과립수화제, 캡슐제 등
• 사용방법에 따른 분류 : 희석살포제, 직접살포제, 훈연제, 훈증제, 연무제, 도포제 등

42 포플러류 잎의 뒷면에 초여름 오렌지색의 작은 가루덩이가 생기고, 정상적인 나무보다 먼저 낙엽이 지는 현상이 나타나는 병은?

① 잎녹병
② 갈반병
③ 잎마름병
④ 점무늬잎떨림병

해설
포플러 잎녹병균은 병든 낙엽에서 겨울포자 상태로 겨울을 나고, 4~5월에 겨울포자가 발아하여 만들어진 담자포자가 바람에 의해 낙엽송으로 날아가 새로 나온 잎을 감염시켜 잎의 뒷면에 직경 1~2mm의 오렌지색 녹포자덩이를 만든다.

43 솔나방의 발생예찰을 하기 위한 방법 중 가장 좋은 것은?

① 산란수를 조사한다.
② 번데기의 수를 조사한다.
③ 산란기 기상상태를 조사한다.
④ 월동하기 전 유충의 밀도를 조사한다.

해설
솔나방 유충은 4회 탈피 후 지피물이나 나무껍질 사이에서 5령충으로 월동하며, 월동한 유충은 봄에 기온이 17℃ 이상 계속되는 4월경에 월동처에서 나와 솔잎을 먹고 자라 3회의 탈피를 거쳐 8령충이 된다.
※ 발생예찰 : 농작물이나 산림에 피해를 주는 병해충의 발생량과 발생시기 등을 예견·관찰하는 일

44 농약의 독성에 대한 설명으로 옳지 않은 것은?

① 경구와 경피에 투여하여 시험한다.
② 농약의 독성은 중위치사량으로 표시한다.
③ LD_{50}은 시험동물의 50%가 죽는 농약의 양을 뜻한다.
④ 농약의 독성은 [농약의 양(mg)/시험동물의 체적(m^3)]으로 표시한다.

해설
농약의 독성 단위는 mg/kg으로 표시한다.

45 잣나무 털녹병균의 침입 부위는?

① 잎   ② 줄기
③ 종자   ④ 뿌리

해설
잣나무 털녹병 병원균은 잣나무류의 잎의 기공을 통하여 침입하여 줄기로 전파되며, 잎에는 황색의 미세한 반점을 형성한다.

46 체인톱에 의한 벌목작업의 기본원칙으로 옳지 않은 것은?

① 벌목작업 시 도피로를 정해둔다.
② 걸린 나무는 지렛대 등을 이용하여 넘긴다.
③ 벌목방향은 집재하기가 용이한 방향으로 한다.
④ 벌목영역은 벌도목을 중심으로 수고의 1.2배에 해당한다.

해설
④ 벌목영역은 벌채목을 중심으로 수고(나무 높이)의 2배에 해당한다.

47 벌목방법의 순서로 옳은 것은?

① 벌목방향 설정 – 수구 자르기 – 추구 자르기 – 벌목
② 벌목방향 설정 – 추구 자르기 – 수구 자르기 – 벌목
③ 수구 자르기 – 추구 자르기 – 벌목방향 설정 – 벌목
④ 추구 자르기 – 수구 자르기 – 벌목방향 설정 – 벌목

해설
벌목작업 순서
• 벌목방향 설정 : 방향이 결정되면 작업원은 벌목할 입목 주변의 잡목, 가지, 덩굴 등을 제거하고 발 디딜 곳과 대피장소 등을 확인한다.
• 수구 자르기 : 벌목방향을 확실히 하고 목재의 부서짐을 방지하며 나무 기둥을 비스듬히 내리친다.
• 추구 자르기 : 입목을 넘어뜨리기 위한 3가지 절단 작업(수평자르기, 빗자르기, 추구 자르기) 중에서 마지막 자르기 작업이다.

48 체인톱의 평균 수명과 안내판의 평균 수명으로 옳은 것은?

① 1,000시간, 300시간
② 1,500시간, 450시간
③ 2,000시간, 600시간
④ 2,500시간, 700시간

해설
체인톱의 사용시간
• 몸통의 수명 : 약 1,500시간
• 안내판 수명 : 약 450시간
• 체인의 수명 : 약 150시간

49 2사이클 가솔린엔진의 휘발유와 윤활유의 적정 혼합비는?

① 5 : 1   ② 1 : 5
③ 25 : 1   ④ 1 : 25

해설
체인톱에 사용하는 연료
휘발유 : 윤활유 = 25 : 1

50 예불기의 톱이 회전하는 방향은?

① 시계방향
② 좌우방향
③ 상하방향
④ 반시계방향

해설
예불기 톱날의 회전방향은 좌측(반시계방향)이다.

51 체인톱의 체인오일을 급유하는 과정에서 묽은 윤활유를 사용하게 되었을 때 나타나는 가장 주된 현상은?

① 가이드바의 마모가 빨리된다.
② 엔진의 내부가 쉽게 마모된다.
③ 엔진이 과열되어 화재 위험이 높다.
④ 체인톱날이 수축되어 회전속도가 감소한다.

해설
묽은 윤활유를 사용하면 체인과 가이드바 사이에 충분한 윤활막이 형성되지 못해 마찰이 증가하고 마모가 빨라져 톱날의 수명이 짧아진다.

52 엔진의 성능을 나타내는 것으로 1초 동안에 75kg의 중량을 1m 들어 올리는 데 필요한 동력단위를 의미하는 것은?

① 강도   ② 토크
③ 마력   ④ RPM

해설
마력이란 공학상의 동력단위로서 일을 할 수 있는 능력의 단위를 말하며, 1마력(HP)은 한 마리의 말이 1초 동안에 75kg의 중량을 1m 움직일 수 있는 일의 크기를 말하는데, 공학적으로는 간단히 75kg · m/s로 나타낸다. 이것은 지구상에서 1초 동안에 75kg의 무게를 1m 들어 올리는 작업에 필요한 힘과 동일하다.

53 예불기 날의 종류에 따른 예불기의 분류가 아닌 것은?

① 회전날식 예불기
② 로터리식 예불기
③ 왕복요동식 예불기
④ 나일론코드식 예불기

절단부 동작 방식에 의한 예불기의 종류 : 회전날식, 직선왕복날식, 왕복요동식, 나일론코드식

55 산림작업용 도끼의 날을 관리하는 방법으로 옳지 않은 것은?

① 아치형으로 연마하여야 한다.
② 날카로운 삼각형으로 연마하여야 한다.
③ 벌목용 도끼의 날의 각도는 9~12°가 적당하다.
④ 가지치기용 도끼의 날의 각도는 8~10°가 적당하다.

② 날이 너무 날카로운 삼각형이 되면 벌목 시 날이 나무 속에 끼게 되므로 도끼의 날을 갈 때 아치형으로 연마한다.

54 무육작업을 위한 도구로 가장 거리가 먼 것은?

① 쐐기
② 보육낫
③ 이리톱
④ 가지치기톱

쐐기 : 주로 벌도방향의 결정과 안전작업을 위하여 사용된다.

56 체인톱에 사용되는 연료인 혼합유를 제조하기 위해 휘발유와 함께 혼합하는 것은?

① 그리스
② 방청유
③ 엔진오일
④ 기어오일

체인톱에 사용하는 연료는 휘발유와 윤활유(엔진오일)를 보통 25:1의 비율로 혼합한다.

57 활엽수 벌목작업 시 손톱의 삼각형 톱니날 젖힘 크기로 가장 적당한 것은?

① 0.1~0.2mm

② 0.2~0.3mm

③ 0.3~0.5mm

④ 0.5~0.6mm

해설

톱니날 젖힘의 크기는 0.2~0.5mm가 적당하다(침엽수 0.3~0.5mm, 활엽수 0.2~0.3mm).

58 4행정 기관과 비교한 2행정 기관의 특징으로 옳지 않은 것은?

① 연료소모량이 크다.

② 저속운전이 곤란하다.

③ 동일배기량에 비해 출력이 작다.

④ 혼합연료 이외에 별도의 엔진오일을 주입하지 않아도 된다.

해설

이론적으로 동일한 배기량일 경우 2행정 기관이 4행정 기관보다 출력이 크다.

59 체인톱의 장기 보관 시 처리하여야 할 사항으로 옳지 않은 것은?

① 연료와 오일을 비운다.

② 특수오일로 엔진을 보호한다.

③ 매월 10분 정도 가동시켜 건조한 방에 보관한다.

④ 장력 조정나사를 조정하여 체인을 항상 팽팽하게 유지한다.

해설

체인톱의 장기 보관 시 주의사항
• 연료와 오일을 비운다.
• 특수 보존오일로 엔진을 칠해주거나, 혹은 매월 10분씩 가동을 시켜준다. 이렇게 하면 엔진에 기름칠이 되고, 기화기의 막들이 연료로 젖어있게 된다.
• 톱은 건조한 방에 먼지를 받지 않도록 보존시킨다.
• 연 1회씩 전문적인 검사관들에게 검사를 받도록 하는 것이 좋다.

60 체인톱의 안전장치가 아닌 것은?

① 체인잡이

② 핸드가드

③ 방진고무

④ 체인장력 조절장치

해설

체인톱의 안전장치 : 방진고무를 부착한 전방 손잡이 및 후방 손잡이, 핸드가드(전방 손보호판), 후방 손보호판, 체인브레이크, 체인잡이, 지레발톱, 스로틀레버 차단판, 스위치, 소음기, 체인보호집, 안전체인 등

※ 2017년부터는 CBT(컴퓨터 기반 시험)로 진행되어 수험자의 기억에 의해 문제를 복원하였습니다. 실제 시행문제와 일부 상이할 수 있음을 알려드립니다.

01 밤나무 등의 대립종자의 파종에 흔히 쓰는 방법은?

① 조파   ② 산파
③ 취파   ④ 점파

해설
점파(점뿌림) : 밤나무, 참나무류, 호두나무 등 대립종자의 파종에 이용되는 방법으로 상면에 균일한 간격(10~20cm)으로 1~3립씩 파종한다.

02 소립종자의 실중에 대한 설명으로 옳은 것은?

① 종자 1L의 4회 평균 중량
② 종자 1,000립의 4회 평균 중량
③ 종자 100립의 4회 평균 중량 곱하기 10
④ 전체 시료종자 중량 대비 각종 불순물을 제거한 종자의 중량 비율

해설
실중은 종자 1,000립의 무게를 g으로 나타낸 것으로 대립종자 100립, 소립종자 1,000립을 4회 반복하여 무게를 측정한 평균치이다.

03 모수작업에 관한 설명으로 옳지 않은 것은?

① 음수수종 갱신에 적합하다.
② 벌채작업이 집중되어 경제적으로 유리하다.
③ 주로 종자가 가볍고 쉽게 발아하는 수종에 적용한다.
④ 모수의 종류와 양을 적절히 조절하여 수종의 구성을 변화시킬 수 있다.

해설
모수작업의 장점
• 벌채작업이 한 지역에 집중되므로 경제적인 작업을 진행할 수 있다.
• 임지를 정비해 줌으로써 노출된 임지의 갱신이 이루어질 수 있다.
• 개벌작업 다음으로 작업이 간편하다.
• 개벌작업보다는 신생 임분의 종적 구성을 더 잘 조절할 수 있다.
• 모수가 종자를 공급하므로 넓은 면적이 일시에 벌채되고 갱신이 될 수 있다.
• 양성을 띤 수종의 갱신에 적당하다.
• 갱신이 성공될 때까지 모수를 남겨 둠으로써 갱신이 실패할 염려가 적고 비용도 적게 든다.

04 다음 중 가지치기에 대한 설명으로 옳지 않은 것은?

① 하층목 보호 및 생장을 촉진한다.
② 임목 간 생존경쟁을 심화시킬 수 있다.
③ 옹이가 없는 완만재로 생산 가능하다.
④ 목표생산재가 톱밥, 펄프 등의 일반소경재는 하지 않는다.

해설

가지치기의 장점
• 임목 간의 부분적 균형에 도움을 준다.
• 수고생장을 촉진한다.
• 연륜폭을 조절해서 수간의 완만도를 높인다.
• 하목의 수광량을 증가시켜 생장을 촉진시킨다.

05 인공조림과 천연갱신의 설명으로 옳지 않은 것은?

① 천연갱신에는 오랜 시일이 필요하다.
② 인공조림은 기후 풍토에 저항력이 강하다.
③ 천연갱신으로 숲을 이루기까지의 과정이 기술적으로 어렵다.
④ 천연갱신과 인공조림을 적절히 병행하면 조림성과를 높일 수 있다.

해설

• 천연갱신의 단점
 – 갱신 전 종자의 활착을 위한 작업, 임상정리가 필요하다.
 – 갱신되는 데 시간이 많이 소요되고 기술적으로 실행하기 어렵다.
 – 생산된 목재가 균일하지 못하고 변이가 심하다.
 – 목재 생산에 작업의 복잡성과 높은 기술이 필요하다.
• 인공조림의 단점
 – 동령단순림이 조성되므로 환경인자에 대한 저항성이 약화된다.
 – 조림 시 단근으로 비정상적인 근계발육과 성장이 우려된다.
 – 경비가 많이 들고, 수종이 단순하며, 동령림이 되기 때문에 땅힘을 이용하는 데 무리가 있다.

06 묘상에서의 단근작업에 관한 설명으로 옳지 않은 것은?

① 주로 휴면기에 실시한다.
② 측근과 세근을 발달시킨다.
③ 묘목의 철늦은 자람을 억제한다.
④ 단근의 깊이는 뿌리의 2/3 정도를 남기도록 한다.

해설

단근시기 : 5월 중순과 8월 하순경 2회이나 보통 8월 중·하순에 한 번 실시한다.

07 봄에 묘목을 가식할 때 묘목의 끝은 어느 방향으로 향하게 하여 경사지게 묻는가?

① 동쪽　　② 서쪽
③ 북쪽　　④ 남쪽

해설

묘목의 끝을 가을에는 남쪽으로, 봄에는 북쪽으로 45° 경사지게 한다.

08 묘목의 가식작업에 관한 설명으로 옳지 않은 것은?

① 장기간 가식할 때에는 다발째로 묻는다.
② 장기간 가식할 때에는 묘목을 바로 세운다.
③ 충분한 양의 흙으로 묻은 다음 관수(灌水)를 한다.
④ 일시적으로 뿌리를 묻어 건조방지 및 생기회복을 위해 실시한다.

해설
① 장기간 가식하고자 할 때에는 묘목을 다발에서 풀어 도랑에 한 줄로 세우고, 충분한 양의 흙으로 뿌리를 묻은 다음 관수를 한다.

09 잣나무 2-1-1묘란 몇 년생 묘목을 뜻하는가?

① 1년생
② 2년생
③ 3년생
④ 4년생

해설
파종상에서 2년, 이식을 2번(각 1년)한 4년생 묘목이다.

10 잔존시키는 임목의 성장 및 형질 향상을 위하여 임목 간의 경쟁을 완화시키는 작업은?

① 개벌작업
② 간벌작업
③ 택벌작업
④ 산벌작업

해설
간벌(thinning)
남게 될 나무의 자람을 촉진시키고 유용한 목재의 총 생산량을 증가시키고자 할 때 그 벌채를 간벌이라고 한다.

11 종자 정선 후 바로 노천매장을 하는 수종은?

① 벚나무
② 피나무
③ 전나무
④ 삼나무

해설
종자를 정선한 후 곧 노천매장해야 할 수종 : 들메나무, 단풍나무류, 벚나무류, 잣나무, 백송, 호두나무, 가래나무, 느티나무, 백합나무, 은행나무, 목련류 등

12 파종상의 해가림시설을 제거하는 시기로 가장 적절한 것은?

① 5월 중순~6월 중순
② 7월 하순~8월 중순
③ 9월 중순~10월 상순
④ 10월 중순~11월 중순

해설
9월 이후 늦게까지 해가림을 계속하는 것은 오히려 유해하므로 7월 하순부터 8월 중순까지 제거하기 시작한다.

13 매년 결실하는 수종은?

① 소나무　　② 오리나무

③ 자작나무　④ 아까시나무

해설

- 해마다 결실을 보이는 것 : 버드나무류, 포플러류, 오리나무류, 느릅나무, 물갬나무 등
- 격년 결실을 하는 것 : 소나무류, 오동나무류, 자작나무류, 아까시, 리기다 소나무 등
- 2~3년을 주기로 하는 것 : 참나무류, 들메나무, 느티나무, 삼나무, 편백, 상수리나무 등
- 3~4년을 주기로 하는 것 : 전나무, 녹나무, 가문비나무 등
- 5년 이상을 주기로 하는 것 : 너도밤나무, 낙엽송, 방크스소나무 등

14 정방형 식재를 옳게 설명한 것은?

① 식재간격과 식재공간을 계산하기 어렵다.

② 식재작업이 불편하다.

③ 포플러류나 낙엽송 등 양수수종은 알맞지 않다.

④ 묘간거리와 열간거리가 같은 식재 방법이다.

해설

정방형 식재

묘목 사이의 간격과 줄 사이의 간격이 동일한 일반적인 식재 방법으로 공간의 이용이 가장 효율적이다.

15 일반적인 침엽수종에 대한 묘포의 적당한 토양산도는?

① pH 3.0~4.0　② pH 4.0~5.0

③ pH 5.0~6.5　④ pH 6.5~7.5

해설

묘포 토양의 적정산도

- 침엽수 : pH 5.0~5.5
- 활엽수 : pH 5.5~6.0

16 조림수종의 선정기준으로 적합하지 않은 항목은?

① 생장이 빠르고 줄기의 재적 생장이 큰 수종

② 가지가 굵고 원줄기가 곧고 짧은 수종

③ 목재의 이용가치가 높은 수종

④ 바람, 눈, 건조, 병해충에 저항력이 큰 수종

해설

② 가지가 가늘고 짧으며, 줄기가 곧은 것

17 다음 중 가식에 대한 설명 중 틀린 것은?

① 가식할 장소는 배수가 잘되고 습기가 있는 곳을 선정하되 과습지는 피한다.

② 가식은 대부분 점상으로 한다.

③ 가식 시 묘목의 끝이 가을에는 남쪽으로 향하도록 한다.

④ 가식 시 묘목의 끝이 봄에는 북쪽으로 향하도록 한다.

해설

② 가식할 때에는 반드시 뿌리 부분을 부채살 모양으로 열가식한다.

18 다음 중 무육작업과 관계있는 작업으로, 나머지 셋과는 구별되는 것은?

① 개벌작업　　② 산벌작업
③ 택벌작업　　④ 제벌작업

무육작업은 어린나무를 우량한 목재로 키우는 과정의 모든 작업을 의미하며, 풀베기 작업, 덩굴제거, 제벌작업, 가지치기 작업, 간벌작업 등이 포함된다.

19 다음 중 단근작업에 대한 설명 중 틀린 것은?

① 묘목의 철늦은 자람을 억제한다.
② 측근과 세근을 발달시킨다.
③ 그 해 기후에 따라 도장의 염려가 있을 때에는 생략할 수도 있다.
④ 파종상에서는 땅속 10cm, 판갈이상에서는 12cm 깊이에서 뿌리를 잘라준다.

③ 그 해 기후에 따라 도장의 염려가 없으면 생략할 수도 있다.

20 성숙한 임분을 대상으로 벌채를 실시할 때 모수가 되는 임목을 산생시키거나 군상으로 남겨두어 갱신에 필요한 종자를 공급하게 하고 그 밖의 임목은 개벌하는 갱신법은?

① 보잔목법　　② 택벌작업법
③ 보속작업법　　④ 모수작업법

모수작업법
남겨질 모수는 산생(한 그루씩 흩어져 있음)시키거나 군생(몇 그루씩 무더기로 남김)시켜 갱신에 필요한 종자를 공급하게 하고 갱신이 끝나면 모수는 벌채된다.

21 유령림에 대한 무육작업으로 적합한 것은?

① 간벌과 가지치기
② 가지치기와 덩굴치기
③ 풀베기와 덩굴치기
④ 풀베기와 간벌

• 유령림의 무육 : 풀베기, 덩굴치기, 제벌(잡목 솎아내기)
• 성숙림의 무육 : 가지치기, 솎아베기(간벌)

22 예비벌, 하종벌, 후벌에 의하여 갱신되는 작업법은?

① 택벌작업　　② 개벌작업
③ 산벌작업　　④ 모수작업

산벌작업은 임분을 예비벌, 하종벌, 후벌 3단계 갱신 벌채를 실시하여 갱신하는 방법이다.

23 다음 중 종자수득률이 가장 높은 수종은?

① 잣나무　　② 벚나무
③ 박달나무　　④ 가래나무

종자수득률
가래나무(50.9%) > 박달나무(23.3%) > 벚나무(18.2%) > 잣나무(12.5%)

24 다음이 설명하고 있는 줄기접 방법으로 옳은 것은?

> 〈줄기접 시행순서〉
> 1. 서로 독립적으로 자라고 있는 접수용 묘목과 대목용 묘목을 나란히 접근
> 2. 양쪽 묘목의 측면을 각각 칼로 도려냄
> 3. 도려낸 면을 서로 밀착시킨 상태에서 접목끈으로 단단히 묶음

① 절접　　　　② 합접
③ 기접　　　　④ 교접

해설

기접법
• 접목이 어려운 수종에 실시한다(단풍나무).
• 양쪽의 식물체에 접합시킬 부분을 깎고 서로 맞대게 하여 끈으로 묶은 후 접착이 되면 필요 없는 부분을 잘라 제거한다.

26 우리나라에서 발생하는 상주(서릿발)에 대한 설명으로 옳은 것은?

① 가장 추운 1월 중순에 많이 발생한다.
② 중부지방보다 남부지방에서 잘 발생한다.
③ 토양함수량이 90% 이상으로 많을 때 발생한다.
④ 비료를 주어 상주 생성을 막을 수 있지만 질소비료는 가장 효과가 낮다.

해설

상주
겨울에 토양 중의 수분이 빨려 올라와 가늘고 긴 빙주가 다발로 되어 표면에 솟아난 것을 상주라고 하며, 상주는 토양수분이 60% 이상이고 지표온도는 0℃ 이하, 지중온도는 영상일 때 발생하게 된다. 우리나라에서는 남부지방의 식질토양에서 많이 발생한다.

25 우리나라 삼림대를 구성하는 요소로서 일반적으로 북위 35° 이남, 평균기온이 14℃ 이상 되는 지역의 산림대는?

① 열대림　　　　② 난대림
③ 온대림　　　　④ 온대북부림

해설

우리나라의 임상
• 난대림(상록활엽수대) : 북위 35° 이남, 연평균기온 14℃ 이상, 주로 남부해안에 면한 좁은 지방과 제주도 및 그 부근의 섬들
• 온대림(낙엽활엽수대) : 북위 35~43°, 산악지역과 높은 지대를 제외한 연평균기온 5~14℃, 온대남부・온대중부・온대북부로 나뉨
• 한대림(침엽수대) : 평지에서는 볼 수 없음, 평안남북도・함경남북도의 고원지대와 높은 산지역, 연평균기온 5℃ 이하

27 다음 중 산림화재의 효용에 대한 설명으로 틀린 것은?

① 관목과 잡초가 우거진 임지에 인공식재를 하려고 할 때 식재 직전에 불을 넣어 제거
② 천연하종이 불가능한 때 적당히 불을 넣어 조부식층을 제거하여 천연하종을 가능하게 함
③ 병해충의 확산을 방지하고 중간기주를 제거
④ 폐쇄구과에 대한 발아 휴면성을 연장

해설

산림화재는 폐쇄구과에 대한 휴면성을 타파하여 천연하종을 유도한다.

28 토양 중에서 수분이 부족하여 생기는 피해는?

① 볕데기(皮燒)　　② 상해(霜害)

③ 한해(旱害)　　　④ 열사(熱死)

① 볕데기(皮燒) : 수간이 태양광선의 직사를 받았을 때 수피의 일부에 급격한 수분증발이 생겨 조직이 마르는 현상
② 상해(霜害) : 이른 봄 식물의 발육이 시작된 후 급격한 온도저하가 일어나 어린 지엽이 손상되는 현상
④ 열사(熱死) : 7~8월경 토양이 건조되기 쉬울 때 암흑색의 사질 부식토에서 태양열을 흡수함으로써 발생

29 바람에 의해 전반(풍매전반)되는 수병은?

① 잣나무 털녹병균

② 근두암종병균

③ 오동나무 빗자루병균

④ 향나무 적성병균

바람에 의한 전반(풍매전반) : 잣나무 털녹병균, 밤나무 줄기마름병균, 밤나무 흰가루병균

30 수목의 그을음병(sooty mold)에 대한 설명으로 옳은 것은?

① 수목의 잎 또는 가지에 형성된 검은색을 띠는 것은 무성하게 자란 세균이다.

② 병원균은 진딧물과 같은 곤충의 분비물에서 양분을 섭취한다.

③ 이 병에 감염된 수목은 수목의 수세가 악화되면서 급격히 말라 죽는다.

④ 병원균은 기공으로 침입하며 침입균사는 원형질막을 파괴시킨다.

그을음병은 통풍불량, 음습, 질소질 과다시비로 인하여 발생된다. 깍지벌레, 진딧물의 배설에 의하여 병원균이 번식되어 줄기와 잎이 흑색으로 보인다.

31 오리나무 갈색무늬병균(갈반병)의 방제법이 아닌 것은?

① 티시엠 유제 500배액을 4~5시간 종자소독을 한다.

② 지오판 수화제 200배액에 24시간 종자소독을 한다.

③ 잎이 피는 시기부터 4-4식 보르도액을 2주 간격으로 약 7~8회 살포한다.

④ 장마철 이전에 만코지 수화제를 600배액 희석하여 살포한다.

④ 장마철 이후에 만코지 수화제를 600배액 희석하여 살포한다.

32 포플러류 잎의 뒷면에 초여름 오렌지색의 작은 가루덩이가 생기고, 정상적인 나무보다 먼저 낙엽이 지는 현상이 나타나는 병은?

① 잎녹병
② 갈반병
③ 잎마름병
④ 점무늬잎떨림병

해설

포플러 잎녹병균은 병든 낙엽에서 겨울포자 상태로 겨울을 나고, 4~5월에 겨울포자가 발아하여 만들어진 담자포자가 바람에 의해 낙엽송으로 날아가 새로 나온 잎을 감염시켜 잎의 뒷면에 직경 1~2mm 되는 오렌지색의 녹포자덩이를 만든다.

34 덩굴식물을 제거하는 방법으로 옳지 않은 것은?

① 디캄바 액제는 콩과식물에 적용한다.
② 인력으로 덩굴의 줄기를 제거하거나 뿌리를 굴취한다.
③ 글라신 액제는 2~3월 또는 10~11월에 사용하는 것이 효과적이다.
④ 약제 처리 후 24시간 이내에 강우가 예상될 경우 약제 처리를 중지한다.

해설

글라신 액제 처리는 덩굴류의 생장기인 5~9월에 실시한다.

33 주로 나무의 상처부위로 병원균이 침입하여 발병하는 것으로 상처부위에 올바른 외과수술을 해야 하며, 저항성 품종을 심어 방제하는 병은?

① 향나무 녹병
② 소나무 잎떨림병
③ 밤나무 줄기마름병
④ 삼나무 붉은마름병

해설

밤나무 줄기마름병균은 밤나무 줄기와 가지의 상처를 중심으로 병반이 형성되는데 초기에는 황갈색이나 적갈색으로 변하고 약간 움푹해지며, 이후 수피가 부풀어 오른다.

35 포플러 잎녹병의 증상으로 옳지 않은 것은?

① 병든 나무는 급속히 말라 죽는다.
② 초여름에는 잎 뒷면에 노란색 작은 돌기가 발생한다.
③ 초가을이 되면 잎 양면에 짙은 갈색 겨울포자퇴가 형성된다.
④ 중간기주의 잎에 형성된 녹포자가 포플러로 날아와 여름포자퇴를 만든다.

해설

포플러 잎녹병의 병징
• 초여름에 잎의 뒷면에 누런 가루덩이(여름포자퇴)가 형성되고, 초가을에 이르면 차차 암갈색무늬(겨울포자퇴)로 변하며, 잎은 일찍 떨어진다.
• 중간기주인 낙엽송의 잎에는 5월 상순에서 6월 상순경에 노란 점이 생긴다.

36 피해목을 벌채한 후 약제 훈증처리의 방제가 필요한 수병은?

① 뽕나무 오갈병　② 잣나무 털녹병
③ 소나무 잎녹병　④ 참나무 시들음병

참나무 시들음병의 방제
침입공에 메프 유제, 파프 유제 500배액을 주입하고, 피해목을 벌채하여 1m 길이로 잘라 쌓은 후 메탐소디움을 m³당 1L씩 살포하고 비닐을 씌워 밀봉하여 훈증처리한다.

37 향나무 녹병균이 배나무를 중간숙주로 기생하여 오렌지색 별무늬가 나타나는 시기로 가장 옳은 것은?

① 3~4월　② 6~7월
③ 8~9월　④ 10~11월

향나무 녹병균은 배나무를 중간숙주로 기생하는데, 6~7월에 잎과 열매 등에 오렌지색 별무늬로 나타난 후 녹포자를 형성하면 향나무에 날아가 기생하면서 균사 상태로 월동한다.

38 파이토플라스마에 의한 병해에 해당하는 것은?

① 뽕나무 오갈병
② 벚나무 빗자루병
③ 참나무 시들음병
④ 밤나무 줄기마름병

뽕나무 오갈병의 병원체 및 병원 : 병원은 파이토플라스마이며, 마름무늬매미충에 의해 매개되고 접목에 의해서도 전염된다.

39 솔잎혹파리에 대한 설명으로 옳지 않은 것은?

① 완전변태를 한다.
② 솔잎의 기부에서 즙액을 빨아 먹는다.
③ 1년에 2회 발생하며 알로 월동한다.
④ 기생성 천적으로 솔잎혹파리먹좀벌 등이 있다.

③ 1년에 1회 발생하며, 유충으로 지피물 밑의 지표나 1~2cm 깊이의 흙 속에서 월동한다.

40 호두나무잎벌레의 월동형태는?

① 유충　② 번데기
③ 알　④ 성충

호두나무잎벌레는 연 1회 발생하며, 유충은 군서하면서 엽육을 식해하고, 성충으로 월동한다.

41 솔노랑잎벌에 대한 설명으로 옳지 않은 것은?

① 1년에 1회 발생한다.
② 알로 월동한다.
③ 소나무, 밤나무 등을 가해한다.
④ 천적으로는 맵시벌, 노린재류 등이 있다.

③ 적송, 흑송 및 기타 소나무류를 가해한다.

42 해충의 구조로 맞는 것은?

① 가슴은 앞가슴, 가운데가슴, 뒷가슴으로 나뉜다.
② 큰턱 등 입틀은 환경에 따라 변형한다.
③ 더듬이는 한 마디로 구성되어 있다.
④ 날개는 하등곤충에는 있고, 보통 종류에는 없다.

② 큰턱 등 입틀은 씹거나, 부수거나, 핥거나 빨아들이는 등 먹이에 따라 변형한다.
③ 더듬이는 여러 마디로 구성되어 있다.
④ 날개는 하등곤충에는 없고, 보통 종류에는 있다.

43 해충의 밀도가 증가하거나 감소하는 경향을 알기 위해 충태별 사망수, 사망요인, 사망률 등의 항목으로 구성된 표는 무엇인가?

① 생명표   ② 생태표
③ 생식표   ④ 수명표

생명표 : 1군의 동종개체가 출생한 후의 시간경과에 따라 어떻게 사망하고 감소하였는가를 기재한 표이다.

44 어떤 유제(50%)를 200배로 희석하여 살포하려고 할 때 100L에 필요한 소요약량은?

① 0.5   ② 0.05
③ 5   ④ 50

소요약량 = 단위면적당 사용량/소요희석배수
= 100/200 = 0.5L

45 해충의 직접적인 구제 방법 중 기계적 방제법에 속하지 않는 것은?

① 포살법   ② 소살법
③ 유살법   ④ 냉각법

기계적 방제법은 간단한 기구 또는 손으로 해충을 잡는 방법으로 포살, 유살, 소살 등이 있다.

46 다음에 해당하는 톱으로 옳은 것은?

① 제재용 톱
② 무육용 이리톱
③ 벌도작업용 톱
④ 조재작업용 톱

무육용 이리톱 : 역학을 고려하여 손잡이가 구부러져 있어 가지치기와 어린나무가꾸기 작업에 적합하다.

47 다음 중 벌목용 작업 도구가 아닌 것은?

① 쐐기   ② 밀대

③ 이식승   ④ 원목돌림대

해설

벌목용 작업 도구 : 톱, 도끼, 쐐기, 밀대, 목재돌림대, 갈고리, 체인톱, 벌채수확기계 등

48 특별한 경우를 제외하고 도끼를 사용하기에 가장 적합한 도끼자루의 길이는?

① 사용자 팔 길이

② 사용자 팔 길이의 2배

③ 사용자 팔 길이의 0.5배

④ 사용자 팔 길이의 1.5배

해설

도끼자루의 길이는 특수한 경우를 제외하고는 사용자의 팔 길이 정도가 적당하다.

49 자동지타기를 이용한 작업에 대한 설명으로 옳지 않은 것은?

① 절단 가능한 가지의 최대직경에 유의한다.

② 우천 시 미끄러짐, 센서 이상 등의 문제점이 있다.

③ 나선형으로 올라가지 못하고 곧바로만 올라간다.

④ 승강용 바퀴 답압에 의해 수목에 상처가 발생하기도 한다.

해설

③ 나선형으로 상승하는 형태와 수직으로 상승하는 형태가 있다.

50 대패형 톱날의 창날각도로 가장 적당한 것은?

① 30°   ② 35°

③ 60°   ④ 80°

해설

톱날의 종류별 연마각도

구분	대패형 톱날	반끌형 톱날	끌형 톱날
창날각	35°	35°	30°
가슴각	90°	85°	80°
지붕각	60°	60°	60°
연마방법	수평	수평에서 위로 10° 상향	수평에서 위로 10° 상향

51 다음 중 벌도, 가지치기 및 조재작업기능을 모두 가진 장비는?

① 포워더   ② 하베스터

③ 프로세서   ④ 스윙야더

해설

하베스터는 대표적인 다공정 처리기계로 벌도, 가지치기, 조재목 다듬질, 토막내기 작업을 모두 수행할 수 있는 장비이다.

52 벌목 중 나무에 걸린 나무의 방향전환이나 벌도목을 돌릴 때 사용되는 작업 도구는?

① 쐐기 　　　② 식혈봉
③ 박피삽 　　④ 지렛대

> **해설**
> 지렛대는 벌목 시 나무가 걸려 있을 때 밀어 넘기거나 또는 벌목된 나무의 가지를 자를 때 벌도목을 반대방향으로 전환시킬 경우에 사용한다.

53 도구의 날을 가는 요령을 설명하였다. 틀린 것은?

① 도끼의 날은 침엽수용을 활엽수용보다 더 둔하게 연마하여야 한다.
② 도끼의 날은 활엽수용을 침엽수용보다 더 둔하게 갈아준다.
③ 톱의 날은 침엽수용보다 활엽수용을 더 둔하게 갈아준다.
④ 톱니의 젖힘은 침엽수용을 활엽수용보다 더 넓게 젖혀준다.

> **해설**
> 도끼 및 톱의 날은 침엽수용이 활엽수용보다 더 날카롭다.

54 예불기의 연료는 시간당 약 몇 L가 소모되는 것으로 보고 준비하는 것이 좋은가?

① 0.5L 　　② 1L
③ 2L 　　　④ 3L

> **해설**
> 예불기의 연료는 시간당 약 0.5L가 소모된다.

55 벌목작업 시 작업로 간격(최소 안전작업 거리)기준으로 적당한 것은?

① 벌도될 나무 높이의 1배
② 벌도될 나무 높이의 2배
③ 벌도될 나무 높이의 3배
④ 벌도될 나무 높이의 4배

> **해설**
> 벌목영역은 벌채목을 중심으로 수고(나무 높이)의 2배에 해당하는 영역이다.

56 체인톱과 예불기의 연료 혼합비로 가장 적합한 것은?

① 휘발유 : 오일 = 15 : 1
② 휘발유 : 오일 = 25 : 1
③ 휘발유 : 오일 = 45 : 1
④ 휘발유 : 오일 = 65 : 1

> **해설**
> 체인톱과 예불기에 사용하는 연료 혼합비
> 휘발유 : 윤활유(엔진오일) = 25 : 1

57 4행정 기관과 비교한 2행정 기관의 특징으로 옳지 않은 것은?

① 중량이 가볍다.
② 저속운전이 용이하다.
③ 시동이 용이하고 바로 따뜻해진다.
④ 배기음이 높고 제작비가 저렴하다.

해설
② 저속운전이 어렵다.

58 가솔린엔진과 비교할 때 디젤엔진의 특징으로 옳지 않은 것은?

① 열효율이 높다.
② 토크변화가 작다.
③ 배기가스 온도가 높다.
④ 엔진 회전속도에 따른 연료공급이 자유롭다.

해설
디젤엔진은 과급으로 인한 높은 공연비 덕분에 연소 후 단위 질량당 에너지밀도가 낮고 따라서 배기가스 온도가 가솔린엔진에 비해 상당히 낮은 편이다. 때문에 터보차저의 터빈이 고열에 의해 손상될 위험성이 낮아서 터보차저를 조합하기가 용이하다.

59 산림작업 시 수라를 설치할 때 작업의 안전을 위해 속도조절장치를 함께 설치하여야 하는 경사도는?

① 20~30%
② 30~40%
③ 40~50%
④ 50~60%

해설
수라 설치지역의 최소 종단경사는 15~25%가 되어야 하고 최대경사가 50~60% 이상일 경우에는 속도 조절장치를 부착하여 활용한다.

60 체인톱에 사용하는 오일의 점액도를 표시한 것 중 겨울용(-25℃)으로 가장 적당한 것은?

① SAE 20
② SAE 30
③ SAE 50
④ SAE 20W

해설
계절에 따른 SAE의 분류
• SAE 30 : 봄, 가을철
• SAE 40 : 여름철
• SAE 20W : 겨울철

01 발아율 90%, 고사율 20%, 순량률 80%일 때 종자의 효율은?

① 14.4% ② 16%

③ 44% ④ 72%

해설
효율(%) = 발아율 × 순량률/100
= 90 × 80/100
= 72%

02 모수작업은 전 재적의 약 몇 %의 나무를 베는가?

① 60% ② 70%

③ 80% ④ 90%

해설
모수로 남겨야 할 임목은 전 임목에 대하여 본수의 2~3%, 재적의 약 10%이다.

03 종자 저장 시 정선 후 곧바로 노천매장해야 하는 수종으로 짝지은 것은?

① 층층나무, 전나무

② 삼나무, 편백

③ 소나무, 해송

④ 느티나무, 잣나무

해설
④ 느티나무, 잣나무는 종자 채취 직후인 9월 상순~10월 하순에 매장한다.
① 토양동결 전(11월 하순)에 매장한다.
② · ③ 토양동결이 풀린 후 파종 1개월 전(3월 중순)에 매장한다.

04 우리나라의 산림대에 대한 설명으로 옳은 것은?

① 온대림과 냉대림으로 구분된다.

② 온대림과 난대림으로 구분된다.

③ 난대림, 온대림, (아)한대림으로 구분된다.

④ 난대림, 온대림, 온대북부림으로 구분된다.

해설
• 난대림(난온대림) : 수평적으로는 34° 이남지역이나 해안지역의 경우 35° 이남지역으로 연평균기온은 14℃, 한랭지수는 −10 이상이다.
• 온대림 : 우리나라에서 분포면적이 가장 넓으며, 남쪽으로는 난대림과 북쪽으로는 한대림과 접하고 있다. 연평균기온은 5~14℃이다.
• 한대림 : 수평적으로 한반도의 북한지역에 분포하며, 주로 평안도와 함경도의 고원 및 고산지역이 이에 속한다. 연평균기온은 5℃ 이하이다.

1 ④ 2 ④ 3 ④ 4 ③ 정답

05 삽수의 발근이 비교적 잘되는 수종, 비교적 어려운 수종, 대단히 어려운 수종으로 분류할 때 비교적 잘되는 수종에 속하는 것은?

① 밤나무   ② 측백나무
③ 느티나무   ④ 백합나무

해설
- 삽수의 발근이 잘되는 수종 : 측백나무, 포플러류, 버드나무류, 은행나무, 사철나무, 개나리, 주목, 향나무, 치자나무, 삼나무 등
- 삽수의 발근이 어려운 수종 : 밤나무, 느티나무, 백합나무, 소나무, 해송, 잣나무, 전나무, 단풍나무, 벚나무 등

06 다음 중 풀베기에서 전면깎기의 설명으로 바르지 못한 것은?

① 조림지 전면에 해로운 지상식물을 깎는다.
② 양수인 수종에 실시한다.
③ 우리나라 북부지방에서 주로 실시하는 방법이다.
④ 땅힘이 좋은 곳에서 실시한다.

해설
③ 전면깎기(전예)는 임지가 비옥하거나 식재목이 광선을 많이 요구할 때 이용되는 방법으로 남부지방에 적합하다.

07 다음 우량묘의 조건으로 틀린 것은?

① 발육이 왕성하고 신초의 발달이 양호한 것
② 우량한 유전성을 지닌 것
③ 측근과 세근이 잘 발달된 것
④ 침엽수종의 묘에 있어서는 줄기가 곧고 측아가 정아보다 우세한 것

해설
④ 침엽수종의 묘에 있어서는 줄기가 곧고 정아가 측아보다 우세하며 되도록 하아지가 발달하지 않은 것

08 데라사끼의 상층간벌에 속하는 것은?

① A종 간벌   ② B종 간벌
③ C종 간벌   ④ D종 간벌

해설
④ D종 간벌 : 상층임관을 강하게 벌채하고 3급목을 남겨서, 수간과 임상이 직사광선을 받지 않도록 하는 것이다.
① A종 간벌 : 4·5급목을 제거하고 2급목의 소수를 끊는 방법으로, 임내를 정지하는 뜻이다. 간벌하기에 앞서 제벌 등 중간 벌채가 잘 이루어졌다면 할 필요가 거의 없다.
② B종 간벌 : 최하층의 4·5급목 전부와 3급목의 일부 그리고 2급목의 상당수를 벌채하는 것으로 C종과 함께 단층림에 있어서 가장 넓게 실시하고 있다.
③ C종 간벌 : B종보다 벌채하는 수관급이 광범위하고, 특히 1급목도 가까운 장래에 다른 1급목에 장해를 줄 가능성이 있는 경우 벌채하며, 우세목이 많은 성림에 적용한다.

09 뛰어난 번식력으로 인하여 수목 피해를 가장 많이 끼치는 동물로 올바르게 짝지은 것은?

① 사슴, 노루
② 곰, 호랑이
③ 산토끼, 들쥐
④ 산까치, 박새

해설

산토끼는 인공조림지에 눈에 덮여있는 치수의 상부를 먹으며, 들쥐는 뿌리·종자를 파먹고 둘 다 번식력이 강하다.

10 해충의 월동상태가 옳지 않은 것은?

① 대벌레 : 성충
② 천막벌레나방 : 알
③ 어스렝이나방 : 알
④ 참나무재주나방 : 번데기

해설

① 대벌레는 알로 월동한다.

11 종자의 이동방법으로 옳은 것은?

① 벚나무 – 중력
② 소나무 – 풍력
③ 도꼬마리 – 풍력
④ 엉겅퀴 – 동물

해설

① 벚나무 : 동물에 먹혀서 이동
③ 도꼬마리 : 동물의 몸에 붙어서 이동
④ 엉겅퀴 : 풍력으로 이동

12 제벌작업에서 제거 대상목이 아닌 것은?

① 열등형질목
② 침입목 또는 가해목
③ 하층식생
④ 폭목

해설

제거 대상목
• 치수림보육
 – 상층의 대경목 및 폭목 제거
 – 덩굴류와 불량속성수 제거
 – 불량형질목 및 병해목 제거
 – 밀도 조절 및 혼효도 조절 : 치수간격은 보통 1~1.5m가 되도록 조절해주며 동시에 우점종을 이루는 천연치수를 주가 되도록 혼효상태를 조절한다.
• 유령림보육
 – 불량목 제거와 생육공간 조절
 – 혼효도 조절 : 입지와 수종 특성을 고려하여 혼효도를 조절하며 단목혼효, 열상혼효, 소군상혼효 등의 혼효형을 선택할 수 있다.
• 하층임분과 피압목 관리 : 하층임분은 가능한 한 잔존시킨다.

13 중림작업에서 하목으로 가장 적당하지 않은 수종은?

① 참나무류 ② 서어나무류
③ 느릅나무 ④ 전나무

해설
전나무는 상목의 피압(被壓) 아래에서 생장 속도가 느리고 맹아력이 약하여 하목으로 적합하지 않다.

14 구과식물이 아닌 수종은?

① 낙엽송 ② 소나무
③ 잣나무 ④ 버드나무

해설
④ 버드나무의 열매는 삭과이다.

15 조림목 외의 수종을 제거하고 조림목이라도 형질이 불량한 나무를 벌채하는 무육작업은?

① 풀베기 ② 덩굴치기
③ 제벌 ④ 가지치기

해설
제벌(솎아베기)이란 조림목이 임관을 형성한 뒤부터 간벌할 시기에 이르는 사이에 침입 수종의 제거를 주로 하고 아울러 자람과 형질이 매우 나쁜 것을 끊어 없애는 일을 말한다.

16 단근작업을 하는 이유?

① 묘목의 철늦은 자람을 억제하고, 측근과 세근을 발달시키기 위해
② 어린 묘가 강한 일사를 받아 건조되는 것을 방지하기 위해
③ 식물의 흡수에 의해 부족하게 된 토양 중의 양료를 보급하기 위해
④ 근계를 발달시켜 산지식재를 알맞은 묘목으로 만들기 위해

해설
단근작업은 묘목의 철늦은 자람을 억제하고, 동시에 측근과 세근을 발달시켜 산지에 재식하였을 때 활착률을 높이기 위하여 실시한다.

17 다음 중 삽목이 잘되는 수종끼리만 짝지어진 것은?

① 개나리, 소나무
② 버드나무, 잣나무
③ 사철나무, 미루나무
④ 오동나무, 느티나무

해설
삽목이 용이한 수종 : 포플러류, 버드나무류, 은행나무, 사철나무, 플라타너스, 개나리, 주목, 실편백, 연필향나무, 측백나무, 화백, 향나무, 비자나무, 미루나무 등이 있다.

18 묘포지 선정요건으로 거리가 먼 것은?

① 교통이 편리한 곳

② 양토나 사질양토로 관배수가 용이한 곳

③ 1~5° 정도의 경사지로 국부적 기상피해가 없는 곳

④ 토지의 물리적 성질보다 화학적 성질이 중요하므로 매우 비옥한 곳

> **해설**
> ④ 너무 비옥한 토지는 도장의 우려가 있으므로 피한다.

19 가을에 채집하여 정선한 종자를 눈녹은 물이나 빗물이 스며들 수 있도록 땅속에 묻었다가 파종할 이듬해 봄에 꺼내는 종자저장법은?

① 노천매장법

② 보호저장법

③ 실온저장법

④ 습적법

> **해설**
> 노천매장법은 종자의 저장과 발아촉진을 동시에 얻는 효과가 있다.

20 우량종자의 선발요령이 아닌 것은?

① 물에 담갔을 때 뜨는 것

② 광택이나 윤기가 나는 것

③ 오래되지 않은 것

④ 알이 알차고, 완숙한 것

> **해설**
> 물에 담갔을 때 뜨는 것은 비중이 낮기 때문이므로 우량종자로 볼 수 없다.

21 볕데기에 대한 설명으로 옳지 않은 것은?

① 남서방향 임연부의 고립목에 피해가 나타나기 쉽다.

② 오동나무나 호두나무처럼 코르크층이 발달되지 않는 수종에서 자주 발생한다.

③ 강한 복사광선에 의해 건조된 수피의 상처부위에 부후균이 침투하여 피해를 입는다.

④ 토양의 온도를 낮추기 위한 관수나 해가림 또는 짚을 이용한 토양피복 등의 처리를 하는 것이 좋다.

> **해설**
> 볕데기의 방제
> • 울폐된 임상을 갑자기 파괴시키지 않는다.
> • 남서면의 임연목의 지조를 보호한다.
> • 가로수, 정원수 등에 있어서 해가림을 하거나 수간에 석회유, 점토 등을 칠하든지 짚, 새끼 등으로 감아서 보호한다.

22 소나무 잎떨림병에 대한 설명으로 틀린 것은?

① 7~9월에 발병하여 잎에 담갈색의 병반이 형성된다.
② *Lophodermium pinastri*(Schrad.) Chev.에 의해 발병한다.
③ 병든 잎을 모아서 태우는 방법으로 방제한다.
④ 조림지에 발생하였을 경우에는 여러 종류의 침엽수를 하목으로 심으면 피해가 경감된다.

조림지에 발생하였을 경우에는 여러 종류의 활엽수를 하목으로 심으면 피해가 경감된다.

23 소나무좀의 방제 방법으로 옳지 않은 것은?

① 4~5월에 이목을 설치하여, 월동성충이 여기에 산란하게 한 후, 7월에 이목을 박피하여 소각한다.
② 동기채취목과 벌근에 익년 5월 이전에 껍질을 벗겨서 번식처를 없앤다.
③ 수세가 쇠약한 나무, 설해목 등 피해목 및 고사목은 벌채하여 껍질을 벗긴다.
④ 임목 벌채를 하였을 경우에는, 임내 정리를 철저히 하여 임내에 지조(나뭇가지)가 없도록 하고 원목은 반드시 껍질을 벗기도록 한다.

2~3월에 이목(먹이나무 : 반드시 동기에 채취된 것으로 사용하여야 함)을 설치하여, 월동성충이 여기에 산란하게 한 후, 5월에 이목을 박피하여 소각한다.

24 2ha의 조림지에 밤나무를 4m×4m의 간격으로 식재하고자 할 때 필요한 묘목 수는?

① 1,000본
② 1,250본
③ 2,500본
④ 4,000본

$$식재할\ 묘목수 = \frac{식재면적}{묘목\ 간\ 간격(가로 \times 세로)}$$

$$= \frac{2 \times 10,000}{4 \times 4} \ (\because \ 1ha = 10,000m^2)$$

$$= 1,250본$$

25 산불이 발생했을 경우 임목의 피해 정도를 설명한 것 중 틀린 것은?

① 침엽수가 활엽수보다 크다.
② 양수가 음수보다 크다.
③ 단순림과 동령림이 혼효림보다 크다.
④ 산불이 경사지를 올라갈 경우가 경사를 내려올 경우보다 크다.

④ 산불 피해율은 경사별로 볼 때는 급경사지가, 위치별로는 경사 아랫부분에서 발생한 산불의 피해가 가장 크다.

26 병원체의 감염에 의한 병징 중 변색에 해당하는 것은?

① 오갈
② 총생
③ 모자이크
④ 시들음

① 오갈 : 모양이 변형되어 오그라들거나 두터워진다.
② 총생 : 여러 개의 잎이 줄기에 무더기로 난다.
④ 위조(시들음) : 수목의 전체 또는 일부가 수분의 공급부족으로 시든다.

27 나무줄기에 뜨거운 직사광선을 쐬면 나무껍질의 일부에 급속한 수분 증발이 일어나거나 형성층 조직이 파괴되고, 그 부분의 껍질이 말라 죽는 피해를 받기 쉬운 수종으로 짝지어진 것은?

① 소나무, 해송, 측백나무
② 참나무류, 낙엽송, 자작나무
③ 황벽나무, 굴참나무, 은행나무
④ 오동나무, 호두나무, 가문비나무

볕데기(피소)
• 수간이 태양광선의 직사를 받았을 때 수피의 일부에 급격한 수분증발이 생겨 조직이 건고되는 현상이다.
• 피해수종 : 수피가 평활하고 코르크층이 발달되지 않은 오동나무, 후박나무, 호두나무, 버즘나무, 소태나무, 가문비나무 등의 수종에 피소를 일으키기 쉽다.

28 담배장님노린재에 의하여 매개 전염되는 병은?

① 오동나무 빗자루병
② 대추나무 빗자루병
③ 잣나무 털녹병
④ 소나무 잎녹병

오동나무 빗자루병은 파이토플라스마(phytoplasma)의 감염에 의해 일어나는데, 우리나라에서는 담배장님노린재, 썩덩나무노린재, 오동나무애매미충 등 3종의 흡즙성 해충이 병원균을 매개하는 것으로 알려져 있다. 담배장님노린재에 의한 감염을 막기 위해 7월 상순~9월 하순에 살충제를 2주 간격으로 살포한다.

29 진딧물에 의해 매개되는 병해는?

① 세균
② 곰팡이
③ 파이토플라스마
④ 바이러스

바이러스는 자연상태에서 아까시나무 진딧물과 복숭아혹진딧물 등에 의해 매개 전염된다.

30 잣나무 털녹병(모수병)의 병징 및 표징은 줄기에 나타난다. 병원균의 침입 부위는 어디인가?

① 잎　　　　② 줄기
③ 종자　　　④ 뿌리

해설

잣나무 털녹병

병균이 8월 하순경에 잣나무 잎으로 침입하면 잎에는 적갈색에서 황색의 작은 병반이 형성된다. 그 후 점차 줄기로 침입하여 2~4년간 조직 속에 잠복하였다가 4~6월경 녹포자퇴가 발생한다. 이것이 터지면서 노란색의 녹포자가 중간기주인 송이풀류나 까치밥나무류로 날아가 전염된다.

31 성충으로 월동하는 것끼리 짝지어진 것은?

① 미국흰불나방, 소나무좀
② 소나무좀, 오리나무잎벌레
③ 잣나무넓적잎벌, 미국흰불나방
④ 오리나무잎벌레, 잣나무넓적잎벌

해설

• 오리나무잎벌레 : 1년에 1회 발생하며 성충으로 지피물 밑 또는 흙 속에서 월동한다.
• 소나무좀 : 월동성충이 나무껍질을 뚫고 들어가 산란한 알에서 부화한 유충이 나무껍질 밑을 식해한다.

32 파이토플라스마와 관계없는 수병은?

① 오동나무 빗자루병
② 대추나무 빗자루병
③ 뽕나무 오갈병
④ 벚나무 빗자루병

해설

벚나무 빗자루병은 진균(자낭균 ; Taphrina wiesneri)에 의해 발병한다.

33 소나무 혹병의 중간기주는?

① 낙엽송　　② 송이풀
③ 졸참나무　④ 까치밥나무

해설

소나무 혹병의 중간기주는 졸참나무, 신갈나무 등 참나무류이다.

34 측백나무, 편백나무, 나한백 등에 흔히 발생하여 치명적 피해를 주는 해충은?

① 향나무하늘소
② 밤색우단풍뎅이
③ 포도유리나방
④ 버들바구미

해설

향나무 외에 측백나무, 편백나무, 화백나무 등에 피해를 주는 향나무하늘소는 수목의 굵은 가지를 고사시켜 수형을 파괴한다.

35 다음 중 잎을 가해하지 않는 해충은?

① 솔나방
② 오리나무잎벌레
③ 흰불나방
④ 소나무좀

소나무좀은 소나무의 분열조직을 가해하는 해충이다.

36 곤충에 관한 설명 중 틀린 것은?

① 날개는 앞가슴에만 있다.
② 앞가슴, 가운데가슴, 뒷가슴으로 나뉜다.
③ 머리는 입틀, 겹눈, 홑눈, 촉각 등의 부속기가 있다.
④ 피부는 바깥쪽에 표피, 그 아래에 진피, 안쪽에 기저막으로 되어 있다.

날개는 가운데가슴과 뒷가슴에 1쌍의 날개가 있는 것이 많다.

37 오리나무 갈색무늬병에 대한 설명으로 틀린 것은?

① 잎에 미세한 원형의 갈색~흑갈색 반점이 나타난다.
② 병든 잎은 말라 죽고 일찍 떨어진다.
③ 연작을 피해 방제한다.
④ 묘목을 밀생하면 피해를 받지 않는다.

묘목이 밀생하면 피해가 크므로 적당히 솎아준다.

38 다음의 설명은 어느 해충을 가리키는가?

> 성충의 몸길이는 2mm 정도이고, 몸색깔은 담황색이며, 유충이 솔잎의 기부에서 즙액을 빨아먹어 피해가 3~4년 계속되면 나무가 말라 죽는다. 솔나방과 반대로 울창하고 습기가 많은 삼림에 크게 발생한다. 1년에 1회 발생하며, 유충으로 지피물속의 흙 속에서 월동한다.

① 솔잎혹파리
② 소나무가루깍지벌레
③ 소나무좀
④ 솔잎깍지벌레

솔잎혹파리
• 1년에 1회 발생하며 소나무, 곰솔(해송)에 피해가 심하다.
• 유충으로 지피물 밑의 지표나 1~2cm 깊이의 흙 속에서 월동한다.
• 5월 하순부터 10월 하순까지 유충이 솔잎 기부에 벌레혹(충영)을 형성하고, 그 내부에서 흡즙 가해하여 일찍 고사하게 하며 임목의 생장을 저해한다.

39 단위생식을 하는 해충은?

① 박쥐나방
② 밤나무순혹벌
③ 호두자루수염잎벌
④ 오리나무잎벌레

해 설

밤나무순혹벌, 민다듬이벌레, 진딧물류 등은 암컷만으로 생식하는 단위생식을 한다.

40 살충제 중 유제(乳劑)에 대한 설명으로 옳지 않은 것은?

① 수화제에 비하여 살포용 약액조제가 편리하다.
② 포장, 운송, 보관이 용이하며 경비가 저렴하다.
③ 일반적으로 수화제나 다른 제형(劑型)보다 약효가 우수하다.
④ 살충제의 주제를 용제(溶劑)에 녹여 계면활성제를 유화제로 첨가하여 만든다.

해 설

유제
• 물에 녹지 않는 농약의 주제를 용제에 용해시켜 계면활성제를 첨가한다.
• 물과 혼합 시 우유 모양의 유탁액이 된다.
• 수화제보다 살포액의 조제가 편리하고 약효가 다소 높다.

41 다음 중 살충제의 제형에 따라 분류된 것은?

① 수화제
② 훈증제
③ 유인제
④ 소화중독제

해 설

농약의 분류
• 사용목적에 따른 분류 : 살균제, 살충제, 살비제, 살선충제, 제초제, 식물 생장조절제, 혼합제, 살서제, 소화중독제, 유인제 등
• 주성분 조성에 따른 분류 : 유기인계, 카바메이트계, 유기염소계, 유황계, 동계, 유기비소계, 항생물질계, 피레스로이드계, 페녹시계, 트라이아진계, 요소계, 설포닐우레아계 등
• 제형에 따른 분류 : 유제, 수화제, 분제, 미분제, 수화성미분제, 입제, 액제, 액상수화제, 미립제, 세립제, 저미산분제, 수면전개제, 종자처리수화제, 캡슐현탁제, 분의제, 과립훈연제, 과립수화제, 캡슐제 등
• 사용방법에 따른 분류 : 희석살포제, 직접살포제, 훈연제, 훈증제, 연무제, 도포제 등

42 오동나무 빗자루병의 매개충이 아닌 것은?

① 솔수염하늘소
② 담배장님노린재
③ 썩덩나무노린재
④ 오동나무매미충

해 설

오동나무 빗자루병
• 병징 : 병든 나무에는 연약한 잔가지가 많이 발생하고, 담녹색의 아주 작은 잎이 밀생하여 마치 빗자루나 새집둥우리와 같은 모양을 이룬다.
• 병원체 및 병원 : 병원은 파이토플라스마이며, 담배장님노린재, 썩덩나무노린재, 오동나무매미충에 의해 매개되고, 병든 나무의 분근을 통해서도 전염된다.

43 4행정 기관의 작동순서에 포함되지 않는 것은?

① 폭발 ② 흡입
③ 압축 ④ 회전

4행정 사이클 기관의 작동순서 : 흡입 → 압축 → 폭발(팽창) → 배기
• 흡입행정 : 공기를 흡입한다.
• 압축행정 : 공기를 압축한다.
• 폭발행정 : 고온고압의 공기에 연료를 분사하여 폭발시킨다.
• 배기행정 : 연료가스를 배출시킨다.

44 다음 중 용도가 같은 도구만으로 바르게 구성된 것은?

① 스위스보육낫, 손도끼
② 재래식 낫, 가지치기톱
③ 고지절단용 가지치기톱, 소형 손톱
④ 손도끼, 무육용 이리톱

③ 고지절단용 가지치기톱, 소형 손톱 : 가지치기 작업용

45 다음 중 벌목용 작업도구가 아닌 것은?

① 쐐기
② 목재돌림대
③ 밀개
④ 식혈봉

벌목용 작업도구 : 톱, 도끼, 쐐기, 밀대(밀개), 목재돌림대, 갈고리, 체인톱, 벌채수확기계 등

46 산벌작업의 작업순서로 가장 올바른 것은?

① 예비벌 → 하종벌 → 후벌
② 하종벌 → 후벌 → 예비벌
③ 후벌 → 예비벌 → 하종벌
④ 후벌 → 하종벌 → 예비벌

산벌작업
• 예비벌 : 갱신 준비
• 하종벌 : 치수의 발생을 완성
• 후벌 : 치수의 발육을 촉진

47 벌도목 운반이 주목적인 임업기계는?

① 지타기   ② 포워더

③ 펠러번처   ④ 프로세서

해설

① 지타기 : 수간을 자체 동력으로 상승하면서 가지치기 잡업을 실시하는 기종

③ 펠러번처 : 벌목과 집적기능만 가진 장비. 즉, 임목을 벌도하는 기계로서 단순벌도뿐만 아니라 임목을 붙잡을 수 있는 장치를 구비하고 있어서 벌도되는 나무를 집재작업이 용이하도록 모아 쌓는 기능을 가지고 있는 다공정 처리기계

④ 프로세서 : 하베스터와 유사하나 벌도기능만 없는 장비. 즉, 일반적으로 전목재의 가지를 제거하는 가지자르기 작업, 재장을 측정하는 조재목 마름질 작업, 통나무자르기 등 일련의 조재작업을 한 공정으로 수행하여 원목을 한곳에 쌓을 수 있는 장비

48 기계톱의 일일정비사항에 해당하지 않는 것은?

① 휘발유와 오일의 혼합

② 에어필터의 청소

③ 안내판의 손질

④ 연료통과 연료필터의 청소

해설

체인톱의 정비사항

• 일일점검사항 : 에어필터 청소, 안내판 점검, 휘발유와 오일 혼합

• 주간정비사항 : 안내판, 체인톱날, 점화부분, 체인톱 본체

• 분기점검사항 : 연료통과 연료필터의 청소, 시동줄 및 시동스프링 점검, 냉각장치, 전자 점화장치 등

49 도끼자루의 길이는 어떤 것이 가장 좋은가?

① 작업자 신장의 1/3 정도가 좋다.

② 작업자 팔 길이 정도가 좋다.

③ 작업자의 무릎 길이 정도가 좋다.

④ 작업자 신장의 1/2이 좋다.

해설

특별한 경우를 제외하고 사용하기 편리하도록 작업자의 팔 길이 정도가 좋다.

50 벌목조재작업 시 다른 나무에 걸린 벌채목의 처리로 옳지 않은 것은?

① 지렛대를 이용하여 넘긴다.

② 걸린 나무를 흔들어 넘긴다.

③ 걸려있는 나무를 토막내어 넘긴다.

④ 소형 견인기나 로프를 이용하여 넘긴다.

해설

다른 나무에 걸린 벌채목은 걸린 나무를 흔들거나 지렛대 혹은 소형 견인기나 로프를 이용하여 넘긴다.

51 다음 중 집재와 운재에 사용되는 기계 및 기구가 아닌 것은?

① 플라스틱 수라

② 단선순환식 삭도집재기

③ 윈치부착 농업용 트랙터

④ 자동지타기

해설

자동지타기는 가지치기용 기계이다.

52 4행정 엔진과 비교한 2행정 엔진의 설명으로 올바른 것은?

① 저속운전이 용이하다.
② 점화가 어렵다.
③ 무게가 무겁다.
④ 휘발유와 오일소비가 적다.

해설

① 저속운전이 어렵다.
③ 중량이 가볍다(단위 중량당 출력이 높다).
④ 휘발유와 오일소비가 크다.

53 이리톱을 연마할 때 필요하지 않은 것은?

① 원형줄
② 평줄
③ 톱니꼭지각 검정쇠
④ 각도 안내판

해설

일반적인 톱니 가는 순서
• 톱니는 묻은 기름 또는 오물을 마른걸레로 제거한다.
• 양쪽에서 젖혀져 있는 톱니는 모두 일직선이 되도록 바로 펴 놓는다.
• 평면줄로 톱니 높이를 모두 같게 갈아주어 톱니꼭지선이 일치되도록 조정한다.
• 톱니꼭지선 조정 시 낮아진 높이만큼 톱니홈을 파주되 홈의 바닥이 바른 모양이 되도록 한다.
• 규격에 맞는 줄로 톱니 양면의 날을 일정한 각도로 세워주고 동시에 올바른 꼭지각이 되도록 유지한다(각도 안내판, 톱니꼭지각 검정쇠 사용).

54 냉각된 체인톱을 시동 시 초크를 닫으면 어떻게 되는가?

① 기화기에 공기 유입량을 많게 한다.
② 기화기의 온도를 상승시킨다.
③ 기화기에 공기 유입량을 차단한다.
④ 기화기에 연료공급량을 차단한다.

해설

시동단계에서 연소실에서 점화 가능한 공기와 연료의 혼합가스를 만들기 위해 초크판으로 공기유입구를 닫는다.

55 외기온도에 따른 윤활유 점액도로 올바르게 짝지은 것은?

① +30~+60℃ : SAE 30
② +10~+30℃ : SAE 10
③ −60~−30℃ : SAE 30W
④ −30~−10℃ : SAE 20W

해설

외기온도에 따른 윤활유 점액도
• 계절에 따른 SAE의 분류
 − SAE 30 : 봄, 가을철
 − SAE 40 : 여름철
 − SAE 20W : 겨울철
• 윤활유의 외부기온에 따른 점액도의 선택기준 예
 − 외기온도 +10~+40℃ = SAE 30
 − 외기온도 +10~−10℃ = SAE 20
 − 외기온도 −10~−30℃ = SAE 20W(기계톱 윤활유의 점액도가 SAE 20W일 때 'W'는 겨울용을 표시하며 외기온도 범위는 −30~−10℃ 정도이다)

56 예불기의 연료는 시간당 약 몇 L가 소모되는 것으로 보고 준비하는 것이 좋은가?

① 0.5L   ② 1L
③ 2L   ④ 3L

해설
예불기의 연료는 시간당 약 0.5L가 소모된다.

57 다음 중 기계톱 부품인 스파이크의 기능으로 적합한 것은?

① 동력 차단
② 체인 절단 시 체인 잡기
③ 정확한 작업위치 선정
④ 동력 전달

해설
스파이크(spike)는 작업 시 정확한 작업위치를 선정함과 동시에 체인톱을 지지하여 지렛대 역할을 함으로써 작업을 수월하게 한다.

58 산림작업에서 개인 안전복장 착용 시 준수사항으로 가장 옳지 않은 것은?

① 몸에 맞는 작업복을 입어야 한다.
② 안전화와 안전장갑을 착용한다.
③ 가지치기 작업을 할 때는 얼굴보호망을 쓴다.
④ 작업복 바지는 멜빵 있는 바지는 입지 않는다.

해설
작업복 하의는 예민한 신체기관인 콩팥부위에 압박을 주지 않는 멜빵 있는 바지가 좋다.

59 다음 중 작업도구와 능률에 관한 기술로 가장 거리가 먼 것은?

① 자루의 길이는 적당히 길수록 힘이 강해진다.
② 도구의 날 끝 각도가 클수록 나무가 잘 빠개진다.
③ 도구는 가벼울수록, 내려치는 속도가 늦을수록 힘이 세어진다.
④ 도구의 날은 날카로운 것이 땅을 잘 파거나 자를 수 있다.

해설
③ 도구는 적당한 무게를 가져야 내려치는 속도가 빨라져 능률이 좋다.

60 FAO에서 규정하는 정비별 예상수명 중 체인톱의 수명은?

① 1,000시간
② 1,500시간
③ 2,000시간
④ 2,500시간

해설
체인톱 몸통의 수명은 약 1,500시간이다.

정답 56 ① 57 ③ 58 ④ 59 ③ 60 ②

01 노천매장에 대한 설명으로 옳지 않은 것은?

① 저장의 목적보다는 종자의 후숙을 도와 발아를 촉진시킨다.

② 쥐의 피해가 예상될 때는 철망을 덮고, 그 위를 흙으로 덮어둔다.

③ 겨울 동안 눈이나 빗물이 스며들어 갈 수 없도록 한다.

④ 가을에 종자를 채집하여 땅속에 묻어 두었다가 이듬해 봄에 파종하기 위해 쓰는 종자저장법이다.

해설

노천매장법

• 가을에 종자를 채집하여 땅속에 묻어 두었다가 이듬해 봄에 파종하기 위해 쓰는 종자 저장법이다.

• 발아가 늦은 종자를 발아시키기 위해서 저장 상자 속에 물이 스며들어 가도록 공기유통, 습기보충 및 저온처리가 되도록 한다.

• 저장의 목적보다는 종자의 후숙을 도와 발아를 촉진시키는 데 더 큰 의의를 지닌다.

• 양지바르고 배수가 잘되는 곳을 택하며, 때로는 콘크리트로 틀을 짜서 영구적으로 사용할 수 있다.

• 쥐의 피해가 예상될 때에는 철망을 덮고, 그 위를 흙으로 덮어둔다.

• 겨울 동안 눈이나 빗물은 그대로 스며들어 갈 수 있도록 한다.

02 일본잎갈나무 1-1묘 산출 시 근원경의 표준 규격은 얼마인가?

① 3mm 이상   ② 4mm 이상

③ 5mm 이상   ④ 6mm 이상

해설

일본잎갈나무(낙엽송) 노지묘의 묘목규격표(종묘사업실시요령)

묘령	간장		근원경 mm 이상	적용 H/D율* 이하
	최소 cm 이상	최대 cm 이하		
1-1	35	60	6	90

* '적용 H/D율'은 검사 대상묘목이 최대간장기준 이상일 경우 적용

03 실생묘 표시법에서 1-1묘란?

① 판갈이를 하지 않고 1년 경과된 종자에서 나온 묘목이다.

② 파종상에서 1년을 보낸 다음 판갈이를 하여 다시 1년이 지난 만 2년생 묘목으로서, 한 번 옮겨 심은 실생묘이다.

③ 파종상에서만 1년 키운 1년생 묘목이다.

④ 판갈이를 한 후 1년간 키운 묘목이다.

해설

1-1 실생묘 : 파종상에서 1년 보낸 다음 판갈이를 하여 다시 1년이 지난 2년생 묘목

04 묘목의 가식작업에 관한 설명으로 틀린 것은?

① 묘목의 끝이 가을에는 남쪽으로 기울도록 묻는다.
② 묘목의 끝이 봄에는 북쪽으로 기울도록 묻는다.
③ 장기간 가식할 때에는 다발째로 묻는다.
④ 조밀하게 가식하거나 오랜 기간 가식하지 않는다.

③ 장기간 가식하고자 할 때에는 묘목을 다발에서 풀어 도랑에 한 줄로 세우고, 충분한 양의 흙으로 뿌리를 묻은 다음 관수를 한다.

05 굴취 방법에 대한 내용으로 옳지 않은 것은?

① 뿌리에 상처를 주지 않도록 주의한다.
② 포지에 어느 정도의 습기가 있을 때 실시한다.
③ 비가 오는 날, 바람이 많이 부는 날에 실시한다.
④ 가급적 깊이 파고, 뿌리가 상하지 않도록 한다.

굴취는 비가 오는 날, 바람이 많이 부는 날, 잎의 이슬이 마르지 않는 새벽 등은 피하도록 한다.

06 테트라졸륨검사에 대한 설명으로 옳지 않은 것은?

① 테트라졸륨 수용액에 생활력이 있는 종자의 조직을 접촉시키면 푸른색으로 변하고, 죽은 조직에는 변화가 없다.
② 테트라졸륨의 반응은 휴면종자에도 잘 나타나는 장점이 있다.
③ 테트라졸륨은 백색 분말이고 물에 녹아도 색깔이 없다. 광선에 조사되면 곧 못쓰게 되므로 어두운 곳에 보관하고, 저장이 양호하면 수개월간 사용이 가능하다.
④ 테트라졸륨 대신 테룰루산칼륨 1%액도 사용되는데, 건전한 배는 흑색으로 나타난다.

① 테트라졸륨 수용액에 생활력이 있는 종자의 조직을 접촉시키면 붉은색으로 변한다.

07 종자의 발아시험 기간이 가장 긴 수목은?

① 사시나무　　　② 가문비나무
③ 느릅나무　　　④ 느티나무

④ 느티나무 : 42일간
① 사시나무 : 14일간
② 가문비나무 : 21일간
③ 느릅나무 : 14일간

08 다음 종자 중 발아율이 가장 낮은 것은?

① 주목
② 비자나무
③ 해송
④ 전나무

해설

④ 전나무 : 25% 이상
① 주목 : 55% 이상
② 비자나무 : 61.5% 이상
③ 해송 : 91.7% 이상

09 종자 저장 방법에서 저온저장법에 관한 설명으로 옳지 않은 것은?

① 최고온도가 10℃ 이상으로 되지 않는 빙실이나 전기냉장고 안에 저장하는 방법
② 연구와 실험목적 또는 낙엽송 종자와 같이 결실의 주기성이 뚜렷한 것으로 풍작인 해에 따 모은 종자를 짧은 시간 저장할 필요가 있을 때는 저온저장을 한다.
③ 온도가 낮은 곳은 공중습도가 높은 경우가 흔하므로 밀봉용기에 건조제(실리카겔)를 함께 넣어 보관한다.
④ 소나무 종자의 발아력을 오래 지속시키기 위해서는 밀봉저장을 한다.

해설

② 연구와 실험목적 또는 낙엽송 종자와 같이 결실의 주기성이 뚜렷한 것으로 풍작인 해에 따 모은 종자를 수년간 저장할 필요가 있을 때는 저온저장을 한다.

10 밤나무 종자의 파종에 흔히 쓰는 방법은?

① 조파
② 산파
③ 취파
④ 점파

해설

점파(점뿌림) : 밤나무, 참나무류, 호두나무 등 대립 종자의 파종에 이용되는 방법으로 상면에 균일한 간격(10~20cm)으로 1~3립(粒)씩 파종한다.

11 묘포의 입지를 선정할 때 고려해야 할 요건별 최적조건으로 짝지은 것으로 옳지 않은 것은?

① 경사도 : 3~5°
② 토양 : 질땅
③ 방위 : 남향
④ 교통 : 편리

해설

묘포의 입지를 선정할 때 고려해야 할 요건
• 토양은 가벼운 사양토가 적당하며, 점토질 토양은 배수와 토양통기가 불량하고 잡초발생이 심하며 유해한 토양미생물과 토양동결 등의 문제가 있다.
• 약간의 경사가 있는 것이 관수·배수 등에 유리하여, 경사도는 5° 이하의 완경사지가 바람직하며, 그 이상이 되면 토양유실이 우려된다.
• 위도가 높고 한랭한 지역에서는 동남향이 좋고, 따뜻한 남쪽지방에서는 북향이 유리하다.
• 교통과 관리가 편리하고 조림지와 가깝고 묘목수급이 용이한 곳이 좋다.

12 다음 중 무배유종자는?

① 밤나무   ② 물푸레나무

③ 소나무   ④ 잎갈나무

> **해설**
>
> 무배유종자 : 배낭 속에 배만 있고 배젖이 없으며, 자엽(떡잎)에 저장양분이 있다.
>
> 예 밤나무, 호두나무, 자작나무

13 종자의 정선방법이 아닌 것은?

① 건조봉타법   ② 사선법

③ 수선법   ④ 알코올선법

> **해설**
>
> 종자의 정선법 : 풍선법, 사선법, 액체선법(수선법, 알코올선법), 입선법 등이 있다.

14 수목을 중심으로 약 1m의 지름으로 둥글게 깎아내는 방법으로 강한 음수나 바람과 추위가 심한 조림지에 적용되며 작업이 복잡한 풀베기는?

① 둘레베기   ② 줄베기

③ 모두베기   ④ 조예

> **해설**
>
> ② 줄베기(조예) : 조림목의 줄을 따라 해로운 식물을 제거하고, 줄 사이에 있는 풀은 남겨두는 방법
>
> ③ 모두베기(전예) : 조림목은 남겨 놓고, 그 밖의 모든 잡초목을 제거하는 방법

15 발아율이 가장 높은 수종은?

① 박달나무   ② 잣나무

③ 해송   ④ 상수리나무

> **해설**
>
> ③ 해송 : 92%
>
> ① 박달나무 : 21%
>
> ② 잣나무 : 56%
>
> ④ 상수리나무 : 57%

16 단근작업에 대한 설명으로 옳지 않은 것은?

① 활착률을 높이기 위하여 실시한다.

② 5월 중순과 8월 하순경 2회이나 보통 8월 중・하순에 한 번 실시한다.

③ 파종상에서는 땅속 10cm, 판갈이상에서는 12cm 깊이에서 뿌리를 잘라준다.

④ 그 해 기후에 따라 도장의 염려가 없을 때에도 단근작업을 해야 한다.

> **해설**
>
> ④ 그 해 기후에 따라 도장의 염려가 없을 때에는 단근작업을 생략할 수도 있다.

17 비교적 대목이 크고 접수가 가늘 때 주로 사용하는 접목 방법은?

① 할접법
② 박접법
③ 설접법
④ 복접법

해설

할접법
- 비교적 대목이 굵고 접수가 가늘 때 적용하며, 이 때 접수에는 끝눈을 붙이고 1cm 길이만 침엽을 남기고 아래에 삭면을 만들어 할접한다(소나무류).
- 갈라진 사이에 접수를 끼우고 비닐끈으로 묶는다.

18 다음 중 노지묘의 곤포당 수종 본수가 가장 많은 것은?

① 잣나무(3년생)
② 삼나무(2년생)
③ 호두나무(1년생)
④ 자작나무(1년생)

해설

곤포당 본수(종묘사업실시요령)

수종	형태	묘령	곤포당 본수(본)
잣나무	노지묘	2-1	1,000
		2-2	500
		2-2-3	분뜨기
삼나무	노지묘	1-1	500
호두나무	노지묘	1-0	500
자작나무	노지묘	1-0	500
		1-1	500

19 조림수종의 선정기준으로 적합하지 않은 항목은?

① 생장이 빠르고 줄기의 재적생장이 큰 수종
② 가지가 굵고 원줄기가 곧고 짧은 수종
③ 목재의 이용가치가 높은 수종
④ 바람, 눈, 건조, 병해충에 저항력이 큰 수종

해설

② 가지가 가늘고 짧으며, 줄기가 곧은 것

20 성숙한 임분을 대상으로 벌채를 실시할 때 모수가 되는 임목을 산생시키거나 군상으로 남겨두어 갱신에 필요한 종자를 공급하게 하고 그 밖의 임목은 개벌하는 갱신법은?

① 보잔목법
② 택벌작업법
③ 보속작업법
④ 모수작업법

해설

모수작업법
남겨질 모수는 산생(한 그루씩 흩어져 있음)시키거나 군생(몇 그루씩 무더기로 남김)시켜 갱신에 필요한 종자를 공급하게 하고 갱신이 끝나면 모수는 벌채된다.

21 다음 중 간벌의 효과가 아닌 것은?

① 숲을 건강하게 만든다.

② 나무의 생육을 촉진시킨다.

③ 중간수입을 얻을 수 있다.

④ 재적생장은 증가하지 않으나 형질생장은 증가한다.

> **해설**
> ④ 간벌(솎아베기)은 경제적으로 가치가 있는 수종을 대상으로 재적생장(부피생장)과 형질생장 모두를 촉진시켜 형질이 양호한 임목의 생산에 집중한다.

22 인공조림의 장점으로 옳은 것은?

① 좋은 종자로 묘목을 기르고 무육작업에 힘을 써서 원하는 목재를 생산할 수 있다.

② 어떤 임지에 서 있는 성숙한 나무로부터 종자가 저절로 떨어져 자라기 때문에 인건비가 절감된다.

③ 오랜 세월을 지내는 동안 그곳의 환경에 적응되어 견디어내는 힘이 강하다.

④ 우량한 나무들을 남겨 다음 대를 이을 수 있게 할 수 있다.

> **해설**
> 인공조림이란 무(無)임지나 기존의 임목을 끊어 내고 그곳에 파종 또는 식재 등의 수단으로 삼림을 조성하는 것을 말한다. 인공조림에 있어서는 조림할 수종과 종자의 선택 폭이 넓어진다. 그곳에 없었던 유망수종과 품종, 그리고 채종원이나 채종림에서 생산된 우량종자를 적극적으로 도입할 수 있다.

23 대면적개벌 천연하종갱신법의 장단점에 관한 설명으로 옳은 것은?

① 음수의 갱신에 적용한다.

② 새로운 수종 도입이 불가하다.

③ 성숙임분갱신에는 부적당하다.

④ 토양의 이화학적 성질이 나빠진다.

> **해설**
> ① 양수의 갱신에 적용한다.
> ② 인공식재로 갱신하면 새로운 수종 도입이 가능하다.
> ③ 성숙임분갱신에 적당하다.

24 택벌작업의 장점에 대한 설명으로 틀린 것은?

① 임지가 항상 나무로 덮여 있어 보호를 받게 되고, 겉흙이 유실되지 않는다.

② 위층의 나무는 햇빛을 잘 받아 결실이 잘된다.

③ 양수의 갱신이 잘된다.

④ 미관상 가장 아름다운 숲이 된다.

> **해설**
> ③ 택벌작업은 약한 빛에서도 잘 자라는 음수의 갱신에 더 유리하다.

25 오리나무잎벌레에 대한 설명이 아닌 것은?

① 1년에 1회 발생한다.
② 성충으로 월동한다.
③ 지피물 밑 또는 흙 속에서 월동한다.
④ 유충은 뿌리를 먹으며 성장한다.

해설

오리나무잎벌레 : 1년에 1회 발생하며, 성충으로 지피물 밑 또는 흙 속에서 월동하고, 유충과 성충이 잎을 식해한다.

26 소나무 잎녹병의 중간기주가 아닌 것은?

① 황벽나무　　② 참취
③ 잔대　　　　④ 송이풀

해설

송이풀은 잣나무 털녹병의 중간기주이다.

27 수목과 균의 공생관계가 알맞은 것은?

① 소나무 – 송이균
② 잣나무 – 송이균
③ 참나무 – 표고균
④ 전나무 – 표고균

해설

송이는 소나무와 공생하면서 발생시키는 버섯으로 천연의 맛과 향기가 뛰어나다.

28 다음 중 소나무류의 목질부에 기생하여 치명적인 피해를 주며, 자체적으로 이동능력이 없어 매개충인 솔수염하늘소에 의해 전파되는 것은?

① 소나무재선충
② 소나무좀
③ 솔잎혹파리
④ 솔껍질깍지벌레

해설

소나무재선충은 크기 1mm 내외의 실같은 선충으로서 나무 조직 내의 수분, 양분 이동통로를 막아 나무를 죽게 하는 해충으로 가해수종은 해송, 적송, 잣나무 등이다. 솔수염하늘소와 공생관계에 있어서 솔수염하늘소를 통해 나무에 옮긴다.

29 잣이나 솔방울 등 침엽수의 구과를 가해하는 해충은?

① 솔나방
② 솔박각시
③ 소나무좀
④ 솔알락명나방

해설

솔알락명나방은 잣송이를 가해하여 잣 수확을 감소시키는 주요 해충이다.

30 농약의 독성을 표시하는 용어인 'LD₅₀'의 설명으로 가장 적합한 것은?

① 시험동물의 50%가 죽는 농약의 양이며, mg/kg으로 표시
② 농약 독성평가의 어독성 기준 동물인 잉어가 50% 죽는 양이며, mg/kg으로 표시
③ 시험동물의 50%가 죽는 농약의 양이며, g/g으로 표시
④ 농약 독성평가의 어독성 기준 동물인 잉어가 50% 죽는 양이며, g/g으로 표시

해설
LD_{50} : 시험동물의 50%가 죽는 농약의 양이며, mg/kg으로 표시한다.

31 다음에서 설명하는 방제법을 이용하는 병해는 무엇인가?

- 겨울철에 병든 가지의 밑부분을 잘라 내어 소각한다.
- 병든 가지를 잘라 낸 후 나무 전체에 8-8식 보르도액을 1~2회 살포한다.
- 이병지는 비대해진 부분을 포함해서 잘라 제거하고 테부코나졸 도포제를 발라 준다.

① 벚나무 빗자루병
② 밤나무 줄기마름병
③ 소나무 잎떨림병
④ 낙엽송 잎떨림병

해설
벚나무 빗자루병의 방제법
- 겨울철에 병든 가지의 밑부분을 잘라 내어 소각하며, 반드시 봄에 잎이 피기 전에 실시해야 한다.
- 병든 가지를 잘라 낸 후 나무 전체에 8-8식 보르도액을 1~2회 살포하고, 약제 살포는 잎이 피기 전에 해야 하며, 휴면기 살포가 좋다.
- 이병지는 비대해진 부분을 포함해서 잘라 제거하고 테부코나졸 도포제를 발라준다.

32 바람에 의하여 비화하는 현상은 어느 종류의 산불에서 가장 많이 발생하는가?

① 수관화   ② 수간화
③ 지표화   ④ 지중화

해설
수관화는 바람을 타고 바람이 부는 방향으로 'V'자형으로 연소가 진행하게 되는데, 이때의 열기로 상승기류가 일어나게 되면 비화, 즉 불붙은 껍질(수피)·열매(구과) 등이 가깝게는 수십 미터, 멀게는 수 킬로미터까지 날아가 또 다른 산불을 야기한다.

33 농약의 사용 목적 및 작용 특성에 따른 분류에서 보조제가 아닌 것은 어느 것인가?

① 전착제   ② 증량제
③ 용제   ④ 혼합제

해설
보조제 : 약제의 효력을 충분히 발휘하도록 하기 위하여 첨가되는 보조물질을 말한다.
- 용제(solvent) : 주성분을 녹이기 위해 사용하는 용매이다.
- 증량제(diluent, carrier) : 주성분의 농도를 낮추고 부피는 증가하여 식물체 또는 병해충의 표면에 균일하게 부착되도록 돕는다.
- 유화제(emulsifier) : 유제(乳劑)의 유화성을 좋게 하기 위하여 사용하는 물질이다.
- 전착제(spreader) : 약제의 주성분이 식물체 또는 병해충의 표면에 잘 퍼지게 하거나 잘 부착되게 돕는다.
- 협력제(synergist) : 유효성분의 생물활성을 증대시키기 위하여 사용한다.
- 약해경감제(herbicide safener) : 제초제는 식물체를 죽이는 약제이므로 작물에 어느 정도 약해를 보이기 때문에 이를 완화하기 위하여 사용한다.

34 다음 중 담자균류에 의한 수병은?

① 소나무 혹병

② 밤나무 줄기마름병

③ 그을음병

④ 오동나무 탄저병

해설

②・③ 자낭균류에 의한 수병

④ 불완전균류에 의한 수병

35 파이토플라스마와 관계없는 수병은?

① 오동나무 빗자루병

② 대추나무 빗자루병

③ 뽕나무 오갈병

④ 벚나무 빗자루병

해설

벚나무 빗자루병은 진균(자낭균 ; *Taphrina wiesneri*)에 의해 발병한다.

36 수목 병해 원인 중 세균에 의한 수병으로 옳은 것은?

① 모잘록병   ② 그을음병

③ 흰가루병   ④ 뿌리혹병

해설

④ 뿌리혹병 : 세균성에 의한 수병

① 모잘록병 : 조균류에 의한 수병

②・③ 그을음병, 흰가루병 : 자낭균에 의한 수병

37 아까시나무 모자이크병의 매개충은?

① 솔잎깍지벌레

② 복숭아혹진딧물

③ 담배장님노린재

④ 솔잎혹파리

해설

복숭아혹진딧물은 TuMV(순무모자이크바이러스), CMV(오이모자이크바이러스) 등 182종의 식물바이러스병을 옮기는 것으로 알려져 있다.

38 1년에 3회 발생하는 해충은?

① 왕소나무좀

② 소나무노랑점바구미

③ 애소나무좀

④ 소나무좀

해설

소나무노랑점바구미, 애소나무좀, 소나무좀은 1년에 1회 발생한다.

39 솔잎혹파리의 피해를 가장 심하게 받는 수종은?

① 소나무
② 분비나무
③ 잣나무
④ 리기다소나무

해설
솔잎혹파리는 1년에 1회 발생하며 소나무, 곰솔(해송)에 피해가 심하다.

40 분열조직을 해치는 곤충 중 똥을 밖으로 배출하지 않기 때문에 발견하기 어려운 것은?

① 박쥐나방
② 측백나무하늘소
③ 미끈이하늘소
④ 버들바구미

해설
측백나무하늘소는 톱밥 같은 가해 똥을 외부로 배출하지 않을뿐더러 외부에 침입공도 없어 피해 발견이 어렵다.

41 다음 중 덩굴을 제거하기 위한 약제는 무엇인가?

① 이사디아민염(2,4-D)
② 이황화탄소(CS_2)
③ 만코지 수화제(다이센 엠 45)
④ 다수진 유제(다이아톤)

해설
우리나라에서 사용하는 덩굴제거 방법은 칡채취기 활용, 디캄바 액제 처리, 글라신 액제 처리, 이사디아민염(2,4-D) 처리 등이다.

42 체인톱의 조건이 아닌 것은?

① 무게가 가볍고, 소형이며, 취급방법이 간편해야 한다.
② 견고하고 기동률이 높으며, 절단능력이 좋아야 한다.
③ 소음과 진동이 많고, 내구력이 낮아야 한다.
④ 부품의 공급이 용이하고, 가격이 저렴해야 한다.

해설
소음과 진동이 적고, 내구력이 높아야 한다.

43 와이어로프의 안전계수가 6이고 절단하중이 360kg이라면 이 와이어로프의 최대장력은?

① 60kg   ② 90kg

③ 120kg   ④ 180kg

> **해설**
>
> $$안전계수 = \frac{와이어로프의\ 절단하중}{와이어로프에\ 걸리는\ 최대장력}$$
>
> 6 = 360 ÷ 최대장력
>
> ∴ 최대장력 = 60kg

44 다음 중 사피에 해당하는 것은?

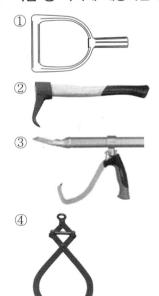

①   ②   ③   ④

> **해설**
>
> 사피는 산악지대에서 벌도목을 끌 때 사용하는 도구이다.

45 어깨걸이식 예불기를 메고 바른 자세로서 손을 떼었을 때 지상으로부터 날까지의 가장 적절한 높이는 몇 cm 정도인가?

① 5~10   ② 10~20

③ 20~30   ④ 30~40

46 다음 중 임목집재용으로 사용되는 기계 및 기구가 아닌 것은?

① 쐐기

② 토수라

③ 이동식 타워야더

④ 와이어로프

> **해설**
>
> 쐐기는 벌목작업용 소도구이다.

47 다음 중 와이어로프의 선택 시 고려사항이 아닌 것은?

① 용도

② 드럼의 지름

③ 도르래의 통과 횟수

④ 벌채원목의 수종

> **해설**
>
> 와이어로프를 선택하기 위해서는 용도, 드럼의 지름, 도르래의 통과 횟수 등을 고려하여야 하며, 벌채원목의 수종은 와이어로프 선택에 직접적 관련성이 없다.

48 체인톱에 사용하는 2행정 기관의 특징으로 틀린 것은?

① 동일배기량에 비해 출력이 크다.
② 일반적으로 배기와 흡입밸브가 없으며 소기공이 있고 연료에 오일을 섞어 사용한다.
③ 크랭크축 1회전마다 1회 폭발한다.
④ 무게가 매우 무겁고 기계음이 크다.

해설
④ 무게는 가벼우나 배기음이 크다.

49 다음 중 체인톱의 장기 보관 방법으로 틀린 것은?

① 방청유를 발라서 보관한다.
② 오일통과 연료통을 비워서 보관한다.
③ 비닐봉지에 싸서 지하실에 보관한다.
④ 청소를 깨끗이 하여 보관한다.

해설
체인톱의 장기 보관 시 주의사항
• 연료와 오일을 비운다.
• 건조한 장소에 먼지가 쌓이지 않도록 보존시킨다.
• 특수오일로 엔진 내부를 보호해 주거나, 매월 10분씩 가동시켜 엔진의 수명을 연장시켜 준다.

50 혼합연료에 오일의 함유비가 높을 경우 나타나는 현상으로 틀린 것은?

① 연료의 연소가 불충분하여 매연이 증가한다.
② 스파크플러그에 오일이 덮게 된다.
③ 오일이 연소실에 쌓인다.
④ 엔진을 마모시킨다.

해설
오일의 함유비가 낮을 경우 엔진을 마모시킨다.

51 겨울에 사용하기 적합한 윤활유의 점도로 가장 적합한 것은?

① SAE 20W
② SAE 30
③ SAE 40~50
④ SAE 50 이상

해설
SAE의 분류
• SAE 30 : 봄, 가을철
• SAE 40 : 여름철
• SAE 20W : 겨울철

52 2행정 기관을 4행정 기관과 비교했을 때, 2행정 기관의 특징에 대한 설명으로 틀린 것은?

① 배기음이 낮다.
② 휘발유와 오일소비가 크다.
③ 동일배기량에 비해 출력이 크다.
④ 저속운전이 곤란하다.

해설
① 배기음이 크다.

53 체인톱 톱날의 깊이제한부는 어떠한 역할을 하는가?

① 체인 보호
② 톱날 연결
③ 절삭두께 조절
④ 줄의 굵기 선택 보조

해설
깊이제한부는 절삭깊이 및 절삭각도를 조절하고 절삭된 톱밥을 밀어내는 등 절삭량을 결정하는 중요한 요소이다.

54 벌도작업 시 정확한 작업을 할 수 있도록 지지역할 및 완충과 지레받침대 역할을 하는 것은?

① 안내판
② 체인브레이크
③ 지레발톱
④ 스파크플러그

해설
지레발톱은 작동작업 시 정확한 작업위치를 선정함과 동시에 체인톱을 지지하여 지렛대 역할을 함으로써 작업을 수월하게 한다.

55 임목 벌도작업에서 수구의 각도는?

① 10~20° ② 30~45°
③ 50~65° ④ 75~85°

해설
방향베기(수구)는 수평으로 입목지름의 1/5~1/3 정도, 빗자르기 각도는 30~45° 정도 유지한다.

56 다음 그림의 도구는 무슨 용도로 쓰이는가?

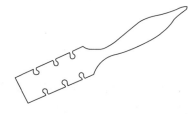

① 톱날 갈기
② 톱날의 각도 측정
③ 톱니 젖힘
④ 톱니 꼭지선 조정

해설

톱니 젖힘은 나무와의 마찰을 줄이기 위해 사용한다.

57 벌목작업 시 고려할 사항이 아닌 것은?

① 벌목 방향을 정확히 하여야 한다.
② 안전사고를 예방하기 위한 준칙을 철저히 지켜야 한다.
③ 잔존목의 이용재적이 많이 나오도록 한다.
④ 주변 임목의 피해를 가능한 감소시켜야 한다.

해설

잔존목이 아니라 벌도목의 이용재적이 많이 나오도록 한다.

58 예불기는 누계사용시간이 얼마일 때마다 그리스(윤활유)를 교환해야 하는가?

① 200시간   ② 50시간
③ 20시간   ④ 1시간

해설

누계사용시간이 20시간 되었을 때마다 그리스를 전부 교환해준다.

59 산림작업 시 안전사고 예방수칙 중 틀린 것은?

① 긴장하지 말고 부드럽게 작업에 임할 것
② 몸 전체를 고르게 움직이며 작업할 것
③ 작업복은 작업종과 일기에 따라 착용할 것
④ 안전사고 예방을 위하여 가능한 한 혼자 작업할 것

해설

안전사고 예방을 위하여 가능한 조별로 작업할 것

60 소형 동력원치의 사용에 있어 일일점검사항이 아닌 것은?

① 와이어로프 점검
② 기어오일의 점검
③ 공기여과기 청소
④ 볼트 및 너트의 점검

해설

기어오일은 엔진오일과 같이 일상적으로 점검할 수 없으므로 주기적으로 교환한다.

01 득묘율 70%, 순량률 80%, 고사율 50%, 발아율 90%일 때 그 종자의 효율은?

① 63%　　　　② 56%

③ 40%　　　　④ 72%

해설

$$효율(\%) = \frac{발아율 \times 순량률}{100} = \frac{90 \times 80}{100} = 72\%$$

02 묘목의 나이에 대한 설명으로 맞는 것은?

① 2-1-1묘 : 파종상에서 2년, 그 뒤 두 번 상체된 일이 있고 각 상체상에서 1년을 경과한 4년생 묘목

② 1/2묘 : 줄기의 나이가 2년, 뿌리의 나이가 1년인 묘목

③ 1-1묘 : 파종상에서 1년, 그 뒤 한 번 상체되어 1년을 지낸 3년생 묘목

④ 1/1묘 : 뿌리의 나이가 2년, 줄기의 나이가 1년인 삽목묘

해설

② 1/2묘 : 뿌리의 나이가 2년, 줄기의 나이가 1년인 묘목이다. 1/1묘에 있어서 지상부를 한 번 절단해 주고 1년이 경과하면 1/2묘로 된다.

③ 1-1묘 : 파종상에서 1년, 그 뒤 한 번 상체되어 1년을 지낸 2년생 묘목

④ 1/1묘 : 뿌리의 나이가 1년, 줄기의 나이가 1년인 삽목묘

03 삽목할 때 삽수의 발근촉진제로 사용할 수 없는 약제는?

① 2,4-D

② 인돌부틸산(IBA)

③ 인돌초산(IAA)

④ 나프탈렌초산(NAA)

해설

인공적으로 합성된 발근촉진제로는 인돌부틸산(IBA), 인돌초산(IAA), 나프탈렌초산(NAA) 등이 있다.

04 2ha의 조림지에 밤나무를 4m×4m의 간격으로 식재하고자 할 때 필요한 묘목 수는?

① 1,000본　　　② 1,250본

③ 2,500본　　　④ 4,000본

해설

$$식재할\ 묘목수 = \frac{식재면적}{묘목\ 간\ 간격(가로 \times 세로)}$$

$$= \frac{2 \times 10,000}{4 \times 4}(\because 1ha = 10,000m^2)$$

$$= 1,250본$$

05 내음력이 뛰어난 음수끼리만 짝지어진 것은?

① 주목, 회양목
② 회양목, 낙엽송
③ 소나무, 잣나무
④ 주목, 소나무

내음력이 뛰어난 음수종 : 주목, 회양목, 굴거리나무, 금송, 호랑가시나무, 팔손이나무 등

06 용기묘에 관한 설명으로 맞지 않는 것은?

① 제초작업이 생략될 수 있다.
② 묘포의 적지조건, 식재시기 등이 문제가 되지 않는다.
③ 묘목의 생산비용이 많이 들고 관수시설 이 필요하다.
④ 일반묘에 비하여 묘목운반과 식재에 많은 비용이 소요되지 않는다.

일반묘에 비하여 묘목운반과 식재에 많은 비용이 소요된다.

07 묘목을 굴취하여 식재하기 전에 묘포지나 조림지 근처에 일시적으로 도랑을 파서 뿌리부분을 묻어두어 건조방지 및 생기회복을 하는 작업으로 옳은 것은?

① 가식
② 선묘
③ 곤포
④ 접목

② 선묘 : 굴취한 묘목을 묘목규격에 따라 나누는 것
③ 곤포 : 묘목을 식재지까지 운반하기 위하여 뿌리를 포장하는 것
④ 접목 : 서로 분리되어 있는 식물체를 조직적으로 연결시켜 생리적 공동체가 되게 하는 것

08 다음 중 조림수종의 선택조건에 맞지 않는 것은?

① 가지가 굵고 긴 나무
② 입지 적응력이 큰 나무
③ 위해(危害)에 대하여 적응력이 큰 나무
④ 성장속도가 빠른 나무

가지가 가늘고 짧으며, 줄기가 곧은 나무가 선택조건에 알맞다.

09 수목과 균의 공생관계가 알맞은 것은?

① 소나무 – 송이균
② 잣나무 – 송이균
③ 참나무 – 표고균
④ 전나무 – 표고균

송이는 소나무와 공생하면서 발생시키는 버섯으로 천연의 맛과 향기가 뛰어나다.

10 폭목에 대한 설명으로 맞는 것은?

① 수관의 발달이 지나치게 왕성하고, 넓게 확장하거나 또는 위로 솟아올라 수관이 편평한 것
② 수관의 발달이 지나치게 약하고 이웃한 나무 사이에 끼어서 줄기가 매우 길고 가는 나무
③ 이웃한 나무 사이에 끼어서 수관발달에 측압을 받아 자람이 편의된 것
④ 줄기가 갈라지거나 굽는 등 수형에 결점이 있는 것, 그리고 모양이 불량한 전생수

폭목
변형성장한 불량목으로 직경생장에 비하여 수관이 크거나, 경사생장을 하여 인접하는 임목의 생장에 악영향을 미치고 있기 때문에 벌기 전에 벌채할 필요가 있으며, 수관이 광대하고 위로 솟아난 것

11 예비벌 → 하종벌 → 후벌로 갱신되는 작업법은?

① 택벌작업
② 중림작업
③ 산벌작업
④ 모수작업

산벌작업은 임분을 예비벌, 하종벌, 후벌로 3단계 갱신벌채를 실시하여 갱신하는 방법이다.

12 가지치기에 관한 설명으로 옳지 않은 것은?

① 포플러류는 역지(으뜸가지) 이하의 가지를 제거한다.
② 임목의 질적 개선으로 옹이가 없고 통직한 완만재생산을 위한 육림작업이다.
③ 큰 생가지를 잘라도 위험성이 작은 수종은 물푸레나무, 단풍나무, 벚나무, 느릅나무 등이다.
④ 나무가 생리적으로 활동하고 있을 때 가지치기를 하면 껍질이 잘 벗겨지고 상처가 커진다.

생가지치기
• 가지치기를 할 때 생가지를 치면 미생물이 쉽게 침입하여 목재가 절단면으로부터 부패하는 경우가 있다.
• 생가지치기로 가장 위험성이 높은 수종은 단풍나무류, 느릅나무류, 벚나무류, 물푸레나무 등으로, 원칙적으로 생가지치기를 피하고 자연낙지 또는 고지치기만 실시한다.
• 위험성이 낮은 수종으로 소나무류, 낙엽송, 포플러류, 삼나무, 편백 등은 특별히 굵은 생가지를 끊어주지 않는 한 거의 위험성은 없다.

13 조림목과 경쟁하는 목적 이외의 수종 및 형질불량목이나 폭목 등을 제거하여 원하는 수종의 조림목이 정상적으로 생장하기 위해 수행하는 작업은?

① 풀베기
② 간벌작업
③ 개벌작업
④ 어린나무가꾸기

해설

어린나무가꾸기(잡목 솎아내기, 제벌, 치수무육)
풀베기작업이 끝난 이후 임관이 형성될 때부터 솎아베기(간벌)할 시기에 이르는 사이에 침입 수종의 제거를 주로 하고, 아울러 조림목 중 자람과 형질이 매우 나쁜 것을 끊어 없애는 것을 말한다.

14 제벌을 6~8월 중에 실시하는 가장 적당한 사유는?

① 제거 대상목의 맹아력이 약한 기간이므로
② 제벌대상목이 왕성하게 성장을 하므로
③ 연료생산량이 많으므로
④ 작업인부를 구하기 쉬우므로

해설

나무의 고사상태를 알고 맹아력을 감소시키기 위해서 하는 잡목 솎아내기 작업(제벌)은 여름철에 실행하는 것이 좋고 적어도 초가을까지는 작업을 끝내도록 한다.

15 묘포지의 경사와 방위에 대한 설명으로 맞지 않는 것은?

① 포지는 약간의 경사를 가지는 것이 관수·배수 등에 유리하다.
② 평탄한 점질토양의 포지는 좋지 않다.
③ 5° 이하의 완경사지가 바람직하며, 그 이상이 되면 토양유실이 우려되어 계단식 경작을 해야 한다.
④ 위도가 높고 한랭한 지역에서는 북향이 좋고, 따뜻한 남쪽지방에 있어서는 동남향이 유리하다.

해설

위도가 높고 한랭한 지역에서는 동남향이 좋고, 따뜻한 남쪽지방에 있어서는 북향이 유리하다.

16 중림작업에 대한 설명으로 옳은 것은?

① 작업의 형태는 개벌작업과 비슷하다.
② 주로 하목은 연료생산에 목적을 두고 상목은 용재에 목적을 둔다.
③ 상목은 맹아가 왕성하게 발생해야 하는 음성의 나무를 택한다.
④ 연료림 조성에 가장 적당한 방법이다.

해설

중림작업은 한 구역 안에서 용재생산을 목적으로 하는 교림작업(상목)과 연료목 생산을 목적으로 하는 왜림작업(하목)을 동시에 실시하는 것이다.

17 임지에 서 있는 성숙한 나무로부터 종자가 떨어져 어린나무를 발생시키는 갱신 방법은?

① 천연하종갱신　② 인공조림
③ 맹아갱신　　　④ 파종조림

천연하종갱신(天然下種更新)은 자연적으로 종자가 낙하하여 지표면에 닿아 새싹이 나는 것으로 상방 천연하종갱신과 측방천연하종갱신이 있다.

18 묘포의 정지 및 작상의 밭갈이 깊이로 맞는 것은?

① 50cm 이상　　② 20cm 미만
③ 20~30cm　　　④ 30~50cm

묘목성장에 필요한 깊이로 흙을 갈아엎는 것으로 경토심은 20~30cm 정도로 한다.

19 다음 중 종자의 보습저장이 요구되는 수종은?

① 소나무　　　　② 낙엽송
③ 가래나무　　　④ 삼나무

보습저장 수종 : 가래나무, 참나무류, 가시나무류, 목련 등

20 다음 중 삽목이 잘되는 수종끼리만 짝지어진 것은?

① 버드나무, 잣나무
② 개나리, 소나무
③ 오동나무, 느티나무
④ 사철나무, 미루나무

• 삽목이 잘되는 수종 : 사철나무, 버드나무, 개나리, 미루나무
• 삽목이 어려운 수종 : 잣나무, 느티나무, 소나무

21 다음 중 종자의 실중을 가장 잘 설명한 것은?

① 종자의 협잡물 제거량
② 충실종자와 미숙종자와의 비율
③ 미세립종자 1,000립의 4회 평균 중량
④ 종자 1L의 중량

실중은 종자 1,000립의 무게를 g으로 나타낸 것으로 대립종자 100립, 소립종자 1,000립을 4회 반복하여 무게를 측정한 평균치이다.

22 양수 수종으로 알맞은 것은?

① 주목　　　　　② 전나무
③ 소나무　　　　④ 회양목

• 양수 수종 : 자작나무, 낙엽송, 소나무, 해송, 측백, 은행나무, 느티나무, 포플러, 밤나무, 아까시나무, 옻나무, 벽오동나무, 버드나무, 참나무, 오동나무, 향나무 등
• 음수 수종 : 주목, 전나무, 가문비나무, 솔송나무, 비자나무, 가시나무, 동백나무, 너도밤나무, 사철나무, 음나무, 종비나무, 녹나무, 회양목, 서어나무류 등

23 다음에서 설명하는 방법은 무엇인가?

> 수풀을 띠 모양으로 구획하고, 교대로 두 번의 개벌에 의해 갱신을 끝내는 방법

① 대상개벌작업
② 연속대상개벌작업
③ 군상개벌작업
④ 모수작업

24 다음 중 왜림작업의 가장 큰 단점은?

① 갱신이 복잡하다.
② 경제성이 적다.
③ 자본이 많이 든다.
④ 여러 가지 피해에 대한 저항이 적다.

해설
지력의 소모가 심하여 경제적으로 교림작업보다 불리하다.

25 소나무재선충에 대한 설명이 아닌 것은?

① 매개충은 솔수염하늘소이다.
② 유충은 자라서 터널 끝에 번데기방을 만들고 그 안에서 번데기가 된다.
③ 소나무재선충은 후식상처를 통하여 수체 내로 이동해 들어간다.
④ 피해고사목은 벌채 후 매개충의 번식처를 없애기 위하여 임지 외로 반출한다.

해설
고사목은 철저히 벌채하여 잔가지까지 소각하고 임지 외 반출을 금한다.

26 미국흰불나방의 월동 형태는?

① 알
② 유충
③ 성충
④ 번데기

해설
미국흰불나방 : 1년에 보통 2회 발생(3회도 가능)하며, 나무껍질 사이나 지피물 밑 등에서 고치를 짓고 그 속에서 번데기로 월동한다.

27 밤 열매에 피해를 주며 1년에 2~3회 발생하고 성충 최성기에 접촉성 살충제로 방제하면 효과가 큰 해충은?

① 복숭아명나방
② 밤나무혹벌
③ 밤애기잎말이나방
④ 밤바구미

해설
복숭아명나방은 1년에 2~3회 발생하고, 지피물이나 수피의 고치 속에서 유충으로 월동한다.

28 단위생식으로 번식하는 곤충은?

① 소나무좀
② 솔잎혹파리
③ 밤나무순혹벌
④ 박쥐나방

해설
단위생식하는 곤충 : 밤나무순혹벌, 민다듬이벌레, 진딧물류(여름)

29 뛰어난 번식력으로 인하여 수목피해를 가장 많이 끼치는 동물은?

① 산까치 ② 노루
③ 들쥐 ④ 사슴

해설
번식력이 뛰어난 들쥐는 적송, 참나무, 단풍나무 등의 목질부를 식해한다.

30 내화성이 강한 수종으로 짝지어지지 않은 것은?

① 은행나무, 굴거리나무
② 삼나무, 녹나무
③ 잎갈나무, 가중나무
④ 피나무, 황벽나무

해설
삼나무, 소나무, 편백, 녹나무 등은 내화성이 약한 수종이다.

31 포플러 잎녹병의 중간기주는?

① 오동나무 ② 향나무
③ 일본잎갈나무 ④ 졸참나무

해설
포플러 잎녹병의 중간기주 : 낙엽송(일본잎갈나무), 현호색, 줄꽃주머니

32 묘포장에서 많이 발생하는 모잘록병 방제법으로 적당하지 않은 것은?

① 토양소독 및 종자소독을 한다.
② 돌려짓기를 한다.
③ 인산질 비료 대신에 질소질 비료를 많이 준다.
④ 솎음질을 자주하여 생립본수(生立本數)를 조절한다.

해설
③ 질소질 비료의 과용을 피하고, 인산질 비료를 충분히 준다.

33 참나무류의 병의 발생에 밀접하게 관계하는 병은?

① 소나무 혹병
② 소나무 잎녹병
③ 잣나무 털녹병
④ 향나무 녹병

해설
소나무 혹병의 중간기주는 졸참나무, 신갈나무 등 참나무류이다.

34 벚나무 빗자루병의 방제법으로 옳지 않은 것은?

① 디페노코나졸 입상수화제를 살포한다.
② 옥시테트라사이클린 항생제를 수간주사 한다.
③ 동절기에 병든 가지 밑부분을 잘라 소각 한다.
④ 이미녹타딘트리스알베실레이트 수화제를 살포한다.

해설
② 옥시테트라사이클린 항생제는 세균성 병해에 효과가 있다.
※ 벚나무 빗자루병의 방제법
• 겨울철에 병든 가지 밑부분을 잘라 내어 소각하며, 반드시 봄에 잎이 피기 전에 실시해야 한다.
• 병든 가지를 잘라 낸 후 나무 전체에 8-8식 보르도액을 1~2회 살포한다. 약제 살포는 잎이 피기 전에 해야 하며, 휴면기 살포가 좋다.
• 이병지는 비대해진 부분을 포함해서 잘라 제거하고 테부코나졸 도포제를 발라준다.

35 밤나무 줄기마름병은 무엇에 의한 수목병 인가?

① 담자균   ② 자낭균
③ 불완전균   ④ 파이토플라스마

해설
밤나무 줄기마름병은 자낭균에 의한 수목병으로 자낭각과 병자각이 병환부의 자좌 안에 생기고, 자낭포자는 무색의 2포, 병포자는 무색의 단포이다. 병원균은 병환부에서 균사 또는 포자의 형으로 월동하여 다음 해 봄에 비, 바람, 곤충, 새 무리 등에 의하여 옮겨져 나무의 상처를 통해서 침입한다.

36 수목 병해 중 담자균에 의한 수병으로 분류되는 것은?

① 낙엽송 잎떨림병
② 잣나무 털녹병
③ 벚나무 빗자루병
④ 밤나무 줄기마름병

해설
①·③·④는 진균(자낭균)에 의해 발병한다.

37 다음 중 솔나방의 방제 방법으로 틀린 것은?

① 4월 중순~6월 중순과 9월 상순~10월 하순에 유충이 솔잎을 가해할 때 약제를 살포한다.
② 6월 하순부터 7월 중순까지 고치 속의 번데기를 집게로 따서 소각한다.
③ 솔나방의 기생성 천적이 발생할 수 있도록 가급적 단순림을 조성한다.
④ 볏짚, 가마니 또는 거적으로 잠복소를 설치한다.

해설
③ 단순림은 오히려 특정 해충이 대량 발생하기 쉬운 환경이다. 솔나방의 천적 발생을 돕기 위해서는 다양한 수종이 섞인 혼효림을 조성하여 생물 다양성을 높이는 것이 유리하다.

38 대개 외골격이 발달하여 단단하고, 씹는 입틀을 가지고 완전변태를 하는 것은?

① 딱정벌레목
② 나비목
③ 노린재목
④ 벌목

딱정벌레목(Cleoptera)은 전 세계에 알려진 곤충의 종 가운데 40%인 40만여 종을 차지하는 목이다. 나무 위에 사는 것이 가장 많다. 또한 초목의 잎줄기, 가지, 썩은 나무 속, 버섯, 물속 등 거의 모든 곳에 서식하며, 두꺼운 키틴질로 된 딱딱한 껍데기를 가지고 있고 씹는 입틀을 가지고 있으며, 완전변태를 한다.

39 소나무좀의 방제 방법으로 옳지 않은 것은?

① 4~5월에 이목을 설치하여, 월동성충이 여기에 산란하게 한 후, 7월에 이목을 박피하여 소각한다.
② 동기채취목과 벌근에 익년 5월 이전에 껍질을 벗겨서 번식처를 없앤다.
③ 수세가 쇠약한 나무, 설해목 등 피해목 및 고사목은 벌채하여 껍질을 벗긴다.
④ 임목 벌채를 하였을 경우에는, 임내 정리를 철저히 하여 임내에 지조(나뭇가지)가 없도록 하고 원목은 반드시 껍질을 벗기도록 한다.

2~3월에 이목(먹이나무 : 반드시 동기에 채취된 것으로 사용하여야 함)을 설치하여, 월동성충이 여기에 산란하게 한 후, 5월에 이목을 박피하여 소각한다.

40 농약의 효력을 높이기 위해 사용하는 다음 물질 중 농약에 섞어서 고착성, 확전성, 현수성을 높이기 위해 쓰이는 물질은?

① 훈증제　　② 불임제
③ 유인제　　④ 전착제

전착제는 농약 중 유화제·수화제·액제를 첨가하여 살포액의 물리성을 향상시키는 물질이다. 살포액을 대상으로 하는 작물이나 병해충의 표면에 균일하게 퍼지고(확전성) 잘 붙어(부착성) 풍우에도 유실하지 않는 성질(고착성)이나, 살포액에 침투성을 부가하여 약제를 작물의 조직 내에 침투시키는 성질(침투성)을 증강시킨다.

41 목적에 의한 분류로 맞는 것은?

① 훈증제
② 유인제
③ 살선충제
④ 기피제

농약의 분류
• 사용목적에 따른 분류 : 살균제, 살충제, 살비제, 살선충제, 제초제, 식물 생장조절제, 혼합제, 살서제, 소화중독제, 유인제 등
• 주성분 조성에 따른 분류 : 유기인계, 카바메이트계, 유기염소계, 유황계, 동계, 유기비소계, 항생물질계, 피레스로이드계, 페녹시계, 트라이아진계, 요소계, 설포닐우레아계 등
• 제형에 따른 분류 : 유제, 수화제, 분제, 미분제, 수화성미분제, 입제, 액제, 액상수화제, 미립제, 세립제, 저미산분제, 수면전개제, 종자처리수화제, 캡슐현탁제, 분의제, 과립훈연제, 과립수화제, 캡슐제 등
• 사용방법에 따른 분류 : 희석살포제, 직접살포제, 훈연제, 훈증제, 연무제, 도포제 등

42 천적을 이용하는 방제는 어떤 방법에 속하는가?

① 생물학적 방법
② 물리적 방법
③ 경종적 방법
④ 화학적 방법

해설
생물학적 방제는 해충개체군의 밀도를 생물(천적)에 의하여 억제하는 방법이다.

43 일반적인 곤충의 피부구조 중 가장 바깥쪽에 위치하는 것은?

① 감각세포
② 표피
③ 진피
④ 기저막

해설
피부는 바깥쪽에 표피, 그 아래에 진피, 안쪽에 기저막으로 되어 있다.

44 다음 곤충의 기관 중 식도하신경절(食道下神經節)에 의해 운동과 감각신경의 지배를 받지 않는 것은?

① 더듬이
② 작은턱
③ 큰턱
④ 아랫입술

해설
식도하신경절
• 운동을 촉진시키거나 억제시키는 작용을 한다.
• 큰턱, 작은턱, 아랫입술을 지배한다.

45 대패형 톱날의 창날각도로 가장 적당한 것은?

① 30°
② 35°
③ 60°
④ 80°

해설
톱날의 종류별 연마각도

구분	대패형 톱날	반끌형 톱날	끌형 톱날
창날각	35°	35°	30°
가슴각	90°	85°	80°
지붕각	60°	60°	60°
연마방법	수평	수평에서 위로 10° 상향	수평에서 위로 10° 상향

46 다음 중 원목 집·운재용 장비가 아닌 것은?

① 펠러번처
② 포워더
③ 소형 집재용차
④ 집재용 트랙터

해설
펠러번처는 벌목과 집적기능을 가진 다공정 처리기계이다.

47 대표적인 다공정 처리기계로서 벌도, 가지치기, 조재목 다듬질, 토막내기 작업을 모두 수행할 수 있는 장비는?

① 하베스터
② 펠러번처
③ 프로세서
④ 포워더

해설
하베스터는 임내를 이동하면서 임목의 벌도, 가지치기, 절단작업을 하는 기계로서 1대의 기계로 벌도 및 조재작업을 할 수 있는 기계이다.

48 와이어로프의 안전계수식을 올바르게 나타낸 것은?

① 와이어로프의 최소장력 ÷ 와이어로프에 걸리는 절단하중
② 와이어로프의 최대장력 ÷ 와이어로프에 걸리는 절단하중
③ 와이어로프의 절단하중 ÷ 와이어로프에 걸리는 최소장력
④ 와이어로프의 절단하중 ÷ 와이어로프에 걸리는 최대장력

> 해설
>
> $$안전계수 = \frac{와이어로프의\ 절단하중}{와이어로프에\ 걸리는\ 최대장력}$$

49 가지치기를 할 때 이용하는 도구가 아닌 것은?

① 낫　　　　　② 톱
③ 윈치　　　　④ 손도끼

> 해설
>
> ③ 윈치 : 원통형의 드럼에 와이어 로프를 감아, 도르래를 이용해서 중량물을 높은 곳으로 들어 올리거나 끌어당기는 기계

50 4행정 사이클은 1사이클을 완료하기 위하여 크랭크축이 몇 회전(°)하는 것을 말하는가?

① 1회전(360°)　　② 3회전(360°)
③ 2회전(720°)　　④ 4회전(720°)

> 해설
>
> 4행정 기관에서 1사이클을 완료하기 위하여 크랭크축은 2회전하므로 720°이다.

51 다음 중 체인톱에 붙어 있는 안전장치가 아닌 것은?

① 체인 브레이크
② 전방 보호판
③ 체인잡이 볼트
④ 안내판코

> 해설
>
> 체인톱의 안전장치
> • 체인브레이크
> • 체인잡이 볼트
> • 핸드가드(전방 보호판)
> • 방진고무 등

52 2행정 내연기관에서 최초 시동을 할 경우 초크(choke)시키는 이유로 적합한 것은?

① 연료와 공기 혼합비를 높이기 위하여
② 연료가 많이 혼합되는 것을 막기 위하여
③ 오일이 적정하게 혼합되도록 하기 위하여
④ 연료소모량을 줄이기 위하여

> 해설
>
> 초크(choke)는 흡입되는 공기를 차단하여 연료의 양을 많이 흡입시켜 시동이 잘되게 하는 장치이다.

53 체인톱에 사용되는 오일에 관한 설명으로 옳은 것은?

① 묽은 윤활유를 사용하면 톱날의 수명이 길어진다.
② 윤활유가 가이드 바 홈 속에 들어가지 않게 한다.
③ 윤활유 점액도를 표시하는 SAE는 국제자동차협회의 약자이다.
④ 윤활유 점액도를 표시하는 수치가 높을수록 점도가 높다.

<u>해설</u>
① 묽은 윤활유를 사용하면 톱날의 수명이 짧아진다.
② 윤활유는 가이드바 홈 속에 침투해야 한다.
③ SAE는 미국자동차기술협회(Society of Automotive Engineers)의 약자이다.

55 삼각톱니 가는 방법 중 톱니 젖힘의 크기는 침엽수와 활엽수 각각 몇 mm로 작업하는가?

① 침엽수 0.3~0.5, 활엽수 0.2~0.3
② 침엽수 0.2~0.3, 활엽수 0.3~0.5
③ 침엽수 0.3~0.4, 활엽수 0.4~0.6
④ 침엽수 0.4~0.6, 활엽수 0.3~0.4

<u>해설</u>
톱니 젖힘의 크기는 0.2~0.5mm가 적당하다.
• 침엽수 : 0.3~0.5mm
• 활엽수 : 0.2~0.3mm

54 기계톱으로 원목을 절단할 경우 절단면에 파상무늬가 생기며 체인이 한쪽으로 기운다면 어떤 원인인가?

① 측면날의 각도가 서로 다르다.
② 창날각이 고르지 못하다.
③ 톱날의 길이가 서로 다르다.
④ 깊이제한부가 서로 다르다.

<u>해설</u>
② 창날각이 서로 다른 경우 심하면 절단면에 빨래판처럼 파상무늬가 생기게 된다.

56 다음 중 가선집재 기계로 옳지 않은 것은?

① 하베스터
② 자주식 반송기
③ 썰매식 집재기 나무
④ 이동식 타워형 집재기

<u>해설</u>
하베스터 : 임내를 이동하면서 입목의 벌도·가지제거·절단작동 등의 작업을 하는 기계로서, 벌도 및 조재작업을 1대의 기계로 연속작업할 수 있는 다공정 처리기계

57 벌목작업 시 절단 대상수목을 중심으로 몇 배 이상의 안전거리를 유지하여야 하는가?

① 1배　　② 1.5배
③ 2.5배　　④ 3배

> **해설**
> 벌목작업(벌목 표준안전 작업지침 제4조 제2호)
> 인접한 곳에서 벌목할 때에는 절단 대상수목을 중심으로 수목 높이의 1.5배 이상 안전거리를 유지하여 작업하여야 한다.

58 체인톱의 다이아프램식 연료펌프의 기능과 작동법 설명으로 올바른 것은?

① 피스톤이 상사점일 때는 연료실의 압력이 높아진다.
② 피스톤이 상사점일 때는 펌프실의 압력이 높아진다.
③ 피스톤이 하사점일 때는 연료실의 체적이 커진다.
④ 피스톤이 하사점일 때는 크랭크실의 압력이 높아진다.

> **해설**
> 피스톤이 상사점으로 이동하면 크랭크실의 기압이 낮아짐과 동시에 펌프실의 기압도 낮아지고 연료실의 기압도 낮아진다. 피스톤이 하사점으로 이동하면 크랭크실의 기압이 높아지므로 연료실에 압력을 가하게 되어 연료실의 체적은 작아진다.

59 체인톱의 1시간당 평균 연료소모량은?

① 1.0L
② 1.5L
③ 2.0L
④ 2.5L

> **해설**
> • 1시간당 평균 연료소모량 : 1.5L
> • 1시간당 평균 오일소모량 : 0.4L

60 강선 집재작업 시 강선을 따라 이동하는 집재목의 운동속도가 지나치게 빠를 경우 목재의 파손과 안전작업의 위험도가 높아진다. 운동속도를 줄이기 위한 방법으로 가장 적합한 것은?

① 집재목의 크기를 줄인다.
② 집재목의 무게를 늘려준다.
③ 강선에 오일칠을 해준다.
④ 강선의 장력을 낮춰준다.

> **해설**
> 강선에 나타나는 장력의 크기는 운동방향에 수직한 중력 성분과 같으므로 장력을 낮추면 운동속도가 줄어든다.

01 우리나라 삼림대를 구성하는 요소로서 일반적으로 북위 35° 이남, 평균기온이 14℃ 이상 되는 지역의 산림대는?

① 열대림
② 난대림
③ 온대림
④ 온대북부림

해설
우리나라의 임상
• 난대림(상록활엽수대) : 북위 35° 이남, 연평균기온 14℃ 이상, 주로 남부해안에 면한 좁은 지방과 제주도 및 그 부근의 섬들
• 온대림(낙엽활엽수대) : 북위 35°~43°, 산악지역과 높은 지대를 제외한 연평균기온 5~14℃, 온대남부·온대중부·온대북부로 나뉨
• 한대림(침엽수대) : 평지에서는 볼 수 없음, 평안남북도·함경남북도의 고원지대와 높은 산 지역, 연평균기온 5℃ 이하

02 다음 중 노지묘의 곤포당 수종 본수가 가장 많은 것은?

① 잣나무(3년생)
② 삼나무(2년생)
③ 호두나무(1년생)
④ 자작나무(1년생)

해설
곤포당 본수(종묘사업실시요령)

수종	형태	묘령	곤포당 본수(본)
잣나무	노지묘	2-1	1,000
		2-2	500
		2-2-3	분뜨기
삼나무	노지묘	1-1	500
호두나무	노지묘	1-0	500
자작나무	노지묘	1-0	500
		1-1	500

03 나무줄기에 뜨거운 직사광선을 쬐면 나무껍질의 일부에 급속한 수분 증발이 일어나거나 형성층 조직이 파괴되고, 그 부분의 껍질이 말라 죽는 피해를 받기 쉬운 수종으로 짝지어진 것은?

① 소나무, 해송, 측백나무
② 참나무류, 낙엽송, 자작나무
③ 황벽나무, 굴참나무, 은행나무
④ 오동나무, 호두나무, 가문비나무

해설
볕데기(피소)
• 수간이 태양광선의 직사를 받았을 때 수피의 일부에 급격한 수분증발이 생겨 조직이 건고되는 현상이다.
• 피해수종 : 수피가 평활하고 코르크층이 발달되지 않은 오동나무, 후박나무, 호두나무, 버즘나무, 소태나무, 가문비나무 등의 수종에 피소를 일으키기 쉽다.

04 엔진의 성능을 나타내는 것으로 1초 동안에 75kg의 중량을 1m 들어 올리는 데 필요한 동력단위를 의미하는 것은?

① 강도
② 토크
③ 마력
④ RPM

해설
마력이란 공학상의 동력단위로서 일을 할 수 있는 능력의 단위를 말하며, 1마력(HP)은 한 마리의 말이 1초 동안에 75kg의 중량을 1m 움직일 수 있는 일의 크기를 말하는데, 공학적으로는 간단히 75kg·m/s로 나타낸다. 이것은 지구상에서 1초 동안에 75kg의 무게를 1m 들어 올리는 작업에 필요한 힘과 동일하다.

05 4행정기관의 작동순서로 옳은 것은?

① 흡입 → 폭발 → 배기 → 압축
② 압축 → 흡입 → 배기 → 폭발
③ 폭발 → 압축 → 배기 → 흡입
④ 흡입 → 압축 → 폭발 → 배기

해설

4행정 사이클기관의 작동
- 흡입행정 : 피스톤이 상사점에서 하사점으로 내려 가는 행정으로, 흡기밸브는 열려 있고 배기밸브가 닫혀 있다.
- 압축행정 : 피스톤이 하사점에서 상사점으로 상승 하며 흡기밸브와 배기밸브는 닫혀 있다. 압축압력 은 약 $10kg/cm^2$까지 상승한다.
- 폭발행정(팽창행정, 동력행정) : 압축된 혼합기에 점화플러그로 전기스파크를 발생시켜 혼합기를 연 소시키면, 순간적으로 실린더 내의 온도와 압력이 급격히 상승하여 정적연소의 형태로 폭발하는 과 정으로, 연소압력은 $30{\sim}40kg/cm^2$ 정도이다.
- 배기행정 : 배기밸브가 열리고 피스톤이 상승하여 혼합기체의 연소로 인해 생긴 가스를 배출한다. 배 기행정이 끝남으로써 크랭크축은 720° 회전하여 1 사이클을 완성하게 된다.

06 다음에 해당하는 톱으로 옳은 것은?

① 제재용 톱
② 무육용 이리톱
③ 벌도작업용 톱
④ 조재작업용 톱

해설

무육용 이리톱 : 역학을 고려하여 손잡이가 구부러져 있어 가지치기와 어린나무가꾸기 작업에 적합하다.

07 솔노랑잎벌의 가해형태에 대한 설명으로 옳은 것은?

① 주로 묵은 잎을 가해한다.
② 울폐된 임분에 많이 발생한다.
③ 새순의 줄기에서 수액을 빨아 먹는다.
④ 봄에 부화한 유충이 새로 나온 잎을 갉아 먹는다.

해설

솔노랑잎벌(벌목 솔노랑잎벌과)
- 가해수종 : 적송, 흑송 및 기타 소나무류
- 생태
  - 1년에 1회 발생하며 유충은 4월 중순~5월에 나 타나고, 5월 중순경 노숙한 유충은 땅속에서 고 치가 된다.
  - 9월 상순에 용화하고 10월 중·하순에 성충이 우화한다.
  - 암컷은 솔잎의 조직 속에 7~8개의 알을 1열로 낳으며 알로 월동한다.
  - 다음 해 봄에 부화한 유충은 전년도의 솔잎만 먹 으며, 끝에서부터 기부의 엽초부를 향하여 가해 한다.
  - 유충기간은 28일 정도이고, 산란수는 60개 내외 이다.

08 오동나무 빗자루병의 매개충이 아닌 것은?

① 솔수염하늘소
② 담배장님노린재
③ 썩덩나무노린재
④ 오동나무매미충

해설

오동나무 빗자루병
- 병징 : 병든 나무에는 연약한 잔가지가 많이 발생하 고, 담녹색의 아주 작은 잎이 밀생하여 마치 빗자루 나 새집둥우리와 같은 모양을 이룬다.
- 병원체 및 병원 : 병원은 파이토플라스마이며 담배장 님노린재, 썩덩나무노린재, 오동나무매미충에 의해 매개되고, 병든 나무의 분근을 통해서도 전염된다.

09 잣나무 털녹병에 대한 설명으로 옳지 않은 것은?

① 송이풀 제거작업은 9월 이후 시행해야 효과적이다.
② 여름포자는 환경이 좋으면 여름 동안 계속 다른 송이풀에 전염된다.
③ 여름포자가 모두 소실되면 그 자리에 털모양의 겨울포자퇴가 나타난다.
④ 중간기주에서 형성된 담자포자는 바람에 의하여 잣나무 잎에 날아가 기공을 통하여 침입한다.

해설
중간기주는 겨울포자가 형성되기 전, 즉 8월 말 이전에 제거해야 한다.

11 특별한 경우를 제외하고 도끼를 사용하기에 가장 적합한 도끼자루의 길이는?

① 사용자의 팔 길이
② 사용자 팔 길이의 2배
③ 사용자 팔 길이의 0.5배
④ 사용자 팔 길이의 1.5배

해설
도끼자루의 길이는 특수한 경우를 제외하고는 사용자의 팔 길이 정도가 적당하다.

10 아황산가스에 강한 수종만으로 올바르게 묶인 것은?

① 가시나무, 편백, 소나무
② 동백나무, 가시나무, 소나무
③ 동백나무, 전나무, 은행나무
④ 은행나무, 향나무, 가시나무

해설
아황산가스에 강한 수종 : 은행나무, 향나무, 가시나무, 편백, 비자나무, 메밀잣밤나무, 감탕나무, 식나무 등

12 소립종자의 실중(實重)을 알맞게 설명한 것은?

① 종자 10립의 무게이다.
② 종자 100립의 무게이다.
③ 종자 1,000립의 무게이다.
④ 종자 5,000립의 무게이다.

해설
실중은 종자 1,000립의 무게를 g으로 나타낸 것으로 대립종자 100립, 소립종자 1,000립을 4회 반복하여 무게를 측정한 평균치이다.

13 뽕나무 오갈병의 병원균은?

① 균류
② 선충
③ 바이러스
④ 파이토플라스마

해설

뽕나무 오갈병의 병원균은 파이토플라스마이며, 마름무늬매미충에 의해 매개되고 접목에 의해서도 전염된다.

15 세균에 의해 발생되는 뿌리혹병에 관한 설명으로 옳은 것은?

① 방제법으로 석회 시용량을 줄인다.
② 건조할 때 알칼리성 토양에서 많이 발생한다.
③ 주로 뿌리에서 발생하며 가지에는 발생하지 않는다.
④ 병원균은 수목의 병환부에서는 월동하지 않고 토양 속에서만 월동한다.

해설

② 고온다습한 알칼리 토양에서 많이 발생한다.
③ 주로 뿌리에서 발생하며, 경우에 따라서는 줄기에 발생하기도 한다.
④ 병환부에서도 월동하지만, 땅속에서 다년간 생존하면서 기주식물의 상처를 통해서 침입한다.

14 다음 수목 병해 중 바이러스에 의한 병은?

① 잣나무 털녹병
② 벚나무 빗자루병
③ 포플러 모자이크병
④ 밤나무 줄기마름병

해설

① 잣나무 털녹병 : 담자균류
②·④ 벚나무 빗자루병, 밤나무 줄기마름병 : 자낭균

16 가을에 묘목을 가식할 때 묘목의 끝은 어느 방향으로 향하게 하여 경사지게 묻는가?

① 동쪽　　　② 서쪽
③ 북쪽　　　④ 남쪽

해설

묘목의 끝을 가을에는 남쪽으로, 봄에는 북쪽으로 45° 경사지게 한다.

17 기계톱의 안전장치가 아닌 것은?

① 이음쇠
② 지레발톱
③ 체인잡이 볼트
④ 안전스로틀레버 차단판

해설

기계톱의 안전장치에는 전방 손잡이 및 후방 손잡이, 전방 손보호판, 후방 손보호판, 체인브레이크, 체인잡이, 체인잡이 볼트, 지레발톱, 안전스로틀레버 차단판, 스위치, 소음기 체인보호집, 안전체인 등이 있다.

18 실생묘 표시법에서 1−1묘란?

① 판갈이한 후 1년간 키운 1년생 묘목이다.
② 파종상에서만 1년 키운 1년생 묘목이다.
③ 판갈이를 하지 않고 1년 경과된 종자에서 나온 묘목이다.
④ 파종상에서 1년을 보낸 다음, 판갈이하여 다시 1년이 지난 만 2년생 묘목으로 한 번 옮겨 심은 실생묘이다.

해설

실생묘 묘령의 표시
• 1−0묘 : 파종상에서 1년을 경과하고 상체된 일이 없는 1년생 실생 묘목
• 1−1묘 : 파종상에서 1년, 그 뒤 한 번 상체되어 1년을 지낸 2년생 묘목
• 2−0묘 : 상체된 일이 없는 2년생 묘목
• 2−1묘 : 파종상에서 2년, 그 뒤 상체상에서 1년을 지낸 3년생 묘목
• 2−1−1묘 : 파종상에서 2년, 그 뒤 두 번 상체된 일이 있고 각 상체상에서 1년을 경과한 4년생 묘목

19 내화력이 강한 수종으로 옳은 것은?

① 사철나무, 피나무
② 분비나무, 녹나무
③ 가문비나무, 삼나무
④ 사시나무, 아까시나무

해설

내화력이 강한 수종 및 약한 수종

구분	내화력이 강한 수종	내화력이 약한 수종
침엽수	은행나무, 잎갈나무, 분비나무, 가문비나무, 개비자나무, 대왕송 등	소나무, 해송(곰솔), 삼나무, 편백 등
상록 활엽수	아왜나무, 굴거리나무, 후피향나무, 붓순, 협죽도, 황벽나무, 동백나무, 비쭈기나무, 사철나무, 가시나무, 회양목 등	녹나무, 구실잣밤나무 등
낙엽 활엽수	피나무, 고로쇠나무, 마가목, 고광나무, 가중나무, 네군도단풍나무, 난티나무, 참나무, 사시나무, 음나무, 수수꽃나무	아까시나무, 벚나무, 능수버들, 벽오동나무, 참죽나무, 조릿대 등

20 종자의 과실이 시과(翅果)로 분류되는 수종은?

① 참나무
② 소나무
③ 단풍나무
④ 호두나무

해설

시과(翅果) : 과피가 발달해서 날개처럼 된 것
예 단풍나무류, 물푸레나무류, 느릅나무류, 가중나무 등

21 트랙터 부착형 윈치(파미윈치) 작업 방법 중 설명이 올바른 것은?

① 작업로에 진입하여 작업할 수 없다.
② 견인작업 시 와이어로프 외각은 위험한 지역이다.
③ 지면끌기 집재작업 방식이다.
④ 견인거리가 100~200m이다.

해설
파미(farmi)윈치
지면끌기식 집재작업을 하는 기계로서 상향은 약 60m, 하향은 30m 정도이고, 견인력과 윈치속도는 가선기계만큼 빠르다.

22 예불기의 톱이 회전하는 방향은?

① 시계방향 ② 좌우방향
③ 상하방향 ④ 반시계방향

해설
예불기 톱날의 회전방향은 좌측(반시계방향)이다.

23 종자 전체의 무게가 900g이고, 이 중 협잡물의 무게가 90g이고 순수한 종자의 무게가 810g일 때의 순량률은?

① 72% ② 81%
③ 90% ④ 98%

해설
순량률이란 일정한 양의 종자 중 협잡물을 제외한 종자량을 백분율로 표시한 것이다.

$$순량률 = \frac{900-90}{900} \times 100 = 90\%$$

24 묘포지 선정요건으로 거리가 먼 것은?

① 교통이 편리한 곳
② 양토나 사질양토로 관배수가 용이한 곳
③ 1~5° 정도의 경사지로 국부적 기상피해가 없는 곳
④ 토지의 물리적 성질보다 화학적 성질이 중요하므로 매우 비옥한 곳

해설
④ 너무 비옥한 토지는 도장의 우려가 있으므로 피한다.

25 다음 중 삽목이 잘되는 수종끼리만 짝지어진 것은?

① 개나리, 소나무
② 버드나무, 잣나무
③ 은행나무, 미루나무
④ 오동나무, 느티나무

해설
삽목이 용이한 수종 : 포플러류, 버드나무류, 은행나무, 사철나무, 플라타너스, 개나리, 주목, 실편백, 연필향나무, 측백나무, 화백, 향나무, 비자나무, 미루나무 등이 있다.

400 부록

21 ③ 22 ④ 23 ③ 24 ④ 25 ③ **정답**

26 비교적 대목이 크고 접수가 가능 때 주로 사용하는 접목 방법은?

① 할접법   ② 박접법
③ 설접법   ④ 복접법

해설
할접법
- 비교적 대목이 굵고 접수가 가능 때 적용하며, 이때 접수에는 끝눈을 붙이고 1cm 길이만 침엽을 남기고 아래에 삭면을 만들어 할접한다(소나무류).
- 갈라진 사이에 접수를 끼우고 비닐끈으로 묶는다.

27 미국흰불나방의 월동 형태는?

① 알   ② 유충
③ 성충   ④ 번데기

해설
미국흰불나방 : 1년에 보통 2회 발생(3회도 가능)하며, 나무껍질 사이나 지피물 밑 등에서 고치를 짓고 그 속에서 번데기로 월동한다.

28 다음 중 가선집재 기계로 옳지 않은 것은?

① 하베스터
② 자주식 반송기
③ 썰매식 집재기 나무
④ 이동식 타워형 집재기

해설
하베스터 : 임내를 이동하면서 입목의 벌도·가지제거·절단작동 등의 작업을 하는 기계로서, 벌도 및 조재작업을 1대의 기계로 연속작업할 수 있는 다공정 처리 기계

29 체인톱의 1시간당 평균 연료소모량은?

① 1.0L   ② 1.5L
③ 2.0L   ④ 2.5L

해설
- 1시간당 평균 연료소모량 : 1.5L
- 1시간당 평균 오일소모량 : 0.4L

30 아크야윈치(썰매형 윈치)의 집재작업 시 올바른 작업 준비사항은?

① 작업노선 중앙에 지주목이 있도록 노선을 정리
② 작업노선은 경사를 따라 좌우로 설치
③ 작업노선상에 있는 그루터기는 30cm 이하로 정리
④ 기계를 고정시키는 말뚝 설치

해설
② 작업노선은 경사면을 따라 상하로 직선이 되도록 한다.
③ 작업노선상에 있는 지장목은 지면과 같이 정리하여 집재작업 시 걸림이 없도록 한다.

31 굵은 생가지치기 시 위험성이 큰 수종은?

① 낙엽송 ② 삼나무
③ 포플러류 ④ 느릅나무

• 생가지치기 시 가장 위험한 수종 : 벚나무, 물푸레나무, 단풍나무, 느릅나무 등
• 특별히 굵은 생가지가 아니면 위험성이 거의 없는 수종 : 소나무, 편백나무, 낙엽송, 삼나무, 포플러류 등

32 종자의 숙기가 가장 늦은 수종은?

① 황철나무 ② 동백나무
③ 회양목 ④ 잣나무

종실의 성숙기
• 5월 : 버드나무, 사시나무, 미루나무, 황철나무, 양버들
• 6월 : 떡느릅나무, 비술나무, 벚나무
• 7월 : 회양목, 벚나무
• 8월 : 스트로브잣나무, 섬잣나무
• 9월 : 소나무, 낙엽송, 주목, 구상나무, 분비나무, 종비나무, 가문비나무, 향나무
• 10월 : 소나무, 잣나무, 낙엽송, 리기다소나무, 해송, 구상나무, 삼나무, 편백, 전나무
• 11월 : 동백나무, 회화나무
※ 보통 종자는 한랭한 곳보다 따뜻한 곳에서 성숙이 늦고, 표고가 낮은 곳보다 높은 곳에서 성숙이 빠르다.

33 훈증제가 갖추어야 할 조건이 아닌 것은?

① 휘발성이 커서 일정한 시간 내에 살균 또는 살충시킬 수 있어야 한다.
② 인화성이어야 한다.
③ 침투성이 커야 한다.
④ 훈증할 목적물의 이화학적, 생물학적 변화를 주어서는 안 된다.

훈증제의 조건
높은 증기압(high vapor pressure), 휘발성(volatility), 확산성(diffusion), 침투성(penetration), 흡착성(sorption), 저잔류성(low residue) 등

34 삼각톱니 가는 방법 중 톱니 젖힘의 크기는 침엽수와 활엽수 각각 몇 mm로 작업하는가?

① 침엽수 0.3~0.5, 활엽수 0.2~0.3
② 침엽수 0.2~0.3, 활엽수 0.3~0.5
③ 침엽수 0.3~0.4, 활엽수 0.4~0.6
④ 침엽수 0.4~0.6, 활엽수 0.3~0.4

톱니 젖힘의 크기는 0.2~0.5mm가 적당하다.
• 침엽수 : 0.3~0.5mm
• 활엽수 : 0.2~0.3mm

35 갱신을 위한 벌채 방식이 아닌 것은?

① 개벌작업   ② 산벌작업
③ 택벌작업   ④ 간벌작업

간벌작업은 경관의 유지와 개선을 위해 밀도 조절이 필요한 산림에서 진행되며, 삼림을 가꾸기 위한 벌채에 속한다.

36 다음 조건에 알맞은 m²당 파종량은?

- 잔존본수 350그루
- 득묘율 30%
- 종자효율 75%
- 1g당 종자알수 180개

① 8.6g   ② 6.8g
③ 4.4g   ④ 2.3g

파종량

$$W = \frac{A \times S}{D \times E \times L} = \frac{1 \times 350}{180 \times 0.75 \times 0.3} ≒ 8.6g$$

여기서, W : 파종량(g)
　　　　E : 종자효율
　　　　A : 파종면적(m²)
　　　　L : 잔존율(득묘율)
　　　　S : 묘목밀도(묘목본수/m²)
　　　　D : 종자립수

37 유충과 성충 모두가 나뭇잎을 식해하는 해충은?

① 참나무재주나방
② 솔나방
③ 어스렝이나방
④ 오리나무잎벌레

오리나무잎벌레는 성충과 유충이 동시에 잎을 식해하는데, 유충의 가해기간은 5월 하순~8월 상순경이다.
※ 6월 중순에 사이스린 액제, 디프수화제를 수관살포하면 성충과 유충을 동시에 방제할 수 있다.

38 산림작업의 벌출공정 구성요소로 옳지 않은 것은?

① 벌목   ② 조재
③ 집재   ④ 조사

산림작업의 벌출공정 구성요소 : 벌목, 조재, 집재, 가설철거, 집적

39 발아율이 가장 높은 수종은?

① 박달나무   ② 잣나무
③ 해송   ④ 상수리나무

③ 해송 : 92%
① 박달나무 : 21%
② 잣나무 : 56%
④ 상수리나무 : 57%

40 택벌작업의 장점으로 틀린 것은?

① 숲땅이 항상 나무로 덮여 있어 보호를 받게 되고, 겉흙이 유실되지 않는다.

② 위층의 나무는 햇빛을 잘 받아 결실이 잘 된다.

③ 양수의 갱신이 잘된다.

④ 미관상 가장 아름다운 숲이 된다.

41 다음 중 집재와 운재에 사용되는 기계 및 기구가 아닌 것은?

① 플라스틱 수라
② 단선순환식 삭도집재기
③ 윈치부착 농업용 트랙터
④ 자동지타기

42 조림목을 제외하고 모든 잡초목을 깎아 버리는 밑깎기(풀베기) 방법은?

① 줄깎기
② 전면깎기
③ 구멍깎기
④ 둘레깎기

43 남색긴꼬리좀벌을 이용한 방제를 하였을 경우, 효과적으로 피해를 입힐 수 있는 병해충은?

① 밤나무혹벌
② 밤바구미
③ 밤송이진딧물
④ 복숭아명나방

44 종자의 결실주기가 5~7년인 수종은?

① 소나무
② 낙엽송
③ 전나무
④ 리기다나무

45 상층임관을 구성하고 있으며 병해를 받는 임목의 수관급은?

① 1급목
② 2급목
③ 3급목
④ 4급목

46 임지에 서 있는 성숙한 나무로부터 종자가 떨어져 어린나무를 발생시키는 갱신방법은?

① 맹아갱신
② 인공조림
③ 파종조림
④ 천연하종갱신

해설
천연하종갱신(天然下種更新)은 자연적으로 종자가 낙하하여 지표면에 닿아 새싹이 나는 것으로 상방 천연하종갱신과 측방천연하종갱신이 있다.

47 모수작업에 대한 설명으로 틀린 것은?

① 남겨질 모수의 수는 전체 나무의 수에 비하여 극히 적으며 갱신이 끝나면 벌채에 이용된다.
② 모수가 신임분의 상층을 구성하는 점을 제외하고는 동령림이 조성된다.
③ 모수로 남겨야 할 임목은 전 임목에 대하여 본수로는 22~33%이다.
④ 남는 나무는 한 그루씩 외따로 서게 되는 일도 있고 때로는 몇 그루씩 무더기로 남기도 한다.

해설
③ 모수로 남겨야 할 임목은 전 임목에 대하여 본수의 2~3%, 재적의 약 10%이다.

48 환경요인은 수목병을 발생시키는 요인으로서 중요하게 작용한다. 환경요인과 병을 연결한 것으로 틀린 것은?

① 강풍 – 잣나무 잎떨림병
② 상처 – 밤나무 줄기마름병
③ 대기오염 – 소나무 그을음잎마름병
④ 산불, 모닥불 – 리지나뿌리썩음병

해설
① 온난화 : 잣나무 잎떨림병

49 다음 중 곰팡이에 의하여 발생하는 병은?

① 오동나무 빗자루병
② 벚나무 빗자루병
③ 대추나무 빗자루병
④ 붉나무 빗자루병

해설
② 진균(자낭균)에 의해 발생
①·③·④ 파이토플라스마에 의해 발생

50 옥시테트라사이클린 수화제를 수간에 주입하여 치료하는 수병은?

① 포플러 모자이크병
② 대추나무 빗자루병
③ 근두암종병
④ 잣나무 털녹병

해설
파이토플라스마에 의한 대추나무 빗자루병과 오동나무 빗자루병은 옥시테트라사이클린의 수간주사 효과가 양호하며 특히 대추나무 빗자루병의 치료에 실용화되고 있다.

51 지상부의 접목부위, 삽목의 하단부 등으로 병원균이 침입하고, 고온다습할 때 알칼리성 토양에서 주로 발생하는 것은?

① 탄저병
② 뿌리혹병
③ 불마름병
④ 리지나뿌리썩음병

해설
뿌리혹병
• 세균에 의한 토양전염성 병이다.
• 고온다습한 알칼리성 토양에서 자주 발생한다.
• 병원균이 뿌리혹 속에서 휴면포자 형태로 월동하였다가 주로 상처(접목부, 삽목 하단 등)를 통해 침입한다.
• 뿌리나 줄기 기부에 크고 작은 혹이 생기고, 초기에 연한 색을 띠다가 점차 커지며 갈색~흑갈색으로 변한다.

52 곤충의 청각기관인 존스턴기관(Johnston's Organ)은 더듬이의 어느 부위에 위치하는가?

① 채찍마디   ② 자루마디
③ 밑마디   ④ 팔굽마디

해설
존스턴기관은 곤충 더듬이의 팔굽마디(흔들마디)에 위치한다.

53 2행정 기관을 4행정 기관과 비교했을 때, 2행정 기관의 특징에 대한 설명으로 틀린 것은?

① 배기음이 낮다.
② 휘발유와 오일소비가 크다.
③ 동일배기량에 비해 출력이 크다.
④ 저속운전이 곤란하다.

해설
① 배기음이 크다.

54 기계톱의 연료와 오일을 혼합할 때 휘발유 40L이면 오일의 양은 약 몇 L가 필요한가? (단, 오일의 혼합비율은 25 : 1이다)

① 1.1   ② 1.3
③ 1.6   ④ 2.2

해설
휘발유와 오일의 혼합비율
$25 : 1 = 40 : x$
$\therefore\ x = 1.6L$

55 무육작업용 장비로 활용하기 가장 부적합한 것은?

① 가지치기 톱
② 재래식 낫
③ 전정가위
④ 손도끼

해설
손도끼는 제벌작업 및 간벌작업 시 가벌목의 표시, 단근작업, 도끼자루 제작 등에 사용된다.

56 산림작업용 안전화가 갖추어야 할 조건으로 옳지 않은 것은?

① 철판으로 보호된 안전화 코
② 미끄러짐을 막을 수 있는 바닥판
③ 땀의 배출을 최소화하는 고무재질
④ 발이 찔리지 않도록 되어 있는 특수보호 재료

해설
안전화
미끄러짐을 막고 습기와 추위로부터 발을 보호하며, 돌부리에 부딪히거나 무거운 물체에 짓눌리는 것을 방지하고, 체인톱과 같은 절단, 도끼 등의 타격, 낫 끝과 같이 예리한 도구로 발이 찔리는 것을 예방하도록 제작되어야 한다.

57 종자발아 촉진법이 아닌 것은?

① X선분석법
② 종피파상법
③ 침수처리법
④ 노천매장법

해설
X선분석법은 종자발아 검사법이다.

58 수목의 병을 사전에 예방하기 위하여 실행하는 방법 중 틀린 것은?

① 돌려짓기(윤작)를 한다.
② 묘목의 검사를 철저히 한다.
③ 작업기구의 소독을 철저히 한다.
④ 가능한 한 같은 장소에 이어짓기(연작)를 한다.

해설
④ 같은 장소에 이어짓기(연작)를 하면 병원균의 밀도가 높아져 병이 많이 발생한다.

59 벌목작업에서 쐐기는 주로 벌도방향의 결정과 안전작업을 위해 사용된다. 목재 쐐기를 만드는 데 적당한 수종이 아닌 것은?

① 아까시나무
② 단풍나무
③ 참나무류
④ 리기다소나무

해설
리기다소나무는 목재로는 질이 좋지 않아 목재 쐐기 등으로는 쓰이지 않으며, 거의 사방조림용으로 이용된다.

60 해충의 직접적인 구제방법 중 기계적 방제법에 속하지 않는 것은?

① 포살법
② 냉각법
③ 유살법
④ 소살법

해설
기계적 방제법은 간단한 기구 또는 손으로 해충을 잡는 방법으로 포살, 유살, 소살 등이 있다.

01 종묘사업 실시요령의 종자품질기준에서 다음 중 발아율이 가장 높은 수종은?

① 해송   ② 비자나무

③ 전나무   ④ 주목

해설

종묘사업 실시요령 종자품질기준에서의 발아율(%)

수종	효율 (A×B/100)	순량률 (A)	발아율 (B)
곰솔(해송)	88	96	92
비자나무	60	98	61
주목	53	96	55
전나무	23	93	25

02 숲을 띠 모양으로 구획하고 2번의 개벌에 의해서 갱신이 끝나는 벌채 방식은?

① 군상개벌작업

② 연속대상개벌작업

③ 교호대상개벌작업

④ 넓은 면적의 개벌작업

해설

교호대상 개벌작업은 갱신대상지를 교호로 개벌하여 잔존임분으로부터 측방천연하종에 의한 갱신을 실시한 후, 갱신이 완료되면 나머지 잔존대상지를 갱신하는 방법으로 전임분을 2회에 걸쳐 완료시킬 수 있다.

03 중림작업에 대한 설명으로 옳은 것은?

① 주로 하목은 연료 생산에 목적을 두고 상목은 용재 생산에 목적을 둔다.

② 연료림 조성에 가장 적당한 방법이다.

③ 상목은 맹아가 왕성하게 발생해야 하는 음성의 나무를 택한다.

④ 작업의 형태는 개벌작업과 비슷하다.

해설

중림작업은 한 구역 안에서 용재 생산을 목적으로 하는 교림작업(상목)과 연료목 생산을 목적으로 하는 왜림작업(하목)을 동시에 실시하는 것이다.

04 묘목의 뿌리가 2년생, 줄기가 1년생을 나타내는 삽목묘의 연령 표기를 바르게 한 것은?

① 1-2묘   ② 2-1묘

③ 1/2묘   ④ 2/1묘

해설

① 파종상 1년, 이식상 1번(2년)인 3년생 실생묘

② 파종상 2년, 이식상 1번(1년)인 3년생 실생묘

④ 뿌리가 1년생, 줄기가 2년 된 삽목묘

05 어린나무가꾸기의 1차 작업시기로 가장 알맞은 것은?

① 솎아베기가 끝난 6~9년 후
② 가지치기가 끝난 5~6년 후
③ 덩굴제거가 끝난 1~2년 후
④ 풀베기가 끝난 3~5년 후

> **해설**
> 대개 풀베기가 끝나고 3~5년이 지난 다음에 1차 작업을 시작하고, 다시 3~4년이 지난 다음 2차 작업을 하며, 제거 대상목의 맹아가 약한 6~9월 중에 실시한다.

06 체인톱 작업 중 위험에 대비한 안전장치가 아닌 것은?

① 체인브레이크
② 핸드가드
③ 스프로킷
④ 체인잡이

> **해설**
> 원심클러치드럼에 부착된 스프로킷은 크랭크축의 회전을 체인에 전달하여 체인톱을 구동한다.

07 체인톱에 사용하는 윤활유에 대한 설명으로 옳은 것은?

① 윤활유의 점액도 표시는 사용 외기온도로 구분된다.
② 윤활유 SAE 20W 중 W는 중량을 의미한다.
③ 윤활유 SAE 30 중 SAE는 국제자동차협회의 약자이다.
④ 윤활유 등급을 표시하는 번호가 높을수록 점도가 낮다.

> **해설**
> 체인톱에 사용하는 윤활유
> • 윤활유의 점액도 표시는 사용 외기온도로 구분된다.
> • 윤활유의 선택은 기계톱의 안내판 수명과 직결된다.
> • 윤활유의 등급을 표시하는 기호의 번호가 높을수록 점액도가 높다.
> • W는 'Winter'의 약자로 겨울용을 의미한다.
> • SAE는 미국자동차기술협회(Society of Automotive Engineers)의 약자이다.
> • 묽은 윤활유를 사용하면 톱날의 수명이 짧아진다.
> • 윤활유는 가이드바 홈 속에 침투해야 한다.

08 2행정 내연기관에서 외부의 공기가 크랭크실로 유입되는 원리로 옳은 것은?

① 크랭크실과 외부와의 기압차
② 크랭크축 운동의 원심력
③ 기화기의 공기펌프
④ 피스톤의 흡입력

> **해설**
> 공기의 흡입은 크랭크실의 기압과 대기압의 차이에 의해 이루어진다.

09 내연기관에서 연접봉(커넥팅 로드)이란?

① 크랭크와 피스톤을 연결하는 역할을 한다.
② 엔진의 파손된 부분을 용접하는 봉이다.
③ 액셀레버와 기화기를 연결하는 부분이다.
④ 크랭크 양쪽으로 연결된 부분을 말한다.

해설

연접봉은 피스톤과 크랭크핀을 연결하여 피스톤의 왕복운동을 회전운동으로 바꾸어주는 장치이다.

10 나무의 어린뿌리와 공생을 하는 균근으로 주로 토양미생물 중에 외생균근을 형성하는 수종은?

① 오리나무
② 단풍나무
③ 소나무
④ 동백나무

해설

소나무 뿌리에는 균근균이 공생하여 균근을 만들고, 균사가 털뿌리의 표면에 발달하는데 이것을 외생균근이라 말한다.

11 삽수의 발근이 비교적 잘되는 수종, 비교적 어려운 수종, 대단히 어려운 수종으로 분류할 때 비교적 잘되는 수종에 속하는 것은?

① 잣나무   ② 소나무
③ 은행나무   ④ 단풍나무

해설

• 삽수의 발근이 잘되는 수종 : 측백나무, 포플러류, 버드나무류, 은행나무, 사철나무, 개나리, 주목, 향나무, 치자나무, 삼나무 등
• 삽수의 발근이 어려운 수종 : 밤나무, 느티나무, 백합나무, 소나무, 해송, 잣나무, 전나무, 단풍나무, 벚나무 등

12 삽목할 때 삽수의 발근 촉진제로 사용할 수 없는 약제는?

① 인돌부틸산(IBA)
② 나프탈렌초산(NAA)
③ 인돌초산(IAA)
④ 2,4-D

해설

인공적으로 합성된 발근 촉진제로는 인돌부틸산(IBA), 인돌초산(IAA), 나프탈렌초산(NAA) 등이 있다.

13 솔잎혹파리에 대한 설명으로 옳지 않은 것은?

① 기생성 천적으로 솔잎혹파리먹좀벌 등이 있다.
② 솔잎의 기부에서 즙액을 빨아 먹는다.
③ 1년에 2회 발생하며 알로 월동한다.
④ 완전변태를 한다.

해설

③ 1년에 1회 발생하며, 지피물 밑의 지표나 1~2cm 깊이의 흙 속에서 유충으로 월동한다.

14 다음 중 항생물질 살균제가 아닌 것은?

① 스트렙토마이신
② 폴리옥신 B
③ 옥시테트라사이클린
④ 석회유황합제

해설

석회유황합제는 보호 살균제의 종류이다.

15 가지치기에 관한 설명으로 옳지 않은 것은?

① 임목의 질적 개선으로 옹이가 없고 통직한(straightening) 완만재 생산을 위한 육림작업이다.
② 포플러류는 역지(으뜸가지) 이하의 가지를 제거한다.
③ 나무가 생리적으로 활동하고 있을 때 가지치기를 하면 껍질이 잘 벗겨지고 상처가 커진다.
④ 큰 생가지를 잘라도 위험성이 작은 수종은 물푸레나무, 단풍나무, 벚나무, 느릅나무 등이다.

해설

생가지치기

• 가지치기를 할 때 생가지를 치면 미생물이 쉽게 침입하여 목재가 절단면으로부터 부패하는 경우가 있다.
• 생가지치기로 가장 위험성이 높은 수종은 단풍나무류, 느릅나무류, 벚나무류, 물푸레나무 등으로, 원칙적으로 생가지치기를 피하고 자연낙지 또는 고지치기만 실시한다.
• 위험성이 낮은 수종으로 소나무류, 낙엽송, 포플러류, 삼나무, 편백 등은 특별히 굵은 생가지를 끊어주지 않는 한 거의 위험성은 없다.

16 조림목과 경쟁하는 목적 이외의 수종 및 형질불량목이나 폭목 등을 제거하여 원하는 수종의 조림목이 정상적으로 생장하기 위해 수행하는 작업은?

① 간벌작업   ② 제벌작업
③ 개벌작업   ④ 풀베기

해설

어린나무가꾸기(잡목 솎아내기, 제벌, 치수무육)
풀베기작업이 끝난 이후 임관이 형성될 때부터 솎아베기(간벌)할 시기에 이르는 사이에 침입 수종의 제거를 주로 하고, 아울러 조림목 중 자람과 형질이 매우 나쁜 것을 끊어 없애는 것을 말한다.

17 2ha의 면적에 2m 간격, 정방형으로 묘목을 식재하고자 할 때 소요 묘목본수는?

① 2,000본   ② 2,500본
③ 4,000본   ④ 5,000본

해설

$$식재할\ 묘목수 = \frac{식재면적}{묘목\ 간\ 간격(가로 \times 세로)}$$

$$= \frac{2 \times 10,000}{2 \times 2}(\because 1ha = 10,000m^2)$$

$$= 5,000본$$

18 나무아래심기(수하식재)에 대한 설명으로 옳지 않은 것은?

① 수하식재용 수종으로는 양수수종으로 척박한 토양에 견디는 힘이 강한 것이 좋다.
② 수하식재는 주임목의 불필요한 가지 발생을 억제하는 효과도 있다.
③ 수하식재는 임내의 미세환경을 개량하는 효과가 있다.
④ 수하식재는 표토 건조 방지, 지력 증진, 황폐와 유실 방지 등을 목적으로 한다.

해설

수하식재

장령 및 노령의 임목이 생육하고 있는 숲속에 하목으로 식재하는 것을 말하는데, 수하식재용 수종은 내음력이 강한 음수수종 또는 반음수수종이 적합하다. 기존 임목의 생장을 촉진하기 위하여 비료목을 식재하는 경우, 임지의 생산력을 입체적으로 이용하기 위해 2단림을 조성할 경우, 수종 갱신을 실시할 목적으로 심는 경우에 수하식재를 한다.

19 파종량을 구하는 공식에서 득묘율이란?

① 일정 면적에서 묘목을 얻은 비율
② 솎아 낸 묘목수에 대한 잔존 묘목수의 비율
③ 발아한 묘목수에 대한 잔존 묘목수의 비율
④ 파종된 종자입수에 대한 잔존 묘목수의 비율

해설

득묘율 : 파종상에서 단위면적당 일정한 규격에 도달한 묘목을 얻어 낼 수 있는 본수의 비

20 3~4년마다 결실하는 수종은?

① 가문비나무   ② 느릅나무
③ 오동나무   ④ 자작나무

해설

결실주기
• 해마다 결실을 보이는 것 : 버드나무류, 포플러류, 오리나무류, 느릅나무, 물갬나무 등
• 격년결실을 하는 것 : 소나무류, 오동나무류, 자작나무류, 아까시, 리기다소나무 등
• 2~3년을 주기로 하는 것 : 참나무류, 들메나무, 느티나무, 삼나무, 편백, 상수리나무 등
• 3~4년을 주기로 하는 것 : 전나무, 녹나무, 가문비나무 등
• 5년 이상을 주기로 하는 것 : 너도밤나무, 낙엽송, 방크스소나무 등

21 산벌작업의 순서로 옳은 것은?

① 하종벌 → 예비벌 → 후벌
② 예비벌 → 후벌 → 하종벌
③ 하종벌 → 후벌 → 예비벌
④ 예비벌 → 하종벌 → 후벌

해설

산벌작업
• 예비벌 : 갱신 준비
• 하종벌 : 치수의 발생을 완성
• 후벌 : 치수의 발육을 촉진

22 발아에 가장 오랜 시일이 필요한 수종은?

① 화백 ② 느릅나무
③ 목련 ④ 사시나무

수종별로 요구되는 발아시험기간
• 14일간 : 사시나무, 느릅나무 등
• 21일간 : 가문비나무, 편백, 화백, 아까시 등
• 28일간 : 소나무, 해송, 낙엽송, 솔송나무, 삼나무, 자작나무, 오리나무 등
• 42일간 : 전나무, 느티나무, 목련, 옻나무 등

23 데라사끼식 간벌에 있어서 간벌량이 가장 적은 방식은?

① A종 간벌 ② B종 간벌
③ C종 간벌 ④ D종 간벌

A종 간벌
• 4급목과 5급목을 제거하고 2급목의 소수를 끊는 방법으로, 임내를 정지한다는 뜻이다.
• 간벌하기에 앞서 제벌 등 선행되는 중간벌채가 잘 이루어졌다면 A종 간벌을 할 필요성은 거의 없다.

24 그루터기에서 발생하는 맹아를 이용하여 후계림을 만드는 작업을 무엇이라 하는가?

① 택벌작업 ② 개벌작업
③ 왜림작업 ④ 산벌작업

왜림작업
• 활엽수림에서 주로 땔감을 생산할 목적으로 비교적 짧은 벌기령으로 개벌하고, 그 뒤 근주에서 나오는 맹아로서 갱신하는 방법이다.
• 왜림작업은 그 생산물이 대부분 연료재로 이용되었기 때문에 연료림작업이라고도 한다.

25 모수작업법을 이용한 산림갱신에서 모수의 조건으로 적합하지 않은 것은?

① 바람에 대한 저항력은 고려대상이 아니다.
② 우세목 중에서 고르도록 한다.
③ 유전적 형질이 좋아야 한다.
④ 종자는 많이 생산할 수 있어야 한다.

모수의 조건
• 유전적 형질이 좋아야 한다.
• 바람에 대한 저항력이 있어야 한다.
• 종자를 많이 생산할 수 있는 개체를 남겨야 한다.
• 우세목 중에서 고르도록 한다.
• 선천적 불량형질의 나무는 모수로 하지 않는다.
• 물푸레나무류와 사시나무류처럼 나무의 성에 자웅 구별이 있는 것은 두 가지를 함께 남겨야 한다.
• 뿌리가 깊은 수종, 즉 심근성 수종이 알맞다.

26 우리나라가 원산인 수종은?

① 연필향나무 ② 삼나무
③ 잣나무 ④ 백송

③ 잣나무 : 한국이 원산지이고 일본, 중국, 시베리아 등지에도 분포한다.
① 연필향나무 : 북아메리카 동부
② 삼나무 : 일본
④ 백송 : 중국

27 벌목 중 나무에 걸린 나무의 방향전환이나 벌도목을 돌릴 때 사용되는 작업 도구는?

① 지렛대   ② 식혈봉
③ 박피삽   ④ 쐐기

해설

지렛대는 벌목 시 나무가 걸려 있을 때 밀어 넘기거나, 벌목된 나무의 가지를 자를 때 벌도목을 반대방향으로 전환시킬 경우에 사용한다.

28 정원목 및 정원석 주위에 입목을 휘감은 풀들을 깎을 때 안심하고 사용 가능한 예불기의 날 형태는?

① 직선왕복날식
② 회전날식
③ 나일론코드식
④ 왕복요동식

해설

나일론코드(나일론 스프링코일) : 잔디, 초본류, 취미 생활용 및 농업용 칼날에 사용할 수 있다.
※ 절단부 동작 방식에 의한 예불기의 종류 : 회전날식, 직선왕복날식, 왕복요동식, 나일론코드식

29 세균에 의한 병이 아닌 것은?

① 잎떨림병
② 뿌리혹병
③ 불마름병
④ 세균성구멍병

해설

잎떨림병은 자낭균에 의한 수병으로, 땅 위에 떨어진 병든 잎에서 자낭포자의 형태로 월동하여 다음 해의 전염원이 된다. 5~7월 비가 많이 오는 해에 피해가 크며, 병든 나무로부터 제2차 감염은 일어나지 않는다.

30 농약의 물리적 형태에 따른 분류가 아닌 것은?

① 분제   ② 유제
③ 수화제   ④ 전착제

해설

농약의 분류
• 사용목적에 따른 분류 : 살균제, 살충제, 살비제, 살선충제, 제초제, 식물 생장조절제, 혼합제, 살서제, 소화중독제, 유인제 등
• 주성분 조성에 따른 분류 : 유기인계, 카바메이트계, 유기염소계, 유황계, 동계, 유기비소계, 항생물질계, 피레스로이드계, 페녹시계, 트라이아진계, 요소계, 설포닐우레아계 등
• 제형에 따른 분류 : 유제, 수화제, 분제, 미분제, 수화성미분제, 입제, 액제, 액상수화제, 미립제, 세립제, 저미산분제, 수면전개제, 종자처리수화제, 캡슐현탁제, 분의제, 과립훈연제, 과립수화제, 캡슐제 등
• 사용방법에 따른 분류 : 희석살포제, 직접살포제, 훈연제, 훈증제, 연무제, 도포제 등

31 솔나방이 주로 산란하는 곳은?

① 소나무 뿌리 부근 땅속
② 소나무 수피 틈
③ 솔방울 속
④ 솔잎 사이

솔나방의 산란은 우화 2일 후부터 시작하며, 500개 정도의 알을 솔잎에 몇 개의 무더기로 낳고, 알덩어리 하나당 알 수는 100~300개이다.

32 구과가 성숙한 후에 10년 이상이나 모수에 부착되어 있어 종자의 발아력이 상실되지 않고 산불이 나면 인편이 열리는 수종은?

① 로지폴소나무
② 소나무
③ 잣나무
④ 편백

로지폴소나무와 방크스소나무는 산불에 의한 고열을 받아야 비로소 열매가 벌어져 종자가 밖으로 나올 수 있기 때문에 산불을 만날 때까지 몇 년이라도 종자를 저장하고 있다.

33 진딧물의 화학적 방제법 중 천적 보호에 유리한 방제 약제로 가장 좋은 것은?

① 훈증제
② 침투성 살충제
③ 기피제
④ 접촉살충제

침투성 살충제
• 약제를 식물체의 뿌리·줄기·잎 등에 흡수시켜 식물체 전체에 약제가 분포되게 하여 흡즙성 곤충이 흡즙하면 죽게 하는 것을 말한다.
• 천적에 대한 피해가 없어 천적 보호에도 유리하다.

34 등화유살로 가장 많이 구제할 수 있는 해충은?

① 거세미, 진딧물류
② 응애, 측백하늘소
③ 소나무좀, 바구미
④ 어스렝이나방, 풍뎅이

등화유살은 곤충의 추광성을 이용하는 것으로 수은등, 흑색등, 청색등 같은 300~400μm의 단파장 광선을 이용한 유아등이 많이 이용되고 있다. 추광성이 있는 나방류 성충유살에 많이 이용되고 있으나 암컷보다 수컷이 많이 유인되고, 암컷도 산란을 거의 끝낸 것이 많이 유인되는 경향이 있다.

35 이른 봄에 수목의 발육이 시작된 후에 갑자기 내린 서리에 의해 어린잎이 받는 피해는?

① 춘상
② 조상
③ 만상
④ 동상

① 춘상 : 봄철에 수목의 발육이 시작된 후 갑자기 내린 서리에 의해 수목의 잎, 줄기, 가지 등이 받는 피해를 말한다.
② 조상 : 늦가을에 식물생육이 완전히 휴면되기 전에 발생하며, 목화(경화)가 아직 이루어지지 않은 연약한 새 가지에 피해를 준다.
④ 동상 : 겨울철 식물의 생육휴면기에 발생한다.

36 소립종자의 실중에 대한 설명으로 옳은 것은?

① 종자 100립의 4회 평균 중량 곱하기 10

② 종자 1,000립의 4회 평균 중량

③ 종자 1L의 4회 평균 중량

④ 전체 시료종자 중량 대비 각종 불순물을 제거한 종자의 중량 비율

해설

실중은 종자 1,000립의 무게를 g으로 나타낸 것으로 대립종자 100립, 소립종자 1,000립을 4회 반복하여 무게를 측정한 평균치이다.

37 종자 정선 후 바로 노천매장을 하는 수종은?

① 잣나무　　　② 피나무

③ 삼나무　　　④ 전나무

해설

종자를 정선한 후 곧 노천매장해야 할 수종 : 들메나무, 단풍나무류, 벚나무류, 잣나무, 백송, 호두나무, 가래나무, 느티나무, 백합나무, 은행나무, 목련류 등

38 벌목작업 시 작업로 간격(최소 안전작업거리)기준으로 적당한 것은?

① 벌도될 나무 높이의 1배

② 벌도될 나무 높이의 2배

③ 벌도될 나무 높이의 3배

④ 벌도될 나무 높이의 4배

해설

벌목작업 시 등의 위험 방지(산업안전보건기준에 관한 규칙 제405조 제1항 제3호)
벌목작업 중에는 벌목하려는 나무로부터 해당 나무 높이의 2배에 해당하는 직선거리 안에서 다른 작업을 하지 않을 것

39 발아율 90%, 고사율 20%, 순량률 80%일 때 종자의 효율은?

① 14.4%

② 16%

③ 44%

④ 72%

해설

효율(%) = 발아율 × 순량률 / 100
　　　　 = 90 × 80 / 100
　　　　 = 72%

40 덩굴제거작업에 대한 설명으로 옳지 않은 것은?

① 24시간 이내 강우가 예상될 경우 약제는 필요량보다 1.5배 정도 더 사용한다.

② 콩과 식물은 디캄바 액제를 살포한다.

③ 물리적 방법과 화학적 방법이 있다.

④ 일반적인 덩굴류는 글라신 액제로 처리한다.

해설

① 약제 처리 후 24시간 이내에 강우가 예상될 경우 약제 처리를 중지한다.

41 다음 중 내음성이 가장 강한 수종은?

① 잣나무
② 밤나무
③ 졸참나무
④ 너도밤나무

음수	주목, 금송, 비자나무, 솔송나무, 가문비나무류, 회양목, 너도밤나무, 서어나무류, 동백나무, 녹나무, 사철나무, 나한백 등
중용수	느릅나무류, 잣나무, 피나무류, 벚나무류, 아까시나무, 팽나무, 후박나무, 회화나무, 스트로브잣나무
양수	오리나무류, 밤나무, 상수리나무, 졸참나무, 떡갈나무, 굴참나무, 향나무, 측백나무, 오동나무, 소나무, 해송, 삼나무, 노간주나무, 사시나무류, 버드나무류, 느티나무, 옻나무, 은행나무, 황철나무, 낙엽송, 잎갈나무, 자작나무류 등

42 어스렝이나방에 대한 설명으로 옳지 않은 것은?

① 알로 월동한다.
② 1년에 1회 발생한다.
③ 유충이 열매를 가해한다.
④ 플라타너스, 호두나무 등을 가해한다.

평균적으로 유충 1마리가 1세대 동안 암컷은 3,500 cm^2, 수컷은 2,400cm^2의 잎을 식해한다.

43 우리나라에서 발생하는 주요 소나무류 잎녹병균의 중간기주가 아닌 것은?

① 현호색
② 황벽나무
③ 잔대
④ 등골나물

현호색은 포플러 잎녹병을 일으키는 담자균의 중간기주이다.

44 잔존시키는 임목의 성장 및 형질 향상을 위하여 임목 간의 경쟁을 완화시키는 작업은?

① 산벌작업
② 택벌작업
③ 간벌작업
④ 개벌작업

간벌(Thinning)
남게 될 나무의 자람을 촉진시키고 유용한 목재의 총생산량을 증가시키고자 할 때 그 벌채를 간벌이라고 한다.

45 수확을 위한 벌채금지구역으로 옳지 않은 것은?

① 내화수림대로 조성·관리되는 지역

② 생태통로 역할을 하는 8부 능선 이상부터 정상부, 다만 표고가 100m 미만인 지역은 제외

③ 도로변 지역은 도로로부터 평균 수고폭

④ 벌채구역과 벌채구역 사이 100m 폭의 잔존수림대

해설

④ 벌채구역과 벌채구역 사이에 폭 20m 이상의 수림대

46 소나무 재선충에 대한 설명이 아닌 것은?

① 피해고사목은 벌채 후 매개충의 번식처를 없애기 위하여 임지 외로 반출한다.

② 유충은 자라서 터널 끝에 번데기방을 만들고 그 안에서 번데기가 된다.

③ 매개충은 솔수염하늘소이다.

④ 소나무 재선충은 후식상처를 통하여 수체 내로 이동해 들어간다.

해설

고사목은 철저히 벌채하여 잔가지까지 소각하고 임지 외 반출을 금한다.

47 벌도와 벌도목을 모아 쌓는 기능이 주목적으로 가지제거나 절단기능은 없는 임업기계는?

① 스키더

② 프로세서

③ 펠러번처

④ 하베스터

해설

펠러번처(feller buncher)

벌목과 집적기능만 가진 장비, 즉 임목을 벌도하는 기계로서 단순벌도뿐만 아니라 임목을 붙잡을 수 있는 장치를 구비하고 있어, 벌도한 나무를 집재작업이 용이하도록 모아 쌓을 수 있는 다공정 처리기계이다.

48 기계톱으로 원목을 절단할 경우 절단면에 파상무늬가 생기며 체인이 한쪽으로 기운다면 어떤 원인인가?

① 창날각이 고르지 못하다.

② 톱날의 길이가 서로 다르다.

③ 깊이제한부가 서로 다르다.

④ 측면날의 각도가 서로 다르다.

해설

② 창날각이 서로 다른 경우 심하면 절단면에 빨래판처럼 파상무늬가 생기게 된다.

49 일반적인 곤충의 피부구조 중 가장 바깥쪽에 위치하는 것은?

① 감각세포
② 표피
③ 진피
④ 기저막

피부는 바깥쪽에 표피, 그 아래에 진피, 안쪽에 기저막으로 되어 있다.

51 천적을 이용하는 방제는 어떤 방법에 속하는가?

① 물리적 방법
② 경종적 방법
③ 화학적 방법
④ 생물학적 방법

생물학적 방제는 해충개체군의 밀도를 생물(천적)에 의하여 억제하는 방법이다.

50 풀베기의 설명이 틀린 것은?

① 9월 이후의 풀베기는 피한다.
② 소나무류는 5~8회 정도 실시한다.
③ 일반적으로 조림 후 5~6월에 실시한다.
④ 연 2회 실시할 때는 8월에 추가적으로 실시한다.

③ 풀베기는 일반적으로 조림 후 6~8월에 실시한다.

52 동령림과 이령림의 차이점에 대한 설명 중에서 동령림의 특징에 해당되는 것은?

① 동령림 내 작은 나무들이 장차 유용임목으로 된다.
② 갱신이 짧은 시간 내에 이루어진다.
③ 풍해가 매우 적다.
④ 임상유기물이 지속적으로 축적된다.

동령림은 갱신이 단기적으로 짧은 시간 안에 일어나고 이령림은 윤벌기 전체에 걸쳐 일어난다.

53 전나무 50%, 산사나무 20%, 물푸레나무 15%, 호두나무 10%, 단풍나무 5%인 산림은?

① 천연림
② 활엽수림
③ 혼효림
④ 전나무림

혼효림 : 수풀을 구성하고 있는 수종이 두 가지 이상일 때 생물학적 견지에서 가장 건전한 산림이다.

54 다음 중 작업 도구와 능률에 관한 기술로 가장 거리가 먼 것은?

① 자루의 길이는 적당히 길수록 힘이 강해진다.
② 도구의 날 끝 각도가 클수록 나무가 잘 빠개진다.
③ 도구의 날은 날카로운 것이 땅을 잘 파거나 자를 수 있다.
④ 도구는 가벼울수록, 내려치는 속도가 늦을수록 힘이 세진다.

④ 도구는 적당한 무게를 가져야 내려치는 속도가 빨라져 능률이 좋다.

55 예불기의 연료는 시간당 약 몇 L가 소모되는 것으로 보고 준비하는 것이 좋은가?

① 0.5L　　② 1L
③ 2L　　④ 3L

예불기의 연료는 시간당 약 0.5L가 소모된다.

56 4행정 기관과 비교한 2행정 기관의 특징으로 옳지 않은 것은?

① 연료소모량이 크다.
② 동일 배기량에 비해 출력이 작다.
③ 저속운전이 곤란하다.
④ 혼합연료 이외에 별도의 엔진오일을 주입하지 않아도 된다.

이론적으로 동일한 배기량일 경우 2행정 기관이 4행정 기관보다 출력이 크다.

57 스카이라인을 집재기로 직접 견인하기 어려움에 따라 견인력을 높이기 위한 가선장비는?

① 샤클   ② 반송기
③ 힐블록   ④ 윈치드럼

① 샤클 : 와이어로프, 체인 또는 다른 부속들과 연결하여 들어 올리거나 고정시키는 데 사용
② 반송기 : 가선집재 시 와이어로프에 걸어 윈치에 의하여 움직이는 운반기
④ 윈치드럼 : 원통형으로 와이어로프를 감아, 도르래를 이용해서 중량물을 높은 곳으로 들어 올리거나 끌어 올리는 기계의 드럼

59 특정 임분의 야생동물군집 보전을 위한 임분구성 관리 방법으로 적절하지 못한 것은?

① 택벌사업
② 대면적 개벌사업
③ 혼효림 또는 복층림화
④ 침엽수 인공림 내외에 활엽수의 도입

특정 임분의 야생동물군집을 보전하기 위해서는 대면적 개벌사업으로 인한 인공조림을 지양하고 우량한 천연림을 경제림으로 유도하여야 한다.

58 잡초나 관목이 무성한 경우의 피해로서 적당하지 않은 것은?

① 병충해의 중간기주 역할을 한다.
② 양수 수종의 어린나무 생장을 저해한다.
③ 지표를 건조하게 한다.
④ 임지를 갱신하려 할 때 방해요인이 된다.

③ 잡초나 관목이 무성한 경우에는 지표의 수분이 보존되어 건조해지지 않는다.

60 벌목작업 도구 중에서 쐐기는?

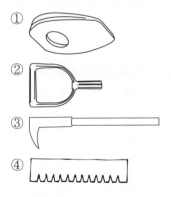

①
②
③
④

② draw shave(박피용 도구), ③ 사피, ④ 이식판

01 담배장님노린재에 의하여 매개 전염되는 병은?

① 오동나무 빗자루병
② 대추나무 빗자루병
③ 잣나무 털녹병
④ 소나무 잎녹병

해설

오동나무 빗자루병은 파이토플라스마(phytoplasma)의 감염에 의해 일어나는데, 우리나라에서는 담배장님노린재, 썩덩나무노린재, 오동나무애매미충 등 3종의 흡즙성 해충이 병원균을 매개하는 것으로 알려져 있다. 담배장님노린재에 의한 감염을 막기 위해 7월 상순~9월 하순에 살충제를 2주 간격으로 살포한다.

02 배나무를 기주교대하는 이종기생성 병은?

① 향나무 녹병
② 소나무 혹병
③ 전나무 잎녹병
④ 오리나무 잎녹병

해설

향나무의 녹병(배나무의 붉은별무늬병)은 향나무와 배나무에 기주교대하는 이종기생성 병이다.

03 열간거리 1.0m, 묘간거리 1.0m로 묘목을 식재하려면 1ha당 몇 그루의 묘목이 필요한가?

① 3,000그루
② 5,000그루
③ 10,000그루
④ 12,000그루

해설

$$식재할\ 묘목수 = \frac{식재면적}{묘목\ 간\ 간격(가로 \times 세로)}$$
$$= \frac{1 \times 10,000}{1 \times 1} (\because 1ha = 10,000m^2)$$
$$= 10,000그루$$

04 종자의 저장과 발아촉진을 겸하는 방법은?

① 냉습적법
② 노천매장법
③ 침수처리법
④ 황산처리법

해설

① 냉습적법 : 발아촉진을 위한 후숙에 중점을 두는 저장법으로 용기 안에 보호재료인 이끼, 토회, 모래 등을 종자와 섞어서 넣고 3~5℃ 정도 되는 냉실 또는 냉장고 안에 두는 방법
③ 침수처리법 : 종자를 물에 담가 종피를 연화시키고 종피에 함유된 발아억제물질을 제거하기 위한 방법
④ 황산처리법 : 종피 혹은 과피가 두꺼워 수분의 흡수가 어려운 종자를 90%의 황산에 담가서 발아시키는 방법

1 ① 2 ① 3 ③ 4 ② 정답

05 다음 수목 병해 중 바이러스에 의한 병은?

① 잣나무 털녹병
② 벚나무 빗자루병
③ 포플러 모자이크병
④ 밤나무 줄기마름병

해설
① 담자균류에 의한 병
② · ④ 자낭균에 의한 병

06 대나무류 개화병의 발병 원인은?

① 세균감염
② 동해
③ 생리적 현상
④ 바이러스 감염

해설
대나무류 개화병은 생리적인 병해에 해당한다.

07 파종상의 해가림 시설을 제거하는 시기는?

① 5월 중순 ~ 6월 중순
② 7월 하순 ~ 8월 중순
③ 9월 중순 ~ 10월 상순
④ 10월 중순 ~ 11월 중순

해설
9월 이후 늦게까지 해가림을 계속하는 것은 오히려 유해하므로 7월 하순부터 8월 중순 사이에 제거하기 시작한다.

08 임목 간 식재밀도를 조절하기 위한 벌채 방법에 속하는 것은?

① 간벌작업
② 개벌작업
③ 산벌작업
④ 중림작업

해설
② 개벌작업 : 갱신하고자 하는 임지 위에 있는 임목을 일시에 벌채하여 이용하고, 그 적지에 새로운 임분을 조성시키는 방법
③ 산벌작업 : 윤벌기에 비하여 비교적 짧은 갱신기간 중에 몇 차례에 걸친 벌채로 갱신면상에 있는 임목을 완전히 제거하는 작업
④ 중림작업 : 교림과 왜림을 동일 임지에 함께 세워 경영하는 방법으로 하목으로서의 왜림은 맹아로 갱신되며, 일반적으로 연료재와 소경목을 생산하고 상목으로서의 교림은 일반용재로 생산하는 방법

09 우리나라 삼림대를 구성하는 요소로서 일반적으로 북위 35° 이남, 평균기온 14℃ 이상 되는 지역의 산림대는?

① 열대림   ② 난대림
③ 온대림   ④ 온대북부림

해설
우리나라의 임상
• 난대림(상록활엽수대) : 북위 35° 이남, 연평균 기온 14℃ 이상, 주로 남부해안에 면한 좁은 지방과 제주도 및 그 부근의 섬들
• 온대림(낙엽활엽수대) : 북위 35~43°, 산악지역과 높은 지대를 제외한 연평균기온 5~14℃, 온대 남부 · 온대중부 · 온대북부로 나뉨
• 한대림(침엽수대) : 평지에서는 볼 수 없음, 평안남북도 · 함경남북도의 고원지대와 높은 산지역, 연평균기온 5℃ 이하

10 종자의 저장 방법으로 옳지 않은 것은?

① 건조저장   ② 저온저장

③ 냉동저장   ④ 노천매장

해설

종자의 저장 방법
- 건조저장법
  - 실온저장법 : 종자를 건조한 상태에서 창고, 지하실 등에 두어 저장
  - 최고 온도가 10℃ 이상이 되지 않는 빙실이나 전기냉장고 안에 건조제와 함께 밀봉용기에 넣어 저장
- 보습저장법
  - 노천매장법 : 구덩이 안에 종자를 깨끗한 모래와 교대로 넣으며 표면은 흙으로 덮어 저장, 겨울 동안 눈이나 빗물을 그대로 스며들어 가도록 함
  - 보호저장법(건사저장법) : 배수가 잘되는 땅 위에 모래와 종자를 섞어서 퇴적하되, 그 위에 짚이엉을 덮어 눈이나 빗물이 들어가지 못하게 함
  - 냉습적법 : 용기 안에 보습재료인 이끼, 토회(土灰), 모래 등을 종자와 섞어서 넣고 3~5℃ 정도 되는 냉실 또는 냉장고 안에 두는 방법

11 10ha의 산림에 묘목을 2m 간격으로 정방형 식재하려면 최소 몇 주의 묘목이 필요한가?

① 2,500주

② 5,000주

③ 25,000주

④ 50,000주

해설

$$식재할\ 묘목수 = \frac{식재면적}{묘목\ 간\ 간격(가로 \times 세로)}$$

$$= \frac{10 \times 10,000}{2 \times 2}(\because 1ha = 10,000m^2)$$

$$= 25,000주$$

12 미국흰불나방의 월동 형태는?

① 알   ② 유충

③ 성충   ④ 번데기

해설

미국흰불나방 : 1년에 보통 2회 발생(3회도 가능)하며, 나무껍질 사이나 지피물 밑 등에서 고치를 짓고 그 속에서 번데기로 월동한다.

13 충분히 자란 유충은 먹는 것을 중지하고 유충시기의 껍질을 벗고 번데기가 되는데, 이와 같은 현상을 무엇이라 하는가?

① 용화   ② 부화

③ 우화   ④ 약충

해설

② 부화 : 알에서 깨어나 유충이 되는 것

③ 우화 : 번데기가 된 후에 성충으로 변태하는 것

④ 약충 : 불완전변태를 하는 동물의 유충

14 조림수종의 선정기준으로 적합하지 않은 항목은?

① 생장이 빠르고 줄기의 재적 생장이 큰 수종

② 가지가 굵고 원줄기가 곧고 짧은 수종

③ 목재의 이용가치가 높은 수종

④ 바람, 눈, 건조, 병해충에 저항력이 큰 수종

해설

② 가지가 가늘고 짧으며, 줄기가 곧은 것

15 다음 중 산불에 대한 내화력이 강한 수종은?

① 편백　　　　② 곰솔
③ 삼나무　　　④ 은행나무

> **해설**
> 내화력이 강한 수종
> • 침엽수 : 은행나무, 잎갈나무, 분비나무, 가문비나무, 개비자나무, 대왕송 등
> • 상록활엽수 : 아왜나무, 굴거리나무, 회양목 등
> • 낙엽활엽수 : 피나무, 고로쇠나무, 마가목, 고광나무, 가중나무, 사시나무, 참나무 등

16 산림환경 관리에 대한 설명으로 옳지 않은 것은?

① 천연림 내에서는 급격한 환경변화가 적다.
② 복층림의 하층목은 상층목보다 내음성 수종을 선택하여야 한다.
③ 혼효림은 구성 수종이 다양하여 특정병해의 대면적 산림피해가 발생하기 쉽다.
④ 천연림은 성립과정에서 여러 가지 도태압을 겪어 왔으므로 특정 병해에 대한 저항성이 강하다.

> **해설**
> ③ 혼효림은 구성 수종이 다양하여 단순림보다 대면적 산림피해의 발생이 적다.

17 수목 병해 원인 중 세균에 의한 수병으로 옳은 것은?

① 모잘록병　　② 그을음병
③ 흰가루병　　④ 뿌리혹병

> **해설**
> ① 모잘록병 : 조균류에 의한 수병
> ②·③ 그을음병, 흰가루병 : 자낭균에 의한 수병

18 소나무 혹병의 중간기주는?

① 낙엽송
② 송이풀
③ 졸참나무
④ 까치밥나무

> **해설**
> 소나무 혹병의 중간기주는 졸참나무, 신갈나무 등 참나무류이다.

19 침엽수인 경우 묘포의 알맞은 토양산도는?

① pH 3.0~4.0
② pH 4.0~5.0
③ pH 5.0~6.5
④ pH 6.5~7.5

> **해설**
> 묘포 토양의 적정산도
> • 침엽수 : pH 5.0~5.5
> • 활엽수 : pH 5.5~6.0

20 다음이 설명하고 있는 줄기접 방법으로 옳은 것은?

〈줄기접 시행순서〉
1. 서로 독립적으로 자라고 있는 접수용 묘목과 대목용 묘목을 나란히 접근
2. 양쪽 묘목의 측면을 각각 칼로 도려냄
3. 도려낸 면을 서로 밀착시킨 상태에서 접목끈으로 단단히 묶음

① 절접　　　　② 합접
③ 기접　　　　④ 교접

해설
기접법
• 접목이 어려운 수종에 실시한다. 예 단풍나무
• 양쪽의 식물체에 접합시킬 부분을 깎고 서로 맞대게 하여 끈으로 묶은 후 접착이 되면 필요 없는 부분을 잘라 제거한다.

21 묘상의 서릿발 피해를 막기 위한 방법으로 적당하지 않은 것은?

① 모래나 유기물을 섞어 토질을 개량한다.
② 배수를 좋게 하여 토양수분을 감소시킨다.
③ 점토질 토양을 섞어 토질을 개선하여 준다.
④ 짚이나 왕겨 또는 낙엽 등으로 덮어준다.

해설
서릿발(상주, 霜柱) 피해는 점토질 토양에서 잘 생기므로 점토질 토양이 아닌 사질 또는 유기질 토양을 섞어서 토질을 개선한다.

22 매년 결실하는 수종은?

① 소나무
② 오리나무
③ 자작나무
④ 아까시나무

해설
①·③·④ 격년 결실하는 수종

23 풀베기작업을 1년에 2회 실시하려 할 때 가장 알맞은 시기는?

① 1월과 3월　　② 3월과 5월
③ 6월과 8월　　④ 7월과 10월

해설
풀베기는 풀들이 왕성하게 자라는 6월 상순~8월 상순 사이에 실시한다.

24 임목을 고사시킬 정도의 피해를 주며 1년에 3회 발생하는 해충은?

① 왕소나무좀
② 소나무노랑점바구미
③ 애소나무좀
④ 소나무좀

해설
②·③·④ 소나무노랑점바구미, 애소나무좀, 소나무좀은 1년에 1회 발생한다.

20 ③　21 ③　22 ②　23 ③　24 ①　정답

25 밤나무 등의 대립종자의 파종에 흔히 쓰는 방법은?

① 조파　　　② 산파
③ 취파　　　④ 점파

점파(점뿌림) : 밤나무, 참나무류, 호두나무 등 대립종자의 파종에 이용되는 방법으로 상면에 균일한 간격(10~20cm)으로 1~3립씩 파종한다.

26 소립종자의 실중에 대한 설명으로 옳은 것은?

① 종자 1L의 4회 평균 중량
② 종자 1,000립의 4회 평균 중량
③ 종자 100립의 4회 평균 중량 곱하기 10
④ 전체 시료종자 중량 대비 각종 불순물을 제거한 종자의 중량 비율

실중은 종자 1,000립의 무게를 g으로 나타낸 것으로 대립종자 100립, 소립종자 1,000립을 4회 반복하여 무게를 측정한 평균치이다.

27 파종 후의 작업 관리 중 삼나무 묘목의 뿌리 끊기작업 시기로 가장 적합한 것은?

① 9월 중순　　② 7월 중순
③ 5월 중순　　④ 3월 중순

묘목의 뿌리 끊기는 곁뿌리와 잔뿌리의 발달을 촉진시키고 지상부의 생장을 억제하여 균형잡힌 우량형질의 묘목을 생산할 목적으로 실시한다. 뿌리 끊기작업은 측근과 잔뿌리의 발육이 목적일 때는 5~7월에, 웃자라기 쉬운 삼나무, 낙엽송 등일 때는 8~9월에 한다.

28 살충제 중 유제(乳劑)에 대한 설명으로 옳지 않은 것은?

① 수화제에 비하여 살포용 약액조제가 편리하다.
② 포장, 운송, 보관이 용이하며 경비가 저렴하다.
③ 일반적으로 수화제나 다른 제형(劑型)보다 약효가 우수하다.
④ 살충제의 주제를 용제(溶劑)에 녹여 계면활성제를 유화제로 첨가하여 만든다.

유제
• 물에 녹지 않는 농약의 주제를 용제에 용해시켜 계면활성제를 첨가한다.
• 물과 혼합 시 우유 모양의 유탁액이 된다.
• 수화제보다 살포액의 조제가 편리하고 약효가 다소 높다.

29 농약의 독성을 표시하는 용어인 'LD₅₀'의 설명으로 가장 적합한 것은?

① 시험동물의 50%가 죽는 농약의 양이며, kg/mg으로 표시

② 농약 독성평가의 어독성 기준 동물인 잉어가 50% 죽는 양이며, mg/kg으로 표시

③ 시험동물의 50%가 죽는 농약의 양이며, mg/kg으로 표시

④ 농약 독성평가의 어독성 기준 동물인 잉어가 50% 죽는 양이며, kg/mg으로 표시

30 뽕나무 오갈병의 병원균은?

① 균류

② 선충

③ 바이러스

④ 파이토플라스마

31 삽수의 발근이 비교적 잘되는 수종, 비교적 어려운 수종, 대단히 어려운 수종으로 분류할 때 비교적 잘되는 수종에 속하는 것은?

① 밤나무   ② 소나무

③ 은행나무   ④ 단풍나무

32 묘목의 가식작업에 관한 설명으로 틀린 것은?

① 묘목의 끝이 가을에는 남쪽으로 기울도록 묻는다.

② 묘목의 끝이 봄에는 북쪽으로 기울도록 묻는다.

③ 장기간 가식할 때에는 다발째로 묻는다.

④ 조밀하게 가식하거나 오랜 기간 가식하지 않는다.

33 중림작업의 상층목 및 하층목에 대한 설명으로 옳지 않은 것은?

① 일반적으로 하층목은 비교적 내음력이 강한 수종이 유리하다.

② 하층목이 상층목의 생장을 방해하여 대경재 생산에 어려운 단점이 있다.

③ 상층목은 지하고가 높고 수관의 틈이 많은 참나무류 등 양수종이 적합하다.

④ 상층목과 하층목은 동일 수종으로 주로 실시하나, 침엽수 상층목과 활엽수 하층목의 임분구성을 중림으로 취급하는 경우도 있다.

해설

중림작업

- 교림과 왜림을 동일 임지에 함께 세워서 경영하는 작업으로 하층목으로서의 왜림은 맹아로 갱신되며 일반적으로 연료재와 소경목을 생산하고, 상층목으로서의 교림은 일반용재를 생산한다.
- 하층목은 비교적 내음력이 강한 수종이 좋고, 상층목은 지하고가 높고 수관밀도가 낮은 수종이 적당하다.
- 중림의 원래 내용은 임목 중에서 생활력이 왕성한 것을 골라 상층목으로 키우는 것이지만, 일반적으로 상층목은 침엽수종으로, 하층목은 활엽수로 한다.

34 곰솔 1-1묘의 지상부 무게 27g, 지하부 무게 9g일 때 T/R률은?

① 0.3 ② 3.0
③ 18.0 ④ 36.0

해설

$$T/R률 = \frac{지상부\ 생장량}{지하부\ 생장량} = \frac{27g}{9g} = 3.0$$

35 산림갱신을 위하여 대상지의 모든 나무를 일시에 베어내는 작업법은?

① 개벌작업 ② 산벌작업
③ 모수작업 ④ 택벌작업

해설

개벌작업 : 갱신하고자 하는 임지 위에 있는 임목을 일시에 벌채하여 이용하고, 그 적지에 새로운 임분을 조성시키는 방법이다.

36 바람에 의하여 비화하는 현상은 어느 종류의 산불에서 가장 많이 발생하는가?

① 수관화 ② 수간화
③ 지표화 ④ 지중화

해설

수관화는 바람을 타고 바람이 부는 방향으로 'V'자형으로 연소가 진행하게 되는데, 이때의 열기로 상승기류가 일어나게 되면 비화, 즉 불붙은 껍질(수피)·열매(구과) 등이 가깝게는 수십 m, 멀게는 수 km까지 날아가 또 다른 산불을 야기한다.

37 다음 중 가지치기에 대한 설명으로 옳지 않은 것은?

① 하층목 보호 및 생장을 촉진한다.

② 임목 간 생존경쟁을 심화시킬 수 있다.

③ 옹이가 없는 완만재로 생산 가능하다.

④ 목표생산재가 톱밥, 펄프 등의 일반 소경재는 하지 않는다.

해설

가지치기의 장점

- 임목 간의 부분적 균형에 도움을 준다.
- 수고생장을 촉진한다.
- 연륜폭을 조절해서 수간의 완만도를 높인다.
- 하목의 수광량을 증가시켜 생장을 촉진시킨다.

38 산지에 묘목을 식재한 후 가장 먼저 해야 할 무육작업은?

① 제벌　　　　② 간벌
③ 풀베기　　　④ 가지치기

무육작업의 순서 : 풀베기 – 덩굴제거 – 제벌 – 가지치기 – 간벌

39 인공조림으로 갱신할 때 가장 용이한 작업종은?

① 개벌작업　　② 택벌작업
③ 산벌작업　　④ 모수작업

개벌작업이란 갱신하고자 하는 임지 위에 있는 임목을 일시에 벌채하여 이용하고, 그 적지에 새로운 임분을 조성시키는 방법이다.

40 천연갱신에 대한 설명으로 옳지 않은 것은?

① 갱신기간이 길다.
② 조림 비용이 적게 든다.
③ 환경인자에 대한 저항력이 강하다.
④ 수종과 수령이 모두 동일하여 취급이 간편하다.

천연갱신은 수종과 수령이 다른 목재가 많기 때문에 목재가 균일하지 못하고 변이가 심하며, 목재 생산작업이 복잡하고 높은 기술력이 필요하다.

41 산불이 발생했을 경우 임목의 피해 정도를 설명한 것 중 틀린 것은?

① 침엽수가 활엽수보다 크다.
② 양수가 음수보다 크다.
③ 단순림과 동령림이 혼효림보다 크다.
④ 산불이 경사지를 올라갈 경우가 경사를 내려올 경우보다 크다.

④ 산불 피해율은 경사별로 볼 때는 급경사지가, 위치별로는 경사 아랫부분에서 발생한 산불의 피해가 가장 크다.

42 인공조림의 장점으로 옳은 것은?

① 좋은 종자로 묘목을 기르고 무육작업에 힘을 써서 원하는 목재를 생산할 수 있다.
② 어떤 임지에 서 있는 성숙한 나무로부터 종자가 저절로 떨어져 자라기 때문에 인건비가 절감된다.
③ 오랜 세월을 지내는 동안 그곳의 환경에 적응되어 견디어 내는 힘이 강하다.
④ 우량한 나무들을 남겨 다음 대를 이을 수 있게 할 수 있다.

인공조림이란 무(無)임지나 기존의 임목을 끊어 내고 그곳에 파종 또는 식재 등의 수단으로 삼림을 조성하는 것을 말한다. 인공조림에 있어서는 조림할 수종과 종자의 선택 폭이 넓어진다. 그곳에 없었던 유망수종과 품종 그리고 채종원이나 채종림에서 생산된 우량종자를 적극적으로 도입할 수 있다.

43 산림화재에 대한 설명으로 틀린 것은?

① 지표화는 지표에 쌓여 있는 낙엽과 지피물·지상 관목층·갱신치수 등이 불에 타는 화재이다.

② 수관화는 나무의 수관에 불이 붙어서 수관에서 수관으로 번져 타는 불을 말한다.

③ 지중화는 낙엽층의 분해가 더딘 고산지대에서 많이 나며, 국토의 약 70%가 산악지역인 우리나라에서 특히 흔하게 나타나며, 피해도 크다.

④ 수간화는 나무의 줄기가 타는 불이며, 지표화로부터 연소되는 경우가 많다.

③ 지중화는 땅속의 이탄층과 낙엽층 밑에 있는 유기물이 타는 것을 말하며, 산불진화 후에 재발의 불씨가 되기도 한다.

44 곤충의 몸에 대한 설명으로 옳지 않은 것은?

① 기문은 몸의 양옆에 10쌍 내외가 있다.

② 곤충의 체벽은 표피, 진피층, 기저막으로 구성되어 있다.

③ 대부분의 곤충은 배에 각 1쌍씩 모두 6개의 다리를 가진다.

④ 부속지들이 마디로 되어 있고 몸 전체도 여러 마디로 이루어진다.

곤충은 머리, 가슴, 배 3부분으로 구분되며, 다리는 3쌍, 5마디로 구성된다. 3쌍의 다리는 배가 아니라 앞가슴, 가운데가슴, 뒷가슴에 각 1쌍씩 붙어 있다.

45 인공조림과 천연갱신의 설명으로 옳지 않은 것은?

① 천연갱신에는 오랜 시일이 필요하다.

② 인공조림은 기후 풍토에 저항력이 강하다.

③ 천연갱신으로 숲을 이루기까지의 과정이 기술적으로 어렵다.

④ 천연갱신과 인공조림을 적절히 병행하면 조림성과를 높일 수 있다.

• 천연갱신의 단점
 - 갱신 전 종자의 활착을 위한 작업, 임상정리가 필요하다.
 - 갱신되는 데 시간이 많이 소요되고 기술적으로 실행하기 어렵다.
 - 생산된 목재가 균일하지 못하고 변이가 심하다.
 - 목재 생산에 작업의 복잡성과 높은 기술이 필요하다.
• 인공조림의 단점
 - 동령단순림이 조성되므로 환경인자에 대한 저항성이 약화된다.
 - 조림 시 단근으로 비정상적인 근계발육과 성장이 우려된다.
 - 경비가 많이 들고, 수종이 단순하며, 동령림이 되기 때문에 땅힘을 이용하는 데 무리가 있다.

46 소집재작업이나 간벌재를 집재하는 데 가장 적절한 장비는?

① 스키더

② 타워야더

③ 소형 윈치

④ 트랙터 집재기

① 스키더 : 차체 굴절식 임업용 트랙터
② 타워야더 : 전목 집재작업 시 작업공정에 알맞은 기계장비
④ 트랙터 집재기 : 일반적으로 평탄지나 경사지에 적당한 집재기

47 특별한 경우를 제외하고 도끼를 사용하기에 가장 적합한 도끼 자루의 길이는?

① 사용자 팔 길이
② 사용자 팔 길이의 2배
③ 사용자 팔 길이의 0.5배
④ 사용자 팔 길이의 1.5배

해설

도끼 자루의 길이는 특수한 경우를 제외하고는 사용자의 팔 길이 정도가 적당하다.

49 휘발유와 윤활유 혼합비가 50:1일 경우 휘발유 20L에 필요한 윤활유는?

① 0.2L   ② 0.4L
③ 0.6L   ④ 0.8L

해설

휘발유와 윤활유의 혼합비율은 50:1이므로 휘발유 20L일 때 엔진오일의 양은 20/50 = 0.4L이다.

48 산림용 기계톱 구성요소인 소체인(saw-chain)의 톱날 모양으로 옳지 않은 것은?

① 리벳형(rivet)
② 안전형(safety)
③ 치젤형(chisel)
④ 치퍼형(chipper)

해설

소체인(saw chain)은 안내판을 고속으로 회전하는 체인에 톱날을 부착한 것으로 톱날의 모양에 따라 치퍼형, 치젤형, 톱파일형, 안전형 톱체인 등이 있다.

50 덩굴제거작업에 대한 설명으로 옳지 않은 것은?

① 물리적 방법과 화학적 방법이 있다.
② 콩과 식물은 디캄바 액제를 살포한다.
③ 일반적인 덩굴류는 글라신 액제로 처리한다.
④ 24시간 이내 강우가 예상될 경우 약제는 필요량보다 1.5배 정도 더 사용한다.

해설

① 약제 처리 후 24시간 이내에 강우가 예상될 경우 약제 처리를 중지한다.

51 다음 중 벌도, 가지치기 및 조재작업기능을 모두 가진 장비는?

① 포워더
② 하베스터
③ 프로세서
④ 스윙야더

하베스터는 대표적인 다공정 처리기계로 벌도, 가지치기, 재목 다듬질, 토막내기 작업을 모두 수행할 수 있는 장비이다.

52 벌목조재작업 시 다른 나무에 걸린 벌채목의 처리로 옳지 않은 것은?

① 지렛대를 이용하여 넘긴다.
② 걸린 나무를 흔들어 넘긴다.
③ 걸려 있는 나무를 토막 내어 넘긴다.
④ 소형 견인기나 로프를 이용하여 넘긴다.

다른 나무에 걸린 벌채목은 걸린 나무를 흔들거나 지렛대 혹은 소형 견인기나 로프를 이용하여 넘긴다.

53 체인톱의 부속장치 중 지레발톱은 무슨 역할을 하는가?

① 체인톱의 안전장치 일부로서 체인의 원활한 회전 및 정지를 돕는다.
② 정확한 작업을 할 수 있도록 지지 역할 및 완충과 지레 받침대 역할을 한다.
③ 안내판의 보호 역할을 한다.
④ 벌도목 가지치기 시 균형을 잡아준다.

지레발톱(스파이크)
벌목이나 절단작업을 할 때 정확한 작업 위치를 선정하고 체인톱을 지지하여 안전하게 작업할 수 있도록 도와주는 장치로, 체인톱 본체 앞면에 부착되어 있다.

54 다음중 벌목용 작업 도구가 아닌 것은?

① 쐐기
② 밀대
③ 이식승
④ 원목돌림대

벌목용 작업 도구 : 톱, 도끼, 쐐기, 밀대(밀개), 목재돌림대, 갈고리, 체인톱, 벌채수확기계 등

55 내연기관에서 연접봉(커넥팅 로드)이란?

① 크랭크 양쪽으로 연결된 부분을 말한다.
② 엔진의 파손된 부분을 용접하는 봉이다.
③ 크랭크와 피스톤을 연결하는 역할을 한다.
④ 액셀레버와 기화기를 연결하는 부분이다.

연접봉은 피스톤의 왕복운동을 회전운동으로 바꾸어준다. 한쪽 끝은 피스톤에, 다른 한쪽은 크랭크핀에 연결되어 있다.

56 트랙터의 주행장치에 의한 분류 중 크롤러 바퀴의 장점이 아닌 것은?

① 견인력이 크고 접지면적이 커서 연약지반, 험한 지형에서도 주행성이 양호하다.
② 무게가 가볍고 고속주행이 가능하여 기동성이 있다.
③ 회전반지름이 작다.
④ 중심이 낮아 경사지에서의 작업성과 등판력이 우수하다.

해설
② 크롤러 바퀴는 무게가 무겁고 속도가 느려 기동력이 떨어진다.

57 체인톱에 사용하는 윤활유에 대한 설명으로 옳은 것은?

① 윤활유의 점액도 표시는 사용 외기온도로 구분된다.
② 윤활유 SAE 20W 중 W는 중량을 의미한다.
③ 윤활유 SAE 30 중 SAE는 국제자동차협회의 약자이다.
④ 윤활유 등급을 표시하는 번호가 높을수록 점도가 낮다.

해설
체인톱에 사용하는 윤활유
• 윤활유의 점액도 표시는 사용 외기온도로 구분된다.
• 윤활유의 선택은 기계톱의 안내판 수명과 직결된다.
• 윤활유의 등급을 표시하는 기호의 번호가 높을수록 점액도가 높다.
• W는 'Winter'의 약자로 겨울용을 의미한다.
• SAE는 미국자동차기술협회(Society of Automotive Engineers)의 약자이다.
• 묽은 윤활유를 사용하면 톱날의 수명이 짧아진다.
• 윤활유는 가이드바 홈 속에 침투해야 한다.

58 다음 중 체인톱에 붙어 있는 안전장치가 아닌 것은?

① 체인브레이크
② 전방 보호판
③ 체인잡이 볼트
④ 안내판코

해설
체인톱의 안전장치
• 체인브레이크
• 체인잡이
• 핸드가드(전방 보호판)
• 방진고무

59 기계톱 출력의 표시로 사용되는 단위로 옳은 것은?

① HS   ② HA
③ HO   ④ HP

해설
HP는 'Horse Power'의 약자로 내연기관의 동력 표시 단위이다.

60 예불기 작업 시 유의사항으로 틀린 것은?

① 작업원 간 상호 5m 이하로 떨어져 작업한다.
② 발끝에 톱날이 접촉되지 않도록 한다.
③ 주변에 사람이 있는지 확인하고 엔진을 시동한다.
④ 작업 전에 기계의 가동점검을 실시한다.

해설
작업 시 안전공간(작업반경 10m 이상)을 확보하면서 작업한다.

01 대목의 수피에 T자형으로 칼자국을 내고 그 안에 접아를 넣어 접목하는 방법은?

① 절접　　　　② 눈접
③ 설접　　　　④ 할접

해설
① 절접 : 지표면에서 7~12cm 되는 곳에 대목을 절개하여 접수의 접합 부위가 대목과 접수의 형성층 부위와 일치할 수 있도록 절개부위에 접수를 끼워 넣어 접목하는 법
③ 설접 : 대목과 접수의 굵기가 비슷한 것에서 대목과 접수를 혀 모양으로 깎아 맞추고 졸라매는 접목방법
④ 할접 : 대목이 비교적 굵고 접수가 가늘 때 적용하는 방법으로 접수에는 끝눈을 붙이고 1cm 길이만 침엽을 남겨 아래에 삭면을 만들어 접목하는 방법

02 리기다소나무 1년생 묘목의 곤포당 본수는?

① 1,000
② 2,000
③ 3,000
④ 4,000

해설
리기다소나무의 곤포당 본수(종묘사업실시요령)

형태	묘령	곤포당		속당 본수
		본수(본)	속수(속)	
노지묘	1-0	2,000	100	20
	1-1	1,000	50	20

03 참나무류, 호두나무, 밤나무 등의 대립종자의 파종에 흔히 쓰는 방법은?

① 조파　　　　② 산파
③ 취파　　　　④ 점파

해설
점파(점뿌림) : 밤나무, 참나무류, 호두나무 등 대립종자의 파종에 이용되는 방법으로 상면에 균일한 간격(10~20cm)으로 1~3립(粒)씩 파종한다.

04 늦은 가을철 묘목가식을 할 때 묘목의 끝 방향으로 가장 적합한 것은?

① 동쪽　　　　② 서쪽
③ 남쪽　　　　④ 북쪽

해설
추기가식은 배수가 좋고 북풍을 막는 남향의 사양토 또는 식양토에 한다.

정답 1② 2② 3④ 4③

05 묘포상에서 해가림이 필요 없는 수종은?

① 전나무　　　② 삼나무

③ 사시나무　　④ 가문비나무

해설

소나무, 해송, 리기다, 사시나무 등의 양수는 해가림이 필요 없으나 가문비나무, 잣나무, 전나무, 낙엽송, 삼나무, 편백 등은 해가림이 필요하다.

06 미국흰불나방의 월동 형태는?

① 알　　　　　② 유충

③ 성충　　　　④ 번데기

해설

미국흰불나방 : 1년에 보통 2회 발생(3회도 가능)하며, 나무껍질 사이나 지피물 밑 등에서 고치를 짓고 그 속에서 번데기로 월동한다.

07 발아율 90%, 고사율 20%, 순량률 80%일 때 종자의 효율은?

① 14.4%　　　② 16%

③ 44%　　　　④ 72%

해설

$$효율(\%) = \frac{발아율 \times 순량률}{100}$$

$$= \frac{90 \times 80}{100}$$

$$= 72\%$$

08 겉씨식물에 속하는 수종은?

① 밤나무　　　② 은행나무

③ 가시나무　　④ 신갈나무

해설

겉씨식물 : 밑씨가 씨방에 싸여 있지 않고 밖으로 드러나 있는 식물로 은행나무, 소나무, 향나무, 노간주나무 등이 있다.

09 다음 종자 중 발아율이 가장 낮은 것은?

① 주목　　　　② 비자나무

③ 해송　　　　④ 전나무

해설

④ 전나무 : 25% 이상

① 주목 : 55% 이상

② 비자나무 : 61.5% 이상

③ 해송 : 91.7% 이상

10 T/R률에 대한 설명으로 틀린 것은?

① T/R률 값이 클수록 좋은 묘목이다.

② 묘목의 지상부와 지하부의 중량비이다.

③ 질소질 비료를 과용하면 T/R률 값이 커진다.

④ 좋은 묘목은 지하부와 지상부가 균형 있게 발달해 있다.

해설

T/R률 : 식물의 지상부 생장량에 대한 뿌리의 생장량 비율로 T/R률 값이 작을수록 활착률이 좋다. 즉, 뿌리의 중량이 높을수록 잘 산다.

11 테트라졸륨검사에 대한 설명으로 옳지 않은 것은?

① 테트라졸륨 수용액에 생활력이 있는 종자의 조직을 접촉시키면 푸른색으로 변하고, 죽은 조직에는 변화가 없다.

② 테트라졸륨의 반응은 휴면종자에도 잘 나타나는 장점이 있다.

③ 테트라졸륨은 백색 분말이고 물에 녹아도 색깔이 없다. 광선에 조사되면 곧 못 쓰게 되므로 어두운 곳에 보관하고, 저장이 양호하면 수개월간 사용이 가능하다.

④ 테트라졸륨 대신 테룰루산칼륨 1%액도 사용되는데, 건전한 배는 흑색으로 나타난다.

해설
① 테트라졸륨 수용액에 생활력이 있는 종자의 조직을 접촉시키면 붉은색으로 변한다.

12 뽕나무 오갈병의 병원균은?

① 균류
② 선충
③ 바이러스
④ 파이토플라스마

해설
뽕나무 오갈병의 병원균은 파이토플라스마이며, 마름무늬매미충에 의해 매개되고 접목에 의해서도 전염된다.

13 씨앗을 건조할 때 음지에 건조해야 하는 종은?

① 소나무　　② 밤나무
③ 전나무　　④ 낙엽송

해설
①·③·④ 햇빛이 잘 드는 곳에서 건조

14 수목과 균의 공생관계가 알맞은 것은?

① 소나무 – 송이균
② 잣나무 – 송이균
③ 참나무 – 표고균
④ 전나무 – 표고균

해설
송이는 소나무와 공생하면서 발생시키는 버섯으로 천연의 맛과 향기가 뛰어나다.

15 조림목과 경쟁하는 목적 이외의 수종 및 형질불량목이나 폭목 등을 제거하여 원하는 수종의 조림목이 정상적으로 생장하기 위해 수행하는 작업은?

① 풀베기　　② 간벌작업
③ 개벌작업　　④ 어린나무가꾸기

해설
어린나무가꾸기(잡목 솎아내기, 제벌, 치수무육)
풀베기작업이 끝난 이후 임관이 형성될 때부터 솎아베기(간벌)할 시기에 이르는 사이에 침입 수종의 제거를 주로 하고, 아울러 조림목 중 자람과 형질이 매우 나쁜 것을 끊어 없애는 것을 말한다.

16 우리나라 조림수종의 경우 침엽수의 식재밀도는 일반적으로 ha당 몇 본 정도인가?

① 1,000본   ② 3,000본
③ 5,000본   ④ 9,000본

해설
침엽수의 식재밀도는 ha당 3,000본, 활엽수는 ha당 3,000~6,000본을 기준으로 한다.

17 예비벌 → 하종벌 → 후벌로 갱신되는 작업법은?

① 택벌작업   ② 중림작업
③ 산벌작업   ④ 모수작업

해설
산벌작업은 임분을 예비벌, 하종벌, 후벌로 3단계 갱신벌채를 실시하여 갱신하는 방법이다.

18 우리나라가 원산인 수종은?

① 연필향나무   ② 삼나무
③ 잣나무   ④ 백송

해설
③ 잣나무 : 한국이 원산지이고 일본, 중국, 시베리아 등지에도 분포한다.
① 연필향나무 : 북아메리카 동부
② 삼나무 : 일본
④ 백송 : 중국

19 곤충의 더듬이에 대한 설명으로 옳은 것은?

① 냄새를 맡는 감각기관은 자루마디에 위치하고 있다.
② 두 쌍으로 이루어져 있다.
③ 같은 종에서도 암수에 따라 형태가 다른 경우가 있다.
④ 머리기주부터 팔굽마디, 자루마디, 채찍마디 순으로 구성되어 있다.

해설
곤충은 보통 1쌍의 더듬이를 가지고 있으며 그 형태는 종이나 암수에 따라 다양하게 나타난다.

20 다음 중 잎을 가해하지 않는 해충은?

① 솔나방
② 오리나무잎벌레
③ 흰불나방
④ 소나무좀

해설
소나무좀은 소나무의 분열조직을 가해하는 해충이다.

21 배나무를 기주교대하는 이종기생성 병은?

① 향나무 녹병
② 소나무 혹병
③ 전나무 잎녹병
④ 오리나무 잎녹병

해설
향나무의 녹병(배나무의 붉은별무늬병)은 향나무와 배나무에 기주교대하는 이종기생성 병이다.

22 기생봉이나 포식곤충을 이용하여 해충을 방제하는 것을 무엇이라 하는가?

① 기계적 방제법
② 물리적 방제법
③ 임업적 방제법
④ 생물적 방제법

해설
병원체에 대한 길항미생물의 도입은 좁은 의미의 생물학적 방제법에 속한다.

23 나무아래심기(수하식재)에 대한 설명으로 옳지 않은 것은?

① 수하식재용 수종으로는 양수수종으로 척박한 토양에 견디는 힘이 강한 것이 좋다.
② 수하식재는 주임목의 불필요한 가지 발생을 억제하는 효과도 있다.
③ 수하식재는 임내의 미세환경을 개량하는 효과가 있다.
④ 수하식재는 표토 건조 방지, 지력 증진, 황폐와 유실 방지 등을 목적으로 한다.

해설
수하식재
장령 및 노령의 임목이 생육하고 있는 숲속에 하목으로 식재하는 것을 말하는데, 수하식재용 수종은 내음력이 강한 음수수종 또는 반음수수종이 적합하다. 기존 임목의 생장을 촉진하기 위하여 비료목을 식재하는 경우, 임지의 생산력을 입체적으로 이용하기 위해 2단림을 조성할 경우, 수종 갱신을 실시할 목적으로 심는 경우에 수하식재를 한다.

24 뛰어난 번식력으로 인하여 수목 피해를 가장 많이 끼치는 동물로 올바르게 짝지은 것은?

① 산까치   ② 노루
③ 들쥐   ④ 사슴

해설
번식력이 뛰어난 들쥐는 적송, 참나무, 단풍나무 등의 목질부를 식해한다.

25 용재생산과 연료생산을 동시에 생산할 수 있으며, 하목은 짧은 윤벌기로 모두 베어지고 상목은 택벌식으로 벌채되는 작업종은?

① 택벌작업   ② 산벌작업
③ 중림작업   ④ 왜림작업

해설
① 택벌작업 : 한 임분을 구성하고 있는 임목 중 성숙한 임목만을 국소적으로 추출·벌채하여 갱신하는 것으로 설정된 갱신기간이 없고 임분은 항상 대소노유의 나무가 서로 혼생하도록 하는 작업
② 산벌작업 : 윤벌기에 비하여 비교적 짧은 갱신기간 중에 몇 차례에 걸친 벌채로 갱신대상에 있는 임목을 완전히 제거하는 작업으로 윤벌기가 완료되기 전 갱신이 완료되는 작업
④ 왜림작업 : 활엽수림에서 주로 땔감을 생산할 목적으로 비교적 짧은 벌기령으로 개벌하고, 그 뒤 근주에서 나오는 맹아로 갱신하는 방법

26 임목을 고사시킬 정도의 피해를 주며 1년에 3회 발생하는 해충은?

① 왕소나무좀
② 소나무좀
③ 애소나무좀
④ 소나무노랑점바구미

해설

②·③·④ 소나무좀, 애소나무좀, 소나무노랑점바구미는 1년에 1회 발생한다.

27 파종상에서 2년, 그 뒤 판갈이상에서 1년을 지낸 3년생 묘목의 표시 방법은?

① 1-2묘   ② 2-1묘
③ 0-3묘   ④ 1-1-1묘

해설

① 1-2묘 : 파종상에서 1년, 그 뒤 2번 상체(판갈이, 이식)되어 3년을 지낸 3년생 묘목
③ 0-3묘 : 뿌리의 연령이 3년이고 지상부는 절단 제거한 삽목묘로서 이것을 뿌리묘라고 함(0/3묘)
④ 1-1-1묘 : 파종상에서 1년, 그 뒤 2번 상체되었고, 각 상체상에서 1년을 경과한 3년생 묘목

28 1ha의 2m 간격, 정방형으로 묘목을 식재하고자 할 때 소요 묘목본수는 약 얼마인가?

① 2,000본   ② 2,500본
③ 4,000본   ④ 5,000본

해설

$$식재할\ 묘목수 = \frac{식재면적}{묘목\ 간\ 간격(가로 \times 세로)}$$
$$= \frac{1 \times 10,000}{2 \times 2}(\because 1ha = 10,000m^2)$$
$$= 2,500본$$

29 침엽수 또는 활엽수의 잎과 줄기에 발생하는 그을음병을 가장 효과적으로 방제하는 방법은?

① 살균제를 살포한다.
② 흡즙성 곤충을 방제한다.
③ 설탕물을 뿌린다.
④ 요소 엽면시비를 한다.

해설

그을음병 방제법
• 통기불량, 음습, ·비료부족 또는 질소비료의 과용은 이 병의 발생유인이 되므로 이들 유인을 제거한다.
• 살충제로 진딧물·깍지벌레 등을 방제한다.

30 토양 중에서 수분이 부족하여 생기는 피해는?

① 볕데기(皮燒)   ② 상해(霜害)
③ 한해(旱害)   ④ 열사(熱死)

해설

① 볕데기(皮燒) : 수간이 태양광선의 직사를 받았을 때 수피의 일부에 급격한 수분증발이 생겨 조직이 마르는 현상
② 상해(霜害) : 이른 봄 식물의 발육이 시작된 후 급격한 온도저하가 일어나 어린 지엽이 손상되는 현상
④ 열사(熱死) : 7~8월경 토양이 건조되기 쉬울 때 암흑색의 사질 부식토에서 태양열을 흡수함으로써 발생

31 진딧물이나 깍지벌레 등이 수목에 기생한 후 그 분비물 위에 번식하여 나무의 잎, 가지, 줄기가 검게 보이는 병은?

① 흰가루병
② 그을음병
③ 줄기마름병
④ 잎떨림병

해설
① 흰가루병 : 병원균에 감염되어 잎면에 불규칙한 크고 작은 여러 가지 모양의 흰 병반이 나타난다.
③ 줄기마름병 : 자낭균류에 감염되어 줄기와 굵은 가지가 국부적으로 고사하고 병든 부위의 수피가 터지며 함몰한다.
④ 잎떨림병 : 병든 나무의 잎, 꽃 등에 분리층이 형성되어 일찍 탈락한다.

32 일반적으로 소나무의 암꽃 꽃눈이 분화하는 시기는?

① 4월경   ② 6월경
③ 8월경   ④ 10월경

해설
소나무의 암꽃 꽃눈은 8월 하순~9월 상순경 분화한다.

33 벌목작업에서 쐐기는 주로 벌도방향의 결정과 안전작업을 위해 사용되는데 목재쐐기를 만드는 데 적당한 수종이 아닌 것은?

① 아까시나무
② 단풍나무
③ 참나무류
④ 리기다소나무

해설
리기다소나무는 목재로는 질이 좋지 않아 목재 쐐기 등으로는 쓰이지 않으며 거의 사방조림용으로 이용된다. 목재쐐기는 아까시나무, 단풍나무, 층층나무, 너도밤나무, 참나무류, 밤나무 등으로 만든다.

34 옥시테트라사이클린 수화제를 수간에 주입하여 치료하는 수병은?

① 포플러 모자이크병
② 대추나무 빗자루병
③ 근두암종병
④ 잣나무 털녹병

해설
파이토플라스마에 의한 대추나무 빗자루병과 오동나무 빗자루병은 옥시테트라사이클린의 수간주사 효과가 양호하며 특히 대추나무 빗자루병의 치료에 실용화되고 있다.

35 완전변태를 하지 않는 산림해충은?

① 소나무좀
② 솔잎혹파리
③ 오리나무잎벌레
④ 버즘나무방패벌레

해설
버즘나무방패벌레는 번데기 과정을 거치지 않고 유충에서 성충으로 성장한다.

36 대패형 톱날의 창날 각도로 가장 적당한 것은?

① 30°　　　　② 35°
③ 60°　　　　④ 80°

해설

톱날의 종류별 연마각도

구분	대패형 톱날	반끌형 톱날	끌형 톱날
창날각	35°	35°	30°
가슴각	90°	85°	80°
지붕각	60°	60°	60°
연마방법	수평	수평에서 위로 10° 상향	수평에서 위로 10° 상향

37 다음 중 모잘록병의 방제법이 아닌 것은?

① 햇볕을 잘 쬐도록 한다.
② 파종량을 적게 하고 복토가 너무 두껍지 않도록 한다.
③ 인산질 비료를 적게 주어 묘목을 튼튼히 한다.
④ 병이 심한 묘포지는 돌려짓기를 한다.

해설
③ 질소질 비료의 과용을 피하고, 인산질 비료를 충분히 준다.

38 살균제로서 광범위하게 사용되고 있는 보르도액에 대한 설명 중 맞는 것은?

① 보호살균제이며 소나무 묘목의 잎마름병, 활엽수의 반점병, 잿빛곰팡이병 등에 효과가 우수하다.
② 직접살균제이며 흰가루병, 토양전염성 병에 효과가 좋다.
③ 치료제로서 대추나무, 오동나무의 빗자루병에도 효과가 우수하다.
④ 보르도액의 조제에 필요한 것은 황산구리와 생석회이며, 조제에 필요한 생석회의 양은 황산구리의 2배이다.

해설
보르도액은 효력의 지속성이 큰 보호살균제로서 비교적 광범위한 병원균에 대하여 유효하다. 흔히 황산구리 450g보다 적은 양의 생석회로 만든 것을 소석회보르도액, 같은 양으로 만든 것을 보통석회보르도액, 황산구리보다 많은 양의 생석회로 만든 것을 과석회보르도액이라고 한다.

39 다음 곤충의 기관 중 식도하신경절(食道下神經節)에 의해 운동과 감각신경의 지배를 받지 않는 것은?

① 더듬이 　　② 작은턱
③ 큰턱 　　④ 아랫입술

해설

식도하신경절
• 운동을 촉진시키거나 억제시키는 작용을 한다.
• 큰턱, 작은턱, 아랫입술을 지배한다.

40 잣이나 솔방울 등 침엽수의 구과를 가해하는 해충은?

① 솔나방
② 솔박각시
③ 소나무좀
④ 솔알락명나방

해설

솔알락명나방은 잣송이를 가해하여 잣 수확을 감소시키는 주요 해충이다.

41 임업용 기계톱의 소체인 톱니의 피치(pitch)의 정의로 옳은 것은?

① 서로 접한 3개의 리벳간격을 2로 나눈 값
② 서로 접한 2개의 리벳간격을 3으로 나눈 값
③ 서로 접한 4개의 리벳간격을 3으로 나눈 값
④ 서로 접한 3개의 리벳간격을 4로 나눈 값

해설

기계톱 소체인 톱니의 피치 : 서로 접하여 있는 3개의 리벳간격을 2로 나눈 값

42 벌목작업 시 벌도목의 가지치기용 도끼날의 각도로 가장 적합한 것은?

① 3~5° 　　② 8~10°
③ 30~35° 　　④ 36~40°

해설

벌목용 도끼의 경우 9~12°, 가지치기용 도끼의 경우 8~10°로 한다.

43 벌목 중 나무에 걸린 나무의 방향전환이나 벌도목을 돌릴 때 사용되는 작업 도구는?

① 쐐기 　　② 식혈봉
③ 박피삽 　　④ 지렛대

해설

지렛대는 벌목 시 나무가 걸려 있을 때 밀어 넘기거나 또는 벌목된 나무의 가지를 자를 때 벌도목을 반대방향으로 전환시킬 경우에 사용한다.

44 체인톱 엔진이 돌지 않을 시 예상되는 고장 원인이 아닌 것은?

① 기화기 조절이 잘못되어 있다.
② 기화기 내 연료체가 막혀 있다.
③ 기화기 내 공전노즐이 막혀 있다.
④ 기화기 내 펌프질하는 막에 결함이 있다.

해설
체인톱 엔진이 돌지 않을 시 예상되는 원인
- 탱크가 비어 있다.
- 전원스위치가 열려 있다.
- 흡수호스 또는 전기도선에 결함이 있다.
- 흡입 통풍관의 필터가 작동하지 않는다(막혀 있다).
- 도선이 막혀 있다.
- 기화기 내의 연료체가 막혀 있다.
- 기화기 조절이 잘못되어 있다.
- 기화기 내 펌프질하는 막(얇은 막)에 결함이 있다.
- 기화기에 결함이 있다.
- 연료탱크의 공기주입이 막혀 있다.
- 플러그 수명이 다 되었거나 더러워져 있다.
- 플러그 점화케이블이 결합되었다.
- 점화코일과 단류장치에 결함이 있다.

45 산림도구를 만들기 위한 자루용 원목으로 사용되는 목재로서 가치가 없는 것은?

① 침엽수 목재
② 목질 섬유가 긴 나무
③ 탄력이 크고 질긴 나무
④ 옹이, 갈라진 흠이 없는 나무

해설
일반적으로 침엽수의 목재에는 연목재가 많아 자루용 원목으로는 가치가 없다.

46 다음 중 살충제의 제형에 따라 분류된 것은?

① 수화제
② 훈증제
③ 유인제
④ 소화중독제

해설
농약의 분류
- 사용목적에 따른 분류 : 살균제, 살충제, 살비제, 살선충제, 제초제, 식물 생장조절제, 혼합제, 살서제, 소화중독제, 유인제 등
- 주성분 조성에 따른 분류 : 유기인계, 카바메이트계, 유기염소계, 유황계, 동계, 유기비소계, 항생물질계, 피레스로이드계, 페녹시계, 트라이아진계, 요소계, 설포닐우레아계 등
- 제형에 따른 분류 : 유제, 수화제, 분제, 미분제, 수화성미분제, 입제, 액제, 액상수화제, 미립제, 세립제, 저미산분제, 수면전개제, 종자처리수화제, 캡슐현탁제, 분의제, 과립훈연제, 과립수화제, 캡슐제 등
- 사용방법에 따른 분류 : 희석살포제, 직접살포제, 훈연제, 훈증제, 연무제, 도포제 등

47 조림작업 시 조림목을 심을 구덩이를 파는 데 사용되는 기계는?

① 예불기   ② 지타기
③ 식혈기   ④ 하예기

해설
식혈기는 주로 묘목식재를 위한 구멍을 뚫는 데 사용되는 기계로서, 보통 체인톱이나 예불기 등에 사용되는 엔진에 식혈기용 칼날을 부착하여 사용한다.

48 혼합연료에 오일의 함유비가 높을 경우 나타나는 현상으로 옳지 않은 것은?

① 연료의 연소가 불충분하여 매연이 증가한다.
② 스파크플러그에 오일이 덮히게 된다.
③ 오일이 연소실에 쌓인다.
④ 엔진을 마모시킨다.

혼합연료에 오일의 함유비가 높을 경우 나타나는 현상
• 연료의 연소가 불충분하여 매연이 증가한다.
• 스파크플러그에 오일이 덮히게 된다.
• 오일이 연소실에 쌓인다.
※ 오일의 함유비가 낮을 경우 엔진을 마모시킨다.

49 임업용 트랙터를 사용하는 데 있어 집재목과 트랙터 간의 허용각도와 안전각도로 옳은 것은?

① 허용각도 = 최대 15°, 안전각도 = 0~10°
② 허용각도 = 최대 30°, 안전각도 = 0~30°
③ 허용각도 = 최대 35°, 안전각도 = 0~40°
④ 허용각도 = 최대 90°, 안전각도 = 0~45°

50 2행정 내연기관에서 연료에 오일을 첨가시키는 이유로 가장 적합한 것은?

① 점화를 쉽게 하기 위해서
② 엔진 내부에 윤활작용을 시키기 위하여
③ 엔진 회전을 저속으로 하기 위하여
④ 체인의 마모를 줄이기 위하여

2행정 기관은 윤활작용과 동시에 연소되어야 하므로 주로 광물성 윤활유가 사용된다.

51 디젤기관과 비교했을 때 가솔린기관의 특성으로 옳지 않은 것은?

① 전기점화 방식이다.
② 배기가스 온도가 낮다.
③ 무게가 가볍고 가격이 저렴하다.
④ 연료는 기화기에 의한 외부혼합방식이다.

배기가스 온도는 가솔린기관이 1,000℃, 디젤기관이 600℃이다.

52 다음 중 디젤엔진의 압축착화기관의 압축온도로 가장 적당한 것은?

① 100~200°C ② 300~400°C
③ 500~600°C ④ 700~900°C

디젤엔진은 공기만을 흡입하고, 고압축비(16~23 : 1)로 압축하여 그 온도가 500°C 이상 되게 한 다음 노즐에서 연료를 안개모양으로 분사시켜 공기의 압축열에 의해 자기착화시킨다.

53 와이어로프 고리를 만들 때 와이어로프 직경의 몇 배 이상으로 하는가?

① 10배 ② 15배
③ 20배 ④ 25배

와이어로프 고리를 만들 때 지름은 와이어로프 지름의 20배 이상으로 한다.

55 겨울에 사용하기 적합한 윤활유의 점도로 가장 적합한 것은?

① SAE 20W ② SAE 30
③ SAE 40~50 ④ SAE 50 이상

SAE의 분류
• SAE 30 : 봄, 가을철
• SAE 40 : 여름철
• SAE 20W : 겨울철

56 기계톱으로 가지치기를 할 때 지켜야 할 유의사항이 아닌 것은?

① 후진하면서 작업한다.
② 안내판이 짧은 기계톱을 사용한다.
③ 작업자는 벌목한 나무 가까이에 서서 작업한다.
④ 벌목한 나무를 몸과 체인톱 사이에 놓고 작업한다.

기계톱을 이용하여 가지치기를 할 때의 유의사항
• 벌도목 밑에 받침이 있으면 가지치기 작업이 더 수월하다.
• 기계톱의 안내판 길이는 30~40cm 정도의 가벼운 것이 적당하다.
• 항상 안정하고 균형 잡힌 자세를 유지한다.
• 작업은 일정한 범위를 유지하고 과도하게 큰 동작을 하지 않도록 주의한다.
• 벌목한 나무에 가까이 서서 작업한다.

54 전목집재 후 집재장에서 가지치기 및 조재작업을 수행하기에 가장 적합한 장비는?

① 스키더 ② 포워더
③ 프로세서 ④ 펠러번처

프로세서
하베스터와 유사하나 벌도기능만 없는 장비, 즉 일반적으로 전목재의 가지를 제거하는 가지자르기 작업, 재장을 측정하는 조재목 마름질 작업, 통나무 자르기 등 일련의 조재작업을 한 공정으로 수행하여 원목을 한 곳에 쌓을 수 있는 장비

57 체인톱의 주간정비사항으로만 조합된 것은?

① 스파크플러그 청소 및 간극 조정
② 기화기 연료막 점검 및 엔진오일 펌프 청소
③ 시동줄 및 시동스프링 점검
④ 연료통 및 여과기 청소

해설

체인톱의 정비사항
• 일일점검사항 : 에어필터 청소, 안내판 점검, 휘발유와 오일 혼합
• 주간정비사항 : 안내판, 체인톱날, 점화부분, 체인톱 본체
• 분기점검사항 : 연료통과 연료필터의 청소, 시동줄 및 시동스프링 점검, 냉각장치, 전자 점화장치, 기회기 등

58 다음 중 기계톱 부품인 스파이크의 기능으로 적합한 것은?

① 동력 차단
② 체인 절단 시 체인 잡기
③ 정확한 작업위치 선정
④ 동력 전달

해설

스파이크(spike)는 작업 시 정확한 작업위치를 선정함과 동시에 체인톱을 지지하여 지렛대 역할을 함으로써 작업을 수월하게 한다.

59 산림작업용 도끼의 날을 관리하는 방법으로 옳지 않은 것은?

① 아치형으로 연마하여야 한다.
② 날카로운 삼각형으로 연마하여야 한다.
③ 벌목용 도끼의 날의 각도는 9~12°가 적당하다.
④ 가지치기용 도끼의 날의 각도는 8~10°가 적당하다.

해설

날이 너무 날카로운 삼각형이 되면 벌목 시 날이 나무 속에 끼게 되므로 도끼의 날을 갈 때 아치형으로 연마한다.

60 어깨걸이식 예불기를 메고 바른 자세로서 손을 떼었을 때 지상으로부터 날까지의 가장 적절한 높이는 몇 cm 정도인가?

① 5~10
② 10~20
③ 20~30
④ 30~40

01 바닷가에 주로 심는 나무로서 적합한 것은?

① 곰솔 ② 소나무
③ 잣나무 ④ 낙엽송

> **해설**
> • 염풍에 저항력이 큰 수종 : 곰솔, 향나무, 사철나무, 자귀나무, 팽나무, 후박나무, 돈나무 등
> • 염풍에 저항력이 약한 수종 : 소나무, 삼나무, 편백, 화백, 전나무, 벚나무, 포도나무, 사과나무, 배나무 등

02 쇠약하거나 죽은 소나무 및 벌채목에 주로 발생하는 해충은?

① 솔나방
② 소나무좀
③ 솔잎혹파리
④ 소나무재선충

> **해설**
> 소나무좀(딱정벌레목 나무좀과)
> • 가해수종 : 소나무, 해송, 잣나무
> • 피해
> – 수세가 쇠약한 벌목, 고사목에 기생한다.
> – 월동성충이 나무껍질을 뚫고 들어가 산란한 알에서 부화한 유충이 나무껍질 밑을 식해한다.
> – 쇠약한 나무나 벌채한 나무에 기생하지만 대발생할 때는 건전한 나무도 가해하여 고사시키기도 한다.
> – 신성충은 신초를 뚫고 들어가 고사시킨다. 고사된 신초는 구부러지거나 부러진 채 나무에 붙어 있는데 이를 후식피해라 한다.

03 트랙터의 주행장치에 의한 분류 중 크롤러 바퀴의 장점이 아닌 것은?

① 견인력이 크고 접지면적이 커서 연약지반, 험한 지형에서도 주행성이 양호하다.
② 무게가 가볍고 고속주행이 가능하여 기동성이 있다.
③ 회전반지름이 작다.
④ 중심이 낮아 경사지에서의 작업성과 등판력이 우수하다.

> **해설**
> ② 크롤러 바퀴는 무게가 무겁고 속도가 느려 기동력이 떨어진다.

04 나무와 나무 사이의 거리가 1m, 열과 열 사이의 거리가 2.5m의 장방형 식재일 때 1ha에 심게 되는 묘목본수는?

① 1,000본 ② 2,000본
③ 3,000본 ④ 4,000본

> **해설**
> $$식재할\ 묘목수 = \frac{식재면적}{묘목\ 간\ 간격(가로 \times 세로)}$$
> $$= \frac{1 \times 10,000}{1 \times 2.5}(\because 1ha = 10,000m^2)$$
> $$= 4,000본$$

05 경기도 가평에서 처음 발견된 병으로 줄기에 병징이 나타나면 어린나무는 대부분이 1~2년 내에 말라 죽고 20년생 이상의 큰 나무는 병이 수년간 지속되다가 마침내 말라 죽는 수병은?

① 잣나무 털녹병
② 소나무 모잘록병
③ 오동나무 탄저병
④ 오리나무 갈색무늬병

해설
잣나무 털녹병은 줄기에 병징이 나타나면 어린 조림목은 대부분 그해에 말라 죽으며, 20년생 이상의 성목에서는 병이 수년간 지속되다가 말라 죽는다.

06 종자의 저장 방법으로 옳지 않은 것은?

① 건조저장   ② 저온저장
③ 냉동저장   ④ 노천매장

해설
종자의 저장 방법
• 건조저장법
 – 실온저장법 : 종자를 건조한 상태에서 창고, 지하실 등에 두어 저장
 – 저온저장법 : 최고온도가 10℃ 이상이 되지 않는 빙실이나 전기냉장고 안에 건조제와 함께 밀봉용기에 넣어 저장
• 보습저장법
 – 노천매장법 : 구덩이 안에 종자를 깨끗한 모래와 교대로 넣으며 표면은 흙으로 덮어 저장, 겨울 동안 눈이나 빗물을 그대로 스며들어 가도록 함
 – 보호저장법(건사저장법) : 배수가 잘되는 땅 위에 모래와 종자를 섞어서 퇴적하되, 그 위에 짚이엉을 덮어 눈이나 빗물이 들어가지 못하게 함
 – 냉습적법 : 용기 안에 보습재료인 이끼, 토회(土灰), 모래 등을 종자와 섞어서 넣고 3~5℃ 정도 되는 냉실 또는 냉장고 안에 두는 방법

07 다음 중 조파(條播)에 의한 파종으로 가장 적합한 수종은?

① 회양목
② 가래나무
③ 오리나무
④ 아까시나무

해설
조파(줄뿌림) : 종자를 줄로 뿌려주는 것으로 느티나무, 아까시나무, 옻나무 등이 적합하다.

08 묘목을 심을 때 뿌리를 잘라주는 주목적은?

① 식재가 용이하다.
② 양분의 소모를 막는다.
③ 수분의 소모를 막는다.
④ 측근과 세근의 발달을 도모한다.

해설
단근은 건강한 묘를 생산하기 위하여 묘목의 직근과 측근을 끊어주어 세근 발달을 촉진시키는 작업으로 경비 절감은 물론 활착률에도 좋은 이점이 있다.

09 어린나무가꾸기에 관한 설명으로 옳지 않은 것은?

① 임분에서 대상 수종이 아닌 수종을 제거하는 것이다.

② 일반적으로 비용이 저렴하여 가능한 작업을 많이 한다.

③ 여름철에 실행하여 늦어도 11월 전에 종료하는 것이 좋다.

④ 약 6cm 이상의 우세목이 임분 내에서 50% 이상 다수 분포될 때까지의 단계를 말한다.

해설

잡목 등이 조림목 생장을 방해하기 시작하는 해에 1회 실시하고 이후 계속 관찰하여 피해가 발생하는 시기에 반복한다.

11 다음 중 조림 및 육림용 기계가 아닌 것은?

① 윈치

② 예불기

③ 체인톱

④ 동력지타기

해설

소형 윈치 : 집재용 윈치, 크레인, 파미윈치 등
• 집재용 윈치 : 소형 집재차량은 집재 및 적재용 윈치를 사용한다.
• 크레인 : 적재작업을 원활히 수행하기 위하여 소형 차에는 윈치 부착 크레인, 적재집재차량에는 크레인그래플을 장착한 것이 많다.
• 파미윈치 : 트랙터의 동력을 이용한 지면끌기식 집재기계이다.
② 예불기 : 풀베기용 기계
③ 체인톱 : 벌목용 기계
④ 동력지타기 : 가지치기용 기계

10 참나무류의 병 발생에 밀접하게 관계하는 병은?

① 소나무 혹병

② 소나무 잎녹병

③ 잣나무 털녹병

④ 향나무 녹병

해설

소나무 혹병의 중간기주는 참나무, 신갈나무 등 참나무류이다.

12 다음 중 잎을 가해하지 않는 해충은?

① 솔나방

② 오리나무잎벌레

③ 흰불나방

④ 소나무좀

해설

소나무좀은 소나무의 분열조직을 가해하는 해충이다.

13 삽수의 발근이 비교적 잘되는 수종, 비교적 어려운 수종, 대단히 어려운 수종으로 분류할 때 비교적 잘되는 수종에 속하는 것은?

① 밤나무
② 측백나무
③ 느티나무
④ 백합나무

• 삽수의 발근이 잘되는 수종 : 측백나무, 포플러류, 버드나무류, 은행나무, 사철나무, 개나리, 주목, 향나무, 치자나무, 삼나무 등
• 삽수의 발근이 어려운 수종 : 밤나무, 느티나무, 백합나무, 소나무, 해송, 잣나무, 전나무, 단풍나무, 벚나무 등

14 종자 채집시기와 수종이 알맞게 짝지어진 것은?

① 2월 – 소나무
② 4월 – 섬잣나무
③ 6월 – 떡느릅나무
④ 9월 – 회양목

① 9월 : 소나무
② 8월 : 섬잣나무
④ 7월 : 회양목

15 다음 중 가지치기를 시행하기에 가장 적절한 시기는?

① 초봄부터 여름
② 늦봄부터 늦가을
③ 초여름부터 늦가을
④ 늦가을부터 초봄

생장휴지기인 11월부터 이듬해 3월까지가 가지치기의 적기이다.

16 모잘록병의 방제법으로 틀린 것은?

① 모판을 배수와 통풍이 잘되게 하고 밀식을 삼가야 한다.
② 질소질 비료를 많이 주어 묘목을 튼튼하게 기른다.
③ 토양소독 및 종자소독을 한다.
④ 발병했을 때에는 묘목을 제거하고, 그 자리에 토양살균제를 관주한다.

② 질소질 비료의 과용을 피하고, 인산질 비료를 충분히 준다.

17 연료채취를 목적으로 벌기령을 짧게 하는 작업종은?

① 죽림작업   ② 택벌작업
③ 왜림작업   ④ 개벌작업

왜림작업
활엽수림에서 주로 땔감을 생산할 목적으로 비교적 짧은 벌기령으로 개벌하고, 그 뒤 근주에서 나오는 맹아로서 갱신하는 방법이다.

18

알에서 부화한 곤충이 유충과 번데기를 거쳐 성충으로 발달하는 과정에서 겪는 형태적 변화를 뜻하는 용어는?

① 우화　　　　② 변태
③ 휴면　　　　④ 생식

19

다음 중 종자의 실중을 가장 잘 설명한 것은?

① 종자의 협잡물 제거량
② 충실종자와 미숙종자와의 비율
③ 미세립종자 1,000립의 4회 평균 중량
④ 종자 1L의 중량

20

종자발아 촉진법이 아닌 것은?

① X선분석법　　② 종피파상법
③ 침수처리법　　④ 노천매장법

21

리기다소나무 노지묘 1년생 묘목의 곤포당 본수는?

① 1,000본　　② 2,000본
③ 3,000본　　④ 4,000본

22

파종상에서 2년, 그 뒤 판갈이상에서 1년을 지낸 3년생 묘목의 표시방법은?

① 1-2묘　　② 2-1묘
③ 0-3묘　　④ 1-1-1묘

23 다음 해충 방제법으로 방제가 가능한 해충은?

> - 디플루벤주론 액상수화제(14%)를 4,000 배액으로 수관에 살포한다.
> - 수피 사이, 판자 틈, 지피물 밑, 잡초의 뿌리 근처, 나무의 빈 공간에서 형성한 고치를 수시로 채집하여 소각한다.
> - 알덩어리가 붙어 있는 잎을 채취하여 소각하며, 잎을 가해하고 있는 군서유충을 소살한다.
> - 성충은 유아등이나 흡입포충기를 설치하여 유인·포살한다.

① 죽순나방   ② 집시나방
③ 텐트나방   ④ 미국흰불나방

미국흰불나방 방제 방법
- 약제 살포 : 5월 하순~10월 상순까지 잎을 가해하고 있는 유충을 약제 살포하여 구제한다.
- 천적(핵다각체병바이러스) 살포 : 유령 유충가해기인 1화기 6월 중·하순, 2화기 8월 중·하순에 1ha당 450g의 병원균을 1,000배액으로 희석하여 수관에 살포한다.
- 번데기 채취 : 나무껍질 사이, 판자 틈, 지피물 밑, 잡초의 뿌리 근처, 나무의 공동에서 고치를 짓고 그 속에 들어 있는 번데기를 연중 채취한다. 특히 10월 중순부터 11월 하순까지, 다음 해 3월 상순부터 4월 하순까지 월동하고 있는 번데기를 채취하면 밀도를 감소시키므로 방제에 효과적이다.
- 알덩이 제거 : 5월 상순~8월 중순에 알덩이가 붙어 있는 잎을 따서 소각한다.
- 군서유충 포살 : 5월 하순~10월 상순까지 잎을 가해하고 있는 군서유충을 포살한다.
- 성충 유살 : 5월 중순부터 9월 중순의 성충활동시기에 피해임지 또는 그 주변에 유아등이나 흡입포충기를 설치하여 성충을 유살한다.

24 유아등으로 등화유살할 수 있는 해충은?

① 오리나무잎벌레
② 솔잎혹파리
③ 밤나무순혹벌
④ 어스렝이나방

등화유살 : 곤충의 주광성을 이용하여 곤충이 유아등에 모이게 하여 죽이는 방법으로, 9~10월에 어스렝이나방에게 사용할 수 있다.

25 임목 간 식재밀도를 조절하기 위한 벌채 방법에 속하는 것은?

① 간벌작업   ② 개벌작업
③ 산벌작업   ④ 중림작업

② 개벌작업 : 갱신하고자 하는 임지 위에 있는 임목을 일시에 벌채하여 이용하고, 그 적지에 새로운 임분을 조성시키는 방법
③ 산벌작업 : 윤벌기에 비하여 비교적 짧은 갱신기간 중에 몇 차례에 걸친 벌채로 갱신면상에 있는 임목을 완전히 제거하는 작업
④ 중림작업 : 교림과 왜림을 동일 임지에 함께 세워 경영하는 방법으로 하목으로서의 왜림은 맹아로 갱신되며, 일반적으로 연료재와 소경목을 생산하고 상목으로서의 교림은 일반용재로 생산하는 방법

26 우량묘목의 기준으로 옳지 않은 것은?

① 뿌리에 상처가 없는 것
② 뿌리의 발달이 충실한 것
③ 겨울눈이 충실하고 가지가 도장하지 않는 것
④ 뿌리에 비해 지상부의 발육이 월등히 좋은 것

해설

우량묘의 조건
• 우량한 유전성을 지닌 것
• 발육이 완전하고 조직이 충실하며, 정아의 발달이 잘되어 있는 것
• 가지가 사방으로 고루 뻗어 발달한 것
• 근계의 발달이 충실한 것, 즉 측근과 세근의 발달량이 많을 것(지상부와 지하부 간의 발달이 균형되어 있을 것)
• 온도의 저하에 따른 고유의 변색과 광택을 가지는 것
• T/R률이 작고 병충해의 피해가 없는 것

27 해충저항성이 발생하지 않고 해충을 선별적으로 방제할 수 있는 방법은?

① 생물적 방제법
② 물리적 방제법
③ 임업적 방제법
④ 기계적 방제법

해설

생물적 방제법은 해충 개체군의 밀도를 생물에 의하여 억제하는 방법으로 기주 특이성이 커서 대상 해충만 선별적으로 방제할 수 있어 해충저항성이 발생하지 않는다.

28 밤 열매에 피해를 주며 1년에 2~3회 발생하고 성충 최성기에 접촉성 살충제로 방제하면 효과가 큰 해충은?

① 복숭아명나방
② 밤나무혹벌
③ 밤애기잎말이나방
④ 밤바구미

해설

복숭아명나방은 1년에 2~3회 발생하고, 지피물이나 수피의 고치 속에서 유충으로 월동한다.

29 일반적인 낙엽활엽수를 봄에 접목하고자 한다. 접수를 접목하기 2~4주일 전에 따서 저장할 때 가장 적합한 온도는?

① -2~4℃   ② 5~10℃
③ 11~15℃   ④ 16~20℃

해설

접수를 접목하기 2~4주일 전에 따서 냉장온도(5~10℃)에서 저장한다.

30 손톱톱니의 각 부분에 대한 설명으로 옳지 않은 것은?

① 톱니가슴 : 나무와의 마찰력을 감소시킨다.
② 톱니꼭지각 : 각이 작을수록 톱니가 약하다.
③ 톱니홈 : 톱밥이 임시 머문 후 빠져 나가는 곳이다.
④ 톱니꼭지선 : 일정하지 않으면 톱질할 때 힘이 든다.

해설

① 톱니가슴은 나무를 절단한다.

31 산림 내 가지치기 작업의 주된 목적은 무엇인가?

① 우량목재의 생산
② 중간수입
③ 각종 위해의 방지
④ 연료 공급

해설
가지치기 : 우량한 목재를 생산할 목적으로 가지의 일부분을 계획적으로 잘라 내는 것

32 다음이 설명하고 있는 줄기접 방법으로 옳은 것은?

〈줄기접 시행순서〉
1. 서로 독립적으로 자라고 있는 접수용 묘목과 대목용 묘목을 나란히 접근
2. 양쪽 묘목의 측면을 각각 칼로 도려냄
3. 도려낸 면을 서로 밀착시킨 상태에서 접목끈으로 단단히 묶음

① 절접　　　② 합접
③ 기접　　　④ 교접

해설
기접법
• 접목이 어려운 수종에 실시한다. 예 단풍나무
• 양쪽의 식물체에 접합시킬 부분을 깎고 서로 맞대게 하여 끈으로 묶은 후 접착이 되면 필요 없는 부분을 잘라 제거한다.

33 파이토플라스마와 관계없는 수병은?

① 오동나무 빗자루병
② 대추나무 빗자루병
③ 뽕나무 오갈병
④ 벚나무 빗자루병

해설
벚나무 빗자루병은 진균(자낭균 ; *Taphrina wiesneri*)에 의해 발병한다.

34 참나무속에 속하며 우리나라 남쪽 도서지방 등 따뜻한 곳에서 나는 상록성 수종은?

① 굴참나무
② 신갈나무
③ 가시나무
④ 너도밤나무

해설
가시나무 : 참나무과에 속하는 상록활엽교목으로 난대림의 대표적인 수종의 하나로 웅대한 수형(樹形)을 감상할 수 있다.

35 대상택벌작업에서 벌채열구(伐採列區)를 한 바퀴 돌아서 벌채하는 기간은?

① 윤벌기　　　② 회귀년
③ 갱신기간　　④ 갱정기

해설
순환택벌 시 처음 구역으로 되돌아오는 데 소요되는 기간을 회귀년이라 한다.

36 다음 중 대기오염의 임업적 방제법이 아닌 것은?

① 대기오염에 강한 수종으로 조림한다.

② 대면적의 개벌을 통하여 일시적인 조림을 한다.

③ 조림 시에는 혼효림을 조성한다.

④ 내연성이 강하고 여러 번 이식을 한 대묘를 조림한다.

해설
② 택벌림, 중림, 왜림으로 산림을 갱신한다.

37 다음 중 응애류에 대해서만 선택적으로 효과가 있는 약제는?

① 살균제   ② 살충제

③ 살비제   ④ 살서제

해설
살비제는 주로 식물에 붙는 응애류를 죽이는 데 사용되며 켈센 등이 대표적인 약제이다.

38 솔잎혹파리에 대한 설명으로 옳지 않은 것은?

① 완전변태를 한다.

② 솔잎의 기부에서 즙액을 빨아 먹는다.

③ 1년에 2회 발생하며 알로 월동한다.

④ 기생성 천적으로 솔잎혹파리먹좀벌 등이 있다.

해설
③ 1년에 1회 발생하며, 유충으로 지피물 밑의 지표나 1~2cm 깊이의 흙 속에서 월동한다.

39 모수작업에 관한 설명으로 옳지 않은 것은?

① 음수수종 갱신에 적합하다.

② 벌채작업이 집중되어 경제적으로 유리하다.

③ 주로 종자가 가볍고 쉽게 발아하는 수종에 적용한다.

④ 모수의 종류와 양을 적절히 조절하여 수종의 구성을 변화시킬 수 있다.

해설
모수작업의 장점
• 벌채작업이 한 지역에 집중되므로 경제적인 작업을 진행할 수 있다.
• 임지를 정비해줌으로써 노출된 임지의 갱신이 이루어질 수 있다.
• 개벌작업 다음으로 작업이 간편하다.
• 개벌작업보다는 신생 임분의 종적 구성을 더 잘 조절할 수 있다.
• 모수가 종자를 공급하므로 넓은 면적이 일시에 벌채되고 갱신이 될 수 있다.
• 양성을 띤 수종의 갱신에 적당하다.
• 갱신이 성공될 때까지 모수를 남겨둠으로써 갱신이 실패할 염려가 적고 비용도 적게 든다.

40 기계톱에서 깊이제한부의 주요 역할은?

① 톱날 보호

② 절삭두께 조절

③ 톱날연결 고정

④ 톱날속도 조절

해설
깊이제한부는 절삭깊이 및 절삭각도를 조절하고 절삭된 톱밥을 밀어내는 등 절삭량을 결정하는 중요한 요소이다.

41 테트라졸륨검사에 대한 설명으로 옳지 않은 것은?

① 테트라졸륨 수용액에 생활력이 있는 종자의 조직을 접촉시키면 푸른색으로 변하고, 죽은 조직에는 변화가 없다.

② 테트라졸륨의 반응은 휴면종자에도 잘 나타나는 장점이 있다.

③ 테트라졸륨은 백색 분말이고 물에 녹아도 색깔이 없다. 광선에 조사되면 곧 못 쓰게 되므로 어두운 곳에 보관하고, 저장이 양호하면 수개월간 사용이 가능하다.

④ 테트라졸륨 대신 테룰루산칼륨 1%액도 사용되는데, 건전한 배는 흑색으로 나타난다.

> **해설**
> ① 테트라졸륨 수용액에 생활력이 있는 종자의 조직을 접촉시키면 붉은색으로 변한다.

42 임업용 기계톱의 엔진을 냉각하는 방식으로 주로 사용되는 것은?

① 공랭식

② 수랭식

③ 호퍼식

④ 라디에이터식

> **해설**
> 공랭식 기관 : 실린더 헤드와 블록에 냉각핀을 두어 냉각시키는 방식이다.

43 주요 병원체가 균류인 병은?

① 뽕나무 오갈병

② 잣나무 털녹병

③ 소나무 재선충병

④ 대추나무 빗자루병

> **해설**
> ② 잣나무 털녹병 : 병원균은 *Cronartium ribicola* Fisher이며, 잣나무와 중간기주인 송이풀, 까치밥나무 등에 기주교대를 하는 이종기생균이다.
> ①·④ 뽕나무 오갈병, 대추나무 빗자루병 : 파이토플라스마에 의해 발생한다.
> ③ 소나무 재선충병 : 소나무 재선충이 소나무 시들음병을 야기한다.

44 나비목에 속하는 곤충은?

① 밤나방   ② 나무좀류

③ 깍지벌레   ④ 나무이

> **해설**
> ② 나무좀류 : 딱정벌레목
> ③·④ 깍지벌레, 나무이 : 노린재목(매미목)

45 나무를 굽게 하고 생장을 저하시키며 심한 경우 나무줄기를 부러뜨리는 기후인자는?

① 수분   ② 바람

③ 광선   ④ 온도

> **해설**
> 주풍의 피해 : 임목이 주풍 방향으로 굽게 되고, 수간의 하부가 편심생장을 하게 된다.

46 기계톱의 일일정비사항에 해당하지 않는 것은?

① 휘발유와 오일의 혼합
② 에어필터의 청소
③ 안내판의 손질
④ 연료통과 연료필터의 청소

체인톱의 정비사항
• 일일점검사항 : 에어필터 청소, 안내판 점검, 휘발유와 오일 혼합
• 주간정비사항 : 안내판, 체인톱날, 점화부분, 체인톱 본체
• 분기점검사항 : 연료통과 연료필터의 청소, 시동줄 및 시동스프링 점검, 냉각장치, 전자 점화장치 등

47 주로 묘목에 큰 피해를 주며 종자를 소독하여 방제하는 것은?

① 잣나무 털녹병
② 두릅나무 녹병
③ 밤나무 줄기마름병
④ 오리나무 갈색무늬병

오리나무 갈색무늬병은 병원균이 종자에 묻어 있는 경우가 많으므로 유기수화제로 종자를 소독하여 방제한다.

48 밤나무 종자의 파종에 흔히 쓰는 방법은?

① 조파   ② 산파
③ 취파   ④ 점파

점파(점뿌림) : 밤나무, 참나무류, 호두나무 등 대립 종자의 파종에 이용되는 방법으로 상면에 균일한 간격(10~20cm)으로 1~3립(粒)씩 파종한다.

49 체인톱 엔진 회전수를 조정할 수 있는 장치는?

① 에어필터
② 스프로킷
③ 스로틀레버
④ 스파크플러그

① 기관에 흡입되는 공기 중에 먼지나 톱밥 등의 오물을 제거하는 기능을 한다.
② 크랭크축에 연결되어 회전함으로써 톱체인을 회전시킨다.
④ 점화장치로 실린더 내 연소실에 압축된 혼합기를 점화한다.

50 소형윈치에 대한 설명으로 옳지 않은 것은?

① 리모컨 등으로 원격 조종이 가능한 것도 있다.
② 가공본줄을 설치하여 단거리 상향집재에 이용하기도 한다.
③ 견인력은 약 5톤 내외이고, 현장의 지주 목에 고정하여 사용한다.
④ 작업자가 보행하면서 조작하는 것은 캐디형(caddy)이라고 한다.

③ 견인력은 0.5~1.0톤 정도이고, 휴대용 또는 자체 견인력을 이용하여 임내를 이동할 수 있다.

51 주제를 용제에 녹여 계면활성제를 유화제로 첨가하여 제재한 약제 종류는?

① 유제　　　② 입제
③ 분제　　　④ 수화제

① 유제 : 물에 녹지 않거나 지용성인 주제를 유기용매에 녹여 유화제를 첨가한 용액
② 입제 : 유효성분을 담체인 고체 증량제와 혼합분쇄하고, 보조제로 고결제, 안정제, 계면활성제를 가하여 입상으로 성형하거나 담체에 유효성분을 피복시킨 것
③ 분제 : 유효성분을 Talc, 점토광물 등의 고체증량제와 소량의 보조제를 혼합분쇄한 미분말 형태
④ 수화제 : 비수용성 유효성분에 비수용성 증량제(kaolin, bentonite 등의 점토광물)를 더하고 계면활성제, 분산제 배합, 혼합분쇄, 제제화를 하여 사용하는 것

53 다음 중 작업 도구와 능률에 관한 기술로 가장 거리가 먼 것은?

① 자루의 길이는 적당히 길수록 힘이 강해진다.
② 도구의 날 끝 각도가 클수록 나무가 잘 부서진다.
③ 도구는 가볍고 내려치는 속도가 빠를수록 힘이 세어진다.
④ 도구의 날은 날카로운 것이 땅을 잘 파거나 잘 자를 수 있다.

작업 도구와 능률
• 도구는 적당한 무게를 가져야 내리치는 속도가 빨라져 능률이 좋다.
• 자루의 길이가 적당한 길이일 때 힘을 세게 가할 수 있다.
• 도구의 날은 날카로울수록 땅을 잘 파거나 잘 자를 수 있다.
• 자루길이가 너무 길면 정확한 작업이 어렵고, 도구 날이 너무 날카로우면 부러지기 쉽고 잘 쪼개지지 않는다.
• 도구 날의 끝 각도가 클수록 나무가 잘 부서진다.
• 도구의 날 무게가 지나치게 무겁거나 속도를 빨리 하려면 힘이 많이 들어 일의 능률이 떨어진다.

52 트랙터를 이용한 집재 시 안전과 효율성을 고려했을 때 일반적으로 작업 가능한 최대 경사도(°)로 옳은 것은?

① 5~10　　　② 15~20
③ 25~30　　　④ 35~40

트랙터를 이용한 집재 시 안전과 효율성을 고려했을 때 일반적으로 작업 가능한 최대 경사도는 15~20°이다.

54 주로 유효성분을 연기의 상태로 해서 해충을 방제하는 데 쓰이는 약제는?

① 훈증제　　　② 훈연제
③ 유인제　　　④ 기피제

① 훈증제 : 약제가 기체로 되어 해충의 기문을 통하여 체내에 들어가 질식(窒息)을 일으키는 것
③ 유인제 : 해충을 유인해서 포살하는 데 사용되는 약제
④ 기피제 : 해충이 작물에 접근하는 것을 방해하는 물질

55 지력이 좋고 수분이 많아 잡초가 무성하고 기후가 온난하며, 주로 소나무 조림지에 적합한 풀베기 방법은?

① 줄베기　　　　② 점베기
③ 모두베기　　　④ 둘레베기

③ 모두베기 : 조림지의 하층식생을 모두 제거하는 방법으로 조림목의 묘고가 낮아 태양광선을 잘 받도록 하고자 할 때 이용한다. 소나무, 일본잎갈나무, 삼나무, 편백, 잣나무 등에 적합하다.
① 줄베기 : 가장 많이 사용되는 방법으로 조림목의 줄을 따라 해로운 식물을 제거하고 줄 사이에 있는 풀은 남겨두는 방법
④ 둘레베기 : 조림목의 둘레를 약 1m의 지름으로 둥글게 깎아 내는 방법이다. 줄베기와 둘레베기는 전면베기에 비해, 흙의 침식을 막는 작용을 하지만 밀식조림지에는 적용이 힘들다.

56 예불기의 연료는 시간당 약 몇 L가 소모되는 것으로 보고 준비하는 것이 좋은가?

① 0.5L　　　　② 1L
③ 2L　　　　　④ 3L

예불기의 연료는 시간당 약 0.5L가 소모된다.

57 예불기의 장치 중 불량하면 엔진의 힘이 줄고 연료소모량이 많아지게 하는 것은?

① 액셀레버　　　② 공기여과장치
③ 공기필터 덮개　④ 연료탱크

공기여과장치가 불량하면 기화기 내 연료 농도가 진해져 엔진의 힘이 떨어진다.
공기여과장치가 더럽혀져 있는 경우의 고장
• 점화에 이상이 있고 엔진에 힘이 없다.
• 비정상적으로 연료소비량이 많다.
• 엔진가동이 불규칙적이다.

58 다음 중 상대적으로 가장 높은 온도의 발병 조건을 요구하는 수병은?

① 잿빛곰팡이병
② 자줏빛날개무늬병
③ 리지나뿌리썩음병
④ 아밀라리아뿌리썩음병

리지나뿌리썩음병은 40℃ 이상에서 24시간 이상 지속되면 포자가 발아해 뿌리를 감염시킨다.

59 플라스틱 수라의 속도조절장치를 설치하는 종단경사로 가장 적당한 것은?

① 20~30%　　　② 30~40%
③ 40~50%　　　④ 50~60%

플라스틱 수라의 최소 종단경사는 15~25%가 되어야 하고, 최대 경사 50~60% 이상일 경우는 속도 조절장치가 있어야 한다.

60 뛰어난 번식력으로 인하여 수목피해를 가장 많이 끼치는 동물은?

① 산까치　　　　② 노루
③ 들쥐　　　　　④ 사슴

번식력이 뛰어난 들쥐는 적송, 참나무, 단풍나무 등의 목질부를 식해한다.

01 종자의 결실 풍흉주기가 다른 수종은?

① 이태리포플러
② 오리나무
③ 전나무
④ 버드나무

해설

수목의 종자결실은 대부분 일정한 주기를 가지고 풍흉이 나타난다.

• 매년결실 : 오리나무, 산오리나무, 물갬나무, 버드나무, 느릅나무 등(소나무류는 매년 결실되나 풍작은 2~3년만큼식 순환)
• 격년결실 : 느티나무, 들메나무류
• 2~3년결실 : 단풍나무, 잣나무, 전나무, 종비나무류
• 4~5년결실 : 낙엽송, 잎갈나무류

02 대기오염물질로만 짝지은 것은?

① 수소, 염소, 중금속
② 황화수소, 분진, 질소산화물
③ 아황산가스, 불화수소, 질소
④ 암모니아, 이산화탄소, 에틸렌

해설

대기오염물질

• 가스상 : 일산화탄소, 암모니아, 질소산화물, 황산화물, 황화수소, 이황화탄소 등
• 입자상 : 분진, 매연, 검댕 등의 고정 입자

03 집재거리가 길어 스카이라인이 지면에 닿아 반송기의 주행이 곤란할 때 설치하는 장치는?

① 턴버클
② 도르래
③ 힐블록
④ 중간지지대

해설

가선집재에서는 지주목 또는 중간지지대 사이의 스카이라인의 수평거리로 머리기둥과 꼬리기둥 사이에 사잇기둥(중간지지대)이 있는 경우를 다지간(multispan) 가공본줄 시스템, 없는 경우를 단지간(single span) 가공본줄 시스템으로 구분한다.

04 종자가 비교적 가벼워서 잘 날아갈 수 있는 수종에 가장 적합한 갱신작업은?

① 모수작업
② 중림작업
③ 택벌작업
④ 왜림작업

해설

모수작업은 주로 소나무류 등과 같은 양수에 적용되는데, 종자가 작아 바람에 날려 멀리 전파될 수 있는 수종에 알맞다.

05 밤나무를 식재면적 1ha에 묘목 간 거리 5m 로 정사각형으로 식재할 때 소요되는 묘목의 총본수는?

① 400본   ② 500본
③ 1,200본   ④ 3,000본

해설

$$\text{식재할 묘목수} = \frac{\text{식재면적}}{\text{묘목 간 간격(가로} \times \text{세로)}}$$

$$= \frac{1 \times 10,000}{5 \times 5} (\because\ 1ha = 10,000m^2)$$

$$= 400\text{본}$$

06 다음 중 종자 수득률이 가장 높은 수종은?

① 잣나무   ② 벚나무
③ 박달나무   ④ 가래나무

해설

종자 수득률
가래나무(50.9%) > 박달나무(23.3%) > 벚나무(18.2%)
> 잣나무(12.5%)

07 다음 중 산림무육 도구가 아닌 것은?

① 스위스보육낫
② 가지치기톱
③ 양날괭이
④ 전정가위

해설

양날괭이
괭이 형태에 따라 타원형과 네모형으로 구분되며 한쪽 날은 괭이 형태로 땅을 벌리는 데 사용하며 다른 한쪽 날은 도끼 형태로 땅을 가르는 데 사용한다.

08 다음 그림과 같이 나무가 걸쳐 있을 때에 압력부는 어느 위치인가?

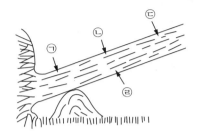

① 위치 ㉠   ② 위치 ㉡
③ 위치 ㉢   ④ 위치 ㉣

해설

압력부 : 나무가 걸쳐있는 부분에서 압력이 발생하는 부분

09 병원체의 침입경로는 여러 가지 경로를 통하여 감염되어 나무에 병을 일으킨다. 곤충이나 작은 동물의 몸에 붙거나 체내에 들어간 상태로 널리 분산되는 병은?

① 잣나무 털녹병
② 향나무 녹병
③ 오동나무 빗자루병
④ 모잘록병

해설

오동나무 빗자루병은 담배장님노린재, 썩덩나무노린재, 오동나무애매미충 등의 곤충에 의해 매개 전염되고, 병에 걸린 나무의 분근을 통해서도 전염된다.

10 대나무류 개화병의 발병 원인은?

① 세균감염
② 동해
③ 생리적 현상
④ 바이러스 감염

대나무류 개화병은 생리적인 병해에 해당한다.

11 중림작업의 상층목 및 하층목에 대한 설명으로 옳지 않은 것은?

① 일반적으로 하층목은 비교적 내음력이 강한 수종이 유리하다.
② 하층목이 상층목의 생장을 방해하여 대경재 생산에 어려운 단점이 있다.
③ 상층목은 지하고가 높고 수관의 틈이 많은 참나무류 등 양수종이 적합하다.
④ 상층목과 하층목은 동일 수종으로 주로 실시하나, 침엽수 상층목과 활엽수 하층목의 임분구성을 중림으로 취급하는 경우도 있다.

중림작업
• 교림과 왜림을 동일 임지에 함께 세워서 경영하는 작업으로 하층목으로서의 왜림은 맹아로 갱신되며 일반적으로 연료재와 소경목을 생산하고, 상층목으로서의 교림은 일반용재를 생산한다.
• 하층목은 비교적 내음력이 강한 수종이 좋고, 상층목은 지하고가 높고 수관밀도가 낮은 수종이 적당하다.
• 중림의 원래 내용은 임목 중에서 생활력이 왕성한 것을 골라 상층목으로 키우는 것이지만, 일반적으로 상층목은 침엽수종으로, 하층목은 활엽수로 한다.

12 수목과 균의 공생관계가 알맞은 것은?

① 소나무 – 송이균
② 잣나무 – 송이균
③ 참나무 – 표고균
④ 전나무 – 표고균

송이는 소나무와 공생하면서 발생시키는 버섯으로 천연의 맛과 향기가 뛰어나다.

13 파종 후의 작업 관리 중 삼나무 묘목의 뿌리끊기 작업 시기로 가장 적합한 것은?

① 9월 중순
② 7월 중순
③ 5월 중순
④ 3월 중순

묘목의 뿌리끊기는 곁뿌리와 잔뿌리의 발달을 촉진시키고 지상부의 생장을 억제하여 균형 잡힌 우량형질의 묘목을 생산할 목적으로 실시하고, 측근과 잔뿌리의 발육이 목적일 때는 5~7월에, 웃자라기 쉬운 삼나무, 낙엽송 등일 때는 8~9월에 한다.

14 종자의 결실량이 많고 발아가 잘되는 수종과 식재조림이 어려운 수종에 대하여 주로 실시하는 조림방법은?

① 소묘조림
② 대묘조림
③ 용기조림
④ 직파조림

해설

재배량이 많거나 양귀비와 같이 직근성이어서 이식을 하면 뿌리가 피해를 입는 경우에 적합한 방법이다.

15 잣나무 털녹병에 대한 설명으로 옳지 않은 것은?

① 여름포자는 환경이 좋으면 여름 동안 계속 다른 송이풀에 전염된다.
② 송이풀 제거작업은 9월 이후 시행해야 효과적이다.
③ 여름포자가 모두 소실되면 그 자리에 털모양의 겨울포자퇴가 나타난다.
④ 중간기주에서 형성된 담자포자는 바람에 의하여 잣나무 잎에 날아가 기공을 통하여 침입한다.

해설

중간기주는 겨울포자가 형성되기 전, 즉 8월 말 이전에 제거해야 한다.

16 묘포상에서 해가림이 필요 없는 수종은?

① 전나무
② 삼나무
③ 사시나무
④ 가문비나무

해설

소나무, 해송, 리기다, 사시나무 등의 양수는 해가림이 필요 없으나 가문비나무, 잣나무, 전나무, 낙엽송, 삼나무, 편백 등은 해가림이 필요하다.

17 대기오염에 의한 급성피해증상이 아닌 것은?

① 조기낙엽
② 엽맥간 괴사
③ 엽록괴사
④ 엽맥 황화현상

해설

만성피해(불가시적 피해)
• 낮은 농도의 아황산가스에 오래 노출되어 엽록소가 서서히 붕괴됨으로써 황화현상이 나타난다.
• 급성의 경우와는 달리 세포는 파괴되지 않고 그 생명력을 유지하고 있다.

18 묘목이 활착되지 못하는 주요 이유로 옳지 않은 것은?

① T/R률이 낮을 때
② 건조한 양지에 심었을 때
③ 비료가 직접 뿌리에 닿았을 때
④ 적정 식재 시기보다 늦어졌을 때

해설

T/R률은 묘목의 지상부와 지하부와의 중량비율, 뿌리중량으로 지상중량을 나눈 것이다. T/R률 값이 작을수록 활착률이 좋다. 즉, 뿌리의 중량이 높을수록 잘 산다.

19 호두나무잎벌레의 월동형태는?

① 유충
② 번데기
③ 알
④ 성충

호두나무잎벌레는 연 1회 발생하며, 유충은 군서하면서 엽육을 식해하고, 성충으로 월동한다.

20 중림작업에서 하목으로 가장 적당하지 않은 수종은?

① 전나무
② 서어나무류
③ 느릅나무
④ 단풍나무

④ 전나무는 상목의 피압(被壓) 아래에서 생장 속도가 느리고 맹아력이 약하여 하목으로 적합하지 않다.

21 미국흰불나방이나 텐트나방의 유충은 함께 모여 살면서 잎을 가해하는 습성이 있는데, 이를 이용하여 유충을 태워 죽이는 해충 방제 방법은?

① 경운법
② 차단법
③ 소살법
④ 유살법

③ 소살법 : 솜방망이를 경유에 담갔다가 꺼내어 긴 장대 끝에 불을 붙여 군서하는 유충을 태워 죽이는 방법이다.
① 경운법 : 묘포에서 쓸 수 있는 것으로 풍뎅이류, 잎벌류 및 땅속에서 월동하는 해충을 가을에 깊이 갈아 저온으로 죽게 하든지, 또는 봄에 갈아 노출된 것을 새 등이 포식하게 하고 깊이 묻힌 것은 우화(羽化)하지 못하게 하여 죽이는 방법이다.
② 차단법 : 이동하는 해충 주위에 도랑을 파서 떨어진 것을 모아 죽이거나 끈끈이를 수간에 발라두고 밑에서 기어오르는 것이나 위에서 밑으로 내려오는 해충을 잡아 죽이는 방법이다.
④ 유살법 : 해충의 특수한 습성 및 주성 등을 이용하거나 또는 유살물질(유인미끼), 유살기구 등에 의하여 유살시키는 방법이다.

22 묘목의 뿌리가 2년생, 줄기가 1년생을 나타내는 삽목묘의 연령 표기가 옳은 것은?

① 1−2묘
② 2−1묘
③ 1/2묘
④ 2/1묘

③ 1/2묘 : 뿌리의 나이가 2년, 줄기의 나이가 1년인 묘목이다. 1/1묘에 있어서 지상부를 한 번 절단해 주고 1년이 경과하면 1/2묘로 된다.
① 파종상 1년, 이식상 1번(2년)인 3년생 실생묘
② 파종상 2년, 이식상 1번(1년)인 3년생 실생묘
④ 뿌리가 1년생, 줄기가 2년 된 삽목묘

23 살충제 중 유제(乳劑)에 대한 설명으로 옳지 않은 것은?

① 수화제에 비하여 살포용 약액조제가 편리하다.

② 포장, 운송, 보관이 용이하며 경비가 저렴하다.

③ 일반적으로 수화제나 다른 제형(劑型)보다 약효가 우수하다.

④ 살충제의 주제를 용제(溶劑)에 녹여 계면활성제를 유화제로 첨가하여 만든다.

해설

유제

• 물에 녹지 않는 농약의 주제를 용제에 용해시켜 계면활성제를 첨가한다.

• 물과 혼합 시 우유 모양의 유탁액이 된다.

• 수화제보다 살포액의 조제가 편리하고 약효가 다소 높다.

24 갱신기간에 제한이 없고 성숙 임목만 선택해서 일부 벌채하는 것은?

① 왜림작업 ② 택벌작업

③ 산벌작업 ④ 맹아작업

해설

택벌작업

• 한 임분을 구성하고 있는 임목 중 성숙한 임목만을 국소적으로 추출 · 벌채하고 그곳의 갱신이 이루어지게 하는 것이다.

• 어떤 설정된 갱신기간이 없고 임분은 항상 대소노유의 각 영급의 나무가 서로 혼생하도록 하는 작업방법을 말한다.

25 다음 중 생가지치기를 할 때 상처부위의 부후 위험성이 가장 큰 수종은?

① 곰솔 ② 단풍나무

③ 리기다소나무 ④ 일본잎갈나무

해설

느릅나무, 벚나무, 단풍나무 등과 같이 가지의 절단면이 잘 아물지 않는 수종의 가지치기는 잔가지 또는 죽은가지에 한정하여 실시하고 절단면에는 반드시 도포제를 처리하여 상처의 유합을 촉진시킨다.

26 묘포에서 가장 피해가 심한 모잘록병의 발병 원인은?

① 세균 ② 균류

③ 바이러스 ④ 파이토플라스마

해설

모잘록병

• 토양서식 병원균에 의하여 당년생 어린묘의 뿌리 또는 땅가 부분의 줄기가 침해되어 말라 죽는 병

• 침엽수 중에는 소나무류, 낙엽송, 전나무, 가문비나무 등에, 활엽수 중에는 오동나무, 아까시나무, 자귀나무 등에 많이 발생

27 어린나무가꾸기의 1차 작업시기로 가장 알맞은 것은?

① 풀베기가 끝난 3~5년 후

② 가지치기가 끝난 5~6년 후

③ 덩굴제거가 끝난 1~2년 후

④ 솎아베기가 끝난 6~9년 후

해설

대개 풀베기가 끝나고 3~5년이 지난 다음에 1차 작업을 시작하고, 다시 3~4년이 지난 다음 2차 작업을 하며, 제거 대상목의 맹아가 약한 6~9월 중에 실시한다.

28 묘목의 굴취시기로 가장 좋지 않은 때는?

① 바람이 없는 날

② 비오는 날

③ 잎의 이슬이 마른 새벽

④ 흐린 날

묘목의 굴취시기
- 묘목은 가을에 굴취해서 이듬해 봄, 식재할 때까지 가식하거나, 냉장할 수 있으나, 식재하기 전 봄에 굴취하는 것이 가장 좋다.
- 낙엽수는 생장이 끝나고 낙엽이 완료된 후에 굴취한다.
- 비바람이 심할 때나 아침이슬이 있는 날은 작업을 피한다.

29 비행하는 곤충을 채집하기 위해 사용하는 트랩으로 옳지 않은 것은?

① 유아등

② 수반트랩

③ 미끼트랩

④ 끈끈이트랩

③ 미끼트랩 : 당분과 같은 미끼를 이용하여 채집하는 방법으로 서식곤충의 채집 방법에 속한다.

30 다음 해충 중 주로 수목의 잎을 가해하는 것으로 옳지 않은 것은?

① 어스렝이나방

② 솔알락명나방

③ 천막벌레나방

④ 솔노랑잎벌

솔알락명나방은 잣송이를 가해하여 잣 수확을 감소시키는 주요 해충이다.

31 오동나무 빗자루병의 매개충이 아닌 것은?

① 솔수염하늘소

② 담배장님노린재

③ 썩덩나무노린재

④ 오동나무매미충

오동나무 빗자루병
- 병징 : 병든 나무에는 연약한 잔가지가 많이 발생하고 담녹색의 아주 작은 잎이 밀생하여 마치 빗자루나 새집둥우리와 같은 모양을 이룬다.
- 병원체 및 병원 : 병원은 파이토플라스마이며 담배장님노린재, 썩덩나무노린재, 오동나무매미충에 의해 매개되며 병든 나무의 분근을 통해서도 전염된다.

32 수목의 대기오염 피해를 줄이기 위한 방제법으로 옳지 않은 것은?

① 이령혼효림으로 유도

② 내연성 수종으로 조림

③ 택벌을 피하고 개벌로 전환

④ 석회질비료를 시용하여 양료 유실 방지

택벌림, 중림, 왜림으로 산림을 갱신한다.

33 실생묘 표시법에서 1-1묘란?

① 판갈이한 후 1년간 키운 1년생 묘목이다.
② 파종상에서만 1년 키운 1년생 묘목이다.
③ 판갈이를 하지 않고 1년 경과된 종자에서 나온 묘목이다.
④ 파종상에서 1년을 보낸 다음, 판갈이하여 다시 1년이 지난 만 2년생 묘목으로 한 번 옮겨 심은 실생묘이다.

해설
실생묘 묘령의 표시
• 1-0묘 : 파종상에서 1년을 경과하고 상체된 일이 없는 1년생 실생묘목
• 1-1묘 : 파종상에서 1년, 그 뒤 한 번 상체되어 1년을 지낸 2년생 묘목
• 2-0묘 : 상체된 일이 없는 2년생 묘목
• 2-1묘 : 파종상에서 2년, 그 뒤 상체상에서 1년을 지낸 3년생 묘목
• 2-1-1묘 : 파종상에서 2년, 그 뒤 두 번 상체된 일이 있고 각 상체상에서 1년을 경과한 4년생 묘목

34 바람에 의해 전반(풍매전반)되는 수병은?

① 잣나무 털녹병균
② 근두암종병균
③ 오동나무 빗자루병균
④ 향나무 적성병균

해설
바람에 의한 전반(풍매전반) : 잣나무 털녹병균, 밤나무 줄기마름병균, 밤나무 흰가루병균

35 종자 저장 시 정선 후 곧바로 노천매장해야 하는 수종으로 짝지은 것은?

① 층층나무, 전나무
② 삼나무, 편백
③ 소나무, 해송
④ 느티나무, 잣나무

해설
④ 느티나무, 잣나무는 종자 채취 직후인 9월 상순~10월 하순에 매장한다.
① 토양동결 전(11월 하순)에 매장한다.
②·③ 토양동결이 풀린 후 파종 1개월 전(3월 중순)에 매장한다.

36 삽수의 발근이 비교적 잘되는 수종, 비교적 어려운 수종, 대단히 어려운 수종으로 분류할 때 비교적 잘되는 수종에 속하는 것은?

① 측백나무   ② 잣나무
③ 단풍나무   ④ 백합나무

해설
• 삽수의 발근이 잘되는 수종 : 측백나무, 포플러류, 버드나무류, 은행나무, 사철나무, 개나리, 주목, 향나무, 치자나무, 삼나무 등
• 삽수의 발근이 어려운 수종 : 밤나무, 느티나무, 백합나무, 소나무, 해송, 잣나무, 전나무, 단풍나무, 벚나무 등

37 오리나무잎벌레 유충이 가해한 수목의 피해 형태로 옳은 것은?

① 잎맥만 가해하여 구멍이 뚫어진다.

② 가지 끝을 가해하여 피해 입은 부위가 말라 죽는다.

③ 대부분 어린 새순을 갉아 먹어 수목의 생육을 방해한다.

④ 주로 잎의 잎살을 먹기 때문에 잎이 붉게 변색된다.

해설

오리나무잎벌레

연 1회 발생하며, 성충으로 지피물 밑 또는 흙 속에서 월동한다. 월동한 성충은 4월 하순부터 나와 새잎을 잎맥만 남기고 엽육(잎살)을 먹으며 생활하다가 5월 중순~6월 하순에 300여 개의 알을 잎 뒷면에 낳는다.

38 소나무 혹병의 중간기주는?

① 낙엽송　　② 송이풀

③ 졸참나무　　④ 까치밥나무

해설

소나무 혹병의 중간기주는 졸참나무, 신갈나무 등 참나무류이다.

39 피해목을 벌채한 후 약제 훈증처리의 방제가 필요한 수병은?

① 뽕나무 오갈병

② 잣나무 털녹병

③ 소나무 잎녹병

④ 참나무 시들음병

해설

참나무 시들음병의 방제

침입공에 메프 유제, 파프 유제 500배액을 주입하고, 피해목을 벌채하여 1m 길이로 잘라 쌓은 후 메탐소디움을 m^3당 1L씩 살포하고 비닐을 씌워 밀봉하여 훈증처리한다.

40 벌목조재작업 시 다른 나무에 걸린 벌채목의 처리로 옳지 않은 것은?

① 지렛대를 이용하여 넘긴다.

② 걸린 나무를 흔들어 넘긴다.

③ 걸려 있는 나무를 토막 내어 넘긴다.

④ 소형 견인기나 로프를 이용하여 넘긴다.

해설

다른 나무에 걸린 벌채목은 걸린 나무를 흔들거나 지렛대 혹은 소형 견인기나 로프를 이용하여 넘긴다.

41 휘발유와 윤활유 혼합비가 50 : 1일 경우 휘발유 20L에 필요한 윤활유는?

① 0.2L　　② 0.4L

③ 0.6L　　④ 0.8L

해설

휘발유와 윤활유의 혼합비율은 50 : 1이므로 휘발유 20L일 때 엔진오일의 양은 20/50 = 0.4L이다.

42 진딧물의 화학적 방제법 중 천적 보호에 유리한 방제 약제로 가장 좋은 것은?

① 훈증제
② 기피제
③ 접촉살충제
④ 침투성 살충제

해설
침투성 살충제
• 약제를 식물체의 뿌리·줄기·잎 등에 흡수시켜 식물체 전체에 약제가 분포되게 하여 흡즙성 곤충이 흡즙하면 죽게 하는 것
• 천적에 대한 피해가 없어 천적 보호의 입장에서도 유리한 것이다.

43 바람에 의하여 비화하는 현상은 어느 종류의 산불에서 가장 많이 발생하는가?

① 수관화
② 수간화
③ 지표화
④ 지중화

해설
수관화는 바람을 타고 바람이 부는 방향으로 'V'자형으로 연소가 진행하게 되는데, 이때의 열기로 상승기류가 일어나게 되면 비화, 즉 불붙은 껍질(수피)·열매(구과) 등이 가깝게는 수십 m, 멀게는 수 km까지 날아가 또 다른 산불을 야기한다.

44 집재장에서 통나무를 끌어 내리는 데 사용하기 가장 적합한 작업 도구는?

① 삽
② 지게
③ 사피
④ 클램프

해설
사피(도비) : 산악지대에서 벌도목을 끌 때 사용하는 도구로 한국형과 외국형이 있다.

45 체인톱 엔진이 돌지 않을 시 예상되는 고장 원인이 아닌 것은?

① 기화기 조절이 잘못되어 있다.
② 기화기 내 연료체가 막혀 있다.
③ 기화기 내 공전노즐이 막혀 있다.
④ 기화기 내 펌프질하는 막에 결함이 있다.

해설
체인톱 엔진이 돌지 않을 시 예상되는 원인
• 탱크가 비어 있다.
• 전원스위치가 열려 있다.
• 흡수호스 또는 전기도선에 결함이 있다.
• 흡입 통풍관의 필터가 작동하지 않는다(막혀 있다).
• 도선이 막혀 있다.
• 기화기 내의 연료체가 막혀 있다.
• 기화기 조절이 잘못되어 있다.
• 기화기 내 펌프질하는 막(엷은 막)에 결함이 있다.
• 기화기에 결함이 있다.
• 연료탱크의 공기주입이 막혀 있다.
• 플러그 수명이 다 되었거나 더러워져 있다.
• 플러그 점화케이블이 결합되었다.
• 점화코일과 단류장치에 결함이 있다.

46 임분을 띠 모양으로 구획하고 각 띠를 순차적으로 개벌하여 갱신하는 방법은?

① 산벌작업   ② 대상개벌작업
③ 군상개벌작업   ④ 대면적 개벌작업

② 대상개벌작업 : 갱신대상 임분을 임의의 대상지(帶狀地)로 구분하고 우선 그 중 1구역 이상의 대상지를 개벌하고, 인접 모수림으로부터 측방천연하종에 의하여 갱신한 후 점차 다른 대상지로 확대해 나가는 방법이다. 갱신의 진행순서에 따라 교호대상법과 연속대상법이 있다.
① 산벌작업 : 윤벌기에 비하여 비교적 짧은 갱신기간 중에 몇 차례에 걸친 벌채로 갱신면상에 있는 임목을 완전히 제거하는 작업이다.
③ 군상개벌작업 : 임분 내에 수개의 군상개벌면을 조성하여 주위의 모수림으로부터 측방천연하종에 의하여 치수를 발생시켜, 순차적으로 군상지 주위로 갱신면을 확대해 가는 방법이다.
④ 대면적 개벌작업 : 대면적 임분을 한 번에 개벌하여 측방천연하종으로 갱신하는 방법이다.

47 병원체의 감염에 의한 병징 중 변색에 해당하는 것은?

① 오갈   ② 총생
③ 모자이크   ④ 시들음

① 오갈 : 모양이 변형되어 오그라들거나 두터워진다.
② 총생 : 여러 개의 잎이 줄기에 무더기로 난다.
④ 위조(시들음) : 수목의 전체 또는 일부가 수분의 공급부족으로 시든다.

48 벌도된 나무에 가지치기와 조재작업을 하는 임업기계는?

① 포워더   ② 프로세서
③ 스윙야더   ④ 원목집게

프로세서(processor) : 하베스터와 유사하나 벌도 기능만 없는 장비. 즉, 일반적으로 전목재의 가지를 제거하는 가지자르기 작업, 재장을 측정하는 조재목 마름질 작업, 통나무자르기 등 일련의 조재작업을 한 공정으로 수행하여 원목을 한곳에 쌓을 수 있는 장비

49 다음 중 간벌의 효과가 아닌 것은?

① 숲을 건강하게 만든다.
② 나무의 생육을 촉진시킨다.
③ 중간수입을 얻을 수 있다.
④ 재적생장은 증가하지 않으나 형질생장은 증가한다.

④ 간벌(솎아베기)은 경제적으로 가치가 있는 수종을 대상으로 재적생장(부피생장)과 형질생장 모두를 촉진시켜 형질이 양호한 임목의 생산에 집중한다.

50 가선집재 기계를 이용하여 집재작업을 할 때, 초크 설치에 대한 유의사항으로 옳은 것은?

① 가급적 대량 집적하도록 설치한다.

② 작업자 위치는 작업줄의 내각에 있어야 한다.

③ 측방집재선 변경을 할 때에는 작업줄을 최대한 팽팽하게 하고 작업을 한다.

④ 작업원은 로딩 블록을 원목이 있는 지점까지 유도하여 정지시킨 상태에서 설치를 한다.

해설
초크 설치작업 시 주의사항
• 초크 설치작업 시 작업자의 위치는 작업줄의 내각에서 벗어나야 한다.
• 초크 고리 등 장비의 이상 유무는 항상 점검하고 결함이 없는 것을 사용해야 한다.
• 무리한 측방집재나 견인작업은 가능한 피한다.
• 초크 작업원은 로딩블록을 원목이 있는 지점까지 유도하여 정지시킨 상태에서 초크를 설치한다.

51 우리나라 여름철(+10~+40℃)에 기계를 사용 시 혼합유 제조를 위한 윤활유 점도가 가장 알맞은 것은?

① SAE 30
② SAE 20
③ SAE 10
④ SAE 20 W

해설
윤활유의 외부기온에 따른 점액도의 선택기준 예
• 외기온도 +10~+40℃ = SAE 30
• 외기온도 -10~+10℃ = SAE 20
• 외기온도 -30~-10℃ = SAE 20W
기계톱 윤활유의 점액도가 SAE 20W일 때 'W'는 겨울용을 표시하며 외기온도 범위는 -30~-10℃ 정도이다.

52 다음 중 제초제의 병 뚜껑과 포장지 색으로 옳은 것은?

① 녹색
② 황색
③ 분홍색
④ 빨간색

해설
농약제의 포장지 색
• 살균제 : 분홍색
• 살충제 : 녹색
• 제초제 : 황색
• 비선택형 제초제 : 적색
• 생장조절제 : 청색

53 어깨걸이식 예불기를 메고 바른 자세로서 손을 떼었을 때 지상으로부터 날까지의 가장 적절한 높이는 몇 cm 정도인가?

① 5~10
② 10~20
③ 20~30
④ 30~40

54 뽕나무 오갈병의 병원균은?

① 균류
② 바이러스
③ 파이토플라스마
④ 선충

해설

뽕나무 오갈병의 병원균은 파이토플라스마이며, 마름무늬매미충에 의해 매개되고 접목에 의해서도 전염된다.

55 내화력이 강한 수종으로만 바르게 짝지은 것은?

① 은행나무, 녹나무
② 대왕송, 참죽나무
③ 가문비나무, 회양목
④ 동백나무, 구실잣밤나무

해설

내화력이 강한 수종
• 침엽수 : 은행나무, 잎갈나무, 분비나무, 가문비나무, 개비자나무, 대왕송 등
• 상록활엽수 : 아왜나무, 굴거리나무, 회양목 등
• 낙엽활엽수 : 피나무, 고로쇠나무, 마가목, 고광나무, 가중나무, 사시나무, 참나무 등

56 향나무 녹병균이 배나무를 중간숙주로 기생하여 오렌지색 별무늬가 나타나는 시기로 가장 옳은 것은?

① 3~4월   ② 6~7월
③ 8~9월   ④ 10~11월

해설

향나무 녹병균은 배나무를 중간숙주로 기생하는데, 6~7월에 잎과 열매 등에 오렌지색 별무늬로 나타난 후 녹포자를 형성하면 향나무에 날아가 기생하면서 균사 상태로 월동한다.

57 체인톱과 예불기 등 2행정 기관의 연료로 적합한 것은?

① 가솔린과 경유
② 가솔린과 오일 혼합유
③ 경유와 오일
④ 가솔린과 석유 혼합유

해설

2행정 기관은 반드시 가솔린에 윤활유(오일)를 약간 혼합하여 사용하며, 배합비는 가솔린 : 윤활유 = 25 : 1이 적당하다.

58 주로 나무의 상처부위로 병원균이 침입하여 발병하는 것으로 상처부위에 올바른 외과수술을 해야 하며, 저항성 품종을 심어 방제하는 병은?

① 밤나무 줄기마름병
② 향나무 녹병
③ 소나무 잎떨림병
④ 삼나무 붉은마름병

해설

밤나무 줄기마름병균은 밤나무 줄기와 가지의 상처를 중심으로 병반이 형성되는데 초기에는 황갈색이나 적갈색으로 변하고 수피가 부풀어 오른다.

59 체인톱의 평균 수명과 안내판의 평균 수명으로 옳은 것은?

① 1,000시간, 300시간
② 1,500시간, 450시간
③ 2,000시간, 600시간
④ 2,500시간, 700시간

해설

체인톱의 사용시간
• 몸통의 수명 : 약 1,500시간
• 안내판 수명 : 약 450시간
• 체인의 수명 : 약 150시간

60 이리톱을 연마할 때 필요하지 않은 것은?

① 원형줄
② 평줄
③ 톱니꼭지각 검정쇠
④ 각도 안내판

해설

일반적인 톱니 가는 순서
• 톱니는 묻은 기름 또는 오물을 마른걸레로 제거한다.
• 양쪽에서 젖혀져 있는 톱니는 모두 일직선이 되도록 바로 펴 놓는다.
• 평면줄로 톱니 높이를 모두 같게 갈아주어 톱니꼭지선이 일치되도록 조정한다.
• 톱니꼭지선 조정 시 낮아진 높이만큼 톱니홈을 파주되 홈의 바닥이 바른 모양이 되도록 한다.
• 규격에 맞는 줄로 톱니 양면의 날을 일정한 각도로 세워주고 동시에 올바른 꼭지각이 되도록 유지한다(각도 안내판, 톱니꼭지각 검정쇠 사용).

01 유충과 성충 모두가 나무의 잎을 가해하는 해충은?

① 밤나무어스렝이나방
② 오리나무잎벌레
③ 참나무재주나방
④ 솔나방

해설

오리나무잎벌레는 성충과 유충이 동시에 잎을 식해하는데, 유충의 가해기간은 5월 하순~8월 상순경이다. 6월 중순에 사이스린 액제, 디프 수화제를 수관 살포하면 성충과 유충을 동시에 방제할 수 있다.

02 벌목작업 도구 중에서 쐐기는?

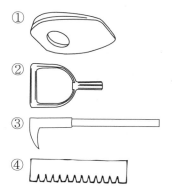

해설

② draw shave(박피용 도구), ③ 사피, ④ 이식판

03 리기다소나무 노지묘 1년생 묘목의 곤포당 본수는?

① 1,000본   ② 2,000본
③ 3,000본   ④ 4,000본

해설

리기다소나무의 곤포당 본수(종묘사업실시요령)

형태	묘령	곤포당		속당 본수
		본수(본)	속수(속)	
노지묘	1-0	2,000	100	20
	1-1	1,000	50	20

04 가선집재의 장점에 대한 설명 중 틀린 것은?

① 다른 집재 방법보다 지형조건의 영향을 적게 받는다.
② 임지 및 잔존임분에 피해를 최소화할 수 있다.
③ 트랙터 집재에 비해 집재작업에 필요한 에너지가 적게 소요된다.
④ 다른 집재 방법보다 작업원에 대한 기술적 요구도가 낮다.

해설

④ 가선집재는 주로 집재기에 연결된 와이어로프에 의하여 공중에 가설한 와이어로프에 부착된 반송기(carriage)를 이동시켜 집재하는 방법으로 작업원에 대한 기술적 요구도가 높다.

05 다음 중 종자 수득률이 가장 높은 수종은?

① 잣나무   ② 벚나무

③ 박달나무   ④ 가래나무

> **해설**
>
> 종자수득률
> 가래나무(50.9%) > 박달나무(23.3%) > 벚나무
> (18.2%) > 잣나무(12.5%)

06 측척이란 무엇에 사용되는 도구인가?

① 벌도목의 방향전환에 사용되는 도구이다.

② 침엽수의 박피를 위한 도구이다.

③ 벌채목을 규격대로 자를 때 표시하는 도구이다.

④ 산악지대 벌목지에서 사용되는 도구로서 방향전환 및 끌어내기를 동시에 할 수 있는 도구이다.

> **해설**
>
> 측척은 벌채목을 규격대로 자를 때 표시하는 도구로 흔히 나무막대를 사용한다.

07 임지에 비료목을 식재하여 지력을 향상시킬 수 있는데, 다음 중 비료목으로 적당한 수종은?

① 소나무   ② 전나무

③ 오리나무   ④ 사시나무

> **해설**
>
> 오리나무 뿌리에는 뿌리혹박테리아가 공생해서 척박한 토양에서도 잘 자라고, 거친 토양을 기름지게 만들어 비료목이라고도 한다.

08 중림작업에 대한 설명으로 옳은 것은?

① 각종 피해에 대한 저항력이 약하다.

② 하층목의 맹아 발생과 생장이 촉진된다.

③ 상층을 벌채하면 하층이 후계림으로 상층까지 자란다.

④ 상층과 하층은 동일수종인 것이 원칙이나 다른 수종으로 혼생시킬 수 있다.

> **해설**
>
> ① 숲의 구조를 다양화하여 단순림에 비해 각종 피해에 대한 저항력이 더 강하다.
> ② 상층목의 그늘로 인해 하층목의 생장이 오히려 억제될 수 있다.
> ③ 하층이 후계림으로 자라는 것은 맞지만 상층까지 자라지 않을 수도 있다.

09 묘목의 가식작업에 관한 설명으로 옳지 않은 것은?

① 장기간 가식할 때에는 다발째로 묻는다.

② 장기간 가식할 때에는 묘목을 바로 세운다.

③ 충분한 양의 흙으로 묻은 다음 관수(灌水)를 한다.

④ 일시적으로 뿌리를 묻어 건조방지 및 생기회복을 위해 실시한다.

> **해설**
>
> ① 장기간 가식하고자 할 때에는 묘목을 다발에서 풀어 도랑에 한 줄로 세우고, 충분한 양의 흙으로 뿌리를 묻은 다음 관수를 한다.

10 묘목의 뿌리가 2년생, 줄기가 1년생을 나타내는 삽목묘의 연령 표기를 바르게 한 것은?

① 2-1묘 ② 1-2묘
③ 1/2묘 ④ 2/1묘

해설
① 파종상 2년, 이식상 1번(1년)인 3년생 실생묘
② 파종상 1년, 이식상 1번(2년)인 3년생 실생묘
④ 뿌리가 1년생, 줄기가 2년된 삽목묘

11 벚나무 빗자루병의 방제법으로 옳지 않은 것은?

① 디페노코나졸 입상수화제를 살포한다.
② 옥시테트라사이클린 항생제를 수간주사한다.
③ 동절기에 병든 가지 밑 부분을 잘라 소각한다.
④ 이미녹타딘트리스알베실레이트 수화제를 살포한다.

해설
② 옥시테트라사이클린 항생제는 세균성 병해에 효과가 있다.
※ 벚나무 빗자루병의 방제법
• 겨울철에 병든 가지 밑 부분을 잘라 내어 소각하며, 반드시 봄에 잎이 피기 전에 실시해야 한다.
• 병든 가지를 잘라낸 후 나무 전체에 8-8식 보르도액을 1~2회 살포한다. 약제 살포는 잎이 피기 전에 해야 하며, 휴면기살포가 좋다.
• 이병지는 비대해진 부분을 포함해서 잘라 제거하고 테부코나졸 도포제를 발라준다.

12 다음 종자 중 발아율이 가장 낮은 것은?

① 주목 ② 비자나무
③ 해송 ④ 전나무

해설
④ 전나무 : 25% 이상
① 주목 : 55% 이상
② 비자나무 : 61.5% 이상
③ 해송 : 91.7% 이상

13 대기오염물질 중 아황산가스에 잘 견디는 수종으로 옳은 것은?

① 전나무, 느릅나무
② 소나무, 사시나무
③ 단풍나무, 향나무
④ 오리나무, 자작나무

해설
아황산가스(SO_2)에 잘 견디는 수종 : 편백, 화백, 측백, 단풍나무, 향나무, 가시나무, 플라타너스, 은행나무, 비자나무, 오리나무, 튤립나무, 회화나무

14 점파(점뿌림)가 적합한 수종은?

① 리기다소나무, 소나무
② 가문비나무. 주목
③ 낙엽송, 측백나무
④ 호두나무, 밤나무

해설
점파(점뿌림)
밤나무, 참나무류, 호두나무 등의 대립종자의 파종에 이용되는 방법으로 상면에 균일한 간격(10~20cm)으로 1~3립씩 파종한다.

15 조림목 외의 수종을 제거하고 조림목이라도 형질이 불량한 나무를 벌채하는 무육작업은?

① 풀베기　　② 덩굴치기
③ 제벌　　　④ 가지치기

해설

제벌이란 조림목이 임관을 형성한 뒤부터 간벌할 시기에 이르는 사이에 침입 수종의 제거를 주로 하고 아울러 자람과 형질이 매우 나쁜 것을 끊어 없애는 일을 말한다.

16 수목과 광선에 대한 설명으로 틀린 것은?

① 수종에 따라 광선의 요구도에 차이가 있는 것은 아니다.
② 광선은 임목의 생장에 절대적으로 필요하다.
③ 소나무와 같은 수종을 양수라 한다.
④ 전나무와 같은 수종을 음수라 한다.

해설

① 광선의 요구도는 수종에 따라 차이가 있다.

17 삽목할 때 삽수의 발근 촉진제로 사용할 수 없는 약제는?

① 인돌부틸산(IBA)
② 나프탈렌초산(NAA)
③ 인돌초산(IAA)
④ 2,4-D

해설

인공적으로 합성된 발근 촉진제로는 인돌부틸산(IBA), 인돌초산(IAA), 나프탈렌초산(NAA) 등이 있다.

18 향나무 녹병의 방제법으로 틀린 것은?

① 보르도액을 살포한다.
② 중간기주를 제거한다.
③ 향나무의 감염된 수피를 제거·소각한다.
④ 주변에 배나무를 식재하여 보호한다.

해설

④ 배나무는 중간기주이므로 주변에 식재하지 않아야 한다.

19 왜림의 특징이 아닌 것은?

① 땔감 생산용으로 알맞다.
② 벌기가 길다.
③ 맹아로 갱신된다.
④ 수고가 낮다.

해설

왜림은 벌기가 짧아 적은 자본으로 경영할 수 있다.

20 예비벌 → 하종벌 → 후벌로 갱신되는 작업법은?

① 택벌작업
② 중림작업
③ 산벌작업
④ 모수작업

해설

산벌작업은 임분을 예비벌, 하종벌, 후벌로 3단계 갱신벌채를 실시하여 갱신하는 방법이다.

21 대목의 수피에 T자형으로 칼자국을 내고 그 안에 접아를 넣어 접목하는 방법은?

① 절접   ② 눈접
③ 설접   ④ 할접

> **해설**
> ② 아접이라고도 하며 복숭아나무, 자두나무, 장미 등에 사용된다.

22 대면적개벌 천연하종갱신법의 장단점에 관한 설명으로 옳은 것은?

① 음수의 갱신에 적용한다.
② 새로운 수종 도입이 불가하다.
③ 성숙임분갱신에는 부적당하다.
④ 토양의 이화학적 성질이 나빠진다.

> **해설**
> ① 양수의 갱신에 적용될 수 있다.
> ② 인공식재로 갱신하면 새로운 수종 도입이 가능하다.
> ③ 성숙임분갱신에 알맞은 방법이다.

23 포플러 잎녹병의 중간기주는?

① 오동나무
② 오리나무
③ 졸참나무
④ 일본잎갈나무

> **해설**
> 포플러 잎녹병의 중간기주는 일본잎갈나무(낙엽송)이다.

24 덩굴류 제거작업 시 약제 사용에 대한 설명으로 옳은 것은?

① 작업시기는 덩굴류 휴지기인 1~2월에 한다.
② 칡 제거는 뿌리까지 죽일 수 있는 글라신 액제가 좋다.
③ 약제 처리 후 24시간 이내에 강우가 있을 때 흡수율이 높다.
④ 제초제는 살충제보다 독성이 적으므로 약제 취급에 주의를 기울일 필요가 없다.

> **해설**
> ① 덩굴제거의 적기는 생장기인 7월경이 적당하다.
> ③ 강우가 예상될 때 살포하는 것을 중지한다.
> ④ 제초제는 고독성이므로 약제 취급에 주의를 기울여야 한다.

25 다음 중 살충제의 제형에 따라 분류된 것은?

① 수화제   ② 훈증제
③ 유인제   ④ 소화중독제

> **해설**
> 농약의 분류
> • 사용목적에 따른 분류 : 살균제, 살충제, 살비제, 살선충제, 제초제, 식물 생장조정제, 혼합제, 살서제 등
> • 주성분 조성에 따른 분류 : 유기인계, 카바메이트계, 유기염소계, 유황계, 동계, 유기비소계, 항생물질계, 피레스로이드계, 페녹시계, 트리아진계, 요소계, 설포닐유레아계 등
> • 제형에 따른 분류 : 유제, 수화제, 분제, 미분제, 수화성미분제, 입제, 액제, 액상수화제, 미립제, 세립제, 저미산분제, 수면전개제, 종자처리수화제, 캡슐현탁제, 분의제, 과립훈련제, 과립수화제, 캡슐제 등

26 봄에 묘목을 가식할 때 묘목의 끝은 어느 방향으로 향하게 하여 경사지게 묻는가?

① 동쪽　　　② 서쪽
③ 북쪽　　　④ 남쪽

해설

묘목의 끝을 가을에는 남쪽으로, 봄에는 북쪽으로 45° 경사지게 한다.

27 다음 중 꽃이 핀 다음 씨앗이 익을 때까지 걸리는 기간이 가장 짧은 것은?

① 향나무, 가문비나무
② 사시나무, 버드나무
③ 소나무, 상수리나무
④ 자작나무, 굴참나무

해설

• 사시나무, 미루나무, 버드나무 : 꽃핀 직후 종자 성숙
• 전나무, 가문비나무, 자작나무 : 꽃핀 해의 가을에 종자 성숙
• 소나무, 상수리나무, 굴참나무 : 꽃핀 이듬해 가을에 종자 성숙

28 인공조림으로 갱신할 때 가장 용이한 작업 종은?

① 개벌작업　　　② 택벌작업
③ 산벌작업　　　④ 모수작업

해설

개벌작업이란 갱신하고자 하는 임지 위에 있는 임목을 일시에 벌채하여 이용하고, 그 적지에 새로운 임분을 조성시키는 방법이다.

29 유아등으로 등화유살할 수 있는 해충은?

① 오리나무잎벌레
② 솔잎혹파리
③ 밤나무순혹벌
④ 어스렝이나방

해설

등화유살 : 곤충의 주광성을 이용하여 곤충이 유아등에 모이게 하여 죽이는 방법으로, 9~10월에 어스렝이나방에게 사용할 수 있다.

30 묘포의 정지 및 작상에 있어서 가장 적합한 밭갈이 깊이는?

① 20cm 미만
② 20cm~30cm 정도
③ 30cm~50cm 정도
④ 50cm 이상

해설

밭갈이는 묘목성장에 필요한 깊이로 흙을 갈아엎는 것으로 경토심은 20~30cm 정도로 한다.

31 밤나무에 가장 알맞은 종자 파종법은?

① 흩어뿌림
② 줄뿌림
③ 점뿌림
④ 군상으로 모아뿌림

해설

점파(점뿌림) : 밤나무, 참나무류, 호두나무 등 대립종자의 파종에 이용되는 방법으로 상면에 균일한 간격(10~20cm)으로 1~3립(粒)씩 파종한다.

32 소나무재선충에 대한 설명이 아닌 것은?

① 피해고사목은 벌채 후 매개충의 번식처를 없애기 위하여 임지 외로 반출한다.

② 유충은 자라서 터널 끝에 번데기방을 만들고 그 안에서 번데기가 된다.

③ 매개충은 솔수염하늘소이다.

④ 소나무재선충은 후식상처를 통하여 수체 내로 이동해 들어간다.

해설

고사목은 철저히 벌채하여 잔가지까지 소각하고 임지 외 반출을 금한다.

33 묘포상에서 해가림이 필요하지 않은 수종은?

① 소나무　　　② 낙엽송

③ 전나무　　　④ 잣나무

해설

소나무, 해송, 리기다, 사시나무 등의 양수는 해가림이 필요 없으나 가문비나무, 잣나무, 전나무, 낙엽송, 삼나무, 편백 등은 해가림이 필요하다.

34 피해목을 벌채한 후 약제 훈증처리의 방제가 필요한 수병은?

① 뽕나무 오갈병

② 잣나무 털녹병

③ 소나무 잎녹병

④ 참나무 시들음병

해설

참나무 시들음병의 방제

침입공에 메프 유제, 파프 유제 500배액을 주입하고, 피해목을 벌채하여 1m 길이로 잘라 쌓은 후 메탐소디움을 m²당 1L씩 살포하고 비닐을 씌워 밀봉하여 훈증처리한다.

35 다음 중 기주교대를 하는 수목병에 해당하지 않는 것은?

① 포플러 잎녹병

② 소나무 재선충병

③ 잣나무 털녹병

④ 사과나무 붉은별무늬병

해설

소나무 재선충은 소나무류의 목질부에 기생하여 치명적인 피해를 준다. 자체적으로 이동 능력이 없어 매개충인 솔수염하늘소에 의해 전파된다.

36 다음 중 제초제의 병 뚜껑과 포장지 색으로 옳은 것은?

① 녹색　　　　② 황색

③ 분홍색　　　④ 빨간색

해설

농약제의 포장지 색
- 살균제 : 분홍색
- 살충제 : 녹색
- 제초제 : 황색
- 비선택형 제초제 : 적색
- 생장조절제 : 청색

37 저온에 의한 피해 중에서 수목 조직 내에 결빙이 일어나는 피해는?

① 한해　　　　② 습해

③ 동해　　　　④ 설해

해설

① 한해 : 지중수분의 부족에 기인하는 것으로 고온이 직접적 원인은 아니지만, 고온일수록 피해가 더 커진다.

② 습해 : 토양이 과습하여 작물생장이 쇠퇴하고 수량이 저하되는 등의 피해가 발생한다.

④ 설해 : 눈이 쌓여 가지가 벌어지거나 부러지는 피해가 발생한다.

38 완전변태를 하지 않는 산림해충은?

① 소나무좀
② 솔잎혹파리
③ 오리나무잎벌레
④ 버즘나무방패벌레

버즘나무방패벌레는 번데기 과정을 거치지 않고 유충에서 성충으로 성장한다.

39 뽕나무 오갈병의 병원균은?

① 균류　　　　② 선충
③ 바이러스　　④ 파이토플라스마

뽕나무 오갈병의 병원균은 파이토플라스마이며, 마름무늬매미충에 의해 매개되고 접목에 의해서도 전염된다.

40 수목과 균의 공생관계가 알맞은 것은?

① 소나무 – 송이균
② 잣나무 – 송이균
③ 참나무 – 표고균
④ 전나무 – 표고균

송이는 소나무와 공생하면서 발생시키는 버섯으로 천연의 맛과 향기가 뛰어나다.

41 세균에 의한 수목 병해는?

① 소나무 잎녹병
② 낙엽송 잎떨림병
③ 호두나무 뿌리혹병
④ 밤나무 줄기마름병

① 소나무 잎녹병 : 담자균
② 낙엽송 잎떨림병 : 자낭균
④ 밤나무 줄기마름병 : 자낭균

42 내화성이 강한 수종으로 짝지어 있지 않은 것은?

① 은행나무, 굴거리나무
② 삼나무, 녹나무
③ 잎갈나무, 가중나무
④ 피나무, 황벽나무

삼나무, 소나무, 편백, 녹나무 등은 내화성이 약한 수종이다.

43 다음 수목 병해 중 바이러스에 의한 병은?

① 잣나무 털녹병
② 벚나무 빗자루병
③ 포플러 모자이크병
④ 밤나무 줄기마름병

① 잣나무 털녹병 : 담자균류
②・④ 벚나무 빗자루병, 밤나무 줄기마름병 : 자낭균

44 경사지나 평지 등 모든 곳에 사용하는 일반적인 사식재괭이 날의 자루에 대한 적정한 각도(A) 범위는?

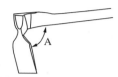

① 60~70° ② 75~80°
③ 80~85° ④ 85~90°

사식재괭이는 대묘보다 소묘의 사식에 적합하며 날의 자루에 대한 각도는 60~70°가 적당하다.

45 살균제로서 광범위하게 사용되고 있는 보르도액에 대한 설명 중 맞는 것은?

① 보호살균제이며 소나무 묘목의 잎마름병, 활엽수의 반점병, 잿빛곰팡이병 등에 효과가 우수하다.
② 직접살균제이며 흰가루병, 토양전염성 병에 효과가 좋다.
③ 치료제로서 대추나무, 오동나무의 빗자루병에도 효과가 우수하다.
④ 보르도액의 조제에 필요한 것은 황산구리와 생석회이며, 조제에 필요한 생석회의 양은 황산구리의 2배이다.

보르도액은 효력의 지속성이 큰 보호살균제로서 비교적 광범위한 병원균에 대하여 유효하다. 흔히 황산구리 450g보다 적은 양의 생석회로 만든 것을 소석회보르도액, 같은 양씩 가지고 만든 것을 보통석회보르도액, 황산구리보다 많은 양의 생석회로 만든 것을 과석회보르도액이라고 한다.

46 우리나라의 산림해충 중에서 많은 종류를 차지하고 있으며, 대개 외골격이 발달하여 단단하고, 씹는 입틀을 가지고 완전변태를 하는 것은?

① 딱정벌레목 ② 나비목
③ 노린재목 ④ 벌목

딱정벌레목(Cleoptera)은 전 세계에 알려진 곤충의 종 가운데 40%인 40만여 종을 차지하는 목이다. 나무 위에 사는 것이 가장 많다. 또한 초목의 잎줄기, 가지, 썩은 나무 속, 버섯, 물속 등 거의 모든 곳에 서식한다.

47 2행정 내연기관에서 외부의 공기가 크랭크실로 유입되는 원리로 옳은 것은?

① 크랭크실과 외부와의 기압차
② 크랭크축 운동의 원심력
③ 기화기의 공기펌프
④ 피스톤의 흡입력

공기의 흡입은 크랭크실의 기압과 대기압의 차이에 의해 이루어진다.

48 와이어로프 고리를 만들 때 와이어로프 직경의 몇 배 이상으로 하는가?

① 10배 ② 15배
③ 20배 ④ 25배

와이어로프 고리를 만들 때 지름은 와이어로프 지름의 20배 이상으로 한다.

49 종자의 발아력 조사에 쓰이는 약제는?

① 에틸렌
② 지베렐린
③ 테트라졸륨
④ 사이토키닌

테트라졸륨 0.1~1.0%의 수용액에 생활력이 있는 종자의 조직을 접촉시키면 붉은색으로 변하고, 죽은 조직에는 변화가 없다.

50 솔노랑잎벌의 가해형태에 대한 설명으로 옳은 것은?

① 주로 묵은 잎을 가해한다.
② 울폐된 임분에 많이 발생한다.
③ 새순의 줄기에서 수액을 빨아 먹는다.
④ 봄에 부화한 유충이 새로 나온 잎을 갉아먹는다.

솔노랑잎벌(벌목 솔노랑잎벌과)
• 가해수종 : 적송, 흑송 및 기타 소나무류
• 생태
 - 1년에 1회 발생하며 유충은 4월 중순~5월에 나타나고, 5월 중순경 노숙한 유충은 땅속에서 고치가 된다.
 - 9월 상순에 용화하고 10월 중·하순에 성충이 우화한다.
 - 암컷은 솔잎의 조직 속에 7~8개의 알을 1열로 낳으며 알로 월동한다.
 - 다음 해 봄에 부화유충은 전년도의 솔잎만을 먹으며 끝에서부터 기부의 엽초부를 향하여 가해한다.
 - 유충기간은 28일 정도이고 산란수는 60개 내외이다.

51 우리나라 여름철(+10~+40℃)에 기계를 사용할 때, 혼합유 제조를 위한 윤활유 점도로 가장 알맞은 것은?

① SAE 20   ② SAE 20W
③ SAE 30   ④ SAE 10

윤활유의 외부기온에 따른 점액도의 선택기준 예
• 외기온도 +10~+40℃ = SAE 30
• 외기온도 −10~+10℃ = SAE 20
• 외기온도 −30~−10℃ = SAE 20W
기계톱 윤활유의 점액도가 SAE 20W일 때 'W'는 겨울용을 표시하며 외기온도 범위는 −30~−10℃ 정도이다.

52 산림작업 시 안전사고 예방을 위하여 지켜야 할 사항으로 옳지 않은 것은?

① 작업실행에 심사숙고할 것
② 긴장하지 말고 부드럽게 할 것
③ 가급적 혼자 작업하여 능률을 높일 것
④ 휴식 직후에는 서서히 작업속도를 높일 것

③ 혼자서는 작업하지 말 것

53 기계톱에 사용하는 윤활유에 대한 설명으로 옳은 것은?

① 윤활유 SAE 20W 중 W는 중량을 의미한다.

② 윤활유 SAE 30 중 SAE는 국제자동차협회의 약자이다.

③ 윤활유의 점액도 표시는 사용 외기온도로 구분된다.

④ 윤활유 등급을 표시하는 번호가 높을수록 점도가 낮다.

해설

체인톱에 사용하는 윤활유
- 윤활유의 점액도 표시는 사용 외기온도로 구분된다.
- 윤활유의 선택은 기계톱의 안내판 수명과 직결된다.
- 윤활유의 등급을 표시하는 기호의 번호가 높을수록 점액도가 높다.
- W는 'Winter'의 약자로 겨울용을 의미한다.
- SAE는 미국자동차기술협회(Society of Automotive Engineers)의 약자이다.
- 묽은 윤활유를 사용하면 톱날의 수명이 짧아진다.
- 윤활유는 가이드바 홈 속에 침투해야 한다.

54 예불기 구성요소인 기어케이스 내 그리스(윤활유)의 교환은 얼마 사용 후 실시하는 것이 가장 효과적인가?

① 10시간   ② 20시간

③ 50시간   ④ 200시간

해설

예불기의 윤활
- 기어케이스 내부의 주입구를 통하여 90~120 그리스를 20~25cc 정도 주유한다.
- 윤활유는 너무 과다하게 주입하면 밀폐부에서 밖으로 새어 나와 먼지나 이물질이 부착되어 고장의 원인이 되고, 너무 적게 넣으면 베어링 및 기어의 마모가 심해진다.
- 윤활유 사용시간 누계가 20시간이 되었을 때마다 전부 교환해주는 것이 좋다.

55 다음 중 조림 및 육림용 기계가 아닌 것은?

① 윈치   ② 예불기

③ 체인톱   ④ 동력지타기

해설

소형 윈치 : 집재용 윈치, 크레인, 파미윈치 등
- 집재용 윈치 : 소형 집재차량은 집재 및 적재용 윈치를 사용한다.
- 크레인 : 적재작업을 원활히 수행하기 위하여 소형차에는 윈치 부착 크레인, 적재집재차량에는 크레인그래플을 장착한 것이 많다.
- 파미윈치 : 트랙터의 동력을 이용한 지면끌기식 집재기계이다.
② 예불기 : 풀베기용 기계
③ 체인톱 : 벌목용 기계
④ 동력지타기 : 가지치기용 기계

56 벌목조재작업 시 다른 나무에 걸린 벌채목의 처리로 옳지 않은 것은?

① 지렛대를 이용하여 넘긴다.

② 걸린 나무를 흔들어 넘긴다.

③ 걸려있는 나무를 토막 내어 넘긴다.

④ 소형 견인기나 로프를 이용하여 넘긴다.

해설

다른 나무에 걸린 벌채목은 걸린 나무를 흔들거나 지렛대 혹은 소형 견인기나 로프를 이용하여 넘긴다.

57 청각기능을 하는 존스턴기관은 곤충 더듬이의 어느 부위에 존재하는가?

① 자루마디 ② 팔굽마디
③ 기부 ④ 채찍마디

해설
곤충의 존스턴기관(Johnston's Organ)은 청각기관의 일종으로 더듬이의 팔굽마디(흔들마디)에 위치하며, 편절에 있는 털의 움직임에 자극을 받는다.

58 그림 중 사피에 해당하는 것은?

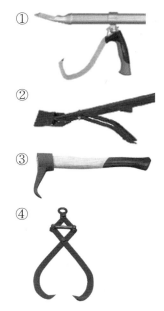

① ② ③ ④

해설
사피는 산악지대에서 벌도목을 끌 때 사용하는 도구이다.

59 포플러 잎녹병을 방제하는 방법으로 틀린 것은?

① 비교적 저항성인 포플러 계통을 식재한다.
② 4-4식 보르도액을 살포한다.
③ 병든 잎이 달렸던 가지를 잘라준다.
④ 중간기주 식물이 많이 분포하고 있는 곳을 피하여 식재한다.

해설
③ 병든 잎이 달렸던 가지는 모아 태운다.

60 활엽수의 잎을 가해하는 미국흰불나방에 대한 설명으로 틀린 것은?

① 보통 1년에 2~3회 발생한다.
② 잎 뒷면에 600~700개의 알을 낳는다.
③ 1화기 성충은 7월 하순부터 8월 중순에 우화한다.
④ 용화 장소는 수피 사이나 지피물 밑 등이며, 번데기로 월동한다.

해설
③ 1화기 성충은 5월 중순~6월 상순에 우화하며 수명은 4~5일이다.

01 가을에 묘목을 가식할 때 묘목의 끝은 어느 방향으로 향하게 하여 경사지게 묻는가?

① 동쪽

② 서쪽

③ 북쪽

④ 남쪽

해설

묘목의 끝을 가을에는 남쪽으로, 봄에는 북쪽으로 45° 경사지게 한다.

02 소립종자의 실중(實重)을 알맞게 설명한 것은?

① 종자 10립의 무게이다.

② 종자 100립의 무게이다.

③ 종자 1,000립의 무게이다.

④ 종자 5,000립의 무게이다.

해설

실중은 종자 1,000립의 무게를 g으로 나타낸 것으로 대립종자 100립, 소립종자 1,000립을 4회 반복하여 무게를 측정한 평균치이다.

03 기계톱 윤활유의 점액도가 SAE 20W일 때 사용 외기온도는 몇 ℃가 적당한가?

① 10~20℃

② -30~-10℃

③ -10~10℃

④ 30~50℃

해설

SAE 20W : 'W'는 겨울용을 표시하며 외기온도 범위는 -30~-10℃ 정도이다.

04 다음의 여러 가지 파종방법 중에서 노동력이 가장 적게 소요되는 것은?

① 적파(摘播)

② 점뿌림(點播)

③ 골뿌림(條播)

④ 흩어뿌림(散播)

해설

파종양식

• 산파 : 종자를 포장 전면에 흩어 뿌리는 방식으로, 노력이 적게 드나 종자 소비량이 가장 많음

• 조파 : 종자를 줄지어 뿌리는 방법

• 적파 : 일정한 간격을 두고 여러 개의 종자를 한곳에 파종하는 방법

• 점파 : 일정한 간격으로 종자를 1~2개씩 파종하는 방법

05 임업용 와이어로프의 용도 중 작업선의 안전계수 기준은?

① 2.7 이상
② 4.0 이상
③ 6.0 이상
④ 7.5 이상

해설

와이어로프의 용도별 안전계수

와이어로프의 용도	안전계수
가공본선	2.7
예인선	4.0
작업선	4.0
호이스트선	6.0
버팀선	4.0
매달기선	6.0

06 수종별 무기양료의 요구도가 적은 것에서 큰 순서로 나열된 것은?

① 백합나무 < 자작나무 < 소나무
② 자작나무 < 백합나무 < 소나무
③ 소나무 < 자작나무 < 백합나무
④ 소나무 < 백합나무 < 자작나무

해설

일반적인 조경식물의 양료 요구도
소나무 < 침엽수 < 활엽수 < 유실수 < 농작물

07 대면적 개벌천연하종갱신법의 장단점에 관한 설명으로 옳은 것은?

① 음수의 갱신에 적용한다.
② 새로운 수종 도입이 불가하다.
③ 성숙임분갱신에는 부적당하다.
④ 토양의 이화학적 성질이 나빠진다.

해설

① 양수의 갱신에 적용한다.
② 인공식재로 갱신하면 새로운 수종 도입이 가능하다.
③ 성숙임분갱신에 적당하다.

08 잣나무 종자의 성숙시기는?

① 꽃이 핀 당년
② 꽃이 핀 이듬해 여름
③ 꽃이 핀 이듬해 가을
④ 꽃이 핀 3년째 가을

해설

소나무, 상수리나무, 굴참나무, 잣나무 등은 꽃핀 이듬해 가을에 종자가 성숙한다.

09 대기오염에 의한 급성피해증상이 아닌 것은?

① 엽맥 황화현상
② 엽맥간 괴사
③ 엽록괴사
④ 조기낙엽

해설

만성피해(불가시적 피해)
• 낮은 농도의 아황산가스에 오래 노출되어 엽록소가 서서히 붕괴됨으로써 황화현상이 나타난다.
• 급성의 경우와는 달리 세포는 파괴되지 않고 그 생명력을 유지하고 있다.

10 결실을 촉진시키는 방법으로 옳은 것은?

① 수목의 식재밀도를 높게 한다.
② 줄기의 껍질을 환상으로 박피한다.
③ 간벌이나 가지치기를 하지 않는다.
④ 차광망을 씌워 그늘을 만들어 준다.

해설
결실촉진 방법
• 수관의 소개
• 시비
• 생장조절물질(지베렐린, NAA 등) 처리
• 기계적 처치(환상박피, 전지, 단근처리, 접목 등)

11 일정한 규칙과 형태로 묘목을 식재하는 배식설계에 해당되지 않는 것은?

① 정육각형 식재
② 정삼각형 식재
③ 장방형 식재
④ 정방형 식재

해설
규칙적 식재망
정방형, 장방형, 정삼각형, 이중정방형 등이 있고, 일반적으로 정방형 식재를 하는데 규칙적 식재를 하면 식재 이후에 각종 조림작업을 능률적으로 할 수 있다.

12 잣이나 솔방울 등 침엽수의 구과를 가해하는 해충은?

① 솔나방
② 솔박각시
③ 소나무좀
④ 솔알락명나방

해설
솔알락명나방은 잣송이를 가해하여 잣 수확을 감소시키는 주요 해충이다.

13 유충은 잎살만 먹고 잎맥을 남겨 잎이 그물 모양이 되며, 성충은 주맥만 남기고 잎을 갉아 먹는 해충은?

① 삼나무독나방
② 버들재주나방
③ 오리나무잎벌레
④ 미류재주나방

해설
오리나무잎벌레
연 1회 발생하며, 성충으로 지피물 밑 또는 흙 속에서 월동한다. 월동한 성충은 4월 하순부터 나와 새잎을 엽맥만 남기고 엽육을 먹으며 생활하다가 5월 중순~6월 하순에 300여 개의 알을 잎 뒷면에 50~60개씩 무더기로 산란한다. 15일 후에 부화한 유충은 잎 뒷면에서 머리를 나란히 하고 엽육을 먹으면서 성장하다가 나무 전체로 분산하여 식해하는데, 유충의 가해기간은 5월 하순~8월 상순이고 유충기간은 20일 내외이다.

14 왜림작업에 대한 설명으로 틀린 것은?

① 과거 연료재나 신탄재가 필요했던 시절에 주로 사용되었다.
② 벌기가 짧아 적은 자본으로 경영할 수 있다.
③ 묘목의 식재부터 걸리는 여러 단계를 모두 거쳐 생장이 왕성할 때 벌채한다.
④ 벌채는 생장정지기인 11월 이후부터 이듬해 2월 이전까지 실시한다.

해설
③ 왜림작업은 묘목의 식재를 통해 갱신하는 방식이 아니라 벌채된 나무의 그루터기에서 맹아갱신을 통해 숲을 조성하는 방식이다.

15 다음 중 25%의 살균제 200mL를 0.05% 액
으로 희석하는 데 소요되는 물의 양(mL)
은?(단, 농약의 비중은 1이다)

① 4,800　　　　　② 9,800
③ 49,800　　　　　④ 99,800

해설

희석에 소요되는 물의 양

$$= 원액의 용량(cc) \times \left(\frac{원액의 \ 농도}{희석하려는 \ 농도} - 1 \right)$$

$$\times 원액의 \ 비중$$

$$\therefore \ 200mL \times \left(\frac{25\%}{0.05\%} - 1 \right) \times 1 = 99,800mL$$

16 다음 중 수목에 가장 많은 병을 발생시키고
있는 병원체는?

① 균류
② 세균
③ 파이토플라스마
④ 바이러스

해설

수목 병해를 일으키는 것은 대부분 균류이며 병원체
가 되는 균류를 병원균이라고 한다. 수목의 병원균에
는 바이러스, 파이토플라스마, 세균, 점균류, 균류(곰
팡이), 조류, 기생성 선충, 기생성 종자식물 등이 있다.

17 발아율이 가장 높은 수종은?

① 박달나무
② 잣나무
③ 해송
④ 상수리나무

해설

발아율 : 해송 92% > 상수리나무 57% > 잣나무
56% > 박달나무 21%

18 배나무를 기주교대하는 이종기생성 병은?

① 향나무 녹병
② 소나무 혹병
③ 전나무 잎녹병
④ 오리나무 잎녹병

해설

향나무의 녹병(배나무의 붉은별무늬병)은 향나무와
배나무에 기주교대하는 이종기생성 병이다.

19 성충으로 월동하는 것끼리 짝지어진 것은?

① 미국흰불나방, 소나무좀
② 소나무좀, 오리나무잎벌레
③ 잣나무넓적잎벌, 미국흰불나방
④ 오리나무잎벌레, 잣나무넓적잎벌

해설

• 소나무좀 : 월동성충이 나무껍질을 뚫고 들어가 산
 란한 알에서 부화한 유충이 나무껍질 밑을 식해한다.
• 오리나무잎벌레 : 1년에 1회 발생하며 성충으로 지
 피물 밑 또는 흙 속에서 월동한다.

20 은행나무, 잣나무, 백합나무, 벚나무, 느티나무, 단풍나무류 등의 발아촉진법으로 가장 적당한 것은?

① 장기간 노천매장을 한다.
② 습적법으로 한다.
③ 보호 저장을 한다.
④ 씨뿌리기 한 달 전에 노천매장을 한다.

해설
은행나무, 잣나무, 백합나무, 벚나무, 느티나무, 단풍나무류 등은 종자 채취 직후 바로 노천매장을 한다.

21 어깨걸이식 예불기를 메고 바른 자세로서 손을 떼었을 때 지상으로부터 날까지의 가장 적절한 높이는 몇 cm 정도인가?

① 5~10cm
② 10~20cm
③ 20~30cm
④ 30~40cm

22 살충제 중 해충의 입을 통해 체내로 들어가 중독 작용을 일으키는 약제는?

① 소화중독제
② 침투성 살충제
③ 훈증제
④ 접촉제

해설
② 침투성 살충제 : 살포한 약제가 잎, 줄기, 뿌리의 한 부분으로부터 침투되어 식물 전체에 퍼지게 하여 살충효과를 나타나게 한다.
③ 훈증제 : 약제가 기체로 되어 해충의 기문을 통하여 체내에 들어가 질식을 일으킨다.
④ 접촉제 : 해충의 체표면에 직·간접적으로 닿아 약제가 기문의 피부를 통하여 몸속으로 들어가 신경계통, 세포조직에 독작용을 일으킨다.

23 종자가 비교적 가벼워서 잘 날아갈 수 있는 수종에 가장 적합한 갱신작업은?

① 모수작업
② 중림작업
③ 택벌작업
④ 왜림작업

해설
모수작업은 주로 소나무류 등과 같은 양수에 적용되는데, 종자가 작아 바람에 날려 멀리 전파될 수 있는 수종에 알맞다.

24 소나무좀에 대한 설명으로 옳은 것은?

① 주로 건전한 나무를 가해한다.
② 월동 성충이 수피를 뚫고 들어가 알을 낳는다.
③ 1년 2회 발생하며 주로 봄과 가을에 활동한다.
④ 부화한 유충은 성충의 갱도와 평행하게 내수피를 섭식한다.

해설
② 월동 성충이 나무껍질을 뚫고 들어가 산란한 알에서 부화한 유충이 나무껍질 밑을 식해한다.
① 수세가 쇠약한 벌목, 고사목에 기생한다.
③ 연 1회 발생하지만 봄과 여름 두 번 가해한다.
④ 부화한 유충은 갱도와 직각방향으로 내수피를 파먹어 들어가면서 유충갱도를 형성한다.

25 FAO에서 규정하는 정비별 예상수명 중 체인톱의 수명은?

① 1,000시간　　② 1,500시간
③ 2,000시간　　④ 2,500시간

> **해설**
> 체인톱의 몸통의 수명은 약 1,500시간이다.

26 가선집재에 사용되는 가공본줄의 최대장력은?(단, T = 최대장력, W = 가선의 전체중량, Φ = 최대장력계수, P = 가공본줄에 걸리는 전체하중)

① $T = (W - P) \times \Phi$
② $T = W \times P \times \Phi$
③ $T = (W + P) \times \Phi$
④ $T = W \div P \times \Phi$

> **해설**
> $T = (W + P) \times \Phi$
> 여기서, T : 가공본줄의 최대장력
> W : 가선의 전체중량(가선의 사거리 × 가선의 단위중량)
> P : 가공본줄에 걸리는 전체하중(반출목재의 중량 + 반송기의 중량)
> Φ : 최대장력계수

27 득묘율 70%, 순량률 80%, 고사율 50%, 발아율 90%일 때 그 종자의 효율은?

① 40%　　② 56%
③ 63%　　④ 72%

> **해설**
> $$효율(\%) = \frac{발아율 \times 순량률}{100} = \frac{90 \times 80}{100}$$
> $$= 72\%$$

28 묘목규격과 관련된 T/R률에 대한 설명으로 틀린 것은?

① 묘목의 지상부와 지하부의 중량비이다.
② T/R률 값이 클수록 좋은 묘목이다.
③ 좋은 묘목은 지하부와 지상부가 균형 있게 발달해 있다.
④ 질소질 비료를 과용하면 T/R률 값이 커진다.

> **해설**
> T/R률은 식물의 지하부 생장량에 대한 지상부 생장량의 비율로, T/R률 값이 크다는 것은 토양 내에 수분이 많거나 일조 부족, 석회 시용 부족 등으로 지상부에 비해 지하부의 생육이 나쁘다는 의미이다.

29 유충으로 월동하는 해충끼리 짝지어진 것은?

① 참나무재주나방 – 잣나무넓적잎벌
② 미국흰불나방 – 누런솔잎벌
③ 매미나방 – 어스렝이나방
④ 독나방 – 버들재주나방

> **해설**
> ① 참나무재주나방 : 번데기, 잣나무넓적잎벌 : 유충
> ② 미국흰불나방, 누런솔잎벌 : 번데기
> ③ 매미나방, 어스렝이나방 : 알

30 교림작업과 왜림작업을 혼합한 갱신작업으로 동일 임지에서 건축재(일반용재)와 신탄재를 동시에 생산하는 것을 목적으로 하는 작업종은?

① 개벌작업

② 산벌작업

③ 중림작업

④ 왜림작업

해설

중림작업은 동일 임지에 상목으로서 교림은 일반용재를 생산하고, 하목으로서 왜림은 연료재와 소경목을 생산한다.

31 바람에 의해 전반(풍매전반)되는 수병은?

① 잣나무 털녹병균

② 근두암종병균

③ 오동나무 빗자루병균

④ 향나무 적성병균

해설

바람에 의한 전반(풍매전반) : 잣나무 털녹병균, 밤나무 줄기마름병균, 밤나무 흰가루병균

32 바다에서 불어오는 바람은 염분이 있어 식물에 해를 준다. 이러한 해풍을 막기 위해 조성하는 숲을 무엇이라 하는가?

① 방풍림

② 풍치림

③ 방조림

④ 보안림

해설

① 농경지, 과수원, 목장, 가옥 등을 강풍으로부터 보호하기 위하여 조성한 산림

② 자연경관을 보존하기 위하여 보안림으로 지정한 산림

④ 공공의 위해방지 · 복지증진 또는 다른 산업을 보호할 목적으로 지정 · 고시된 산림

33 곤충의 몸 밖으로 방출되어 같은 종끼리 통신을 할 때 이용되는 물질은?

① 퀴논

② 테르펜

③ 페로몬

④ 호르몬

해설

페로몬(pheromone)은 같은 종(種) 동물의 개체 사이의 의사소통에 사용되는 체외분비성 물질이다.

34 예불기 작업 시 유의사항으로 틀린 것은?

① 발끝에 톱날이 접촉되지 않도록 한다.

② 주변에 사람이 있는지 확인하고 엔진을 시동한다.

③ 작업원 간 상호 5m 이하로 떨어져 작업한다.

④ 작업 전에 기계의 가동점검을 실시한다.

해설

③ 작업 시 안전공간(작업반경 10m 이상)을 확보하면서 작업한다.

35 삽수의 발근에 관한 설명으로 바르지 않은 것은?

① 어미나무의 영양상태가 좋고 질소의 함량이 탄수화물의 함량보다 많을 때 발근율이 높아진다.

② 주로 어린나무에서 딴 삽수가 늙은 나무에서 채취한 삽수보다 발근이 잘된다.

③ 낙엽 활엽수는 대부분 가지의 윗부분에서 얻은 삽수가 발근이 잘된다.

④ 침엽수류는 발근 초기에 햇볕을 충분히 받도록 하고 새잎이 나오기 시작하면 차광을 해준다.

> **해설**
> ① 질소의 함량보다 탄수화물의 함량이 높을 때 발근율이 높아진다.

36 묘목의 굴취와 선묘에 대한 설명으로 틀린 것은?

① 굴취 시 뿌리에 상처를 주지 않도록 주의한다.

② 포지에 어느 정도 습기가 있을 때 굴취 작업을 한다.

③ 굴취는 잎의 이슬이 마르지 않은 새벽에 실시한다.

④ 굴취된 묘목의 건조를 막기 위해 선묘 시까지 일시 가식한다.

> **해설**
> ③ 굴취는 비바람이 심하거나 아침 이슬이 있는 날은 작업을 피한다.

37 스트로브잣나무 1-2-3묘에 대하여 옳은 것은?

① 파종상에서 1년, 그 뒤 두 번 상체된 일이 있고, 첫 상체상에서 2년과 이후 3년을 경과한 6년생 묘목이다.

② 파종상에서 1년, 그 뒤 한 번 상체된 일이 있고, 상체상에서 2년 경과 후 산지에 식재된 지 3년 된 6년생 묘목이다.

③ 이식상에서 1년, 파종상에서 2년을 보낸 3년생 묘목이다.

④ 이식상에서 1년, 파종상에서 2년을 보낸 후 산지에 식재된 지 3년 된 6년생 묘목이다.

> **해설**
> 묘목의 나이 : 1-2-3묘
> • 1 : 파종상에서 1년
> • 2 : 첫 번째 상체(이식상)에서 2년
> • 3 : 두 번째 상체(이식상)에서 3년
> 총 1 + 2 + 3 = 6년생 묘목

38 임목 벌도작업에서 수구의 각도는?

① 10~20°

② 30~45°

③ 50~65°

④ 75~85°

> **해설**
> 방향베기(수구)는 수평으로 입목지름의 1/5~1/3 정도, 빗자르기 각도는 30~45° 정도 유지한다.

39 혼합연료에 오일의 함유비가 높을 경우 나타나는 현상으로 옳지 않은 것은?

① 연료의 연소가 불충분하여 매연이 증가한다.
② 스파크플러그에 오일이 덮히게 된다.
③ 오일이 연소실에 쌓인다.
④ 엔진을 마모시킨다.

해설

혼합연료에 오일의 함유비가 높을 경우 나타나는 현상
• 연료의 연소가 불충분하여 매연이 증가한다.
• 스파크플러그에 오일이 덮히게 된다.
• 오일이 연소실에 쌓인다.
※ 오일의 함유비가 낮을 경우 엔진을 마모시킨다.

40 갱신을 위한 벌채 방식이 아닌 것은?

① 개벌작업
② 산벌작업
③ 택벌작업
④ 간벌작업

해설

간벌작업은 경관의 유지와 개선을 위해 밀도 조절이 필요한 산림에서 진행되며, 삼림을 가꾸기 위한 벌채에 속한다.

41 천연림보육 과정에서 간벌작업 시 미래목 관리 방법으로 옳은 것은?

① 피압을 받지 않은 상층의 우세목으로 선정한다.
② 미래목 간의 거리는 2m 정도로 한다.
③ 가슴높이에서 흰색 수성 페인트를 둘러서 표시한다.
④ ha당 활엽수는 300~400본을 선정한다.

해설

미래목의 선정 및 관리
• 피압을 받지 않은 상층의 우세목으로 선정하되 폭목은 제외한다.
• 나무줄기가 곧고 갈라지지 않으며, 산림 병충해 등 물리적인 피해가 없어야 한다.
• 미래목 간의 거리는 최소 5m 이상으로 임지 내에 고르게 분포하도록 한다.
• 활엽수는 200본/ha 내외, 침엽수는 200~400본/ha을 미래목으로 한다.
• 미래목만 가지치기를 실행하며 산 가지치기일 경우 11월부터 이듬해 5월 이전까지 실행하여야 하나 작업 여건, 노동력 공급 여건 등을 감안하여 작업 시기 조정이 가능하다.
• 가지치기는 반드시 톱을 사용하여 실행한다.
• 솎아베기 및 산물의 하산, 집재(集材), 반출 등의 작업 시 미래목을 손상하지 않도록 주의한다.
• 가슴높이에서 10cm의 폭으로 황색 수성 페인트로 둘러서 표시한다.

42 다음 중 디젤엔진 압축착화기관의 압축온도로 가장 적당한 것은?

① 100~200°C
② 300~400°C
③ 500~600°C
④ 700~900°C

해설

디젤엔진은 공기만을 흡입하고, 고압축비(16~23 : 1)로 압축하여 그 온도가 500°C 이상 되게 한 다음 노즐에서 연료를 안개모양으로 분사시켜 공기의 압축열에 의해 자기착화시킨다.

43 수병의 예방법으로 임업적(생태적) 방제법과 거리가 가장 먼 것은?

① 미래목 선정
② 혼효림 조성
③ 적지적수 조림
④ 숲가꾸기 실시

> **해설**
> 임업적 방제법
> • 수종 선택 : 내병성 품종 육성
> • 육림작업에 의한 환경개선 : 혼효림의 조성
> • 보호수대(방풍림) 설피
> • 제벌 및 간벌

44 지력을 향상시키기 위한 비료목으로 적당하지 않은 것은?

① 오리나무
② 갈참나무
③ 자귀나무
④ 소귀나무

> **해설**
> 비료목의 종류
>
> | 콩과 수목 | 아까시나무, 자귀나무, 족제비싸리, 싸리류, 칡 등 |
> |---|---|
> | 방사상균 속 | 오리나무류, 보리수나무류, 소귀나무 등 |
> | 기타 | 갈매나무, 붉나무, 딱총나무 등 |

45 일본잎갈나무 1-1묘 산출 시 근원경의 표준 규격은?

① 3mm 이상
② 4mm 이상
③ 5mm 이상
④ 6mm 이상

> **해설**
> 일본잎갈나무(낙엽송) 노지묘의 묘목규격표(종묘사업실시요령)
>
> | 묘령 | 간장 | | 근원경 mm 이상 | 적용 H/D율* 이하 |
> |---|---|---|---|---|
> | | 최소 cm 이상 | 최대 cm 이하 | | |
> | 1-1 | 35 | 60 | 6 | 90 |
>
> * '적용 H/D율'은 검사 대상묘목이 최대간장기준 이상일 경우 적용

46 잡초나 관목이 무성한 경우의 피해로서 적당하지 않은 것은?

① 임지를 갱신하려 할 때 방해요인이 된다.
② 병충해의 중간기주 역할을 한다.
③ 양수 수종의 어린나무 생장을 저해한다.
④ 지표를 건조하게 한다.

> **해설**
> ④ 잡초나 관목이 무성한 경우에는 지표의 수분이 보존되어 건조해지지 않는다.

47 다음 종자의 품질검사와 관련된 내용 중 틀린 것은?

① 종자를 탈각한 후 그 품질을 감정하고 저장한다.

② 종자의 품질은 발아율과 효율로만 표시한다.

③ 발아율이란 일정한 수의 종자 중에서 발아력이 있는 것을 백분율로 표시한 것이다.

④ 순량률이란 일정한 양의 종자 중 협잡물을 제외한 종자량을 백분율로 표시한 것이다.

해설
품질검사 항목은 발아율과 효율 외에 순량률, 용적중, 실중, L당 립수, kg당 립수 등이 있다.

48 다음 중 노지묘의 곤포당 수종 본수가 가장 많은 것은?

① 잣나무(3년생)

② 삼나무(2년생)

③ 호두나무(1년생)

④ 자작나무(1년생)

해설
곤포당 본수(종묘사업실시요령)

수종	형태	묘령	곤포당 본수(본)
잣나무	노지묘	2-1	1,000
		2-2	500
		2-2-3	분뜨기
삼나무	노지묘	1-1	500
호두나무	노지묘	1-0	500
자작나무	노지묘	1-0	500
		1-1	500

49 기계톱 작업 중 소음이 발생하는데, 이에 대한 방음대책으로 옳지 않은 것은?

① 작업시간 단축

② 방음용 귀마개 사용

③ 머플러(배기구) 개량

④ 안전복 및 안전화 착용

해설
기계톱의 방음대책으로는 방음용 귀마개의 사용, 작업시간의 단축, 머플러(배기구)의 개량 등이 있다.

50 산림용 묘목의 규격을 측정하는 기준이 아닌 것은?

① 간장　　　　② 근원경

③ 수관폭　　　④ H/D율

해설
산림용 묘목규격의 측정기준(종묘사업실시요령)
• 간장 : 근원경에서 정아까지의 길이
• 근원경 : 포지에서 묘목줄기가 지표면에 닿았던 부분의 최소 직경
• H/D율 : mm 단위의 근원경 대비 간장의 비율

51 예불기의 연료는 시간당 약 몇 L가 소모되는 것으로 보고 준비하는 것이 좋은가?

① 0.5L　　　　② 1L

③ 2L　　　　　④ 3L

해설
예불기의 연료는 시간당 약 0.5L가 소모된다.

52 천연갱신에 대한 설명으로 옳지 않은 것은?

① 갱신기간이 길다.
② 조림 비용이 적게 든다.
③ 환경인자에 대한 저항력이 강하다.
④ 수종과 수령이 모두 동일하여 취급이 간편하다.

해설

천연갱신은 수종과 수령이 다른 목재가 많기 때문에 목재가 균일하지 못하고 변이가 심하다. 또한 목재 생산작업이 복잡하고 높은 기술력이 요구된다.

53 덩굴을 제거하기 위해 생장기인 5~9월에 실시하는 약제는?

① 글라신 액제
② 만코제브 수화제
③ 다이아지논 유제
④ 클로란트라닐리프롤 입상수화제

해설

우리나라에서 사용하는 덩굴제거 방법은 칡채취기 활용, 디캄바 액제 처리, 글라신 액제 처리, 이사디아민염(2,4-D) 처리 등이다.

54 다음 해충 중 주로 수목의 잎을 가해하는 것으로 옳지 않은 것은?

① 어스렝이나방
② 솔알락명나방
③ 천막벌레나방
④ 솔노랑잎벌

해설

솔알락명나방은 잣송이를 가해하여 잣 수확을 감소시키는 주요 해충이다.

55 출력과 무게에 따라 체인톱을 구분할 때 소형 체인톱에 해당하는 것은?

① 엔진출력 1.1kW(1.0ps), 무게 2kg
② 엔진출력 2.2kW(3.0ps), 무게 6kg
③ 엔진출력 3.3kW(4.5ps), 무게 9kg
④ 엔진출력 4.0kW(5.5ps), 무게 12kg

해설

체인톱의 엔진출력과 무게에 따른 구분

구분	엔진출력	무게	용도
소형	2.2kW (3.0ps)	6kg	소경재의 벌목작업, 벌도목의 가지제거
중형	3.3kW (4.5ps)	9kg	중경목의 벌목작업
대형	4.0kW (5.5ps)	12kg	대경목의 벌목작업

56 일반적인 침엽수종에 대한 묘포의 적당한 토양산도는?

① pH 3.0~4.0
② pH 4.0~5.0
③ pH 5.0~6.5
④ pH 6.5~7.5

해설

묘포 토양의 적정산도
• 침엽수 : pH 5.0~5.5
• 활엽수 : pH 5.5~6.0

57 산불에 의한 피해 및 위험도에 대한 설명으로 옳지 않은 것은?

① 침엽수는 활엽수에 비해 피해가 심하다.
② 음수는 양수에 비해 산불위험도가 낮다.
③ 단순림과 동령림이 혼효림 또는 이령림보다 산불의 위험도가 낮다.
④ 낙엽활엽수 중에서 코르크층이 두꺼운 수피를 가진 수종은 산불에 강하다.

> **해설**
> ③ 단순림과 동령림이 혼효림 혹은 이령림보다 산불 위험도가 높다.

58 피해목을 벌채한 후 약제 훈증처리의 방제가 필요한 수병은?

① 뽕나무 오갈병
② 잣나무 털녹병
③ 소나무 잎녹병
④ 참나무 시들음병

> **해설**
> 참나무 시들음병의 방제
> 침입공에 메프 유제, 파프 유제 500배액을 주입하고, 피해목을 벌채하여 1m 길이로 잘라 쌓은 후 메탐소디움을 m² 당 1L씩 살포하고 비닐을 씌워 밀봉하여 훈증처리한다.

59 옥시테트라사이클린 수화제를 수간에 주입하여 치료하는 수병은?

① 잣나무 털녹병
② 근두암종병
③ 대추나무 빗자루병
④ 포플러 모자이크병

> **해설**
> 파이토플라스마에 의한 대추나무 빗자루병과 오동나무 빗자루병은 옥시테트라사이클린의 수간주사 효과가 양호하며 특히 대추나무 빗자루병의 치료에 실용화되고 있다.

60 다음 중 벌도, 가지치기 및 조재작업 기능을 모두 가진 장비는?

① 포워더
② 하베스터
③ 프로세서
④ 스윙야더

> **해설**
> 하베스터는 대표적인 다공정 처리기계로 벌도, 가지치기, 조재목 다듬질, 토막내기 작업을 모두 수행할 수 있는 장비이다.

01 묘목의 나이에 대한 설명으로 옳지 않은 것은?

① 2-1-1묘 : 파종상에서 2년, 그 뒤 두 번 상체된 일이 있고 각 상체상에서 1년을 경과한 4년생 묘

② 1/2묘 : 줄기의 나이가 6개월, 뿌리의 나이가 1년인 삽목묘목

③ 1-1묘 : 파종상에서 1년, 그 뒤 한 번 상체되어 1년을 지낸 2년생 묘목

④ 1/1묘 : 뿌리의 나이가 1년, 줄기의 나이가 1년인 삽목묘목

해설
② 1/2묘 : 뿌리의 나이가 2년, 줄기의 나이가 1년인 묘목이다. 1/1묘에 있어서 지상부를 한 번 절단해 주고 1년이 경과하면 1/2묘로 된다.

02 예비벌 → 하종벌 → 후벌의 순서로 시행되는 작업종은?

① 왜림작업 ② 중림작업
③ 산벌작업 ④ 모수림 작업

해설
산벌작업
• 예비벌 : 갱신준비
• 하종벌 : 치수의 발생을 완성
• 후벌 : 치수의 발육을 촉진

03 발아율 90%, 고사율 20%, 순량률 80%일 때 종자의 효율은?

① 14.4% ② 16%
③ 44% ④ 72%

해설
효율(%) = 발아율 × 순량률 / 100
= 90 × 80 / 100
= 72%

04 임지에 비료목을 식재하여 지력을 향상시킬 수 있는데, 다음 중 비료목으로 적당한 수종은?

① 소나무 ② 전나무
③ 오리나무 ④ 사시나무

해설
오리나무 뿌리에는 뿌리혹박테리아가 공생해서 척박한 토양에서도 잘 자라고, 거친 토양을 기름지게 만들어 비료목이라고도 한다.

05 삽목할 때 삽수의 발근촉진제로 사용할 수 없는 약제는?

① 2,4-D
② 인돌부틸산(IBA)
③ 인돌초산(IAA)
④ 나프탈렌초산(NAA)

해설
인공적으로 합성된 발근촉진제로는 인돌부틸산(IBA), 인돌초산(IAA), 나프탈렌초산(NAA) 등이 있다.

06 2ha의 조림지에 밤나무를 4m×4m의 간격으로 식재하고자 할 때 필요한 묘목 수는?

① 1,000본 ② 1,250본
③ 2,500본 ④ 4,000본

해설

식재할 묘목수 $= \dfrac{\text{식재면적}}{\text{묘목 간 간격(가로} \times \text{세로)}}$

$= \dfrac{2 \times 10,000}{4 \times 4}(\because 1\text{ha} = 10,000\text{m}^2)$

$= 1,250$본

07 폭목에 대한 설명으로 맞는 것은?

① 수관의 발달이 지나치게 왕성하고, 넓게 확장하거나 또는 위로 솟아올라 수관이 편평한 것
② 수관의 발달이 지나치게 약하고 이웃한 나무 사이에 끼어서 줄기가 매우 길고 가는 나무
③ 이웃한 나무 사이에 끼어서 수관발달에 측압을 받아 자람이 편의된 것
④ 줄기가 갈라지거나 굽는 등 수형에 결점이 있는 것, 그리고 모양이 불량한 전생수

해설

폭목
변형성장한 불량목으로 직경생장에 비하여 수관이 크거나, 경사생장을 하여 인접하는 임목의 생장에 악영향을 미치고 있기 때문에 벌기 전에 벌채할 필요가 있으며, 수관이 광대하고 위로 솟아난 것을 말한다.

08 다음 중 임지의 보호방법으로 옳지 않은 것은?

① 비료목을 식재한다.
② 황폐한 임지는 등고선 방향으로 수평구를 설치한다.
③ 임지 표면의 낙엽과 가지를 모두 제거한다.
④ 균근균을 배양하여 임지에 공급한다.

해설

③ 지력을 유지·증진하려면 낙엽과 낙지를 보호한다.

09 제초의 효과가 있는 성분은?

① IAA ② NAA
③ TTC ④ 2,4-D

해설

2,4-D : 모노클로로아세트산과 2,4-다이클로로페놀과의 반응으로 합성되는 제초제 농약으로 주성분은 2,4-다이클로로페녹시아세트산이다.

10 리기다소나무 1년생 묘목의 곤포당 본수는?

① 1,000 ② 2,000
③ 3,000 ④ 4,000

해설

리기다소나무의 곤포당 본수(종묘사업실시요령)

형태	묘령	곤포당		속당
		본수(본)	속수(속)	본수
노지묘	1-0	2,000	100	20
	1-1	1,000	50	20

11 비료목으로 취급되는 나무 중 콩과 식물에 속하지 않는 것은?

① 아까시나무　　② 보리수나무
③ 자귀나무　　　④ 싸리나무

비료목의 종류

콩과 수목	아까시나무, 자귀나무, 족제비싸리, 싸리류, 칡 등
방사상균 속	오리나무류, 보리수나무류, 소귀나무 등
기타	갈매나무, 붉나무, 딱총나무 등

12 다음 제시된 특징을 갖는 작업종은?

- 임지가 노출되지 않고 항상 보호되며, 표토의 유실이 없다.
- 음수갱신에 좋고 임지의 생산력이 높다.
- 미관상 가장 아름답다.
- 작업에 많은 기술을 요하고 매우 복잡하다.

① 산벌작업　　② 택벌작업
③ 모수작업　　④ 중림작업

택벌작업은 벌기, 벌채량, 벌채방법 및 벌채구역의 제한이 없고, 성숙한 일부 임목만을 국소적으로 골라 벌채하는 방법이다. 택벌작업은 윤벌기가 없는 대신 순환기(循環期, cutting cycle)를 대개 3~8년으로 반복된다. 이것은 한정된 수량의 대경목만을 벌채 수확하여 적정한 상태로 항상 임분을 유지시키는 데 의미가 있다.

13 산림 내 가지치기 작업의 주된 목적은 무엇인가?

① 우량목재의 생산
② 중간수입
③ 각종 위해의 방지
④ 연료 공급

가지치기 : 우량한 목재를 생산할 목적으로 가지의 일부분을 계획적으로 잘라 내는 것

14 정방형 식재를 옳게 설명한 것은?

① 식재간격과 식재공간을 계산하기 어렵다.
② 식재작업이 불편하다.
③ 포플러류나 낙엽송 등 양수 수종은 알맞지 않다.
④ 묘간거리와 열간거리가 같은 식재 방법이다.

규칙적 식재망
정방형, 장방형, 정삼각형, 이중정방형 등이 있고, 일반적으로 정방형 식재를 하는데 규칙적 식재를 하면 식재 이후에 각종 조림작업을 능률적으로 할 수 있다.

15 점파(점뿌림)가 적합한 수종은?

① 리기다소나무, 소나무
② 가문비나무, 주목
③ 낙엽송, 측백나무
④ 호두나무, 밤나무

점파(점뿌림) : 밤나무, 참나무류, 호두나무 등 대립 종자의 파종에 이용되는 방법으로 상면에 균일한 간격(10~20cm)으로 1~3립(粒)씩 파종한다.

16 수목과 균의 공생관계가 알맞은 것은?

① 소나무 – 송이균
② 잣나무 – 송이균
③ 참나무 – 표고균
④ 전나무 – 표고균

송이는 소나무와 공생하면서 발생시키는 버섯으로 천연의 맛과 향기가 뛰어나다.

18 중림작업에 대한 설명으로 옳은 것은?

① 각종 피해에 대한 저항력이 약하다.
② 하층목의 맹아 발생과 생장이 촉진된다.
③ 상층을 벌채하면 하층이 후계림으로 상층까지 자란다.
④ 상층과 하층은 동일수종인 것이 원칙이나 다른 수종으로 혼생시킬 수 있다.

① 숲의 구조를 다양화하여 단순림에 비해 각종 피해에 대한 저항력이 더 강하다.
② 상층목의 그늘로 인해 하층목의 생장이 오히려 억제될 수 있다.
③ 하층이 후계림으로 자라는 것은 맞지만 상층까지 자라지 않을 수도 있다.

17 천연갱신에 대한 설명으로 틀린 것은?

① 천연갱신은 그 임지의 기후와 토질에 가장 적합한 수종이 생육하게 되므로 각종 위해에 대한 저항력이 크다.
② 천연갱신지의 치수는 모수보호를 받아 안정된 생육환경을 제공받는다.
③ 인공조림에서와 같이 수종 선정의 잘못으로 인해 실패할 염려가 많다.
④ 임지가 나출되는 일이 드물며 적당한 수종이 발생하고 혼효되기 때문에 지력 유지에 적합하다.

③ 모수가 되는 임목은 이미 그 지역에서 생육하여 조림지의 기후·토양에 적응한 것이므로 인공조림에서와 같이 수종이 잘못 선정되어 실패할 염려가 없다.

19 우량묘목의 기준으로 옳지 않은 것은?

① 뿌리에 상처가 없는 것
② 뿌리의 발달이 충실한 것
③ 겨울눈이 충실하고 가지가 도장하지 않는 것
④ 뿌리에 비해 지상부의 발육이 월등히 좋은 것

우량묘의 조건
• 우량한 유전성을 지닌 것
• 발육이 완전하고 조직이 충실하며, 정아의 발달이 잘되어 있는 것
• 가지가 사방으로 고루 뻗어 발달한 것
• 근계의 발달이 충실한 것, 즉 측근과 세근의 발달량이 많을 것(지상부와 지하부 간의 발달이 균형되어 있을 것)
• 온도의 저하에 따른 고유의 변색과 광택을 가지는 것
• T/R률이 작고 병충해의 피해가 없는 것

20 종자의 저장방법으로 옳지 않은 것은?

① 건조저장   ② 저온저장
③ 냉동저장   ④ 노천매장

종자의 저장방법
• 건조저장법 : 실온저장
• 보습저장, 노천매장, 보호저장(건사저장), 냉습
  적법

21 유충과 성충 모두가 나무의 잎을 가해하는 해충은?

① 밤나무어스렝이나방
② 오리나무잎벌레
③ 참나무재주나방
④ 솔나방

오리나무잎벌레는 성충과 유충이 동시에 잎을 식해
하는데, 유충의 가해기간은 5월 하순~8월 상순경이
다. 6월 중순에 사이스린액제, 디프수화제를 수관살
포하면 성충과 유충을 동시에 방제할 수 있다.

22 비행하는 곤충을 채집하기 위해 사용하는 트랩으로 옳지 않은 것은?

① 수반트랩   ② 미끼트랩
③ 유아등   ④ 끈끈이트랩

③ 미끼트랩 : 당분과 같은 미끼를 이용하여 채집하
  는 방법으로 서식곤충의 채집 방법에 속한다.

23 다음 중 바이러스에 의하여 발생되는 수목 병해로 옳은 것은?

① 청변병   ② 불마름병
③ 뿌리혹병   ④ 모자이크병

모자이크병 : 다양한 바이러스 균주에 의해 생기는
식물의 병으로 보통 잎에 밝거나 어두운 녹색 또는
노란색의 반점이나 줄무늬 등이 생긴다.

24 포플러류 잎의 뒷면에 초여름 오렌지색의 작은 가루덩이가 생기고, 정상적인 나무보다 먼저 낙엽이 지는 현상이 나타나는 병은?

① 잎녹병
② 갈반병
③ 점무늬잎떨림병
④ 잎마름병

포플러 잎녹병균은 병든 낙엽에서 겨울포자 상태로
겨울을 나고, 4~5월에 겨울포자가 발아하여 만들어
진 담자포자가 바람에 의해 낙엽송으로 날아가 새로
나온 잎을 감염시켜 잎의 뒷면에 직경 1~2mm 되는
오렌지색의 녹포자덩이를 만든다.

25 어스렝이나방에 대한 설명으로 옳지 않은 것은?

① 알로 월동한다.
② 1년에 1회 발생한다.
③ 유충이 열매를 가해한다.
④ 플라타너스, 호두나무 등을 가해한다.

평균적으로 유충 1마리가 1세대 동안 암컷은 3,500cm², 수컷은 2,400cm²의 잎을 식해한다.

26 주풍(계속적이고 규칙적으로 부는 바람)에 의한 피해로 가장 거리가 먼 것은?

① 수형을 불량하게 한다.
② 임목의 생장량이 감소된다.
③ 침엽수는 상방편심 생장을 하게 된다.
④ 기공이 폐쇄되어 광합성 능력이 저하된다.

④ 기공은 일시적이고 강한 바람(폭풍 등)에 의해 폐쇄되고 광합성 능력이 저하된다.

27 배나무를 기주교대하는 이종기생성 병은?

① 향나무 녹병
② 소나무 혹병
③ 전나무 잎녹병
④ 오리나무 잎녹병

향나무의 녹병(배나무의 붉은별무늬병)은 향나무와 배나무에 기주교대하는 이종기생성 병이다.

28 성충으로 월동하는 것끼리 짝지어진 것은?

① 미국흰불나방, 소나무좀
② 소나무좀, 오리나무잎벌레
③ 잣나무넓적잎벌, 미국흰불나방
④ 오리나무잎벌레, 잣나무넓적잎벌

• 소나무좀 : 월동성충이 나무껍질을 뚫고 들어가 산란한 알에서 부화한 유충이 나무껍질 밑을 식해한다.
• 오리나무잎벌레 : 1년에 1회 발생하며 성충으로 지피물 밑 또는 흙 속에서 월동한다.

29 파이토플라스마에 의한 수병이 아닌 것은?

① 뽕나무 오갈병
② 벚나무 빗자루병
③ 오동나무 빗자루병
④ 대추나무 빗자루병

벚나무 빗자루병은 자낭균에 의해 발병한다.

30 농약의 사용 목적 및 작용 특성에 따른 분류에서 보조제가 아닌 것은?

① 유제
② 유화제
③ 협력제
④ 전착제

보조제 : 약제의 효력을 충분히 발휘하도록 하기 위하여 첨가되는 보조물질을 말한다.
- 용제(solvent) : 주성분을 녹이기 위해 사용하는 용매이다.
- 증량제(diluent, carrier) : 주성분의 농도를 낮추고 부피는 증가하여 식물체 또는 병해충의 표면에 균일하게 부착되도록 돕는다.
- 유화제(emulsifier) : 유제(乳劑)의 유화성을 좋게 하기 위하여 사용하는 물질이다.
- 전착제(spreader) : 약제의 주성분이 식물체 또는 병해충의 표면에 잘 퍼지게 하거나 잘 부착되게 돕는다.
- 협력제(synergist) : 유효성분의 생물활성을 증대시키기 위하여 사용한다.
- 약해경감제(herbicide safener) : 제초제는 식물체를 죽이는 약제이므로 작물에 어느 정도 약해를 보이기 때문에 이를 완화하기 위하여 사용한다.

31 내화력이 강한 수종으로 옳은 것은?

① 사철나무, 피나무
② 분비나무, 녹나무
③ 가문비나무, 삼나무
④ 사시나무, 아까시나무

내화력이 강한 수종 및 약한 수종

구분	내화력이 강한 수종	내화력이 약한 수종
침엽수	은행나무, 잎갈나무, 분비나무, 가문비나무, 개비자나무, 대왕송 등	소나무, 해송(곰솔), 삼나무, 편백 등
상록활엽수	아왜나무, 굴거리나무, 후피향나무, 붓순, 협죽도, 황벽나무, 동백나무, 비쭈기나무, 사철나무, 가시나무, 회양목 등	녹나무, 구실잣밤나무 등

구분	내화력이 강한 수종	내화력이 약한 수종
낙엽활엽수	피나무, 고로쇠나무, 마가목, 고광나무, 가중나무, 네군도단풍나무, 난티나무, 참나무, 사시나무, 음나무, 수수꽃나무	아까시나무, 벚나무, 능수버들, 벽오동나무, 참죽나무, 조릿대 등

32 묘포의 상면 만들기에 있어서 가장 적당한 상면의 길이 방향은?

① 평지는 남북, 경사지는 등고선에 평행
② 평지는 남북, 경사지는 등고선에 직각
③ 평지는 동서, 경사지는 등고선에 평행
④ 평지는 동서, 경사지는 등고선에 직각

- 묘상이 남쪽을 향하도록 하고 동서 방향으로 길게 설치하면 묘목의 성장에 이롭다.
- 평탄한 곳보다 경사진 곳이 관수 및 배수에 용이하다.

33 다음 설명에 알맞은 약제는?

> 독성분이 해충의 입을 통하여 소화관 내에 들어가 중독작용을 일으켜 사망시킨다.

① 접촉살충제
② 훈연제
③ 소화중독제
④ 침투성 살충제

① 접촉살충제 : 해충의 체표면에 직·간접적으로 닿아 약제가 기문의 피부를 통하여 몸속으로 들어가 신경계통, 세포조직에 독작용을 일으킨다.
② 훈연제 : 유효성분을 연기의 상태로 해서 해충을 방제하는 데 쓰인다.
④ 침투성 살충제 : 약제를 식물체의 뿌리·줄기·잎 등에 흡수시켜 식물체 전체에 약제가 분포되게 하여 흡즙성 곤충이 흡즙하면 죽게 한다.

34 다음 중 수목의 그을음병과 관계있는 대표적인 해충은?

① 깍지벌레
② 무당벌레
③ 담배장님노린재
④ 마름무늬매미충

그을음병은 깍지벌레, 진딧물 등 흡즙성 해충이 기생하였던 나무에서 흔히 볼 수 있다.

35 병원체의 감염에 의한 병징 중 변색에 해당하는 것은?

① 오갈　　　② 총생
③ 모자이크　　④ 시들음

① 오갈 : 모양이 변형되어 오그라들거나 두터워진다.
② 총생 : 여러 개의 잎이 줄기에 무더기로 난다.
④ 위조(시들음) : 수목의 전체 또는 일부가 수분의 공급부족으로 시든다.

36 묘포장에서 많이 발생하는 모잘록병 방제법으로 적당하지 않은 것은?

① 토양소독 및 종자소독을 한다.
② 돌려짓기를 한다.
③ 질소질 비료를 많이 준다.
④ 솎음질을 자주하여 생립본수(生立本數)를 조절한다.

③ 질소질 비료의 과용을 피하고, 인산질 비료를 충분히 준다.

37 미국흰불나방의 월동 형태는?

① 알　　　② 유충
③ 성충　　④ 번데기

미국흰불나방 : 1년에 보통 2회 발생(3회도 가능)하며, 나무껍질 사이나 지피물 밑 등에서 고치를 짓고 그 속에서 번데기로 월동한다.

38 잠복기간이 가장 짧은 수목병은?

① 소나무 혹병
② 잣나무 털녹병
③ 포플러 잎녹병
④ 낙엽송 잎떨림병

③ 포플러 잎녹병 : 4~6일
① 소나무 혹병 : 1~2년
② 잣나무 털녹병 : 2~4년
④ 낙엽송 잎떨림병 : 1~2개월

39 살충제 중 훈증제로 쓰이는 약제는?

① 메틸브로마이드
② BT제
③ 비산연제
④ DDVP

해설
훈증제(燻蒸劑, fumigant) : 약제가 기체로 되어 해충의 기문을 통하여 체내에 들어가 질식(窒息)을 일으키는 것으로 메틸브로마이드, 클로로피크린 등이 있다.

40 농약의 형태에 대한 영어표기 중 'EC'가 뜻하는 것은?

① 액제   ② 유제
③ 수화제   ④ 입제

해설
① 액제 : SL
③ 수화제 : WP
④ 입제 : GR

41 벌목작업 시 벌도목 가지치기용 도끼날의 각도로 가장 적합한 것은?

① 3~5°   ② 8~10°
③ 30~35°   ④ 36~40°

해설
벌목용 도끼의 경우 9~12°, 가지치기용 도끼의 경우 8~10°로 한다.

42 2행정 기관을 4행정 기관과 비교했을 때, 2행정 기관의 특징에 대한 설명으로 틀린 것은?

① 배기음이 낮다.
② 휘발유와 오일소비가 크다.
③ 동일배기량에 비해 출력이 크다.
④ 저속운전이 곤란하다.

해설
① 무게는 가벼우나 배기음이 크다.

43 윤활유로서 구비해야 할 성질이 아닌 것은?

① 유성이 좋아야 한다.
② 점도가 적당해야 한다.
③ 부식성이 없어야 한다.
④ 온도에 의한 점도 변화가 커야 한다.

해설
④ 온도에 의한 점도 변화가 적어야 한다.

44 기계톱 체인에 오일이 적게 공급될 때 예상되는 고장 원인으로 옳지 않은 것은?

① 기화기 내의 연료체가 막혀 있다.
② 흡수호스 또는 전기도선에 결함이 있다.
③ 흡입 통풍관의 필터가 작동하지 않는다.
④ 오일펌프가 잘못되어 공기가 들어가 있다.

해설

기계톱 체인에 오일이 적게 공급될 때 예상되는 고장 원인
• 흡수호스 또는 전기도선에 결함이 있다.
• 흡입통풍관의 필터가 작동하지 않는다(막혀있다).
• 도선이 막혀있다.
• 안내판으로 가는 오일구멍이 막혀있다.
• 오일펌프에 잘못되어 공기가 들어가 있다.
• 오일펌프가 잘못 결합되어 있다.

45 체인톱의 일일점검사항에 해당하지 않는 것은?

① 휘발유와 오일의 혼합
② 에어필터의 청소
③ 연료통과 연료필터의 청소
④ 안내판의 손질

해설

체인톱의 일일점검사항 : 에어필터 청소, 안내판 점검, 휘발유와 오일 혼합

46 벌목 중 나무에 걸린 나무의 방향전환이나 벌도목을 돌릴 때 사용되는 작업 도구는?

① 쐐기　　　　② 식혈봉
③ 박피삽　　　④ 지렛대

해설

지렛대는 벌목 시 나무가 걸려 있을 때 밀어 넘기거나 또는 벌목된 나무의 가지를 자를 때 벌도목을 반대방향으로 전환시킬 경우에 사용한다.

47 2행정 내연기관에서 연료에 오일을 첨가시키는 이유로 가장 적합한 것은?

① 점화를 쉽게 하기 위해서
② 엔진 내부에 윤활작용을 시키기 위하여
③ 엔진 회전을 저속으로 하기 위하여
④ 체인의 마모를 줄이기 위하여

해설

2행정 기관은 윤활작용과 동시에 연소되어야 하므로 주로 광물성 윤활유가 사용된다.

48 1PS에 대한 설명으로 옳은 것은?

① 45kg을 1초에 1m 들어 올린다.
② 55kg을 1초에 1m 들어 올린다.
③ 65kg을 1초에 1m 들어 올린다.
④ 75kg을 1초에 1m 들어 올린다.

해설

1PS = 75kg · m/s

49 벌목작업 시 다른 나무에 걸린 벌채목의 처리방법으로 옳지 않은 것은?

① 기계톱을 이용하여 토막낸다.
② 견인기를 이용하여 뒤로 끌어낸다.
③ 경사면을 따라 조심스럽게 끌어낸다.
④ 방향전환 지렛대를 이용하여 넘긴다.

> **해설**
> 다른 나무에 걸린 벌채목은 걸린 나무를 흔들거나 지렛대 혹은 소형 견인기나 로프를 이용하여 넘긴다.

50 어깨걸이식 예불기를 메고 바른 자세로서 손을 떼었을 때 지상으로부터 날까지의 가장 적절한 높이는 몇 cm 정도인가?

① 5~10
② 10~20
③ 20~30
④ 30~40

51 벌목작업 도구가 아닌 것은?

① 지렛대
② 밀대
③ 사피
④ 양날괭이

> **해설**
> 양날괭이
> 괭이 형태에 따라 타원형과 네모형으로 구분되며 한쪽 날은 괭이 형태로 땅을 벌리는 데 사용하고, 다른 한쪽 날은 도끼 형태로 땅을 가르는 데 사용한다.

52 다음 중 조림용 도구의 설명으로 틀린 것은?

① 각식재용 양날괭이 - 형태에 따라 타원형과 네모형으로 구분되며 한쪽 날은 괭이로서 땅을 벌리는 데 사용하고 다른 한쪽 날은 도끼로서 땅을 가르는 데 사용한다.
② 사식재 괭이 - 경사지, 평지 등에 사용하고 대묘보다 소묘의 사식에 적합하다.
③ 손도끼 - 조림용 묘목의 긴 뿌리의 단근작업에 이용되며, 짧은 시간에 많은 뿌리를 자를 수 있다.
④ 재래식 괭이 - 규격품으로 오래전부터 사용되어 오던 작업 도구로 산림작업에서 풀베기, 단근 등에 이용된다.

> **해설**
> ④ 재래식 괭이는 산림작업에서 땅을 파거나 흙덩이를 부수는 데 사용된다.

53 다음 중 가선집재 기계로 옳지 않은 것은?

① 하베스터

② 자주식 반송기

③ 썰매식 집재기

④ 이동식 타워형 집재기

하베스터 : 임내를 이동하면서 입목의 벌도, 가지제거, 절단작동 등의 작업을 하는 기계로서 벌도 및 조재작업을 1대의 기계로 연속작업을 할 수 있는 다공정 처리기계

54 무육톱의 삼각톱날 꼭지각은 몇 도(°)로 정비하여야 하는가?

① 25   ② 28

③ 35   ④ 38

삼각톱날 꼭지각은 38°가 되도록 하며, 톱니꼭지각은 측정 게이지를 사용한다.

55 벌목도구의 사용법을 설명한 것으로 틀린 것은?

① 목재돌림대는 벌목 중 나무에 걸려 있는 벌도목과 땅 위에 있는 벌도목의 방향전환 및 돌리는 작업에 주로 사용된다.

② 지렛대와 밀대는 밀집된 간벌지에서 벌도방향 유인과 잘린 나무 방향전환에 유용하게 사용된다.

③ 쐐기는 톱의 끼임을 방지하기 위하여 사용한다.

④ 스웨디쉬 갈고리는 기울어진 나무의 방향전환에 주로 사용되는 방향 갈고리이다.

④ 스웨디쉬 갈고리는 소경재를 운반하기 위한 갈고리이다.

56 구입비가 30,000,000원인 트랙터의 매년 일정액의 감가상각비를 구하면?(단, 잔존가격은 취득원가의 10%이고, 상각률은 0.2이며, 정액법을 이용하여 계산한다)

① 1,000,000원

② 1,500,000원

③ 4,500,000원

④ 5,400,000원

• 감가상각비 = (취득가액 − 잔존가액) × 상각률
• 잔존가액 = 30,000,000 × 1 / 10 = 3,000,000원
• ∴ (30,000,000 − 3,000,000) × 0.2 = 5,400,000원

57 산림작업 안전사고 예방수칙으로 옳지 않은 것은?

① 몸 전체를 고르게 움직이며 작업할 것
② 긴장하지 말고 부드럽게 작업에 임할 것
③ 작업복은 작업종과 일기에 따라 착용할 것
④ 안전사고 예방을 위하여 가능한 혼자 작업할 것

해설
④ 유사시를 대비하여 혼자서 작업하지 말 것

59 FAO에서 규정하는 정비별 예상수명 중 체인톱의 수명은?

① 1,000시간
② 1,500시간
③ 2,000시간
④ 2,500시간

해설
체인톱 몸통의 수명은 약 1,500시간이다.

60 겨울에 사용하기 적합한 윤활유의 점도로 가장 적합한 것은?

① SAE 20W
② SAE 30
③ SAE 40~50
④ SAE 50 이상

해설
SAE의 분류
• SAE 30 : 봄, 가을철
• SAE 40 : 여름철
• SAE 20W : 겨울철

58 도끼자루의 길이는 어떤 것이 가장 좋은가?

① 작업자 신장의 1/3 정도가 좋다.
② 작업자 팔 길이 정도가 좋다.
③ 작업자 팔 길이보다 짧아야 한다.
④ 작업자 신장의 1/2이 좋다.

해설
특별한 경우를 제외하고 사용하기 편리하도록 작업자의 팔 길이 정도가 좋다.

01 일반적으로 씨뿌리기에서 흙을 덮는 두께는 씨앗 지름의 몇 배 정도로 하는가?

① 씨앗 지름의 1~3배
② 씨앗 지름의 4~5배
③ 씨앗 지름의 5~6배
④ 씨앗 지름의 7배 이상

해설
흙을 덮는(복토) 두께는 씨앗 지름의 2~3배 정도가 적당하다.

02 덩굴식물을 설명한 것 중 옳지 않은 것은?

① 대체적으로 햇빛을 좋아하는 식물이다.
② 칡이 항상 문제가 되고 있다.
③ 덩굴치기의 시기는 덩굴식물이 뿌리 속의 저장양분을 소모한 7월경이 좋다.
④ 덩굴을 잘라주면 쉽게 제거할 수 있다.

해설
④ 덩굴제거 방법에는 물리적 방법과 화학적 방법이 있으며, 일반적인 덩굴류는 글리포세이트 액제로 처리한다.

03 다음 종자의 발아촉진방법 중 옳지 않은 것은?

① X선법
② 황산처리법
③ 노천매장법
④ 종피에 기계적으로 상처를 가하는 방법

해설
X선법은 종자발아력검사법이다.

04 다음 중 동일 조건하에서 종자의 비산력(飛散力)이 가장 큰 것은?

① 상수리나무   ② 소나무
③ 잣나무   ④ 주목

해설
소나무는 종자가 가벼워 비산력이 크다. 따라서 1ha 당 15~30본 정도를 남기면 골고루 산재시킬 수 있으나 종자가 무거워 비산력이 작은 활엽수종은 50본 이상을 남겨야 한다.

05 봄에 묘목을 가식할 때 묘목의 끝은 어느 방향으로 향하게 하여 경사지게 묻는가?

① 동쪽   ② 서쪽
③ 북쪽   ④ 남쪽

해설
묘목의 끝을 가을에는 남쪽으로, 봄에는 북쪽으로 45° 경사지게 한다.

06 바다에서 불어오는 바람을 막기 위해 방조림을 만드는 데 적합하지 않은 수종은?

① 해송   ② 동백나무
③ 사철나무   ④ 느티나무

방조림에 적합한 수종 : 곰솔, 해송, 소나무, 소귀나무, 돈나무, 사철나무, 동백나무, 후박나무 등

07 꽃핀 이듬해 가을에 종자가 성숙하는 수종은?

① 버드나무   ② 느릅나무
③ 졸참나무   ④ 비자나무

④ 비자나무 : 꽃핀 다음 해 10월
① 버드나무 : 5월
② 느릅나무 : 5월
③ 졸참나무 : 9월 말

08 풀베기작업을 1년에 2회 실시하려 할 때 가장 알맞은 시기는?

① 1월과 3월   ② 3월과 5월
③ 6월과 8월   ④ 7월과 10월

풀베기는 풀들이 왕성하게 자라는 6월 상순~8월 상순 사이에 실시한다.

09 삽수의 발근이 비교적 잘되는 수종, 비교적 어려운 수종, 대단히 어려운 수종으로 분류할 때 비교적 잘되는 수종에 속하는 것은?

① 밤나무   ② 측백나무
③ 느티나무   ④ 백합나무

• 삽수의 발근이 잘되는 수종 : 측백나무, 포플러류, 버드나무류, 은행나무, 사철나무, 개나리, 주목, 향나무, 치자나무, 삼나무 등
• 삽수의 발근이 어려운 수종 : 밤나무, 느티나무, 백합나무, 소나무, 해송, 잣나무, 전나무, 단풍나무, 벚나무 등

10 삼림을 가꾸기 위한 벌채에 속하는 것은?

① 택벌작업   ② 산벌작업
③ 간벌작업   ④ 중림작업

간벌작업은 경관의 유지와 개선을 위해 밀도 조절이 필요한 산림에서 진행된다.

11 우리나라 지각의 대부분을 이루고 있는 암석은?

① 수성암   ② 화성암
③ 변성암   ④ 석회암

해설
지구 맨틀로부터 마그마가 올라와서 형성된 것은 화성암으로 우리나라 지각의 약 35%를 차지한다.

12 종자가 비교적 가벼워서 잘 날아갈 수 있는 수종에 가장 적합한 갱신작업은?

① 모수작업   ② 중림작업
③ 택벌작업   ④ 왜림작업

해설
모수작업은 주로 소나무류 등과 같은 양수에 적용되는데, 종자가 작아 바람에 날려 멀리 전파될 수 있는 수종에 알맞다.

13 미래목의 구비요건으로 틀린 것은?

① 피압을 받지 않은 상층의 우세목
② 나무줄기가 곧고 갈라지지 않은 것
③ 병충해 등 물리적인 피해가 없을 것
④ 주위 임목보다 월등히 수고가 높을 것

해설
미래목의 구비요건
• 피압을 받지 않은 상층의 우세목일 것(폭목은 제외)
• 나무줄기가 곧고 갈라지지 않을 것
• 산림병해충 등 물리적인 피해가 없을 것
• 미래목 간의 거리는 최소 5m 이상, 임지 내에 고르게 분포할 것
• ha당 활엽수는 200본 내외, 침엽수는 200~400본으로 할 것

14 산림토양의 산도는 산림수목의 분포양식에 영향을 준다. 대부분 침엽수 및 피나무, 단풍나무, 느릅나무, 참나무 등의 생육에 적당한 pH는?

① pH 4.0~4.7
② pH 4.8~5.5
③ pH 5.5~6.5
④ pH 6.5~7.5

해설
피나무, 단풍나무, 느릅나무, 참나무 등은 약산성(pH 5.5~6.5)에서 잘 자라는 수종이다.

15 벌채구를 구분하여 순차적으로 벌채하여 일정한 주기에 의해 갱신작업이 되풀이되는 것을 무엇이라 하는가?

① 윤벌기   ② 회귀년
③ 간벌기간   ④ 벌채시기

해설
순환택벌 시 처음 구역으로 되돌아오는 데 소요되는 기간을 회귀년이라 한다.

16 대개 어린나무가 자라서 갱신기에 이를 때까지 나무의 자람을 돕기 위해 6~8월 중에 실시하며, 9월 이후에는 조림목을 보호하기 위해 실시하지 않는 것이 좋은 작업은?

① 간벌   ② 덩굴치기
③ 풀베기   ④ 가지치기

해설
풀베기
조림지 중 잡초목이 적은 곳은 7월에 1회를 실시하고, 무성한 곳은 6월과 8월 두 차례에 걸쳐 실시하며 한·풍해가 우려되는 지역은 겨울 동안 주위의 잡초목에 의하여 조림목이 보호를 받도록 하는 것이 좋다.

18 간벌에 관한 설명으로 옳지 않은 것은?

① 솎아베기라고도 한다.
② 임관을 울폐시켜 각종 재해에 대비하고 자 한다.
③ 조림목의 생육공간 및 임분구성 조절이 목적이다.
④ 임분의 수직구조 및 안정화를 도모한다.

해설
② 임관이 항상 울폐한 상태에 있어 임지와 치수를 보호하는 것은 택벌작업이다.

17 다음 중 조파(條播)에 의한 파종으로 가장 적합한 수종은?

① 회양목
② 가래나무
③ 오리나무
④ 아까시나무

해설
조파(줄뿌림) : 종자를 줄로 뿌려주는 것으로 느티나무, 아까시나무, 옻나무 등이 적합하다.

19 접목을 할 때 접수와 대목의 가장 좋은 조건은?

① 접수와 대목이 모두 휴면상태일 때
② 접수와 대목이 모두 왕성하게 생리적 활동을 할 때
③ 접수는 휴면상태이고, 대목은 생리적 활동을 시작할 때
④ 접수는 생리적 활동을 시작하고, 대목은 휴면상태 일 때

해설
접수는 양분축적기이거나 휴면상태이고, 대목은 뿌리가 움직여 생리활동을 시작할 때가 좋다.

20 대기오염물질로만 짝지은 것은?

① 수소, 염소, 중금속
② 황화수소, 분진, 질소산화물
③ 아황산가스, 불화수소, 질소
④ 암모니아, 이산화탄소, 에틸렌

해설

대기오염물질
• 가스상 : 일산화탄소, 암모니아, 질소산화물, 황산화물, 황화수소, 이황화탄소 등
• 입자상 : 분진, 매연, 검댕 등의 고정 입자

21 다음 중 비생물적 병원(病原)인 것은?

① 선충　　　　② 진균
③ 공장폐수　　④ 파이토플라스마

해설

비생물적 병원(病原) : 공장폐수, 대기오염, 고온과 저온장해, 수분의 과부족, 영양장해, 풍해, 염해 등

22 다음 중 나무의 가지를 자르는 방법으로 옳지 않은 것은?

① 고사지는 제거한다.
② 침엽수는 절단면이 줄기와 평행하게 가지를 자른다.
③ 활엽수에서 지름 5cm 이상의 큰 가지 위주로 자른다.
④ 수액유동이 시작되기 직전인 성장휴지기에 하는 것이 좋다.

해설

③ 활엽수 가지치기 시 직경 5cm 이상의 가지는 자르지 않도록 한다.

23 우리나라 삼림대를 구성하는 요소로서 일반적으로 북위 35° 이남, 평균기온이 14℃ 이상 되는 지역의 산림대는?

① 열대림　　　　② 난대림
③ 온대림　　　　④ 온대북부림

해설

• 난대림(상록활엽수대) : 북위 35° 이남, 연평균기온 14℃ 이상, 주로 남부해안에 연한 좁은 지방과 제주도 및 그 부근의 섬들
• 온대림(낙엽활엽수대) : 북위 35°~43°, 산악지역과 높은 지대를 제외한 연평균기온 5~14℃, 온대남부·온대중부·온대북부로 나뉨
• 한대림(침엽수대) : 평지에서는 볼 수 없음, 평안남북도·함경남북도의 고원지대와 높은 산 지역, 연평균기온 5℃ 이하

24 수목의 주요 병원체가 균류에 의한 병은?

① 뽕나무 오갈병
② 잣나무 털녹병
③ 소나무 재선충병
④ 대추나무 빗자루병

해설

② 잣나무 털녹병 : 병원균은 *Cronartium ribicola* Fisher이며, 잣나무와 중간기주인 송이풀, 까치밥나무 등에 기주교대를 하는 이종기생균이다.
① · ④ 뽕나무 오갈병, 대추나무 빗자루병 : 파이토플라스마에 의해 발생한다.
③ 소나무 재선충병 : 소나무 재선충이 소나무 시들음병을 야기한다.

25 1988년 부산에서 처음 발견된 소나무재선충에 대한 설명으로 틀린 것은?

① 매개충은 솔수염하늘소이다.
② 유충은 자라서 터널 끝에 번데기방[용실(蛹室)]을 만들고 그 안에서 번데기가 된다.
③ 소나무재선충은 후식상처를 통하여 수체 내로 이동해 들어간다.
④ 피해고사목은 벌채 후 매개충의 번식처를 없애기 위하여 임지 외로 반출한다.

해설
④ 고사목은 철저히 벌채하여 잔가지까지 소각하고 임지 외 반출을 금한다.

26 병원체가 상처를 통해서 침입하는 것은?

① 밤나무 줄기마름병균
② 소나무 잎떨림병균
③ 삼나무 붉은마름병균
④ 향나무 녹병균

해설
밤나무 줄기와 가지의 상처를 중심으로 병반이 형성되는데, 초기에는 황갈색이나 적갈색으로 변하고 수피가 부풀어 오른다.

27 유충은 잎살만 먹고 잎맥을 남겨 잎이 그물 모양이 되며, 성충은 주맥만 남기고 잎을 갉아먹는 해충은?

① 삼나무독나방
② 버들재주나방
③ 오리나무잎벌레
④ 미류재주나방

해설
오리나무잎벌레
연 1회 발생하며, 성충으로 지피물 밑 또는 흙 속에서 월동한다. 월동한 성충은 4월 하순부터 나와 새잎을 엽맥만 남기고 엽육을 먹으며 생활하다가 5월 중순~6월 하순에 300여 개의 알을 잎 뒷면에 50~60개씩 무더기로 산란한다. 15일 후에 부화한 유충은 잎 뒷면에서 머리를 나란히 하고 엽육을 먹으면서 성장하다가 나무 전체로 분산하여 식해하는데, 유충의 가해기간은 5월 하순~8월 상순이고 유충기간은 20일 내외이다.

28 다음 설명에 해당하는 것은?

부화유충은 소나무와 해송의 잎집이 쌓인 침엽 기부에 충영을 형성하고 그 안에서 흡즙함으로써 피해를 입은 침엽은 생장이 저해되어 조기에 변색, 고사할 뿐만 아니라 피해를 입은 입목은 침엽의 감소에 의하여 생장이 감퇴한다.

① 솔나방   ② 솔잎혹파리
③ 소나무좀   ④ 솔노랑잎벌

해설
솔잎혹파리
• 1년에 1회 발생하며 소나무, 곰솔(해송)에 피해가 심하다.
• 유충으로 지피물 밑의 지표나 1~2cm 깊이의 흙 속에서 월동한다.
• 5월 하순부터 10월 하순까지 유충이 솔잎 기부에 벌레혹(충영)을 형성하고, 그 내부에서 흡즙 가해하여 일찍 고사하게 하며 임목의 생장을 저해한다.

29 곤충의 몸 밖으로 방출되어 같은 종끼리 통신을 할 때 이용되는 물질은?

① 퀴논 　　　　② 테르펜
③ 페로몬 　　　④ 호르몬

페로몬(pheromone)은 같은 종(種) 동물의 개체 사이의 의사소통에 사용되는 체외분비성 물질이다.

30 다음 ( ) 안에 적합한 내용은?

> 해충을 방제하기 위하여 수목에 잠복소를 설치하였다가 해충이 활동하기 전에 모아서 소각하는 방법을 ( )라고 한다.

① 생물적 방제
② 육림학적 방제
③ 화학적 방제
④ 기계적 방제

기계적 방제법은 간단한 기구 또는 손으로 해충을 잡는 방법으로 포살, 유살, 차단 등이 있다.

31 산불 발생이 가장 많은 시기는?

① 3~5월 　　　② 6~8월
③ 9~11월 　　　④ 12~2월

우리나라는 3~5월의 건조 시에 산불이 가장 많이 일어난다.

32 살충제 중 유제(乳劑)에 대한 설명으로 옳지 않은 것은?

① 수화제에 비하여 살포용 약액조제가 편리하다.
② 포장, 운송, 보관이 용이하며 경비가 저렴하다.
③ 일반적으로 수화제나 다른 제형(劑型)보다 약효가 우수하다.
④ 살충제의 주제를 용제(溶劑)에 녹여 계면활성제를 유화제로 첨가하여 만든다.

유제
• 물에 녹지 않는 농약의 주제를 용제에 용해시켜 계면활성제를 첨가한다.
• 물과 혼합 시 우유 모양의 유탁액이 된다.
• 수화제보다 살포액의 조제가 편리하고 약효가 다소 높다.

33 참나무 시들음병을 매개하는 광릉긴나무좀을 구제하는 가장 효율적인 방제법은?

① 피해목 약제 수간주사
② 피해목 약제 수관살포
③ 피해 임지 약제 지면처리
④ 피해목 벌목 후 벌목재 살충 및 살균제 훈증처리

참나무 시들음병은 피해목을 벌채해 약제를 뿌리고 비닐로 씌워 훈증처리한다.

34 솔잎혹파리의 방제를 위하여 수간주사를 할 때 사용하는 약제는?

① 포스팜   ② 스미치온
③ 메타시스톡스 ④ 다찌가렌

35 임목을 고사시킬 정도의 피해를 주며 1년에 3회 발생하는 해충은?

① 왕소나무좀
② 소나무노랑점바구미
③ 애소나무좀
④ 소나무좀

②·③·④ 소나무노랑점바구미, 애소나무좀, 소나무좀은 1년에 1회 발생한다.

36 해충의 직접적인 구제방법 중 기계적 방제법에 속하지 않는 것은?

① 포살법   ② 소살법
③ 유살법   ④ 냉각법

기계적 방제법은 간단한 기구 또는 손으로 해충을 잡는 방법으로 포살, 유살, 소살 등이 있다.

37 해충의 체(體) 표면에 직접 살포하거나 살포된 물체에 해충이 접촉되어 약제가 체내에 침입하여 독(毒)작용을 일으키는 약제는?

① 유인제   ② 접촉살충제
③ 소화중독제   ④ 화학불임제

① 유인제 : 곤충을 유인하는 작용이 있는 물질로 곤충이 분비하는 페로몬 등을 이용한 약제
③ 소화중독제 : 해충의 입을 통해 소화관에 들어가 중독작용을 일으켜 치사시키는 약제
④ 화학불임제 : 해충의 암컷 또는 수컷이 불임이 되게 하여 번식을 막는 목적으로 쓰이는 약제

38 농약에서 보조제를 쓰는 목적과 거리가 먼 것은?

① 협력제는 유효성분의 효력을 증진시킨다.
② 전착제는 주제(主劑)의 전착력(展着力)을 좋게 한다.
③ 계면활성제는 유제의 유화성을 높이는 데 쓰인다.
④ 증량제는 분제에 있어서 유효성분의 농도를 높이기 위해 쓴다.

④ 증량제는 농약 주성분의 농도를 낮추기 위하여 사용하는 보조제이다.

39 다음 중 응애류에 대해서만 선택적으로 효과가 있는 약제는?

① 살균제   ② 살충제
③ 살비제   ④ 살서제

해설

살비제는 주로 식물에 붙는 응애류를 죽이는 데 사용되며 켈센 등이 대표적인 약제이다.

40 농약 취급 시 주의할 사항으로 부적합한 것은?

① 농약을 살포할 때는 방독면과 방호용 옷을 착용하여야 한다.
② 쓰고 남은 농약은 변질될 수 있으므로 즉시 주변에 버리거나, 다른 용기에 담아 둔다.
③ 피로하거나 건강이 나쁠 때는 작업하지 않는다.
④ 작업 중에 식사 또는 흡연을 금한다.

해설

사용하고 남은 희석한 농약은 미련 없이 버린다. 음료수병에 보관하는 것은 절대금지이며, 사용 후 남은 원액은 그대로 밀봉하여 어린이의 손이 닿지 않는 장소에 보관한다.

41 벌목작업 도구 중에서 쐐기는?

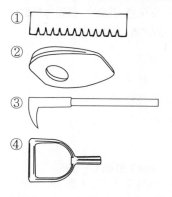

해설

① 이식판, ③ 사피, ④ draw shave(박피용 도구)

42 침 · 활엽수 유령림의 무육작업에 사용하고, 직경 5cm 내외의 잡목 및 불량목을 제거하기에 가장 적합한 도구는?

① 예취기
② 스위스보육낫
③ 소형 전정가위
④ 소형 손톱

해설

스위스보육낫

침 · 활엽수 유령림의 무육작업에 적합한 도구로, 직경 5cm 내외의 잡목 및 불량목 제거에 사용되며, 벌목작업 시 벌도목 근주 부근의 정리 및 날의 끝을 이용하여 원목을 소운반하는 데 사용할 수 있다.

43 초보자가 사용하기 편리하고 모래 등이 많이 박힌 도로변 가로수 정리용으로 적합한 체인톱 톱날의 종류는?

① 끌형 톱날
② 대패형 톱날
③ 반끌형 톱날
④ L형 톱날

해설

대패형(Chipper) 톱체인 - 원형
• 톱날의 모양이 둥근 것으로 톱니의 마멸이 적고 원형줄로 톱니세우기가 쉽다.
• 절삭저항이 크나 비교적 안전하므로 초보자가 사용하기 쉽다.
• 가로수와 같이 모래나 흙이 묻어 있는 나무를 벌목할 때 많이 이용된다.

44 벌목작업에서 쐐기는 주로 벌도방향의 결정과 안전작업을 위해 사용된다. 목재 쐐기를 만드는 데 적당한 수종이 아닌 것은?

① 리기다소나무
② 단풍나무
③ 참나무류
④ 아까시나무

해설

리기다소나무는 목재로는 질이 좋지 않아 목재 쐐기 등으로는 쓰이지 않으며 거의 사방조림용으로 이용된다. 목재쐐기는 아까시나무, 단풍나무, 층층나무, 너도밤나무, 참나무류, 밤나무 등으로 만든다.

45 4행정 사이클기관의 작동순서로 맞는 것은?

① 흡입 → 압축 → 배기 → 폭발
② 흡입 → 폭발 → 배기 → 압축
③ 흡입 → 배기 → 압축 → 폭발
④ 흡입 → 압축 → 폭발 → 배기

해설

4행정 사이클기관의 작동순서 : 흡입 → 압축 → 폭발(팽창) → 배기

46 체인톱과 예불기의 연료 혼합비로 가장 적합한 것은?

① 휘발유 : 오일 = 15 : 1
② 휘발유 : 오일 = 25 : 1
③ 휘발유 : 오일 = 45 : 1
④ 휘발유 : 오일 = 65 : 1

해설

체인톱과 예불기에 사용하는 연료 혼합비
휘발유 : 윤활유(엔진오일) = 25 : 1

47 벌도작업 시 정확한 작업을 할 수 있도록 지지역할 및 완충과 지레받침대 역할을 하는 것은?

① 안내판   ② 체인브레이크
③ 지레발톱   ④ 스파크플러그

해설

지레발톱(스파이크)
벌목이나 절단작업을 할 때 정확한 작업 위치를 선정하고 체인톱을 지지하여 안전하게 작업할 수 있도록 도와주는 장치로, 체인톱 본체 앞면에 부착되어 있다.

48 출력과 무게에 따라 체인톱을 구분할 때 소형 체인톱에 해당하는 것은?

① 엔진출력 1.1kW(1.0ps), 무게 2kg
② 엔진출력 2.2kW(3.0ps), 무게 6kg
③ 엔진출력 3.3kW(4.5ps), 무게 9kg
④ 엔진출력 4.0kW(5.5ps), 무게 12kg

> **해설**
> 체인톱의 엔진출력과 무게에 따른 구분

구분	엔진출력	무게	용도
소형	2.2kW (3.0ps)	6kg	소경재의 벌목작업, 벌도목의 가지제거
중형	3.3kW (4.5ps)	9kg	중경목의 벌목작업
대형	4.0kW (5.5ps)	12kg	대경목의 벌목작업

50 체인 톱날 연마 시 깊이제한부를 너무 낮게 연마했을 때 나타나는 현상으로 틀린 것은?

① 톱밥이 정상적으로 나오며 절단이 잘된다.
② 톱밥이 두꺼우며 톱날에 심한 부하가 걸린다.
③ 안내판과 톱니발의 마모가 심해 수명이 단축된다.
④ 체인이 절단되면서 사고가 날 수 있다.

> **해설**
> 절삭날의 높이와 깊이제한부의 높이차에 따라 절삭두께가 달라진다.

51 기계톱 기화기의 벤투리관으로 유입된 연료량은 무엇에 의해 조정될 수 있는가?

① 저속조정나사와 노즐
② 지뢰쇠와 연료유입 조정니들 밸브
③ 고속조정나사와 공전조정나사
④ 배출 밸브막과 펌프막

49 예불기는 누계사용시간이 얼마일 때마다 그리스(윤활유)를 교환해야 하는가?

① 200시간
② 50시간
③ 20시간
④ 1시간

> **해설**
> 누계사용시간이 20시간 되었을 때마다 그리스를 전부 교환해준다.

52 체인톱의 엔진에 과열현상이 일어났을 경우 예상되는 원인으로 가장 거리가 먼 것은?

① 클러치가 손상되어 있다.
② 기화기 조절이 잘못되어 있다.
③ 연료 내에 오일 혼합량이 적다.
④ 점화코일과 단류장치에 결함이 있다.

> **해설**
> 클러치가 손상되면 엔진 공전 시에도 체인이 가동된다.

53 체인톱 출력(힘)의 표시로 사용되는 국제단위에는 무엇이 있는가?

① HP
② HA
③ HO
④ HS

해설

HP는 'Horse Power'의 약자로 내연기관의 동력 표시 단위이다.

54 혼합연료에 오일의 함유비가 높을 경우 나타나는 현상으로 옳지 않은 것은?

① 연료의 연소가 불충분하여 매연이 증가한다.
② 스파크플러그에 오일이 덮히게 된다.
③ 오일이 연소실에 쌓인다.
④ 엔진을 마모시킨다.

해설

혼합연료에 오일의 함유비가 높을 경우 나타나는 현상
• 연료의 연소가 불충분하여 매연이 증가한다.
• 스파크플러그에 오일이 덮히게 된다.
• 오일이 연소실에 쌓인다.
※ 오일의 함유비가 낮을 경우 엔진을 마모시킨다.

55 벌목한 나무를 기계톱으로 가지치기할 때 유의할 사항으로 가장 옳은 것은?

① 후진하면서 작업한다.
② 안내판이 짧은 기계톱을 사용한다.
③ 벌목한 나무를 몸과 기계톱 밖에 놓고 작업한다.
④ 작업자는 벌목한 나무와 멀리 떨어져 서서 작업한다.

해설

① 전진하면서 작업한다.
③ 벌목한 나무를 몸과 기계톱 사이에 놓고 작업한다.
④ 작업자는 벌목한 나무 가까이에 서서 작업하며, 기계톱은 자연스럽게 움직여야 한다.

56 체인톱 에어필터(공기청정기)의 정비 방법으로 적합한 것은?

① 매일 작업 중 또는 작업 후에 손질
② 2~3일 사용 후 한 번씩 손질
③ 1주 간 사용 후 손질
④ 1개월간 사용 후 손질

해설

체인톱의 일일점검사항 : 에어필터 청소, 안내판 점검, 휘발유와 오일 혼합

57 예불기 운전 및 작업상 유의사항으로 옳지 않은 것은?

① 발 끝에 예불기의 톱날이 접촉되지 않도록 주의한다.
② 작업 방향은 톱날의 회전방향이 좌측이므로 우측에서 좌측으로 실시한다.
③ 주변에 사람 유무를 확인하고 엔진을 시동한다.
④ 작업원 간 거리는 가능한 5m 이내로 최대한 근접한 거리에서 실행한다.

해설
예불기로 작업 시 안전공간(작업반경 10m 이상)을 확보하면서 작업한다.

58 소형 동력윈치의 사용에 있어 일일점검사항이 아닌 것은?

① 와이어로프 점검
② 기어오일의 점검
③ 공기여과기 청소
④ 볼트 및 너트의 점검

해설
기어오일은 엔진오일과 같이 일상적으로 점검할 수 없으므로 주기적으로 교환한다.

59 다음 중 디젤엔진 압축착화기관의 압축온도로 가장 적당한 것은?

① 100~200°C
② 300~400°C
③ 500~600°C
④ 700~900°C

해설
디젤엔진은 공기만을 흡입하고, 고압축비(16~23 : 1)로 압축하여 그 온도가 500°C 이상 되게 한 다음 노즐에서 연료를 안개모양으로 분사시켜 공기의 압축열에 의해 자기착화시킨다.

60 체인톱의 1시간당 평균 연료소모량은?

① 1.0L
② 1.5L
③ 2.0L
④ 2.5L

해설
• 1시간당 평균 연료소모량 : 1.5L
• 1시간당 평균 오일소모량 : 0.4L

01 결실을 촉진시키는 방법으로 옳은 것은?

① 수목의 식재밀도를 높게 한다.
② 줄기의 껍질을 환상으로 박피한다.
③ 간벌이나 가지치기를 하지 않는다.
④ 차광망을 씌워 그늘을 만들어준다.

해설
결실촉진 방법
• 수관의 소개
• 시비
• 생장조절물질(지베렐린, NAA 등) 처리
• 기계적 처치(환상박피, 전지, 단근처리, 접목 등)

03 묘목의 가식에 대한 설명으로 옳지 않은 것은?

① 동해에 약한 유묘는 움가식을 한다.
② 뿌리부분을 부채살 모양으로 열가식한다.
③ 선묘 결속된 묘목은 즉시 가식하여야 한다.
④ 지제부가 10cm가 되지 않도록 얕게 가식한다.

해설
④ 지제부는 10cm 이상 묻히도록 깊게 가식한다.

02 인공조림으로 갱신할 때 가장 용이한 작업 종은?

① 개벌작업   ② 택벌작업
③ 산벌작업   ④ 모수작업

해설
개벌작업이란 갱신하고자 하는 임지 위에 있는 임목을 일시에 벌채하여 이용하고, 그 적지에 새로운 임분을 조성시키는 방법이다.

04 일정한 규칙과 형태로 묘목을 식재하는 배식설계에 해당되지 않는 것은?

① 정방형 식재
② 장방형 식재
③ 정삼각형 식재
④ 정육각형 식재

해설
규칙적 식재망
정방형, 장방형, 정삼각형, 이중정방형 등이 있고, 일반적으로 정방형 식재를 하는데 규칙적 식재를 하면 식재 이후에 각종 조림작업을 능률적으로 할 수 있다.

05 혼합연료에 오일의 함유비가 높을 경우 나타나는 현상으로 옳지 않은 것은?

① 연료의 연소가 불충분하여 매연이 증가한다.
② 스파크플러그에 오일이 덮히게 된다.
③ 오일이 연소실에 쌓인다.
④ 엔진을 마모시킨다.

해설

혼합연료에 오일의 함유비가 높을 경우 나타나는 현상
• 연료의 연소가 불충분하여 매연이 증가한다.
• 스파크플러그에 오일이 덮히게 된다.
• 오일이 연소실에 쌓인다.
※ 오일의 함유비가 낮을 경우 엔진을 마모시킨다.

06 파종상에서 2년, 판갈이상에서 1년 된 만 3년생 묘목의 표기 방법은?

① 1-2   ② 2-1
③ 1-1-1   ④ 1-0-2

해설

① 1-2 : 파종상에서 1년, 이식상에서 1번(2년)을 경과한 3년생 묘목
③ 1-1-1 : 파종상에서 1년, 그 뒤 1번 상체된 일이 있고 각 상체상에서 1년을 경과한 3년생 묘목
④ 1-0-2 : 파종상에서 1년 그 뒤 상체된 일이 없고 상체상에서 2년을 경과한 3년생 묘목

07 삼림을 가꾸기 위한 벌채에 속하는 것은?

① 택벌작업   ② 산벌작업
③ 간벌작업   ④ 중림작업

해설

간벌작업은 경관의 유지와 개선을 위해 밀도 조절이 필요한 산림에서 진행된다.

08 다음 중 동일 조건하에서 종자의 비산력(飛散力)이 가장 큰 것은?

① 상수리나무   ② 소나무
③ 잣나무   ④ 주목

해설

소나무는 종자가 가벼워 비산력이 크다. 따라서 1ha당 15~30본 정도를 남기면 골고루 산재시킬 수 있으나 종자가 무거워 비산력이 작은 활엽수종은 50본 이상을 남겨야 한다.

09 다음 중 발아율이 90%, 순량률이 70%인 종자의 효율은?

① 20%   ② 63%
③ 80%   ④ 96%

해설

$$효율(\%) = \frac{발아율 \times 순량률}{100} = \frac{90 \times 70}{100} = 63\%$$

10 천연림보육 과정에서 간벌작업 시 미래목 관리 방법으로 옳은 것은?

① 피압을 받지 않은 상층의 우세목으로 선 정한다.

② 미래목 간의 거리는 2m 정도로 한다.

③ 가슴높이에서 흰색 수성 페인트를 둘러 서 표시한다.

④ ha당 활엽수는 300~400본을 선정한다.

미래목의 선정 및 관리
• 피압을 받지 않은 상층의 우세목으로 선정하되 폭 목은 제외한다.
• 나무줄기가 곧고 갈라지지 않으며, 산림 병충해 등 물리적인 피해가 없어야 한다.
• 미래목 간의 거리는 최소 5m 이상으로 임지 내에 고르게 분포하도록 한다.
• 활엽수는 200본/ha 내외, 침엽수는 200~400본/ha 을 미래목으로 한다.
• 미래목만 가지치기를 실행하며 산 가지치기일 경 우 11월부터 이듬해 5월 이전까지 실행하여야 하나 작업 여건, 노동력 공급 여건 등을 감안하여 작업시 기 조정이 가능하다.
• 가지치기는 반드시 톱을 사용하여 실행한다.
• 솎아베기 및 산물의 하산, 집재(集材), 반출 등의 작 업 시 미래목을 손상하지 않도록 주의한다.
• 가슴높이에서 10cm의 폭으로 황색 수성 페인트로 둘러서 표시한다.

11 다음 수종 중 꽃핀 이듬해 가을에 종자가 성 숙하는 것은?

① 버드나무 ② 떡느릅나무
③ 졸참나무 ④ 상수리나무

졸참나무는 꽃이 핀 해에 종자가 성숙하지만 상수리 나무는 이듬해에 성숙한다.
① 버드나무 : 5월
② 떡느릅나무 : 6월
③ 졸참나무 : 9월 말

12 중림작업의 상층목 및 하층목에 대한 설명 으로 옳지 않은 것은?

① 일반적으로 하층목은 비교적 내음력이 강한 수종이 유리하다.

② 하층목이 상층목의 생장을 방해하여 대 경재 생산에 어려운 단점이 있다.

③ 상층목은 지하고가 높고 수관의 틈이 많 은 참나무류 등 양수종이 적합하다.

④ 상층목과 하층목은 동일 수종으로 주로 실시하나, 침엽수 상층목과 활엽수 하층 목의 임분구성을 중림으로 취급하는 경 우도 있다.

중림작업
• 교림과 왜림을 동일 임지에 함께 세워서 경영하는 작업으로 하층목으로서의 왜림은 맹아로 갱신되며 일반적으로 연료재와 소경목을 생산하고, 상층목 으로서의 교림은 일반용재를 생산한다.
• 하층목은 비교적 내음력이 강한 수종이 좋고, 상층 목은 지하고가 높고 수관밀도가 낮은 수종이 적당 하다.
• 중림의 원래 내용은 임목 중에서 생활력이 왕성한 것을 골라 상층목으로 키우는 것이지만, 일반적으로 상층목은 침엽수종으로, 하층목은 활엽수로 한다.

13 예비벌 → 하종벌 → 후벌로 갱신되는 작업 법은?

① 택벌작업 ② 중림작업
③ 산벌작업 ④ 모수작업

산벌작업은 임분을 예비벌, 하종벌, 후벌로 3단계 갱 신벌채를 실시하여 갱신하는 방법이다.

14 경운기의 벨트 조정은 벨트 가운데를 손가락으로 눌러서 몇 cm 정도 처지는 상태가 좋은가?

① 0.5~1cm   ② 2~3cm

③ 7~10cm   ④ 11~15cm

> **해설**
> 벨트가 늘어져 있을 때 벨트의 유격은 2~3cm 정도가 되도록 조정한다.

15 체인톱의 점화플러그 정비 주기로 옳은 것은?

① 일일정비   ② 주간정비

③ 월간정비   ④ 계절정비

> **해설**
> 체인톱의 점검
> • 일일정비 : 휘발유와 오일의 혼합, 에어필터 청소, 안내판 손질
> • 주간정비 : 안내판, 체인톱날, 점화부분(스파크플러스), 체인톱 본체
> • 분기별정비 : 연료통과 연료필터 청소, 윤활유 통과 거름망 청소, 시동줄과 시동스프링 점검, 냉각장치, 전자점화장치, 원심분리형 클러치, 기화기

16 유아등으로 등화유살할 수 있는 해충은?

① 오리나무잎벌레
② 솔잎혹파리
③ 밤나무순혹벌
④ 어스렝이나방

> **해설**
> 등화유살 : 곤충의 주광성을 이용하여 곤충이 유아등에 모이게 하여 죽이는 방법으로, 9~10월에 어스렝이나방에게 사용할 수 있다.

17 다음에서 설명하는 수병은?

> • 경기도 가평에서 처음 발견되었다.
> • 줄기에 병징이 나타나면 어린나무는 대부분이 1~2년 내에 말라 죽고 20년생 이상의 큰 나무는 병이 수년간 지속되다가 마침내 말라 죽는다.

① 잣나무 털녹병
② 소나무 모잘록병
③ 오동나무 탄저병
④ 오리나무 갈색무늬병

> **해설**
> 잣나무 털녹병은 줄기에 병징이 나타나면 어린 조림목은 대부분 당해에 말라 죽으며, 20년생 이상의 성목에서는 병이 수년간 지속되다가 말라 죽는다.

18 묘목규격의 측정기준으로 사용하지 않는 것은?

① 근원경
② 최소간장
③ 최대간장
④ 근원경 대비 최소간장의 비율

> **해설**
> 묘목규격 측정기준에는 최소간장이 사용되고, 최대간장은 규격기준에 포함되지 않는다.
> 산림용 묘목규격의 측정기준(종묘사업실시요령)
> • 간장 : 근원경(밑둥지름)에서 정아까지의 길이
> • 근원경 : 포지에서 묘목줄기가 지표면에 닿았던 부분의 최소직경
> • H/D율 : mm 단위의 근원경 대비 간장(줄기 길이)의 비율

19 뽕나무 오갈병의 병원균은?

① 균류　　　　② 선충
③ 바이러스　　④ 파이토플라스마

뽕나무 오갈병의 병원균은 파이토플라스마이며, 마름무늬매미충에 의해 매개되고 접목에 의해서도 전염된다.

20 토양 중에서 수분이 부족하여 생기는 피해는?

① 볕데기(皮燒)　　② 상해(霜害)
③ 한해(旱害)　　　④ 열사(熱死)

① 볕데기 : 수간이 태양광선의 직사를 받았을 때 수피의 일부에 급격한 수분증발이 생겨 조직이 마르는 현상
② 상해(霜害) : 이른 봄 식물의 발육이 시작된 후 급격한 온도저하가 일어나 어린 지엽이 손상되는 현상
④ 열사(熱死) : 7~8월경 토양이 건조되기 쉬울 때 암흑색의 사질 부식토에서 태양열을 흡수함으로써 발생

21 다음 중 와이어로프의 선택 시 고려사항이 아닌 것은?

① 용도
② 드럼의 지름
③ 도르래의 통과 횟수
④ 벌채원목의 수종

와이어로프를 선택하기 위해서는 용도, 드럼의 지름, 도르래의 통과 횟수 등을 고려하여야 하며, 벌채원목의 수종은 와이어로프 선택에 직접적 관련성이 없다.

22 대목의 수피에 T자형으로 칼자국을 내고 그 안에 접아를 넣어 접목하는 방법은?

① 절접　　　　② 눈접
③ 설접　　　　④ 할접

① 절접 : 지표면에서 7~12cm 되는 곳에 대목을 절개하여 접수의 접합 부위가 대목과 접수의 형성층 부위와 일치할 수 있도록 절개부위에 접수를 끼워 넣어 접목하는 법
③ 설접 : 대목과 접수의 굵기가 비슷한 것에서 대목과 접수를 혀 모양으로 깎아 맞추고 졸라매는 접목방법
④ 할접 : 대목이 비교적 굵고 접수가 가늘 때 적용하는 방법으로 접수에는 끝눈을 붙이고 1cm 길이만 침엽을 남겨 아래에 삭면을 만들어 접목하는 방법

23 농약의 독성을 표시하는 용어인 'LD$_{50}$'의 설명으로 가장 적합한 것은?

① 시험동물의 50%가 죽는 농약의 양이며, mg/kg으로 표시
② 농약 독성평가의 어독성 기준 동물인 잉어가 50% 죽는 양이며, mg/kg으로 표시
③ 시험동물의 50%가 죽는 농약의 양이며, g/g으로 표시
④ 농약 독성평가의 어독성 기준 동물인 잉어가 50% 죽는 양이며, g/g으로 표시

LD$_{50}$: 시험동물의 50%가 죽는 농약의 양이며, mg/kg으로 표시한다.

24 산림종자의 이동 방법 중 소나무, 엉겅퀴 종자가 이동하는 방법으로 옳은 것은?

① 풍력
② 중력
③ 동물
④ 수력

① 풍력 : 단풍나무, 소나무, 물푸레나무, 민들레, 엉겅퀴 등
② 중력 : 참나무류, 호두나무, 밤나무 등
③ 동물 : 새 – 향나무, 벚나무, 마가목 등, 설치류 – 참나무류, 호두나무, 가문비나무 등
④ 수력 : 열대지방 야자나무, 연꽃 등

26 파이토플라스마에 의한 주요 수목병이 아닌 것은?

① 붉나무 빗자루병
② 잣나무 털녹병
③ 오동나무 빗자루병
④ 대추나무 빗자루병

잣나무 털녹병은 담자균에 의한 수병이다.

25 주로 유효성분을 연기의 상태로 해서 해충을 방제하는 데 쓰이는 약제는?

① 훈증제
② 훈연제
③ 유인제
④ 기피제

① 훈증제 : 약제가 기체로 되어 해충의 기문을 통하여 체내에 들어가 질식(窒息)을 일으키는 것
③ 유인제 : 해충을 유인해서 포살하는 데 사용되는 약제
④ 기피제 : 해충이 작물에 접근하는 것을 방해하는 물질

27 예불기의 원형 톱날 사용 시 안전사고 예방을 위해 사용이 금지된 부분은?

① 시계점 12~3시 방향
② 시계점 3~6시 방향
③ 시계점 6~9시 방향
④ 시계점 9~12시 방향

예불기 톱날의 회전방향은 좌측(반시계방향)이므로 시계점 12~3시 방향은 안전사고 예방을 위해 되도록 사용을 금지한다.

28 두더지에 의한 피해 형태에 대한 설명으로 가장 옳은 것은?

① 나무의 줄기 속을 파먹는다.
② 나무의 어린 새순을 잘라 먹는다.
③ 땅속에 큰나무 뿌리를 잘라 먹는다.
④ 묘포에서 나무의 뿌리를 들어 올려 말라 죽게 한다.

해설
두더지가 굴을 파고 돌아다니거나 먹이를 찾아 뿌리를 헤치고 다니면 뿌리가 건조해지면서 나무 전체의 세력이 약화된다.

29 피해목을 벌채한 후 약제 훈증처리의 방제가 필요한 수병은?

① 뽕나무 오갈병
② 잣나무 털녹병
③ 소나무 잎녹병
④ 참나무 시들음병

해설
참나무 시들음병의 방제
침입공에 메프 유제, 파프 유제 500배액을 주입하고, 피해목을 벌채하여 1m 길이로 잘라 쌓은 후 메탐소디움을 m²당 1L씩 살포하고 비닐을 씌워 밀봉하여 훈증처리한다.

30 바다에서 불어오는 바람을 막기 위해 방조림을 만드는 데 적합한 수종들로 짝지어진 것은?

① 전나무, 자귀나무
② 곰솔, 자귀나무
③ 향나무, 소나무
④ 후박나무, 삼나무

해설
• 염풍에 저항력이 큰 수종 : 곰솔, 향나무, 사철나무, 자귀나무, 팽나무, 후박나무, 돈나무 등
• 염풍에 저항력이 약한 수종 : 소나무, 삼나무, 편백, 화백, 전나무, 벚나무, 포도나무, 사과나무, 배나무 등

31 다음 중 삽목이 잘되는 수종끼리만 짝지어진 것은?

① 버드나무, 잣나무
② 개나리, 소나무
③ 오동나무, 느티나무
④ 사철나무, 미루나무

해설
삽목이 용이한 수종 : 포플러류, 버드나무류, 은행나무, 사철나무, 플라타너스, 개나리, 주목, 실편백, 연필향나무, 측백나무, 화백, 향나무, 비자나무, 미루나무 등이 있다.

32 어깨걸이식 예불기를 메고 바른 자세로서 손을 떼었을 때 지상으로부터 날까지의 가장 적절한 높이는 몇 cm 정도인가?

① 5~10
② 10~20
③ 20~30
④ 30~40

33 우리나라에서 발생하는 주요 소나무류 잎녹병균의 중간기주가 아닌 것은?

① 잔대 ② 황벽나무
③ 현호색 ④ 등골나물

> **해설**
>
> 현호색은 포플러 잎녹병을 일으키는 담자균의 중간기주이다.

34 임분을 띠 모양으로 구획하고 각 띠를 순차적으로 개벌하여 갱신하는 방법은?

① 산벌작업
② 대상개벌작업
③ 군상개벌작업
④ 대면적 개벌작업

> **해설**
>
> ② 대상개벌작업 : 갱신대상 임분을 임의의 대상지(帶狀地)로 구분하고 우선 그중 1구역 이상의 대상지를 개벌하고, 인접 모수림으로부터 측방천연하종에 의하여 갱신한 후 점차 다른 대상지로 확대해 나가는 방법이다. 갱신의 진행순서에 따라 교호대상법과 연속대상법이 있다.
> ① 산벌작업 : 윤벌기에 비하여 비교적 짧은 갱신기간 중에 몇 차례에 걸친 벌채로 갱신면상에 있는 임목을 완전히 제거하는 작업이다.
> ③ 군상개벌작업 : 임분 내에 수개의 군상개벌면을 조성하여 주위의 모수림으로부터 측방천연하종에 의하여 치수를 발생시켜, 순차적으로 군상지 주위로 갱신면을 확대해 가는 방법이다.
> ④ 대면적 개벌작업 : 대면적 임분을 한 번에 개벌하여 측방천연하종으로 갱신하는 방법이다.

35 예불기의 장치 중 불량하면 엔진의 힘이 줄고 연료소모량을 많아지게 하는 것은?

① 액셀레버
② 공기여과장치
③ 공기필터 덮개
④ 연료탱크

> **해설**
>
> 공기여과장치가 불량하면 기화기 내 연료 농도가 진해져 엔진의 힘이 떨어진다.
> 공기여과장치가 더럽혀져 있는 경우의 고장
> • 점화에 이상이 있고 엔진에 힘이 없다.
> • 비정상적으로 연료소비량이 많다.
> • 엔진가동이 불규칙적이다.

36 일정한 면적에 직사각형 식재를 할 때 소요 묘목수 계산식은?

① 조림지면적/묘간거리
② 조림지면적/(묘간거리)^2
③ 조림지면적/(묘간거리)^2 × 0.866
④ 조림지면적/묘간거리 × 줄 사이의 거리

> **해설**
>
> 직사각형 식재 : 열간에 비하여 묘목 사이의 거리가 더 긴 것
> $N = A/a \times b$
> 여기서, N : 식재할 묘목수
> A : 조림지 면적
> a : 묘목 사이의 거리
> b : 열간거리

37 농약의 물리적 형태에 따른 분류가 아닌 것은?

① 유제
② 분제
③ 전착제
④ 수화제

해설

농약의 분류
- 사용목적에 따른 분류 : 살균제, 살충제, 살비제, 살선충제, 제초제, 식물 생장조절제, 혼합제, 살서제, 소화중독제, 유인제 등
- 주성분 조성에 따른 분류 : 유기인계, 카바메이트계, 유기염소계, 유황계, 동계, 유기비소계, 항생물질계, 피레스로이드계, 페녹시계, 트라이아진계, 요소계, 설포닐우레아계 등
- 제형에 따른 분류 : 유제, 수화제, 분제, 미분제, 수화성미분제, 입제, 액제, 액상수화제, 미립제, 세립제, 저미산분제, 수면전개제, 종자처리수화제, 캡슐현탁제, 분의제, 과립훈연제, 과립수화제, 캡슐제 등
- 사용방법에 따른 분류 : 희석살포제, 직접살포제, 훈연제, 훈증제, 연무제, 도포제 등

38 소립종자의 실중(實重)을 알맞게 설명한 것은?

① 종자 100립의 무게를 kg으로 나타낸 것
② 종자 100립의 무게를 g으로 나타낸 것
③ 종자 1,000립의 무게를 kg으로 나타낸 것
④ 종자 1,000립의 무게를 g으로 나타낸 것

해설

실중은 종자 1,000립의 무게를 g으로 나타낸 것으로 대립종자 100립, 소립종자 1,000립을 4회 반복하여 무게를 측정한 평균치이다.

39 다음의 수목병해 중 병징은 있으나 표징이 전혀 없는 것은?

① 오동나무 빗자루병
② 잣나무 털녹병
③ 낙엽송 잎떨림병
④ 밤나무 흰가루병

해설

바이러스, 마이코플라스마에 의한 병은 병징만 나타나고 표징이 전혀 없다.
②·③·④ 진균에 의한 병

40 다음 ( ) 안에 들어갈 알맞은 말은?

> 침엽수 모잘록병, 삼나무 붉은마름병은 ( ) 비료를 많이 줄수록 피해가 심해진다.

① 질소질
② 인산질
③ 유기질
④ 무기질

해설

질소질 비료의 과용은 식물의 생리적 스트레스를 증가시키고, 병원균에 대한 저항력을 약화시키는 원인이 된다.

41 다음 중 비생물적 병원(病原)인 것은?

① 선충
② 진균
③ 공장폐수
④ 파이토플라스마

해설

비생물적 병원(病原) : 공장폐수, 대기오염, 고온과 저온장해, 수분의 과부족, 영양장해, 풍해, 염해 등

42 경사진 산림에서 임목벌도 방향은 보통 임지의 경사방향에 대하여 얼마 정도가 적합한가?

① 10°
② 가로방향 또는 30°
③ 45°
④ 60°

해설

경사진 산림에서 임목벌도 방향은 보통 임지의 경사방향에 대하여 가로방향(또는 30°) 정도가 적당하다.

43 비료목으로 취급되는 나무 중 콩과 식물에 속하지 않는 것은?

① 아까시나무
② 보리수나무
③ 자귀나무
④ 싸리나무

해설

비료목의 종류

콩과 수목	아까시나무, 자귀나무, 족제비싸리, 싸리류, 칡 등
방사상균 속	오리나무류, 보리수나무류, 소귀나무 등
기타	갈매나무, 붉나무, 딱총나무 등

44 다음 중 수목의 그을음병과 관계있는 해충으로만 짝지어진 것은?

① 매미나방, 솔잎혹파리
② 무당벌레, 솔나방
③ 솔나방, 소나무좀
④ 진딧물, 깍지벌레

해설

그을음병은 진딧물, 깍지벌레 등 흡즙성 해충이 기생하였던 나무에서 흔히 볼 수 있다.

45 덩굴치기의 최적기는 언제인가?

① 3~4월 　② 5~7월
③ 9~10월 　④ 11~12월

해설

덩굴제거는 덩굴류의 생장기인 5~9월에 실시하며, 덩굴식물이 뿌리 속의 저장양분을 소모한 7월경이 가장 좋다.

46 어린나무가꾸기의 1차 작업시기로 가장 알맞은 것은?

① 풀베기가 끝난 3~5년 후
② 가지치기가 끝난 5~6년 후
③ 덩굴제거가 끝난 1~2년 후
④ 솎아베기가 끝난 6~9년 후

해설

대개 풀베기가 끝나고 3~5년이 지난 다음에 1차 작업을 시작하고, 다시 3~4년이 지난 다음 2차 작업을 하며, 제거 대상목의 맹아가 약한 6~9월 중에 실시한다.

47 다음 중 산벌작업에서 갱신기간을 나타내는 것은?

① 예비벌부터 하종벌까지
② 하종벌부터 후벌까지
③ 후벌부터 하종벌까지
④ 수광벌부터 종벌까지

해설
치수의 발생을 완성하는 하종벌부터 후벌의 마지막 벌채인 종벌까지의 기간을 갱신기간이라 한다.

48 2행정 기관을 4행정 기관과 비교했을 때, 2행정 기관의 특징에 대한 설명으로 틀린 것은?

① 배기음이 낮다.
② 휘발유와 오일소비가 크다.
③ 동일배기량에 비해 출력이 크다.
④ 저속운전이 곤란하다.

해설
① 무게는 가벼우나 배기음이 크다.

49 솔잎혹파리의 월동 장소로 옳은 것은?

① 나무껍질 사이
② 솔잎 사이
③ 땅속
④ 나무 속

해설
솔잎혹파리는 유충으로 지피물 밑의 지표나 1~2cm 깊이의 흙 속에서 월동한다.

50 다음 중 방화림(防火林) 조성용으로 가장 적합한 수종은?

① 소나무 　② 삼나무
③ 갈참나무 　④ 녹나무

해설
참나무류는 코르크층이 두꺼워 나무줄기에 불이 붙더라도 수피(껍질) 안쪽에 있는 형성층이 다칠 우려가 상대적으로 적고, 맹아력이 대단히 강해서 화재 후 뿌리 부근에서 새순들이 맹렬한 기세로 뻗어 나와 새로운 숲을 형성하게 된다.

51 전목집재 후 집재장에서 가지치기 및 조재 작업을 수행하기에 가장 적합한 장비는?

① 스키더 　② 포워더
③ 프로세서 　④ 펠러번처

해설
프로세서
하베스터와 유사하나 벌도기능만 없는 장비, 즉 일반적으로 전목재의 가지를 제거하는 가지자르기 작업, 재장을 측정하는 조재목 마름질 작업, 통나무 자르기 등 일련의 조재작업을 한 공정으로 수행하여 원목을 한곳에 쌓을 수 있는 장비

52 다음 중 노무관리의 3가지 질서가 아닌 것은?

① 사회질서 　　② 경영질서
③ 조합질서 　　④ 안전질서

해설

노무관리의 3가지 질서 : 사회질서, 경영질서, 조합질서

53 체인톱의 날갈기 시 이상적인 뎁스의 폭 (mm)으로 옳은 것은?

① 0.0~0.25
② 0.25~0.5
③ 0.5~0.75
④ 0.75~1.0

해설

체인톱 날갈기 시 절삭높이

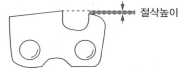
절삭높이

54 우리나라 여름철(+10~+40℃)에 기계를 사용 시 합유 제조를 위한 윤활유 점도가 가장 알맞은 것은?

① SAE 20
② SAE 20 W
③ SAE 30
④ SAE 10

해설

윤활유의 외부기온에 따른 점액도의 선택기준 예
• 외기온도 +10~+40℃ : SAE 30
• 외기온도 −10~+10℃ : SAE 20
• 외기온도 −30~−10℃ : SAE 20W
기계톱 윤활유의 점액도가 SAE 20W일 때 'W'는 겨울용을 표시하며 외기온도 범위는 −30~−10℃ 정도이다.

55 곤충이 생활하는 도중에 환경이 좋지 않으면 발육을 멈추고 좋은 환경이 될 때까지 일시적으로 정지하는 현상으로 정상으로 돌아오는 데 다소 시간이 걸리는 것은?

① 휴면 　　② 이주
③ 탈피 　　④ 휴지

해설

② 이주 : 곤충이 서식지를 이동하는 현상이다.
③ 탈피 : 곤충이 성장하면서 낡은 외피를 벗고 새로운 외피를 입는 현상이다.
④ 휴지(休止) : 휴면과는 달리 비교적 짧은 시간 동안 지속되며, 환경이 개선되면 다시 정상적인 활동을 재개한다.

56 가선집재에 사용되는 가공본줄의 최대장력은?(단, T = 최대장력, W = 가선의 전체중량, Φ = 최대장력계수, P = 가공본줄에 걸리는 전체하중)

① $T = (W - P) \times \Phi$
② $T = W \times P \times \Phi$
③ $T = (W + P) \times \Phi$
④ $T = W \div P \times \Phi$

$T = (W + P) \times \Phi$
여기서, T : 가공본줄의 최대장력
　　　　W : 가선의 전체중량(가선의 사거리 × 가선의 단위중량)
　　　　P : 가공본줄에 걸리는 전체하중(반출목재의 중량 + 반송기의 중량)
　　　　Φ : 최대장력계수

57 다음 중 산림작업을 위한 개인 안전장비로 가장 거리가 먼 것은?

① 안전헬멧　　② 안전화
③ 구급낭　　　④ 얼굴보호망

①・②・④ 외에 귀마개, 안전장갑, 안전복 등이 있다.

58 벌목 중 나무에 걸린 나무의 방향전환이나 벌도목을 돌릴 때 사용되는 작업 도구는?

① 쐐기　　　　② 식혈봉
③ 박피삽　　　④ 지렛대

지렛대는 벌목 시 나무가 걸려 있을 때 밀어 넘기거나 또는 벌목된 나무의 가지를 자를 때 벌도목을 반대방향으로 전환시킬 경우에 사용한다.

59 벚나무 빗자루병의 병원체는?

① 세균
② 자낭균
③ 바이러스
④ 파이토플라스마

자낭균에 의한 수병 : 벚나무 빗자루병, 밤나무 줄기마름병, 수목의 흰가루병, 수목의 그을음병, 소나무의 잎떨림병, 낙엽송의 잎떨림병, 낙엽송의 끝마름병 등

60 산불에 의한 피해 및 위험도에 대한 설명으로 옳지 않은 것은?

① 침엽수는 활엽수에 비해 피해가 심하다.
② 음수는 양수에 비해 산불위험도가 낮다.
③ 단순림과 동령림이 혼효림 또는 이령림보다 산불의 위험도가 낮다.
④ 낙엽활엽수 중에서 코르크층이 두꺼운 수피를 가진 수종은 산불에 강하다.

③ 단순림과 동령림이 혼효림 혹은 이령림보다 산불위험도가 높다.

01 벌목작업 도구가 아닌 것은?

① 지렛대　　② 밀대

③ 사피　　　④ 양날괭이

해설

양날괭이

괭이 형태에 따라 타원형과 네모형으로 구분되며 한쪽 날은 괭이 형태로 땅을 벌리는 데 사용하고 다른 한쪽 날은 도끼 형태로 땅을 가르는 데 사용한다.

02 가을에 채집하여 정선한 종자를 눈녹은 물이나 빗물이 스며들 수 있도록 땅속에 묻었다가 파종할 이듬해 봄에 꺼내는 종자저장법은?

① 노천매장법　　② 보호저장법

③ 실온저장법　　④ 습적법

해설

노천매장법은 종자의 저장과 발아촉진을 동시에 얻는 효과가 있다.

03 다음 중 가지치기를 시행하기에 가장 적절한 시기는?

① 초봄부터 여름

② 늦봄부터 늦가을

③ 초여름부터 늦가을

④ 늦가을부터 초봄

해설

생장휴지기인 11월부터 이듬해 3월까지가 가지치기의 적기이다.

04 가솔린엔진과 비교할 때 디젤엔진의 특징으로 옳지 않은 것은?

① 열효율이 높다.

② 토크변화가 작다.

③ 배기가스 온도가 높다.

④ 엔진 회전속도에 따른 연료공급이 자유롭다.

해설

디젤엔진은 과급으로 인한 높은 공연비 덕분에 연소 후 단위 질량당 에너지밀도가 낮고 따라서 배기가스 온도가 가솔린엔진에 비해 상당히 낮은 편이다. 때문에 터보차저의 터빈이 고열에 의해 손상될 위험성이 낮아서 터보차저를 조합하기가 용이하다.

05 다음 종자의 품질검사와 관련된 내용 중 틀린 것은?

① 발아율이란 일정한 수의 종자 중에서 발아력이 있는 것을 백분율로 표시한 것이다.

② 순량률이란 일정한 양의 종자 중 협잡물을 제외한 종자량을 백분율로 표시한 것이다.

③ 효율이란 발아율과 순량률의 곱으로 계산할 수 있다.

④ 실중이란 1L에 대한 무게를 나타낸 것이다.

해설

④ 실중 : 종자의 크기를 판단하는 기준으로 대개 종자 1,000알의 무게를 g으로 나타낸 값이다.

06 다음에서 설명하는 장치는?

> 예불기의 부위 중 불량하면 엔진의 힘이 줄고 연료소모량을 많아지게 한다.

① 공기필터 덮개
② 액셀레버
③ 공기여과장치
④ 연료탱크

해설
공기여과장치가 불량하면 기화기 내 연료 농도가 진해져 엔진의 힘이 떨어진다.
공기여과장치가 더럽혀져 있는 경우의 고장
• 점화에 이상이 있고 엔진에 힘이 없다.
• 비정상적으로 연료소비량이 많다.
• 엔진가동이 불규칙적이다.

07 백호(backhoe)의 장비 규격 표시 방법으로 옳은 것은?

① 표준버켓 용량(m³)
② 차체의 길이(m)
③ 표준 견인력(ton)
④ 차체의 무게(ton)

해설
백호의 규격
각각의 형식에 표준버켓 용량(m³)으로 표시하고 0.2m³ 이하를 소형 백호라고 한다. 또한 하부 기구에 따라 궤도형과 차륜형 두 가지로 구분한다.

08 주제를 용액에 녹이고 거기에 유화제를 첨가하여 물과 섞이도록 한 약제는 무엇인가?

① 용액
② 유제
③ 수화제
④ 분제

해설
유제(乳劑)
농약원제를 유기용매에 녹인 후 유화제를 혼합하여 액체 상태로 만든 것으로 한 가지 또는 몇 가지의 용매를 함유하고 있어 독특한 냄새가 난다.

09 묘목가식에 대한 설명으로 옳지 않은 것은?

① 동해에 약한 유묘는 움가식을 한다.
② 비가 올 때에는 가식하는 것을 피한다.
③ 선묘 결속된 묘목은 즉시 가식하여야 한다.
④ 지제부는 낮게 묻어 이식이 편리하게 한다.

해설
④ 지제부는 10cm 이상 묻히도록 깊게 가식한다.

10 꽃핀 이듬해 가을에 종자가 성숙하는 수종은?

① 버드나무
② 느릅나무
③ 졸참나무
④ 비자나무

해설
④ 비자나무 : 꽃핀 다음 해 10월
① 버드나무 : 5월
② 느릅나무 : 5월
③ 졸참나무 : 9월 말

11 묘목의 연령을 표시할 때 1/2묘란?

① 6개월 된 삽목묘이다.
② 뿌리가 1년, 줄기가 2년 된 묘목이다.
③ 1/1묘의 지상부를 자른 지 1년이 지난 묘이다.
④ 이식상에서 1년, 파종상에서 2년을 보낸 만 3년생의 묘목이다.

해설
1/2묘 : 뿌리의 나이가 2년, 줄기의 나이가 1년인 묘목으로 1/1묘에 있어서 지상부를 한 번 절단해주고 1년이 경과하면 1/2묘로 된다.

12 모잘록병의 방제법으로 틀린 것은?

① 모판을 배수와 통풍이 잘되게 하고 밀식을 삼가야 한다.
② 질소질 비료를 많이 주어 묘목을 튼튼하게 기른다.
③ 토양소독 및 종자소독을 한다.
④ 발병했을 때에는 묘목을 제거하고, 그 자리에 토양살균제를 관주한다.

해설
③ 질소질 비료의 과용을 피하고, 인산질 비료를 충분히 준다.

13 묘포에서 뿌리나 지접근부를 주로 가해하는 곤충과는?

① 좀벌레과   ② 굴파리과
③ 비단벌레과   ④ 풍뎅이과

해설
뿌리나 지접근부를 주로 가해하는 곤충
• 노린재목 : 진딧물과
• 벌목 : 개미과
• 딱정벌레목 : 나무좀과, 바구미과, 풍뎅이과, 하늘소과

14 무육작업용 장비로 활용하기 가장 부적합한 것은?

① 손도끼
② 전정가위
③ 재래식 낫
④ 가지치기 톱

해설
손도끼는 제벌작업 및 간벌작업 시 가벌목의 표시, 단근작업, 도끼자루 제작 등에 사용된다.

15 다음 중 솔나방의 방제 방법으로 틀린 것은?

① 4월 중순~6월 중순과 9월 상순~10월 하순에 유충이 솔잎을 가해할 때 약제를 살포한다.
② 6월 하순부터 7월 중순까지 고치 속의 번데기를 집게로 따서 소각한다.
③ 솔나방의 기생성 천적이 발생할 수 있도록 가급적 단순림을 조성한다.
④ 볏짚, 가마니 또는 거적으로 잠복소를 설치한다.

해설
③ 단순림은 오히려 특정 해충이 대량 발생하기 쉬운 환경이다. 솔나방의 천적 발생을 돕기 위해서는 다양한 수종이 섞인 혼효림을 조성하여 생물 다양성을 높이는 것이 유리하다.

16 임분을 띠 모양으로 구획하고 각 띠를 순차적으로 개벌하여 갱신하는 방법은?

① 산벌작업
② 대상개벌작업
③ 군상개벌작업
④ 대면적 개벌작업

해설

① 산벌작업 : 윤벌기에 비하여 비교적 짧은 갱신기간 중에 몇 차례에 걸친 벌채로 갱신면상에 있는 임목을 완전히 제거하는 작업이다.
③ 군상개벌작업 : 임분 내에 수 개의 군상개벌면을 조성하여 주위의 모수림으로부터 측방천연하종에 의하여 치수를 발생시켜, 순차적으로 군상지 주위로 갱신면을 확대해 가는 방법이다.
④ 대면적 개벌작업 : 대면적 임분을 한 번에 개벌하여 측방천연하종으로 갱신하는 방법이다.

17 체인톱의 부속장치 중 지레발톱(spike)의 역할은 무엇인가?

① 체인톱 안전장치의 일부로서 체인의 원활한 회전 및 정지를 돕는다.
② 정확한 작업을 할 수 있도록 지지 역할 및 완충과 지레 받침대 역할을 한다.
③ 안내판의 보호 역할을 하여 준다.
④ 벌도목 가지치기 시 균형을 잡아준다.

해설

지레발톱(스파이크)
벌목이나 절단작업을 할 때 정확한 작업 위치를 선정하고 체인톱을 지지하여 안전하게 작업할 수 있도록 도와주는 장치로, 체인톱 본체 앞면에 부착되어 있다.

18 대기오염물질로만 짝지은 것은?

① 수소, 염소, 중금속
② 황화수소, 분진, 질소산화물
③ 아황산가스, 불화수소, 질소
④ 암모니아, 이산화탄소, 에틸렌

해설

대기오염물질
• 가스상 : 일산화탄소, 암모니아, 질소산화물, 황산화물, 황화수소, 이황화탄소 등
• 입자상 : 분진, 매연, 검댕 등의 고정 입자

19 일반적으로 가지치기 작업 시에 자르지 말아야 할 가지의 최소지름의 기준은?

① 5cm   ② 10cm
③ 15cm   ④ 20cm

해설

활엽수의 경우 상처의 유합이 잘 안 되고 썩기 쉬우므로 직경 5cm 이상의 가지는 자르지 않도록 한다.

20 택벌작업의 특징이 아닌 것은?

① 임지가 항시 나무로 덮여 보호를 받게 되고 지력이 높게 유지된다.
② 상층의 성숙목은 햇볕을 충분히 받기 때문에 결실이 잘된다.
③ 병충해에 대한 저항력이 매우 낮다.
④ 면적이 좁은 수풀에서 보속생산을 하는데 가장 알맞은 방법이다.

해설

③ 병충해에 대한 저항력이 높다.

21 종자의 저장과 발아촉진을 겸하는 방법은?

① 냉습적법 ② 노천매장법
③ 침수처리법 ④ 황산처리법

> **해설**
>
> ① 냉습적법 : 발아촉진을 위한 후숙에 중점을 두는 저장법으로 용기 안에 보호재료인 이끼, 토회, 모래 등을 종자와 섞어서 넣고 3~5℃ 정도 되는 냉실 또는 냉장고 안에 두는 방법
> ③ 침수처리법 : 종자를 물에 담가 종피를 연화시키고 종피에 함유된 발아억제물질을 제거하기 위한 방법
> ④ 황산처리법 : 종피 혹은 과피가 두꺼워 수분의 흡수가 어려운 종자를 90%의 황산에 담가서 발아시키는 방법

22 수피에 코르크가 발달되고 잎의 뒷면에 백색 성모가 많이 있는 수종은?

① 굴참나무 ② 갈참나무
③ 신갈나무 ④ 상수리나무

> **해설**
>
> 굴참나무
> 낙엽활엽수 교목으로 직립하고, 수피에는 두터운 코르크가 발달되었고 잎은 어긋나며 뒷면에 회백색 방사상의 털이 밀생한다. 꽃은 4~5월에 잎이 나기 전에 피며, 암수한그루이다.

23 산림갱신을 위하여 대상지의 모든 나무를 일시에 베어 내는 작업법은?

① 개벌작업 ② 산벌작업
③ 모수작업 ④ 택벌작업

> **해설**
>
> 개벌작업이란 갱신하고자 하는 임지 위에 있는 임목을 일시에 벌채하여 이용하고, 그 적지에 새로운 임분을 조성시키는 방법이다.

24 다음 중 유충기에 임목의 뿌리를 가해하는 해충은?

① 버들재주나방
② 잣나무넓적잎벌
③ 애풍뎅이
④ 텐트나방

> **해설**
>
> 애풍뎅이의 성충은 잎이나 꽃을 가해하여 미관을 해치고, 유충은 땅속에서 가느다란 뿌리를 식해하기 때문에 지상부 생육이 지연되어 피해가 크다.

25 숲가꾸기 작업의 순서로 옳은 것은?

① 어린나무가꾸기 → 풀베기 → 솎아베기 → 가지치기
② 가지치기 → 풀베기 → 어린나무가꾸기 → 솎아베기
③ 풀베기 → 어린나무가꾸기 → 가지치기 → 솎아베기
④ 가지치기 → 어린나무가꾸기 → 솎아베기 → 풀베기

> **해설**
>
> 숲가꾸기 작업의 순서
> 풀베기 → 어린나무가꾸기 → 가지치기 → 솎아베기 → 벌채

26 성충 및 유충 모두가 나무를 가해하는 것은?

① 솔나방
② 솔잎혹파리
③ 미국흰불나방
④ 오리나무잎벌레

① 솔나방 : '송충이'라고도 불리며 5령 유충으로 월동을 하여 이듬해 4월경부터 잎을 갉아 먹는 해충
② 솔잎혹파리 : 유충이 솔잎 기부에 충영(벌레혹)을 만들고 그 속에서 수액을 흡즙·가해하여 솔잎을 일찍 고사하게 하고 임목의 생장을 저해한다.
③ 미국흰불나방 : 유충 1마리가 100~150cm²의 잎을 섭식하며, 1화기보다 2화기의 피해가 심하다.

27 경실종자의 휴면타파를 위한 방법으로 틀린 것은?

① 종피파상법
② 유황처리법
③ 질산염처리법
④ 농황산처리법

씨껍질이 두꺼운 경실종자의 휴면타파와 발아촉진을 위한 방법에는 종피파상법, 저온처리법, 고온(건열)처리법, 농황산처리법, 질산염처리법 등이 있다.

28 한 나무에 암꽃과 수꽃이 달리는 암수한그루 수종은?

① 주목
② 은행나무
③ 사시나무
④ 상수리나무

①·②·③ 주목, 은행나무, 사시나무 : 암꽃과 수꽃이 각각 다른 나무에 달리는 암수딴그루
※ 암수딴그루(자웅이주) : 은행나무, 포플러류, 주목, 호랑가시나무, 꽝꽝나무, 가죽나무, 사시나무 등

29 접목을 할 때 접수와 대목의 가장 좋은 조건은?

① 접수와 대목이 모두 휴면상태일 때
② 접수와 대목이 모두 왕성하게 생리적 활동을 할 때
③ 접수는 휴면상태이고, 대목은 생리적 활동을 시작할 때
④ 접수는 생리적 활동을 시작하고, 대목은 휴면상태일 때

접수는 양분축적기이거나 휴면상태이고, 대목은 뿌리가 움직여 생리활동을 시작할 때가 좋다.

30 갱신기간에 제한이 없고 성숙 임목만 선택해서 일부 벌채하는 것은?

① 왜림작업
② 택벌작업
③ 산벌작업
④ 맹아작업

택벌작업
• 한 임분을 구성하고 있는 임목 중 성숙한 임목만을 국소적으로 추출·벌채하고 그곳의 갱신이 이루어지게 하는 것이다.
• 어떤 설정된 갱신기간이 없고 임분은 항상 대소노유의 각 영급의 나무가 서로 혼생하도록 하는 작업방법을 말한다.

31 양묘 시 일반적으로 1년생을 이식하지 않는 수종은?

① 잣나무   ② 삼나무
③ 편백   ④ 리기테다소나무

해설

소나무류, 낙엽송류, 삼나무, 편백, 리기테다소나무 등은 1년생으로 이식하고, 자람이 늦은 잣나무, 전나무류, 가문비나무류는 가식하였다가 후에 상체(판갈이)한다.

32 바람에 의해 전반되는 수병은?

① 잣나무 털녹병균
② 근두암종병균
③ 오동나무 빗자루병균
④ 향나무 적성병균

해설

바람에 의한 전반(풍매전반) : 잣나무 털녹병균, 밤나무 줄기마름병균, 밤나무 흰가루병균

33 비행하는 곤충을 채집하기 위해 사용하는 트랩으로 옳지 않은 것은?

① 유아등   ② 수반트랩
③ 미끼트랩   ④ 끈끈이트랩

해설

③ 미끼트랩 : 당분과 같은 미끼를 이용하여 채집하는 방법으로 서식곤충의 채집 방법에 속한다.

34 벚나무 빗자루병의 방제법으로 옳은 것은?

① 매개충을 구제한다.
② 병든 가지를 제거한다.
③ 옥시테트라사이클린계통의 약제를 나무 주사한다.
④ 저항성 품종을 식재한다.

해설

벚나무 빗자루병의 방제법
• 동절기에 병든 가지 밑부분을 잘라 소각한다.
• 가지를 잘라 낸 후 나무 전체에 8-8식 보르도액을 살포한다.
• 매년 피해가 발생하는 지역은 이미녹타딘트리스알베실레이트 수화제 또는 디페노코나졸 입상수화제를 살포한다.

35 포플러 잎녹병의 증상으로 옳지 않은 것은?

① 병든 나무는 급속히 말라 죽는다.
② 초여름에는 잎 뒷면에 노란색 작은 돌기가 발생한다.
③ 초가을이 되면 잎 양면에 짙은 갈색 겨울포자퇴가 형성된다.
④ 중간기주의 잎에 형성된 녹포자가 포플러로 날아와 여름포자퇴를 만든다.

해설

포플러 잎녹병의 병징
• 초여름에 잎의 뒷면에 누런 가루덩이(여름포자퇴)가 형성되고, 초가을에 이르면 차차 암갈색무늬(겨울포자퇴)로 변하며, 잎은 일찍 떨어진다.
• 중간기주인 낙엽송의 잎에는 5월 상순에서 6월 상순경에 노란 점이 생긴다.

36 모수작업에 관한 설명으로 옳지 않은 것은?

① 양수의 갱신에 적합하다.
② 남겨질 모수는 전체 나무의 수에 비해 극히 적은 일부에 지나지 않는다.
③ 모수는 결실이 양호한 성숙목을 선정한다.
④ 갱신에 필요한 종자공급보다 갱신된 어린나무의 보호를 위한 작업이다.

해설
모수작업
성숙한 임분을 대상으로 벌채를 실시할 때 모수가 되는 임목을 산생시키거나 군상으로 남겨두어 갱신에 필요한 종자를 공급하게 하고 그 밖의 임목은 개벌하는 갱신법이다.

37 와이어로프의 꼬임과 스트랜드의 꼬임방향이 같은 방향으로 된 것은?

① 보통꼬임
② 교차꼬임
③ 랭꼬임
④ 랭보통꼬임

해설
스트랜드의 꼬임방향과 스트랜드를 구성하는 와이어의 꼬임방향이 역방향으로 된 것을 보통꼬임이라 하고, 반대의 경우를 랭(lang)꼬임이라고 한다.

38 솔잎혹파리의 피해를 가장 심하게 받는 수종은?

① 소나무
② 분비나무
③ 잣나무
④ 리기다소나무

해설
솔잎혹파리는 1년에 1회 발생하며 소나무, 곰솔(해송)에 피해가 심하다.

39 기계톱에서 톱니의 1피치(인치)는 어떻게 표시하는가?

① 2개의 리벳 간 간격을 3으로 나눈 것
② 3개의 리벳 간 간격을 2로 나눈 것
③ 5개의 리벳 간 간격을 3으로 나눈 것
④ 3개의 리벳 간 간격을 5로 나눈 것

해설
1피치(pitch) : 서로 접하여 있는 3개의 리벳간격을 2로 나눈 값

40 트랙터를 이용한 집재 시 안전과 효율성을 고려했을 때 일반적으로 작업 가능한 최대 경사도(°)로 옳은 것은?

① 5~10 ② 15~20
③ 25~30 ④ 35~40

해설
트랙터를 이용한 집재 시 안전과 효율성을 고려했을 때 일반적으로 작업 가능한 최대 경사도는 15~20°이다.

41 피해목을 벌채한 후 약제 훈증처리의 방제가 필요한 수병은?

① 뽕나무 오갈병
② 잣나무 털녹병
③ 소나무 잎녹병
④ 참나무 시들음병

참나무 시들음병의 방제
침입공에 메프 유제, 파프 유제 500배액을 주입하고, 피해목을 벌채하여 1m 길이로 잘라 쌓은 후 메탐소디움을 m^3당 1L씩 살포하고 비닐을 씌워 밀봉하여 훈증처리한다.

42 유아등을 이용한 솔나방의 구제 적기는?

① 3월 하순~4월 중순
② 5월 하순~6월 중순
③ 7월 하순~8월 중순
④ 9월 하순~10월 중순

곤충의 주광성을 이용하여 유아등에 모이게 하여 죽이는 방법이 널리 이용된다. 솔나방의 경우는 성충이 왕성한 7월 하순~8월 중순이 적기이다.

43 선묘한 2년생 소나무 묘목의 속당 본수로 옳은 것은?

① 20본 ② 25본
③ 100본 ④ 50본

소나무의 곤포당 및 속당 묘목본수(종묘사업실시요령)

수종	형태	묘령	곤포당		속당
			본수 (본)	속수 (속)	본수 (본)
소나무	노지묘	1-1	500	25	20
		1-1-2	분뜨기		
	용기묘	2-0	100	–	–
		2-2	10	–	–

44 침엽수의 가지를 제거하는 방법으로 가장 옳은 것은?

① 가지가 뻗은 방향에 직각되게 자른다.
② 수간에 평행하게 자른다.
③ 가지 밑살의 끝부분에서 자른다.
④ 수간에 오목한 자국이 생기게 자른다.

② 침엽수는 절단면이 줄기와 평행이 되도록 가지를 제거한다.

45 윤활유로서 구비해야 할 성질이 아닌 것은?

① 유성이 좋아야 한다.
② 점도가 적당해야 한다.
③ 부식성이 없어야 한다.
④ 온도에 의한 점도 변화가 커야 한다.

④ 온도에 의한 점도 변화가 적어야 한다.

46 주로 맹아에 의하여 갱신되는 작업종은?

① 왜림작업
② 교림작업
③ 산벌작업
④ 용재림작업

해설
왜림작업은 활엽수림에서 연료재 생산을 목적으로 비교적 짧은 벌기령으로 개벌 근주(根株)로부터 나오는 맹아로써 갱신하는 방법이다.

47 벌목작업 시 벌도목의 가지치기용 도끼날의 각도로 가장 적합한 것은?

① 3~5° ② 8~10°
③ 30~35° ④ 36~40°

해설
벌목용 도끼의 경우 9~12°, 가지치기용 도끼의 경우 8~10°로 한다.

48 잠복기간이 가장 짧은 수목병은?

① 소나무 혹병
② 잣나무 털녹병
③ 포플러 잎녹병
④ 낙엽송 잎떨림병

해설
③ 포플러 잎녹병 : 4~6일
① 소나무 혹병 : 1~2년
② 잣나무 털녹병 : 2~4년
④ 낙엽송 잎떨림병 : 1~2개월

49 점파(점뿌림)가 적합한 수종은?

① 리기다소나무, 소나무
② 가문비나무, 주목
③ 낙엽송, 측백나무
④ 호두나무, 밤나무

해설
점파(점뿌림)
밤나무, 참나무류, 호두나무 등 대립종자의 파종에 이용되는 방법으로 상면에 균일한 간격(10~20cm)으로 1~3립씩 파종한다.

50 종자가 비교적 가벼워서 잘 날아갈 수 있는 수종에 가장 적합한 갱신작업은?

① 중림작업
② 모수작업
③ 택벌작업
④ 왜림작업

해설
모수작업은 주로 소나무류 등과 같은 양수에 적용되는데, 종자가 작아 바람에 날려 멀리 전파될 수 있는 수종에 알맞다.

51 예불기의 연료는 시간당 약 몇 L가 소모되는 것으로 보고 준비하는 것이 좋은가?

① 50L　　　　② 5L
③ 0.5L　　　　④ 0.05L

해설

예불기의 연료는 시간당 약 0.5L가 소모된다.

52 병든 나무의 병환부에서 발견된 균을 확인하기 위한 병원적 진단 과정의 순서로 옳은 것은?

① 인공접종 → 미생물분리 → 재분리 → 배양
② 인공접종 → 배양 → 미생물분리 → 재분리
③ 배양 → 인공접종 → 미생물분리 → 재분리
④ 미생물분리 → 배양 → 인공접종 → 재분리

해설

병원적 진단 과정(코흐의 원칙)
병든 부위에서 미생물분리 → 배양 → 인공접종 → 재분리

53 바람에 의하여 비화하는 현상은 어느 종류의 산불에서 가장 많이 발생하는가?

① 수관화　　　　② 수간화
③ 지표화　　　　④ 지중화

해설

수관화는 바람을 타고 바람이 부는 방향으로 'V'자형으로 연소가 진행하게 되는데, 이때의 열기로 상승기류가 일어나게 되면 비화, 즉 불붙은 껍질(수피)·열매(구과) 등이 가깝게는 수십 m, 멀게는 수 km까지 날아가 또 다른 산불을 야기한다.

54 가을에 묘목을 가식할 때 묘목의 끝은 어느 방향으로 향하게 하여 경사지게 묻는가?

① 동쪽　　　　② 서쪽
③ 북쪽　　　　④ 남쪽

해설

묘목의 끝을 가을에는 남쪽으로, 봄에는 북쪽으로 45° 경사지게 한다.

55 실린더 속에서 가스가 압축되는 정도를 나타내는 압축비의 공식은?

① 압축비 $= \dfrac{\text{연소실 용적} + \text{행정 용적}}{\text{연소실 용적}}$

② 압축비 $= \dfrac{\text{연소실 용적} + \text{행정 용적}}{\text{크랭크실 용적}}$

③ 압축비 $= \dfrac{\text{연소실 용적} - \text{행정 용적}}{\text{연소실 용적}}$

④ 압축비 $= \dfrac{\text{연소실 용적} - \text{행정 용적}}{\text{크랭크실 용적}}$

해설

압축비는 실린더 안으로 들어간 기체가 피스톤에 의해 압축되는 용적의 비율을 말한다.

56 병원체가 상처를 통해서 침입하는 것은?

① 밤나무 줄기마름병균
② 소나무 잎떨림병균
③ 삼나무 붉은마름병균
④ 향나무 녹병균

밤나무 줄기와 가지의 상처를 중심으로 병반이 형성되는데, 초기에는 황갈색이나 적갈색으로 변하고 수피가 부풀어 오른다.

57 벌채구를 구분하여 순차적으로 벌채하여 일정한 주기에 의해 갱신작업이 되풀이되는 것을 무엇이라 하는가?

① 윤벌기   ② 회귀년
③ 간벌기간   ④ 벌채시기

순환택벌 시 처음 구역으로 되돌아오는 데 소요되는 기간을 회귀년이라 한다.

58 다음 중 체인톱에 붙어 있는 안전장치가 아닌 것은?

① 체인브레이크
② 전방 보호판
③ 체인잡이
④ 안내판 코

체인톱의 안전장치 : 방진고무를 부착한 전방 손잡이 및 후방 손잡이, 핸드가드(전방 손보호판), 후방 손보호판, 체인브레이크, 체인잡이, 지레발톱, 스로틀레버 차단판, 스위치, 소음기, 체인보호집, 안전체인 등

59 겉씨식물에 속하는 수종은?

① 밤나무
② 은행나무
③ 가시나무
④ 신갈나무

겉씨식물 : 밑씨가 씨방에 싸여 있지 않고 밖으로 드러나 있는 식물로 은행나무, 소나무, 향나무, 노간주나무 등이 있다.

60 산림토양의 산도는 산림수목의 분포양식에 영향을 준다. 침엽수 및 피나무, 단풍나무, 느릅나무, 참나무 등의 생육에 적당한 pH는?

① pH 4.0~4.7
② pH 4.8~5.5
③ pH 5.5~6.5
④ pH 6.5~7.5

피나무, 단풍나무, 느릅나무, 참나무 등은 약산성(pH 5.5~6.5)에서 잘 자라는 수종이다.

01 주로 유효성분을 연기의 상태로 해서 해충을 방제하는 데 쓰이는 약제는?

① 훈증제   ② 훈연제

③ 유인제   ④ 기피제

해설

① 훈증제 : 약제가 기체로 되어 해충의 기문을 통하여 체내에 들어가 질식(窒息)을 일으키는 것

③ 유인제 : 해충을 유인해서 포살하는 데 사용되는 약제

④ 기피제 : 해충이 작물에 접근하는 것을 방해하는 물질

02 산림용 기계톱에 사용하는 연료의 배합기준 (휘발유 : 엔진오일)으로 가장 적합한 것은?

① 25 : 1   ② 15 : 1

③ 1 : 25   ④ 1 : 15

해설

연료의 배합비율

휘발유 : 윤활유 = 25 : 1

03 체인톱의 일일점검사항에 해당하지 않는 것은?

① 휘발유와 오일의 혼합

② 에어필터의 청소

③ 연료통과 연료필터의 청소

④ 안내판의 손질

해설

체인톱의 일일점검사항 : 에어필터 청소, 안내판 점검, 휘발유와 오일 혼합

04 다음 중 무육작업의 순서로서 바르게 나타낸 것은?

① 풀베기 – 덩굴제거 – 제벌 – 가지치기 – 간벌

② 풀베기 – 덩굴제거 – 가지치기 – 제벌 – 간벌

③ 풀베기 – 덩굴제거 – 가지치기 – 간벌 – 제벌

④ 풀베기 – 가지치기 – 덩굴제거 – 간벌 – 제벌

해설

무육작업의 순서 : 풀베기 – 덩굴제거 – 제벌(잡목 솎아베기) – 가지치기 – 간벌(솎아베기)

정답   1 ②   2 ①   3 ③   4 ①

05 덩굴식물을 설명한 것 중 옳지 않은 것은?

① 대체적으로 햇빛을 좋아하는 식물이다.
② 칡이 항상 문제가 되고 있다.
③ 덩굴치기의 시기는 덩굴식물이 뿌리 속의 저장양분을 소모한 7월경이 좋다.
④ 덩굴을 잘라주면 쉽게 제거할 수 있다.

해설
④ 덩굴제거 방법에는 물리적 방법과 화학적 방법이 있으며, 일반적인 덩굴류는 글리포세이트 액제로 처리한다.

06 예초기 사용 시 주의사항으로 옳지 않은 것은?

① 휴대작업 시 무게 균형이 맞도록 어깨걸이 끈과 손잡이의 위치를 조절한다.
② 원형톱날은 고속 회전하므로 칼날의 정면이나 접선방향의 튕김현상에 주의한다.
③ 절단부에 가지 등이 끼어 회전이 불량하면 기관의 속도를 최소로 줄이고 이물질을 제거한다.
④ 급경사지에서 경사면을 따라하는 작업은 위험하므로 반드시 등고선 방향으로 진행한다.

해설
③ 절단부에 가지 등이 끼어 회전이 불량하면 반드시 엔진을 정지시킨 후 이물질을 제거한다.

07 덩굴류 제거작업 시 약제 사용에 대한 설명으로 옳은 것은?

① 작업시기는 덩굴류 휴지기인 1~2월에 한다.
② 칡 제거는 뿌리까지 죽일 수 있는 글리포세이트 액제가 좋다.
③ 약제 처리 후 24시간 이내에 강우가 있을 때 흡수율이 높다.
④ 제초제는 살충제보다 독성이 적으므로 약제 취급에 주의를 기울일 필요가 없다.

해설
① 덩굴제거의 적기는 생장기인 7월경이 적당하다.
③ 강우가 예상될 때 살포하는 것을 중지한다.
④ 제초제는 고독성이므로 약제 취급에 주의를 기울여야 한다.

08 전목집재 후 집재장에서 가지치기 및 조재작업을 수행하기에 가장 적합한 장비는?

① 스키더   ② 포워더
③ 프로세서   ④ 펠러번처

해설
프로세서(processor)
하베스터와 유사하나 벌도기능만 없는 장비, 즉 일반적으로 전목재의 가지를 제거하는 가지자르기 작업, 재장을 측정하는 조재목 마름질 작업, 통나무 자르기 등 일련의 조재작업을 한 공정으로 수행하여 원목을 한곳에 쌓을 수 있는 장비

09 윤활유로서 구비해야 할 성질이 아닌 것은?

① 유성이 좋아야 한다.
② 점도가 적당해야 한다.
③ 부식성이 없어야 한다.
④ 온도에 의한 점도 변화가 커야 한다.

> **해설**
> ④ 온도에 의한 점도 변화가 적어야 한다.

10 성충으로 월동하는 것끼리 짝지어진 것은?

① 미국흰불나방, 소나무좀
② 소나무좀, 오리나무잎벌레
③ 잣나무넓적잎벌, 미국흰불나방
④ 오리나무잎벌레, 잣나무넓적잎벌

> **해설**
> • 소나무좀 : 월동성충이 나무껍질을 뚫고 들어가 산란한 알에서 부화한 유충이 나무껍질 밑을 식해한다.
> • 오리나무잎벌레 : 1년에 1회 발생하며 성충으로 지피물 밑 또는 흙 속에서 월동한다.

11 잣나무넓적잎벌의 월동 형태는?

① 유충　　　　② 번데기
③ 알　　　　　④ 성충

> **해설**
> 잣나무넓적잎벌은 땅속 5~25cm에서 유충의 형태로 월동한다.

12 다음 중 직경 5~10cm 이하의 관목에 적합한 예초기 칼날의 종류는?

①
②
③
④

> **해설**
> ② 원형 톱날(40, 60, 80날) : 직경 5~10cm 이하의 관목, 덩굴류 등
> ① 나일론날 : 잔디 및 연한 초본류
> ③ 4날 : 억센 초본류, 어린 관목 등
> ④ 2날 : 잡초 및 키가 작은 연한 초본류

13 임목을 고사시킬 정도의 피해를 주며 1년에 3회 발생하는 해충은?

① 왕소나무좀
② 소나무노랑점바구미
③ 애소나무좀
④ 소나무좀

> **해설**
> ②·③·④ 소나무노랑점바구미, 애소나무좀, 소나무좀은 1년에 1회 발생한다.

14 유충은 잎살만 먹고 잎맥을 남겨 잎이 그물 모양이 되며, 성충은 주맥만 남기고 잎을 갉아먹는 해충은?

① 삼나무독나방
② 버들재주나방
③ 오리나무잎벌레
④ 미류재주나방

해설

오리나무잎벌레
연 1회 발생하며, 성충으로 지피물 밑 또는 흙 속에서 월동한다. 월동한 성충은 4월 하순부터 나와 새잎을 엽맥만 남기고 엽육을 먹으며 생활하다가 5월 중순~6월 하순에 300여 개의 알을 잎 뒷면에 50~60개씩 무더기로 산란한다. 15일 후에 부화한 유충은 잎 뒷면에서 머리를 나란히 하고 엽육을 먹으면서 성장하다가 나무 전체로 분산하여 식해하는데, 유충의 가해기간은 5월 하순~8월 상순이고 유충기간은 20일 내외이다.

16 뒷불진화 요령으로 옳지 않은 것은?

① 타고 있는 통나무 불은 긁거나 쪼아 내며, 물과 흙을 사용하여 불씨를 제거한다.
② 급경사지에서는 깊은 도랑을 파고 둑을 만들어 위에서 구르는 불덩어리를 모은다.
③ 타고 있는 연료는 연소지역 밖에 흩어 자연 진화를 기다린다.
④ 타고 있는 고사목은 삽과 도끼로 타고 있는 부분을 긁어내거나 찍어 낸다.

해설

③ 타고 있는 연료는 연소지역 내에 흩어 놓는다.

15 기계톱으로 가지치기 작업 시 왼손을 보호하는 것은?(단, 작업자는 오른손잡이다)

① 체인장력 조절장치
② 전방손잡이 보호판
③ 안내판
④ 후방손잡이 보호판

해설

전방손잡이 보호판(핸드가드)
앞손잡이에 부착되어 작업 중 가지의 튐에 의하여 손에 위험이 생기는 것을 방지한다.

17 벌목한 나무를 기계톱으로 가지치기할 때 유의할 사항으로 가장 옳은 것은?

① 후진하면서 작업한다.
② 안내판이 짧은 기계톱을 사용한다.
③ 벌목한 나무를 몸과 기계톱 밖에 놓고 작업한다.
④ 작업자는 벌목한 나무와 멀리 떨어져 서서 작업한다.

해설

① 전진하면서 작업한다.
③ 벌목한 나무를 몸과 기계톱 사이에 놓고 작업한다.
④ 작업자는 벌목한 나무 가까이에 서서 작업하며, 기계톱은 자연스럽게 움직여야 한다.

18 체인톱 출력(힘)의 표시로 사용되는 국제단위에는 무엇이 있는가?

① HP ② HA

③ HO ④ HS

해설

HP는 'Horse Power'의 약자로 내연기관의 동력 표시 단위이다.

19 해충의 직접적인 구제 방법 중 기계적 방제법에 속하지 않는 것은?

① 포살법 ② 소살법

③ 유살법 ④ 냉각법

해설

기계적 방법은 간단한 기구 또는 손으로 해충을 잡는 방법으로 포살, 유살, 소살 등이 있다.

20 다음 수종 중 꽃핀 이듬해 가을에 종자가 성숙하는 것은?

① 버드나무 ② 떡느릅나무

③ 졸참나무 ④ 상수리나무

해설

졸참나무는 꽃이 핀 해에 종자가 성숙하지만 상수리나무는 이듬해에 성숙한다.

① 버드나무 : 5월

② 떡느릅나무 : 6월

③ 졸참나무 : 9월 말

21 출력과 무게에 따라 체인톱을 구분할 때 소형 체인톱에 해당하는 것은?

① 엔진출력 1.1kW(1.0ps), 무게 2kg

② 엔진출력 2.2kW(3.0ps), 무게 6kg

③ 엔진출력 3.3kW(4.5ps), 무게 9kg

④ 엔진출력 4.0kW(5.5ps), 무게 12kg

해설

체인톱의 엔진출력과 무게에 따른 구분

구분	엔진출력	무게	용도
소형	2.2kW (3.0ps)	6kg	소경재의 벌목작업, 벌도목의 가지제거
중형	3.3kW (4.5ps)	9kg	중경목의 벌목작업
대형	4.0kW (5.5ps)	12kg	대경목의 벌목작업

22 바다에서 불어오는 바람을 막기 위해 방조림을 만드는 데 적합하지 않은 수종은?

① 해송 ② 동백나무

③ 사철나무 ④ 느티나무

해설

방조림에 적합한 수종 : 곰솔, 해송, 소나무, 소귀나무, 돈나무, 사철나무, 동백나무, 후박나무 등

23 예비벌 → 하종벌 → 후벌의 순서로 시행되는 작업종은?

① 왜림작업　　② 중림작업
③ 산벌작업　　④ 모수림 작업

> **해설**
> 산벌작업
> • 예비벌 : 갱신준비
> • 하종벌 : 치수의 발생을 완성
> • 후벌 : 치수의 발육을 촉진

24 산불에 의한 피해 및 위험도에 대한 설명으로 옳지 않은 것은?

① 침엽수는 활엽수에 비해 피해가 심하다.
② 음수는 양수에 비해 산불위험도가 낮다.
③ 단순림과 동령림이 혼효림 또는 이령림보다 산불의 위험도가 낮다.
④ 낙엽활엽수 중에서 코르크층이 두꺼운 수피를 가진 수종은 산불에 강하다.

> **해설**
> ③ 단순림과 동령림이 혼효림 혹은 이령림보다 산불위험도가 높다.

25 냉각되어 있는 기계톱을 시동하려고 한다. 엔진에 시동이 걸렸다가 곧 꺼져버렸다면 어떻게 하여야 되는가?

① 초크를 닫는다.
② 기화기의 온도를 상승시킨다.
③ 기화기에 연료공급량을 차단한다.
④ 초크를 열고 시동 손잡이를 다시 한번 잡아당긴다.

> **해설**
> 초크(choke)는 흡입되는 공기를 차단하여 흡입되는 연료의 양을 많게 흡입시켜 시동이 잘되게 하는 장치이다.

26 삼림을 가꾸기 위한 벌채에 속하는 것은?

① 택벌작업　　② 산벌작업
③ 간벌작업　　④ 중림작업

> **해설**
> 간벌작업은 경관의 유지와 개선을 위해 밀도 조절이 필요한 삼림에서 진행된다.

27 벌목 중 나무에 걸린 나무의 방향전환이나 벌도목을 돌릴 때 사용되는 작업도구는?

① 쐐기　　② 식혈봉
③ 박피삽　　④ 지렛대

> **해설**
> 지렛대는 벌목 시 나무가 걸려 있을 때 밀어 넘기거나 또는 벌목된 나무의 가지를 자를 때 벌도목을 반대방향으로 전환시킬 경우에 사용한다.

28 기계톱 체인에 오일이 적게 공급될 때 예상되는 고장 원인으로 옳지 않은 것은?

① 기화기 내의 연료체가 막혀 있다.
② 흡수호스 또는 전기도선에 결함이 있다.
③ 흡입 통풍관의 필터가 작동하지 않는다.
④ 오일펌프가 잘못되어 공기가 들어가 있다.

해설

기계톱 체인에 오일이 적게 공급될 때 예상되는 고장 원인

- 흡수호스 또는 전기도선에 결함이 있다.
- 흡입통풍관의 필터가 작동하지 않는다(막혀있다).
- 도선이 막혀있다.
- 안내판으로 가는 오일구멍이 막혀있다.
- 오일펌프에 잘못되어 공기가 들어가 있다.
- 오일펌프가 잘못 결합되어 있다.

30 다음 중 가선집재 기계로 옳지 않은 것은?

① 하베스터
② 자주식 반송기
③ 썰매식 집재기 나무
④ 이동식 타워형 집재기

해설

하베스터 : 임내를 이동하면서 입목의 벌도·가지제거·절단작동 등의 작업을 하는 기계로서, 벌도 및 조재작업을 1대의 기계로 연속작업할 수 있는 다공정 처리기계

29 다음 중 임지의 보호 방법으로 옳지 않은 것은?

① 비료목을 식재한다.
② 황폐한 임지는 등고선 방향으로 수평구를 설치한다.
③ 임지 표면의 낙엽과 가지를 모두 제거한다.
④ 균근균을 배양하여 임지에 공급한다.

해설

③ 지력을 유지·증진하려면 낙엽과 낙지를 보호한다.

31 벌목작업 시 안전사고 예방을 위하여 지켜야 하는 사항으로 옳지 않은 것은?

① 벌목방향은 작업자의 안전 및 집재를 고려하여 결정한다.
② 도피로는 사전에 결정하고 방해물도 제거한다.
③ 벌목구역 안에는 반드시 작업자만 있어야 한다.
④ 조재작업 시 벌도목의 경사면 아래에서 작업을 한다.

해설

④ 벌목 및 조재작업을 할 때에는 작업면 보다 경사면 아래의 출입을 통제하여야 한다.

32 천연갱신에 대한 설명으로 옳지 않은 것은?

① 갱신기간이 길다.
② 조림 비용이 적게 든다.
③ 환경인자에 대한 저항력이 강하다.
④ 수종과 수령이 모두 동일하여 취급이 간편하다.

해설
천연갱신은 수종과 수령이 다른 목재가 많기 때문에 목재가 균일하지 못하고 변이가 심하다. 또한 목재 생산작업이 복잡하고 높은 기술력이 요구된다.

33 병원체가 상처를 통해서 침입하는 것은?

① 밤나무 줄기마름병균
② 소나무 잎떨림병균
③ 삼나무 붉은마름병균
④ 향나무 녹병균

해설
밤나무 줄기와 가지의 상처를 중심으로 병반이 형성되는데, 초기에는 황갈색이나 적갈색으로 변하고 수피가 부풀어 오른다.

34 대개 어린나무가 자라서 갱신기에 이를 때까지 나무의 자람을 돕기 위해 6~8월 중에 실시하며, 9월 이후에는 조림목을 보호하기 위해 실시하지 않는 것이 좋은 작업은?

① 간벌   ② 덩굴치기
③ 풀베기   ④ 가지치기

해설
풀베기
조림지 중 잡초목이 적은 곳은 7월에 1회를 실시하고, 무성한 곳은 6월과 8월 두 차례에 걸쳐 실시하며 한·풍해가 우려되는 지역은 겨울 동안 주위의 잡초목에 의하여 조림목이 보호를 받도록 하는 것이 좋다.

35 배나무를 기주교대하는 이종기생성 병은?

① 향나무 녹병
② 소나무 혹병
③ 전나무 잎녹병
④ 오리나무 잎녹병

해설
향나무의 녹병(배나무의 붉은별무늬병)은 향나무와 배나무에 기주교대하는 이종기생성 병이다.

36 다음 중 벌목용 작업 도구가 아닌 것은?

① 쐐기   ② 목재돌림대
③ 밀개   ④ 식혈봉

해설
벌목용 작업 도구 : 톱, 도끼, 쐐기, 밀대(밀개), 목재돌림대, 갈고리, 체인톱, 벌채수확기계 등

558 부록

32 ④ 33 ① 34 ③ 35 ① 36 ④ 정답

37 벌목작업 시 다른 나무에 걸린 벌채목의 처리방법으로 옳지 않은 것은?

① 기계톱을 이용하여 토막낸다.
② 견인기를 이용하여 뒤로 끌어낸다.
③ 경사면을 따라 조심스럽게 끌어낸다.
④ 방향전환 지렛대를 이용하여 넘긴다.

해설

다른 나무에 걸린 벌채목은 걸린 나무를 흔들거나 지렛대 혹은 소형 견인기나 로프를 이용하여 넘긴다.

38 병원체의 감염에 의한 병징 중 변색에 해당하는 것은?

① 오갈   ② 총생
③ 모자이크   ④ 시들음

해설

① 오갈 : 모양이 변형되어 오그라들거나 두터워진다.
② 총생 : 여러 개의 잎이 줄기에 무더기로 난다.
④ 위조(시들음) : 수목의 전체 또는 일부가 수분의 공급부족으로 시든다.

39 조림목 외의 수종을 제거하고 조림목이라도 형질이 불량한 나무를 벌채하는 무육작업은?

① 풀베기   ② 덩굴치기
③ 제벌   ④ 가지치기

해설

제벌(솎아베기)이란 조림목이 임관을 형성한 뒤부터 간벌할 시기에 이르는 사이에 침입 수종의 제거를 주로 하고 아울러 자람과 형질이 매우 나쁜 것을 끊어 없애는 일을 말한다.

40 톱니를 갈 때 약간 둔하게 갈아야 톱의 수명도 길어지고 작업 능률도 높은 벌목지는?

① 소나무 벌목지
② 포플러 벌목지
③ 잣나무 벌목지
④ 참나무 벌목지

해설

참나무는 목질이 단단하고 치밀한 활엽수이므로 날카롭게 연마된 톱날은 쉽게 마모되거나 손상될 수 있다. 따라서 약간 둔하게 연마하면 톱의 수명이 길어지고, 작업 효율도 높아진다.

41 다음 중 조파(條播)에 의한 파종으로 가장 적합한 수종은?

① 회양목   ② 가래나무
③ 오리나무   ④ 아까시나무

해설

조파(줄뿌림) : 종자를 줄로 뿌려주는 것으로 느티나무, 아까시나무, 옻나무 등이 적합하다.

42 다음 중 풀베기에서 전면깎기의 설명으로 바르지 못한 것은?

① 조림지 전면에 해로운 지상식물을 깎는다.
② 양수인 수종에 실시한다.
③ 우리나라 북부지방에서 주로 실시하는 방법이다.
④ 땅힘이 좋은 곳에서 실시한다.

해설

③ 전면깎기(전예)는 임지가 비옥하거나 식재목이 광선을 많이 요구할 때 이용되는 방법으로 남부지방에 적합하다.

43 나무의 가지 부분까지 타는 산림화재로 진행속도가 빨라서 끄기가 힘들며 피해도 가장 큰 화재는?

① 지표화　　　② 수간화
③ 수관화　　　④ 지중화

44 다음의 설명은 어느 해충을 가리키는가?

> 성충의 몸길이는 2mm 정도이고, 몸색깔은 담황색이며, 유충이 솔잎의 기부에서 즙액을 빨아먹어 피해가 3~4년 계속되면 나무가 말라 죽는다. 솔나방과 반대로 울창하고 습기가 많은 삼림에 크게 발생한다. 1년에 1회 발생하며, 유충으로 지피물 속의 흙 속에서 월동한다.

① 솔잎혹파리
② 소나무가루깍지벌레
③ 소나무좀
④ 솔잎깍지벌레

45 벌목작업 시 작업로 간격(최소 안전작업 거리)기준으로 적당한 것은?

① 벌도 될 나무 높이의 1배
② 벌도 될 나무 높이의 2배
③ 벌도 될 나무 높이의 3배
④ 벌도 될 나무 높이의 4배

46 유충과 성충 모두가 나무의 잎을 가해하는 해충은?

① 밤나무어스렝이나방
② 오리나무잎벌레
③ 나무재주나방
④ 솔나방

47 산불 진화선의 적절한 설치위치로 옳은 것은?

① 급경사지로 돌 등이 굴러 내려올 위험성이 있는 지역
② 입목밀생지, 지피식생 등으로 진화선 구축이 힘이 드는 지역
③ 불길이 능선너머 8~9부 능선에 위치한 곳
④ 진화선 방향을 갑자기 돌변시켜야 하는 복잡한 지역

진화선 설치의 적정위치
• 신속하고 용이하게 작업을 할 수 있는 곳
• 피해를 최대한 경감하거나 예방할 수 있는 곳
• 연료량이 적은 나지나 미입목지
• 도로, 하천, 능선 등 자연경계의 이용이 가능한 곳
• 진화선 구축도중 불길이 넘지 않을 지역
• 불길이 능선너머 8~9부 능선에 위치한 곳

48 정방형 식재를 옳게 설명한 것은?

① 식재간격과 식재공간을 계산하기 어렵다.
② 식재작업이 불편하다.
③ 포플러류나 낙엽송 등 양수 수종은 알맞지 않다.
④ 묘간거리와 열간거리가 같은 식재방법이다.

규칙적 식재망
정방형, 장방형, 정삼각형, 이중정방형 등이 있고, 일반적으로 정방형 식재를 하는데 규칙적 식재를 하면 식재 이후에 각종 조림작업을 능률적으로 할 수 있다.

49 안전장비 착용법으로 옳지 않은 것은?

① 안전모 : 귀마개와 눈가리개가 부착된 안전모를 머리 크기에 맞추어 착용한다.
② 안전화 : 미끄럼 방지 기능이 있는 것으로 한 사이즈 넉넉하게 착용한다.
③ 무릎보호대 : 몸에 고정시켜 작업에 불편하지 않도록 착용한다.
④ 작업복 : 통풍이 잘되고 몸을 완전히 덮는 것으로 몸 사이즈에 맞게 착용한다.

② 안전화는 발사이즈에 맞는 것을 착용하고, 신발끈 등이 작업에 불편하지 않도록 한다.

50 일반적인 침엽수종에 대한 묘포의 적당한 토양산도는?

① pH 3.0~4.0
② pH 4.0~5.0
③ pH 5.0~6.5
④ pH 6.5~7.5

묘포 토양의 적정산도
• 침엽수 : pH 5.0~5.5
• 활엽수 : pH 5.5~6.0

51 다음 수목 병해 중 바이러스에 의한 병은?

① 잣나무 털녹병
② 벚나무 빗자루병
③ 포플러 모자이크병
④ 밤나무 줄기마름병

① 잣나무 털녹병 : 담자균류
②・④ 벚나무 빗자루병, 밤나무 줄기마름병 : 자낭균

52 다음 중 풍치가 좋고 계속적으로 목재 생산이 가능한 작업종은?

① 개벌작업 ② 택벌작업
③ 중림작업 ④ 모수작업

> **해설**
> 택벌작업은 무육, 벌채 및 이용이 동시에 이루어지며 공간 및 토양이 입체적으로 이용되어 미적으로도 가장 훌륭한 임형을 나타낸다.

53 해충의 특수한 습성을 이용하거나 유인기구 등에 모이게 하여 죽이는 방법은?

① 유살 ② 포살
③ 소살 ④ 차단

> **해설**
> ② 포살 : 간단한 도구 직접 제거하는 방법이다.
> ③ 소살 : 솜방망이를 경유에 담갔다가 꺼내어 긴 장대 끝에 불을 붙여 군서하는 유충을 태워 죽이는 방법이다.
> ④ 차단 : 이동하는 해충 주위에 도랑을 파서 떨어진 것을 모아 죽이거나 끈끈이를 수간에 발라두고 밑에서 기어오르는 것이나 위에서 밑으로 내려오는 해충을 잡아 죽이는 방법이다.

54 산림무육도구와 거리가 먼 것은?

① 재래식 낫 ② 전정가위
③ 이리톱 ④ 쐐기

> **해설**
> ④ 쐐기는 톱의 끼임을 방지하기 위하여 사용한다.

55 포플러 잎녹병의 증상에 해당되는 설명은?

① 잎 표면에 검은색 반점무늬가 생기고 점점 커지면서 낙엽이 된다.
② 잎자루가 검게 변하여 낙엽이 된다.
③ 병든 나무가 급속히 말라 죽는다.
④ 잎 뒷면에 누런색의 여름포자가 형성된다.

> **해설**
> 포플러 잎녹병균은 병든 낙엽에서 겨울포자 상태로 겨울을 나고, 4~5월에 겨울포자가 발아하여 만들어진 담자포자가 바람에 의해 낙엽송으로 날아가 새로 나온 잎을 감염하여 잎의 뒷면에 직경 1~2mm의 오렌지색 녹포자덩이를 만든다.

56 솔잎혹파리에 대한 설명으로 옳지 않은 것은?

① 주로 1년에 1회 발생한다.
② 충영 속에서 번데기로 활동한다.
③ 1920년대 초반 일본에서 우리나라로 침입한 것으로 추정된다.
④ 생물학적 방제법으로 솔잎혹파리먹좀벌 등 기생성 천적을 이용하여 방제하기도 한다.

> **해설**
> ② 유충이 솔잎 기부에 충영(벌레혹)을 만들고 그 속에서 수액을 흡즙 가해한다.

57 집재장에서 통나무를 끌어내리는 데 사용하기 가장 적합한 작업도구는?

① 삽　　　　② 지게

③ 사피　　　④ 클램프

사피(도비) : 산악지대에서 벌도목을 끌 때 사용하는 도구로 한국형과 외국형이 있다.

58 천연림보육 과정에서 간벌작업 시 미래목 관리 방법으로 옳은 것은?

① 피압을 받지 않은 상층의 우세목으로 선정한다.

② 미래목 간의 거리는 2m 정도로 한다.

③ 가슴높이에서 흰색 수성 페인트를 둘러서 표시한다.

④ ha당 활엽수는 300~400본을 선정한다.

미래목의 선정 및 관리
• 피압을 받지 않은 상층의 우세목으로 선정하되 폭목은 제외한다.
• 나무줄기가 곧고 갈라지지 않으며, 산림 병충해 등 물리적인 피해가 없어야 한다.
• 미래목 간의 거리는 최소 5m 이상으로 임지 내에 고르게 분포하도록 한다.
• 활엽수는 200본/ha 내외, 침엽수는 200~400본/ha을 미래목으로 한다.
• 미래목만 가지치기를 실행하며 산 가지치기일 경우 11월부터 이듬해 5월 이전까지 실행하여야 하나 작업 여건, 노동력 공급 여건 등을 감안하여 작업시기 조정이 가능하다.
• 가지치기는 반드시 톱을 사용하여 실행한다.
• 솎아베기 및 산물의 하산, 집재(集材), 반출 등의 작업 시 미래목을 손상하지 않도록 주의한다.
• 가슴높이에서 10cm의 폭으로 황색 수성 페인트로 둘러서 표시한다.

59 산림보호법에서 규정하는 산불진화장비가 아닌 것은?

① 항공진화장비

② 통신장비

③ 지상진화장비

④ 기상관측장비

산불진화장비의 종류(산림보호법 시행규칙 [별표 3의3])

구분	내용
항공진화장비	산불진화 헬리콥터, 고정익(固定翼) 항공기, 진화용 드론 등 공중에서 산불진화를 위해 사용하는 장비
지상진화장비	• 산불지휘차, 산불진화차, 산불기계화 시스템, 산불소화시설 등 지상에서 산불진화를 위해 사용하는 장비 • 등짐펌프, 진화배낭, 진화복 등 산불진화에 투입되는 인력에게 지급하는 장비
통신장비	무선중계기, 고정국(固定局), 육상국(陸上局) 등 통신기, 디지털단말기 등 산불진화현장의 통신체계 구축을 위해 사용하는 장비
그 밖의 진화장비	그 밖의 산불진화에 사용하는 장비로서 산림청장이 정해 고시하는 장비

60 산림 내 가지치기 작업의 주된 목적은 무엇인가?

① 우량목재의 생산

② 중간수입

③ 각종 위해의 방지

④ 연료 공급

가지치기 : 우량한 목재를 생산할 목적으로 가지의 일부분을 계획적으로 잘라내는 것

정답 57 ③　58 ①　59 ④　60 ①

01 예초기를 사용한 풀베기작업 시 주의사항으로 옳지 않은 것은?

① 작업은 우측에서 좌측으로 실시한다.

② 작업자 간 충분한 간격을 두고 작업한다.

③ 작업은 등고선 방향으로 진행한다.

④ 경사지 작업에서는 경사면의 상하방향으로 작업한다.

해설

④ 경사면의 상하방향은 발이 미끄러지거나 신체가 불안정하게 되어 매우 위험하므로 반드시 등고선 방향으로 작업을 진행해야 한다.

02 천연갱신에 대한 설명으로 틀린 것은?

① 천연갱신은 그 임지의 기후와 토질에 가장 적합한 수종이 생육하게 되므로 각종 위해에 대한 저항력이 크다.

② 천연갱신지의 치수는 모수보호를 받아 안정된 생육환경을 제공받는다.

③ 인공조림에서와 같이 수종 선정의 잘못으로 인해 실패할 염려가 많다.

④ 임지가 나출되는 일이 드물며 적당한 수종이 발생하고 혼효되기 때문에 지력 유지에 적합하다.

해설

③ 모수가 되는 임목은 이미 그 지역에서 생육하여 조림지의 기후·토양에 적응한 것이므로 인공조림에서와 같이 수종이 잘못 선정되어 실패할 염려가 없다.

03 덩굴치기의 최적기는 언제인가?

① 3~4월   ② 5~7월

③ 9~10월   ④ 11~12월

해설

덩굴제거는 덩굴류의 생장기인 5~9월에 실시하며, 덩굴식물이 뿌리 속의 저장양분을 소모한 7월경이 가장 좋다.

04 다음 와이어로프의 구조를 나타내는 그림에서 스트랜드는 무엇인가?

① ㉠   ② ㉡

③ ㉢   ④ ㉣

해설

② ㉡ : 스트랜드

① ㉠ : 심줄

③ ㉢ : 심소선

④ ㉣ : 소선

05 묘포상에서 해가림이 필요하지 않은 수종은?

① 소나무 ② 낙엽송
③ 전나무 ④ 잣나무

소나무, 해송, 리기다, 사시나무 등의 양수는 해가림이 필요 없으나 가문비나무, 잣나무, 전나무, 낙엽송, 삼나무, 편백 등은 해가림이 필요하다.

06 바닷가에 주로 심는 나무로서 적합한 것은?

① 곰솔 ② 소나무
③ 잣나무 ④ 낙엽송

• 염풍에 저항력이 큰 수종 : 곰솔(해송), 향나무, 사철나무, 자귀나무, 팽나무, 후박나무, 돈나무 등
• 염풍에 저항력이 약한 수종 : 소나무, 삼나무, 편백, 화백, 전나무, 벚나무, 포도나무, 사과나무, 배나무 등

07 기계톱 사용 시 연료에 오일을 첨가시키는 이유로 가장 적합한 것은?

① 점화를 쉽게 하기 위해서
② 엔진 내부에 윤활작용을 시키기 위하여
③ 엔진 회전을 저속으로 하기 위하여
④ 체인의 마모를 줄이기 위하여

윤활작용과 동시에 연소되어야 하므로 주로 광물성 윤활유를 사용한다.

08 일정한 규칙과 형태로 묘목을 식재하는 배식설계에 해당되지 않는 것은?

① 장방형 식재
② 정방형 식재
③ 정육각형 식재
④ 정삼각형 식재

규칙적 식재망
정방형, 장방형, 정삼각형, 이중정방형 등이 있고, 일반적으로 정방형 식재를 하는데 규칙적 식재를 하면 식재 이후에 각종 조림작업을 능률적으로 할 수 있다.

09 다음 중 약제에 의한 덩굴류(만경류) 제거작업에 관한 설명으로 옳은 것은?

① 작업량이 적은 겨울에 실시한다.
② 칡 제거는 뿌리까지 죽일 수 있는 글리포세이트 액제가 좋다.
③ 처리 후 24시간 이내에 강우가 예상될 때 살포하는 것이 약제 흡수에 좋다.
④ 제초제는 살충제보다 독성이 적으므로 약제 취급에 주의를 기울일 필요가 없다.

① 덩굴제거의 적기는 7월경이 적당하다.
③ 강우가 예상될 때는 살포하는 것을 중지한다.
④ 제초제는 고독성이므로 약제 취급에 주의를 기울여야 한다.

10 피해목을 벌채한 후 약제 훈증처리의 방제가 필요한 수병은?

① 뽕나무 오갈병
② 잣나무 털녹병
③ 소나무 잎녹병
④ 참나무 시들음병

해설
참나무 시들음병의 방제
침입공에 메프 유제, 파프 유제 500배액을 주입하고, 피해목을 벌채하여 1m 길이로 잘라 쌓은 후 메탐소듐을 m²당 1L씩 살포하고 비닐을 씌워 밀봉하여 훈증처리한다.

11 솔잎혹파리의 월동 장소로 옳은 것은?

① 나무껍질 사이
② 솔잎 사이
③ 땅속
④ 나무 속

해설
솔잎혹파리는 유충으로 지피물 밑의 지표나 1~2cm 깊이의 흙 속에서 월동한다.

12 산불을 연소상태 및 연소부위에 따라서 분류한 것으로 옳지 않은 것은?

① 지상화
② 지중화
③ 수간화
④ 수관화

해설
산불은 연소상태 및 연소부위에 따라 지표화(地表火, surface fire), 수간화(樹幹火, stem fire), 수관화(樹冠火, crown fire), 지중화(地中火, ground fire)로 분류할 수 있다.

13 솔나방 유충은 몇 영충(齡蟲)으로 월동하는가?

① 1령충
② 3령충
③ 5령충
④ 8령충

해설
솔나방은 1년에 1회 발생하며, 5령충으로 월동한다.

14 벌도된 나무에 가지치기와 조재작업을 하는 임업기계는?

① 포워더
② 프로세서
③ 스윙야더
④ 원목집게

해설
프로세서(processor)
하베스터와 유사하나 벌도 기능만 없는 장비. 즉, 일반적으로 전목재의 가지를 제거하는 가지자르기 작업, 재장을 측정하는 조재목 마름질 작업, 통나무자르기 등 일련의 조재작업을 한 공정으로 수행하여 원목을 한곳에 쌓을 수 있는 장비

15 늦봄부터 늦가을까지 주로 묘목에 많이 발생하는 병해로서 잎의 뒷면에 표징이 나타나며, 어린눈을 침해하면 잎이 오그라들고 기형이 되는 것은?

① 소나무 그을음병
② 잣나무 털녹병
③ 밤나무 흰가루병
④ 소나무 혹병

해설
밤나무 흰가루병
6~7월 또는 장마철 이후에 잎 표면과 뒷면에 백색의 반점이 생기며, 점차 확대되어 가을이 되면 잎 전체를 하얗게 덮는다.

16 다음 중 잎을 가해하지 않는 해충은?

① 솔나방

② 오리나무잎벌레

③ 흰불나방

④ 소나무좀

> **해설**
>
> 소나무좀은 소나무의 분열조직을 가해하는 해충이다.

17 임지가 넓을 때 보통 3개의 벌채 열구를 편성하고, 이것을 세 번의 처리로 벌채 갱신하는 작업종은?

① 군상개벌작업

② 연속대상개벌작업

③ 중림작업

④ 보잔목 작업

> **해설**
>
> 연속대상개벌작업은 먼저 1대가 개벌되고 측방천연하종으로 갱신된 뒤 제2대, 제3대의 순으로 갱신이 진행된다.

18 조림목이 양수인 경우 조림지의 밑깎기 방법으로 가장 적합한 작업은?

① 둘레깎기

② 전면깎기

③ 줄깎기

④ 혼합깎기

> **해설**
>
> 전면깎기는 조림목이 양수이고 어린 목(木)일 때 적합하다.

19 체인톱 엔진이 돌지 않는 경우 예상되는 원인이 아닌 것은?

① 오일펌프가 잘못 결합되어 있다.

② 전원스위치가 열려 있다.

③ 연료탱크의 공기주입이 막혀 있다.

④ 기화기 내의 연료체가 막혀 있다.

> **해설**
>
> 체인톱 엔진이 돌지 않을 시 예상되는 원인
> - 탱크가 비어 있다.
> - 전원스위치가 열려 있다.
> - 흡수호스 또는 전기도선에 결함이 있다.
> - 흡입 통풍관의 필터가 작동하지 않는다(막혀 있다).
> - 도선이 막혀 있다.
> - 기화기 내의 연료체가 막혀 있다.
> - 기화기 조절이 잘못되어 있다.
> - 기화기 내 펌프질하는 막(엷은 막)에 결함이 있다.
> - 기화기에 결함이 있다.
> - 연료탱크의 공기주입이 막혀 있다.
> - 플러그 수명이 다 되었거나 더러워져 있다.
> - 플러그 점화케이블이 결합되었다.
> - 점화코일과 단류장치에 결함이 있다.

20 다음 중 산벌작업과 관련 없는 것은?

① 초벌

② 예비벌

③ 하종벌

④ 후벌

> **해설**
>
> 산벌작업은 임분을 예비벌, 하종벌, 후벌로 3단계 갱신벌채를 실시하여 갱신하는 방법이다.

21 참나무 시들음병을 매개하는 광릉긴나무좀을 구제하는 가장 효율적인 방제법은?

① 피해목 약제 수간주사
② 피해목 약제 수관살포
③ 피해 임지 약제 지면처리
④ 피해목 벌목 후 벌목재 살충 및 살균제 훈증처리

참나무 시들음병은 피해목을 벌채해 약제를 뿌리고 비닐로 씌워 훈증처리한다.

22 다음 중 양수 수종으로만 구성된 것은?

① 밤나무, 소나무, 오리나무
② 주목, 비자나무, 편백
③ 동백나무, 전나무, 회양목
④ 느릅나무, 잣나무, 피나무

② 주목, 비자나무 : 음수, 편백 : 중용수
③ 동백나무 : 중용수, 전나무, 회양목 : 음수
④ 느릅나무, 잣나무, 피나무 : 중용수

23 체인톱 엔진 공회전 시 체인톱날이 작동하는 경우 예상되는 원인으로 옳은 것은?

① 원심클러치의 불량
② 기계톱날 장력 조정의 불량
③ 점화코일과 단류장치의 결함
④ 오일과 연료 혼합비의 부정확

체인톱 엔진 공회전 시 체인톱날이 작동하는 경우 예상되는 원인
• 클러치가 손상되어 있다.
• 클러치 중 베어링에 결함이 있다.

24 갱신을 위한 벌채 방식이 아닌 것은?

① 개벌작업
② 산벌작업
③ 택벌작업
④ 간벌작업

간벌작업은 경관의 유지와 개선을 위해 밀도 조절이 필요한 산림에서 진행되며, 산림을 가꾸기 위한 벌채에 속한다.

25 산불 발생의 설명으로 틀린 것은?

① 활엽수보다 침엽수에서 산불이 일어나기 쉽다.
② 양수는 음수에 비하여 산불의 위험성이 높다.
③ 나이가 많은 큰나무 숲이 어리고 작은 숲보다 산불의 위험도가 높다.
④ 3~5월의 건조 시에 산불이 가장 많이 일어난다.

③ 일반적으로 어린 숲(유령림, 어린 묘목지)이 지표면에 낙엽 · 낙지 등 가연물이 많고, 수분이 적어 산불 위험도가 높다.

26 간벌의 효과가 아닌 것은?

① 임분의 빛 환경이 개선되어 하층식생이 증가한다.
② 단목의 간재적이 증가한다.
③ 간벌 이후 남겨진 임목의 간형은 임목의 밀도가 저밀도일수록 완만하게 된다.
④ 임분의 유전형질이 개량된다.

> **해설**
> ③ 간벌은 남겨진 나무의 직경생장을 촉진하지만, 간형(幹形)이 완만해지는 것과는 직접적인 관련이 없다.

27 다음 중 나무 속(재질부)을 가해하는 해충은 어느 것인가?

① 하늘소
② 미국흰불나방
③ 어스렝이나방
④ 깍지벌레

> **해설**
> ②·③ 미국흰불나방, 어스렝이나방 : 잎을 가해하는 해충
> ④ 깍지벌레 : 잎과 가지를 가해하는 해충

28 체인톱의 운전 방법에 대한 설명으로 틀린 것은?

① 연료는 휘발유와 윤활유의 혼합유를 사용한다.
② 시동 후 2~3분간 저속으로 운전한다.
③ 엔진을 정지할 때는 엔진회전을 고속으로 해서 이물질을 털어낸 뒤 스위치를 끈다.
④ 안내판이 불량하면 쏘체인의 회전이 불안정하게 되고 진동이 생긴다.

> **해설**
> ③ 엔진을 정지시키고자 할 때에는 반드시 엔진회전을 저속으로 낮춘 후에 스위치를 끈다.

29 간벌에 관한 설명으로 옳지 않은 것은?

① 솎아베기라고도 한다.
② 임관을 울폐시켜 각종 재해에 대비하고자 한다.
③ 조림목의 생육공간 및 임분구성 조절이 목적이다.
④ 임분의 수직구조 및 안정화를 도모한다.

> **해설**
> ② 임관이 항상 울폐한 상태에 있어 임지와 치수를 보호하는 것은 택벌작업이다.

30 다음 중 훈증처리 방법에 대한 설명으로 틀린 것은?

① 토양 속에 약제를 주입하는 방법도 있다.
② 임분 내 활용이 매우 용이하다.
③ 밀폐할 수 있는 곳에 주로 적용한다.
④ 휘발성이 강한 약제를 사용한다.

해설

훈증제 사용 시 유의사항
• 가스의 유실을 막기 위하여 기밀실이나 천막에서 사용한다.
• 토양에서는 주입한 후 흙으로 덮거나 비닐 시트로 덮는다.
• 사람에 해가 있을 수 있기 때문에 사용 시 안전에 유의해야 한다.
• 특히 눈·코·입·피부 등과의 접촉을 피해야 한다.

31 중림작업에 대한 설명으로 옳은 것은?

① 각종 피해에 대한 저항력이 약하다.
② 하층목의 맹아 발생과 생장이 촉진된다.
③ 상층을 벌채하면 하층이 후계림으로 상층까지 자란다.
④ 상층과 하층은 동일수종인 것이 원칙이나 다른 수종으로 혼생시킬 수 있다.

해설

① 숲의 구조를 다양화하여 단순림에 비해 각종 피해에 대한 저항력이 더 강하다.
② 상층목의 그늘로 인해 하층목의 생장이 오히려 억제될 수 있다.
③ 하층이 후계림으로 자라는 것은 맞지만 상층까지 자라지 않을 수도 있다.

32 다음 중 꽃피는 시기가 가장 늦은 것은?

① 밤나무   ② 개나리
③ 생강나무   ④ 산수유

해설

① 밤나무 : 5~6월
②·③·④ 개나리, 생강나무, 산수유 : 3월 중순~4월 초

33 묘목규격의 측정기준으로 사용하지 않는 것은?

① 근원경
② 최소간장
③ 최대간장
④ 근원경 대비 최소간장의 비율

해설

묘목규격 측정기준에는 최소간장이 사용되고, 최대간장은 규격기준에 포함되지 않는다.
산림용 묘목규격의 측정기준(종묘사업실시요령)
• 간장 : 근원경(밑둥지름)에서 정아까지의 길이
• 근원경 : 포지에서 묘목줄기가 지표면에 닿았던 부분의 최소직경
• H/D율 : mm 단위의 근원경 대비 간장(줄기 길이)의 비율

34 안전장비의 섬유가 톱날에 닿았을 때 회전을 멈추게 하는 것은?

① 안전장갑   ② 안전복
③ 안전화   ④ 안전모

해설

안전복(절단 보호용 안전복 하의)
체인톱 작업을 위한 작업용 하의는 절단 보호용 섬유가 삽입되어 있어서 작업복과 체인톱의 톱날이 접촉할 때 하의에 삽입된 파이버 섬유가 체인톱의 회전을 멈추게 하여 톱날이 서서히 회전하며 정지하는 방식으로 작동한다.

35 곤충의 몸 밖으로 방출되어 같은 종끼리 통신을 할 때 이용되는 물질은?

① 퀴논　　　　　② 테르펜
③ 페로몬　　　　④ 호르몬

해설

페로몬(pheromone)은 같은 종(種) 동물의 개체 사이의 의사소통에 사용되는 체외분비성 물질이다.

36 벌목방법의 순서로 옳은 것은?

① 벌목방향 설정 – 수구 자르기 – 추구 자르기 – 벌목
② 벌목방향 설정 – 추구 자르기 – 수구 자르기 – 벌목
③ 수구 자르기 – 추구 자르기 – 벌목방향 설정 – 벌목
④ 추구 자르기 – 수구 자르기 – 벌목방향 설정 – 벌목

해설

벌목작업 순서
• 벌목방향 설정 : 방향이 결정되면 작업원은 벌목할 입목 주변의 잡목, 가지, 덩굴 등을 제거하고 발 디딜 곳과 대피장소 등을 확인한다.
• 수구 자르기 : 벌목방향을 확실히 하고 목재의 부서짐을 방지한다.
• 추구 자르기 : 입목을 넘어뜨리기 위한 3가지 절단 작업(수평자르기, 빗자르기, 추구 자르기) 중에서 마지막 자르기 작업이다.

37 다음 중 소나무류의 천공성 해충은?

① 소나무좀
② 소나무왕진딧물
③ 솔껍질깍지벌레
④ 잣나무넓적잎벌

해설

소나무좀
연 1회 발생하며, 나무껍질 밑에서 성충으로 월동한다. 6월 초순에 번데기에서 우화한 성충은 주로 쇠약한 나무, 이식된 나무 또는 벌채한 나무에 세로로 10cm 정도의 구멍을 뚫고 60개 내외의 알을 낳는다.

38 다음 (　　) 안에 적합한 내용은?

> 해충을 방제하기 위하여 수목에 잠복소를 설치하였다가 해충이 활동하기 전에 모아서 소각하는 방법을 (　　)라고 한다.

① 생물적 방제
② 육림학적 방제
③ 화학적 방제
④ 기계적 방제

해설

기계적 방제법은 간단한 기구 또는 손으로 해충을 잡는 방법으로 포살, 유살, 차단 등이 있다.

39 묘목을 단근할 때 나타나는 현상으로 옳은 것은?

① 주근 발달 촉진
② 활착률이 낮아짐
③ T/R률이 낮은 묘목 생산
④ 품질이 안 좋은 묘목 생산

단근작업

묘목의 철 늦은 자람을 억제하고, 동시에 측근과 세근을 발달시켜 산지에 재식하였을 때 활착률(T/R률이 작을수록 활착률이 좋다)을 높이기 위하여 실시한다.

40 체인톱과 예초기의 연료 혼합비로 가장 적합한 것은?

① 휘발유 : 오일 = 15 : 1
② 휘발유 : 오일 = 25 : 1
③ 휘발유 : 오일 = 45 : 1
④ 휘발유 : 오일 = 65 : 1

체인톱과 예초기에 사용하는 연료 혼합비
휘발유 : 윤활유(엔진오일) = 25 : 1

41 임지시비에 대한 사항으로 옳지 않은 것은?

① 임목의 조기 생장을 위하여 임지시비의 효과는 크다.
② 임지시비 방법은 전면시비, 식혈시비, 환상시비가 있다.
③ 시비시기는 봄이나 초여름에 하는 것이 좋고, 임지에 잡초를 없애고 시비를 한다.
④ 비료의 종류나 양은 임지의 비옥도, 수종에 따라 다르나 본당 식재 당시 질소시비량은 100~150g이다.

④ 임지시비(조림지, 산림 묘목 등)에서 식재목 1주당 적정 질소시비량은 10~15g이다.

42 다음 설명에 해당하는 것은?

부화유충은 소나무와 해송의 잎집이 쌓인 침엽 기부에 충영을 형성하고 그 안에서 흡즙함으로써 피해를 입은 침엽은 생장이 저해되어 조기에 변색, 고사할 뿐만 아니라 피해를 입은 입목은 침엽의 감소에 의하여 생장이 감퇴한다.

① 솔나방   ② 솔잎혹파리
③ 소나무좀   ④ 솔노랑잎벌

솔잎혹파리
• 1년에 1회 발생하며 소나무, 곰솔(해송)에 피해가 심하다.
• 유충으로 지피물 밑의 지표나 1~2cm 깊이의 흙 속에서 월동한다.
• 5월 하순부터 10월 하순까지 유충이 솔잎 기부에 벌레혹(충영)을 형성하고, 그 내부에서 흡즙 가해하여 일찍 고사하게 하며 임목의 생장을 저해한다.

43 다음 중 방화림(防火林) 조성용으로 가장 적합한 수종은?

① 소나무　　② 삼나무
③ 갈참나무　④ 녹나무

해설

참나무류는 코르크층이 두꺼워 나무줄기에 불이 붙더라도 수피(껍질) 안쪽에 있는 형성층이 다칠 우려가 상대적으로 적고, 맹아력이 대단히 강해서 화재 후 뿌리 부근에서 새순들이 맹렬한 기세로 뻗어 나와 새로운 숲을 형성하게 된다.

44 체인톱의 배기가스가 검고 엔진에 힘이 없는 경우 예상되는 원인으로 옳은 것은?

① 기화기 조절이 잘못되었다.
② 연료 내 오일 혼합량이 적다.
③ 플러그에서 조기점화가 되기 때문이다.
④ 안내판으로 통하는 오일 구멍이 막혔다.

해설

배기가스가 검고 엔진에 힘이 없는 경우 예상되는 원인
• 기화기 조절이 잘못되어 있다.
• 기화기에 결함이 있다.
• 에어필터가 더럽혀져 있다.
• 연료 내 오일 혼합량이 많다.

45 산불진화 방법에 대한 설명으로 옳지 않은 것은?

① 불길이 약한 산불 초기는 화두부터 안전하게 진화한다.
② 직접, 간접법으로 끄기 어려울 때 맞불을 놓아 끄기도 한다.
③ 물이 없을 경우 삽 등으로 토사를 끼얹는 간접소화법을 사용할 수 있다.
④ 불길이 강하면 소화선을 만들어 화두의 불길이 약해지면 끄는 간접소화법을 쓴다.

해설

③ 물이나 흙, 소화약제 등을 이용해 직접 불을 끄는 방법은 직접소화법이다.
간접소화법
화두(火頭)가 강하여 직접 진화가 비효율적일 때 화선의 면 앞쪽에 방화선을 구축하는 방법이다.

46 배나무 재배지역의 주변에서는 식재를 피해야 하는 수종은?

① 향나무　　② 소나무
③ 전나무　　④ 오리나무

해설

배나무 붉은별무늬병(향나무 녹병)은 향나무와 배나무에 기주교대하는 이종기생성이므로 배나무 재배지역 주변에 향나무를 식재하지 않는 것이 좋다.

47 다음 중 산벌작업에서 갱신기간을 나타내는 것은?

① 예비벌부터 하종벌까지
② 하종벌부터 후벌까지
③ 후벌부터 하종벌까지
④ 수광벌부터 종벌까지

해설
치수의 발생을 완성하는 하종벌부터 후벌의 마지막 벌채인 종벌까지의 기간을 갱신기간이라 한다.

48 병든 나무의 병환부에서 발견된 균을 확인하기 위한 병원적 진단 과정의 순서로 옳은 것은?

① 인공접종 → 미생물분리 → 재분리 → 배양
② 인공접종 → 배양 → 미생물분리 → 재분리
③ 배양 → 인공접종 → 미생물분리 → 재분리
④ 미생물분리 → 배양 → 인공접종 → 재분리

해설
병원적 진단 과정(코흐의 원칙)
병든 부위에서 미생물분리 → 배양 → 인공접종 → 재분리

49 풀베기의 설명이 틀린 것은?

① 9월 이후의 풀베기는 피한다.
② 소나무류는 5~8회 정도 실시한다.
③ 일반적으로 조림 후 5~6월에 실시한다.
④ 연 2회 실시할 때는 8월에 추가적으로 실시한다.

해설
③ 풀베기는 일반적으로 조림 후 6~8월에 실시한다.

50 정량간벌 대상지 우세목의 평균수고로 옳은 것은?

① 6m 이하   ② 6~8m
③ 8~10m   ④ 10m 이상

해설
우세목의 평균수고 : 10m 이상 임분으로서 15년생 이상인 산림

51 벌채구를 구분하여 순차적으로 벌채하여 일정한 주기에 의해 갱신작업이 되풀이되는 것을 무엇이라 하는가?

① 윤벌기   ② 회귀년
③ 간벌기간   ④ 벌채시기

해설
순환택벌 시 처음 구역으로 되돌아오는 데 소요되는 기간을 회귀년이라 한다.

47 ② 48 ④ 49 ③ 50 ④ 51 ② **정답**

52 산림토양의 산도는 산림수목의 분포양식에 영향을 준다. 대부분 침엽수 및 피나무, 단풍나무, 느릅나무, 참나무 등의 생육에 적당한 pH는?

① pH 4.0~4.7

② pH 4.8~5.5

③ pH 5.5~6.5

④ pH 6.5~7.5

해설

피나무, 단풍나무, 느릅나무, 참나무 등은 약산성(pH 5.5~6.5)에서 잘 자라는 수종이다.

53 다음 중 산림작업을 위한 개인 안전장비로 가장 거리가 먼 것은?

① 안전헬멧　② 안전화

③ 구급낭　　④ 얼굴보호망

해설

①·②·④ 외에 귀마개, 안전장갑, 안전복 등이 있다.

54 풀베기작업을 1년에 2회 실시하려 할 때 가장 알맞은 시기는?

① 1월과 3월

② 3월과 5월

③ 6월과 8월

④ 7월과 10월

해설

풀베기는 풀들이 왕성하게 자라는 6월 상순~8월 상순 사이에 실시한다.

55 다음에서 설명하는 수병은?

- 경기도 가평에서 처음 발견되었다.
- 줄기에 병징이 나타나면 어린나무는 대부분이 1~2년 내에 말라 죽고, 20년생 이상의 큰 나무는 병이 수년간 지속되다가 마침내 말라 죽는다.

① 잣나무 털녹병

② 소나무 모잘록병

③ 오동나무 탄저병

④ 오리나무 갈색무늬병

해설

잣나무 털녹병은 줄기에 병징이 나타나면 어린 조림목은 대부분 당해에 말라 죽으며, 20년생 이상의 성목에서는 병이 수년간 지속되다가 말라 죽는다.

56 타고 있는 연료의 뒷불진화 요령으로 옳지 않은 것은?

① 흩어 놓은 후 불을 끈다.

② 연소지역 내에 흩어 자연 진화를 기다린다.

③ 땅에 묻은 후 불씨 유무를 확인한다.

④ 타고 있는 연료 주위로 진화선을 쳐 준다.

해설

위험연료(타고 있는 연료)의 뒷불진화 요령

- 흩어 놓은 후 불을 끈다.
- 태우거나 연소지역 내에 흩어 놓는다.
- 땅에 묻는 경우는 불씨 유무를 확인한다.
- 위험연료 주위로 진화선을 쳐 준다.

57 접목을 할 때 접수와 대목의 가장 좋은 조건은?

① 접수와 대목이 모두 휴면상태일 때
② 접수와 대목이 모두 왕성하게 생리적 활동을 할 때
③ 접수는 휴면상태이고, 대목은 생리적 활동을 시작할 때
④ 접수는 생리적 활동을 시작하고, 대목은 휴면상태 일 때

> **해설**
> 접수는 양분축적기이거나 휴면상태이고, 대목은 뿌리가 움직여 생리활동을 시작할 때가 좋다.

58 풀베기의 형식 중 조림목의 주변에 나는 잡초목만을 깎아버리는 방법을 무엇이라 하는가?

① 골라베기
② 모두베기
③ 줄베기
④ 둘레베기

> **해설**
> 둘레베기
> 조림목의 둘레를 약 1m의 지름으로 둥글게 깎아 내는 방법이다. 줄베기와 둘레베기는 전면베기에 비해, 흙의 침식을 막는 작용을 하지만 밀식조림지에는 적용이 힘들다.

59 산물진화 일반 수칙에 대한 설명으로 옳지 않은 것은?

① 계곡 방향으로 접근하여 진화하며, 불 머리를 우선 진화한다.
② 진화 도구 사용 시 대원 간의 거리는 3m 이상 간격을 유지한다.
③ 진화 조장은 대원과 항상 연락할 수 있도록 통신망을 유지한다.
④ 산불에 고립되었을 때 방연마스크, 방염 텐트 등을 신속히 착용하고 대피한다.

> **해설**
> ① 계곡 방향으로 접근하지 않아야 하며, 불 머리 양 측면을 우선 진화하고 화세가 약해지면 불 머리를 진화한다.

60 유아등으로 등화유살 할 수 있는 해충은?

① 오리나무잎벌레
② 솔잎혹파리
③ 밤나무순혹벌
④ 어스렝이나방

> **해설**
> 등화유살 : 곤충의 주광성을 이용하여 곤충이 유아등에 모이게 하여 죽이는 방법으로, 9~10월에 어스렝이나방에게 사용할 수 있다.

실패하는 게 두려운 게 아니라 노력하지 않는 게 두렵다.

− 마이클 조던 −

참 / 고 / 문 / 헌

- 교육부. NCS 학습모듈(산림개발). 한국직업능력개발원. 2018

- 교육부. NCS 학습모듈(산림보호). 한국직업능력개발원. 2024

- 교육부. NCS 학습모듈(산림조성). 한국직업능력개발원. 2024

- 구창덕 외 2. 산림보호학. 향문사. 2008

- 박태식 외 10. 신고 임업경영학. 향문사. 1990

- 산림청. 2020년 산림사업 안전관리 매뉴얼. 산림청. 2020

- 산림청. 산림병해충기술교본. 국립산림과학원. 2006

- 산림청. 숲가꾸기 표준교재. 국립산림과학원. 2007

- 안종만 외 7. 산림경영학. 안종만 외 7. 향문사. 2007

- 우보명 외 18. 산림공학. 우보명 외 18. 광일문화사. 1997

- 이경준. 수목생리학. 서울대학교출판부. 1993

- 이돈구 외 3. 조림학. 향문사. 2010

- 이창복. 수목학. 향문사. 1986

- 임경빈. 조림학본론. 향문사. 1991

- 임경빈. 조림학원론. 향문사. 1968

- 임업기계훈련원. 산림과 임업기술. 임업기계훈련원. 2000

- 조성진 외 2. 신고 토양학. 향문사. 1977

- 진현오 외 4. 삼림토양학. 향문사. 1994

- 현신규 외 1. 증보 측수학. 향문사. 1974

산림기능사 필기 한권으로 끝내기

개정15판1쇄 발행	2025년 09월 10일 (인쇄 2025년 05월 30일)
초 판 발 행	2010년 10월 05일 (인쇄 2010년 06월 15일)
발 행 인	박영일
책 임 편 집	이해욱
편 저	김민철
편 집 진 행	윤진영 · 장윤경
표지디자인	권은경 · 길전홍선
편집디자인	정경일 · 조준영
발 행 처	(주)시대고시기획
출 판 등 록	제10-1521호
주 소	서울시 마포구 큰우물로 75 [도화동 538 성지 B/D] 9F
전 화	1600-3600
팩 스	02-701-8823
홈 페 이 지	www.sdedu.co.kr
I S B N	979-11-383-9449-9(13520)
정 가	28,000원